机械工程前沿著作系列 HEP MEF
HEP Series in Mechanical Engineering Frontiers

机器人科学与技术丛书 3

YUEQIUCHE YIDONG XITONG SHEJI

月球车移动系统设计

Design of Mobility Systems for Lunar Rovers

邓宗全　高海波　丁亮　著

高等教育出版社·北京

内容提要

本书基于作者对月球车移动系统多年理论研究和工程经验的积累，密切结合我国月球探测工程的需求，主要以月球车移动系统为对象，对国内外星球车移动系统的结构特点进行了全面概括；基于拓扑学对月球车移动系统进行了构型设计和折展技术研究，并进行了性能分析与参数优化；基于地面力学对月球车轮地作用进行了研究，并进行了月球车移动系统动力学研究和移动控制研究；针对月面低重力环境进行了重力补偿技术研究；设计了多节串联式移动系统原理样机并进行了性能实验。

本书适合科研院所、高等学校等从事机器人研究、星球表面巡视探测研究的工程设计人员、教师和研究生阅读、参考。

图书在版编目（CIP）数据

月球车移动系统设计 / 邓宗全，高海波，丁亮著 . --
北京：高等教育出版社，2015.5
（机器人科学与技术丛书）
ISBN 978-7-04-042331-0

Ⅰ . ①月… Ⅱ . ①邓… ②高… ③丁… Ⅲ . ①月面车辆 - 系统设计 Ⅳ . ① V476.3

中国版本图书馆 CIP 数据核字（2015）第 048645 号

策划编辑 刘占伟　　责任编辑 刘占伟　　封面设计 杨立新　　版式设计 张 杰
插图绘制 杜晓丹　　责任印制 韩 刚

出版发行	高等教育出版社	咨询电话	400-810-0598
社　　址	北京市西城区德外大街 4 号	网　　址	http://www.hep.edu.cn
邮政编码	100120		http://www.hep.com.cn
印　　刷	涿州市星河印刷有限公司	网上订购	http://www.landraco.com
开　　本	787mm × 1092mm 1/16		http://www.landraco.com.cn
印　　张	24	版　　次	2015 年 5 月第 1 版
字　　数	460 千字	印　　次	2015 年 5 月第 1 次印刷
购书热线	010-58581118	定　　价	99.00 元

物 料 号 42331-00

丛书编委会

序

月球车是一种能够在月球表面行驶并完成月球探测、考察、收集和分析样品等复杂作业任务的特种车辆。

世界上第一台无人驾驶的“月球车 1 号”于 1970 年 11 月 17 日由苏联发射的“月球 17 号”探测器送上月球, 它行驶了 10.5 km, 考察了 $8 \times 10^4\ \mathrm{m}^2$ 的月面。后来的“月球车 2 号”行驶了 37 km, 向地球发回 88 幅月面全景图。它们代表了当时空间探测技术的最高水平。美国“Apollo 15 飞船”于 1971 年 7 月 31 日实现落月, 宇航员首次在月球上驾驶“月球流浪者”遨游; 后来又相继发射了 4 款火星车。星球车技术是世界瞩目的一种重要航天科技手段, 是人类科技文明的标志性成果。

2013 年 12 月 15 日, 中国首辆月球车“玉兔”号成功着陆运行, 验证了月面软着陆、月球车转移、月球车运行与探测等多项关键技术, 圆满实现了中华民族的“千年梦想”, 为我国航天事业发展树立了新的里程碑, 刷新了中国航天科技的高度, 是中国在航天领域综合能力处于世界先进行列的一个重要标志。

哈尔滨工业大学邓宗全教授是我国空间机构学领域的知名专家, 他领导的科研团队在国内率先开展了月球车移动系统方面的研究。月球车受月面苛刻地形、低重力、高真空和大温差等极端环境的影响, 还要满足重量、尺寸、功耗等方面的苛刻约束和限制, 因此解决月球车越障和防自陷等月面适应性问题具有很大的技术挑战性。通过大量的理论与实验工作, 邓教授的团队突破了“玉兔”号月球车的悬架构型设计、月面转移、低重力模拟测试等核心技术难题。他们将理论研究与工程实践紧密结合, 为“嫦娥三号”工程实施做出了重要贡献。关于轮地作用方面的一些研究成果, 被 NASA 资助开发的仿真软件采用, 用于火星车的驱动规划。这些成果奠定了月球车移动系统设计与模拟测试的理论基础, 引领了该领域的学术发展方向。

本书的各章内容均体现出邓宗全教授课题组的多年研究成果, 论述了月球轮式移动系统设计的一些核心与共性技术问题。随着技术的不断进步, 星球车移动系统研究将不断地丰富和发展, 特别是在环境的适应性与高可靠作业方面, 这是需要持续关注的重要研究内容。未来中国将开展火星探测、载人登月以及月球基地建设等重大科技工程, 星球车移动技术仍是重要的支撑技术。本书的出版有助于推动航天领域科技工作者的学术交流, 鼓励更多青年科学家开展航天领域的基础性和前沿性课题研究, 勇攀航天技术领域的学术高峰。

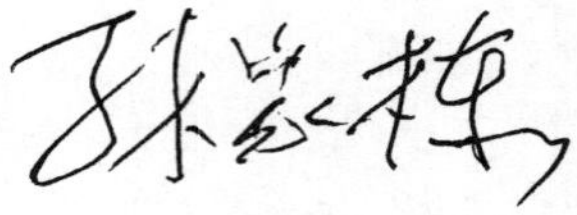

中国科学院院士

2015 年春

前　言

中国的探月计划——嫦娥工程分为“绕”、“落”、“回”3个阶段。绕: 2007年10月24日“嫦娥一号”月球探测卫星顺利发射并成功完成了探测任务; 2010年10月1日“嫦娥二号”月球探测卫星顺利发射并成功完成了探测任务。落: 2013年12月2日“嫦娥三号”月球探测器在西昌卫星发射中心由“长征三号乙”运载火箭送入太空, 14日成功软着陆于月球雨海西北部, 15日完成月球车与着陆器的分离, 并陆续开展了“观天、看地、测月”的科学探测和其他预定任务; 2013年12月16日, 中国官方宣布“嫦娥三号”探测任务获得圆满成功。回: 计划2017年发射“嫦娥五号”月球探测器, 进行月球采样并返回地球。

月球车是嫦娥工程第二阶段实现巡视探测的核心装备。月球车包括移动系统、结构与机构系统、导航与控制系统、综合电子系统、电源系统、热控系统、测控数传系统、机械臂系统以及科学仪器系统。针对月球车移动系统设计中的相关难题, 哈尔滨工业大学从2000年起开展研究, 在构型设计、性能评价、轮地力学、移动控制、重力补偿等领域形成了系统的研究成果, 为我国嫦娥工程的顺利实施提供了有力支持。

本书共9章。第1章介绍月球车的概念、工作环境、结构特点、总体方案等。第2章对月球车悬架系统进行拓扑构型设计, 提出了一种应用拓扑图关联矩阵进行同构判别的方法。第3章对月球车悬架系统的折叠技术开展研究, 提出了基本单元的变异方式并建立了单元变异的数学模型。第4章针对月球车地面力学问题开展了月球车车轮与月壤间相互作用特性的研究。第5章对月球车移动系统动力学开展了研究, 建立了虚拟仿真平台。第6章基于月球表面地形特征, 给出典型的月球车运动工况, 并对经典的摇臂－转向架式月球车进行了参数化建模和优化分析。第7章对月球车移动控制技术开展了研究, 基于轮地作用模型开展了滑转率协调控制研究。第8章对多节串联式月球车移动系统进行了设计, 并研制了原理样机, 进行了地面实验。第9章针对月球车所处的月面低重力环境, 进行了重力补偿实验研究, 并对拉力控制技术、位置跟踪技术等关键技术开展了研究。

本书作者均为从事月球车技术研究的科研人员。第1章由邓宗全、高海波撰写, 第2章由邓宗全、侯绪研撰写, 第3章由杨飞、邓宗全撰写, 第4章由邓宗全、丁亮撰写, 第 5 章由丁亮、高海波、全齐全撰写, 第 6 章由高海波、杨飞撰写, 第 7 章由丁亮、邓宗全撰写, 第 8 章由陶建国、邓宗全、侯绪研撰写, 第 9 章由刘振、高海波撰写。全书由邓宗全统稿, 由侯绪研和丁亮进行编辑和校对。

作者指导的硕士生和博士生的研究成果为本书的撰写提供了素材。博士毕业生包括胡明、张朋、李所军、禹鑫燚、方海涛、刘吉成、邱雪松、毕贞法、艾梅等, 硕士毕业生包括贾彦辉、王梦宇、焦震、李卫华、李楠、苏相国、董磊、李世杰、李运堂、高鹏、孟宪伟、王林、李慧军、王锋、邹艳波、郇明智、尹甲人、陈磊、于文泽、夏科睿、郭军龙、姬广勋等。刘逸群、郭军龙、杨怀广、刘宇飞、项升、蔡佳龙等协助完成了本书的文字、图表的编辑工作。在此表示衷心感谢。

本书涉及的研究工作得到了国家自然科学基金、国家 “863” 计划等项目的资助, 同时得到了探月工程国家重大科技专项以及中国空间技术研究院项目的资助。在此表示感谢!

由于作者水平有限, 书中的疏漏或不当之处在所难免, 热忱欢迎读者批评指正。

作者

2015 年春

于哈工大科学园

目录

第 1 章 绪论

1.1 引言

月球是人类开展深空探测活动的起点, 而月球车在月球探测活动中扮演着至关重要的角色。基于探测器的月球探测, 可分为 3 个阶段:

第一阶段: 1959—1976 年, 无人探测。苏联和美国共发射成功 49 颗无人月球探测器。其中, 苏联发射成功 25 颗, 主要有 Luna 系列、Zond 系列及 Cosmos 系列; 美国发射成功 24 颗, 主要有 Pioneer 系列、Lunar Orbiter 系列、Explorer 系列、Surveyor 系列及 Lunar Prospectors 系列。在这些探测器中, 苏联的 Luna17 和 Luna21 携带月球车进行了月面巡视探测。

第二阶段: 1969—1972 年, 有人探测。美国执行了 Apollo 载人登月计划, 相继发射了 Apollo11～Apollo17 共 7 艘登月飞船, 除 Apollo13 因发生故障终止登月任务外, 其余 6 艘均获得成功, 进行了包括月壤力学特性、气象、月振、热流、月面测量、磁场、太阳风等多项实验和探测, 取得了丰富的科学数据和月球岩石样本。其中, Apollo15、Apollo16 和 Apollo17 均使用了月球车, 由宇航员驾驶进行月面巡视探测。

第三阶段: 1997 年至今, 第二次探月高潮。中国、美国、俄罗斯、印度、日本都制订了各自的月球探测计划, 例如中国的 “嫦娥工程”、美国的探测器撞击月球、俄罗斯的 “月球 – 资源” 项目、和印度的 “月船 1 号”、日本的 “月亮女神” 等。其中, 中国的 “嫦娥三号” 探测器所携带的 “玉兔号” 月球车最具有代表性。

未来, 中国将开展火星探测、载人登月、月球基地等重大科技工程项目, 星球车移动技术仍是重要的支撑。因此, 开展月球车移动系统的研究具有极其重要的工程意义和学术价值。

1.2 月球车的工作环境

1.2.1 月球概况

月球是一个无风、无雨、无水、无气、冷热剧变的静寂天体。月球绕地球运行轨道的近地点为 356 330 km, 远地点为 400 000 km; 月球的质量为 7.35×10^{22} kg, 约为地球的 1/81, 月球体积只有地球体积的 1/49, 月球表面积为 $3\ 800\times10^{4}$ km^2, 只相当于地球表面积的 1/14, 月球的平均密度为 3.34 g/cm^3 (地表平均密度为 5.52 g/cm^3), 月球表面的引力只有地球表面的 1/6。

月球除绕地球公转外, 本身还自转, 其自转周期为 27 天 7 小时 43 分 11.5 秒, 因此月球的白昼和夜晚各相当于地球的半个月, 约为 14.75 天, 并总以同一侧面对着地球。昼夜温差大, 白天阳光照射的月表部位温度可达零上 130 ~ 150°C, 夜间温度则下降到零下 160 ~ 180°C, 这种大温差环境将使月球车的结构材料产生热应力。(林文祝、欧阳自远, 1995)

月球表面大气压力在 $10^{-6}\sim10^{-10}$ Pa 之间, 近于真空状态, 容易使润滑剂蒸发, 不能在金属表面形成氧化膜, 导致金属表面之间发生黏着甚至冷焊, 致使摩擦副不能相对运动。同时, 由于没有大气保护, 导致太阳风、太阳耀斑粒子等高能粒子直接辐射到月球表面, 并以一定深度和程度损伤月球表面的任何物体。因此, 月球表面的辐射环境很强, 易产生溅蚀、电离和聚合, 可毁坏月球车的结构、电子部件以及月球表面的任何物体 (荣欣等, 2001)。

1.2.2 月面地貌特征

月球的地形主要有环形山, 月海, 月陆和山脉等。图 1.1 为月球正面地貌分布图, 图 1.2 为月球背面地貌分布图 (杰姆尔德日安等, 2011)。图 1.3 为中国嫦娥工程拍摄的全月影像图 (中国新闻网, 2015)。

环形山是月面的显著特征, 几乎布满了整个月面。最大的环形山是南极附近的贝利环形山, 直径 295 km, 小的环形山甚至可能是一个几十厘米的坑洞。直径不小于 1 000 m 的大约有 3.3 万个, 占月面表面积的 7% ~ 10%。

目前已确定的月海有 22 个, 此外还有些地形称为 "类月海" 的。公认的 22 个绝大多数分布在月球正面, 其中最大的 "风暴洋" 面积约 500×10^{4} km^2。大多数月海大致呈圆形、椭圆形, 且四周多被一些山脉封闭, 但也有一些海是连成一片的。月海的地势一般较低, 月面的返照率也比较低, 因而看起来较黑。

月面上高出月海的地区称为, 一般比月海水准面高 2 ~ 3 km, 由于它的返照率高, 因而看来比较明亮。在月球正面, 月陆的面积大致与月海相等; 但在月球背面, 月

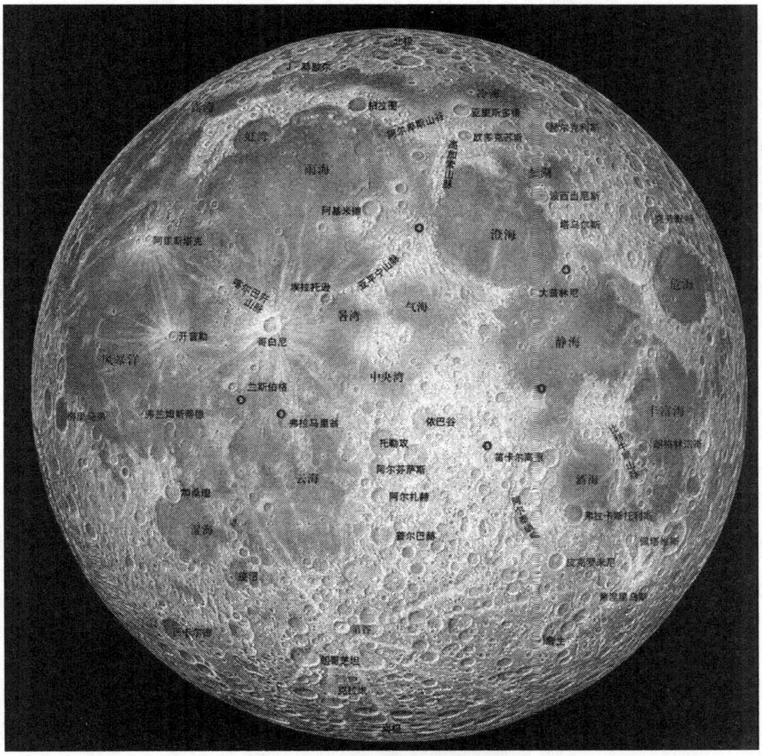

图 1.1 月球正面地貌分布图

图 1.2 月球背面地貌分布图

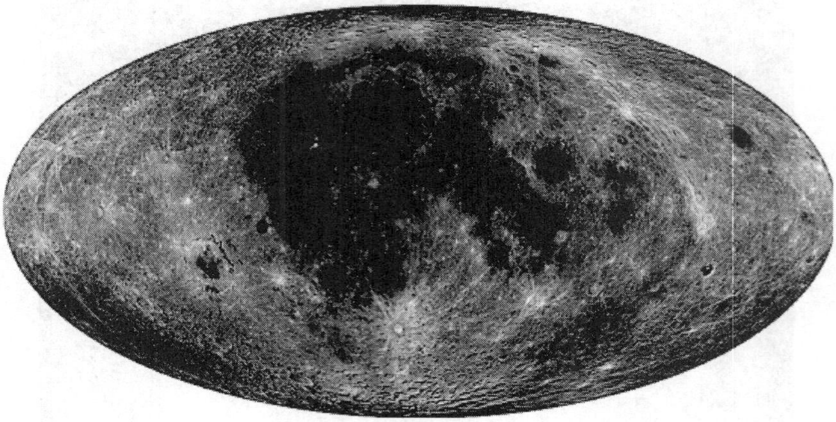

图 1.3 中国嫦娥工程全月影像图

陆的面积要比月海大得多。由同位素测定知道, 月陆比月海古老得多, 是月球上最古老的地形特征。

月球上的山脉常借用地球上的山脉名, 例如阿尔卑斯山脉、高加索山脉等。月面上 6 000 m 以上的山峰有 6 个, 5 000 ~ 6 000 m 的有 20 个, 4 000 ~ 5 000 m 则有 80 个, 1 000 m 以上的有 200 个。月球上的山脉有一普遍特征: 两边的坡度很不对称, 向海的一边坡度甚大, 有时为断崖状; 另一侧则相当平缓。

1.2.3 月壤基本特性

月壤覆盖在月球表面, 车轮与月壤的相互作用可驱动月球车前进, 同时也会导致扬尘。

1. 月壤的粒度与形状

月壤的粒度分布范围较宽, 颗粒直径以小于 1 mm 为主, 平均粒径 70 μm 左右, 中值粒径为 40 ~ 130 μm, 直径小于 20 μm 的颗粒占 10% ~ 20%。

月壤的颗粒形状复杂, 从球形到极端的棱角状都有, 其中长条状、次棱角状、棱角状的颗粒居多。锯齿状颗粒使得月壤颗粒之间互锁, 相对滑动困难, 导致月表月壤抵抗外物楔入的能力较强。

2. 月壤孔隙比

月壤孔隙比 e 是指月壤中孔隙体积与颗粒体积之比, 可以用来评价月壤的密实程度。一般 $e < 0.6$ 时定义为密实的低压缩性月壤, $e > 1.0$ 时定义为疏松的高压缩性月壤。表层月壤孔隙比 e 为 1.07 ± 0.07, 因此月壤是比较松软的。

3. 月壤的力学特性

月壤的力学特性是进行车轮月壤相互作用力学分析的基础。研究月壤的力学特性时, 通常将月壤变形分解为相互独立的竖直方向变形和水平方向变形, 分别对应于月壤的承压特性和剪切特性。

月壤是由固体颗粒组成的, 颗粒间的联结强度远远小于颗粒本身的强度, 因此在外力作用下颗粒之间发生相互错动, 使月壤中的一部分相对另一部分产生滑动。月壤颗粒抵抗滑动的性能, 称为月壤的抗剪性, 由内摩擦角 φ 和内聚力 c 两个指标决定。内摩擦角 φ 的大小体现月壤颗粒间摩擦力的强弱, 内聚力 c 的大小体现颗粒间黏结力的强弱。

相关资料显示, 通过 Lunar9、Lunar13、Surveyor、Lunokhod1/2、Apollo 月球车和宇航员对就位月壤的物理和机械性能的测试结果分析, 可将就位月壤的机械性能归纳为如表 1.1 所示 (欧阳自远, 2005)。

表 1.1　就位月壤的机械性能

月壤参数	孔隙比				
	>1.3	1.3~1.0	1.0~0.9	0.9~0.8	<0.8
承载力 /kPa	<7	7~25	25~36	36~55	>55
内聚力 /kPa	<1.3	1.3~2.2	2.2~2.7	2.7~3.4	>3.4
内摩擦角 (°)	<10	10~18	18~22	22~27	>27
月表典型位置	孤立的细颗粒物质层	新鲜小型陨石坑边缘、陡坡处	强烈侵蚀陨石坑单元	陨石坑交叠区域	新成的薄层月壤; 类石构造、孤立石块

1.3　星球车的成功范例

1.3.1　国外月球车

1. 月球车 1 号/2 号 (Луноход1/2)

苏联的 “月球车 1 号” 是第一个可以在其他星球上行进的无人驾驶漫游车 (图 1.4a)。1970 年 11 月 17 日, 由 “月球 17 号” 探测器携带, 在月球 “雨海 (Mare Imbrium)” 软着陆。“月球车 1 号” 在月球上运行了近 1 年, 它行进距离超过 10 km, 传回 2 万多张图片。它还对很多月球土样进行了分析。

“月球车 1 号” 质量约为 756 kg, 总长约为 2.216 m, 总宽约为 1.6 m, 车体结构分为两部分, 上部是仪器舱, 下部是自动行走底盘 (Хрьков, 2001)。仪器舱是由镁合金制成的密封舱, 保证了仪器设备在月面工作时不受月球环境的影响。自动行走底盘装有 8 个车轮, 车轮按照地面指令运动,“月球车 1 号” 有两个速度档, 当时的设计速度为 1 km/h 和 2 km/h, 可以爬上 30° 的斜坡, 越过 40 cm 高的障碍物和 60 cm 宽的沟壑。

1973 年 1 月 15 日, 苏联的月球探测器 “月球 21 号” 成功地将第二个月球车 “月球车 2 号” 送上了月球 (图 1.4b)。它在月球表面运行了大约 4 个月, 行程 37 km。拍摄了 86 张全景照片以及 8 万帧电视画面。

“月球车 2 号” 和 “月球车 1 号” 基本类似, 但增加了磁强计和天文光学仪器, 提高了向地球发送电视画面的速度, 并改进了轮系的结构。它在月面上工作了近 5 个月, 行程达 37 km, 走过了比 “月球车 1 号” 更为复杂的地形, 并做了详尽的研究。(杰姆尔德日安等, 2011)

(a) Луноход1

(b) Луноход2

图 1.4 苏联 Луноход 月球车

2. 月球流浪者 (Moon Buggy)

1971 年 7 月 31 日, 在 Apollo 15 飞船登月过程中, 宇航员首次实现在月球上驾驶 “月球流浪者” 遨游。“月球流浪者” 与其他月球车不同, 它不是机器人, 而是有人驾驶的车辆 (图 1.5)。它只在白天工作, 是一种类似吉普车的四轮车。宇航员可驾驶该款月球车在月球表面进行科学研究, 在月球表面进行远距离行进, 收集样本, 做地质分析。在之后的 Apollo16 和 Apollo17 任务中都使用了该款月球车。

该车质量为 726 kg, 长 3.1 m, 宽 1.8 m, 车体大部分采用铝结构, 车轮采用镀亚铅的钢丝编制而成的结构。在驾驶员位置处装有手动控制器以控制其运动。该车移动速度约 8.1 km/h, 实际平均行走距离约 29 km, 可以爬上 25° 的斜坡, 越过 25 cm 高的障碍物和 50 cm 宽的沟壑 (百度百科: 阿波罗 17 号, 2015)。

图 1.5 美国 Moon Buggy 月球车

1.3.2 火星车

1. 索杰纳 (Sojourner)

“索杰纳” 火星车是 1997 年 7 月美国发射的 “火星探路者 (Mars Pathfinder)” 飞船所携带的, 是一部微型自主式机器人车辆, 同时又可以在地面上对它进行遥控 (图 1.6)。1997 年 9 月底,“索杰纳” 火星车的电池失灵, 只能依靠太阳能继续运行。几天后,“火星探路者” 探测器停止传输信息。

图 1.6 美国 Sojourner 火星车

“索杰纳” 火星探测车采用六轮摇臂悬吊式结构, 其单侧摇臂包括主摇臂、副摇臂、前轮、中间轮和后轮。与四轮结构相比, 由于引入了副摇臂和中间轮, 当遇到障碍时, 通过副摇臂的转动, 并借助于中间轮来调整重力在各个轮上的分布, 可以提高车体的稳定性和越障能力。在工作的几个月里,“索杰纳” 共拍摄了 500 多幅照片。“索杰纳” 的设计寿命为仅为 7 天, 但实际工作了 3 个月 (奇正, 1997)。

2. 勇气号 (Spirit)和机遇号 (Opportunity)

“勇气号” 和 “机遇号” 是美国的 “双胞胎” 火星车 (图 1.7)。“勇气号” 于 2004 年 1 月 3 日在火星南半球的古谢夫陨石坑着陆, “机遇号” 则于 2004 年 1 月 25 日降落在原计划亨利撞击坑偏东 25 km 处的老鹰撞击坑。

“勇气号”/“机遇号” 长 1.6 m, 宽 2.3 m, 高 1.5 m, 质量为 174 kg。装备有 6 个轮子的摇臂悬挂系统, 即使在粗糙不平的表面上运动也能够保证轮子都与地面接触。悬吊式摇臂的设计保证其越过高于轮子直径 (250 mm) 的岩石, 轮毂花纹保证其在柔软沙地和突出的不规则岩石上爬坡。所有 6 个轮子都独立驱动, 4 个角轮独立转向, 可以使车体在原地 360° 转向, 也能使车体做偏航和曲线运动。出于对体积的严格限制, 转向机构被封装于角轮的轮系结构中。角轮的转向轴与底盘中轴呈 20° 夹角, 以增大极限转弯角度。

“勇气号” 和 “机遇号” 的计划任务时间为大约 90 天, 但是目前它们在火星表面已经工作了十余年。登陆火星以后, 这两个火星车已经收集了大量可以证明这颗红色行星表面曾有液态水存在的证据 (百度百科: 勇气号, 2015)。

图 1.7 美国 Spirit 和 Opportunity 火星车

3. 好奇号 (Curiosity)

"好奇号" 是美国第四台火星车, 也是第一辆采用核动力驱动的火星车, 其使命是探寻火星上的生命元素 (图 1.8)。"好奇号" 于 2012 年 8 月 6 日在伊奥利亚沼着陆。"好奇号" 火星车比 "勇气号" 和 "机遇号" 的质量更大、结构更复杂。车轮直径为 0.5 m, 高度为 2.1 m, 宽度为 2.8 m, 长度为 3.0 m (不包括机械臂), 火星车质量为 899 kg。

2012 年 12 月,"好奇号" 原本运行 2 年的探测任务被无限期延长 (百度百科: 好奇号, 2015)。

图 1.8 美国 Curiosity 火星车

1.3.3 中国 "玉兔号" 月球车

2013 年 12 月 15 日 4 时 35 分,"玉兔号" 月球车与 "嫦娥三号" 着陆器分离, 顺利驶抵月球表面。"玉兔号" 月球车及其系统组成分别如图 1.9 和图 1.10 所示。

作为月球车的重要组成部分, 月球车移动系统性能的优劣直接影响探测任务的实施与成败。其基本构形为六轮式, 通过主、副摇臂连接, 在松散月壤上具备良好的通过性和较高的行走效率。

图 1.9　中国 “玉兔号” 月球车 (百度百科: 玉兔号, 2015)

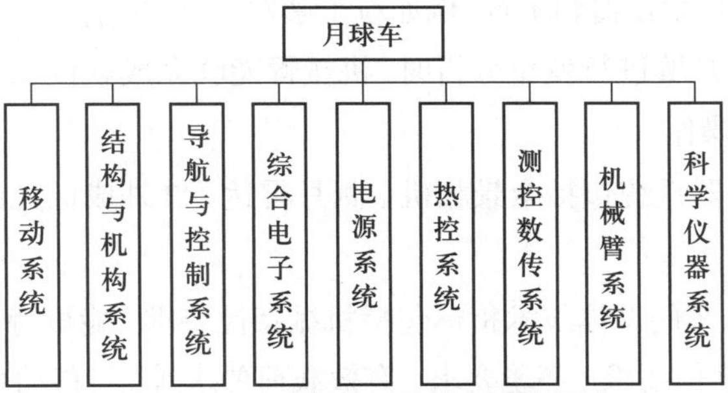

图 1.10　“玉兔号” 月球车系统组成

月球车结构与机构系统是月球车机械部件的主体部分, 通过它将其他的系统有机地连接在一起。结构与机构系统实现连接与释放、承载、防护和服务 4 项基本功能。

月球车导航与控制系统包括导航、制导与控制 3 个部分。导航与控制系统需要满足月球车定位、路径规划与避障、车轮协调驱动控制等功能。并要求在严格的通信约束、功率限制以及有限的计算容量下增加月球车的自主性。考虑到月面情况的复杂性, 为了使月球车实现灵巧而又安全的导航与控制机能, 必须让月球车能够对其所处的环境进行有效的感知、识别、信息融合与建模。

月球车综合电子系统为平台和科学仪器提供全面、综合的服务与管理。综合电子系统以月球车数据系统为核心, 完成月球车的运动调度和综合信息处理, 对各运行任务进行高效可靠的管理和控制, 监视探测器的状态, 协调月球车的工作, 实现信息的统一处理和共享。综合电子系统还要包括遥控、实时遥测、延时遥测、程控、数据共享与交换、时钟管理等常规功能。测量通道数、指令通道数由总体需求决定。

月球车电源系统是月球车重要的服务系统之一。它包含同位素温差电池、电能储存装置、电源功率调节、电源电压变换、供配电等硬件, 负责在各任务段为月球车的用电负载提供能源。任务要求月球车在月球的白天工作, 而在月球黑夜时亦可唤醒, 继续工作。

月球车热控系统通过对月球车内外热交换过程的控制, 保证月球车各部位及仪器设备在整个任务期间都处于规定的温度范围内。月球车月夜热控主要保证重要设备 (即度过月夜后必须唤醒的设备) 的最低温度要求, 而对其他设备则根据所能提供的能源来做选择, 必要时舍弃, 以减小热控质量和功率的需求。

月球车测控数传系统面临的主要困难来自于长距离的扩散损耗、长时间的延迟以及低覆盖率等问题。考虑到月球车功耗和质量的限制, 应将测控和数传射频信道共用, 以减少设备的数量, 降低整星的质量和功耗。发射天线配备定向天线和全向天线各一副, 两者配合使用则相得益彰。

月球车机械臂是携带各种科学仪器完成就位探测任务的有效装置, 带有用于月球表面地质探测的科学仪器和工具, 例如粒子激发 X 射线谱仪、岩石研磨器等。当月球车对目标月岩或月壤进行就位分析时, 机械臂能够完成就位探测仪器的放置、定位、操作及撤离等操作。

月球车科学仪器系统包括全景相机、测月雷达、红外成像光谱仪、粒子激发 X 射线谱仪等。

"玉兔号" 月球车的总体技术指标包括机械特性要求、能量特性要求、运动特性要求、导航要求、通信要求、环境要求、有效载荷要求等, 与移动系统相关的技术要求如表 1.2 所示 (孙泽洲等, 2014)。

表 1.2　月球车主要技术指标要求

项目		指标要求
总体	质量	不大于 140 kg
	收拢状态包络尺寸	不大于 1 500 mm × 1 100 mm × 1 000 mm
移动系统	驱动方式	六轮全驱
	转向能力	具备原地转向能力, 行进间最小转向半径为 1.5 m
	平面直线运动最大速度	不小于 200 m/h
	适应坡度	不小于 20°
	越障高度	200 mm (凸起的高度以及凹陷的深度)
GNC 系统	控制方式	地面操作 + 自主局部避障
	越障及避障	小于 200 mm
电源系统	母线电压	23 ~ 29.6 V
	输出功率	⩾ 220 W
	太阳翼最大输出功率	⩾ 280 W
	所需电池组容量	⩾ 20 Ah
热控系统	舱内设备温度范围	−20 ~ 55°C (舱内设备工作状态) −50 ~ 70°C (舱内设备存储状态)

1.4 月面巡视探测的科学目标与工程目标

1.4.1 科学目标

我国月球探测二期工程包括四大科学目标, 即月表形貌与地质构造精确调查、月表物质成分和资源的就位勘察、月球内部结构研究、日 – 地 – 月空间环境监测与月基天文观测。

为了实现月球探测二期工程的巡视勘查目标, 需要开展月球车的研制工作。利用月球车实现在着陆点周围对具有科学研究意义的目标进行就位探测与分析。在服务于月球探测工程二、三期任务的同时, 月球车的研制工作, 还将为未来的深空探测奠定重要的技术基础。从科学目标的需求看, 月球车应具备的基本功能包括: 承载科学仪器, 并提供科学仪器正常工作的条件 (布局、电源、温控、测控等); 在月面自动行走并进行勘测; 将科学探测数据传输回地球 (孙泽洲等, 2014)。

1.4.2 工程目标

我国月球探测二期工程的工程技术目标可概括如下:

(1) 突破自动巡视勘查技术及其他相关技术, 包括月球车自动巡视勘察技术、遥操作和遥分析技术、高数据量深空测控通信技术、月面特殊环境下探测器的热控与电源技术等。

(2) 研制和发射月球车, 包括月球车以及相关的科学探测仪器。

(3) 建立月球探测航天工程基本系统, 包括建设深空测控通信网, 改进地面应用和数据处理系统, 选用新一代运载火箭和相应的发射场, 形成基本配套的月球探测工程系统。

对月球车而言, 工程目标主要是突破月面巡视勘查、大数据量深空测控通信、同位素温差电源等关键技术 (孙泽洲等, 2014)。

1.5 月球车移动系统的研究内容

本课题组从 1999 年开始在国内率先开展了月球车移动系统的研究, 提出了月球车移动系统设计理论与月球车整车低重力运动模拟测试方法, 拓展了月面轮地作用力学研究领域, 奠定了月球车移动系统设计与模拟测试的理论基础, 为研制 "玉兔" 号月球车做出了突出的贡献。鉴于作者的专业背景, 并结合多年的工程实践经验, 本书主要针对月球车的移动系统开展研究, 具体包括机械系统构型与结构设计、移动系统的力学行为、移动控制方法、地面模拟实验等。

参考文献

Atkinson, D. J. (1999) Autonomy technology challenges of europe and TITAN exploration missions //Proc. of the 5th International Symposium on Artificial Intelligence Robotics and Automation in Space, 175-181.

Koelle, H. H., 张康华 (1999) 21 世纪的航天. 国际太空, **11**: 11.

Maurette, M. (1999) Robots for lunar exploration: Present and future. Advance Space Research, **23**(11): 1894-1855.

Shirley, D. L. (1995) Touching Mars: 1998 status of the mars robotic exploration program. Acta Astronautica, **45**(4-9): 249-265.

Хръков (2001) Комплексная программа КНР по исследованию и освоению луны “Проект M-XXI”. Проектное предрожение (книгаI): 35-42.

百度百科 (2015a) 阿波罗 17 号 [EB/OL]. http://baike.baidu.com/link?url=a-_O5hcFRSqO_l2erUzBazIGEaAlEVaL7NBQOIaY9-2tXitzXU7N9vSeqVQKBi_01airTNqULLGCt Z8izblpq.

百度百科 (2015b) 好奇号 [EB/OL]. http://baike.baidu.com/view/6973914.htm?fromtitle =%E5%A5%BD%E5%A5%87%E5%8F%B7&fromid=5994611&type=syn.

百度百科 (2015c) 勇气号 [EB/OL]. http://baike.baidu.com/view/1261773.htm?fromtitle =%E5%8B%87%E6%B0%94%E5%8F%B7&fromid=8596386&type=syn.

百度百科 (2015d) 玉兔号 [EB/OL]. http://baike.baidu.com/view/11629314.htm.

邸凯昌, 葛之江 (2011) 勇气号火星车六年探测征程及科学发现简述. 遥感学报, (7): 651-658.

丁希仑, 石旭尧, 王志英, 等 (2008) 月球探测 (车) 机器人技术的发展与展望, **5**: 5-9.

奇正 (1997) 机器人车漫游火星. 机器人技术与应用, (6): 13-16.

杰姆尔德日安, 格雷莫夫, 卡茹卡罗, 等 (2011) 星球车. 北京: 中国宇航出版社, 6-11.

林文祝, 欧阳自远 (1995) 重返月球. 地质地球化学, (4): 38-44.

卢波 (1998) 月球探测的意义及发展动态. 国际太空, (4): 1-4.

欧阳自远 (2005) 月球科学概论. 北京: 中国宇航出版社, 56-65.

荣欣, 张建斌, 郭宏, 等 (2001) 月球车润滑与密封技术综述. 润滑与密封, **3**: 2-4.

孙泽洲, 张廷新, 张熇, 等 (2014) 嫦娥三号探测器的技术设计与成就. 中国科学, **44**(4): 331-343.

中国新闻网 (2015) 中国发布嫦娥二号 7 米分辨率全月球影像图 [EB/OL]. http://www. chinanews. com/gn/2012/02-06/3646635.shtml.

薛成位 (1998) 月球探测势在必行. 导弹与航天运载技术, **1**: 1-2.

邹永廖, 欧阳自远, 李春来 (2000) 月球探测与研究进展. 空间科学学报, **20**(10): 93-103.

第 2 章　月球车移动系统构型设计

2.1　月球车构型综合基础

单开链叠加法是运动链构型综合常用的方法之一，本节将介绍此方法的基本原理及构型综合的基本步骤、拓扑图边数的分配以及运动链拓扑图的生成方式。星球车基本构型综合时，获得的拓扑构型经常会出现同构现象，因此快速地识别同构构型并将之去除掉在整个构型过程中具有十分重要的意义。很多文献都给出了判别同构构型的方法，本节利用构型的关联矩阵提出一种新的方法来进行同构识别。

2.1.1　运动链构型综合的单开链叠加法

运动链构型综合是发明、创造新机构以及对现有机构进行重大改进或结构优化的重要的环节。自 20 世纪 60 年代图论被引入机构学以来，运动链的构型综合理论与方法得到了飞速发展。其中最典型的方法有胚图插点法 (Crossley, 1965; 曹惟庆, 1978)、有限对称群法 (Tuttle, 1989)、对偶图法 (Sohn、Freudenstein, 1986)、二副杆法 (Mruthyunjaya, 1984) 以及杨廷力等研究的单开链叠加法 (Yang、Yao, 1988) 等。本文应用单开链叠加法进行运动链的构型综合，因为该方法具有如下优点 (杨廷力, 1996):

(1) 可以对非平面拓扑运动链进行构型综合，适用范围较广;

(2) 在进行机构结构学、运动学、动力学分析时，皆以单开链为基本单元，有利于建立系统的统一数学模型;

(3) 在进行构型综合的同时，结构运动链的耦合度及其分解路线可一并得到;

(4) 可进一步推广，用于空间机构的类型综合。

单开链叠加法构型综合主要基于以下基本思想: 先由 i 个具有零自由度、L_i 个回路、耦合度为 k_i 的基本运动链合成一个自由度为零、具有 L 个回路、耦合度为 k 的运动链。在此基础上再添加 F 个运动副合成所需的具有 F 个自由度、L 个回路、耦合度为 k 的运动链, 最后指定机架形成机构。整个过程可用下式表示 (杨廷力, 1996):

$$\mathrm{BKC}(0, L_i, k_i) \xrightarrow{\sum\limits^{i}\{\mathrm{BKC}\}_i} \mathrm{KC}(0, L, k) \xrightarrow{\oplus J(F)} \mathrm{KC}(F, L, k) \xrightarrow[\text{应杆件}]{\text{固结相.}} \text{机构} \tag{2.1}$$

式中, BKC 为基本运动链; KC 为运动链。

2.1.1.1 运动链构型综合的主要步骤

若运动链拓扑图自由度为 F, 且设与 F 个自由度匹配的拓扑图中顶点数和边数分别为 v 和 e, 则构型综合步骤如下:

(1) 给定拓扑图的回路数 L, 则可得 (Yang、Yao, 1988)

$$v' = 3L \tag{2.2}$$

$$e' = 2L + 1 \tag{2.3}$$

(2) 分配各单开链的边数;

(3) 生成基本运动链机构的拓扑图;

(4) 在第 (3) 步中所得的拓扑图中加入 F 个边, 得到自由度为 F 同时有与其匹配的 v 个顶点和 e 条边的拓扑图;

(5) 删除同构及消极运动链拓扑图;

(6) 由综合出的拓扑图得到相应的机构运动链简图。

2.1.1.2 单开链拓扑图边数的分配

若某个有序单开链拓扑图的边数依次为 $e_1, e_2, \cdots, e_L$, 则由运动链结构分解为有序单开链及耦合度算法原理知, 对具有平面拓扑图的基本运动链, 回路边数的最少数目有如下约束条件 (杨廷力, 1996):

$$e_1 \leqslant 6 - \frac{6}{L+1} \tag{2.4}$$

由式 (2.4) 可得 e_1 的取值:

$$e_1 = \begin{cases} 3, & \text{当 } L = 1 \text{ 时} \\ 4, & \text{当 } 2 \leqslant L \leqslant 4 \text{ 时} \\ 5, & \text{当 } L \geqslant 5 \text{ 时} \end{cases} \tag{2.5}$$

同时, 第二单开链拓扑图的边数应满足

$$e_2 \geqslant \mathrm{INT}\left[\frac{e_1 + 1}{2}\right] \tag{2.6}$$

式中, INT[*] 为不大于 * 的最大整数。

对于第 i 个单开链, e_i 满足下式:

$$e_i \geqslant \min\left\{\mathrm{INT}\left[\frac{e_{(i-1)}+1}{2}\right], \mathrm{INT}\left[\frac{e_i+1}{2}\right]\right\} \tag{2.7}$$

并且最后一个单开链拓扑图的边数应为 $e_L=1$ 或 $e_L=2$。

2.1.1.3 运动链拓扑图的生成方式

运动链拓扑图的生成方式如下:

(1) 由所得的第一单开链拓扑图边数生成第一基本回路;

(2) 生成其余拓扑回路。

在生成其余拓扑图回路时, 后一回路的两端应分别附加在已生成回路的两个顶点 v_a、v_b 之上。v_a、v_b 间的通路长度 d_i 应使后一回路拓扑图的边数 e_i 满足 (杨廷力, 1996):

$$\begin{cases} 0 \leqslant d_i \leqslant \mathrm{INT}\left[\dfrac{1}{2}\displaystyle\sum_{i=1}^{L-1} e_i\right], & \text{当 } e_1 \leqslant e_i \\ (e_1-e_i) \leqslant d_i \leqslant \mathrm{INT}\left[\dfrac{1}{2}\displaystyle\sum_{i=1}^{L-1} e_i\right], & \text{当 } e_1 > e_i \end{cases} \tag{2.8}$$

2.1.2 运动链拓扑图顶点类配的生成

运动链拓扑图中, 顶点度的大小表示与该顶点连接的边的多少是拓扑图主要特征之一。一个拓扑图中对应反映运动链中二副杆、三副杆 …… 的二度点、三度点 …… 的各类点的数目集合就是该拓扑图的一个顶点类配, 它可以直观表达出在一个拓扑图中不同度顶点的数目, 从而反映出该拓扑图构型的本质特征。只有准确获得顶点类配, 才能保证综合过程的有向性、有序性以及综合结果的正确性。

在进行构型综合时, 以全转动副的低副运动链最具有代表性, 其他类型的机构可通过机构演化方式获得 (张春林、余跃庆, 2006)。对于低副平面闭链拓扑图, 在给定顶点数和边数的情况下, 下式成立:

$$L = e - v + k \tag{2.9}$$

式中, L 为拓扑图中独立的回路数; e 为拓扑图中总边数; v 为拓扑图中总顶点数; k 为拓扑图的分支数。

对于连通图, 由式 (2.9) 可知其基本回路数为

$$L = e - v + 1 \tag{2.10}$$

由 Lee 和 Yoon (1994) 的研究可知, 在一个非退化的运动链之中, 当一个杆件所在的环路数越多时, 它能连接的运动副的数目就越多。因此, 一个杆件所能连接的运动副数的最大值可用下式表示:

$$k_{\max} = L + 1 \tag{2.11}$$

式中, $k_{\max}$ 为每个顶点所能连接边数的最大值。

在与运动链相对应的拓扑图中, 如果 v_k 表示一个点与 k 条边相连接的顶点数, 称该点为 k 度点, 其相应顶点的度可以用 $\deg(v_k) = k$ 表示, 则其拓扑图中任意一个顶点所能拥有的度的最大值可用下式表示:

$$\deg_{\max}(v_k) = k_{\max} = L + 1 \tag{2.12}$$

根据欧拉定理, 在一个平面闭链拓扑图中下式成立:

$$\begin{cases} 2v_2 + 3v_3 + \cdots + kv_k + \cdots + k_{\max}v_{k_{\max}} = 2e \\ v_2 + v_3 + \cdots + v_k + \cdots + v_{k_{\max}} = v \end{cases} \tag{2.13}$$

由式 (2.13) 可求得各类型顶点的数目 $v_k(k = 2, \cdots, k_{\max})$。该方程式可能存在 q 组解, 每一组解对应一种顶点类配, 而每种顶点类配均可表示为 $VA_i = \{v_2/v_3/\cdots/v_k/\cdots/v_{k\max}\}, i = 1, 2, \cdots, q$。

2.1.3 同构拓扑图的判别及新方法的提出

2.1.3.1 同构判别的相关理论

在拓扑图中, 同构是一个非常重要的概念。假设存在两个拓扑图, 并且分别表示为 $K = (V(K), E(K), \Psi_K)$ 和 $H = (V(H), E(H), \Psi_H)$, 如果这两个图是同构的, 则记为 $K \cong H$, 且有 (徐俊明, 2010)

$$\theta : V(K) \to V(H)$$

$$\varphi : E(K) \to E(H)$$

使得

$$\forall a \in E(K)$$

$$\Psi_K(a) = (x, y) \Leftrightarrow \Psi_H(\varphi(a)) = (\theta(x), \theta(y)) \in E(H)$$

如果在图 K 中的顶点 u 与 v 邻接, 而在图 H 中与 K 图中对应的顶点也邻接, 那么就说这两个拓扑图是同构的, 否则为非同构拓扑图。因此可以得出这样的结论: 如果两个图是同构的, 即使刚开始它们的邻接矩阵不同, 但通过对它们的邻接矩阵进行行列变换后就可以使它们的邻接矩阵具有相同的形式。由文献 (Cubillo、Wan, 2005; Chang、Zhang, 2002) 可知, 如果两个同构图的邻接矩阵被分别表示为 $\boldsymbol{A}$ 和 $\boldsymbol{B}$, 那么存在一个行变换矩阵 $\boldsymbol{T}$, 有

$$\boldsymbol{TAT}' = \boldsymbol{B} \tag{2.14}$$

式中, $\boldsymbol{T}'$ 为矩阵 $\boldsymbol{T}$ 的逆矩阵。

式 (2.14) 是两图同构的充分必要条件, 虽然具有很高的可靠性, 但到目前为止仍未得到广泛的应用, 主要在于这种方法巨大的计算量和较低的计算效率, 特别是随着杆件数目的增加, 该问题愈加明显。假设给定的两个拓扑图中都有 N 个杆件, 则在最复杂的情况下将有 $N!$ 次行列变换。因此如何快速地找到两个图中顶点之间的对应关系是一个亟需解决的问题。

在目前的文献中, 大部分关于同构判别的方法都是基于拓扑图的不变量。拓扑图不变量是一些根据拓扑图性质定义的一些参数或函数, 即同构图有相同的拓扑图不变量。到目前为止, 进行同构图判别一般都基于以下一些拓扑图不变量: ① 顶点数目; ② 拓扑图边数; ③ 度序列; ④ 各顶点之间的距离; ⑤ 度为 d 的顶点数。

这些拓扑图不变量都可以用来对拓扑图同构行进行初步判别。在下面的必要条件中, 将会提出另一个拓扑图不变量并结合以上的 5 个不变量来对综合出的运动链拓扑图进行初步判别。

2.1.3.2 同构判别的必要条件

在这一部分, 先对构成必要条件的另一个拓扑图不变量和拓扑图终态序列进行研究, 在此基础上提出判别同构拓扑图的必要条件。

1. 新拓扑图不变量

假设两个图 K 和 H 都有 v 个顶点和 e 条边, 它们的关联矩阵可以用 $\boldsymbol{G}_C$ 和 $\boldsymbol{G}_D$ 表示如下:

$$\boldsymbol{G}_C = \begin{bmatrix} a_{11} & a_{12} & \cdots & \cdots & a_{1e} \\ a_{21} & a_{22} & \cdots & \cdots & a_{2e} \\ \vdots & \vdots & \vdots & \vdots & \vdots \\ a_{v1} & a_{v2} & \cdots & \cdots & a_{ve} \end{bmatrix}, \quad \boldsymbol{G}_D = \begin{bmatrix} b_{11} & b_{12} & \cdots & \cdots & b_{1e} \\ b_{21} & b_{22} & \cdots & \cdots & b_{2e} \\ \vdots & \vdots & \vdots & \vdots & \vdots \\ b_{v1} & b_{v2} & \cdots & \cdots & b_{ve} \end{bmatrix} \tag{2.15}$$

式中, a_{ve}、b_{ve} 为表示顶点和边之间的连接关系。若顶点和边之间连接, 取值为 1, 否则为 0。

关联矩阵 $\boldsymbol{G}_C$ 和 $\boldsymbol{G}_D$ 表示两个图中顶点和边之间的连接关系, 其中前述的拓扑

图不变量 (1)、(2)、(3)、(5) 可从这两个矩阵中得到。通过计算可得

$$\boldsymbol{C}_0=\boldsymbol{G}_C\boldsymbol{G}_C^{\mathrm{T}}=\begin{bmatrix} c_{11} & c_{12} & \cdots & c_{1v} \\ c_{21} & c_{22} & \cdots & c_{2v} \\ \vdots & \vdots & \vdots & \vdots \\ c_{v1} & c_{v2} & \cdots & c_{vv} \end{bmatrix},\ \boldsymbol{D}_0=\boldsymbol{G}_D\boldsymbol{G}_D^{\mathrm{T}}=\begin{bmatrix} d_{11} & d_{12} & \cdots & d_{1v} \\ d_{21} & d_{22} & \cdots & d_{2v} \\ \vdots & \vdots & \vdots & \vdots \\ d_{v1} & d_{v2} & \cdots & d_{vv} \end{bmatrix} \tag{2.16}$$

式中, $\boldsymbol{G}_C^{\mathrm{T}}$ 为矩阵 $\boldsymbol{G}_C$ 的转置矩阵; $\boldsymbol{G}_D^{\mathrm{T}}$ 为矩阵 $\boldsymbol{G}_D$ 的转置矩阵; $c_{ij}(d_{ij})$ 为连接顶点 i 和 j 的边数, $1\leqslant i\leqslant v$, $1\leqslant j\leqslant v$。

如果两个图同构, 则 $\boldsymbol{G}_C$ 和 $\boldsymbol{G}_D$ 能通过行列变换得到相同的矩阵形式, 而且矩阵 $\boldsymbol{C}_0$ 和 $\boldsymbol{D}_0$ 也相同。通过分别对这两个矩阵求其行列式的值, 则可以得到用于同构拓扑图判别的另一个拓扑图不变量, 即

$$|\det(\boldsymbol{C}_0)|=|\det(\boldsymbol{D}_0)| \tag{2.17}$$

2. 拓扑图终态序列

通过式 (2.16) 可以得到如下两个序列:

$$\boldsymbol{SC}_0=\begin{bmatrix} C_1 \\ C_2 \\ \vdots \\ C_v \end{bmatrix}=\begin{bmatrix} c_{11}+c_{12}+\cdots+c_{1v} \\ c_{21}+c_{22}+\cdots+c_{2v} \\ \vdots \\ c_{v1}+c_{v2}+\cdots+c_{vv} \end{bmatrix},$$

$$\boldsymbol{SD}_0=\begin{bmatrix} D_1 \\ D_2 \\ \vdots \\ D_v \end{bmatrix}=\begin{bmatrix} d_{11}+d_{12}+\cdots+d_{1v} \\ d_{21}+d_{22}+\cdots+d_{2v} \\ \vdots \\ d_{v1}+d_{v2}+\cdots+d_{vv} \end{bmatrix} \tag{2.18}$$

分别比较 $\boldsymbol{SC}_0$ 和 $\boldsymbol{SD}_0$ 中的各元素, 检查彼此是否相同。如果相同, 则 $\boldsymbol{SC}_0$ 和 $\boldsymbol{SD}_0$ 是终态序列, 分别表示为 $\boldsymbol{SC}_f$ 和 $\boldsymbol{SD}_f$; 如果不同, 则需进行下述步骤:

(1) 计算 $\boldsymbol{C}_{i+1}=\boldsymbol{C}_i\boldsymbol{C}_i^{\mathrm{T}}$ 和 $\boldsymbol{D}_{i+1}=\boldsymbol{D}_i\boldsymbol{D}_i^{\mathrm{T}}$, $i=0,1,2,\cdots$。

(2) 在 $\boldsymbol{SC}_i$ ($\boldsymbol{SD}_i$) 和 $\boldsymbol{SC}_{i+1}$ ($\boldsymbol{SD}_{i+1}$) 中, 归纳不同元素值的数目, 分别写为 NC_i (ND_i) 和 NC_{i+1} (ND_{i+1}), 然后比较 NC_i (ND_i) 和 NC_{i+1} (ND_{i+1})。如果 NC_i (ND_i) $=NC_{i+1}$ (ND_{i+1}), 那么 $\boldsymbol{SC}_f=\boldsymbol{SC}_i$ ($\boldsymbol{SD}_f=\boldsymbol{SD}_i$); 如果 NC_{i+1} (ND_{i+1}) $>NC_i$ (ND_i), 则继续比较 NC_{i+1} (ND_{i+1}) 和 NC_{i+2} (ND_{i+2}), 直到得到 $\boldsymbol{SC}_f$ ($\boldsymbol{SD}_f$)。

3. 同构判别必要条件

在前述基础上, 本文提出了用于拓扑同构图判别方法的必要条件:

(1) 两图的关联矩阵需满足式 (2.17);

(2) 对于 $\boldsymbol{SC}_f$ 中具有相同值的元素, 在 $\boldsymbol{SD}_f$ 中必须有同样数量的元素与之对应。

应用本文提出的必要条件, 同构图的初步判别就能容易和快速地给出。应用必要条件对文献 (Cubillo、Wan, 2005; Chang、Zhang、Yang, 2002; Dargar、Hasanb、Khanb, 2009; He、Zhang、Li, 2003; Dargar、Khan、Hasan, 2010; Rao, 2000) 中的例子进行了判别, 进一步验证了所得出的必要条件的正确性。

当两个拓扑图同构时, 必然满足拓扑同构的必要条件, 但满足必要条件的两个拓扑图不一定是同构图。因此还需找到进行同构拓扑图判别的充分条件, 才能可靠地判定两图是否真正地同构。

2.1.3.3 同构判别的充分条件

文献 (Cubillo、Wan, 2005; Chang、Zhang、Yang, 2002) 基于特征向量和特征值的方法来判别两图是否同构, 但是作者并没有给出如何得到两图顶点之间对应关系的方法, 而这恰恰是获得同构判别充分条件很重要的一步。很有可能作者是通过观察的方法来获得顶点之间的对应关系, 但是这种方法并不可靠, 尤其随着杆件数目的增多, 使用观察法得到不同顶点之间的对应关系就显得更加困难。Li 和 Cao (1998) 关于这个问题给出了他们的方法, 但非常遗憾的是, 作者仍旧没有很清楚地描述操作的具体过程, 导致读者用不同的操作方法得到不同的结果。本节提出了一个可靠的办法来解决这个问题。

1. 拓扑图顶点的重新标记

假设 $\boldsymbol{SC}_f$ 和 $\boldsymbol{SD}_f$ 都满足必要条件, 并且 $\boldsymbol{SC}_f=[C_{f1},C_{f2},\cdots,C_{fi},\cdots,C_{fv}]^{\mathrm{T}}$, $\boldsymbol{SD}_f=[D_{f1},D_{f2},\cdots,D_{fi},\cdots,D_{fv}]^{\mathrm{T}}$, $1\leqslant i\leqslant v$。若这两个序列中所有元素有 g 个不同的值, 则这两个序列都可以被分为 g 个组, 每一组元素用一个特定的符号进行标记, 如 $*$、$\cdot$、$+$ 等 (共有 g 个不同的符号)。则图 K 和 H 中的顶点可以重新被标记为

$$vc=\left\{\overset{*}{vc}_1,\ \ \overset{\bullet}{vc}_2,\ \ \cdots,\ \ \overset{+}{vc}_v\right\} \tag{2.19}$$

$$vd=\left\{\overset{\bullet}{vd}_1,\ \ \overset{*}{vd}_2,\ \ \cdots,\ \ \overset{+}{vd}_v\right\} \tag{2.20}$$

式中, $vc(vd)$ 为图 $K(H)$ 中的顶点集合; v 为图 $K(H)$ 中的顶点的个数。

接着在图 K 和 H 中分别寻找每个顶点邻接的顶点, 并且把它们表示为

$$\overset{*}{vc}_1\{\cdots\},\quad \overset{\bullet}{vc}_2\{\cdots\},\cdots,\overset{+}{vc}_v\{\cdots\} \tag{2.21}$$

$$\overset{\bullet}{vd}_1\{\cdots\},\quad \overset{*}{vd}_2\{\cdots\},\cdots,\quad \overset{\bullet}{vd}_6\{\cdots\} \tag{2.22}$$

在式 (2.21) 和式 (2.22) 中, 在括号内的顶点都是括号外顶点的邻接顶点, 分别属于图 K 或图 H 中的顶点。

2. 同构判别充分条件

可将所提同构判别方法的充分条件表述为: 在式 (2.21) 和式 (2.22) 中, 不仅括号外顶点值相同, 而且括号内的顶点的值也必须相同。

3. 利用充分条件判别步骤

当得到同构图判别的充分条件后, 就可以利用这个条件对两个图进行可靠的判定, 其具体操作步骤为:

(1) 将式 (2.21) 中的顶点与式 (2.22) 中的顶点进行比较, 所有的或大部分的顶点对应关系都能被找到。在整个过程中, 每个顶点对应关系的一致性必须要得到保证, 即不允许一个顶点同多个顶点有对应关系。

(2) 借助于已经得到的对应关系, 以其中一个图作为参考, 重新标记另外一个图。

(3) 写出此时这两个图的邻接矩阵, 如果相同, 则同构; 如果不同则为非同构。

利用提出的拓扑图同构识别的方法, 可以剔除悬架构型综合中的同构拓扑图, 这样可以避免因为拓扑图同构而导致的机构运动链相同所造成的人力、物力与财力的浪费, 为星球车悬架的构型综合奠定良好的基础。

2.2 月球车悬架构型综合

轮式月球车移动机构的首要功能是保证移动机构的地面适应性, 亦即保证月球车在崎岖地面上运动时各个车轮同时与路面接触, 这对保障月球车良好的运动特性和力学特性非常重要。车轮对崎岖地面的自适应能力除与自身构型相关外, 还与悬架构型密切相关。因此, 基于地面自适应能力的悬架构型综合将使综合出的星球车移动机构具有良好的地面自适应性, 从而保证星球车具有优异的运动学和动力学性能。

2.2.1 悬架构型基本步骤

一般来说, 月球车悬架的重量、连接的复杂度随着杆件数目的递增而加大。为保证综合出的悬架系统满足简单、可靠的原则, 悬架直接综合时杆件数以不超过 6 个为宜; 对于组合悬架, 其总杆件数以不超过 12 个为宜, 过于复杂的构型实际应用价值不大。图 2.1 所示为与 N 个车轮连接的具有地形被动自适应能力的悬架系统示意图。在构型综合时, 车轮与地面的接触副视为纯滚动的单自由度运动副 (Singh 和 Eathakota 等, 2009)。

悬架构件之间及悬架与车轮之间可能存在多种运动副连接方式, 如全部为单铰运动副连接, 全部为复铰运动副连接, 单 – 复铰混合连接等。因此, 给出的悬架构型步骤如下:

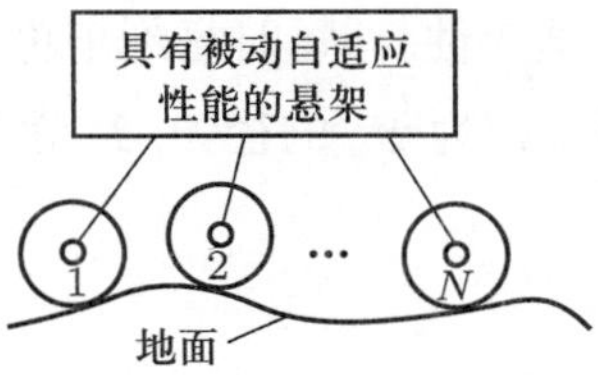

图 2.1　被动自适应悬架示意图

(1) 对连接 N 个车轮的悬架进行被动自适应性分析, 得出悬架所需杆件数和运动副数, 分别记为 n、p。

(2) 因 N 个车轮与地面 (视为一个构件) 和悬架连接, 则除悬架外, 悬架 - 车轮系统还有 $2N$ 个运动副与 $N+1$ 个杆件。用单开链叠加法对具有 $n+N+1$ 个杆件和 $2N+p$ 个运动副的机构进行构型综合, 得出各种不同的构型。

(3) 在所得的构型中, 找到 N 副杆作为地面, 与之连接的 N 个杆件作为车轮, 对其余杆件和运动副进行连接分析得出具体的悬架连接构型。

(4) 对经过以上三步获得的某一悬架中的某些杆件直接用其他构型的悬架进行适当替换得出新的悬架构型, 但总杆件数目不允许超过 12。

对于每侧最多连接 3 个车轮的六轮星球车悬架而言, 可从单轮悬架、双轮悬架及三轮悬架三方面进行悬架的构型综合。

2.2.2　单轮被动自适应悬架综合

在本节中, 先对单轮被动自适应悬架系统在运动时需要的自由度进行研究, 在此基础上对单轮悬架系统进行构型综合, 分别得到每种构型对应的拓扑图, 并对这些拓扑图进行筛选。

2.2.2.1　单轮被动自适应悬架所需自由度研究

单轮月球车行驶的每一时刻, 可将车轮与地面视为点接触。在非结构化地面环境中, 将车轮与地面离散的接触点连起来形成一条接触轨迹曲线。若不考虑主动转向运动, 且两边车轮没有速度差, 则此接触曲线为一平面内的轨迹曲线, 如图 2.2 中曲线 S_1 所示。

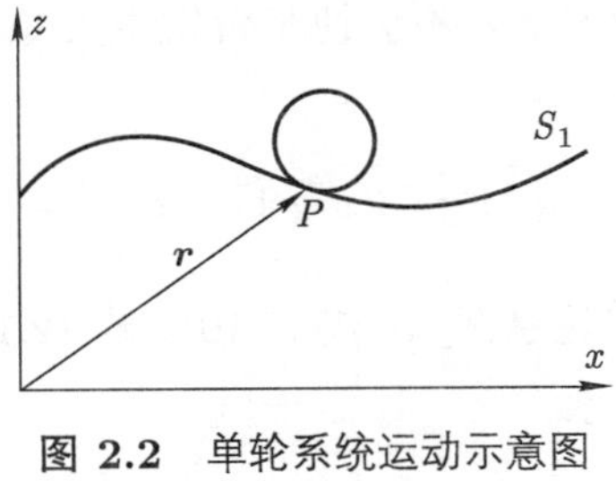

图 2.2　单轮系统运动示意图

为使车轮对地面有良好自适应性, 即每时每刻车轮都与地面接触, 可假设曲线 S_1 是车轮在不同位置下的包络线。$\boldsymbol{r}$ 为 S_1 的径矢, P 为车轮与曲线 S_1 在某一位置的接触点。

设包络曲线 S_1 的方程为

$$\boldsymbol{r} = \boldsymbol{r}(x, z) \tag{2.23}$$

且其上无奇点, 即 $\boldsymbol{r}_x \times \boldsymbol{r}_z \neq \boldsymbol{0}$, P 为 S_1 上对应位置参数的一点, 即 $P(x, z)$。因曲线 S_1 是车轮在不同位置的包络线, 所以当车轮在某一位置与曲线的接触点为 P 时, P 点在曲线 S_1 和车轮轮廓线上的切矢应相等, 即

$$P\text{ 点}: \boldsymbol{r}'_{s_1} = \boldsymbol{r}'_{w_1} = \boldsymbol{r}(\boldsymbol{r}_x, \boldsymbol{r}_z) \tag{2.24}$$

令 $S_1 = f(x, z)$, $\Delta x_i = \Delta x_{i-1} + \Delta x$, $\Delta z_i = \Delta z_{i-1} + \Delta z$, $(i = 1 \sim n)$, 其中 Δx、Δz 为在相等的时间间隔内在 x、z 方向上的增量, 则弧线 S_1 的偏导矢可以表示为

$$\boldsymbol{r}_x = f_x(x, z) = \lim_{\Delta x \to 0} \frac{f(\Delta x_{i-1} + \Delta x, \Delta z_{i-1}) - f(\Delta x_{i-1}, \Delta z_{i-1})}{\Delta x} \tag{2.25}$$

$$\boldsymbol{r}_z = f_z(x, z) = \lim_{\Delta z \to 0} \frac{f(\Delta x_{i-1}, \Delta z_{i-1} + \Delta z) - f(\Delta x_{i-1}, \Delta z_{i-1})}{\Delta z} \tag{2.26}$$

由于 x 方向为月球车前进的方向, 则在 x 方向的自由度由驱动电机提供, 因此重点在于式 (2.26) 表达的在崎岖地面行驶时在 z 方向上悬架应提供的自由度。因起伏的地形使得在相等的时间间隔内对应不同的 Δz 值, 所以可得出

$$\boldsymbol{r}_z \neq \boldsymbol{0}$$

由此得出当行驶在起伏路面上时, 对单轮系统的悬架仅需提供一个自由度来满足 z 方向地形的变化即可。

2.2.2.2 单轮悬架系统构型综合

鉴于单轮悬架系统的特殊性, 即整个悬架系统与地面只有一个接触点, 因此悬架与载荷平台连接时, 悬架有一个杆件须与平台固结或受到约束, 这样悬架系统在向车轮提供一个自由度的情况下才不会使平台发生失稳现象, 由此单轮系统悬架自由度的表达式为

$$F = 3(v - 1) - 2e \tag{2.27}$$

则对于自由度为 1 的单轮悬架, 由式 (2.10)、式 (2.11)、式 (2.13)、式 (2.27) 可得 。种综合方案如表 2.1 所示。

表 **2.1**　$F=1$ 的单轮悬架综合方案

v	e	L	v_2	v_3
2	1	0	0	0
4	4	1	4	0
6	7	2	4	2

1. 双杆开链悬架构型

由 $v=2, e=1$, 可从直观上很容易地得出此种构型的唯一拓扑图, 如图 2.3a 所示, 其对应的两个机构简图如图 2.3b、c 所示。在图 2.3b、c 中, 杆 1 一端与车轮通过转动副连接, 另一端与载荷平台 2 通过转动副或移动副连接。为使其有自适应性而不失稳, 在杆 1 和平台 2 之间有相应的约束 3, 如弹簧、扭簧等。

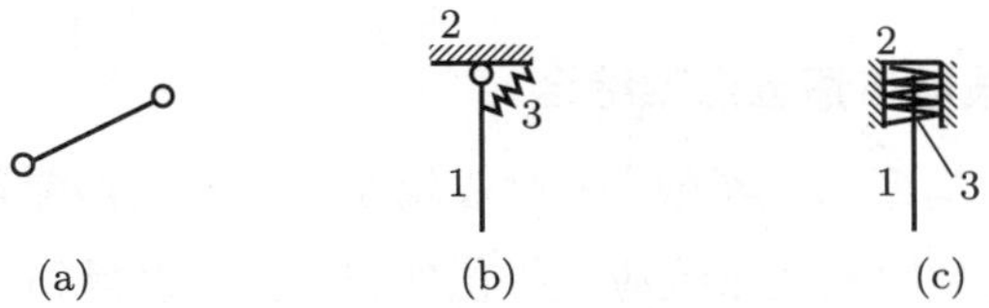

图 2.3　双杆开链悬架拓扑图及结构连接

2. 四杆单环悬架构型

对于 $v=4, e=4, L=1$ 的运动链拓扑构型, 很容易得出此种构型唯一拓扑图, 如图 2.4a 所示, 对应的两个简图如图 2.4b、c 所示。

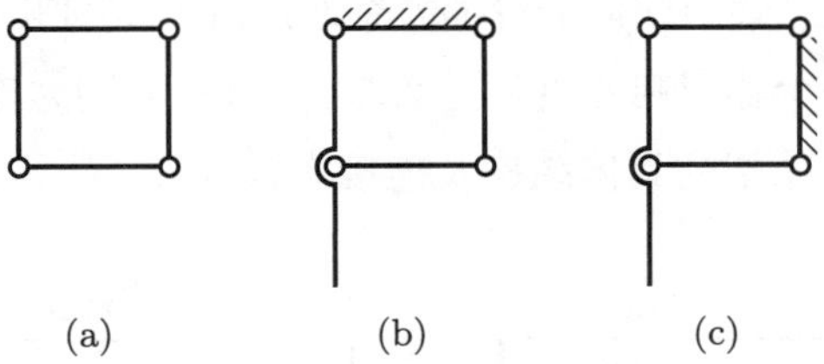

图 2.4　四杆单环悬架构型拓扑及结构图

3. 六杆双环悬架构型

由于单轮悬架系统不与地面形成封闭的回路, 因此悬架可作为独立的系统进行综合, 而不把车轮、地面包含在内。由表 2.1 可知, 此方案拓扑图的 $v=6$, $e=7$, $L=2$, 其 $F=0$ 的运动链拓扑图用单开链法综合, 如图 2.5a、b 所示。在图 2.5 的拓扑图中分别增加一条边 (运动副) 并经同构、消极运动链判别后, 得到图 2.6 所示两个 $F=1, v=6, e=7$ 的拓扑图。

图 2.6a 为 Watt 型运动链拓扑图, 图 2.6b 为 Stephenson 型运动链拓扑图。对于这两种构型的六杆悬架来说, 其连接单个车轮存在以下不足:

(1) 悬架仅连接一个车轮, 因此带来悬架杆件相对车轮数量显得较多, 存在使用

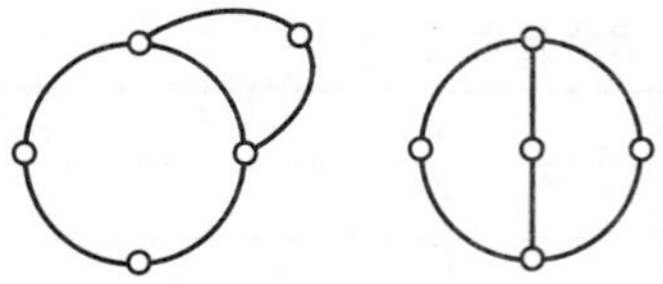

(a)　　(b)

图 2.5　$F=0$ 的六杆双环悬架拓扑图

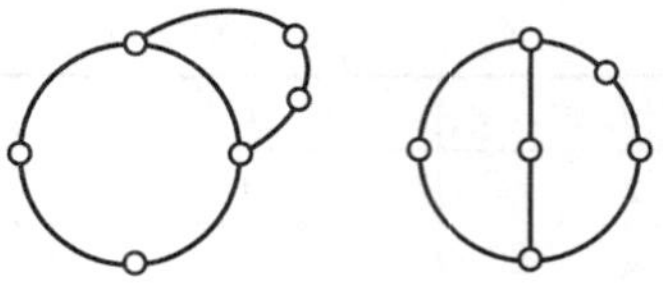

(a)　　(b)

图 2.6　$F=1$ 的六杆双环悬架拓扑图

效率较低的问题。

(2) 杆件数增多引起悬架重量增加。对于这两种构型的悬架, 由于连接较复杂, 仅一个输入会使悬架某些杆件受力不均, 使其总体效果低于四杆悬架。

基于以上两点考虑, 舍弃六杆悬架构型, 仅保留双杆与四杆悬架构型。

2.2.3　双轮及三轮被动自适应悬架综合

与单轮悬架系统构型综合类似, 先对双轮及三轮自适应悬架系统进行研究, 确定系统在崎岖地面行驶时悬架系统应该提供的自由度。以得到的自由度为约束条件对双轮及三轮悬架系统分别进行构型综合, 得到适合这两个系统的拓扑图图谱。

2.2.3.1　双轮及三轮被动自适应悬架所需自由度研究

轮式月球车悬架有不同的构型, 整车的各个悬架在空间上有不同的布置方式, 如两侧对称式、四周均布式、三点铰接式等。虽然布置方式不同, 但从目前已有的星球车布置方式来看, 每侧悬架与载荷平台都为点连接, 即各个独立的悬架都只有一个输出, 要求悬架能提供一个输出自由度。图 2.7a、b 所示分别为连接两个车轮与连接 3 个车轮的悬架示意图, 悬架的具体结构及连接方式未知。

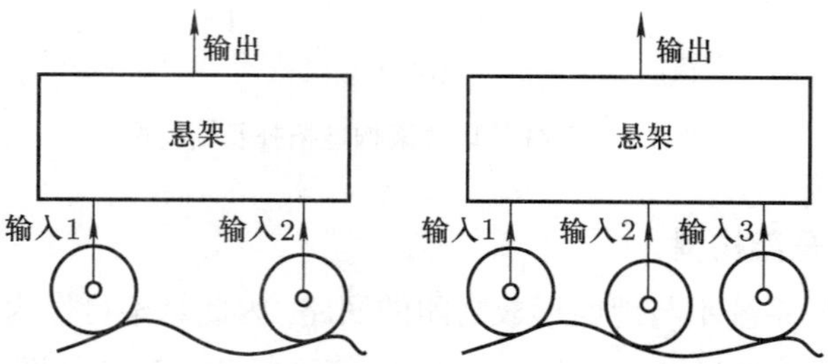

(a)　　(b)

图 2.7　双轮及三轮单侧悬架所需自由度分析示意图

若要使综合出的悬架对崎岖地面具有被动自适应性, 对于两轮或三轮悬架来说, 必须满足两个条件: ① 任意工况下都必须满足因崎岖地面导致的车轮对悬架的输入自由度; ② 在任意工况下, 悬架的输出自由度不应被干涉, 即悬架必须满足载荷平台的这个输出自由度。

综上, 对于具有被动自适应性能的两轮悬架而言, 其必须时刻能提供 3 个自由度。因所综合出的悬架为平面机构且与载荷平台为点连接, 不存在作为机架的杆件, 因此其拓扑图中的顶点和边满足下式:

$$3v - 2e = 3 \tag{2.28}$$

同理, 对于三轮悬架, 其拓扑图中的顶点和边满足下式:

$$3v - 2e = 4 \tag{2.29}$$

下面给出两轮和三轮单侧悬架 – 车轮系统的自由度。

在两轮悬架 – 车轮系统中, 除悬架所含的杆件和运动副外, 在计算整个系统的自由度时, 还应包括车轮、地面及其之间相互连接的运动副。则在拓扑图中还应加上 $v_1 = 3$ 的顶点及 $e_1 = 4$ 的边。但应注意的是, 在悬架 – 车轮系统中地面是不动的, 当作机架看待。由式 (2.28) 可得整个系统自由度

$$F = 3(v + v_1 - 1) - 2(e + e_1) = 3(v + 3 - 1) - 2(e + 4) = 1$$

在三轮悬架 – 车轮系统中, 除悬架所含的杆件和运动副, 还应在拓扑图中加上 $v_1 = 4$ 的顶点及 $e_1 = 6$ 的边, 则可得悬架 – 车轮系统的自由度

$$F = 3(v + v_1 - 1) - 2(e + e_1) = 3(v + 4 - 1) - 2(e + 6) = 1$$

2.2.3.2 双轮被动自适应悬架综合

由式 (2.28), 在 $v \leqslant 6$ 的约束下, 可得到如表 2.2 所示的双轮悬架组合方案。

表 **2.2** $F = 3$ 的双轮悬架组合方案

v	e	L	v_2	v_3
1	0	0	0	0
5	6	2	3	2

当 $v = 3$, $e = 3$ 时会使综合所得的悬架为消极运动链, 故放弃此种组合。

与表 2.2 相对应的悬架 – 车轮系统拓扑图顶点与边组合如表 2.3 所示。

表 **2.3** $F = 1$ 的双轮悬架 – 车轮系统组合方案

v	e	L	v_2	v_3	v_4
4	4	1	4	0	0
8	10	3	4	4	0
8	10	3	5	2	1

1. 单杆开链悬架构型

$v=1, e=0$ 的单杆开链悬架有唯一的拓扑构型, 可很容易地从直观上综合出来, 对应的拓扑图和机构运动链分别如图 2.8a、b 所示, 图 2.8c、d、e 为 3 种常规的车轮与悬架相连的机构示意图。

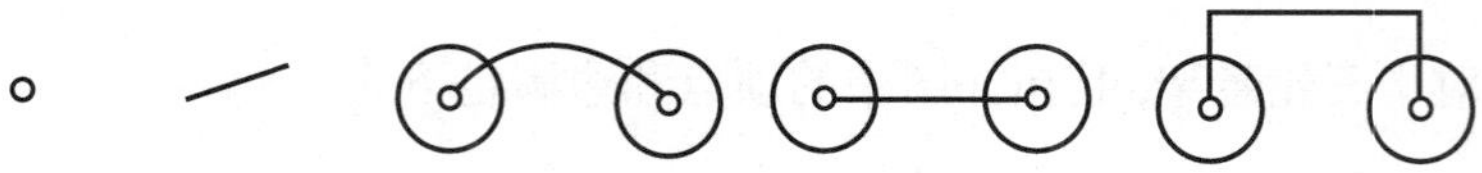

(a)　(b)　(c)　(d)　(e)

图 2.8　$v=1, e=0$ 的单杆开链悬架构型及连接示意图

2. 五杆双环悬架构型

由表 2.3 可知, 对应五杆悬架的悬架 – 车轮系统的拓扑图中 $v=8, e=10, L=3, F=1$。先用单开链法综合 $F=0$ 时的悬架 – 车轮系统拓扑构型, 即综合出的拓扑图中 $v=7, e=9, L=3$。由式 (2.5)∼ 式 (2.8) 可得各回路边数的分配情况, 如表 2.4 所示, 回路拓扑图如图 2.9 所示。

表 **2.4**　拓扑回路边数分配情况

e_1	e_2	e_3
4	3	2
4	4	1
5	3	1

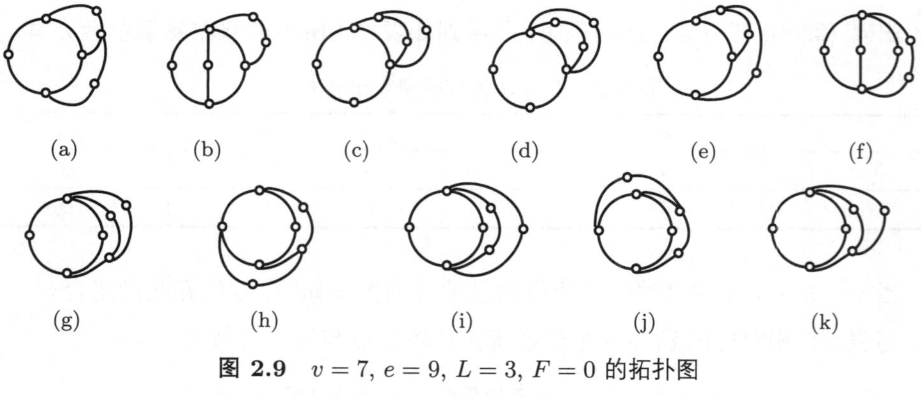

(a)　(b)　(c)　(d)　(e)　(f)

(g)　(h)　(i)　(j)　(k)

图 2.9　$v=7, e=9, L=3, F=0$ 的拓扑图

为得到 $F=1$ 的悬架构型, 在图 2.9 的各拓扑图中增加一条边, 并经过同构、消极运动链判别, 可得到图 2.10 所示的各拓扑图。

在图 2.10 各个拓扑图中, 以某个二度顶点作为地面, 与此二度顶点相连的两个顶点作为车轮进行悬架的实际连接分析, 得出如图 2.11 所示 4 种悬架连接简图。

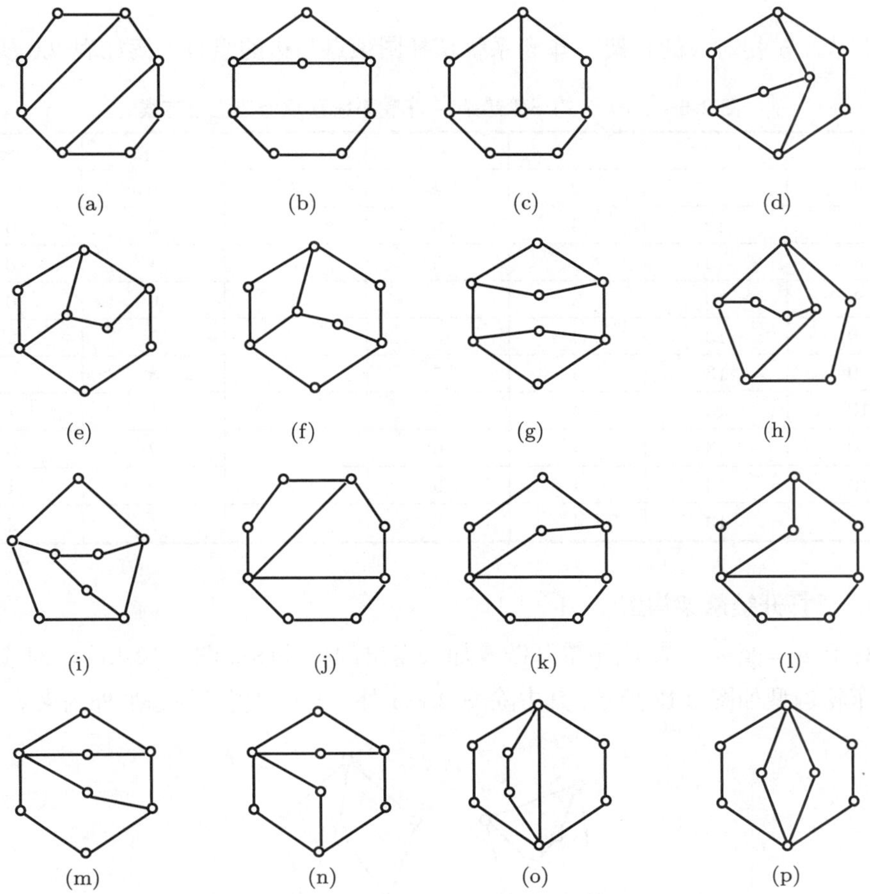

图 2.10　$v = 7$, $e = 9$, $L = 3$, $F = 1$ 的拓扑图

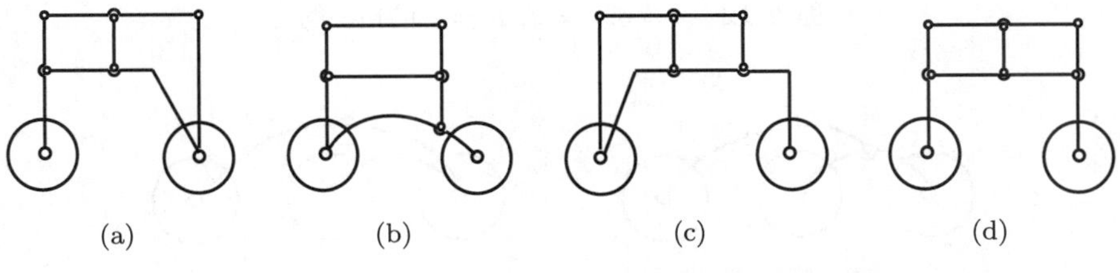

图 2.11　$v = 7$, $e = 9$, $L = 3$, $F = 1$ 的悬架连接简图

2.2.3.3　三轮被动自适应悬架构型综合

由式 (2.29), 在 $v \leqslant 6$ 约束条件下, 可得如表 2.5 所示三轮悬架组合方案。

表 2.5　$F = 4$ 的三轮悬架顶点与边组合方案

v	e	L	v_2	v_3
2	1	0	0	0
4	4	1	4	0
6	7	2	4	2

与表 2.5 相对应的悬架 - 车轮系统拓扑图顶点与边的组合方案如表 2.6 所示。

表 **2.6**　$F = 1$ 的三轮悬架 - 车轮系统顶点与边组合方案

v	e	L	v_2	v_3	v_4	v_5
6	7	2	4	2	0	0
8	10	3	6	0	2	0
8	10	3	5	2	1	0
8	10	3	4	4	0	0
10	13	4	8	0	0	2
10	13	4	7	0	3	0
10	13	4	7	1	1	1
10	13	4	6	2	2	0
10	13	4	6	3	0	1
10	13	4	5	4	1	0

1. 双杆开链悬架构型

对于 $v = 6$, $e = 7$, 应用单开链叠加法得出的拓扑图如图 2.12 所示, 对应的悬架 - 车轮构型如图 2.13 所示, 其中除图 2.13a 外, 其余构型皆须添加外约束。

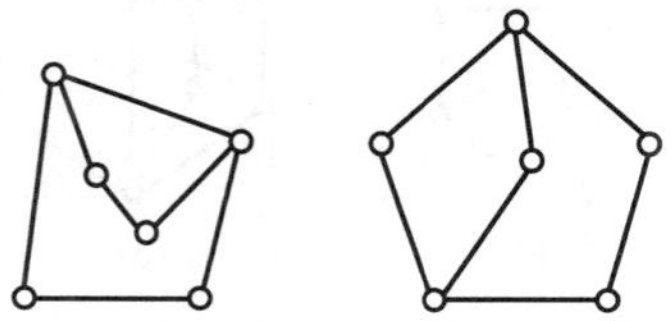

(a)　　(b)

图 **2.12**　$v = 6$, $e = 7$, $F = 1$ 的拓扑图

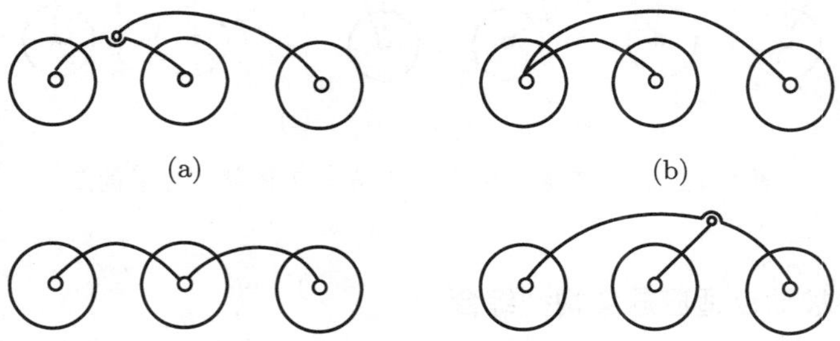

(a)　　(b)

(c)　　(d)

图 **2.13**　$v = 6$, $e = 7$, $F = 1$ 的拓扑图对应的悬架连接

2. 四杆单环悬架构型

由表 2.6 可知, 对应表 2.5 中 $v = 4$, $e = 4$ 的悬架拓扑图顶点与边组合为 $v = 8$, $e = 10$ 的悬架 - 车轮拓扑图顶点与边的组合, 综合出的拓扑图如图 2.10 所示。因为 3

个车轮与地面相连, 所以综合出的拓扑图中必须含有度为 3 的顶点, 如此图 2.10o、p 被排除。在余下的拓扑图中, 寻找具有三度顶点以及与此顶点直接相连的 3 个顶点作为地面和 3 个车轮, 其余顶点便是组成悬架的顶点。进行连接分析后, 可得如图 2.14 所示的悬架连接构型, 括号内字母表示与图 2.10 中的拓扑图相对应。

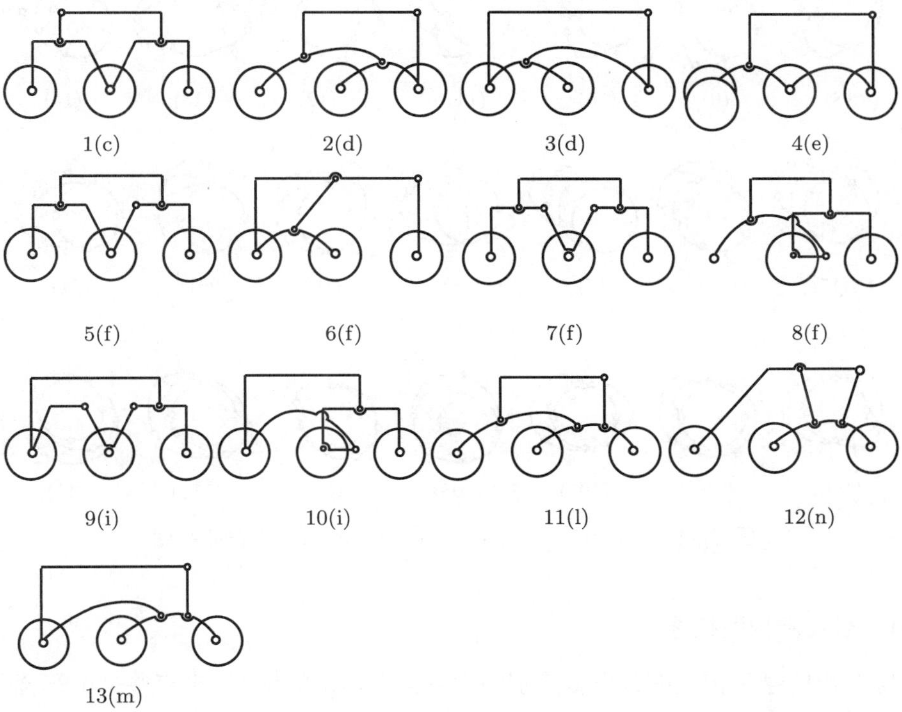

图 2.14　四杆单环悬架连接简图

3. 六杆双环悬架构型

由表 2.6 可知, 对应表 2.5 中 $v = 6$, $e = 7$ 的悬架拓扑构型, 可先对 $v = 10$, $e = 13$ 的悬架 – 车轮拓扑构型进行综合。先用单开链法综合 $F = 0$ 时的拓扑构型。由式 (2.5)~ 式 (2.8) 可得拓扑图各回路边数, 如表 2.7 所示, 生成的 $e_1 = 4$, $e_2 = 3$, $e_3 = 3$, $e_4 = 2$ 的回路拓扑图如图 2.15 所示。

表 **2.7**　$F = 0$ 的悬架 – 车轮系统回路边数分配方案

e_1	e_2	e_3	e_4
4	3	3	2
4	4	2	2
4	5	2	1
5	3	2	2

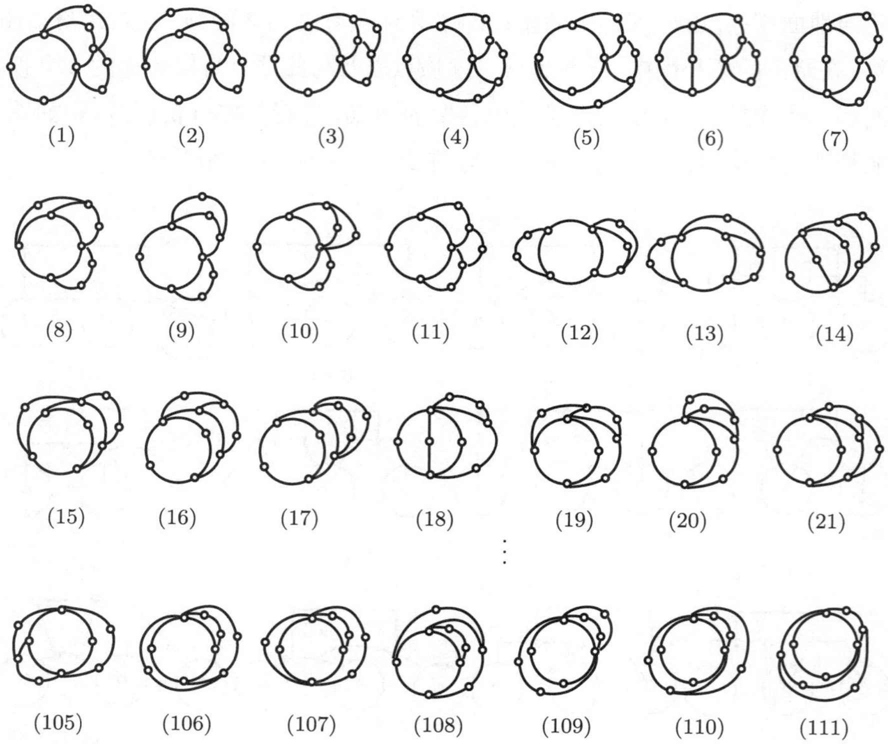

图 2.15 $F=0$, $e_1=4$, $e_2=3$, $e_3=3$, $e_4=2$ 的拓扑图

2.2.4 悬架新构型初选

综合出的悬架构型中有很多是别的学者已经提出的构型, 也有些是不符合要求或性能不佳的构型, 因此有必要通过定性的手段去除掉一部分构型, 剩余的部分构型留作备选。下列条件可作为初选时的标准:

(1) 去除已有构型, 包括已成功应用的和从文献上查到的在研构型, 如图 2.13 中的大部分构型为已有构型。

(2) 去除构型非线性强、杆件承力复杂的构型, 如六杆双环悬架构型综合结果中的 Stephenson 构型 (张朋, 2009; 张艳华、吴立勋、杜秀菊等, 2012)。

(3) 去除退化悬架构型。所谓退化悬架构型主要是指组成悬架的一些杆件与其他某些杆件的功能是相同的, 把这些杆件去除掉丝毫不影响悬架的相关性能, 即悬架退化到杆数更少的构型。

(4) 较差自适应性的构型应去除。由于 3 个轮子直接或间接地与悬架中的某一个杆件相连, 从而引起悬架整体结构的自适应性能变差。

(5) 如果某些悬架构型仅是因为杆件无本质差异连接而造成功能相似, 则选其中一个即可, 尽量挑选杆件连接简单、包含复铰较少的构型。

(6) 悬架中的某些杆件出现交叉导致异面结构形成, 这样的构型会使实际连接及受力受到影响，应删掉。

用以上标准进行判断，并利用虚拟仿真技术作为辅助，对三轮被动自适应悬架构型综合结果进行定量筛选，选出以下构型作为备选，如图 2.16 所示。其中单轮和

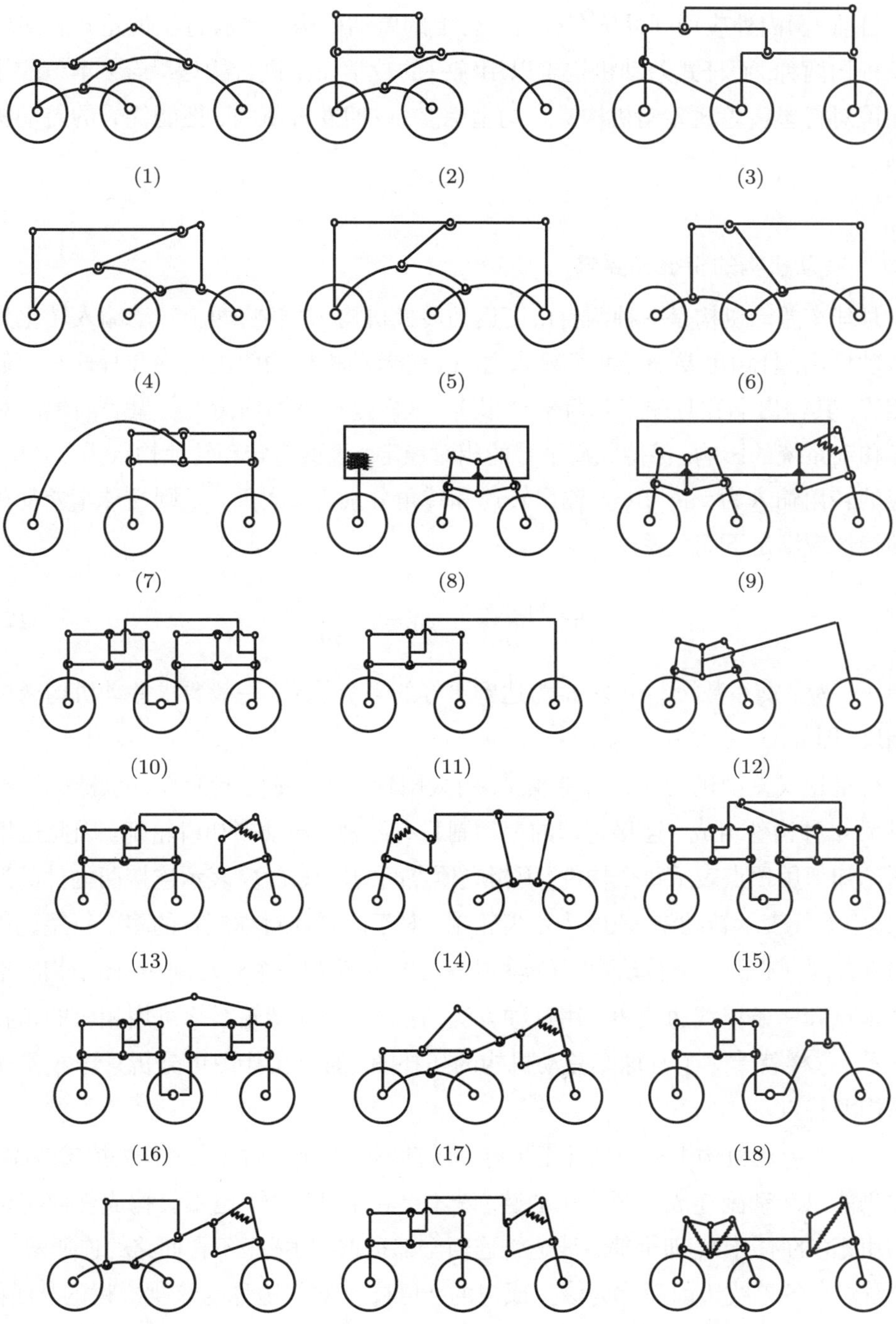

图 2.16 筛选出的新悬架构型

双轮悬架构型综合的结果为悬架的组合构型综合作准备。

2.3 月球车差动机构构型综合

目前, 国内外应用到月球车载荷平台上的差动机构主要有行星齿轮式和连杆式差动机构两种, 而杆式差动机构难以用统一的数学模型进行构型综合。本节应用图论知识对行星齿轮式差动机构进行构型综合, 以期发现新的、性能优秀的差动机构构型。

2.3.1 差动机构的特征和要求

月球车差动机构是一种两自由度运动转换机构, 能够将两个转动输入转化为一个转动输出, 且输出要小于两个输入之和。将差动机构的两输入端和月球车两侧悬架相连, 其输出端和月球车载荷平台相连, 这样差动机构均衡了行星表面地形对月球车移动系统的影响, 保持载荷平台的相对稳定。设两个转动转速输入为 ω_1 与 ω_2, 相应的转角输入为 φ_1 与 φ_2, 输出转速和转角分别为 ω_0 和 φ_0, 则月球车差动机构传动特性应满足下面关系:

$$\omega_0 = \frac{\omega_1 + \omega_2}{m},\ \varphi_0 = \frac{\varphi_1 + \varphi_2}{m} \tag{2.30}$$

式中, m 为平衡系数, 且 $m \geqslant 2$, 为达到更好的平衡效果, 一般要求差动机构两侧转向相反, 即 $\omega_1\omega_2 < 0$。

行星轮式差动机构为一行星轮系, 由太阳轮 (中心轮)、行星轮、系杆 (行星架) 和机架 4 种构件组成。连接它们的运动副只有两种: 转动副和齿轮副。因此这里应用图论知识用顶点表示每个构件, 用相应顶点间的连线 (边) 表示连接两构件的运动副, 其中单线表示转动副, 双线表示齿轮副。对于沿圆周对称配置的多个行星轮以及两构件之间同心的多个转动副, 只算其中一个行星轮和一个转动副, 在图中相应地用一个顶点和一条单线边代表。用这种方法, 任何一个周转轮系均可用相应的拓扑图来表示, 这样就建立了月球车差动机构的拓扑图, 通过拓扑图可分析月球车差动机构的构型特点。

月球车差动机构中每一构件至少有一转动副与其他构件连接; 若去掉齿轮副, 各构件仍能以转动副连成一开式运动链, 既不会在某处断开, 也不会构成任何闭合回路。用图论的术语说, 即全部单线边将连通全部顶点, 构成一不含回路的连通图 ——“生成树”。各单线边因而称为该生成树的 “树枝”, 双线边称为该生成树的 “回枝”, 每一条 “回枝” 将与生成树的 “树枝” 构成一个独立回路 (loop), 这些回路都是线性无关的基本回路。在差动机构的每一棵生成树中, 每个基本拓扑回路中必定包含齿

轮副和移心顶点 (系杆)。设: 用 i、j 表示齿轮副连接的两顶点 (齿轮), k 表示移心顶点, 则可用 $(ij)\ k$ 表示差动机构的一个基本拓扑回路。按照库氏分类法和机械工业部 JB1799-76 行星齿轮减速器标准进行差动机构的分类和命名。库氏分类法中, K 表示中心轮, H 表示系杆; 而标准 JB1799-76 中, N 表示内啮合, W 表示外啮合, G 表示公共齿轮, ZU 表示锥齿轮。

设差动机构中有 N 个构件 (顶点), P_{T} 个转动副 (单线边) 和 P_{G} 个齿轮副 (双线边), 则据图论, 生成树的树枝数为

$$P_{\mathrm{T}} = N - 1 \tag{2.31}$$

由平面机构自由度的公式 $F = 3(N-1) - 2P_{\mathrm{T}} - P_{\mathrm{G}}$ 及式 (2.31) 可得

$$F = P_{\mathrm{T}} - P_{\mathrm{G}} \tag{2.32}$$

如果按同构关系划分为等价类, 那么可能的生成树个数将大为减少。考虑到行星轮系拓扑图中各顶点和边都有特定的含义, 本课题只讨论各顶点和边赋有标记的所谓标定图, 不去讨论那种作为等价类标志的非标定图。一个 N 阶图可能有的总边数为

$$n_e = \frac{N(N-1)}{2} \tag{2.33}$$

月球车差动机构两输入由月球车两侧悬架提供, 因此差动机构中齿轮副数必大于 1, 为简化差动机构构型设计、降低发射成本, 不再分析构型复杂的差动轮系, 取 $P_{\mathrm{G}} \leqslant 3$, 差动机构自由度为 2, 则得月球车差动机构可能采用的两种方案, 即两齿轮副差动机构和三齿轮副差动机构。

$$\text{方案一:}\ P_{\mathrm{G}} = 2, P_{\mathrm{T}} = 4, N = 5 \tag{2.34}$$

$$\text{方案二:}\ P_{\mathrm{G}} = 3, P_{\mathrm{T}} = 5, N = 6 \tag{2.35}$$

2.3.2 两齿轮副差动机构构型综合

当 $P_{\mathrm{G}} = 2$ 时, 有 $P_{\mathrm{T}} = 4$, $N = 5$, 则月球车为一个两齿轮副的差动机构, 差动机构由 3 个齿轮、1 个系杆和 1 个机架共 5 个构件组成。差动机构的输出构件可能为系杆或太阳轮。除行星轮外, 每个构件均与机架相连, 系杆与行星轮相连, 因此差速器拓扑图由 5 个顶点和 6 条边组成。行星轮为单个齿轮时, 差速器拓扑图如图 2.17 所示。

根据周转轮系转化机构的速比公式 $(\omega_i - \omega_k)/(\omega_j - \omega_k) = \mu_{ji}$ 可得月球车差动机构角速度方程通式

$$(ij)k : \omega_i - \mu_{ji}\omega_j + (\mu_{ji} - 1)\omega_k = 0 \tag{2.36}$$

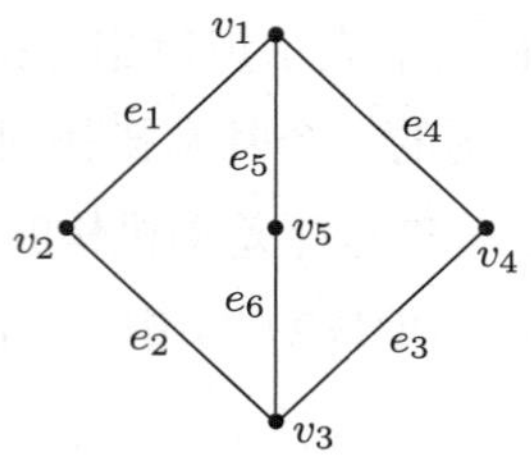

图 2.17 两齿轮副差动机构拓扑图

式中, μ_{ji} 为相啮合的齿轮 j 与齿轮 i 的齿数比, 且 $\mu_{ji}=\pm Z_j/Z_i$, 当啮合类型为内啮合时取正, 外啮合时取负。

两种啮合类型的差动机构均有两个拓扑单元回路, 其通用运动方程可表示为

$$\begin{cases}(2,4)H:\omega_2-\mu_{42}\omega_4+(\mu_{42}-1)\omega_H=0\\(3,4)H:\omega_3-\mu_{53}\omega_4+(\mu_{53}-1)\omega_H=0\end{cases}\tag{2.37}$$

由于月球车差动机构采用两侧悬架输入的结构, 可通过两种方式实现载荷平台的差动平衡: ① 通过公共齿轮传动; ② 通过双联行星齿轮传动。

2.3.2.1 采用公共齿轮的两齿轮副差动机构

当差动机构采用公共齿轮传动时, 由于公共齿轮的影响, 考虑结构承力对称性, 该拓扑结构的差动机构为整体式结构, 即差动机构布置在载荷平台的内部中央, 其外壳与载荷平台相固连, 两侧输入半轴分别与两侧悬架相连。由差动机构结构知, 机架度数为 3, 现假设 v_1 为机架, 由于两齿轮副只能在行星轮和太阳轮之间产生, 且齿轮啮合分为内啮合与外啮合, 因此根据图 2.17 所示的拓扑图, 采用公共齿轮的两齿轮副差动机构拓扑图有两种, 其关联拓扑图和机构简图如图 2.18 所示。

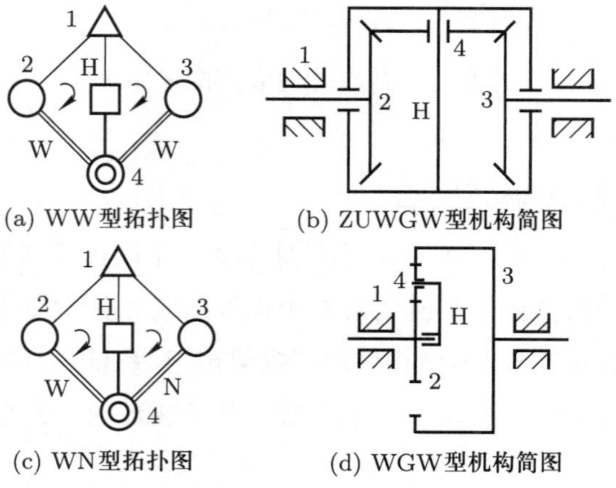

图 2.18 采用公共齿轮的两齿轮副差动机构拓扑图及机构简图

图 2.18b 为 ZUWGW 型直齿锥齿轮十字形差动机构, 国内多数月球车的差动平衡机构采用此结构, 该机构系杆 H 连接载荷平台, 齿轮 2 与 3 分别连接左右悬架,

当 $Z_2 = Z_3$ 时, 运动输出为

$$\omega_H = \frac{\omega_2 + \omega_3}{2} \tag{2.38}$$

图 2.18d 为 WGW 型直齿圆柱齿轮差动机构, 根据式 (2.37), 当 $Z_4/Z_2 = -Z_4/Z_3$ 时, 其运动输出亦为式 (2.38), 满足差动需求。

2.3.2.2 采用双联齿轮的两齿轮副差动机构

当差动机构采用直齿双联齿轮时, 双联齿轮两侧分别与相对应的齿轮啮合, 根据齿轮的啮合类型可将差动机构分为 WW 型、WN 型和 NN 型三类情况, 相应的拓扑图和结构简图如图 2.19 所示。

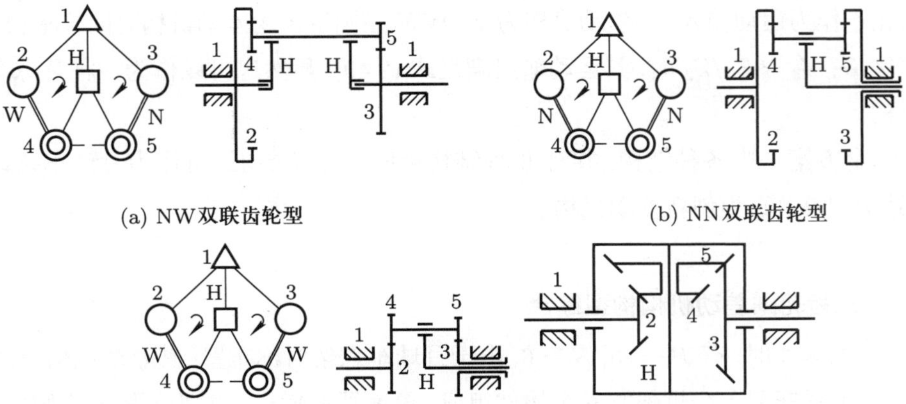

(a) NW双联齿轮型

(b) NN双联齿轮型

(c) WW双联齿轮型拓扑图及机构简图

图 2.19 采用双联齿轮的差动机构拓扑图及其机构简图

3 种啮合类型的差动机构均有两个拓扑单元回路, 其通用运动方程为

$$\begin{cases} (2,4)\mathrm{H}: \omega_2 - \mu_{42}\omega_4 + (\mu_{42} - 1)\omega_H = 0 \\ (3,5)\mathrm{H}: \omega_3 - \mu_{53}\omega_5 + (\mu_{53} - 1)\omega_H = 0 \\ \omega_4 = \omega_5 \end{cases} \tag{2.39}$$

根据式 (2.39) 计算 3 种类型的传动特性。

(1) 图 2.19a 为 NW 型差动机构拓扑图和相应的机构简图。由机械原理相关知识知, NW 型差动机构为圆柱行星齿轮差动机构, 求解公式 (2.39) 可得, 当 $\mu_{42} = -\mu_{53}$, 即齿数比 $Z_5/Z_3 = Z_4/Z_2$ 时, 有关系式

$$\omega_{\mathrm{H}} = \frac{\omega_2 + \omega_3}{2} \tag{2.40}$$

可见, 图 2.19b 结构满足差动要求, 可用作月球车的差动机构。

(2) 图 2.19b 为 NN 型差动机构拓扑图和相应的机构简图。NN 型差动机构也是圆柱行星齿轮差动机构, 求解其运动方程可得, 当 $\mu_{42} = 2\mu_{53}$, 即齿数比 $Z_5/Z_3 =$

$2Z_4/Z_2$ 时, 有

$$\omega_3 = \frac{\omega_2 + \omega_H}{2} \tag{2.41}$$

则当齿轮 3 作为输出, 系杆 H 和齿轮 2 作为输入时, 就可实现差动要求, 可作为月球车差动机构。

(3) 图 2.19c 为 WW 型差动机构拓扑图和相应的机构简图, WW 型差动机构既可以采用圆柱齿轮也可以采用圆锥齿轮作双联齿轮, 相应的机构简图如图 2.19c 中图和右图所示。当差动机构采用圆柱齿轮时, 求解其运动方程可得当 $\mu_{42} = 2\mu_{53}$ 时, 即齿数比 $Z_5/Z_3 = 2Z_4/Z_2$ 时, 其运动输出亦为式 (2.41), 则图 2.19c 结构可满足差动要求, 此时齿轮 3 和载荷平台相连作为运动输出, 而齿轮 2 和系杆 H 分别与左右悬架相连作为运动输入; 当差动机构为 ZUWW 型圆锥齿轮差动机构时同样求得, 当齿数比 $Z_5/Z_3 = Z_4/Z_2$ 时, 其运动输出满足式 (2.40), 显然也可以作为一种月球车差动机构。

综合方案一中各种结构, 共有 6 种结构可满足差动要求, 可作为月球车差动机构, 其中图 2.19b 为创新差动机构。

2.3.3 三齿轮副差动机构构型综合

当 $P_{\mathrm{G}} = 3$ 时, 有 $P_{\mathrm{T}} = 5$, $N = 6$, 由于月球车悬架对称布置, 其差动机构由 4 个齿轮、1 个系杆和 1 个机架共 6 个构件组成。差速器的输出可能为系杆或太阳轮, 除行星轮外, 每个构件均与机架相连, 系杆与行星轮相连, 因此差速器拓扑图为 6 个顶点和 8 条边组成。差动机构拓扑图中回路个数为

$$L = m - n + 1 = 8 - 6 + 1 = 3 \tag{2.42}$$

式中, m 为差动机构拓扑图的边数; n 为顶点数。

差动机构中至少有两个齿轮为中心轮, 一个齿轮为行星轮, 又因为月球车差动机构为单输出机构, 因此每个齿轮最多同时与两个齿轮相啮合, 因此最后一个齿轮可为太阳轮或行星轮。此时差动机构的生成树的树枝为 $P_{\mathrm{T}} = 5$, 则 3 条 “回枝” 将与 5 条树枝构成共有 3 个回路的拓扑图。

2.3.3.1 双行星齿轮的三齿轮副差动机构

当最后一个齿轮为行星轮时, 则其必与系杆相铰接, 又两中心轮不能直接相啮合, 因此剩余 $n_e - 1 = 4 \times (4-1)/2 - 1 = 5$ 条边供 3 条 “回枝” 选择, 因此可有 $C_5^3 = 10$ 个生成图, 如表 2.8 所示。

表 2.8　差动机构生成图

	1	2	3	4	5
拓扑图	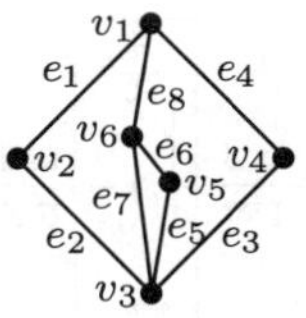	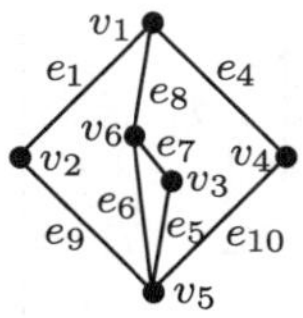	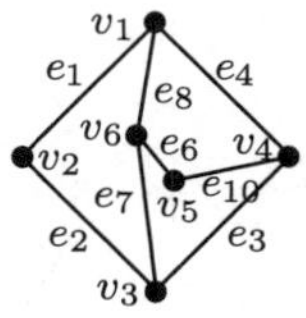	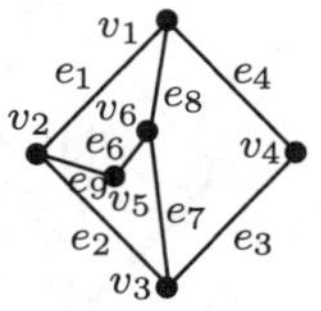	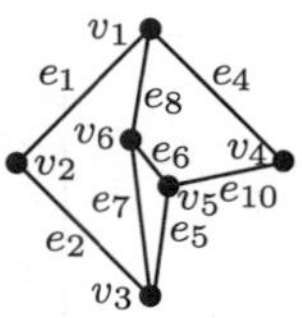

	6	7	8	9	10
拓扑图	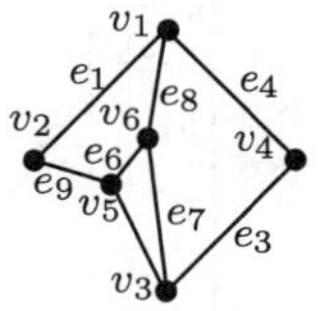	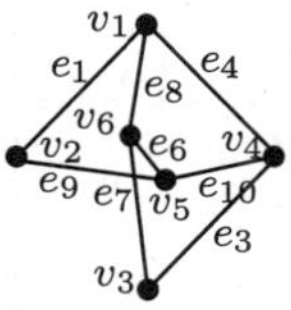	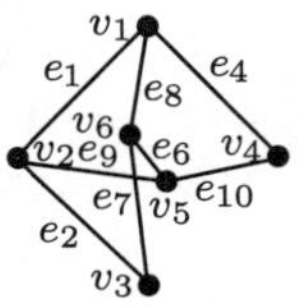	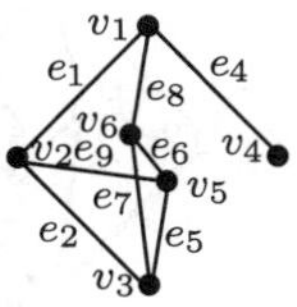	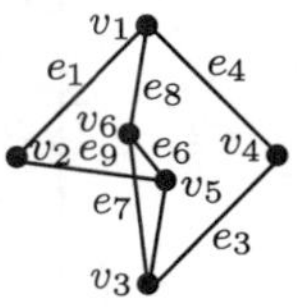

由于行星齿轮 3(顶点 3) 与行星齿轮 5(顶点 5) 均与系杆 (顶点 6) 相连, 齿轮 2(顶点 2) 和齿轮 4(顶点 4) 均与机架 1 相连, 拓扑图具有对称性。表 2.4 中 1 与 2 对称, 3 与 4、7 和 8 对称, 9 与 10 对称, 且 9 与 10 拓扑图形成一封闭的啮合传动环, 啮合运动相互干涉, 为不可取结构, 因此差动机构有两中心轮和两行星轮的方案有 1、2 和 4, 其相应的拓扑图和机构简图如表 2.9 所示。

对于方案一, 可得运动方程

$$\begin{cases}(2,3)\mathrm{H}:\omega_2-\mu_{32}\omega_3+(\mu_{32}-1)\omega_{\mathrm{H}}=0\\(3,5)\mathrm{H}:\omega_3-\mu_{53}\omega_5+(\mu_{53}-1)\omega_{\mathrm{H}}=0\\(4,5)\mathrm{H}:\omega_4-\mu_{54}\omega_5+(\mu_{54}-1)\omega_{\mathrm{H}}=0\end{cases}\tag{2.43}$$

解之, 当 $\mu_{32}\mu_{53}=2\mu_{54}$ 时, 即 $Z_5/Z_2=2Z_5/Z_4$ 时, 有

$$\omega_4=\frac{\omega_2+\omega_{\mathrm{H}}}{2}\tag{2.44}$$

可见, 当齿轮 4 作为运动输出时, 齿轮 2 和系杆 H 分别与月球车两侧悬架相连作为输入, 则该机构可实现差动要求。

对于方案二和方案三拓扑图相对应的差动机构, 显然齿轮 5 是多余齿轮, 可简化为图 2.18d 所示结构, 因此当最后一个齿轮为行星齿轮时, 只有方案一可用做差动机构。

2.3.3.2　单行星齿轮的三齿轮副差动机构

当最后一个齿轮为太阳轮时, 其必与机架相铰接。由于中心轮不能相互啮合, 剩余 3 条边供 3 条 “连枝” 选择, 因此可生成 $C_3^3=1$ 种生成图, 其拓扑图如图 2.20 所示, 齿轮 3 有 3 个齿轮副相连, 显然齿轮 4 与齿轮 5 是重复构件, 可简化为图 2.18d 所示结构。

表 **2.9** 双行星齿轮的三齿轮副差动机构拓扑图和机构简图

方案	拓扑图	机构侧视图	机构简图
1	1 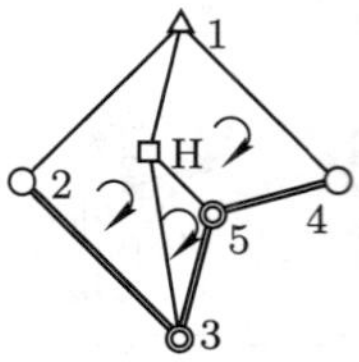	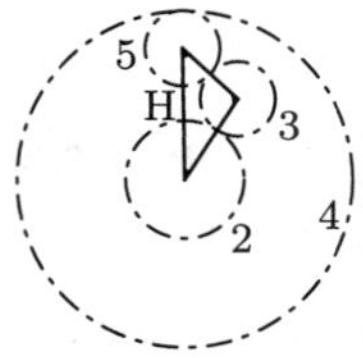	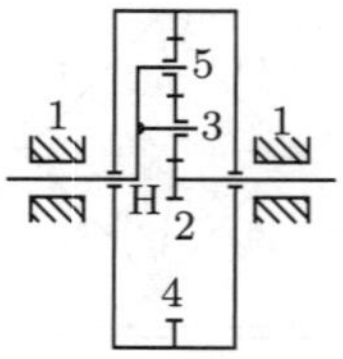
2	2 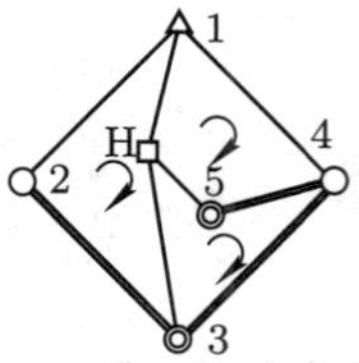	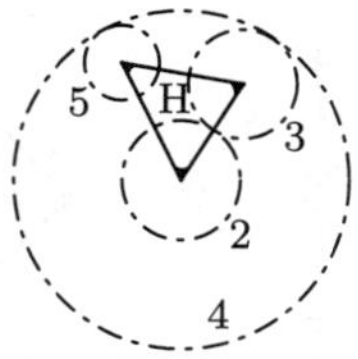	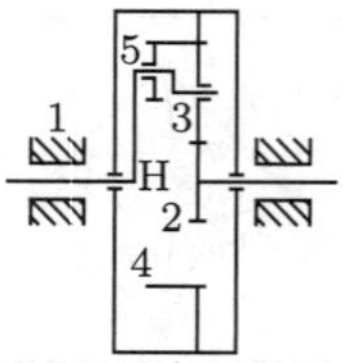
3	3 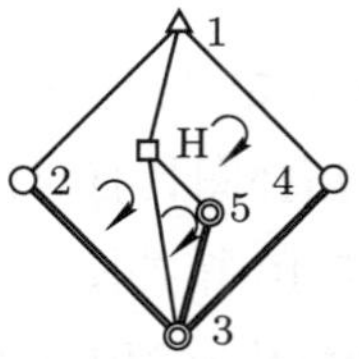	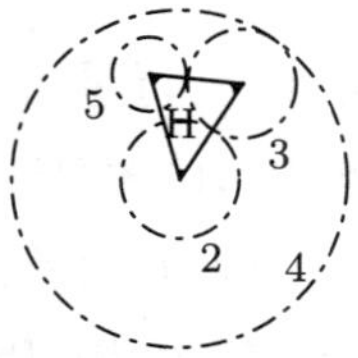	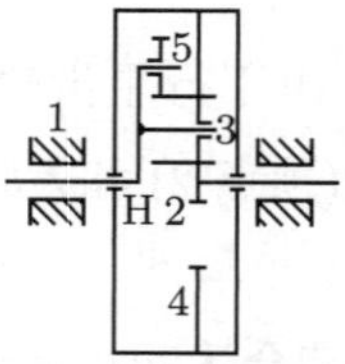

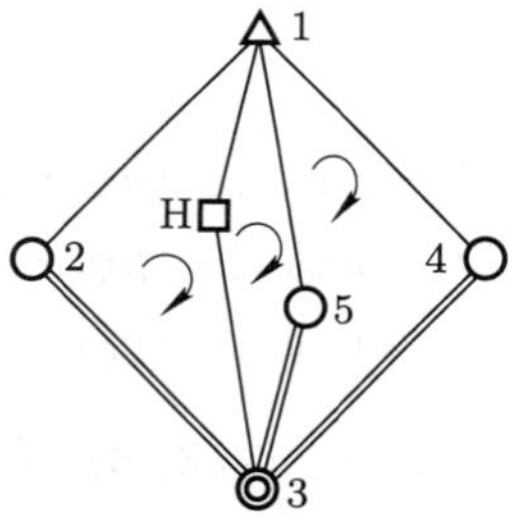

图 **2.20** 单行星型

2.3.3.3 双联齿轮的三齿轮副差动机构

当差动机构采用双联齿轮时，显然双联齿轮只能作为行星齿轮出现。采用双联齿轮的差动机构的拓扑图及其相对应的机构简图如图 2.21 所示。

对于图 2.21b, 当输出件为齿轮 4, 输入件为齿轮 2 和系杆 H 时, 运动输出满足式 (2.19), 可作为月球车差动机构。

对于图 2.21c, 当输出件为系杆 H, 且运动输出满足式 (2.30) 时, 该机构可作为月球车差动机构。

通过对月球车差动机构的拓扑综合可以看出, 利用图论的方法将月球车差动机构图形化, 建立差动机构的图论模型, 再根据差动机构各原件的拓扑连接关系, 即拓扑图来综合满足要求的差动机构, 降低了方案设计的难度, 有利于发现新构型。差

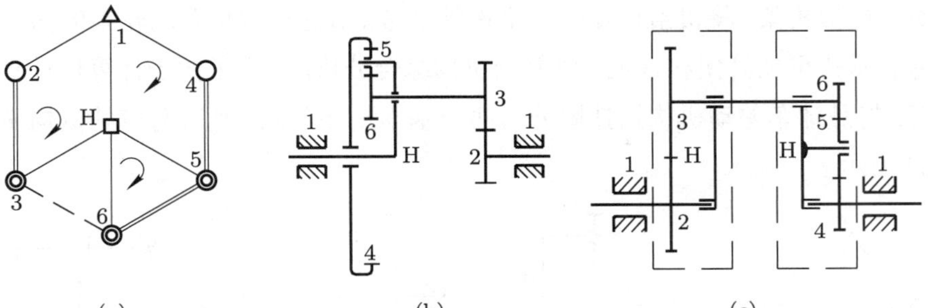

图 2.21 双联齿轮的三齿轮副差动机构简图

动机构综合中发现可作为月球车差动机构的新构型有 3 个, 如图 2.19b、图 2.21b、图 2.21c 所示。

考虑月球车的特殊工作环境以及方便差动机构的布置安装, 在此提出了分离式月球车差动机构的概念, 即差动机构外壳采用可分离的结构, 将差动机构分成两套机构分别安装与载荷平台的两侧或底部两端, 中间通过通轴联系两侧分离结构, 因此分离式差动机构必须满足如下条件:

(1) 输出件为系杆, 输入件为太阳轮;

(2) 通轴必与两侧行星齿轮相连。

在综合出的 3 种新型差动机构中, 图 2.21 中的两种方案既可作集中式的差动机构, 也可作为分离式月球车差动机构。在差动机构的构型创新中也可以利用机构组合和系统分析法等创新设计方法生成新的差动机构构型。图 2.22 所示为由图 2.21 变化而来的创新机构 —— 绳索式差动机构, 该机构中心轮和行星轮之间采用绳索传动, 一侧采用 0 字形缠绕, 另一侧采用 8 字形缠绕。由于增大了钢丝轮中心距, 通轴可方便地布置在月球车的底部, 方便了差动机构的布置; 又如将绳索式差动机构和正反平行杆式差动机构组合, 利用平行四杆机构将缠绕成 8 字形的部分替换组合成新的绳索平行杆式差动机构, 图 2.23 所示为其原理图。按照这种等功能替换方式, 将图 2.21 的两种方案和正反平行杆式差动机构组合, 可以衍生出 6 种新构型。

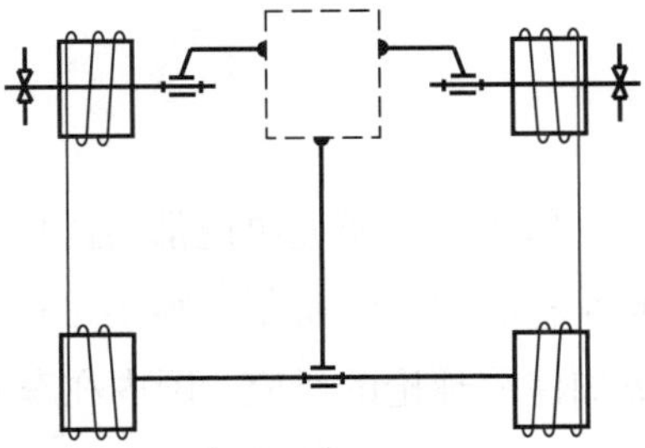

图 2.22 绳索式差速器原理图

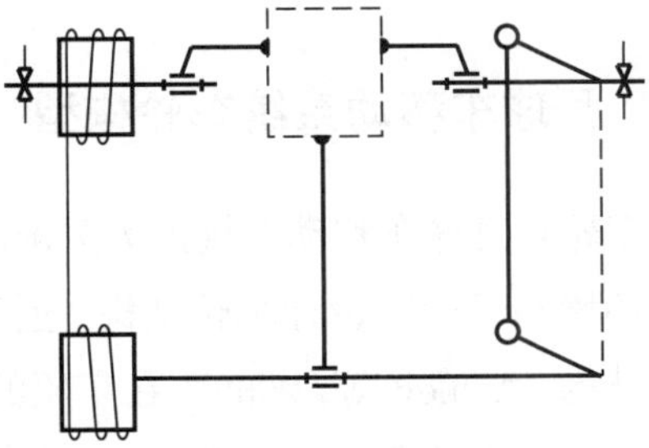

图 2.23 绳索平行杆式差速器原理图

在月球车差动机构综合分析中, 为便于分析其传动特性, 在差动机构的图论模型中引入虚拟机架，将机架也作为一个构件来考虑，这样就将差动轮系的拓扑与运动构造表示得更加简便和直观。对差动机构综合分析时，为了便于计算机计算和矩阵求解，将月球车差动机构拓扑图分为两个基本拓扑单元，其所对应的机构简图如图 2.24 所示。

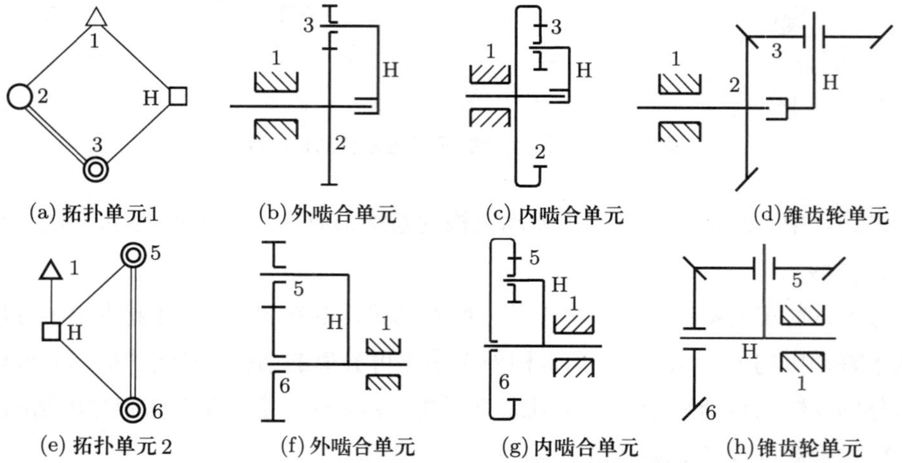

图 2.24 差动机构拓扑单元与单元机构简图

月球车差动机构可由图 2.24 中两种拓扑单元串联或并联组成。通过分析差动机构中以上拓扑单元的个数和连接关系，列出拓扑单元回路的线性方程组，求解差动机构的传动特性。举例说明：如图 2.15c 所示结构可认为由 3 个单元体组成。

该新型差动机构传动特性可由 3 个拓扑单元回路求解方程组得出

$$\begin{cases}(2,3)\mathrm{H}:\omega_2-\mu_{32}\omega_3+(\mu_{32}-1)\omega_{\mathrm{H}}=0\\(6,5)\mathrm{H}:\omega_6-\mu_{56}\omega_5+(\mu_{56}-1)\omega_{\mathrm{H}}=0\\(4,5)\mathrm{H}:\omega_4-\mu_{54}\omega_5+(\mu_{54}-1)\omega_{\mathrm{H}}=0\end{cases}$$

解之，当 $\mu_{32}\mu_{56}=\mu_{54}$，即 $Z_3/Z_2=Z_6/Z_4$ 时，有

$$\omega_{\mathrm{H}}=\frac{\omega_2+\omega_4}{2} \tag{2.45}$$

2.4 月球车移动系统车轮构型

车轮是月球车移动系统最为关键的部件之一。国外各个研究单位都根据自己的适用环境和目标来设计车轮结构。近年来，俄罗斯和美国相继研制了很多可行的探测车结构 (Ashley 等, 2002)，在车轮的设计上更加注重理论的研究。国内在车轮构型和性能方面的研究方面较少，主要集中于哈尔滨工业大学 (陶建国等, 2006; 付宜利等, 2004)、北京航空航天大学 (孙鹏等, 2007; 岳荣刚等, 2007) 和吉林大学 (陈泽宇, 2007; 李杰等, 2006) 等高校。车轮构型从特性上可分为刚性车轮、金属弹性车轮、

可展开车轮、履带轮和充气轮等；从结构外形可分为圆柱轮、圆锥轮、鼓形轮、螺旋轮、筛网轮等。

月球表面昼夜温差大，且为高真空环境，车轮材料应能适应这种高低温的剧烈变化，因此充气轮应用的概率较小；月球表面覆盖一层月球灰，月壤地形类似于地球的沙地，但月壤颗粒更细小，近半数尘埃颗粒的直径小于人类肉眼的分辨力，易于黏附在车轮表面，所以履带轮对于小型无人探测车来说，尽管具有良好的通过性能，但行走消耗的能量较轮式多，且月壤易进入履带中造成零件加剧磨损，因此在月球车上履带轮的选用概率亦不大。综上，最适合月球车使用的为金属弹性车轮、刚性车轮和可展开车轮。

2.4.1 金属弹性车轮

弹性轮通常利用具有弹性的胎面和轮辐吸收振动，到目前为止，在有限的几次星球探测中，弹性车轮被应用的次数最多。

苏联发射的 Луноход 1、2 月球车采用的都是轮式行驶系统，其车轮为弹性筛网轮 (Хрьков, 2001)。计算和实验已表明，它不仅行驶性能稳定，而且在软质土壤上具有运动阻力低的特性。图 2.25 所示为其仿真模型。用加强筋 (加强筋同时也起着增加车轮与地面之间的附着系数的作用) 将筛网固定在 3 个钛合金制成的轮圈上；为减轻重量，采用钛合金或碳纤维制造的辐条来连接驱动轮毂和 3 个轮圈。弹性筛网轮的直径为 51 cm，宽度为 20 cm，通过扭杆弹簧和车架相连。

经受实际考验的另一种弹性车轮是美国研制的“勇气号”和“机遇号”火星车所采用的，如图 2.26 所示 (Lindemann、Voorhees, 2005)。车轮由铝合金铸造加工而成，直径为 0.26 m；轮辐为螺旋式，可以吸收振动；轮辐之间的空隙由具有弹性的橙黄色泡沫填充，可防止沙石夹在两个轮辐之间。轮缘为鼓形，可以减少转向阻力；履刺为沟槽式，保证轮子有足够的牵引力；轮缘外表面热处理成黑色，增加了强度和耐磨性。

图 2.27 所示为可调形状弹性胎沙地轮。通过特殊的装置，调整轮子两侧的圆盘的侧倾角度，可改变轮子的截面形状，增加轮子的接地面积，从而提高牵引力和附着力 (付宜利等, 2004)。在松软地面上，圆盘的侧倾角度最大，而在硬地上，圆盘侧倾角度为零。优点是能适应不同地面，提高了通过性，吸收振动，但结构复杂，控制复杂。

图 2.28 所示为美国研制的探测车车轮 (刘吉成, 2009)。车轮直径为 0.82 m，轮宽为 0.23 m。轮缘外表面是由镀锌钢琴丝编织而形成轮胎面，轮胎面通过钛合金的轮辐与铝合金的轮毂相连。弹性轮胎的外表面上安装有钛合金的齿片，齿片成“人”字形均匀分布在轮胎圆周表面，覆盖面积达轮胎表面的 50%，齿片高为 0.01 m。

图 2.29 所示为欧洲太空局 (以下称欧空局) 研制的柔性月球车车轮，车轮的直

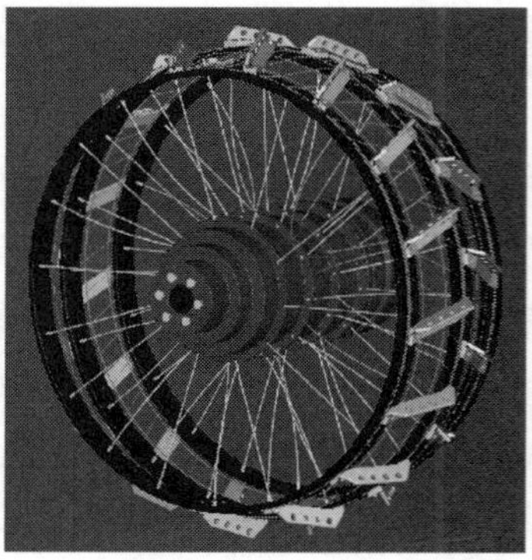

图 **2.25** 弹性筛网轮仿真模型

图 **2.26** “勇气号” 车轮

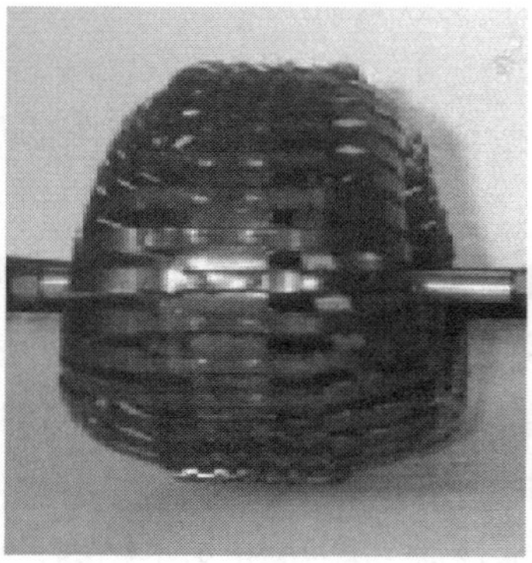

图 **2.27** 可调形状弹性胎沙地轮

图 **2.28** 阿波罗探测车车轮

径为 300 mm, 轮宽为 100 mm, 车轮加装的轮刺高度为 8 mm。该车轮具有两个方面的优点:

(1) 车轮的柔性可以保证车轮与地面有更大的接触面积, 产生更小的滑移和更大的驱动力, 轮有更好的驱动性能, 亦即月球车有更好的爬坡能力;

(2) 与刚性车轮相比, 柔性车轮有更小的运动阻力, 有更加良好的能耗特性。

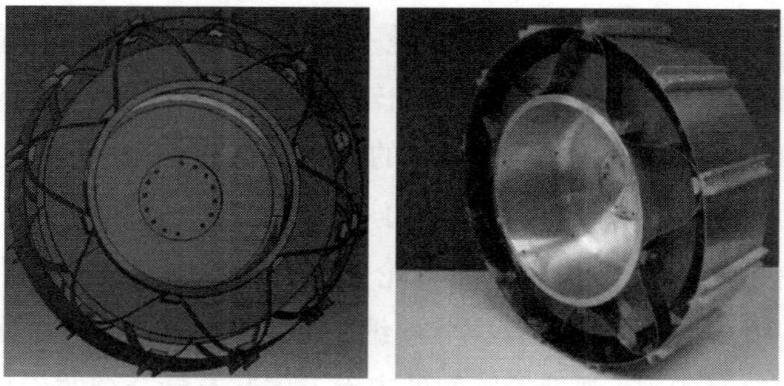

(a) CAD模型　　(b) 实物模型

图 **2.29** 欧空局研制的柔性车轮

2.4.2 刚性车轮

刚性轮的轮毂、轮辐和轮缘等是固定在一起的, 具有刚性好、强度高的优点, 但吸振能力较差。

图 2.30 所示为美国喷气推进实验室 (JPL) 研制的 "索杰娜 (Sojourner)" 探测车车轮, 车轮直径为 0.13 m。中右轮的表面上涂有测试火星表面尘埃对车轮磨损程度的涂层, 可进行火星尘埃对仪器的磨损性能实验, 为分析火星的演化过程以及确定适合探测车各部件的材料提供数据 (Fergusona 等, 2001)。

(a) 前后轮及中左轮　　(b) 中右轮

图 2.30 Sojourner 探测车车轮

月壤由疏松的颗粒组成, 在低重力作用下, 颗粒间更容易滑动。日本学者Kojiro Iizuka 等人进行了非圆截面车轮结构的研究与性能实验, 将星球探测车车轮的构型设计由传统的圆柱形车轮拓展开来, 如图 2.31 所示。车轮端面为五边形, 特殊的轮缘表面增强了固沙的作用, 使车轮可以产生更大的剪切力。同时, 扭曲的轮缘表面保证了车轮运动的平顺性 (Iizuka 等, 2006)。

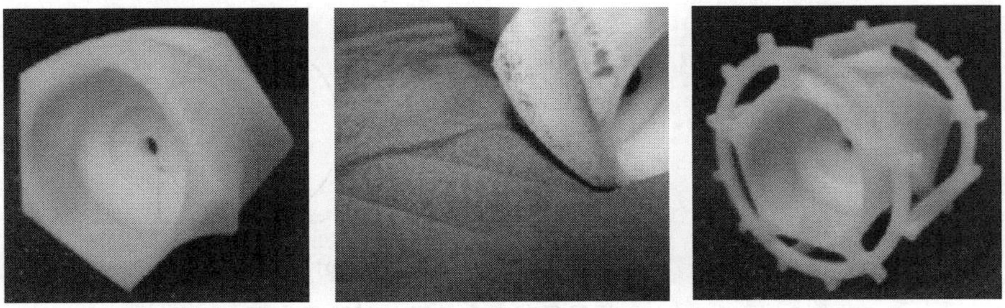

(a)　　(b)　　(c)

图 2.31 端面为五边形的车轮

中空的圆柱与圆锥相结合的车轮如图 2.32 所示 (陶建国, 2009)。车轮采用组合的圆柱 – 圆锥形薄壁结构, 驱动电机与组合的行星减速器及光电编码器安装于车轮空心轴内, 伺服放大器及电源等部件均安装在车轮壳体内与空心轴固定的支架上, 车轮壳体与支承轴承之间以及轴承轴向定位处均设计了由金属橡胶环构成的减振器，车轮最大外包络直径为 84 mm (轮刺高 24 mm)，轮最大宽度 (包括锥体) 为 274 mm。

哈尔滨工业大学研制的鼓形车轮轮圈的最大外径为 400 mm，宽度为 165 mm，壁厚为 1.5 mm。轮圈外形采用圆弧面设计，这样可以减少转向时的阻力；为了提高车轮的驱动效率、减小车轮的滑移率，外圆分布 24 个高为 12 mm 的齿片；为了加强轮圈的强度及刚度，轮圈内圈中间布置了一列加强筋，同时，为了减轻重量，在满足了强度的同时，在加强筋中间挖了 12 个减重孔。车轮的实物图片如图 2.33 所示 (于文泽，2009)。

图 2.32 圆柱 – 圆锥形车轮

图 2.33 鼓形月球车车轮

图 2.34a 所示为内行星轮系，越障原理如图 2.34b 为所示，当大轮受阻后，小轮沿大轮内壁攀升，当轮轴中心高于障碍时，大轮便可越过障碍。与普通轮系相比，该轮系最大的特点是具有很强的越障能力，转向也很灵活，但其转向和直线牵引的控制特性不如普通轮系。

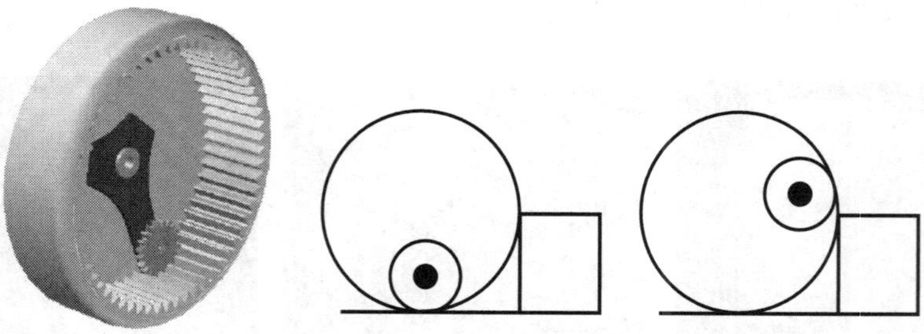

(a) (b)

图 2.34 内行星月球车车轮及其越障示意图

2.4.3 可展开车轮

可展开车轮指车轮直径根据需要可以主动或被动展开增大的车轮，具有节省发射空间等优点。图 2.35 所示为 LSR(Lightweight Survivable Rover) 探测车所采用的车轮。该车轮直径为 0.21 m, 质量为 0.26 kg。轮缘由 4 层石墨 – 环氧树脂复合而成, 并被分割成具有相同大小的 6 段, 相邻两段铰接, 轮缘通过 4 个两端带有销钉轴的轮辐与轮毂相连接, 齿片黏接在轮缘表面。取消结构约束后, 车轮可以自行展开。展开后车轮占用空间体积是展开前的 3 倍。车轮展开后, 周向强度与刚度通过两条铝制加强筋实现, 加强筋同时为轮辐提供铰接点 (Schenker 等, 1997)。该车轮结构相对简单, 质量轻, 展开时无需动力, 展开后轮缘为一个完整体, 增加整车运动的平顺性。

(a) (b)

图 2.35 LSR 探测车可展开车轮构型

月球表面的环境比较苛刻, 要求车轮的材料必须能够抵抗高真空、大温差、强辐射的恶劣工作条件。因此, 采用复合材料加工的车轮在应用中受到了限制, 而金属车轮却显示出极强的优势。图 2.36 所示为日本东京工业大学研制的 Tri-Star Ⅱ 探测车车轮。轮辐采用金属薄板制成, 可以吸收振动。探测车着陆后, 轮内电机启动, 带动轮辐在轮毂上的拖动环, 使轮辐和轮缘逐渐展开。达到最终展开状态时, 轮辐与轮毂之间的锁止销启动, 实现锁定。此时, 轮内的电动机具有驱动车轮转动的功能 (Tadakuma、Masatsugu、Hirose, 2005)。由于轮缘的不连贯性, 将产生不必要的冲击。

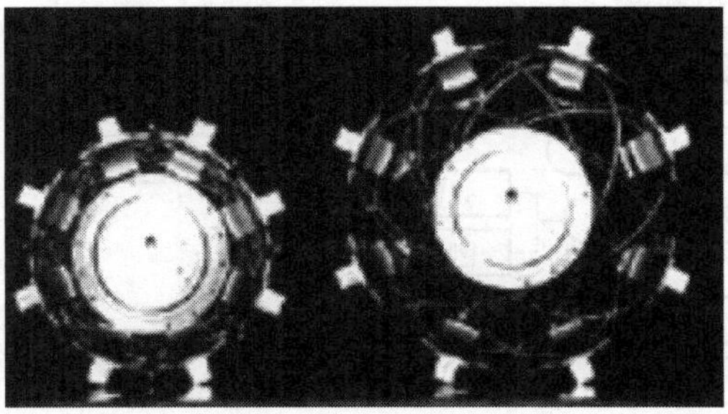

图 2.36 Tri-Star Ⅱ 探测车车轮收缩及展开图

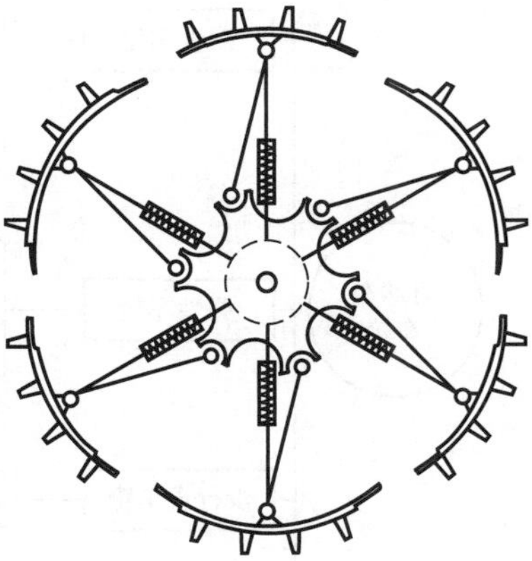

图 2.37 自动伸缩车轮

哈尔滨工业大学邓宗全等 (2009) 进行了可展开式车轮构态变换分析的理论研究, 并设计了一款可动伸缩变直径的车轮, 如图 2.37 所示。该车轮在正常行驶时轮缘处于紧闭状态，当车轮打滑或遇到障碍时，在车轮驱动电机的作用下，轮缘展开，使车轮直径增大；当车轮通过障碍地形条件改善后，轮缘在弹簧的作用下自动回缩。图 2.38 所示为北京航空航天大学设计的可变直径车轮模型，车轮收缩与展开时直径分别为 0.12 m 和 0.2 m，宽为 0.2 m，单轮可承载 81.67 N (孙鹏等, 2007)。图 2.39 所示为吉林大学研制的可伸缩叶片复式步行轮，直径为 0.3 m，宽为 0.14 m。该轮具有一排能够改变伸出长度的叶片，车轮能够根据轮 – 月壤相互作用的力学特征自适应地调节叶片的入土深度，不需要施加任何外部控制 (陈泽宇, 2007)。

图 2.38 可变直径车轮

图 2.39 可伸缩叶片车轮

综上所述，月球车车轮以金属车轮为设计重点，主要有金属刚性轮、金属弹性轮、步行式车轮和可展开车轮，这四类车轮的结构组成和特点如图 2.40 所示。

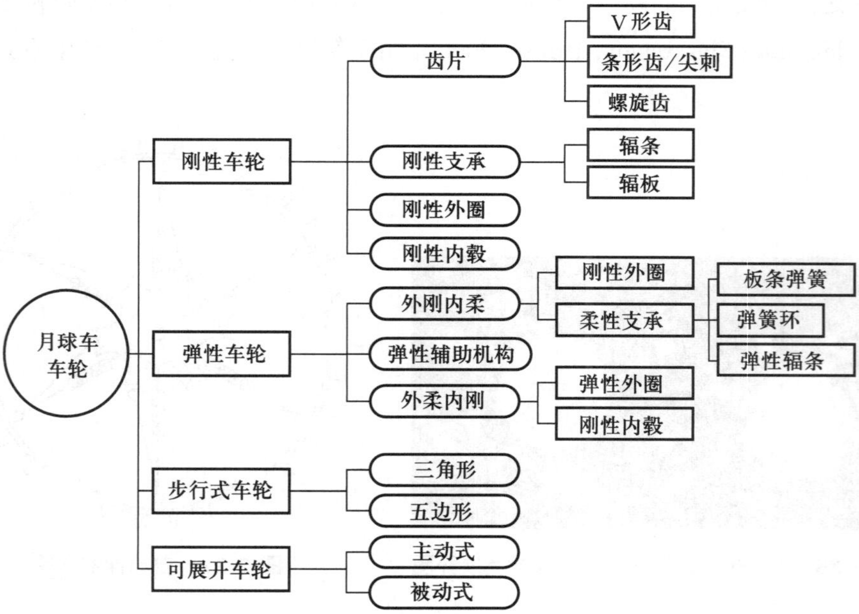

图 2.40 月球车金属车轮结构组成

参考文献

Ashley, W. S., Sanjiv, S., Reid S., et al. (2002) Technology for autonomous space systems. The Robotics Institute Carnegie Mellon University.

Chang, Z., Zhang, C. and Yang, Y. H. (2002) A new method to mechanism kinematic chain isomorphism identification. Mechanism and Machine Theory, **37**: 411-417.

Crossley, E. R. E. (1965) The permutations of kinematic chains of eight members or less from the graph theoretic viewpoint. Developments in Theoretical and Applied Mechanics, **2**: 467-486.

Cubillo, J. P. and Wan, J. B. (2005) Comments on mechanism kinematic chain isomorphism identification using adjacent matrices. Mechanism and Machine Theory, **40**: 131-139.

Dargar, A., Hasanb, A. and Khanb, R.A. (2009) Identification of isomorphism among kinematic chains and inversions using link adjacency values. International Journal of Mechanical and Materials Engineering, **4**(3): 309-315.

Dargar, A., Khan, R. A. and Hasan, A. (2010) Application of link adjacency values to detect isomorphism among kinematic chains. Int. J. Mech. Mater. Des., **6**: 157-162.

Fergusona, D. C., Wilta, D. M., Heppa, A. F., et al. (2001) The Mars pathfinder wheel abrasion experiment. Materials and Design, **22**(7): 555-564.

He, P. R., Zhang, W. J. and Li, Q. (2003) A new method for detection of graph isomorphism based on the quadratic form. Journal of Mechanical Design, **125**: 640-642.

Iizuka, K., Sato, Y., Kuroda, Y., et al. (2006) Study on wheel of exploration robot on sandy terrain//Proceeding of IEEE/RSJ International Conference on Intelligent Robots and Systems, 4272-4277.

Lee, H. J. and Yoon, Y. S. (1994) Automatic method for enumeration of complete set of kinematic chains. JSME International Journal. Ser. C, Dynamics, Control, Robotics, Design and Manufacturing, **37**(4): 812-818.

Li, T. J. and Cao, W. Q. (1998) Detection of isomorphism among kinematic chains and mechanisms using the powers of adjacent matrix. Mechanical Science and Technology (in chinese), **17**(1): 12-14.

Lindemann, R. A. and Voorhees, C. J. (2005) Mars exploration rover mobility assembly design, test and performance//Proceeding of IEEE Conference on Systems, Man and Cybernetics, Hawaii, 1-6.

Mruthyunjaya, T. S. (1984) A computerized methodology for structural synthesis of kinematic chains. Mech. and Mech. Theory, **19**(6): 487-530.

Rao, A. C. (2000) Application of fuzzy logic for the study of isomorphism, inversions, symmetry, parallelism and mobility in kinematic chains. Mechanism and Machine Theory, **35**: 1103-1116.

Schenker, P. S., Sword, L. F., et al. (1997) Lightweight rovers for Mars science exploration and sample return//Proceeding of SPIE International Conference on Intelligent Robotics and Computer, Pittsburgh, **3208**: 24-36.

Singh, A. K., Eathakota, V. P., Krishna, K. M., et al. (2009) Evolution of a four wheeled active suspension rover with minimal actuation for rough terrain mobility//IEEE International Conference on Robotics and Biomimetics.

Sohn, W. J., Freudenstein, F. (1986) An application of dual graphs to the automatic generation of the kinematic structure of mechanisms. Trans. ASME J. of Mech. Trans. and Auto. in Design, **108**: 392-398.

Tadakuma, K., Masatsugu, M. and Hirose, S. (2005) Mechanical design of horizontal polyarticular expandable 3-wheeled planetary rover: "Tri-Star3"//2005 IEEE International Conference on Mechatronics and Automation, Niagara Falls, **1**: 236-241.

Tuttle, E. R. (1989) Enumeration of basic kinematic chains using the theory of finite graphs. Trans. ASME J. of Mech. Trans. and Auto. in Design, **111**(4): 498-503.

Tuttle, E. R. (1989) Further application of graph theory to the enumeration and structural analysis of basic kinematic chains. Trans. ASME J. of Mech. Trans. and Auto. in Design, **111**(4): 494-497.

Wong, J. Y. (1989) Terramechanics and off-road vehicles. Elsevier Press.

Хръков (2001) Комплексная программа КНР по исследованию и освоению луны "Проект М-XXI". Проектное предрожение (книгаII), 46-50.

Yang, T. L., Yao, F. H. (1988) The topological characteristics and automatic generation of structural analysis and synthesis of plane mechanisms, Part 1: Theory, Part 2: Application//Proc. of ASME Mech. Conf.

曹惟庆 (1978) 平面杆组的结构分析及其类型综合. 陕西机械学院学报, **2**: 1-21.

陈泽宇 (2007) 适用于月球车的可伸缩叶片复式步行轮的研究. 学位论文, 吉林大学.

邓宗全, 高海波, 张朋, 等 (2009) 探测车弹性可自动伸缩变直径车轮. 专利受理书: 200910071829.

付宜利, 徐贺, 王树国, 等 (2004) 沙地环境移动机器人驱动轮的发展概况综述. 机器人技术与应用, **4**: 22-29.

李杰, 庄继德, 魏东, 等 (2006) 沙漠仿生轮胎与普通轮胎牵引性能的对比试验. 吉林大学学报, **36**(4): 510-513.

刘吉成 (2009) 月球车车轮驱动性能及其综合评价的研究. 学位论文, 哈尔滨工业大学.

尚建忠 (2006) 空间探测机器人移动机构及系统研究. 学位论文, 华中科技大学.

孙鹏, 高峰, 李雯, 等 (2007) 深空探测车可变直径车轮牵引通过性分析. 北京航空航天大学学报, **33**(12): 1404-1407.

陶建国 (2009) 串联多关节悬架六轮月球车移动系统及其关键技术研究. 学位论文, 哈尔滨工业大学.

陶建国, 邓宗全, 高海波, 等 (2006) 六圆柱 – 圆锥轮式月球车的设计. 哈尔滨工业大学学报, **38**(1): 4-7.

徐俊明 (2010) 图论及其应用. 合肥: 中国科学技术出版社.

杨廷力 (1996) 机械系统基本理论 —— 结构学 · 运动学 · 动力学. 北京: 机械工业出版社.

于文泽 (2009) 变质心四轮月球车的设计及其移动性能研究. 学位论文, 哈尔滨工业大学.

岳荣刚, 王少萍, 焦宗夏, 等 (2007) 一种新型轮爪式车轮设计与性能仿真. 北京航空航天大学学报, **33**(12): 1408-1411.

张春林, 余跃庆 (2006) 高等机构学. 北京: 北京理工大学出版社.

张朋 (2009) 月球车移动系统构型综合与 ALR 原理样机的研制. 学位论文, 哈尔滨工业大学.

张艳华, 吴立勋, 杜秀菊 (2012) Stephenson 六杆机构近似位姿的计算机辅助几何法. 现代制造工程, **3**: 37-41.

第 3 章　月球车移动系统折展技术

可折展结构现在越来越广泛应用于深空探测中，这种最初应用于建筑领域的可折展结构很好地解决了大型空间结构的运输和发射问题。自从“索杰纳”可折展月球车出现以来，世界各国都纷纷展开了对具有可折展性能月球车的研究，出现了具有可展开功能的月球车。在当今火箭运载能力和容纳空间依然很有限的条件下，这一研究的展开很好地解决了月球车体积和功能多样性之间的矛盾。轮式移动系统因其高效可靠等特点得到了广泛应用，目前研制较成功的轮式移动系统均采用各轮独立驱动的方式。轮式移动系统按主要完成功能可划分为承载车体、悬架部件及车轮部件三大组成部分。其中承载车体主要功能是装载各种仪器设备，所占空间体积不易改变，故研究月球车悬架和车轮的折叠与展开问题具有实际应用价值。

对于移动系统中的悬架折叠，本章将组成悬架的机构运动链进行分解，找出组成这些机构的最小单元。以这些最小单元作为基本单元，借鉴变胞机构、细胞分裂及融合的方式对这些单元进行变异和融合研究，得出折叠漫游悬架的设计方法，从而得到悬架折叠方案。对于移动系统中的车轮折叠，本章以星球车最常用的圆柱形车轮作为研究对象，先确定车轮所用轮辐的基本构型，而后给出折叠车轮的方法和车轮折叠的不同构型。

3.1　月球车移动系统折叠研究

3.1.1　可折展机构的最小单元

对近些年国内外研制的月球车进行总结，发现其单侧悬架杆件数一般在 11 以下。这些单侧悬架结构有完全开链式、完全闭链式以及开链与闭链混合式，其中又以杆件数在 5 杆以下居多，究其原因可能是从结构简单、可靠、重量轻、控制方便等方面考虑。

月球车悬架在运动过程中须有确定的运动。对于被动自适应悬架结构, 其自由度 $F=1$, 因此可根据下式进行悬架的杆、副综合 (在此的运动副都为平面低副):

$$F=1=3(n-1)-2p \tag{3.1}$$

根据图论的相关知识, 可知在一个平面拓扑图中其独立环数与其边与运动副的个数的关系为

$$L=p-n+1 \tag{3.2}$$

由式 (3.1) 和式 (3.2) 可综合出单侧悬架杆、副及独立环的个数如表 4.1 所示。除组合 (2,1,0) 是开链结构外, 其余的杆、副组合均为闭链结构。下面求出每种组合中所能包含杆件数最多的独立环。由式 (2.9)~ 式 (2.13) 可知, 在不形成刚性子链的条件下, 组合 (4,4,1) 只能形成一种环路, 如图 3.1 所示。

表 **3.1** 单侧悬架杆、副及独立环个数组合

n	p	L
2	1	0
4	4	1
6	7	2
8	10	3
10	13	4
12	16	5

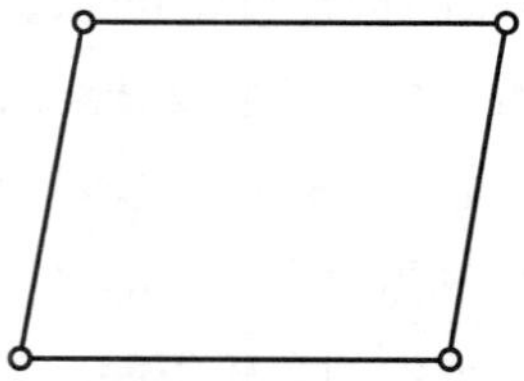

图 **3.1** $(4,4,1)$ 环路

然后求组合 $(6,7,2)$、$(8,10,3)$、$(10,13,4)$、$(12,16,5)$ 中包含边数最多的独立环。按照式 (2.4)~ 式 (2.7), 使第一和最后一个独立环都包含最少的边数, 得到这 4 种组合的某一拓扑图, 如图 3.2 所示。

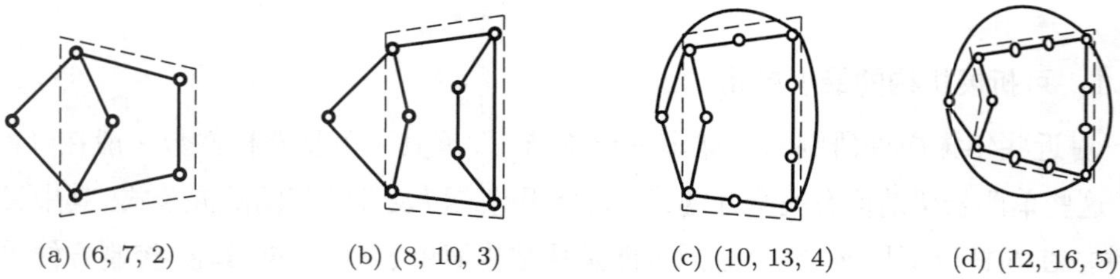

(a) (6, 7, 2)　(b) (8, 10, 3)　(c) (10, 13, 4)　(d) (12, 16, 5)

图 **3.2** 4 种组合的拓扑图

将图 3.1 以及图 3.2 中虚线所围部分单列出来, 如图 3.3 所示。

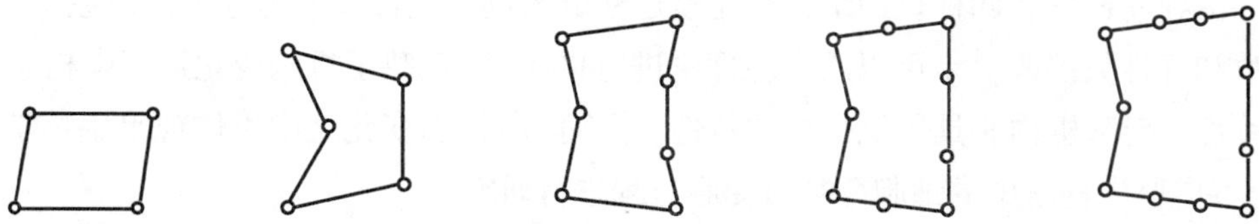

(4, 4, 1)　(5, 5, 1)　(7, 7, 1)　(9, 9, 1)　(11, 11, 1)

图 3.3　5 种不同自由度的杆件单元

由图 3.3 可以看出, 组合 (4,4,1) 是其中边数最少的闭链机构, 自由度 $F=1$ 使其有确定的运动。其余组合的自由度分别为 $F(5,5,1)=2$, $F(7,7,1)=4$, $F(9,9,1)=6$, $F(11,11,1)=8$, 都可以在组合的基础上添加一定量的顶点得到。图 3.3 所示的运动链拓扑图可以用图 3.4 所示的分解图表示。

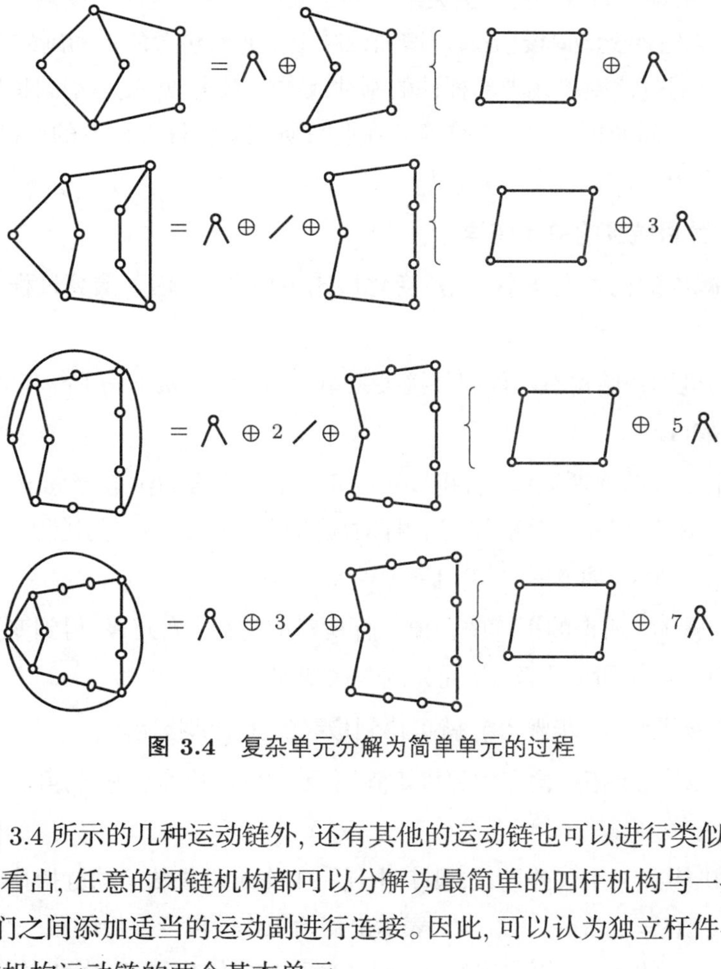

图 3.4　复杂单元分解为简单单元的过程

除了图 3.4 所示的几种运动链外, 还有其他的运动链也可以进行类似的分解。由图 3.4 可以看出, 任意的闭链机构都可以分解为最简单的四杆机构与一些开链杆的集合, 在它们之间添加适当的运动副进行连接。因此, 可以认为独立杆件与四杆机构分别是组成机构运动链的两个基本单元。

3.1.2 基本单元变异与融合方式研究

由独立杆件和四杆机构组合成完整运动链的过程包含多个构态 (其中包括自由度数和杆件数的改变), 可以用变胞理论进行描述, 它反映了机构变化过程中构态的连续性。变胞机构兼具传统机构的特性, 于多阶段构态变化之中更体现出生物学特征, 可借鉴生物学中的细胞分裂对变胞过程进行研究。

细胞是生物体结构和功能的基本单位, 同样独立杆件和四杆机构也是组成运动链基本单位, 称为运动链的基本单元。除了自然因素以外, 细胞的遗传和变异是生物体进化和发展的主要动力。与此类似, 基本单元的变异以及单元之间的融合是运动链发展和改进的有效方法。

3.1.2.1 基本单元的变异

作为形成运动链的基本单元, 其变异的形式可分为变构件数、变运动副数、变杆件特性、变运动副特性、变邻接关系 5 种。变杆件数通过增加或减少单元所包含的杆件数来实现; 变运动副数是通过增加或减少单元所包含的运动副的个数来实现; 变杆件特性是通过改变单元内部杆件的刚性或柔性来实现; 变运动副特性则通过改变单元内杆件之间的连接关系来实现。在此只研究刚性杆件构态的变换, 因此杆件特性的变化不予考虑。

1. 杆件数目减少的单元变异

在杆件减少的构态变换中, 虽然变化形式多种多样, 但其演算过程可以归纳为以下几步:

(1) 列出机构初始构态杆件间邻接关系矩阵, 一般为 $m \times m$ 阶, 其中 m 为初始构态杆件的数目。

(2) 确定相应的变换关系, 若将 $q(q \leqslant m)$ 杆合并到 $p(p \leqslant m,\ p \neq q)$ 杆上, 则将 q 杆相应的行、列元素分别加到 p 杆对应的行、列元素上, 此过程运算采用模 2 算法 (克来格, 2006), 即 $0+0=0$, $1+1=0$, $1+0=1$。

(3) 在步骤 (2) 所得的矩阵中去掉 q 杆所对应的行、列元素, 得到变换后的变胞邻接矩阵, 为 $m-1$ 阶的方阵, 从而完成一次变换。

(4) 重复步骤 (1)~ 步骤 (3), 就可得到最终的变胞邻接矩阵。

设变胞机构初始拓扑构态的邻接矩阵用 $\boldsymbol{A}_0$ 表示, 称为变胞源矩阵 (张春林、余跃庆, 2006)。

若变胞机构有 r 个工作阶段, 则其中任一工作阶段 i 的运动链拓扑结构都与一个邻接矩阵 $\boldsymbol{A}_i(i=1,2,\cdots,r)$ ($i=1$ 表示由初始工作阶段变换后的第一个工作阶段) 相对应, 而 $\boldsymbol{A}_i$ 可以由变胞源矩阵 $\boldsymbol{A}_0$ 通过变胞方式转化得到, 若以数学模型描述,

则有 (华卫江、章定国, 2007)

$$\boldsymbol{A}_i = \boldsymbol{B}_i \boldsymbol{A}_0 \boldsymbol{B}_i^{\mathrm{T}}, \quad i = 1, 2, \cdots, r \tag{3.3}$$

式 (3.3) 为变胞方程; $\boldsymbol{B}_i$ 称为变胞矩阵, 能够实现机构由初始构态向构态 i 的转化; $\boldsymbol{B}_i^{\mathrm{T}}$ 为 $\boldsymbol{B}_i$ 的转置。为实现任意杆件的合并, 在此将 $\boldsymbol{B}_i$ 做如下分解:

$$\boldsymbol{B}_i = \boldsymbol{E}_i \boldsymbol{U}_i \tag{3.4}$$

$$\boldsymbol{U}_i = \boldsymbol{U}^i_{(p,q),(m-i)} = \begin{pmatrix} 1 & 0 & \cdots & 0 & \cdots & 0 & \cdots & 0 \\ 0 & 1 & \cdots & 0 & \cdots & 0 & \cdots & 0 \\ \vdots & \vdots & & \vdots & & \vdots & & \vdots \\ 0 & 0 & \cdots & 1_{p,p} & \cdots & 1_{p,q} & \cdots & 0 \\ \vdots & \vdots & & \vdots & & \vdots & & \vdots \\ 0 & 0 & \cdots & 0 & \cdots & 1_{q,q} & \cdots & 0 \\ \vdots & \vdots & & \vdots & & \vdots & & \vdots \\ 0 & 0 & \cdots & 0 & \cdots & 0 & \cdots & 1 \end{pmatrix}_{(m-i)\times(m-i)} \tag{3.5}$$

$$\boldsymbol{E}_i = \boldsymbol{E}^i_{q,(m-i)} = \begin{pmatrix} 1 & 0 & \cdots & 0 & 0 & 0 & 0 & \cdots & 0 \\ 0 & 1 & \cdots & 0 & 0 & 0 & 0 & \cdots & 0 \\ \vdots & \vdots & \vdots & \vdots & \vdots & \vdots & \vdots & \vdots & \vdots \\ 0 & 0 & \cdots & 1 & 0 & 0 & 0 & \cdots & 0 \\ 0 & 0 & \cdots & 0 & 0 & 1 & 0 & \cdots & 0 \\ 0 & 0 & \cdots & 0 & 0 & 0 & 1 & \cdots & 0 \\ \vdots & \vdots & \vdots & \vdots & \vdots & \vdots & \vdots & \vdots & \vdots \\ 0 & 0 & \cdots & 0 & 0 & 0 & 0 & \cdots & 1 \end{pmatrix}_{(m-i-1)\times(m-i)} \begin{matrix} \\ \\ \\ \text{第 } (q-1) \text{ 行} \\ \text{第 } (q+1) \text{ 行} \\ \\ \\ \\ \end{matrix} \tag{3.6}$$

初等矩阵 $\boldsymbol{U}_i = \boldsymbol{U}^i_{(p,q),m}$ 用于在构态 i 时将 q 行、q 列元素的邻接关系加到 p 行、p 列对应的元素上去, 而矩阵 $\boldsymbol{E}_i = \boldsymbol{E}^i_{q,m}$ 是在 $(m-i)\times(m-i)$ 单位矩阵的基础上将第 q 行的元素全部去掉, 但列数仍旧不变, 变为 $(m-i-1)\times(m-i)$ 矩阵, 这样就可把变换后的 i 构态邻接矩阵的第 q 行、第 q 列全部去掉。在构态 i 时, 其邻接矩阵为 $(m-i)\times(m-i)$, 则构态的连续变换可表示为

$$\boldsymbol{A}_r = [\boldsymbol{B}_r \cdots \boldsymbol{B}_i \cdots \boldsymbol{B}_1]\boldsymbol{A}_0[\boldsymbol{B}_r \cdots \boldsymbol{B}_i \cdots \boldsymbol{B}_1]^{\mathrm{T}}, \quad i = 1, 2, \cdots, r \tag{3.7}$$

2. 杆件数目增加的单元变异

变胞机构杆件数目增加的构态变换可以运用上述所提出的杆件数目减少的数学模型来表达, 具体实现方法如下:

(1) 对于一个由 m 个杆件组成的初始闭链机构, 如欲增加一个杆件形成满足一定连接要求的 $m+1$ 杆新闭链机构, 则可以先在初始闭链基础上构造一个由 $m+2$ 杆组成的、首末杆件连接的闭链机构。

(2) 根据杆件合并的目标, 应用所提出的数学模型即可得到所要求的 $m+1$ 杆邻接矩阵表达式。至此, 相较初始闭链机构, 完成了杆件数目增加的变换。

因此, 在构造的 $m+2$ 杆闭链的基础上, 根据具体要求合并相应杆件可得到需要的 $m+1$ 杆闭链。

3. 变杆件邻接关系的单元变异

构件数目不变的构态变换意味着其构态的改变是构型拓扑的转换, 从而得到各种新机构, 即改变各个杆件之间的邻接关系, 其终态邻接矩阵可改写为

$$\boldsymbol{A}_i = \boldsymbol{B}_i \boldsymbol{A}_0 \boldsymbol{B}_i^{\mathrm{T}} + \boldsymbol{C}_i, \quad i = 1, 2, \cdots, r \tag{3.8}$$

式中, r 为由初始工作阶段变换后的第 r 个工作阶段; $\boldsymbol{B}_i$ 由式 (3.4)~ 式 (3.6) 构造; $\boldsymbol{C}_i$ 为杆件之间邻接关系变化矩阵, 表达式为

$$\boldsymbol{C}_i = \boldsymbol{C}^i_{(t,w),m} = \begin{pmatrix} 0 & \cdots & 0 & \cdots & 0 & \cdots & 0 \\ \vdots & & \vdots & & \vdots & & \vdots \\ 0 & \cdots & \pm 1_{t,w} & \cdots & 0 & \cdots & 0 \\ \vdots & & \vdots & & \vdots & & \vdots \\ 0 & \cdots & 0 & \cdots & \pm 1_{w,t} & \cdots & 0 \\ \vdots & & \vdots & & \vdots & & \vdots \\ 0 & \cdots & 0 & \cdots & 0 & \cdots & 0 \end{pmatrix}_{(m-i)\times(m-i)} \tag{3.9}$$

其中, t、w 分别对应邻接关系发生变化的两个杆件的编号。

当杆件 t、w 间建立邻接关系时, $\boldsymbol{C}_i$ 矩阵中对应的行、列元素为 1; 当两者之间的邻接关系消除时, $\boldsymbol{C}_i$ 矩阵中对应的行、列元素取 -1。

4. 变运动副特性的单元变异

变运动副特性的单元变异是通过改变运动副的类型及运动副的几何关系来实现的。对于平面拓扑机构, 以转动副和移动副为主, 则变运动副类型即是通过转动副和移动副之间的转换来实现的, 而改变运动副几何关系是通过改变转动副的转动方向和移动副的移动方向来实现的。

对于一个处于已建立好坐标系统的平面机构来说, 转动副或移动副的运动方式

可以通过如下方式描述 (Li 等, 2009):

$$
d_k=\begin{cases}1, & \text{沿与 } x \text{ 轴平行方向运动}\\ 2, & \text{沿与 } y \text{ 轴平行方向运动}\\ 3, & \text{沿与 } x \text{ 轴平行方向运动}\\ 4, & \text{转动轴线与 } x \text{ 轴平行}\\ 5, & \text{转动轴线与 } y \text{ 轴平行}\\ 6, & \text{转动轴线与 } z \text{ 轴平行}\\ 7, & \text{转动轴线方向或移动副移动方向与其他转动副轴线}\\ & \text{或移动副移动方向相交}\\ 8, & \text{转动轴线方向或移动副的移动方向为任意方向}\end{cases}
$$

式中, d_k 为某个运动副特定的运动方式, $k=1\sim 8$, $d_k=k$。

对于连接平面拓扑图各个杆件的相关信息, 可通过如下矩阵进行表达:

$$
\boldsymbol{D}=\begin{bmatrix} L_1 & & & & \boldsymbol{J} \\ & \ddots & & & \\ & & L_i & & \\ & & & \ddots & \\ \boldsymbol{A} & & & & L_n \end{bmatrix}_{n\times n} \tag{3.10}
$$

式中, $L_i(1\leqslant i\leqslant n)$ 为运动链中各杆件代号; $\boldsymbol{A}$ 为 $(n-1)\times(n-1)$ 矩阵, 代表各杆件之间运动副的几何特征; $\boldsymbol{J}$ 为 $(n-1)\times(n-1)$ 矩阵, 代表各杆件之间的运动副, 如 R 副及 P 副。

运动副类型的变异意味着原运动副的去除与新运动副的添加, 这一过程可以表示为 $(-\boldsymbol{J}_{i-1,i}+\boldsymbol{J}^N_{i-1,i})$, 其中 $\boldsymbol{J}_{i-1,i}$ 表示改变之前的运动副, 而 $\boldsymbol{J}^N_{i-1,i}$ 表示改变之后的运动副。在此规定只有类型相同的运动副可以直接进行加减, 例如

$$
\mathrm{R}-\mathrm{R}=\varnothing,\quad \mathrm{P}-\mathrm{P}=\varnothing,\quad \mathrm{R}-\mathrm{R}+\mathrm{P}=\mathrm{P},\quad \mathrm{P}-\mathrm{P}+\mathrm{R}=\mathrm{R}
$$

运动副几何类型的变异意味着原运动副集合类型的去除与新运动副几何类型的添加, 可表示为 $(A_{i-1,i}+A^N_{i-1,i})$, 其中 $A_{i-1,i}$ 表示改变之前的运动副几何关系, $A^N_{i-1,i}$ 为改变之后的运动副几何关系。在此规定下三角矩阵 $\boldsymbol{A}$ 中除 0 元素外, 其计算不符合一般的代数运算, 其加、减计算只能在相同的运动几何关系中进行。

设 $A_{i-1,i}\in\{1,2,3,4,5,6,7,8\}$, $A^N_{i-1,i}\in\{1,2,3,4,5,6,7,8\}$, 则 $A_{i-1,i}-A_{i-1,i}=\varnothing$, $A_{i-1,i}-A_{i-1,i}+A^N_{i-1,i}=A^N_{i-1,i}$, $A_{i-1,i}\pm 0=A_{i-1,i}$。运动副变异后, 运动链之间

的连接关系可以表示为

$$
\boldsymbol{D}_F = \boldsymbol{D} + \boldsymbol{D}_C
$$

$$
= \begin{bmatrix}
L_1 & \cdots & \cdots & J_{1,i} & \cdots & \cdots & \cdots & J_{1,n} \\
\vdots & \vdots & \vdots & \vdots & \vdots & \vdots & \vdots & \vdots \\
\cdots & \cdots & L_{i-1} & J_{i-1,i} & \cdots & \cdots & \cdots & \cdots \\
A_{i,1} & \cdots & A_{i,i-1} & Li & \cdots & \cdots & \cdots & \cdots \\
\cdots & \cdots & \cdots & \cdots & L_{i+1} & \cdots & \cdots & \cdots \\
\vdots & \vdots & \vdots & \vdots & \vdots & \vdots & \vdots & \vdots \\
\vdots & \vdots & \vdots & \vdots & \vdots & \vdots & \vdots & J_{n-1,n} \\
A_{n,1} & \cdots & \cdots & A_{n,i} & \cdots & \cdots & A_{n,n-1} & L_n
\end{bmatrix} +
$$

$$
\begin{bmatrix}
0 & 0 & 0 & 0 & 0 & 0 & 0 & 0 \\
\vdots & \vdots & \vdots & \vdots & \vdots & \vdots & \vdots & \vdots \\
\cdots & \cdots & \cdots & -J_{i-1,i} + J^N_{i-1,i} & 0 & \cdots & \cdots & \cdots \\
\cdots & \cdots & -A_{i,i-1} + A^N_{i,i-1} & 0 & 0 & \cdots & \cdots & \cdots \\
\cdots & \cdots & 0 & \cdots & \cdots & \cdots & \cdots & \cdots \\
\vdots & \vdots & \vdots & \vdots & \vdots & \vdots & \vdots & \vdots \\
\vdots & \vdots & \vdots & \vdots & \vdots & \vdots & \vdots & \vdots \\
0 & \cdots & \cdots & \cdots & \cdots & \cdots & \cdots & 0
\end{bmatrix} \tag{3.11}
$$

图 3.5 所示为一曲柄滑块机构, 建立其运动链坐标系并对各个杆件进行编号, 同时标出连接各杆件的运动副, 则运动链各个杆件的相关信息为

$$
\boldsymbol{D} = \begin{bmatrix}
L_1 & \mathrm{R} & 0 & \mathrm{P} \\
4 & L_2 & \mathrm{R} & 0 \\
0 & 4 & L_3 & \mathrm{R} \\
2 & 0 & 4 & L_4
\end{bmatrix}
$$

如图 3.5b 所示, 将连接杆件 1、4 之间的移动副改为转动副, 这样既改变了运动副类型又改变了运动副的几何关系, 则改变之后各杆件的相关信息可以表示为

$$
\boldsymbol{D}_F = \boldsymbol{D} + \boldsymbol{D}_C = \begin{bmatrix}
L_1 & \mathrm{R} & 0 & \mathrm{P} \\
4 & L_2 & \mathrm{R} & 0 \\
0 & 4 & L_3 & \mathrm{R} \\
2 & 0 & 4 & L_4
\end{bmatrix} + \begin{bmatrix}
L_1 & 0 & 0 & -\mathrm{P} + \mathrm{R} \\
0 & L_2 & 0 & 0 \\
0 & 0 & L_3 & 0 \\
-2 + 4 & 0 & 0 & L_4
\end{bmatrix}
$$

$$
= \begin{bmatrix}
L_1 & \mathrm{R} & 0 & \mathrm{R} \\
4 & L_2 & \mathrm{P} & 0 \\
0 & 4 & L_3 & \mathrm{R} \\
4 & 0 & 4 & L_4
\end{bmatrix}
$$

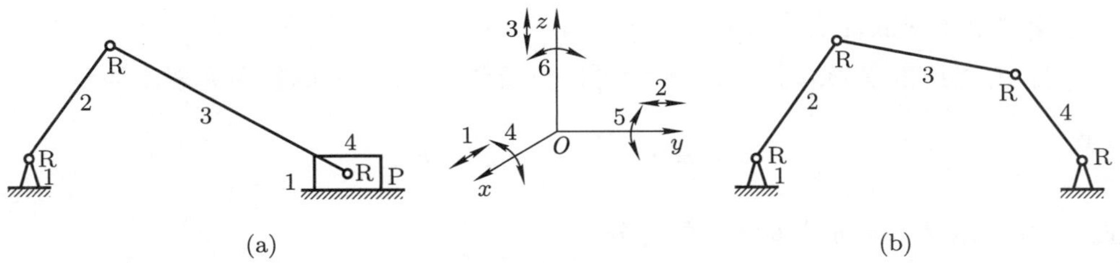

图 3.5 曲柄滑块机构运动副变异示意图

在基本单元中, 其杆件和运动副的变异是实现运动链具有丰富多样的折叠方式的基础。得到每个基本单元的变异方式后, 怎样将这些单元组合成一个完整的运动链即为下节单元融合要解决的问题。

3.1.2.2 基本单元的融合

一个完整的运动链是由若干个基本单元连接而成的, 可用下式表示 (华卫江、章定国, 2007):

$$E=\sum_{i=1}^{n-1} E_i \cup E_{i+1} \tag{3.12}$$

式中, E_i 和 E_{i+1} 为组成运动链的基本单元; E 为完整运动链; $\cup$ 表示基本单元之间进行连接与融合。

与细胞融合类似, 变胞结构单元之间的融合须发生在两个具有融合倾向且具有对应融合部分的单元之间, 整个融合过程是可控的, 遵循一定的规律。

对于一个有融合倾向的运动链, 由于其是由不同的杆、运动副组成, 因此将其中的杆、运动副划分为参与融合的杆、运动副以及不参与融合的杆和运动副, 则一个运动链可以表示为

$$E_i=\left\{J_j^{d_k}-(\Pi)J_{j+1}^{d_k}\in\sum_{j=1}^{n} J_j\right\} \tag{3.13}$$

式中, $J_j^{d_k}-(\Pi)J_{j+1}^{d_k}$ 表示参与融合的杆、副组合; J_j 为组成运动链单元任意一个运动副; $-$ 表示杆连接; Π 表示滑块连接; $\sum\limits_{j=1}^{n} J_j$ 表示组成运动链的所有运动副集合; $\in$ 表示符号之前的集合是符号之后集合的一部分。

如图 3.5a 所示的机构运动链, 若其参与融合部分为杆件 2、3 及连接 2、3 的转动副, 则其运动链可以表示为

$$E=\left\{-\mathrm{R}^4-\in 3\mathrm{RP}\right\}$$

若参与融合的部分仅为 P 副或杆件 3 和滑块 4 之间的 R 副、滑块 4 及 P 副, 则可分别表示为

$$E=\left\{\mathrm{P}^2\in 3\mathrm{RP}\right\},\ E=\left\{\mathrm{R}^4\Pi\mathrm{P}^2\in 3\mathrm{RP}\right\}$$

变胞单元的融合条件如下:

若 $E_i \cap E_{i+1} \neq \varnothing$, 则这两个单元可以直接融合, 融合后的新单元表示为

$$E_N = E_i \cup E_{i+1} - E_i \cap E_{i+1}$$

式中, $\cap$ 表示基本单元之间相同的部分。

两个运动链进行融合时, 运动链中相同的部分融合成一个部分, 留在新形成的运动链中。假设在图 3.5b 中, 参与融合的部分为杆件 3 与杆件 4 之间的转动副、杆件 4、杆件 4 与杆件 1 之间的转动副 R, 则可表示为

$$E_a = \left\{\mathrm{R}^4 - \mathrm{R}^4 \in 4\mathrm{R}\right\}$$

假设在图 3.5a 中, 参与融合的部分为杆件 1 与杆件 2 之间的转动副、杆件 2、杆件 2 与杆件 3 之间的转动副 R, 则可表示为

$$E_b = \left\{\mathrm{R}^4 - \mathrm{R}^4 \in 3\mathrm{RP}\right\}$$

则因

$$E_a \cap E_b = \left\{\mathrm{R}^4 - \mathrm{R}^4 \in 4\mathrm{R}\right\} \cap \left\{\mathrm{R}^4 - \mathrm{R}^4 \in 3\mathrm{RP}\right\} = \mathrm{R}^4 - \mathrm{R}^4$$

所以

$$E_N = E_a \cup E_b - E_a \cap E_b = \{5\mathrm{RP}\}$$

3.1.3 月球车悬架折叠综合示例

本节以 2.2.4 节初选悬架构型的最后一种 (序号 21) —— 多约束四边形悬架 (muti-constraint quadrilateral suspension, MCQS) 为研究对象, 将完整的悬架分解成一些基本单元, 根据杆件的变异和融合方法来研究各个基本单元的折展方式。根据文中悬架的连接结构和要求, 对得到的各单元的折叠方案进行筛选, 从而得到符合 MCQS 悬架的杆件单元折叠方式。将这些具有折叠功能的杆件单元按照在悬架中的连接方式进行相应的融合, 得到许多具有折展性能的悬架构型。对这些构型进行比较, 从中优选出一种做进一步研究。

根据前一章得到的基本构型的尺寸, 对构型的折叠、展开方式及构型进行研究, 得到折展性能比较优异的折展方式。基本构型示意图如图 3.6 所示, 图中各杆件之间的尺寸比例均由实际尺寸等比例缩小而成, 图中运动副均为 R^4 转动副 (图中约束弹簧未标出)。

由图 3.6 可知, 悬架构型由一些基本单元组成, 因此可将整体的悬架构型进行分解成为基本单元, 分别进行折叠研究后再利用单元的融合技术将其组装成为一个整体。分解情况如图 3.7 所示。

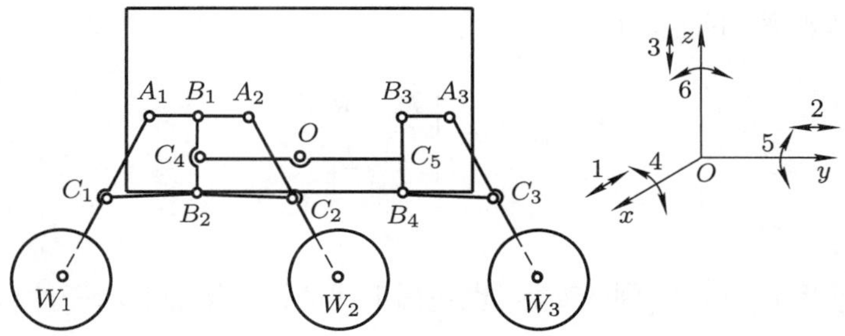

图 3.6 多约束四边形组合悬架示意图

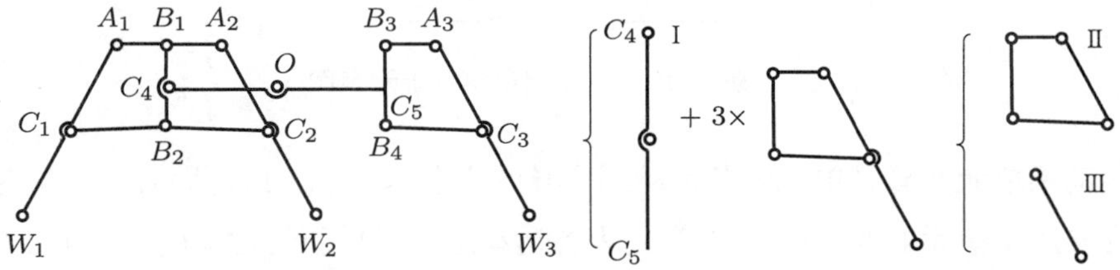

图 3.7 多约束四边形组合悬架分解示意图

由图 3.7 可知, 一共有 3 个基本单元可供折展研究, 分别为单元Ⅰ、Ⅱ、Ⅲ。图 3.8 更加清楚地表示了这 3 种单元, 包括一个自由度为 1 的闭链四杆单元和两个开链杆单元。图中 $2\times(3\times)$ 表示有 2(3) 个相同的单元。

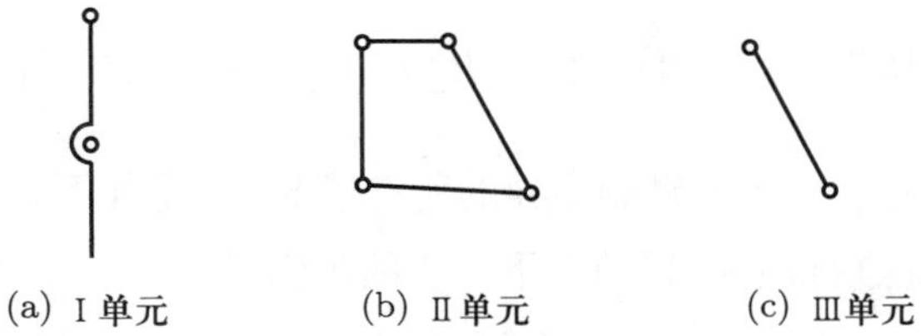

图 3.8 分解后的 3 个基本杆件单元

得到多约束四边形悬架机构的 3 个基本单元后, 分别对这些基本单元进行变杆件数和变运动副的单元变异, 得到具有不同变异形式的基本单元, 然后采用单元融合的方式得到悬架不同的折叠方式。

1. Ⅰ单元折叠

Ⅰ单元有两个 R^4 运动副, 为了使其具有折叠的功能, 可通过变胞理论中使杆件增加或运动副变异的方法来实现。

1) 增加单元杆件数

默认增加一个杆件为宜。虽然从理论上讲可以增加更多, 但这会使实际的结构复杂, 不便应用。同时, 默认增加后的杆件与原杆件之间采用 R^4 连接; 若改变, 可通过运动副变异实现, 下面会讲到。

$$[L_1] \rightarrow \begin{bmatrix} L_1 & \mathrm{R} \\ 4 & L_2 \end{bmatrix} \tag{3.14}$$

2) 运动副变异

这里既包括 R_1^4 和 R_2^4 副的变异, 也包括上述的杆件增加后新杆件与原杆件连接的 R_3^4 副的变异, 其中 R_2^4 为原杆件与车厢连接的运动副, 如图 3.9 所示。

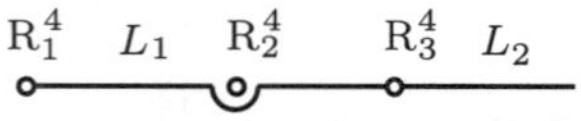

图 3.9 I 单元运动副变异基础示意图

运动副单元变异是单元内各运动副变异的集合, 如式 (3.15) 所示, $\boldsymbol{J}_{\mathrm{I}}^N$ 代表各运动副变异后 I 单元的变异情况, R_i^N 代表各运动副变异后新的运动副, $i = 1, 2, 3$。

$$\boldsymbol{J}_{\mathrm{I}}^N = \left\{ \mathrm{R}_1^N,\quad \mathrm{R}_2^N,\quad \mathrm{R}_3^N \right\} \tag{3.15}$$

式中

$$\begin{aligned} \mathrm{R}_1^N &= \left\{ \mathrm{R}_1^N/\quad \mathrm{R}_1^4,\quad \mathrm{R}_1^5,\quad \mathrm{R}_1^6,\quad \mathrm{R}_1^4 \rightarrow \mathrm{P}_1^1,\quad \mathrm{R}_1^4 \rightarrow \mathrm{P}_1^2,\quad \mathrm{R}_1^4 \rightarrow \mathrm{P}_1^3 \right\} \\ \mathrm{R}_2^N &= \left\{ \mathrm{R}_2^N/\quad \mathrm{R}_2^4,\quad \mathrm{R}_2^5,\quad \mathrm{R}_2^6,\quad \mathrm{R}_2^4 \rightarrow \mathrm{P}_2^1,\quad \mathrm{R}_2^4 \rightarrow \mathrm{P}_2^2,\quad \mathrm{R}_2^4 \rightarrow \mathrm{P}_2^3 \right\} \\ \mathrm{R}_3^N &= \left\{ \mathrm{R}_3^N/\quad \mathrm{R}_3^4,\quad \mathrm{R}_3^5,\quad \mathrm{R}_3^6,\quad \mathrm{R}_3^4 \rightarrow \mathrm{P}_3^1,\quad \mathrm{R}_3^4 \rightarrow \mathrm{P}_3^2,\quad \mathrm{R}_3^4 \rightarrow \mathrm{P}_3^3 \right\} \end{aligned}$$

以上三式是 I 单元中各运动副变异的所有情况, 但是并不是所有的情况都可以实现, 可对这些情况进行预选, 以减少下一步的工作量。

(1) 虽然从理论上来说 I 单元中各运动副有多种变异方式, 但实际情况是 I 单元与车厢连接且车厢的形状不可变, 由于受到车厢几何约束, I 单元中各转动副轴线垂直于 yOz 平面而移动副轴线平行于 yOz 平面才符合要求, 因此去除 R_i^5, R_i^6, P_i^1, $i = 1, 2, 3$。

(2) 去除功能重合或冲突的单元组合, 以便采用最少的机构达到相同的目的, 并且使结构简单化。例如:

组合 $\mathrm{P}_2^3\mathrm{R}_3^4$ 中 P_2^3 可使车厢在 z 向滑动, 使高度方向尺寸减小, 从而实现高度方向的折叠, 但由于 I 单元尺寸较大, R_3^4 会加大悬架在高度方向的尺寸, P_2^3 折叠的效果会被抵消, 因此这种组合应去掉。

而组合 $\mathrm{P}_1^2\mathrm{P}_2^2\mathrm{P}_3^2$ 因为功能重合, 只需要其中一个运动副的变异就可满足要求, 这种组合只能使结构复杂化, 因此去掉。

P_2^2 和 P_3^2 功能一致, 因此保留一个即可。

通过上述的 (1) 和 (2) 的操作后，最后适合 I 单元的折叠组合为

$$\mathrm{I}: \mathrm{R}_1^4\mathrm{R}_2^4\mathrm{R}_3^4,\ \mathrm{R}_1^4\mathrm{R}_2^4\mathrm{P}_3^2,\ \mathrm{R}_1^4\mathrm{R}_2^4\mathrm{P}_3^3$$

其中，组合 $\mathrm{R}_1^4\mathrm{R}_2^4\mathrm{R}_3^4$ 即为图 3.9 所示的拓扑结构形式。

2. Ⅱ 单元折叠

如图 3.8 所示，Ⅱ 单元是一个闭链四杆单元。与开链单元折叠形式很少受邻接杆件尺寸影响相比，闭链单元在折叠时受到更多的约束，特别是相邻杆件之间尺寸的协调问题，如果不考虑，机构在折叠过程中会有卡死或其他形式失效的危险。

1) Ⅱ 单元基本构型折叠

Ⅱ 单元基本构型组合为 $\mathrm{R}_1^4\mathrm{R}_2^4\mathrm{R}_3^4\mathrm{R}_4^4$，是一个直线机构单元。$AB$ 杆在一定范围内逆时针转动，D 点的轨迹为一条近似的直线，则与 D 点相连的杆件也被带动向上做近似的直线运动，实现高度方向的折叠。因此从整个系统的角度看，$\mathrm{R}_1^4\mathrm{R}_2^4\mathrm{R}_3^4\mathrm{R}_4^4$ 是一个可以实现高度方向尺寸减小的单元，前提是在转动过程中 B 点轨迹始终处于车厢上边缘之下。

在基本构型单元中进行运动副的变异，则有

$$\boldsymbol{J}_{\mathrm{II}}^N = \{\mathrm{R}_1^N,\ \mathrm{R}_2^N,\ \mathrm{R}_3^N,\ R_4^N\}$$

式中

$$\mathrm{R}_1^N = \left\{\mathrm{R}_1^N/\quad \mathrm{R}_1^4,\quad \mathrm{R}_1^5,\quad \mathrm{R}_1^6,\quad \mathrm{R}_1^4 \to \mathrm{P}_1^1,\quad \mathrm{R}_1^4 \to \mathrm{P}_1^2,\quad \mathrm{R}_1^4 \to \mathrm{P}_1^3\right\}$$

$$\mathrm{R}_2^N = \left\{\mathrm{R}_2^N/\quad \mathrm{R}_2^4,\quad \mathrm{R}_2^5,\quad \mathrm{R}_2^6,\quad \mathrm{R}_2^4 \to \mathrm{P}_2^1,\quad \mathrm{R}_2^4 \to \mathrm{P}_2^2,\quad \mathrm{R}_2^4 \to \mathrm{P}_2^3\right\}$$

$$\mathrm{R}_3^N = \left\{\mathrm{R}_3^N/\quad \mathrm{R}_3^4,\quad \mathrm{R}_3^5,\quad \mathrm{R}_3^6,\quad \mathrm{R}_3^4 \to \mathrm{P}_3^1,\quad \mathrm{R}_3^4 \to \mathrm{P}_3^2,\quad \mathrm{R}_3^4 \to \mathrm{P}_3^3\right\}$$

$$\mathrm{R}_4^N = \left\{\mathrm{R}_4^N/\quad \mathrm{R}_4^4,\quad \mathrm{R}_4^5,\quad \mathrm{R}_4^6,\quad \mathrm{R}_4^4 \to \mathrm{P}_4^1,\quad \mathrm{R}_4^4 \to \mathrm{P}_4^2,\quad \mathrm{R}_4^4 \to \mathrm{P}_4^3\right\}$$

预选符合实际构型的组合，减少后续分析的工作量：

(1) 与 I 单元类似，为避免受到车厢的几何干涉，去除 R_i^5, R_i^6, P_i^1, $i = 1,2,3,4$。

(2) 由于闭链四杆单元中各杆件尺寸的限制，使得包含 P_i^2、P_i^3 $(i = 1,2,3,4)$ 变得很困难，在运动的某一刻会使四杆机构转换成为刚性链而无法继续实现折叠，因此 P_i^2、P_i^3 也去除。

2) Ⅱ 单元添加运动副 (杆件) 构型折叠

如果在四杆闭链中再加入适量的运动副 (杆件)，则可避免运动副变异为移动副后的运动过程中出现的构型刚性化的问题。如图 3.10b 所示，为使结构不至于太复杂，在此允许每个杆件增加一个杆和一个运动副，添加的过程可用变胞理论中关于杆件增加的构态数学描述，此处不再赘述。增加后的 4 个运动副的变异如下所示：

$$\mathrm{R}_5^N = \left\{\mathrm{R}_5^N/\quad \mathrm{R}_5^4,\quad \mathrm{R}_5^5,\quad \mathrm{R}_5^6,\quad \mathrm{R}_5^4 \to \mathrm{P}_5^1,\quad \mathrm{R}_5^4 \to \mathrm{P}_5^2,\quad \mathrm{R}_5^4 \to \mathrm{P}_5^3\right\}$$

$$\mathrm{R}_6^N=\left\{\mathrm{R}_6^N/\ \ \mathrm{R}_6^4,\ \ \mathrm{R}_6^5,\ \ \mathrm{R}_6^6,\ \ \mathrm{R}_6^4\to\mathrm{P}_6^1,\ \ \mathrm{R}_6^4\to\mathrm{P}_6^2,\ \ \mathrm{R}_6^4\to\mathrm{P}_6^3\right\}$$

$$\mathrm{R}_7^N=\left\{\mathrm{R}_7^N/\ \ \mathrm{R}_7^4,\ \ \mathrm{R}_7^5,\ \ \mathrm{R}_7^6,\ \ \mathrm{R}_7^4\to\mathrm{P}_7^1,\ \ \mathrm{R}_7^4\to\mathrm{P}_7^2,\ \ \mathrm{R}_7^4\to\mathrm{P}_7^3\right\}$$

$$\mathrm{R}_8^N=\left\{\mathrm{R}_8^N/\ \ \mathrm{R}_8^4,\ \ \mathrm{R}_8^5,\ \ \mathrm{R}_8^6,\ \ \mathrm{R}_8^4\to\mathrm{P}_8^1,\ \ \mathrm{R}_8^4\to\mathrm{P}_8^2,\ \ \mathrm{R}_8^4\to\mathrm{P}_8^3\right\}$$

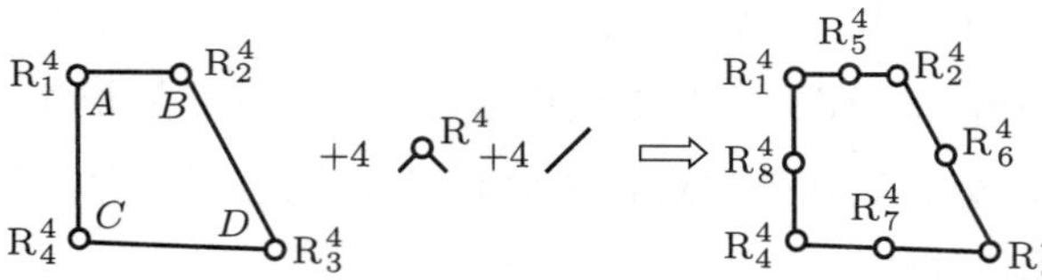

(a) Ⅱ单元基本构型拓扑图　　(b) Ⅱ单元添加运动副(杆件)后拓扑图

图 3.10　Ⅱ 单元折叠拓扑示意图

同前面变异的运动副一样, 由于车厢几何约束的限制, R_i^5、R_i^6、P_i^1 $(i=5,6,7,8)$ 应去除。同时, 观察图 3.10b 可看出, P_6^2、P_8^2 对单元长度方向的折叠影响比较小, 并且与 P_5^2、P_7^2 功能重合, 因此将 P_6^2、P_8^2 去除; 而 P_5^3、P_7^3 对单元高度方向的折叠影响比较小, 并且与 P_6^3、P_8^3 功能重合, 因此将 P_5^3、P_7^3 去除。同时要注意的是, $\mathrm{P}_5^2\mathrm{P}_7^2$ 应配对使用, $\mathrm{P}_6^3\mathrm{P}_8^3$ 应配对使用。没有采用图 3.10b 中的运动副 $\mathrm{R}_1^4\sim\mathrm{R}_4^4$ 变异的移动副是因为其功能与添加的运动副变异形成的移动副功能相似, 因此取后者的移动副即可满足要求。

至此, Ⅱ 单元的折叠组合为

$$\text{Ⅱ}\begin{cases}\mathrm{R}_1^4\mathrm{R}_2^4\mathrm{R}_3^4\mathrm{R}_4^4,\ \mathrm{R}_1^4\mathrm{R}_2^4\mathrm{R}_3^4\mathrm{R}_4^4\mathrm{R}_5^4\mathrm{R}_6^4\mathrm{R}_7^4\mathrm{R}_8^4,\ \mathrm{R}_1^4\mathrm{R}_2^4\mathrm{R}_3^4\mathrm{R}_4^4\mathrm{P}_5^2\mathrm{R}_6^4\mathrm{P}_7^2\mathrm{R}_8^4\\ \mathrm{R}_1^4\mathrm{R}_2^4\mathrm{R}_3^4\mathrm{R}_4^4\mathrm{R}_5^4\mathrm{P}_6^3\mathrm{R}_7^4\mathrm{P}_8^3,\ \mathrm{R}_1^4\mathrm{R}_2^4\mathrm{R}_3^4\mathrm{R}_4^4\mathrm{P}_5^2\mathrm{P}_6^3\mathrm{P}_7^2\mathrm{P}_8^3\end{cases}$$

3. Ⅲ 单元折叠

Ⅲ 单元是一个二元杆单元, 由图 3.6 可看出, 其不受车厢的几何约束, 这意味着 Ⅲ 单元有比 Ⅰ、Ⅱ 单元更大的折叠选择空间。因为 Ⅲ 单元只有一个杆件, 折叠性能有限, 因此先对其进行增加运动副 (杆件) 的操作, 而后对增加的运动副进行变异, 如图 3.11 所示, R_1^4、R_2^4 不参与变异。

$$\mathrm{R}_3^N=\left\{\mathrm{R}_3^N/\ \ \mathrm{R}_3^4,\ \ \mathrm{R}_3^5,\ \ \mathrm{R}_3^6,\ \ \mathrm{R}_3^4\to\mathrm{P}_3^1,\ \ \mathrm{R}_3^4\to\mathrm{P}_3^2,\ \ \mathrm{R}_3^4\to\mathrm{P}_3^3\right\}$$

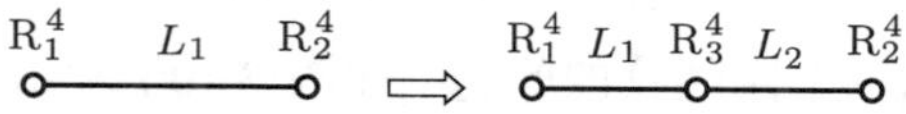

图 3.11　Ⅲ 单元增加运动副 (杆件) 操作

结合图 3.6, Ⅲ 单元的 P_3^1 不仅在操作上有很大困难, 而且由于车厢的不能折叠导致采取这种方式取得的折叠效果很不明显, 因此将其去除。

Ⅲ 单元的折叠组合为

$$\text{Ⅲ}:\quad R_1^4R_3^4R_2^4,\quad R_1^4R_3^5R_2^4,\quad R_1^4R_3^6R_2^4,\ R_1^4P_3^2R_2^4,\quad R_1^4P_3^3R_2^4$$

当星球车车轮位于车体最外侧时, 通过 $R_1^4R_3^5R_2^4$ 和 $R_1^4R_3^6R_2^4$ 的操作可以将车轮翻转到车厢下方, 从而减小车体宽度方向的尺寸。$R_1^4R_3^5R_2^4$ 被用作美国 "勇气号" 火星车折叠机构的一部分, 用以将两前轮从外侧翻转到内侧。

在选择折叠单元时对一些公认的星球车悬架约束条件应予以认真考虑:

(1) 由于星球车携带或所能得到的能源有限, 因此在折展过程中尽量减少电动机的使用, 尽可能用一些储能元件实现折展动作;

(2) 折展功能会给悬架系统增加一些额外的杆件或运动副, 导致折展过程和工作过程中系统的可靠性下降, 因此应减少折展过程中悬架杆件的数量和连接的复杂度;

(3) 折叠后的悬架仍能使星球车运动, 即车厢与支撑面之间要有一定的间隙, 且各车轮之间没有干涉;

(4) 功能相同的折叠单元可只选择其中之一, 尽量减少单元的折叠, 提高可靠性;

(5) 因车厢不能折叠, 因此为实现悬架的最大化折叠, 要求悬架在长度方向折叠后完全位于车厢的左右边线之内。

依据这些约束条件, 首先对已经得到的各基本单元的折叠组合方案进行分析和检查, 折叠悬架的检查在各基本单元融合成为整体后再进行。

各基本单元折叠方案的检查:

(1) Ⅰ 单元在单元检查层面上符合要求;

(2) Ⅱ 单元的折叠组合 $R_1^4R_2^4R_3^4R_4^4R_5^4R_6^4R_7^4R_8^4$、$R_1^4R_2^4R_3^4R_4^4P_5^2R_6^4P_7^2R_8^4$、$R_1^4R_2^4R_3^4R_4^4R_5^4P_6^3R_7^4P_8^3$、$R_1^4R_2^4R_3^4R_4^4P_5^2P_6^3P_7^2P_8^3$ 因多个运动副的加入其折叠功能明显增强, 但增加的多个自由度需要更多电动机提供动力和确定的运动, 这与约束条件 (2) 矛盾, 因此将这些组合去除;

(3) Ⅲ 单元在单元检查层面上符合要求;

(4) Ⅳ 单元的折叠组合 $R_1^4R_2^4R_3^4R_4^4R_5^4R_6^4R_7^4R_8^4$、$R_1^4P_5^2R_2^4R_6^4R_3^4P_7^2R_4^4R_8^4$、$R_1^4R_5^4R_2^4P_6^3R_3^4R_7^4R_4^4P_8^3$、$R_1^4R_5^2R_2^4P_6^3R_3^4P_7^2R_4^4P_8^3$ 与 Ⅱ 单元的折叠组合类似, 会加入过多的电动机等动力源而与约束 (2) 矛盾, 因此这些组合也去除。

最后, 可用于单元融合的各基本单元折叠组合为

$$\begin{cases}\text{Ⅰ}: & R_1^4R_2^4R_3^4, \quad R_1^4R_2^4P_3^2, \quad R_1^4R_2^4P_3^3\\ \text{Ⅱ}: & R_1^4R_2^4R_3^4R_4^4\\ \text{Ⅲ}: & R_1^4R_3^4R_2^4, \quad R_1^4R_3^5R_2^4, \quad R_1^4R_3^6R_2^4, \quad R_1^4P_3^2R_2^4, \quad R_1^4P_3^3R_2^4\end{cases}$$

3.1.4 MCQS 悬架的折叠方案

各基本单元融合成图 3.6 所示的悬架过程中, 单元 Ⅰ、Ⅱ、Ⅲ 将参与融合, 融合后的多约束四边形组合悬架折叠方案如图 3.12 所示 (图中未标出约束弹簧)。

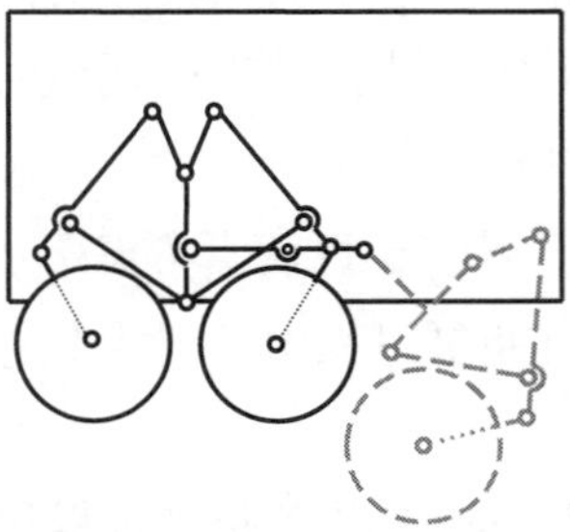

(1) $\mathrm{R}_1^4\mathrm{R}_2^4\mathrm{R}_3^4/\mathrm{II}/\mathrm{R}_1^4\mathrm{R}_3^4\mathrm{R}_2^4$

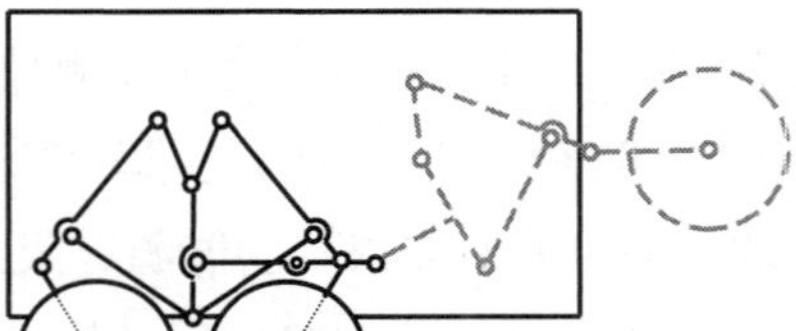

(2) $\mathrm{R}_1^4\mathrm{R}_2^4\mathrm{R}_3^4/\mathrm{II}/\mathrm{R}_1^4\mathrm{R}_3^5\mathrm{R}_2^4$

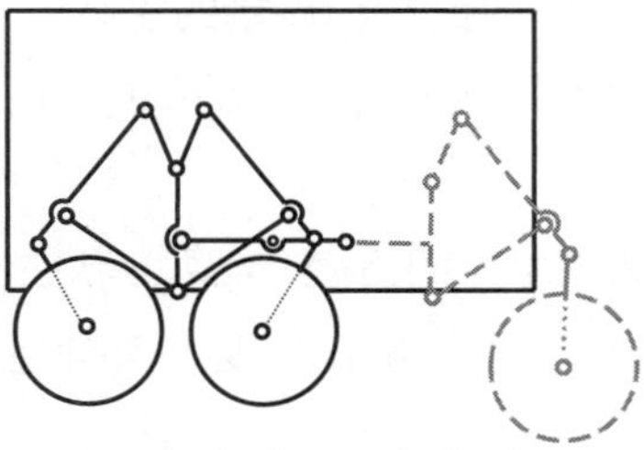

(3) $\mathrm{R}_1^4\mathrm{R}_2^4\mathrm{R}_3^4/\mathrm{II}/\mathrm{R}_1^4\mathrm{R}_3^6\mathrm{R}_2^4$

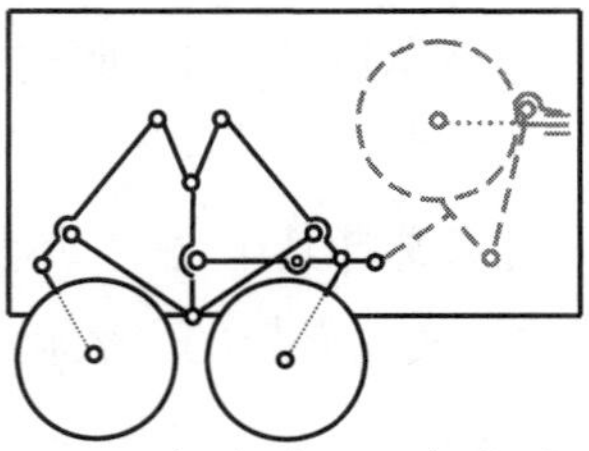

(4) $\mathrm{R}_1^4\mathrm{R}_2^4\mathrm{R}_3^4/\mathrm{II}/\mathrm{R}_1^4\mathrm{P}_3^2\mathrm{R}_2^4$

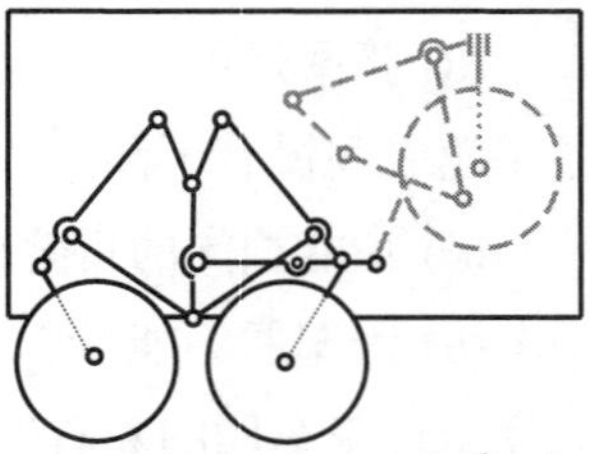

(5) $\mathrm{R}_1^4\mathrm{R}_2^4\mathrm{R}_3^4/\mathrm{II}/\mathrm{R}_1^4\mathrm{P}_3^3\mathrm{R}_2^4$

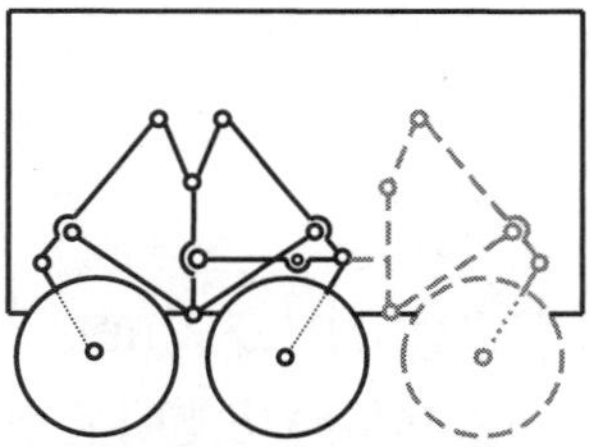

(6) $\mathrm{R}_1^4\mathrm{R}_2^4\mathrm{P}_3^2/\mathrm{II}/\mathrm{R}_1^4\mathrm{R}_3^4\mathrm{R}_2^4$

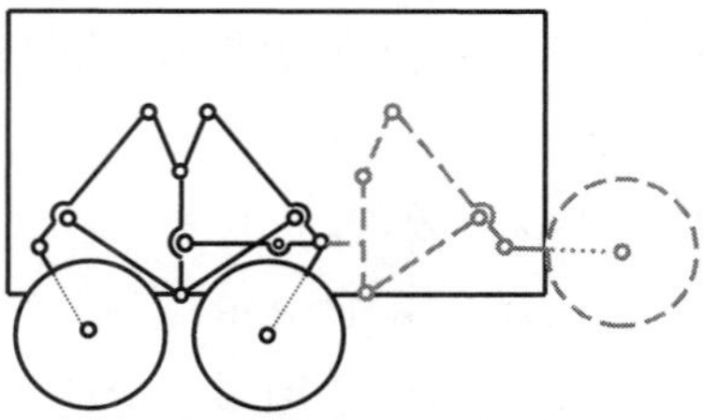

(7) $\mathrm{R}_1^4\mathrm{R}_2^4\mathrm{P}_3^2/\mathrm{II}/\mathrm{R}_1^4\mathrm{R}_3^5\mathrm{R}_2^4$

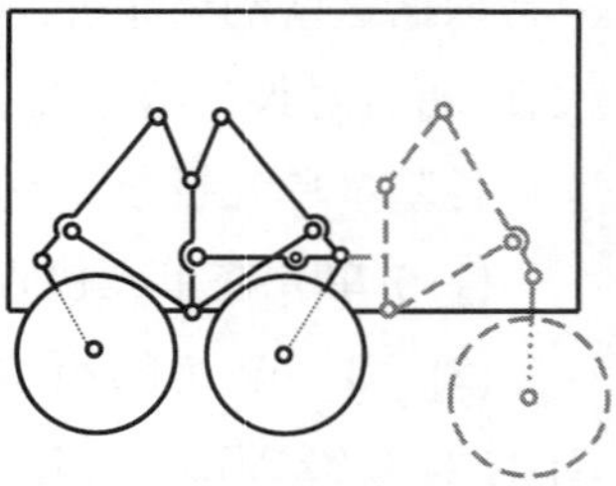

(8) $\mathrm{R}_1^4\mathrm{R}_2^4\mathrm{P}_3^2/\mathrm{II}/\mathrm{R}_1^4\mathrm{R}_3^6\mathrm{R}_2^4$

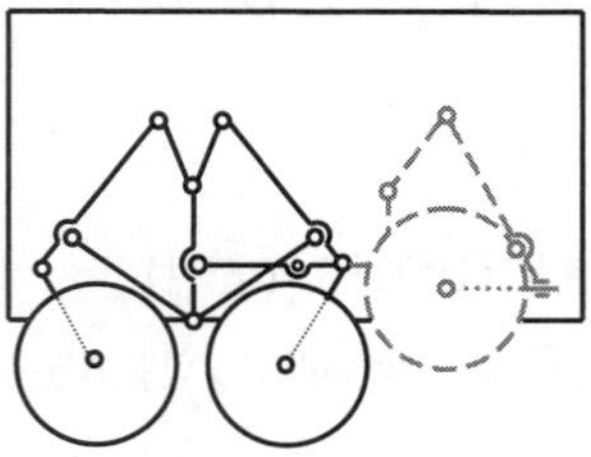

(9) $\mathrm{R}_1^4\mathrm{R}_2^4\mathrm{P}_3^2/\mathrm{II}/\mathrm{R}_1^4\mathrm{P}_3^2\mathrm{R}_2^4$

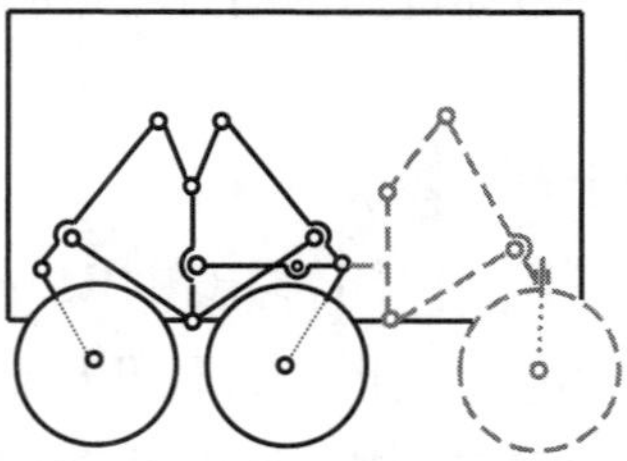

(10) $\mathrm{R}_1^4\mathrm{R}_2^4\mathrm{P}_3^2/\mathrm{II}/\mathrm{R}_1^4\mathrm{P}_3^3\mathrm{R}_2^4$

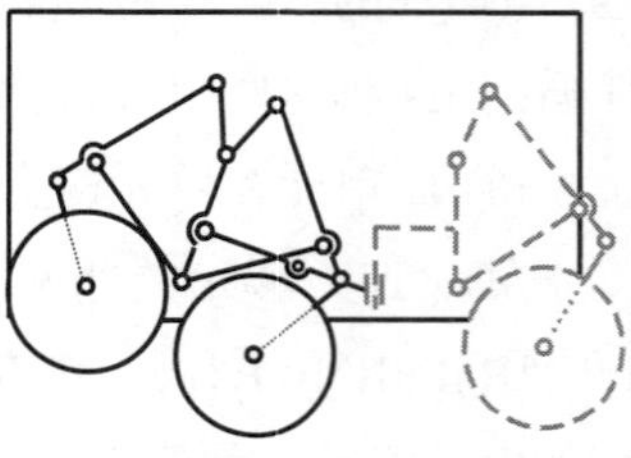

(11) $\mathrm{R}_1^4\mathrm{R}_2^4\mathrm{P}_3^3/\mathrm{II}/\mathrm{R}_1^4\mathrm{R}_3^4\mathrm{R}_2^4$

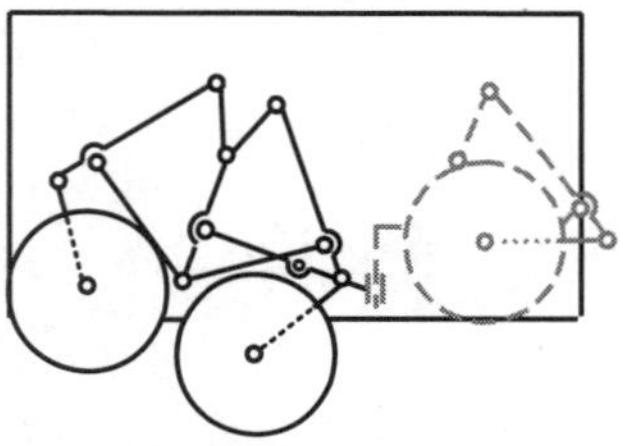

(12) $\mathrm{R}_1^4\mathrm{R}_2^4\mathrm{P}_3^3/\mathrm{II}/\mathrm{R}_1^4\mathrm{R}_3^5\mathrm{R}_2^4$

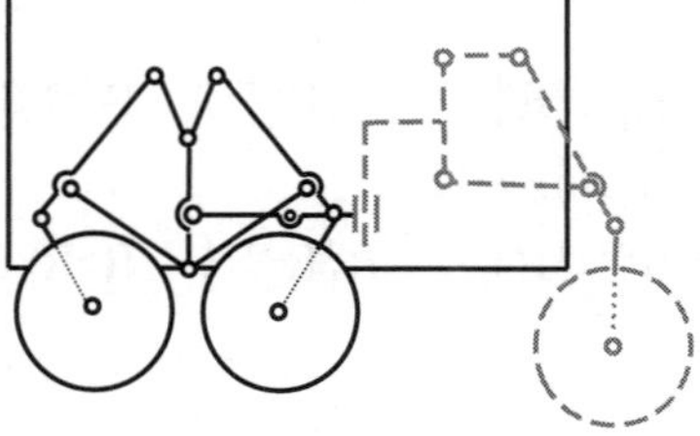

(13) $\mathrm{R}_1^4\mathrm{R}_2^4\mathrm{P}_3^3/\mathrm{II}/\mathrm{R}_1^4\mathrm{R}_3^6\mathrm{R}_2^4$

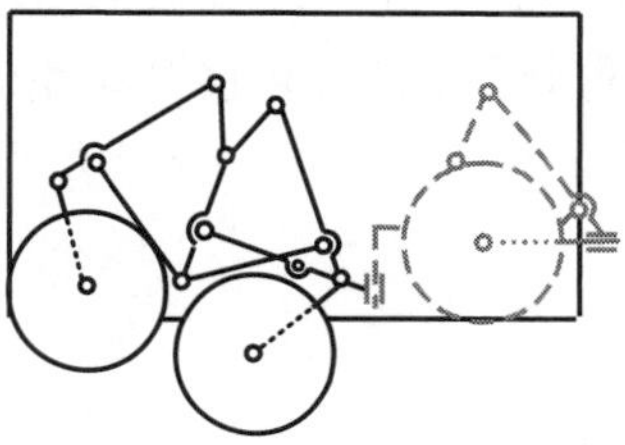

(14) $R_1^4R_2^4P_3^3/Ⅱ/R_1^4P_3^3R_2^4$

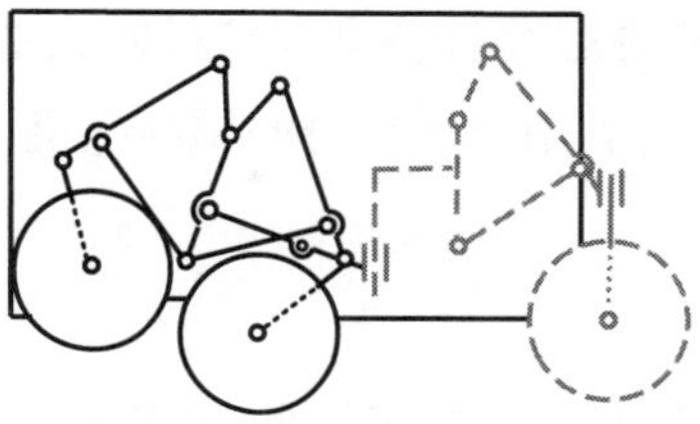

(15) $R_1^4R_2^4P_3^3/Ⅱ/R_1^4P_3^2R_2^4$

图 3.12 多约束四边形组合悬架折叠方案

悬架包括多个重复单元, 如 3 个 Ⅰ 单元和 3 个 Ⅲ 单元, 但在折叠时重复单元并不一定按照相同的折叠方式进行, 目的是保证重复单元中一个单元在折叠组合方式下, 悬架折叠后的体积最小。方案比较如下:

(1) 按照悬架在长度方向折叠后完全位于车厢的左右边线之内的约束条件, 方案 2、3、7、13、15 被舍弃 (明显超出左右边线的方案)。

(2) 按照折叠后的悬架仍能使星球车运动, 方案 1、12、14 被舍弃 (方案 1 中的虚线单元若向上折叠, 则会使折叠后的悬架超过车厢的左右边线)。

(3) 虽然方案 4、5、9 可以实现折叠后的悬架仍能使星球车运动, 但从折叠示意图可看出, 1 轮和 2 轮着地, 3 轮悬起, 这可能会使星球车从着陆器的斜板上向地面行驶时, 车厢的右侧失稳并与斜板或地面接触, 从而影响车体运动。因此, 折叠后的运动可靠性不能很好地保证, 应舍弃。

最后留下方案 6、8、10、11, 4 种方案的比较如表 3.2 所示。由表 3.2 可以看出, 若只能选择一种折叠方案的话, 方案 6 具有良好的折叠和展开性能, 可以作为多约束四边形组合悬架的最终折叠方案。

表 3.2 4 种方案 6、8、10、11 的比较

方案号	额外驱动方式	折叠后体积	展开方式	可靠性
6	无	最小	靠车轮的运动实现	高
8	电动机	较大	电动机运动实现	较高
10	电动机或弹簧	较大	电动机运动或弹簧作用	较高
11	电动机或弹簧	较大	电动机运动或弹簧作用	较高

3.2 月球车车轮折叠研究

已经成功发射的和世界各科研机构正在研究的月球车车轮以圆柱形居多。对于圆形截面车轮, 轮缘宽度与直径是影响月球车越障通过性能的重要因素, 并直接影响月球车整体尺寸的大小, 因此可通过径向或轴向的折叠与展开来改变车轮的体积,

即其组成构件必须具备沿车轮径向或轴向运动的可能。同时, 应避免附加驱动动力源, 而尽可能利用车轮自身的驱动电机。因此, 文中提出两种可展开车轮轮辐基本结构形式。

3.2.1 可展开车轮轮辐基本构型确定

1. 空间展开式构型

借鉴折叠雨伞的伞架结构, 采用空间并联杆机构作为可展开车轮轮辐的基本结构。该空间机构由 6 组构型相同的支路并联组成, 每一支路均由曲柄滑块机构及分别在曲柄和连杆上加载的两杆组成, 单个支路的机构示意图见图 3.13a。机构的并联是通过各支路中滑块与机架构件分别合并实现的, 合并后的构件仍分别称为滑块与机架。具体并联方式见图 3.13b 和图 3.13c。

(a) (b) (c)

1 — 机架; 2 — 曲柄; 3 — 滑块; 4 — 连杆; 5 — 附加杆 1; 6 — 附加杆 2

图 3.13 可展开式车轮支路机构示意图及仿真示意图

其中, 滑块为主动件, 附加杆 2 的末端通过形状改变可制成轮缘。该机构需附加一个驱动部件将滑块与车轮电动机连接, 此驱动部件要具有将旋转运动变为平移运动的功能, 如圆柱状斜面凸轮。其运动方式为: 当车轮电动机启动并驱动滑块移动时, 整个空间机构产生径向的伸展及轴向的收缩 (或径向的收缩与轴向的伸展), 这样车轮就实现展开 (或折叠)。该运动方式的可行性在 ADAMS 中进行了仿真验证。

2. 平面展开式构型

为使机构的展开运动尽可能简单可靠, 只考虑改变对车轮体积影响最大的径向尺寸, 即车轮展开运动为平面运动。由于可展开式车轮在某一径向的折叠与伸展可看作其沿该方向的往复直线运动, 故可采用曲柄滑块机构实现该运动形式。若要实现整个车轮沿径向的折叠与展开, 则需在车轮周向均布且并联若干组曲柄滑块机构。其中被并联的构件分别为曲柄与机架, 曲柄为主动件。

为简化分析, 在车轮周向均布且并联 6 组曲柄滑块机构, 其机构示意图见图 3.14, 三维仿真模型见图 3.15。当曲柄、连杆、滑块处于同一直线时, 车轮完全展开。通过特定机构锁定后, 滑块外缘可构成轮缘, 曲柄、连杆、滑块与滑槽被固连成为一个整体, 共同构成轮辐。由于采用曲柄为主动件, 因而不需要再附加驱动部件, 直接将曲柄构件与车轮电动机相连接, 并驱动其旋转就可以实现车轮的伸展运动, 运动的可实现性在 ADAMS 中进行了仿真验证。

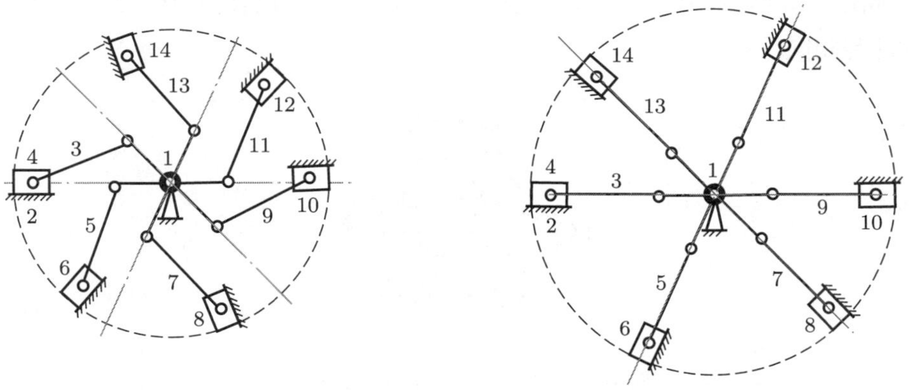

(a) 车轮折叠状态　　(b) 车轮展开状态

1 — 曲柄; 2 — 滑槽; 3 — 连杆 1; 4 — 滑块 1; 5 — 连杆 2; 6 — 滑块 2; 7 — 连杆 3; 8 — 滑块 3; 9 — 连杆 4; 10 — 滑块 4; 11 — 连杆 5; 12 — 滑块 5; 13 — 连杆 6; 14 — 滑块 6

图 3.14　可展开式车轮机构示意图

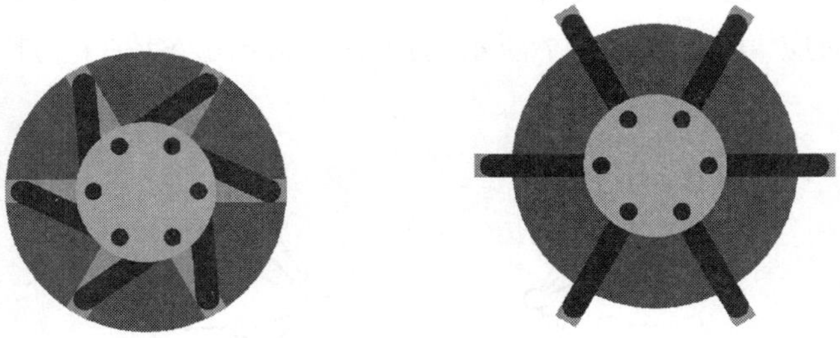

(a) 车轮折叠状态　　(b) 车轮展开状态

图 3.15　可展开式车轮仿真示意图

3. 基本构型确定

由空间展开式构型的展开方式可知, 在实现车轮径向折叠的同时车轮轴向尺寸会被动增大, 从而影响折叠的效果, 所附加的驱动部件还会增加车轮结构的复杂性及重量。与空间展开式构型相比, 平面展开式构型中展开机构为平面机构, 车轮折叠与展开时不会附加产生其他方向的尺寸改变, 不需要再附加驱动部件, 车轮结构及其展开运动相对简单可靠。故选取平面展开式构型进行拓扑结构设计。

3.2.2　可展开车轮构型综合

作为月球车移动系统的执行部件, 车轮与车体间通过转动副连接, 并产生相对转动。但车轮轮辐在折叠状态时为多杆机构, 将轮轴作为一个杆件与车轮轮辐连接就需进行车轮构型的综合。

应用图论 (殷剑宏、吴开亚, 2003; 卢开澄、卢华明, 1995) 理论, 可展开车轮的拓扑图如图 3.16 所示。图中 $1,2,3,\cdots,14$ 所示的圆圈分别代表各构件, 意义与图 3.14 中的注释相同。

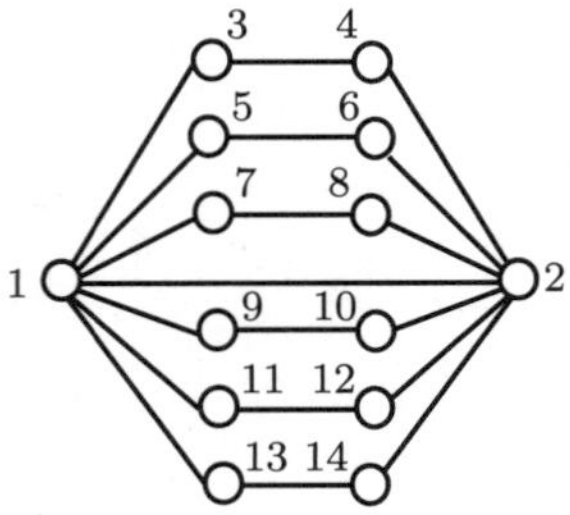

图 3.16　可展开车轮轮辐的拓扑结构

1. 可展开式车轮拓扑对称性的判定

图 3.16 所示的车轮轮辐拓扑结构若分别去掉构件 1 与构件 2, 则得到图 3.17 所示的两个拓扑子图。

显然, 图 3.17 的顶点集、边集之间具有一一对应关系, 且两拓扑结构对应顶点间的边也一一对应。因此, 图 3.17 所示的拓扑结构同构, 构件 1 与构件 2 具有拓扑对称性。

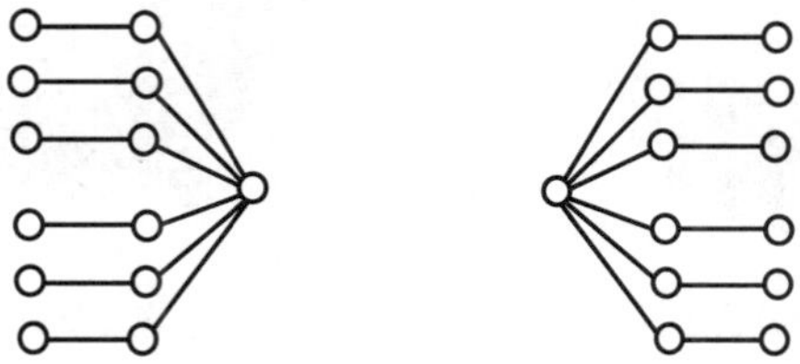

(a) 去掉构件 1 的情况　　(b) 去掉构件 2 的情况

图 3.17　第一种变换的拓扑结构

若图 3.16 所示的车轮轮辐拓扑结构分别去掉构件 3 与构件 4, 则得到图 3.18a、b 所示的两个拓扑子图。分别去掉构件 3 与构件 5 就得到图 3.19 所示的两个拓扑子图。

显然, 图 3.18a 与图 3.18b 同构, 图 3.19a 与图 3.19b 同构。故构件 3 与构件 4 具有拓扑对称性, 构件 3 与构件 5 具有拓扑对称性。

同理, 可判定构件 3 ~ 构件 14 这 12 个构件相互间具有拓扑对称性。

2. 杆件关联数目确定

由于外加杆件可能与图 3.14 所示的 14 个杆件中的 1 个或 2 个、3 个、4 个、……、14 个相关联, 故根据组合原理, 共有关联可能性数目为 $C_{\text{all}} = C_{14}^{1} +$

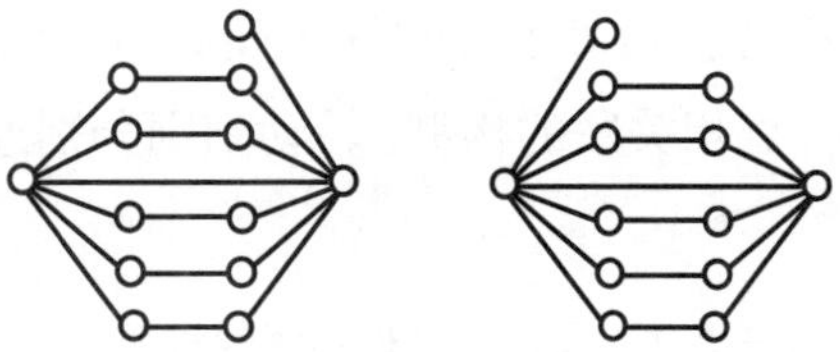

(a) 去掉构件 3　　(b) 去掉构件 4

图 3.18　第二种变换的拓扑结构

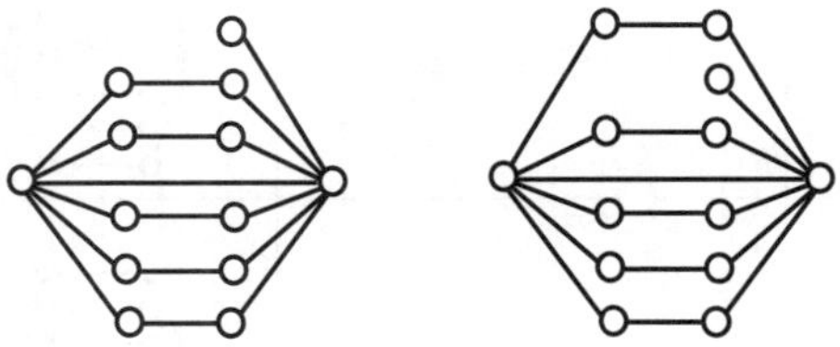

(a) 去掉构件 3　　(b) 去掉构件 5

图 3.19　第三种变换的拓扑结构

$C_{14}^2+\cdots+C_{14}^{13}+C_{14}^{14}=16\ 369$。由于具有拓扑对称性的构件其关联关系相同，故可将相应对称性构件去除，以减少计算量。去除重复情况后，实际关联的可能性数目为 $C_{\rm pra}=2+3\times 11+2+1=38$。

3. 构型综合

因与 3 个及 3 个以上杆件相关联的情况比较复杂，实现起来较为困难，实际意义不大，故这里只考虑与一个或两个杆件相关联的情况。其中与一个杆件关联时的构型见表 3.3，与两个杆件关联时的构型见表 3.4。

表 3.3　与一个杆件关联的构型

可能的关联关系	邻接关系	相应的拓扑图	相应的机构简图
与杆 1 关联 (构型 I)	各杆件邻接关系不变	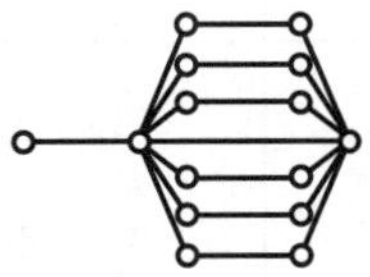	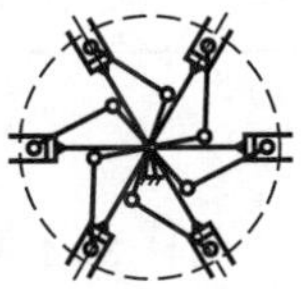
与杆 3 关联	各杆件邻接关系不变	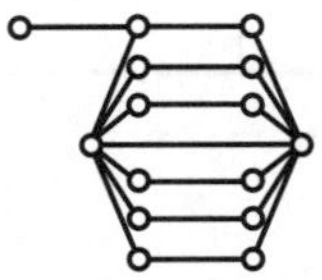	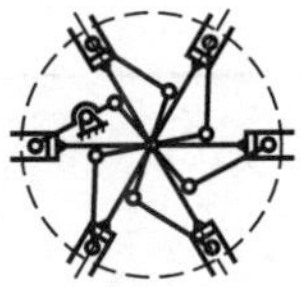

由表 3.3、表 3.4 可知，与杆 3 相关联的构型，与杆 1、3 相关联的构型，与杆 3、4 相关联的构型以及与杆 1、2 相关联且两者的邻接关系不变的构型均不符合要求。而与杆 1 相关联或与杆 1、2 同时相关联且两者邻接关系发生改变的构型满足要求，且两者机构简图相同。不同之处在于：复合铰链处转动副与构件间的关联关系。对于

与杆 1 相关联的构型, 复合铰链由外加杆与杆 1 间的转动副及杆 1 与杆 2 间的转动副复合而成。对于与杆 1、2 相关联的构型, 转动副则分别连接外加杆与杆 1、外加杆与杆 2。

表 **3.4**　与两个杆件关联的构型

可能的关联关系	邻接关系	相应的拓扑图	相应机构简图
与杆 1、2 关联	杆 1、2 邻接关系不变	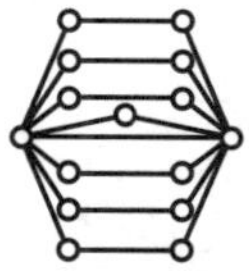	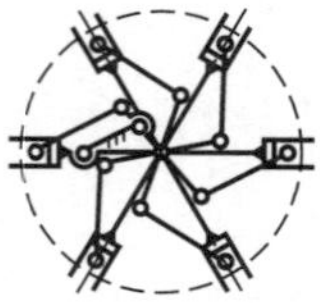
与杆 1、2 关联 (构型 Ⅱ)	杆 1、2 邻接关系改变	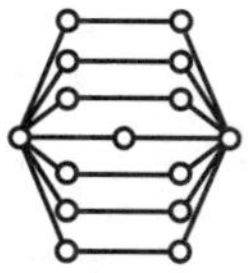	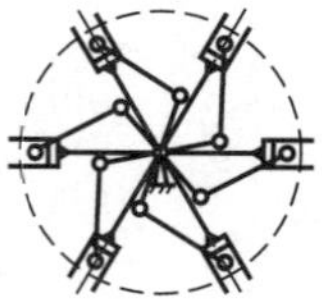
与杆 1、3 关联	杆 1、3 邻接关系不变	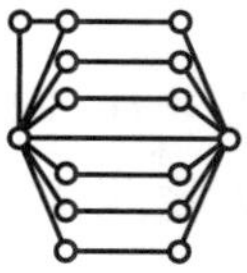	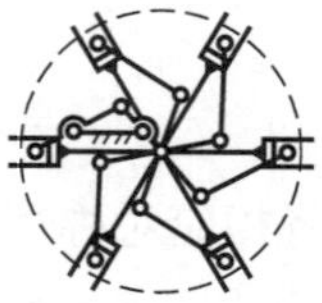
与杆 1、3 关联	杆 1、3 邻接关系改变	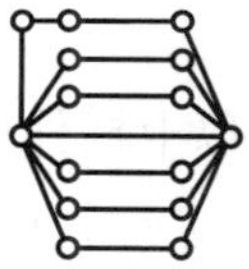	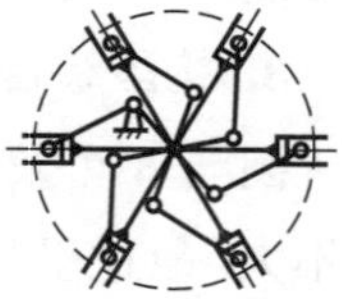
与杆 3、4 关联	杆 3、4 邻接关系不变	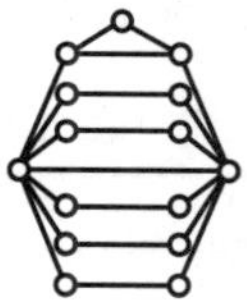	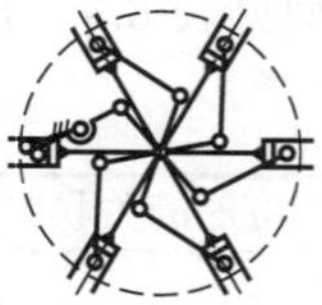
与杆 3、4 关联	杆 3、4 邻接关系改变	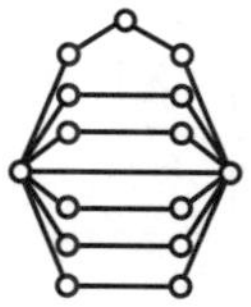	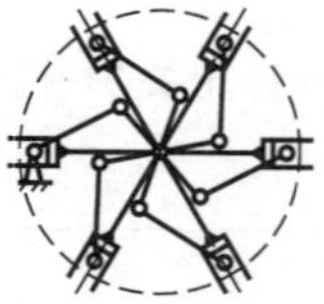

3.2.3　可展开车轮构态变换

所设计的可展开车轮可通过不同连杆机构和物理限制实现其构态变换。因此, 通过构态变换分析 (Sardain, 1997; Hirose, 2000; 李瑞玲等, 2002) 可检验所设计车轮构型的合理性, 验证其关联关系对车轮运动的影响。应用图论, 利用图的邻接矩阵反映车轮构态变化及其各杆件间的关联关系。

对于同杆 1 相关联的构型, 记为构型 I (见表 3.3), 由其展开前的拓扑图可得到其 15×15 的邻接矩阵 $\boldsymbol{A}_1$。当车轮由初始状态变换到完全展开状态, 各构件的邻接关系并未发生变化, 但关联关系发生了转移。初始构态时车轮由 15 个杆件组成, 随着车轮的展开, 杆 $1,2,\cdots,14$ 最终合并成一个杆, 关联关系均转移至杆 1, 变为终态时 2 个杆件组成的车轮。反映到邻接矩阵上, 相当于将 $\boldsymbol{A}_1$ 的第 2~14 行、第 2~14 列均加到 1 行 1 列, 再划掉第 2~14 行、第 2~14 列元素, 得到终态邻接矩阵 $\boldsymbol{A}_2$。$\boldsymbol{A}_1$、$\boldsymbol{A}_2$ 如下:

$$\boldsymbol{A}_1=\begin{bmatrix}
0&1&1&0&1&0&1&0&1&0&1&0&1&0&1\\
1&0&0&1&0&1&0&1&0&1&0&1&0&1&0\\
1&0&0&1&0&0&0&0&0&0&0&0&0&0&0\\
0&1&1&0&0&0&0&0&0&0&0&0&0&0&0\\
1&0&0&0&0&1&0&0&0&0&0&0&0&0&0\\
0&1&0&0&1&0&0&0&0&0&0&0&0&0&0\\
1&0&0&0&0&0&0&1&0&0&0&0&0&0&0\\
0&1&0&0&0&0&1&0&0&0&0&0&0&0&0\\
1&0&0&0&0&0&0&0&0&1&0&0&0&0&0\\
0&1&0&0&0&0&0&0&1&0&0&0&0&0&0\\
1&0&0&0&0&0&0&0&0&0&0&1&0&0&0\\
0&1&0&0&0&0&0&0&0&0&1&0&0&0&0\\
1&0&0&0&0&0&0&0&0&0&0&0&0&1&0\\
0&1&0&0&0&0&0&0&0&0&0&0&1&0&0\\
1&0&0&0&0&0&0&0&0&0&0&0&0&0&0
\end{bmatrix},\quad \boldsymbol{A}_2=\begin{bmatrix}0&1\\1&0\end{bmatrix}$$

通过 $\boldsymbol{A}_2$ 得到终态拓扑图和机构简图, 见图 3.20。

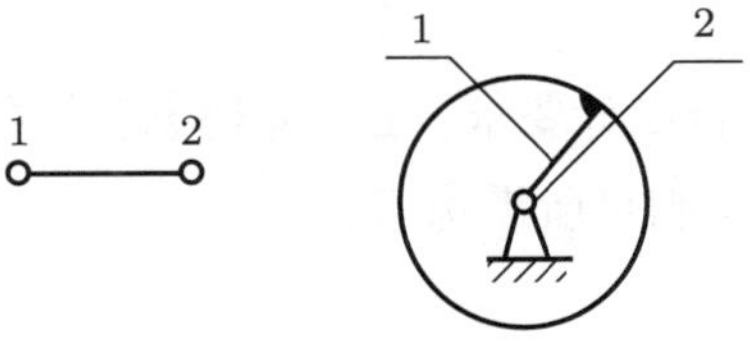

1 — 轮辐; 2 — 轮轴

图 3.20　终态拓扑图及机构简图

这里, 初始构态自由度与终态自由度分别为

$$F_0=3\times(N_0-1)-2\times P_{L_0}=2;\ \ F_1=3\times(N_1-1)-2\times \mathrm{P}_{L_1}=1$$

式中, F_i 为机构的自由度; N_i 为所有构件数; P_{Li} 为低副个数。

故车轮初始构态时存在径向及绕轴转动两个方向的运动, 终态时则只有绕轴转动, 结果表明该构型符合设计要求。

对于与杆 1、2 同时关联且两者邻接关系改变的构型 (见表 3.4), 记为构型 Ⅱ, 展开前其邻接矩阵为 $\boldsymbol{B}_1$, 可表示如下:

$$\boldsymbol{B}_1=\begin{bmatrix}0&0&1&0&1&0&1&0&1&0&1&0&1&0&1\\0&0&0&1&0&1&0&1&0&1&0&1&0&1&1\\1&0&0&1&0&0&0&0&0&0&0&0&0&0&0\\0&1&1&0&0&0&0&0&0&0&0&0&0&0&0\\1&0&0&0&0&1&0&0&0&0&0&0&0&0&0\\0&1&0&0&1&0&0&0&0&0&0&0&0&0&0\\1&0&0&0&0&0&0&1&0&0&0&0&0&0&0\\0&1&0&0&0&0&1&0&0&0&0&0&0&0&0\\1&0&0&0&0&0&0&0&0&1&0&0&0&0&0\\0&1&0&0&0&0&0&0&1&0&0&0&0&0&0\\1&0&0&0&0&0&0&0&0&0&0&1&0&0&0\\0&1&0&0&0&0&0&0&0&0&1&0&0&0&0\\1&0&0&0&0&0&0&0&0&0&0&0&0&1&0\\0&1&0&0&0&0&0&0&0&0&0&0&1&0&0\\1&1&0&0&0&0&0&0&0&0&0&0&0&0&0\end{bmatrix}$$

与构型 I 的构态变换过程相似, 构型 Ⅱ 中除杆 2 关联关系未变, 其余杆件的关联关系均转移至杆 1, 变为终态时两个杆件组成的车轮。反映到邻接矩阵上, 相当于将 $\boldsymbol{B}_1$ 的第 2~14 行、第 2~14 列均加到 1 行 1 列, 然后划掉第 2~14 行、第 2~14 列元素, 得到终态邻接矩阵为 $\boldsymbol{B}_2$, 即

$$\boldsymbol{B}_2=\begin{bmatrix}0&1\\1&0\end{bmatrix}$$

同构型 I 终态, 结构形式符合设计要求。由上述构态变换分析, 两构型虽构态变换过程有异, 但终态构型相同, 均满足所需构型。

3.2.4 可展开车轮构件关联模型

由上节可知, 构型 I 与构型 Ⅱ 均可用, 分别参见表 3.3 与表 3.4 所示。

(1) 对构型 I 进行结构设计时, 其各构件的关联关系如下: ① 电动机安装在车轮轴内部, 其输出轴与曲柄部件相连接; ② 曲柄部件通过轴承安置在轮轴外部与之铰接; ③ 滑槽部件通过轴承安置在曲柄部件外部与之铰接。这样当电动机驱动曲柄部件旋转至车轮完全展开时, 通过锁止机构与滑槽部件锁定成为一体, 从而实现车轮展开及绕车轮轴旋转的功能。

(2) 对构型 Ⅱ 进行结构设计时, 其各部件的关联关系如下: ① 电动机安装在车

轮轴的内部，电动机输出轴与曲柄部件相连接; ② 曲柄部件与滑槽部件分别通过轴承安置在车轮轴外部与之铰接。

两种关联方式的示意图见图 3.21。显然，构型 I 与构型 II 相比在结构上较为紧凑，故选取构型 I 进行后续结构设计。

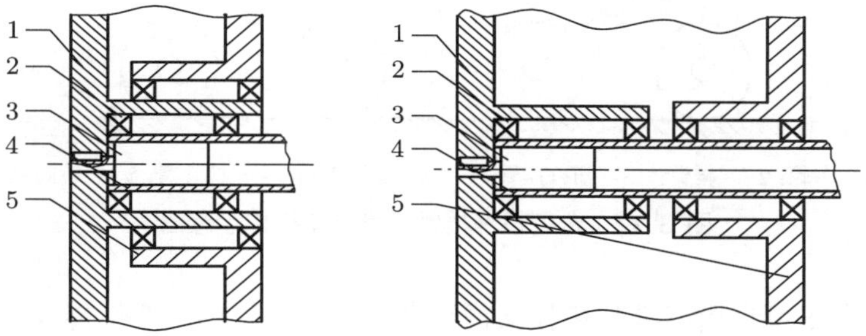

1 — 曲柄; 2 — 轴承; 3 — 电机; 4 — 轮轴; 5 — 滑槽

图 3.21　两种关联方式示意图

3.3　具有折展功能的月球车设计实例

作者所在团队发展和提出了一些具有折叠和展开功能的月球车。本节从实例出发，阐述几种月球车折叠和展开的方式和特点，为类似的设计提供参考。

3.3.1　八轮扭杆摇臂式可折展月球车

3.3.1.1　移动系统结构的基本形式

八轮扭杆摇臂式月球车是一种新型轮式移动系统，采用八轮独立驱动的方式，具有前后四轮独立转向功能。该移动系统具有结构形式对称的特点，其单侧结构形式如图 3.22 所示。建立 yOz 平面坐标系，其中 y 方向为月球车行驶方向，z 方向为铅直方向。

该移动系统的三大组成部分为承载车体、悬架部件以及车轮部件。其中，悬架部件由扭杆弹簧、扭杆压臂、摇臂组成; 车轮部件则包括转向机构、车轮及其驱动传动装置。各部件连接方式如下: 4 组扭杆弹簧分别横向布置于承载车体内作为悬架支撑，每组扭杆弹簧均一端固接于承载车体，另一端固接于扭杆压臂。由于扭杆弹簧所具有的特点，扭杆压臂可相对于车体进行小幅度转动; 同时八轮中每两轮通过摇臂共同铰接于同一扭杆压臂，这一结构特点使重力在各车轮上能够均匀分配，并实现八轮的自适应地形变化。

要求月球车可适应多种方式、不同地点的展开，即月球车可在着陆器上展开，或离开着陆器的过程中在着陆梯上展开，或驶离着陆器后在月球表面展开，因此折叠

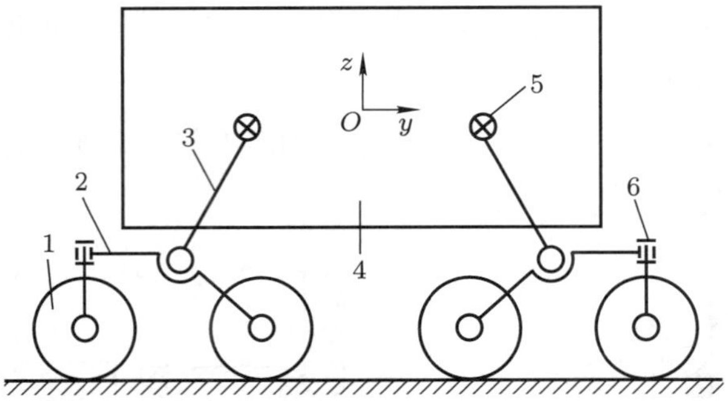

1 — 车轮; 2 — 摇臂; 3 — 扭杆压臂; 4 — 承载车体; 5 — 扭杆弹簧; 6 — 转向机构

图 3.22 八轮扭杆摇臂式月球车机构示意图

状态时月球车仍可自由行驶是拓扑结构综合及方案选择的主要性能要求。同时, 月球车需搭载于着陆器内部, 故可展开移动系统折叠后所占用的空间应小于着陆器承载舱内部的包络空间, 并要求折叠后与折叠前体积比小于 0.8。

3.3.1.2 月球车可折展方案

图 3.23 为月球车可展开悬架折叠状态与展开状态机构简图。

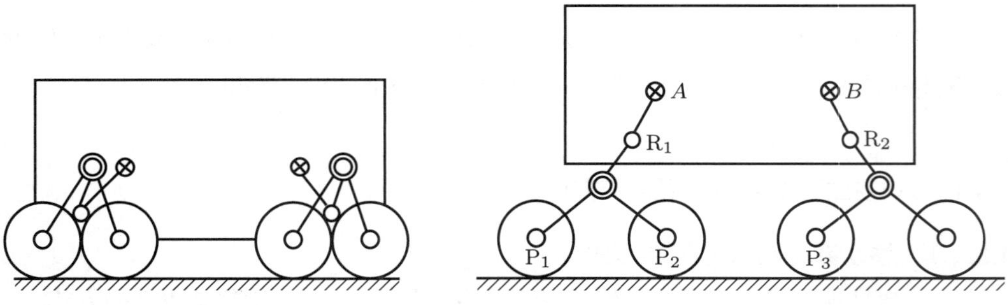

图 3.23 可展开悬架折叠与展开状态机构简图

由机构自由度及主动副位置的判定可知, 要实现确定的月球车悬架展开运动, 需分别在 3 个车轮和铰链 A、铰链 B 处添加动力源, 具体见图 3.23b, 图中标示的运动副位置即为动力源安置位置。由于本车型移动系统采用八轮独立驱动方式, 故可直接利用车轮驱动电动机作为动力源。铰链 A、B 处拟采用弹簧作为动力源, 以克服月球车携带能源有限的困难。

由图 3.23 可以看出, 为保证悬架处于折叠状态 (或展开状态) 时各构件均具有确定的相对位置, 需附加摇臂折叠锁定机构、摇臂展开锁定机构、扭杆压臂折叠锁定机构、扭杆压臂展开锁定机构, 其中各折叠锁定机构均包含解锁装置。为实现悬架展开运动, 还需附加驱动悬架展开的动力装置以及用于解锁、启动、制动电动机的位置传感器。

1. 月球车悬架的折叠与展开

可展开悬架的折叠由人直接参与, 并在地面上进行, 因而可以有多种形式, 不需特别规划。而悬架的展开需通过遥控在月面上进行, 人不能直接参与, 故其展开方式要根据展开地点的不同进行规划。为叙述方便, 记摇臂及扭杆压臂的展开锁定机构分别为 E、F, 记摇臂及扭杆压臂的折叠锁定机构分别为 G、H。

针对不同的地点, 提出两种悬架展开方式:

(1) 在着陆器上展开。此时, 月球车承载车体安置在着陆器的支撑平台上, 且月球车车轮离地一定距离, 当折叠锁定机构 G 与 H 解锁后, 在重力与弹簧动力源的双重作用下, 月球车扭杆压臂折杆向下展开, 当车轮触及地面后, 在地面支反力的作用下, 两摇臂打开至工作位置后由展开锁定机构 E 锁止, 同时车体在弹簧动力源作用下向上抬起车体至工作位置, 展开锁定机构 F 将扭杆压臂锁定。若地面支反力不能使两摇臂展开, 可通过位置传感器启动车轮电动机, 驱动车轮带动两摇臂展开。图 3.24 所示为月球车在着陆器上展开过程的示意图。

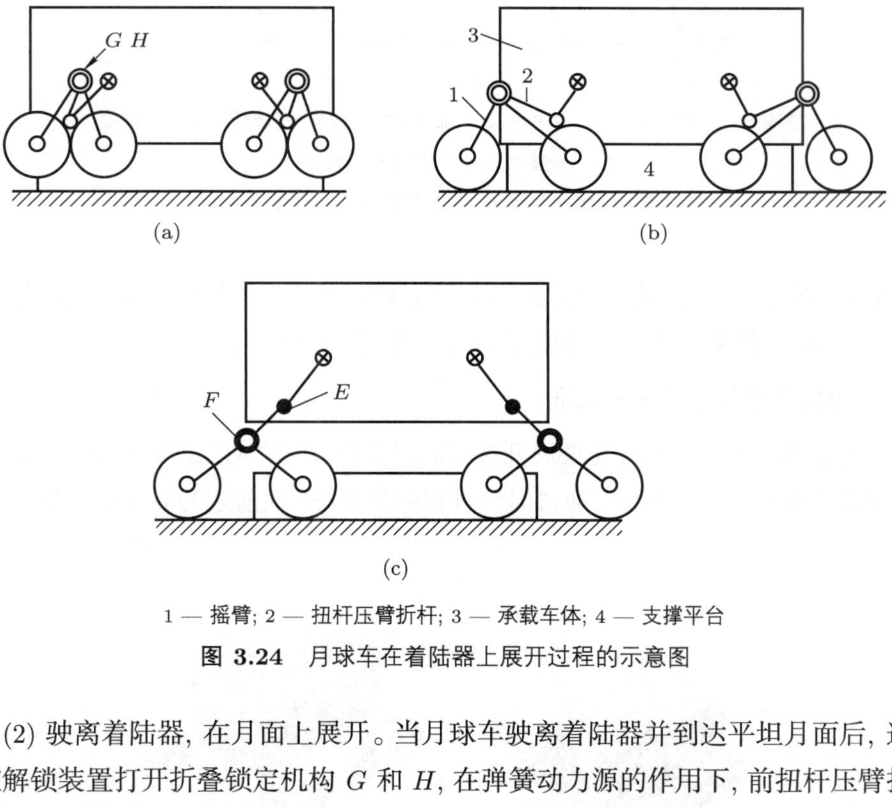

1 — 摇臂; 2 — 扭杆压臂折杆; 3 — 承载车体; 4 — 支撑平台

图 3.24 月球车在着陆器上展开过程的示意图

(2) 驶离着陆器, 在月面上展开。当月球车驶离着陆器并到达平坦月面后, 通过遥控解锁装置打开折叠锁定机构 G 和 H, 在弹簧动力源的作用下, 前扭杆压臂折杆与后扭杆压臂折杆分别绕铰接点 a、铰接点 b 做平面运动, 从而向上抬起车体, 此时各轮均处于被动状态, 并在重力作用下移动, 使摇臂展开至预定位置。若由于地形原因, 重力作用不能使摇臂完全展开, 则通过传感器启动前轮、前中轮与后中轮的驱动电机, 驱动前轮 1 与后中轮 3 分别背离前中轮 2 与后轮 4 运动至工作位置展开锁定

机构 E、F 锁止两摇臂, 同时传感器发信号制动电动机, 悬架完全展开, 月球车处于工作状态。悬架展开过程见图 3.25。

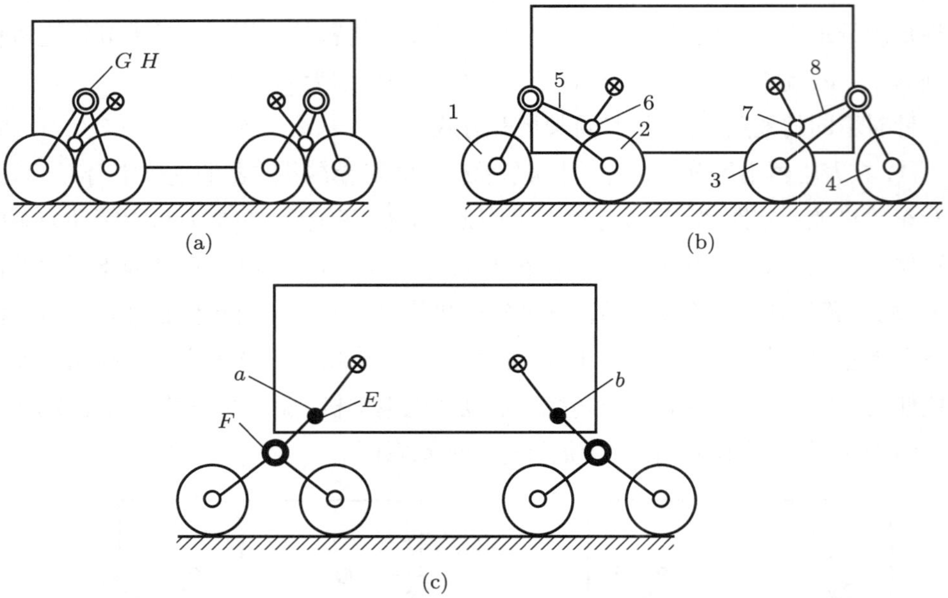

1 — 前轮; 2 — 前中轮; 3 — 后中轮; 4 — 后轮; 5 — 前扭杆压臂折杆; 6 — 铰接点 a; 7 — 铰接点 b; 8 — 后扭杆压臂折杆

图 3.25 月球车月面上展开过程示意图

显然, 展开方式 (2) 比展开方式 (1) 适应性强, 该方式同样可实现在着陆器上的展开, 具有相对普遍的意义, 因而选取该方式进行后续设计。

2. 可展开悬架展开仿真验证

为验证前文所述可展开悬架展开过程的可实现性, 在 ADAMS 中建立了可展开悬架的仿真模型, 见图 3.26。通过运动过程的仿真证实, 前述的展开过程是可实现的。

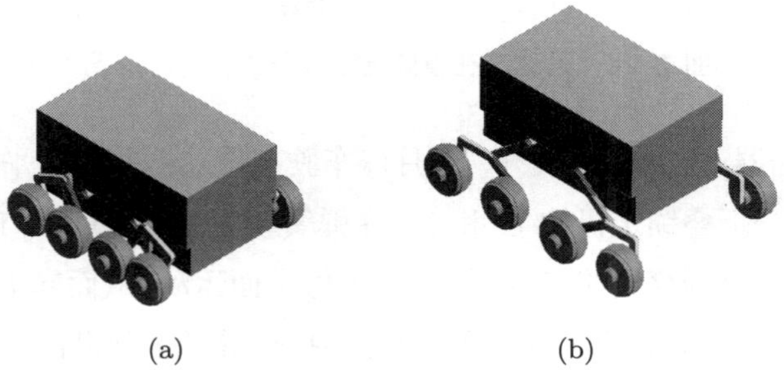

图 3.26 可展开悬架的仿真模型

3.3.2 MCQS 月球车可折展设计

3.3.2.1 MCQS 月球车展开规划

月球车的折叠是在地面上由相关工作人员完成将折叠后的漫游车锁定, 如图 3.27 所示。待抵达目的地后, 月球车锁紧装置解锁并展开形成工作状态。

展开过程: 月球车只依靠自身车轮的动作来完成, 负责折叠动作的转动和滑动关节不需要额外的能源供应。展开方式不是唯一的, 有两种独立的方式都可以达到展开的目的, 分别是:

(1) 首先使后轮和中轮不动, 控制前轮顺时针转动, 关节 R_3 逆时针旋转, 带动滑块沿着导轨向使 A、B 点之间距离增大的方向移动到预定位置, 然后导轨和滑块被锁定成为一个整体。接着控制后轮和中轮分别逆时针和顺时针转动, 带动关节 R_1 和 R_2 顺时针和逆时针旋转。当 3 个关节转到预定位置时都被锁定, 这时车体在高度和长度方向展开到工作位置。在整个展开过程中, 杆件 a、b、c 在弹簧力的作用下沿着折叠时的反方向转动。

(2) 车体解锁后 3 个车轮先保持不动, 杆件 a、b、c 在弹簧力作用下沿着折叠时的反方向转动, 使车体在高度方向展开。当 3 个杆件转动到一定位置后, 控制后轮、中轮和前轮分别逆时针、顺时针、顺时针转动, 带动关节 R_1、R_2、R_3 分别顺时针、逆时针、逆时针转动, 不仅进一步实现了车体在高度方向的展开, 还使得滑块沿着导轨运动, 实现了长度方向的展开。当杆件运动到预定位置后被锁定, 展开过程结束。为保证展开过程顺利和展开到预定位置, 3 个车轮在转动时有一定的速度差, 从而实现展开动作的协调性。

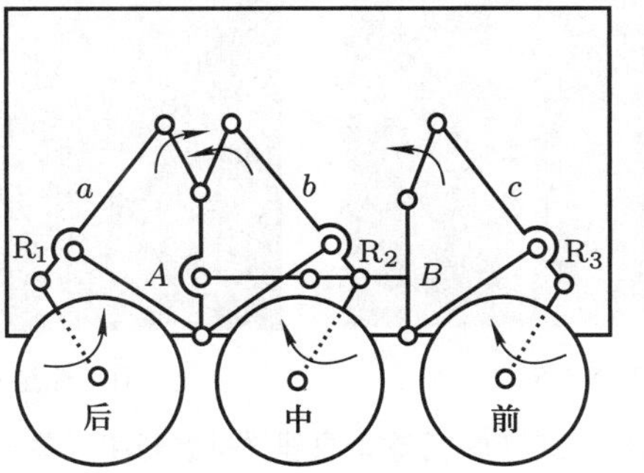

图 3.27 月球车折叠构型

3.3.2.2 月球车悬架折叠比实验

本文设计的月球车折叠功能主要靠长度方向和高度方向尺寸的减少来实现, 其中尤以长度方向尺寸变化最为明显, 宽度方向尺寸对折叠功能的贡献可忽略。可折展月球车的设计目标是折叠比小于等于 0.6, 以便发射时占用更小的空间, 减少发射费用。在月球车设计制造完毕后, 分别对月球车在展开和折叠时车体长度和高度方向的尺寸进行了测量, 如图 3.28~ 图 3.30 所示。

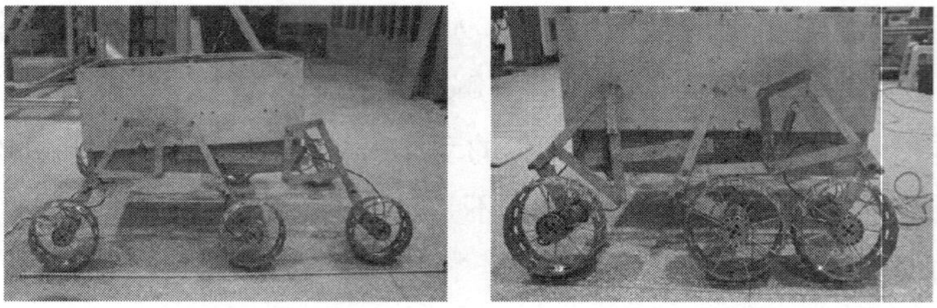

(a) 展开构型　　(b) 折叠构型

图 3.28　MCQS 月球车原理样机展开和折叠构型

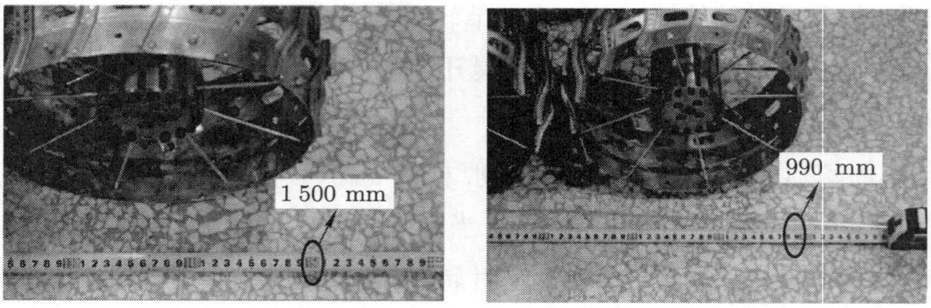

(a) 展开长度尺寸　　(b) 折叠长度尺寸

图 3.29　MCQS 月球车原理样机展开和折叠车体长度

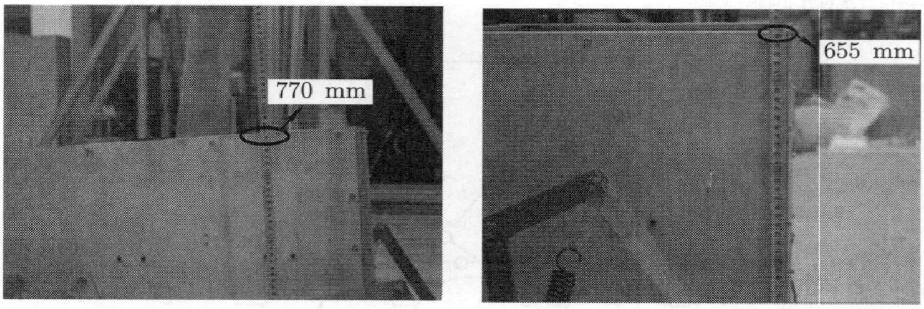

(a) 展开高度尺寸　　(b) 折叠高度尺寸

图 3.30　MCQS 月球车原理样机展开和折叠车体高度

图 3.28~ 图 3.30 中左列所示为月球车展开的实物图, 右列所示为月球车折叠后的实物图。月球车展开后长度和高度方向尺寸分别为 1 500 mm 和 770 mm, 当把月球车折叠锁紧后, 其在长度和高度方向的尺寸分别变为 990 mm 和 655 mm。通过测量的数据可得月球车的折叠比为

$$\frac{990 \times 665}{1500 \times 770} = 0.56$$

因为 $0.56 < 0.6$, 所以月球车折叠比满足设计要求, 通过折叠方式可以减小月球车在发射时占据的火箭内部空间, 同时将一些杆件折叠到一起还可以提高月球车的整体刚度和固有频率, 提高月球车的安全性和可靠性。

3.3.3 六圆锥轮式可折展月球车

六圆锥轮式漫游车同时也可称为三体铰接悬架六轮移动系统, 是一种具有被动适应地形能力和主动适应地形能力的混合适应型的机器人, 机械结构简图和原理样车如图 3.31 所示。

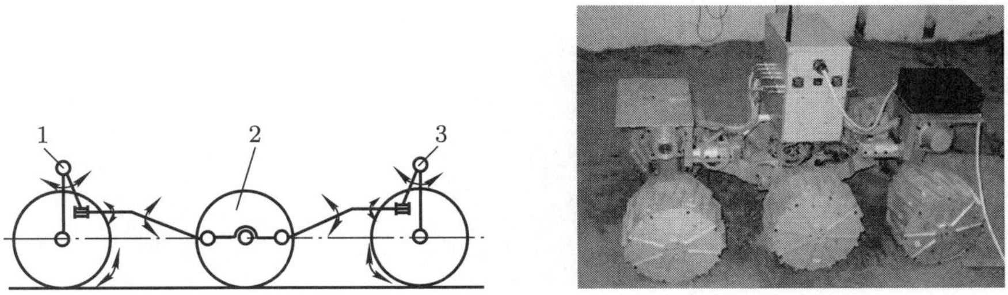

(a) 结构简图　　(b) 原理样车

图 3.31　六轮串联铰接式悬架漫游车结构简图及原理样车

该车由 3 节串联组成, 每节具有一对伺服电机独立驱动的圆柱 – 圆锥轮。前、后节与中间节之间均由具有俯仰、扭转和前后摆动 3 个自由度的空间悬架结构连接。其中扭转关节为安装有离合器的被动关节; 俯仰关节安装有离合器和力矩电机; 摆动关节安装了带制动器的伺服电机。当漫游车需要折叠时, 摆动关节 1 或 3 就会在装有摆动关节处的伺服电机的带动下同时或分别向中间轮 2 移动, 实现漫游车的折叠; 当漫游车需从折叠状态至展开状态时, 摆动关节 1 或 3 就会在伺服电机的带动下同时或分别背向中间轮 2 移动, 实现展开。如果漫游车的 1、3 摆动关节同时运动实现折叠或展开, 那么车体质心仍处于中心位置; 但如果 1 或 3 关节单独运动且每次只有一个关节实现折叠或展开, 那么车体的质心就会改变。这样, 漫游车就会根据具体的地形环境、越障要求进行不同的改变, 具有较强的地形适应能力。

参考文献

Hirose, S. (2000) Variable constraint mechanism and its application for design of mobile robots. The International Journal of Robotics Research, **19**(11): 1126-1138.

Li, S. J., Zhang, Y. L., Yang, S., et al. (2009) Joint-gene based variable topological representations and configuration transformations//ASME/IFToMM International Conference on Reconfigurable Mechanisms and Robots, London.

Sardain, P. (1997) Linkage synthesis: Topology selection fixed by dimensional constraints of an example. Mechanism and Machine Theory, **32**(1): 91-102.

华卫江, 章定国 (2007) 柔性机器人系统碰撞动力学建模. 机械工程学报, **43**(12): 223-228.

克来格 (2006) 机器人学导论. 负超等, 译. 北京: 机械工业出版社.

李端玲, 戴建生, 张启先, 等 (2002a) 基于构态变换的变胞机构结构综合. 机械工程学报, **38**(7): 12-16.

李端玲, 戴建生, 张启先, 等 (2002b) 一种变胞机构 —— 魔术花球的自由度分析. 机械工程学报, **38**(9): 12-16.

卢开澄, 卢华明 (1995) 图论及其应用. 北京: 清华大学出版社.

殷剑宏, 吴开亚 (2003) 图论及其算法. 北京: 中国科学技术大学出版社.

张春林, 余跃庆 (2006) 高等机构学. 北京: 北京理工大学出版社.

第 4 章　月球车地面力学

美国学者贝克 (M. G. Bekker) 是地面力学领域的开拓者, “地面力学” (terramechanics) 一词是 “地面” (terrain) 和 “力学” (mechanics) 两词的合成词, 首先出现在 Bekker (1960) 出版的《越野行驶》中, 国际地面机器系统学会用作 1962 年创刊的学术季刊名称 (*Journal of Terramechanics*), 从此得到国际上的认可, 作为机器与地面相互作用力学问题的专有名词 (张克健, 2002)。地面力学的研究主要分为两个方面, 即车辆行走机构与土壤作用的力学以及土壤作业机械与土壤相互作用 (切、翻、碎土等) 的力学, 月球车地面力学研究中主要关注的是轮地相互作用力学。

月球车的移动特性本质上是由轮地相互作用地面力学决定的, 地面力学可以广泛应用于月球车结构设计、性能评价、系统仿真、移动控制以及星壤参数辨识等方面。与传统地面车辆相比, 月球车在运行环境、控制方式、运行状态、载荷、车辆与车轮的构型/尺寸等方面都存在很大差异, 因此传统地面力学模型不宜直接应用于月球车。本章将介绍月球车轮地作用地面力学的相关知识。

4.1　月球车地面力学概述

4.1.1　月球车地面力学的研究意义

月球车轮地相互作用地面力学具有重要的理论价值和应用前景。

(1) 月球车是一种特殊的轮式移动机器人, 基于力学进行轮式移动机器人相关研究是目前的发展趋势。在机器人领域中, 与移动机器人对应的是以机械手臂为代表的一类基座相对固定的机器人。机械手臂一直是广大学者关注的研究对象, 目前, 机器人学界对其运动学, 甚至是动力学问题已经有了极为全面的了解, 力学在机械臂的设计、性能分析、运动控制等方面都发挥了重要作用。然而, 在轮式移动机器人的发展过程中, 大部分研究集中于运动学、定位、导航和路径规划等方面, 对于力学问题涉及得相对较少 (Siegwart、Nourbakhsh, 2004)。随着机器人技术的不断发展和完善, 基于力学进行移动机器人的相关研究日益被人们所重视。月球车力学问题主要包括两个方面: 轮地相互作用地面力学和车体多刚体力学。多刚体力学的发展已经比较成熟, 而月球车轮地相互作用力学问题极其复杂, 本质上是刚柔混合多体力学问题, 主要研究月壤与车轮作用过程中的应力分布以及集中力/力矩等问题, 轮地相互作用力受到月壤特性、车轮特性、法向载荷、滑转沉陷、车轮运动状态等诸多因素的影响。月球车地面力学的相关研究尚处于不断发展中。

(2) 基于地面力学进行月球车研究是提高其移动性能的重要手段, 也是探测任务顺利完成的保障。从 20 世纪末开始, 以美国火星车为代表的星球探测车的发展推动了复杂未知环境下移动机器人相关技术的进展, 运行环境的复杂性对星球车提出了越来越高的要求。月球表面由于覆盖了厚厚的一层由岩石碎屑和灰尘组成的松软月壤, 而且地形崎岖不平, 对月球车的移动性能提出了更大的挑战。在松软崎岖的月面环境中运行时, 月球车容易发生严重的滑转沉陷, 导致牵引效率降低, 偏离预定轨迹, 甚至车轮陷入月壤而无法前进。运行于沙地中的火星车等移动机器人也面临着同样的问题, 滑转沉陷成为星球车的主要失效形式之一。例如, 2005 年 “机遇号” 火星车在松软的炼狱 (Purgatory) 沙丘中陷住, 花费了 5 周时间才成功脱险 (Young, 2006)。对于车轮的滑转沉陷、径向滑移、侧向滑移等现象的研究和把握离不开月球车轮地相互作用地面力学的支持, 对于月球车的准确定位、高保真度仿真、控制和路径规划等, 即使是在很低运行速度下, 仅仅依靠运动学也是不够的, 需要引入轮地作用力学问题。美国 NASA 着眼于 “长期、高回报” 技术研究的 “火星基础技术计划” (MBTP) 资助卡内基梅隆大学 (CMU) 和麻省理工学院 (MIT) 等基于车体动力学、轮地相互作用地面力学进行崎岖地形环境中火星车的导航、移动控制等相关问题的研究 (Chu、Hayati、Udomkesmalee, 2005)。

(3) 月球车轮地相互作用地面力学是传统车辆地面力学的深入和拓展, 可以丰富和发展车辆地面力学理论。月球车与普通地面车辆在运行环境, 驱动原理, 车辆构型、尺寸, 车轮形状、尺寸, 运行状态以及载荷等方面都存在很大差异, 这也给轮地作用地面力学带来了很大的不同。由于传统车辆通常是有人驾驶的, 不必考虑在使用阶段基于地面力学进行控制和实时仿真等问题, 因而传统车辆地面力学主要在车辆的设计研发阶段发挥作用。地面力学除了在地面研究阶段的探测车设计 (Apostolopoulos, 2001; 侯绪研、高海波、胡明, 2008)、性能评价 (侯绪研、高海波、胡明, 2008; Patel、Ellery、Allouis, 2004; 袁勇、丁同才、胡震宇, 2006; 邹猛、李建桥、贾阳, 2007) 等过程中发挥作用外, 在实际探测过程中, 也将应用于土壤力学参数在线辨识 (Iagnemma、Kang、Shibly, 2004; Hutangkabodee、Zweiri

和 Seneviratne, 2006)、动力学仿真 (Bauer、Barfoot、Leung, 2008; Sohl、Jain, 2005; Yoshida、Asai 和 Hamano, 2001)、移动与导航控制 (Ishigami、Miwa、Nagatani, 2007; Iagnemma、Shibly、Rzepniewski, 2001)、路径跟踪 (Ishigami、Nagatani、Yoshida, 2006)、轨迹规划 (Ishigami、Nagatani、Yoshida, 2007) 等诸多方面, 这些应用为地面力学提出了许多亟需解决的新问题。表 4.1 对月球车与沙地车辆的不同以及对地面力学的影响进行了分析, 从表中可以看出, 有必要在借鉴传统车辆地面力学的基础上, 对月球车的地面力学问题进行针对性的研究。

表 4.1　月球车与沙地车辆的不同及其对地面力学的影响

<table>
<tr><th colspan="2"></th><th>沙地车辆</th><th>月球车</th><th>月球车地面力学的特点</th><th>学术问题</th></tr>
<tr><td colspan="2">运行环境</td><td>地球环境</td><td>复杂月面环境 (真空、高低温等)</td><td>土壤力学参数未知且容易受到周围环境的影响</td><td>土壤力学参数的在线辨识</td></tr>
<tr><td colspan="2">控制方式</td><td>有人驾驶</td><td>无人驾驶, 自主和远程遥控结合</td><td>需要基于地面力学进行月球车的控制和实时仿真</td><td>支持控制和实时仿真的轮地作用地面力学模型</td></tr>
<tr><td colspan="2">载荷</td><td>大于数千牛</td><td>低重力, 小载荷, 几十牛 ~ 几百牛</td><td>土壤在小载荷下的承压特性、剪切特性会有所变化</td><td>车轮 – 月壤相互作用的载荷效应</td></tr>
<tr><td colspan="2">运行速度</td><td>高速, 每小时数十千米</td><td>速度低, 每小时数百米</td><td>速度对于轮地作用力、土壤回弹导致的离去角等产生影响</td><td>低速对轮地相互作用的影响、离去角的确定方法</td></tr>
<tr><td colspan="2">滑转沉陷</td><td>相对不太明显</td><td>非常明显</td><td rowspan="2">不满足 Bekker 压实阻力计算公式等传统公式的应用条件 (Bekker, 1969)</td><td>滑转沉陷机理及考虑滑转沉陷的轮地相互作用应力分布和集中力/力矩模型</td></tr>
<tr><td rowspan="4">车轮</td><td>直径</td><td>通常大于 500 mm</td><td>通常小于 500 mm</td><td rowspan="2">轮地相互作用的尺寸效应、沙土侧向流动对轮地作用的影响</td></tr>
<tr><td>宽度</td><td>相对较大</td><td>相对较小</td><td>沙土侧向流动明显; 沿车轮宽度方向应力分布不同</td></tr>
<tr><td>轮刺</td><td>高度相对较小, 横截面积较大</td><td>高度相对较大, 一般不小于 10 mm, 横截面积较小</td><td>用最大外圆半径作为车轮半径的假设不成立、轮刺与土壤相互作用过程极其复杂</td><td>轮地相互作用的轮刺效应, 轮刺对应力分布和车轮性能的影响研究</td></tr>
<tr><td>构型</td><td>圆柱形</td><td>多种构型: 圆柱形、鼓形、不等径轮等</td><td>沿车轮宽度方向应力分布不同, 滑转率分布也不同</td><td>不同构型车轮的地面力学问题</td></tr>
</table>

4.1.2　地面力学在月球车中的作用

轮地相互作用地面力学在月球车设计开发阶段和实际探测阶段都具有重要作用, 如图 4.1 所示。在设计开发阶段, 结合地面力学理论可以对星球车进行设计和优化,借助于融合地面力学的高保真度动力学仿真可以对星球车的性能进行分析与评价，并可对月球车控制算法进行验证。在此过程中，需要将月球土壤的物理、力学特性以及星表地形特征作为已知条件，可以参照星球探测的先验知识设定典型参数值以及构造典型地形。为了尽可能地反映轮地作用的真实情况，地面力学模型应该有足够的保真度。在探测阶段，地面力学理论可以应用于月壤力学参数在线辨识、月球车的高速实时仿真和控制策略设计，这些应用对于地面力学模型的求解速度提出了很高的要求。可以对高保真度模型进行合理的简化，利用辨识得到的参数对于模型简化误差的修正作用保证模型的精度，以解决模型求解速度和保真度之间的矛盾。地面力学对于星球探测车的作用具体体现在以下一些方面：

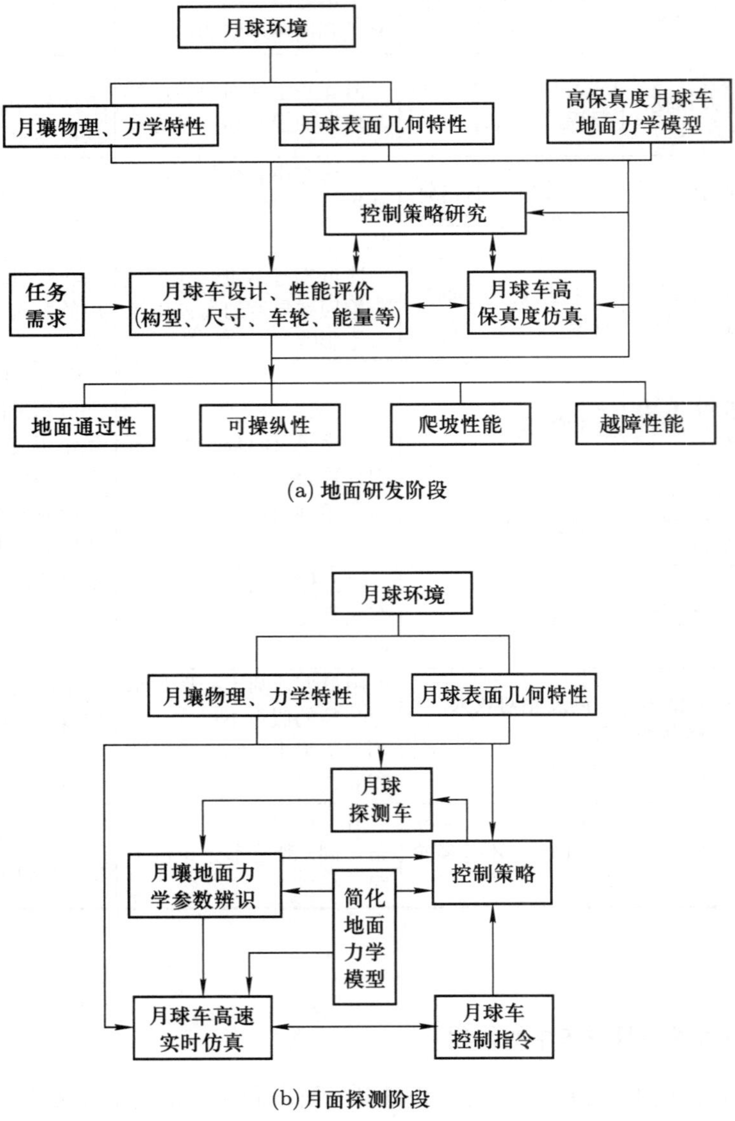

图 4.1 地面力学在月球车研究和应用中的作用

(1) 轮地相互作用地面力学是进行月球车设计和性能评价的重要依据。在月球车设计开发过程中，确定车轮构型、宽度、半径，轮刺高度、个数、分布形式等离不开轮地相互作用地面力学理论的支持，地面力学在分析车体的悬架构型、载荷分布、尺寸参数，进行能耗分析和驱动元件选型等方面也可以发挥作用。将轮地相互作用模型嵌入动力学仿真系统进行仿真，可以更加直观地对设计出的星球车性能进行分析和评价，结合仿真结果进一步调整和优化设计参数，有助于设计出综合性能指标较高的月球车。

(2) 虚拟仿真对于月球车研究具有重要意义，而轮地相互作用地面力学是提高星球车系统仿真保真度的关键。在月球车设计过程中主要关注的是仿真的保真程度。在月球探测过程中，大时延的存在使月球车的连续闭环控制变得不稳定。为了解决时延问题，可以基于三维图形预测显示进行连续遥操作或监控 (supervised control)。三维图形预测显示是通过仿真的方式对于车体的行为进行提前预测和虚拟显示，而监控模式则需要生成一系列命令序列，经过仿真验证和修改后上传至月球车，这些都离不开仿真技术的支持，同时对仿真速度也提出了很高的要求，至少应该可以进行实时仿真，因而我们更加关注地面力学模型的求解速度。

(3) 在线辨识月壤力学参数是在探测阶段进行地面力学应用的前提，也是月球探测的重要科学目标之一，轮地相互作用地面力学理论可以在月壤参数辨识中发挥作用。如果已知月壤参数，可以根据地面力学模型进行轮地作用力和力矩的预测；反之，可以利用月球车携带的传感器件测量和估计轮地作用力与力矩，带入轮地作用模型进行月壤参数在线辨识。将辨识得到的参数带入地面力学模型，可以进行月球车优化控制。还可将参数回传到地面的仿真系统以支持基于三维图形预测显示的遥操作和命令序列验证。

(4) 基于地面力学进行的月球车控制策略设计是提高其性能的重要手段。尽管基于运动学也可以实现月球车的控制，但随着探测任务要求的日益提高和探测环境的日趋复杂，对于月球车的运动性能也提出了越来越高的要求。基于运动学的控制策略只考虑地形信息，不能体现土壤特性变化对于控制策略的影响，例如，在松软沙土和硬质路面上，即使地形几何特征相同，最优的控制策略也可能差别很大，若采取同样的控制算法，在松软沙土中探测车甚至可能无法正常通过，只有借助于地面力学才能考虑土壤信息，设计出更加优化的控制算法。月球车探测过程中，在移动控制、导航控制、轨迹规划、任务规划等各个层面，地面力学都可以发挥作用。

4.1.3 地面力学研究方法

在近 100 年的时间里，地面力学不断发展和完善，取得了大量成果，并出版了许多经典著作。地面力学方面的这些成果在车辆研究和开发过程发挥了重要作用。

Bekker (1956) 出版了他第一本车辆地面力学专著《陆用车辆行驶原理》, 作为美国密歇根大学的教科书。1954—1960 年, Bekker 受命建立陆地行驶实验室 (land locomotion laboratory, 简称 LLL), 致力于土壤应力 – 应变关系的实验验证等工作, 研究成果概括在《越野行驶》一书中。随着美国载人登月计划的实施, 1960 年 Bekker 去了美国通用汽车公司国防研究所, 担任车辆机动性研究室主任, 致力于月球表面行驶问题的研究。月球漫游车 (Lunar Rover Vehicle) 的成功开发和作业是这一时期车辆地面力学的最高成就, Bekker (1969) 出版了相关专著《地面 – 车辆系统导论》。Wong (1989, 2008) 教授取得了许多有影响力的成果并出版了专著, 例如, 1978 年出版的《地面车辆原理》已经成为经典教材, 并于 2008 年推出了第 4 版; 1989 年出版了《地面力学与越野车辆》。

陈秉聪 (1981) 院士是中国地面车辆领域的开拓者, 开辟了 "松软地面行走机械" 技术领域,《土壤 – 车辆系统力学》一书介绍了相关的研究成果。20 世纪 90 年代, 吉林工业大学庄继德 (2002) 教授等对模型实验、沙地实验和汽车轮胎学进行了系统的研究, 并出版了《计算汽车地面力学》一书。刘聚德 (1996) 教授对沙地 – 车辆行走机构的相互作用进行了许多基础性的研究工作, 出版了《车辆沙地行驶理论》。

目前的地面力学研究通常采用 5 类方法: 半经验方法、纯经验方法、模型实验和因次分析方法、基本理论研究方法以及数值模拟方法 (庄继德 2002)。在地面力学的研究过程中, 通常需要综合多种研究方法。

1) 半经验方法

以实验为基础, 对车轮与地面相互作用问题进行理论分析, 建立轮地相互作用的近似公式。半经验公式可以定量地描述与车辆有关的地面物理特性和力学特性, 为车轮地面力学性能的预测提供了理论依据, 因而得到了极其广泛的应用。

拖拉机的出现及其作业引起了人们对车辆在松软土壤上行驶问题的关注, 德国学者伯恩斯坦 (Bernstain, 1913) 就提出了车轮沉陷量与其接地压力间关系的半经验公式。1929 年, 苏联学者莱多石涅夫对其进行了改进。1952—1954 年, Bekker 在约翰 · 霍普金斯大学进行土壤的下陷和行驶阻力问题研究, 将莱多石涅夫公式与土木工程方面的相关公式结合, 提出了著名的反映土壤承压特性的应力 – 应变关系公式 (庄继德, 2002)。英国学者 Reece 自 20 世纪 50 年代后期起, 一直从事车辆地面力学的研究, 并与前任国际地面车辆系统学会主席, 曾在吉林工业大学从事教学和科研工作的黄祖永 (J. Y. Wong) 教授合作, 对土壤的流动和破坏现象进行了实验观测研究, 发现在刚性车轮作用下土壤产生两种剪切流动破坏区域 (Reece、Wong, 1966); Reece 的学生 Onafeko 对驱动车轮和被牵引车轮的应力分布进行了实验研究, 绘制了不同滑转率和滑移率下车轮与松软土壤相互作用的应力分布曲线 (Onafeko、Recce, 1967); 结合上述理论和实验研究成果, Wong 与 Reece 对 Bekker 应力分布公式进行了修正, 利用进入角、离去角和最大应力角等参数建立了新的轮地相互作用正应力分布公式, 在一定程度上反映了车轮的纵向滑转沉陷问题 (Wong、Reece, 1967)。

上述成果主要针对土壤的承压特性, 为了研究土壤对车轮提供的牵引力, 还需要分析土壤的剪切特性。英国的密克莱威克 (Miclethwait, 1944) 研究了驱动车轮的推力问题, 首次提出土壤能够提供给车轮的最大推力可用库仑 (Coulomb) 公式计算。移居美国的 Bekker 于 1950—1952 年, 在斯蒂文斯工学院开设了越野行驶力学的学位课程并建立了实验室, 导出了比库仑公式更具普遍意义的剪切应力与剪切位移计算公式 (Bekker, 1960)。Bekker 提出的剪切模型针对脆性土壤, 而且公式过于复杂。由于车辆行驶所涉及的土壤多数是 "塑性的", 杰诺西 (Janosi) 提出了塑性土壤的剪切应力与剪切位移计算公式 (Janosi、Hanamoto, 1961)。

2) 纯经验方法

纯经验方法的典型代表是在第二次世界大战期间美国陆军工程部队水道实验站创造的圆锥指数法 (即 WES 方法)。为判断车辆在松软土壤的可行驶性, WES 法把影响土壤支承能力和土壤推进能力的力学性质结合在一起组成 "圆锥指数"(CI) (Yong、Youssef、Fattah, 2010)。先测出不同土壤的圆锥指数, 然后让汽车在这些土壤上进行实验, 并记录对应于不同圆锥指数土壤的汽车运动情况, 以此来预测车辆在不同圆锥指数土壤表面的通过能力。由于此方法简单易行, 在美、英、日等国被广为采用。圆锥指数法等纯经验方法是建立在对现有车辆广泛实验的基础上的, 因此只适用于这些车辆和类似的车辆, 而不能精确地预测新设计车辆的通过性能。

3) 模型实验和因次分析方法

模型实验就是把自然物理现象中一切与车辆工作过程有关的因素按一定比例缩小, 从而得到发生于原型中的物理现象。模型实验的理论基础是因次分析。吉林工业大学在陈秉聪院士的主持下于 1957 年就建立了模型实验土槽, 基于相似理论和模型分析的方法, 在室内土槽中模拟车辆行走机构的工作过程, 为行走机构通过性的评价提供了一种直观有效的方法 (陈秉聪, 1981)。余群 (Yu 等, 1987) 等人对轮胎 - 土壤系统的模拟研究推进了这一方法的应用。印度学者 Pandey 等利用因次分析法分析了车轮的宽度等设计参数对刚性车轮牵引性能的影响 (Pandey、Ojha, 1978)。因次分析法类似于纯经验方法, 只适用于某些特定条件, 所得结果往往有很大的近似性。

4) 基本理论研究方法

此方法是用土力学理论、弹塑性理论及本构关系理论等来研究土壤与车轮的相互作用。根据经典土力学理论中的朗肯 (Rankine) 理论、普兰特 (Prandtl) 理论和太沙基 (Terzaghi) 理论等可以分析土壤受载后的破坏形式。

5) 数值分析方法

Perumpral (1971) 对机器和地面相互作用的分析开创了有限元在地面力学中应

用的先河。20 世纪 60 年代以来, 随着计算机技术的发展, 有限元法、边界元法、离散元法等数值模拟方法被应用到地面力学研究当中。数值分析方法可以模拟微观轮地作用过程, 但是运算量大, 求解速度较慢。

4.2 月球车轮地相互作用力学影响因素分析

4.2.1 月壤的物理与力学特性

4.2.1.1 与月球车行驶相关的月壤物理特性

月球表面覆盖着一层直径小于 1 mm 的细密粒子层, 其中散布有一些岩石块, 称作风化层 (regolith) (叶培建、肖福根, 2006)。这层风化层就是月壤, 也是承载月球车的载体。

1. 月壤的粒度分布

月壤的分选性较差, 粒度与淤沙相似, 近半数月壤颗粒的直径小于肉眼的分辨能力。月壤易于漂浮, 并附着在月球车的太阳能帆板、摄像机镜头和实验仪器等表面 (叶培建、肖福根, 2006), 影响探测效果。因此在探测过程中需要限制月球车的运行速度以减小浮尘的影响。

2. 月壤密度 ρ

Apollo 月壤采样分析表明 (Carrier、Olhoeft、Mendell, 1991), 月壤密度随着采样深度的增加而增加, 密度范围为 1.30~2.29 g/cm^3。月球车与月壤的相互作用发生在表层, 深度在 0~15 mm 的表层月壤, 密度为 1.45~1.55 g/cm^3。

3. 月壤孔隙比 e

土壤的孔隙比 e 是指土壤中孔隙体积与颗粒体积之比, 是一个重要的土壤物理性指标, 可以用来评价土壤的密实程度。一般 $e < 0.6$ 的为密实土壤, $e > 1.0$ 的为疏松土壤。表层月壤孔隙比 e 为 1.07 ± 0.07 (郑永春等, 2004), 因此月壤是比较松软的。

4. 月壤的相对密实度 D_r

密实度反映了土壤的承载能力。土壤密实度越大, 其抗切强度越大, 越难以产生压缩变形。D_r 可用下式计算 (庄继德, 2002):

$$D_r = \frac{e_{\max} - e}{e_{\max} - e_{\min}}$$

根据文献中提供的月壤孔隙比、最大孔隙比和最小孔隙比 (Carrier、Olhoeft、Mendell, 1991; 郑永春等, 2004), 代入上式可得到月壤的相对密实度。经计算, Apollo14~16 和 Apollo20 采样月壤的相对密实度分别为 0.856、0.707、0.608 和 0.669,

可见月壤的相对密实度比较大, 均大于 0.5, 有的甚至接近 1, 说明月壤的 e 与 $e_{\min}$ 接近, 因此其可压缩性比较小, 意味着车轮走过后月壤的变形也比较小。

反应月壤松软程度的月壤孔隙比以及反应其可压缩程度的月壤相对密实度等在车轮和土壤的相互作用过程中对车轮的进入角、最大应力角和离去角等接触角产生影响, 可以通过接触角系数 c_1、c_2 和 c_3 反映。

4.2.1.2 月壤的力学特性

土壤的力学特性是进行车轮土壤相互作用力学分析的基础。研究土壤的力学特性时, 通常借鉴 Bekker 半经验法的基本思想, 将土壤变形分解为相互独立的竖直方向变形和水平方向变形, 分别对应于土壤的承压特性和剪切特性。

1. 月壤的承压特性

土壤在负载的作用下发生沉陷, 沉陷包括弹性变形及塑性变形两部分。在车辆地面力学中, 常采用压板实验测量土壤的承压特性。

用一个理论公式完整地表示土壤在压板下的应力 – 沉陷量关系是比较困难的, 目前在研究汽车地面力学时多采用简化模型, 例如苏联学者比鲁利亚、美国学者 Bekker、英国学者 Reece 等都提出了不同的承压模型 (庄继德, 2002)。在通常情况下, 这些模型的拟合效果基本相同, 其中 Bekker 承压模型的应用最为广泛。

根据 Bekker 提出的承压模型, 车轮 – 土壤作用面的平均正应力为 (Bekker, 1969)

$$\sigma = \left(\frac{k_c}{b} + k_\varphi\right) z^n \tag{4.1}$$

式中, σ 为压板下部平均法向应力; b 为压板的短边长度或半径; k_c 为土壤内聚 (黏聚) 变形模量 (cohesive modulus); k_φ 为摩擦变形模量 (frictional modulus); n 为沉陷指数 (exponent of sinkage); z 为压板下陷量。

通常认为, 月壤的 k_c 约为 1.4 $\mathrm{kPa/m}^{n-1}$, k_φ 为 820 $\mathrm{kPa/m}^n$, n 为 1 (Apostolopoulos, 2001)。

Recce 对 Bekker 承压模型进行了改进, 提出用 $\sigma = (k_1 + k_2 b)(z/b)^n$ 描述土壤的承压特性。此模型与 Bekker 模型具有类似的形式和效果, 其优点在于系数 k_1 和 k_2 的量纲固定。然而, 文献中提供的一般是 k_c 和 k_φ 这两个土壤固有参数。因此, 为了借鉴传统车辆地面力学中的研究成果, 采用 Bekker 模型作为承压模型。

2. 月壤的剪切特性

车辆在松软地面上行驶时所能产生的最大牵引力受到土壤切向抗剪切强度的限制, 因此土壤的剪切特性是影响车辆在松软地面通过性的重要因素。土壤的剪切特性通常由剪应力 – 剪切位移曲线表示。

月壤为塑性土壤, 其剪应力 – 剪切位移的关系可以用 Janosi 模型、双曲线模型、纯指数模型等描述。其中应用最广泛的是 Janosi 土壤剪切模型, 根据该模型, 土壤

的剪应力与剪切位移存在如下关系 (Janosi、Hanamoto, 1961):

$$\tau = \tau_{\max}(1 - e^{-j/K}) = (c + \sigma \tan\varphi)(1 - e^{-j/K}) \tag{4.2}$$

式中, c 为土壤内聚力 (cohesion of the soil); φ 为土壤内摩擦角 (internal friction angle); K 为土壤剪切变形模量 (shearing deformation modulus)。

月壤的 K 值一般取为 0.017 8 m, 月表不同位置的月壤 c 和 φ 值差别较大 (邹猛、李建桥、贾阳, 2007; Ishigami、Nagatani、Yoshida, 2008), 月壤的 c 值范围为 0.1~2.7 kPa, 典型值为 0.52 kPa, φ 值范围为 $25^\circ \sim 50^\circ$, 典型值为 42°。

月壤的物理和力学特性参数用 $P_{\rm S}$ 表示, $P_{\rm S} = \{k_c, k_\varphi, n, c, \varphi, K, \rho, c_1, c_2, c_3\}$。

4.2.2 月表地形信息

当运行于起伏平缓的地形中时, 可以将月球车的运动简化为在平地和斜坡上的平面运动。在任意斜坡上的运动可以分解为沿着仰角为 $\alpha_{\rm cl}$ 的斜坡运动 (图 4.2) 和横过侧倾角为 $\alpha_{\rm cr}$ 的斜坡运动 (图 4.3)。

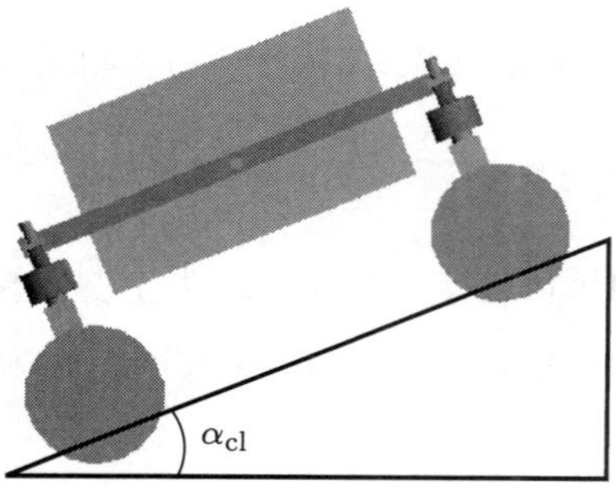

图 4.2 上/下斜坡运动

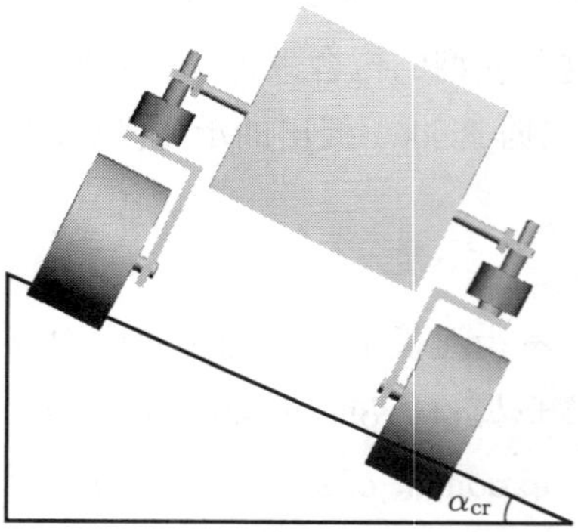

图 4.3 沿斜坡行走运动

同时, 月球车还应该能够适应遍布月坑和岩石的复杂崎岖的月貌环境。由于月球岩石表面覆盖着一层风化层, 为了简化问题, 只考虑岩石对于地形的影响, 忽略岩石力学特性与土壤的差异。当车轮位于平坦地形与斜坡的交界处、跨越岩石、或者各个车轮不位于同一个平面上时, 不能简单地将月球车的运动简化为平面运动。可以通过数字高程图 (digital elevation map, DEM) 生成三角网格进行地形描述, 将车轮和土壤的接触看作车轮与不同小平面的接触。为了能够表示与车轮尺寸相当的岩石, 三角网格精度应与车轮尺寸相当, 甚至更高。本研究将与车轮接触的区域简化为平面, 各个车轮位于不同的平面上。

与车轮接触的平面可以用地形角度参数 $P_{\rm T} = \{\alpha_{\rm cl}, \alpha_{\rm cr}\}$ 表示, 或者用平面的法向矢量参数 $P_{\rm T} = \{A_t, B_t, C_t\}$ 描述, 不同车轮对应不同的地形参数。

4.2.3 车轮构型及参数

目前的星球车车轮具有各种不同的构型，例如美国 Sojourner 火星车的圆柱形车轮、Spirit/Opportunity 火星车的鼓形车轮、俄罗斯 Marsokhods 火星车样机的圆柱 – 圆锥形车轮。其中圆柱车轮是基本的车轮形状，美国发射的 MSL 火星车车轮形状也接近圆柱形。圆柱形车轮的地面力学最具有代表意义，因而是本书介绍的重点。

车轮宽度和半径对于车轮的力学性能影响很大。通常在车轮表面安装轮刺，将车轮表面与土壤的摩擦转化为土壤内部的摩擦，充分发挥土壤能够提供的牵引力。为了最大程度上发挥土壤的作用，轮刺需要具有一定的高度和足够的个数。同时可以使轮刺与轮轴方向具有一定的倾斜角度，以减小轮刺进入土壤时引起的动态载荷，并提高车轮承受侧向力的能力。

综上所述，圆柱车轮的参数主要包括车轮宽度 b、半径 r、轮刺高度 h、轮刺间距角 γ_L (或者轮刺个数 $n_L = 360/\gamma_L$)、轮刺倾斜角度 β_L 等。用 P_{W} 表示车轮参数，即 $P_{\mathrm{W}} = \{r, b, h, \gamma_L(n_L), \beta_L\}$。

4.2.4 车轮运行状态信息

无侧偏驱动车轮与地面相互作用受力分析如图 4.4 所示。

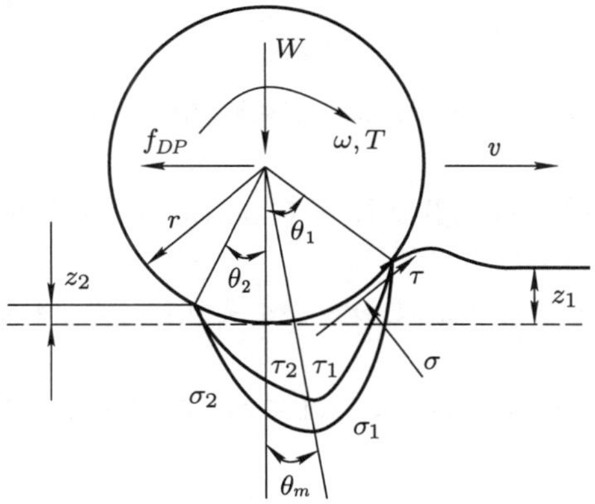

r — 车轮半径; z_1 — 车轮最大沉陷量; z_2 — 回弹沉陷量; θ — 轮地作用角; θ_1 — 进入角; θ_2 — 离去角; θ_m — 最大应力角; ω — 车轮转动角速度; v — 车轮前进线速度; W — 垂直载荷; f_{DP} — 挂钩牵引力; T — 电动机驱动力矩; σ — 正应力; τ — 剪应力

图 4.4 无侧偏驱动车轮与地面相互作用的受力分析

W 和 f_{DP} 由车体通过轮轴作用于车轮上。松软星球土壤对车轮的作用力表现为连续的应力形式，包括正应力 σ 和剪应力 τ，应力的作用可以简化为集中力和力矩，即法向力、挂钩牵引力和驱动阻力矩，分别与 W、f_{DP} 和 T 平衡。影响应力分布和集中力/力矩的车轮运行状态信息包括滑转率、接触角、侧偏角、车轮运行速度等。

1. 滑转率

车轮的滑转率是一个极其重要的状态变量, 对于轮地相互作用具有非常明显的影响, 反映了车轮实际前进线速度与理论圆周速度的偏差程度, 定义如下:

$$s=\begin{cases}(r\omega-v)/(r\omega), & r\omega\geqslant v, 0\leqslant s\leqslant 1\\(r\omega-v)/v, & r\omega<v, 1\leqslant s<0\end{cases}\tag{4.3}$$

不同滑转率下, 车轮的运动瞬心及速度分布如图 4.5 所示。当 $s>0$ 时, 车轮处于滑转状态, 车轮前进线速度小于圆周速度; $s=0$ 时, 车轮处于纯滚动状态, 瞬心位于车轮最低点; 当 $s<0$ 时, 车轮处于滑移状态, 前进线速度大于理论圆周速度, $|s|$ 为滑移率。通常情况下, 在平地运动或者爬坡时, 驱动车轮的 $s\geqslant 0$; 对于被动车轮或者下坡时的驱动车轮, $s<0$。

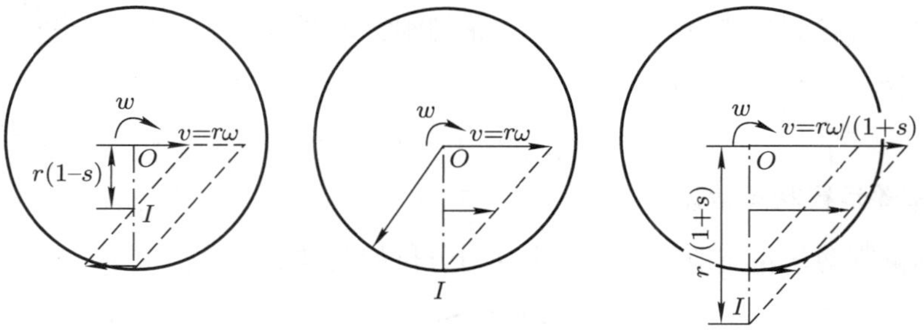

(a) $s>0$　　(b) $s=0$　　(c) $s<0$

图 4.5　不同滑转率下车轮速度及瞬心分布

在滑移情况下, 文献中常见的滑移率 (skid ratio) 的另外一种定义方法为

$$i=(v-r\omega)/(r\omega),\quad r\omega<v, 0<i<+\infty\tag{4.4}$$

根据式 (4.3) 和式 (4.4) 可得: $1+i=1/(1+s)$。可以利用该公式进行转换。

2. 轮地作用接触角

轮地作用接触角包括进入角 θ_1、离去角 θ_2 和最大应力角 θ_m (在滑移状态下为应力转换角 θ_0)。车轮的进入角、离去角与最大沉陷量 z_1 和回弹沉陷量 z_2 具有如下对应关系:

$$\theta_i=\arccos\frac{r-z_i}{r},\quad i=1,2\tag{4.5}$$

车轮的最大应力角 (应力转换角) 与土壤特性等有关, 是关于土壤特性参数和运行状态参数的函数。

3. 侧偏角

月球车转向或者是沿着斜坡侧倾行走时, 需要土壤产生作用于车轮的侧向力进行转向或者平衡重力沿斜坡方向的分量, 这些都是靠车轮前进的侧偏角来保证的, 侧

偏角即车轮前进方向与轮轴和车体连接处的速度方向的夹角, 如图 4.6 所示, 用参数 β 表示侧偏角, 即

$$\beta = \arccos \frac{v}{v_a} \tag{4.6}$$

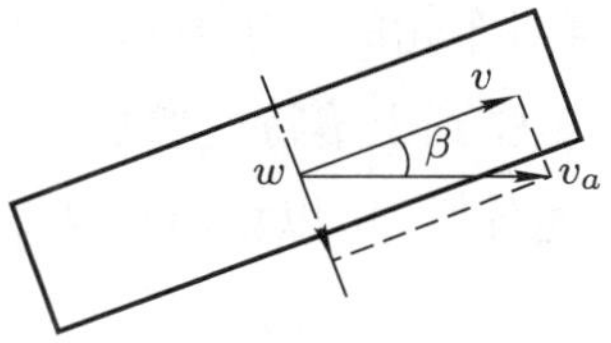

图 4.6　车轮侧偏示意图

4. 运行速度

车轮的运行速度对于轮地相互作用的土壤变形、应力分布会存在一定影响, 因而影响土壤作用于车轮的集中力和力矩。月球车的运行速度比较低, 例如我国月球车速度要求为 0~200 m/h, 与美国的 MER 火星车速度相当。

5. 重复通过次数

月球车通常具有多个车轮, 前边的车轮通过后, 由于土壤具有可压缩性, 土壤特性受到了影响, 后边车轮重复通过时, 土壤特性的变化会影响轮地相互作用力。车轮的通过次数用参数 n_p 表示。

用 P_R 表示车轮运行状态参数, 根据上述分析, $P_{\rm R} = \{s, \theta_1, \theta_2, \theta_m(\theta_0), \beta, v, n_p\}$。

4.2.5　月球车轮地相互作用力学基本模型

月球车在运行过程中, 车轮与月壤间的相互作用表现为: 土壤产生法向力 F_N 对车轮进行支撑; 车轮与土壤的附着力和破坏土壤的剪切力形成车轮的驱动阻力

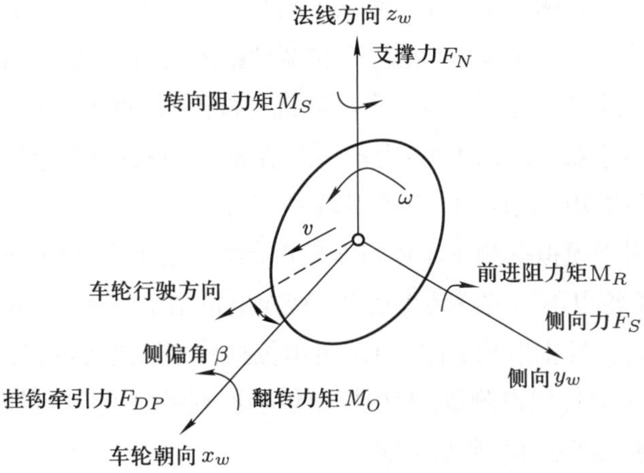

图 4.7　车轮受力示意图

矩 M_R, 并因此产生前进所需的前进推力; 车轮在松软月壤中发生下陷, 下陷深度与其结构参数以及月壤的承压特性有关, 并因此产生移动阻力, 前进推力和移动阻力共同形成了挂钩牵引力 F_{DP}; 车轮转向或者在崎岖地形中运行时, 车轮朝向和轮轴速度方向不一致 (侧偏角 β) 导致了侧向力 F_S 并因此产生转向阻力矩 M_S 和翻转力矩 M_O。图 4.7 表示了土壤对车轮的作用力/力矩情况。

月壤作用于车轮的力和力矩受到土壤特性参数、地形、车轮设计参数和运行状态参数等的综合影响。根据上述分析, 可以得出月球车车轮和土壤的相互作用力的基本模型

$$\begin{cases} F_N = F_{wz} = F_N(P_{\mathrm{S}}, P_{\mathrm{T}}, P_{\mathrm{W}}, P_{\mathrm{R}}) \\ F_{DP} = F_{wx} = F_{DP}(P_{\mathrm{S}}, P_{\mathrm{T}}, P_{\mathrm{W}}, P_{\mathrm{R}}) \\ F_S = F_{wy} = F_S(P_{\mathrm{S}}, P_{\mathrm{T}}, P_{\mathrm{W}}, P_{\mathrm{R}}) \\ M_O = M_{wx} = M_O(P_{\mathrm{S}}, P_{\mathrm{T}}, P_{\mathrm{W}}, P_{\mathrm{R}}) \\ M_R = -M_{wy} = M_R(P_{\mathrm{S}}, P_{\mathrm{T}}, P_{\mathrm{W}}, P_{\mathrm{R}}) \\ M_S = M_{wz} = M_S(P_{\mathrm{S}}, P_{\mathrm{T}}, P_{\mathrm{W}}, P_{\mathrm{R}}) \end{cases} \tag{4.7}$$

4.3 轮地相互作用力学模拟实验

地面力学是一门理论与实验密切结合的学科, 实验是轮地作用力学研究的重要手段。因此, 需要根据轮地相互作用力学的影响因素进行实验设计, 进而利用高性能的车轮 – 土壤相互作用测试平台和整车测试系统, 针对不同因素进行实验测试。

4.3.1 实验条件

1. 车轮 – 土壤相互作用单轮测试系统

采用月球车轮地相互作用测试平台 (王林, 2006; 全齐全, 2007) 进行车轮 – 土壤相互作用测试实验, 如图 4.8 所示。测试平台尺寸为 1 700 mm×850 mm×900 mm, 可测试车轮直径范围为 100~400 mm, 车轮宽度范围为 60~300 mm。测试平台包括前进电机, 转向电机和传动电机共 3 个电动机, 并配备扭矩传感器、电流传感器、光电编码器、位移传感器以及六维力/力矩传感器等。可测试参数包括前进阻力矩、挂钩牵引力、转向阻力矩、侧向力、车轮滑转率、沉陷量等。实验时前进电机驱动车轮前行, 传动电机用于模拟探测车车体对车轮的影响, 当给定这两个电动机不同的速度时, 可以控制车轮以不同的滑转率运动。转向电机用于驱动车轮转向, 可进行转向研究。车轮运行时会发生滑转沉陷, 沉陷量由位移传感器进行测量, 挂钩牵引力、转向阻力矩等由六维力传感器测量, 利用扭矩传感器测量前进电机的驱动力矩。

2. 模拟月壤及地面力学参数测定

进行车轮 – 月壤相互作用实验以及整车测试实验时, 首先需要制作模拟月壤。

1 — 直线轴承; 2 — 转向电机; 3 — 六维力/力矩传感器; 4 — 测试车轮; 5 — 刮土机构; 6 — 前进电机; 7 — 扭矩传感器; 8 — 直线导轨; 9 — 同步带; 10 — 传动电机; 11 — 控制箱; 12 — 工控机; 13 — 土壤; 14 — 土槽; 15 — 配重; 16 — 重力补偿机构; 17 — 千斤顶; 18 — 位移传感器

图 4.8 车轮 – 土壤相互作用测试台

文献表明, 松软干沙具有与松软的星球土壤相似的地面力学特性, 经常被研究人员用于星球车地面力学实验 (Bauer、Leung、Barfoot, 2005)。由表 4.2 也可以看出, 干沙具有与月壤相似的力学参数。上海航天技术研究院 (SAST) 提供的模拟月壤以松软细沙为原料, 参照月壤的粒度分布情况, 通过剔除杂质、通风干燥、过筛、烘烤等步骤制作而成。

表 4.2 月壤与地面土壤物理性质的比较 (Wong, 1989; 付宜利等, 2004)

地面力学参数	沙壤土	黏土	干沙	塔卡拉马干沙漠沙土	月壤
n	0.20	0.50	1.10	0.97~1.1	1.0
$k_c/(\mathrm{kPa/m}^{n-1})$	2.55	13.2	0.95	0.689~1.945	1.4
$k_\phi/(\mathrm{kPa/m}^n)$	43.12	692.15	1 528.43	820~891	820
c/kPa	1.38	4.14	1.04	0~1.04	0.52 (0.1~2.7)
$\varphi/(^o)$	38	13	28	28~42.2	42 (25~50)
K/m	—	—	0.0254	0.010 2~0.025 4	0.017 8

利用车轮 — 土壤相互作用测试平台对力、力矩和沉陷的测量功能, 构造压板实验和环形剪切实验, 测定模拟月壤的承压特性参数和剪切特性参数。

1) 压板实验

压板实验可以测定土壤的 k_c、k_φ 和 n。

设计制作半径 r_p 分别为 50 mm 和 35 mm 的圆形压板以及安装到测试台的接口部件, 将其安装到六维力传感器上, 如图 4.9 所示。调整配重, 施加从 20 N 到 300 N 之间的不同载荷, 同时测定对应的沉陷量。测量过程中, 计算机通过数据采集卡连续进行采样, 并记录原始数据。对稳定阶段的数据取平均值, 得到一次实验对应的载荷和沉陷量。对于每一个压板 i ($i=1\sim2$), 都可以利用式 (4.8) 进行拟合, 得到 n_i 和 k_{eqi}, 如图 4.10 所示。然后利用式 (4.9) 计算沉陷指数, 将 k_{eq1} 和 k_{eq2} 带入式 (4.10) 可以计算 k_c 和 k_φ。测试结果如表 4.3 所示, 模拟月壤的沉陷指数 n 为 1.10, k_c 为 15.6 kPa/m^{n-1}, k_φ为 2 407.4 kPa/m^n。

$$W=\sigma s=k_{eq}z^n\times\pi r_p^2 \tag{4.8}$$

式中, $k_{eq}=k_c/r_p+k_\varphi$。

$$n=\frac{n_1+n_2}{2} \tag{4.9}$$

$$\begin{cases}k_c=(k_{eq1}-k_{eq2})/[(r_{p2}-r_{p1})r_{p2}r_{p1}]\\ k_\varphi=k_{eq1}-(k_{eq1}-k_{eq2})/(r_{p2}-r_{p_1})r_{p2}\end{cases} \tag{4.10}$$

表 **4.3** 模拟月壤压板实验的测试结果

参数	$r_p=50$ mm	$r_p=35$ mm
n_i	1.016	1.180
k_{eqi}/(kPa/m^n)	2 718.73	2 852.17
n	1.098	
k_c/(kPa/m^{n-1})	15.6	
k_φ/(kPa/m^n)	2 407.4	

图 **4.9** 压板实验

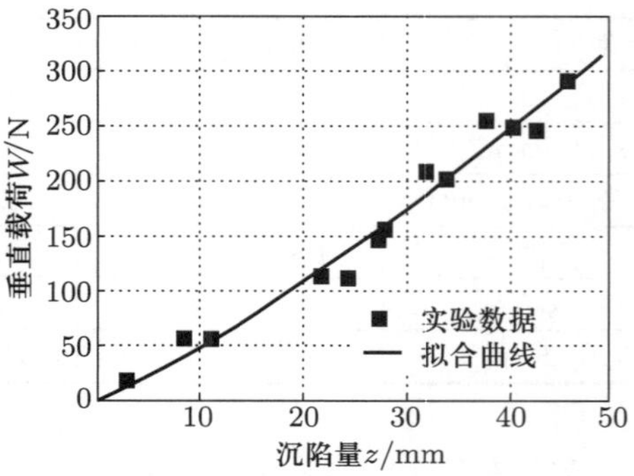

图 **4.10** $r_p=35$ mm 实验数据及拟合曲线

2) 剪切实验

剪切实验如图 4.11 所示。垂直载荷 W 为 30~180 N, 转向电机产生扭矩带动剪切板旋转, 记录扭矩、转角等信息。实验中, 随着剪切位移的增加, 转向力矩逐渐增加并达到最大值, 取中间稳定阶段 15° ~25° 的扭矩值进行平均, 得到 $T_{\max}$。

$T_{\max}$ 主要用来克服土壤产生的两部分剪切阻力矩, 即由底部剪切环应力 τ_b 形成的剪切阻力矩和侧面剪应力 τ_s 形成的侧向阻力矩。不同载荷 W 产生不同的 $T_{\max}$。根据 Reece 剪切模型 (Wong, 1989), 可以推导出 $T_{\max}$ 关于 W 的函数表达式

$$\begin{aligned}T_{\max} &= 2\pi(r_{s\max}^3 - r_{s\min}^3)\tau_b/3 + 2\pi h(r_{s\max}^2 + r_{s\min}^2)\tau_s \\ &= 2\pi(r_{s\max}^3 - r_{s\min}^3)[\tau_b + 3h(r_{s\max}^2 + r_{s\min}^2)\tau_s/(r_{s\max}^3 - r_{s\min}^3)]/3 \end{aligned} \tag{4.11}$$

将 $\sigma = W/[\pi(r_{s\max}^2 - r_{s\min}^2)], \tau_b = c + \sigma\tan\varphi, \tau_s = c\xi, \xi = 1, r_{s\max} = 0.15$ m, $r_{s\min} = 0.115$ m, 带入式 (4.11), 可得

$$\begin{aligned}T_{\max} &= 2\pi(r_{s\max}^3 - r_{s\min}^3)\{K_c c + W\tan\varphi/[\pi(r_{s\max}^2 - r_{s\min}^2)]\}/3 \\ &= 0.0039 \times (2.04c + 34.32W\tan\varphi)\end{aligned} \tag{4.12}$$

利用 $T_{\max}$ 与 W 的关系式 (4.12) 进行拟合, 如图 4.12 所示。最终得到模拟月壤的内聚力 $c = 0.251$ kPa, 内摩擦角 $\varphi = 31.9°$。

图 4.11 土壤剪切实验

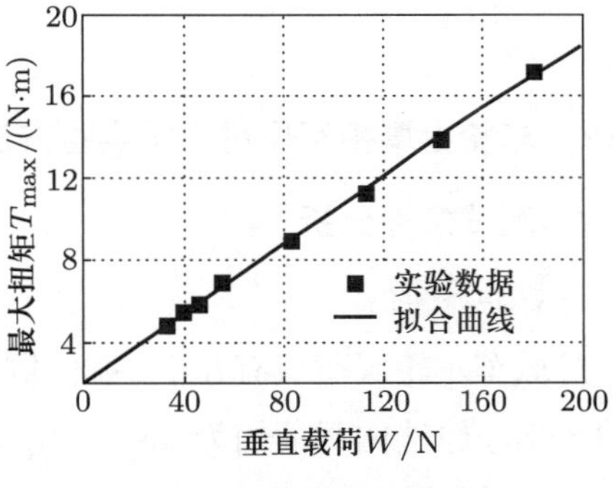

图 4.12 剪切实验数据及拟合曲线

3. 实验用车轮

根据我国发布的月球车要求, 并参照我国的月球车车轮尺寸进行实验用车轮设计。车轮 1 (Wh1) 半径 r 为 135 mm, 宽度 b 为 165 mm; 车轮 2 (Wh2) 半径与车轮 1 相同, 宽度为 110 mm; 车轮 3 (Wh3) 半径为 157.35 mm, 宽度为 165 mm。可以进行光滑车轮实验, 也可以安装高度 h 为 5 mm、10 mm 或 15 mm 的轮刺; 轮刺均匀分布, 个数可以改变, Wh1 和 Wh2 可以设置的轮刺个数为 24、18、12、9 等, Wh3 可设置的轮刺个数为 30、24、15、8 等。车轮如图 4.13 所示, 车轮编号及参数如表 4.4 所示。

(a) Wh11

(b) Wh31

(c) Wh21

图 4.13 实验用车轮

表 4.4 实验用车轮编号及参数

车轮编号	r/mm	b/mm	h/mm	n_L	β_L/(°)	车轮编号	r/mm	b/mm	h/mm	n_L	β_L/(°)
Wh11	135	165	15	24	0	Wh22	135	110	10	24	0
Wh112	135	165	15	24	5	Wh31	157.35	165	15	30	0
Wh113	135	165	15	24	10	Wh312	157.35	165	15	24	0
Wh114	135	165	15	24	20	Wh313	157.35	165	15	15	0
Wh12	135	165	10	24	0	Wh314	157.35	165	15	8	0
Wh13	135	165	5	24	0	Wh32	157.35	165	10	30	0
Wh14	135	165	0	24	0	Wh33	157.35	165	5	30	0
Wh21	135	110	15	24	0	Wh34	157.35	165	0	30	0

4.3.2 车轮土壤相互作用力学实验方法

1. 测试条件分析

1) 法向载荷

月球车车轮载荷只有几十牛顿, 例如质量为 120 kg 的六轮月球车, 在水平地面上的平均车轮法向载荷约为 33 N($G_{月} = G_{地}/6$); 对于质量为 200 kg 的六轮火星车, 车轮平均载荷为 131 N ($G_{火} = 2G_{地}/5$)。实验中, 车轮轮刺的存在使得载荷波动较大, 为了减小载荷波动带来的相对误差, 将垂直载荷设定为比较有代表性的 80 N, 对于部分实验, 设定载荷 35 N 和 150 N 进行比较。

2) 运行速度

为了避免行走过程中扬起的尘土附着在太阳能帆板上, 同时考虑到能量限制, 月球车运行速度比较低。我国月球车的最大速度约为 55 mm/s (200 m/h)。采用速度 10 mm/s、25 mm/s、40 mm/s 和 55 mm/s 分别在不同滑转率下进行轮地作用实验, 如表 4.5 所示。图 4.14a 所示为车轮 Wh12 在 0.2 滑转率下的驱动力矩原始数据, 图 4.14b 所示为 Wh14 挂钩牵引力的均值。车轮与土壤作用过程中的数据周期性波动, 波动频率与车轮速度成正比, 但是数据均值及其标准差受速度的影响不大。

所以，速度对于车轮土壤相互作用的宏观作用效果的影响几乎可以忽略。实验中，为了获得尽量多的实验数据，将速度设定为较低的 10 mm/s。

表 4.5　速度效应和重复通过性实验设置

测试项目	组号	测试编号	v/(mm/s)	通过次数	车轮编号	W/N	s
速度效应	G1	T1~T4	10, 25, 40, 55	1	Wh12	80	–0.4, –0.2, 0, 0.2, 0.4
	G2	T5~T8	10, 25, 40, 55	1	Wh14	80	
重复通过性	G3	T9~T12	25	1~ 4	Wh12	80	0.1, 0.2, 0.3, 0.4

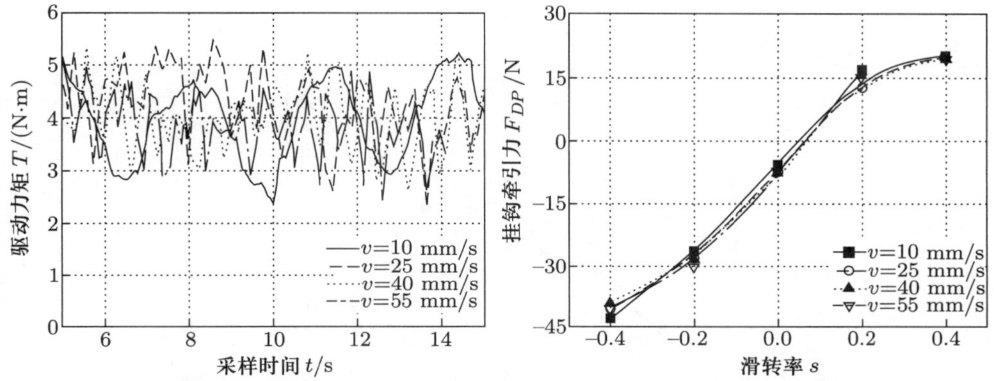

(a) 原始数据 (Wh12, W=80 N, s=0.2)　　(b) 均值 (Wh14, W=80 N)

图 4.14　速度对于车轮 T 和 F_{DP} 的影响

3) 滑转率

星球车运行于松软土壤过程中，车轮的沉陷量随着滑转率增加而急剧增加，为了避免陷车，美国的火星车将滑转率控制在 0.4 以下，因此实验中最大滑转率设定为 0.6，个别情况下设为 0.7 和 0.8。滑转率设定为 0、0.05、0.1、0.2、0.3、0.4 和 0.6，部分实验中设定为 0.5。滑移率设定为 –1~0。

4) 重复通过次数

利用车轮 Wh12 测试重复通过性对于车轮性能的影响。控制车轮在相同路径上沿着相同方向重复通过 4 次，测试结果如图 4.15 所示。从图中可以看出，车轮重复通过时对于 F_{DP} 和 T 几乎没有影响，车轮的沉陷量则在每次通过后增加大约 1 mm，这主要是因为沉陷量测量基准为车轮通过前未受破坏的土壤表面，通过后由于土壤的残余变形使得车轮再次通过时沉陷量变大，但是如果沉陷量的基准为每次通过时的土壤表面，沉陷量所受的影响可以忽略。这说明重复通过性对于车轮力学性能影响非常小。因此，实验中，车轮每次均从相同状态的平整土壤上通过，以保证数据的一致性和可重复性。

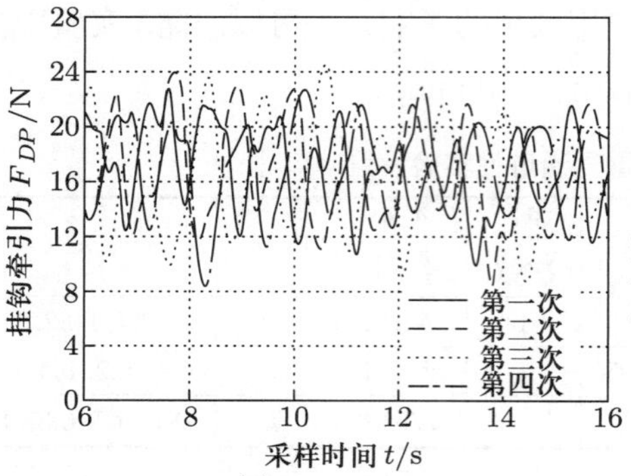

(a) F_{DP} 原始数据

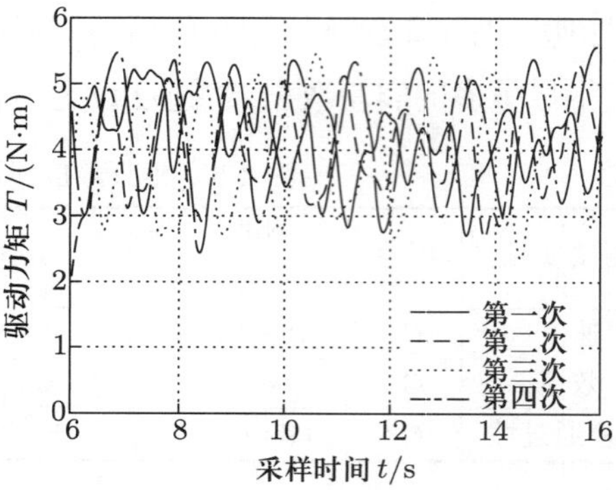

(b) T 原始数据

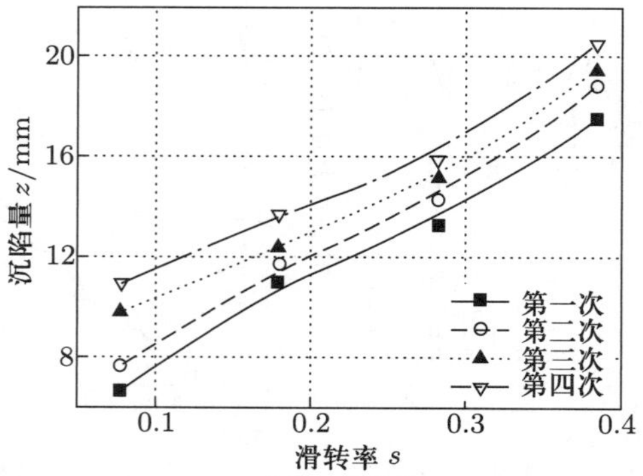

(c) z 的均值

图 4.15 重复通过性对于 Wh12 的 F_{DP}、T 和 z 的影响 ($F_N = 80$ N)

2. 轮地相互作用实验设计

1) 车轮滑转前进实验设计

当车轮滑转率大于零时, 车轮前进过程中发生滑转。车轮地面力学研究的重点也是集中在车轮滑转运动的情形, 因为滑转特性决定了车轮的牵引性能, 并且车辆运行时, 车轮主要工作在滑转状态。因此, 对于车轮滑转特性的研究是实验研究的重点, 相关研究结果也可以对进行车轮滑移、侧偏和转向研究提供参考。车轮滑转前进实验设计如表 4.6 所示, 以便对车轮尺寸 (半径、宽度)、轮刺参数 (高度、个数、倾斜角度)、载荷效应等进行研究, 括号中的滑转率表示只对部分项目进行了测试。

表 **4.6** 车轮滑转前进实验项目

测试项目	组号	测试编号	车轮编号	W/N	v/(mm/s)	s
轮刺高度影响	G4	T13~T16	Wh31~Wh34	80	10	0
轮刺个数影响	G5	T17~T20	Wh31、Wh312~Wh314	80	10	(0.05)
	G6	T21~T24	Wh11、Wh112~Wh114	80	10	0.10
车轮半径影响	G7	T25、T15	Wh12、Wh32	80	10	0.20
	G8	T26、T16	Wh11、Wh31	80	10	0.30

续表

测试项目	组号	测试编号	车轮编号	W/N	v/(mm/s)	s
车轮宽度影响	G9	T27、T25	Wh22、Wh12	80	10	0.40
	G10	T28、T26	Wh21、Wh11	80	10	(0.50)
载荷效应	G11	T29、T15、T30	Wh32	35、80、150	10	0.60

2) 车轮滑移前进实验设计

车轮滑移实验采用车轮 1 进行研究, 分别安装高度为 15 mm、10 mm 和 0 mm 的轮刺, 如表 4.7 所示。该实验设计参考了滑转实验结果, 实验中发现, 轮刺高度为 5 mm 的车轮牵引特性较差, 因此在实际中不宜采用。

表 **4.7**　车轮滑移前进实验项目

测试项目	组号	测试编号	v/(mm/s)	车轮编号	W/N	s
滑移特性	G12	T31~T33	10	Wh11、Wh12、Wh14	80	0、–0.05、–0.1、–0.2、–0.3、0.4、–0.6、–0.8、–1

3) 车轮转向实验设计

车轮转向实验如表 4.8 所示。主要研究速度、载荷、轮刺高度和初始沉陷量对于转向特性的影响。滑转前进结束, 具有不同沉陷量, 然后进行转向实验, 进行初始沉陷量的影响研究, 这也符合星球车的实际情况。

表 **4.8**　车轮转向实验项目

测试项目	组号	测试编号	v/(r/min)	W/N	车轮编号
速度的影响	G13	T34	40, 80 120, 160 200, 260 320, 400	80	Wh12
载荷和轮刺高度的影响	G14	T35~T38	80	25、35、50、80、105、130、150	Wh31、Wh312~Wh314
初始沉陷量的影响	G15	T39	40	80	Wh12

3. 实验操作步骤

主要实验步骤为:

(1) 调整垂直载荷。

(2) 刮平土壤, 保证测试土壤的均匀和平整, 这对保证实验的一致性和重复性是非常重要的。利用松土工具将模拟月壤铲松后用刮平机构进行土壤平整, 刮平后对表层土壤再次进行铲松, 然后借助刮板将表层土壤刮平, 如图 4.16 所示。

(3) 传感器基准获取。

(4) 放下车轮。

(5) 设置测试参数。

(6) 进行测试实验。

(7) 控制车轮返回起点。

(8) 重复实验, 直到完成。

(a)

(b)

图 4.16 土壤平整

4.3.3 整车测试系统实验

1. El-Dorado Ⅱ 星球车原理样机

El-Dorado Ⅱ 是日本东北大学 SRL 实验室开发的四轮星球探测车原理样机, 如图 4.17 所示, 图 4.18 为其控制与传感系统框图。探测车安装有先进的传感系统, 可以进行运动学信息、力学信息和地形信息等测量, 是高性能的星球车实验平台, 可以应用于地面力学、移动控制、路径跟踪等方面的研究。车轮半径为 92 mm, 30 个高度为 10 mm 的轮刺均匀分布在车轮周围。

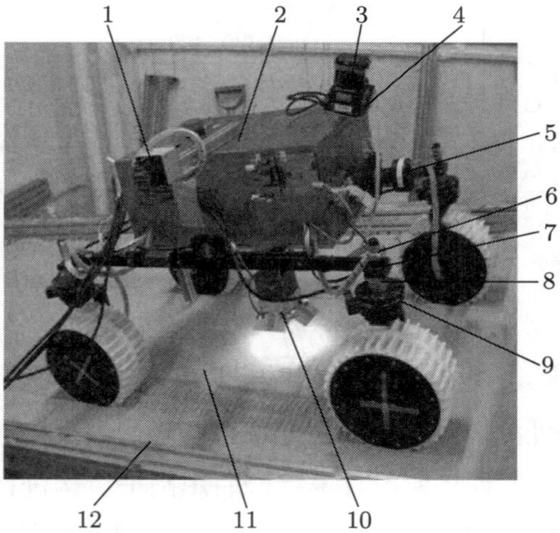

1 — 侧向 URG 2 — 控制箱; 3 — 顶端 URG 4 — 姿态调整电机; 5 — 前向避障摄像机; 6 — 编码器; 7 — 转向电机; 8 — 减速装置; 9 — F/T 传感器; 10 — 远心摄像机; 11 — Toyoura 砂土; 12 — 土槽

图 4.17 El-Dorado II 探测车原理样机 (Yoshida, 2009)

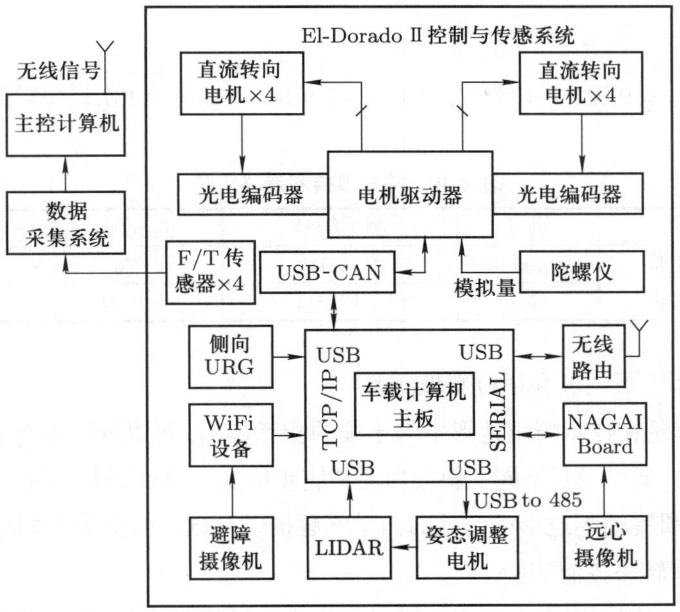

图 4.18 El-Dorado II 控制与传感系统框图

基于 RedHat Linux 操作系统的车载计算机是控制系统的核心, 配有 2 GB 的 SD 卡和 512 MB 的 RAM 存储器。车载计算机通过 USB-CAN 转换器给 TechnoCraft 公司生产的电机驱动器发送控制指令, 用于控制 8 个 Maxon 直流电动机 (4 个前进电机和 4 个转向电机), 驱动器还可以接收编码器反馈的速度信息以及陀螺仪反馈的模拟量信息。陀螺仪型号为 CRS03-11R, 由日本 Silicon Sensing Systems 公司生产, 用于测试车体的横滚 (roll)、俯仰 (pitch) 和偏航 (yaw) 角度。基于远心摄像机开发视觉里程计测量探测车在 x, y 方向的速度和位移, 进而进行滑转率的估计。探测车一侧安装一个 URG 红外传感器, 用于车轮测量沉陷的测量。顶端 URG 和一个用于调整其姿态的伺服电机组成 LIDAR (light detection and range) 用于反馈周围地形信息并生成 DEM 数字高程图。一个基于网络 TCP/IP 协议的前向避障摄像机可以反馈地形图像信息。主控计算机通过无线网络与车载计算机进行通信, 发送控制指令和上传反馈信息。另外, F/T 传感器的数据采集装置与主控计算机直接连接, 实时反馈力和力矩信号。

2. 测试实验设计

1) 探测车滑转和滑移实验

通过配重系统在车体后部增加前进阻力, 或者在车体前向施加牵引力, 使探测车工作在不同的滑转率和滑移率下, 如表 4.9 所示。该实验与单轮测试平台原理相近, 可以研究整车的力学性能, 并与爬坡的力学性能进行对比。

实验中设置了电动机前进的角速度, 电动机转速 n_{m} 与车轮角速度 ω_{w} 转化的

计算公式为

$$\omega_{\rm w}=0.941\,7\times(2\pi n_{\rm m}\times 18)/(47\times 80\times 60)=9.437\times 10^{-4}n_{\rm m} \tag{4.13}$$

表 **4.9** 整车滑转和滑移实验

测试目的	组号	测试编号	f_{DP}/N	$n_{\rm m}$/(r/min)
整车滑转实验	Gr1	T1~T9	0~70	200
整车滑移实验	Gr2	T1、T10~T17	–140~0	200

2) 探测车上下斜坡和横过斜坡实验

星球车车轮在任意崎岖地形中与土壤的相互作用, 可以分解为上下斜坡和横过斜坡两种运动, 通过设置不同的斜坡角度和侧倾角度, 进行探测车运行过程中的力学性能测试, 为研究崎岖地形中的地面力学问题提供基础。实验设计如表 4.10 所示。

3) 整车滑转率控制实验

该实验主要用于研究滑转率协调对于能量消耗的影响, 对于前后车轮设置不同的速度比进行爬坡实验, 研究功率变化情况, 为滑转率控制提供指导。实验设计如表 4.11 所示, 表中 $n_{\rm mf}$ 和 $n_{\rm mr}$ 分别为前后车轮驱动电机的转速。

表 **4.10** 整车上下斜坡和横过斜坡实验设计

测试目的	组号	测试编号	$\alpha_{\rm cl}$/(°)	$\alpha_{\rm cr}$/(°)	车轮转角/(°)	$n_{\rm m}$/(r/min)
爬坡实验 下坡实验 横过斜坡实验	Gr3	T18~T24	0~15, 17	0	0	200
	Gr4	T25~T30	–15~0	0	0	200
	Gr5	T31~T38	0	15	0~90、7.5	200
	Gr6	T39~T44	0	0~15	控制跟踪直线	200

表 **4.11** 整车滑转率控制实验设计

测试目的	组号	测试编号	$\alpha_{\rm cl}$/(°)	$n_{\rm mf}/n_{\rm mr}$
滑转率控制实验	Gr7	T45~T55	12	(200~400) /200, 200/ (240~400)

注: $n_{\rm mf}$ 和 $n_{\rm mr}$ 的单位为 r/min。

4.3.4 实验数据处理

在此对实验数据的处理方法进行介绍, 并给出测试结果例子, 对于更加详细的实验结果以及更进一步的分析则在后续相关章节中进行。实验中, 数据的采样频率为 6.67 Hz, 每次实验可测得上百个关于沉陷量、挂钩牵引力、驱动力矩和垂直载荷的原始数据。取车轮稳定运行后的数据作为有效数据, 利用 Matlab 编写的 GUI 程序进行数据处理, 求取均值和其均方差值。由于轮刺和土壤的相互作用, 测试的原始数据呈周期性波动。对于许多实验进行了 3 次重复测试, 测试数据的统计值非常接近, 证明实验具有很好的重复性和稳定性。图 4.19 所示为车轮 Wh32 在滑转率为 0.3 时进行的重复测量的实验结果, 表 4.12 为统计结果。对于测试得到的有效原始数据进行加权平均, 获得一次实验的测量结果。对于所有实验数据采用相同的方法进行处理, 得到统计结果随滑转率、滑移率或者法向载荷等自变量变化的曲线及其均方差, 图 4.20 所示为 Wh31 车轮的测试结果。

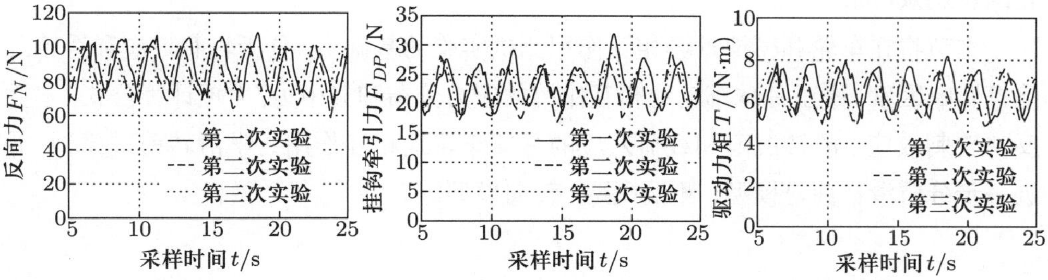

(a) 法向力　(b) 挂钩牵引力　(c) 驱动力矩

图 4.19　3 次实验测试结果比较 (Wh32, $W = 80$ N, $s = 0.3$)

表 4.12　数据处理结果 (Wh32, $W = 80$ N, $s = 0.3$)

实验	均值					标准差				
次数	F_N/N	F_{DP}/N	T/(N·m)	z/mm	I/mA	F_N/N	F_{DP}/N	T/(N·m)	z/mm	I/mA
1	85.71	22.83	6.42	12.82	1112.7	11.75	3.17	0.85	12.82	118.0
2	84.35	22.21	6.29	12.66	1160.7	11.33	3.17	0.80	12.66	133.7
3	85.76	22.56	6.44	12.67	1127.0	9.82	2.58	0.71	12.67	93.4

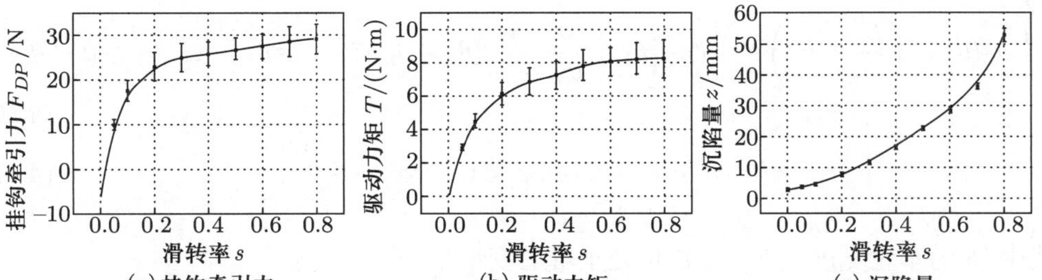

(a) 挂钩牵引力　(b) 驱动力矩　(c) 沉陷量

图 4.20　Wh31 车轮实验测试结果 ($W = 80$ N)

4.4　月球车轮地相互作用力学模型

推导轮地相互作用力学预测模型是进行地面力学理论应用的基础。基于应力分布模型计算月壤作用于月球车车轮的挂钩牵引力、前进阻力矩及法向力等集中力/力矩, 是一种常用的方法。

目前被广泛采用的传统车辆地面力学模型应用于月球车时存在许多局限性。例如, Bekker 正应力计算模型是静态模型, 不能反映车轮的滑转沉陷, 而且对于直径小于 500 mm 的月球车车轮其计算准确程度大大降低; Wong–Reece 正应力分布模型在一定程度上反映了纵向滑转沉陷问题, 但是没有体现沙土侧向流动引起的车轮滑转沉陷、载荷效应等; Janosi 剪切应力计算公式在计算车轮的剪切应力时不能反映车轮的轮刺效应。

本节将在车轮和模拟月壤相互作用测试实验的基础上, 分析轮刺效应和滑转沉陷等影响因素, 修正月球车轮地相互作用的应力分布和集中力/力矩计算公式, 建立反映轮刺效应、滑转沉陷和载荷效应的月球车轮地相互作用力学滑转前进模型, 并进一步分析滑移前进模型、侧偏模型、转向模型等。

4.4.1 无轮刺车轮的轮地相互作用力学传统模型

无轮刺月球车驱动车轮与地面相互作用受力分析如图 4.4 所示。松软月壤对车轮的作用力表现为连续的正应力 σ 和剪应力 τ。根据 Wong–Reece 正应力分布模型 (Wong、Reece, 1967a, b) 和 Janosi 剪应力计算模型 (Janosi、Hanamoto, 1961), 可得如下公式用于应力分布的计算:

$$\theta_m = (c_1 + c_2 s)\theta_1 \tag{4.14}$$

$$\theta_2 = c_3\theta_1 \tag{4.15}$$

$$\begin{cases} \sigma_1(\theta) = \left(\dfrac{k_c}{b} + k_\phi\right) r^n (\cos\theta - \cos\theta_1)^n, & \theta_m \leqslant \theta \leqslant \theta_1 \\ \sigma_2(\theta) = \left(\dfrac{k_c}{b} + k_\phi\right) r^n \left\{\cos\left[\theta_1 - \dfrac{\theta - \theta_2}{\theta_m - \theta_2}(\theta_1 - \theta_m)\right] - \cos\theta_1\right\}^n, & \theta_2 \leqslant \theta < \theta_m \end{cases} \tag{4.16}$$

$$\tau(\theta) = [c + \sigma(\theta)\tan\varphi]\left\{1 - \exp\left[-\frac{j(\theta)}{K}\right]\right\} \tag{4.17}$$

式中, b 为车轮宽度; $j(\theta)$ 为 θ 角处土壤的变形量。

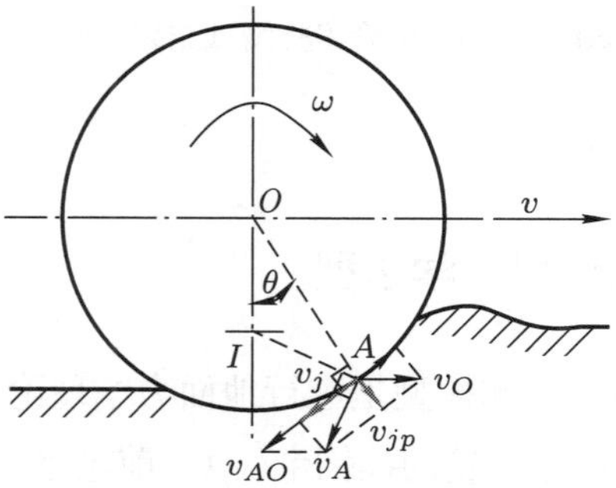

图 4.21 车轮边缘速度分析

进入角 θ_1 可以根据式 (4.5) 进行计算, 式 (4.14) 用于计算最大应力角, c_1 和 c_2 为最大应力角系数 (Wong、Reece, 1967a, b); 式 (4.15) 可以计算车轮的离去角 θ_2, 考虑到土壤的回弹部分对于车轮的支撑力比较小, 因此离去角通常忽略为 0, 即离去角系数 $c_3 = 0$。

为了计算土壤的剪切位移 $j(\theta)$, 需要首先确定轮缘处相对于土壤的速度 v_j。根据图 4.21, 可以得到如下矢量公式:

$$\boldsymbol{v}_A = \boldsymbol{v}_{AO} + \boldsymbol{v}_O = \boldsymbol{v}_j + \boldsymbol{v}_{jp} \tag{4.18}$$

A 点的切向速度计算公式为

$$\begin{aligned} v_j(\theta) &= v_{AO} - v_O\cos\theta = r\omega - r\omega(1-s)\cos\theta \\ &= r\omega[1-(1-s)\cos\theta] \end{aligned} \tag{4.19}$$

$$\begin{aligned} j(\theta) &= \int_0^t v_j dt = -r\int_{\theta_1}^{\theta}[1-(1-s)\cos\theta]\mathrm{d}\theta \\ &= r[(\theta_1-\theta)-(1-s)(\sin\theta_1-\sin\theta)] \end{aligned} \tag{4.20}$$

轮地相互作用力和力矩的计算方程为

$$\begin{cases} F_N = rb\displaystyle\int_{\theta_m}^{\theta_1}\sigma(\theta)\cos\theta\mathrm{d}\theta + rb\int_{\theta_2}^{\theta_m}\tau_2(\theta)\sin\theta\mathrm{d}\theta \\ F_{DP} = -rb\displaystyle\int_{\theta_2}^{\theta_m}\sigma(\theta)\sin\theta\mathrm{d}\theta + rb\int_{\theta_m}^{\theta_1}\tau(\theta)\cos\theta\mathrm{d}\theta \\ M_R = r^2 b\displaystyle\int_{\theta_2}^{\theta_1}\tau(\theta)\mathrm{d}\theta \end{cases} \tag{4.21}$$

对于具有圆形横截面的不等径车轮, 需要同时沿宽度方向进行积分:

$$\begin{cases} F_N = \displaystyle\int_{\theta_2}^{\theta_1}\int_{-b/2}^{b/2}[\sigma(\theta,b)\cos\theta + \tau(\theta,b)\sin\theta]r\mathrm{d}\theta\mathrm{d}b = W \\ F_{DP} = \displaystyle\int_{\theta_2}^{\theta_1}\int_{-b/2}^{b/2}[-\sigma(\theta,b)\sin\theta + \tau(\theta,b)\cos\theta]r\mathrm{d}\theta\mathrm{d}b = f_{DP} \\ M_R = \displaystyle\int_{\theta_2}^{\theta_1}\int_{-b/2}^{b/2}\tau(\theta,b)r^2\mathrm{d}\theta\mathrm{d}b = T \end{cases} \tag{4.22}$$

4.4.2 轮刺效应

1. 单个轮刺与松软月壤的相互作用

通过分析单个轮刺与土壤之间的相互作用, 可以了解轮刺与土壤相互作用的机理。轮刺与土壤的相互作用与推土板的情况类似, 可以将轮刺与土壤作用简化为推土板的推土作用进行分析。

首先针对较简单的情况进行分析。假设轮刺与土壤垂直作用且轮刺表面光滑，对于星球车车轮，轮刺宽度与高度之比较大，根据 Rankine 被动土压力理论，轮刺与土壤作用过程如图 4.22a 所示，图中的角度 $X_c = \pi/4 - \varphi/2, q$ 为土壤表面的附加应力，h 为轮刺的高度，σ_{zs} 为深度 z_s 处的土壤作用于轮刺的正应力，则作用在轮刺上的合力 F_p 可以利用下式进行计算 (Wong, 2008):

$$\sigma_z = \gamma_s z_s N_\phi + qN_\phi + 2c\sqrt{N_\phi} \tag{4.23}$$

$$F_p = b_L \int_0^h \sigma_{zs} \mathrm{d}z = b_L \left(\frac{1}{2}\gamma_s h^2 N_\phi + qhN_\phi + 2ch\sqrt{N_\phi} \right) \tag{4.24}$$

式中，γ_s 为土壤容重；N_ϕ 为流值，$N_\phi = \tan^2(\pi/4 + \varphi/2)$；$b_L$ 为轮刺宽度。

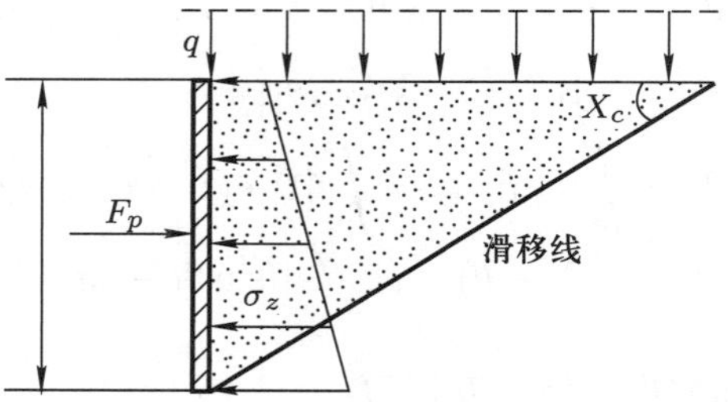

(a) 光滑轮刺

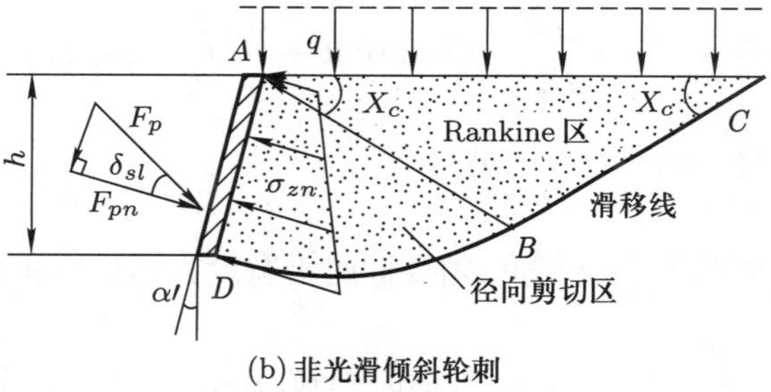

(b) 非光滑倾斜轮刺

图 4.22 轮刺与土壤的相互作用

在 F_p 的计算公式中，第一项反映了土壤的重力引起的作用力。取月壤密度参数 $\rho = 1\ 500\ \mathrm{kg/m^3}$，对应月壤容重 $\gamma_s = 2\ 450\ \mathrm{N/m^3}$，$\varphi = 42°$，$c = 520\ \mathrm{Pa}$，以及车轮 Wh31 的轮刺高度和宽度参数 ($b = 165$ mm, $h = 15$ mm)；对于 SAST 模拟月壤，容重为 15 729 $\mathrm{N/m^3}$，$\varphi = 31.9°$。将相关数据代入式 (4.24)，得到的结果如表 4.13 所示。从表中可以看出，$\gamma_s z N_\varphi$ 项与其余两项之和相比，数值很小，可以忽略。$\gamma_s z N_\varphi$ 项主要是在土壤重力非常大时使用，例如推土机铲土时产生的力等，而对于月球车车轮，与轮刺作用部分的土壤重力显然可以忽略。在 Janosi 公式中，也只是考虑了土壤的内聚力项和内摩擦项，而没有考虑土壤的重力项。

如果轮刺表面与土壤之间的摩擦不能忽略且轮刺倾斜，应用上述方法解决轮刺与月壤的相互作用问题就存在较大误差。设土壤 – 轮刺摩擦角为 δ_{sl}, 轮刺与竖直方向的夹角为 α', 作用过程如图 4.22 所示 (Wong, 2008)。图 4.22 中, 土壤在 ABC 区域处于 Rankine 被动状态, ABD 区域紧靠轮刺, BD 可以用对数螺线或圆弧进行描述。

表 **4.13** 月壤和模拟星壤与轮刺作用力的计算结果

	$\gamma_s/(\text{N/m}^3)$	c/Pa	$\varphi/(°)$	N_φ	$\gamma_s z N_\varphi$/Pa	$2c\sqrt{N_\varphi}$/Pa	qN_φ/Pa
月壤	2 450	520	42	5.04	0~185	2 335	数千
模拟月壤	15 729	251	31.9	3.24	0~764	904	数千

土壤对轮刺的作用力为

$$\sigma_{zn} = \gamma_s z_s K_{p\gamma} + qK_{pq} + cK_{pc} \tag{4.25}$$

$$F_p = \frac{b_L}{\cos\alpha'_L \cos\delta_{sl}} \int_0^h \sigma_{zn} \mathrm{d}z = \frac{b_L}{\cos\alpha' \cos\delta_{sl}} \left(\frac{\gamma_s h^2 K_{p\gamma}}{2} + hqK_{pq} + hcK_{pc} \right) \tag{4.26}$$

式中, $K_{p\gamma}$、K_{pq} 和 K_{pc} 为常数, 是土壤参数和 δ_{sl} 角的函数。应用上述理论, 可以对单个轮刺与土壤相互作用的情况进行分析。然而, 此模型在分析轮刺式车轮与土壤相互作用力的过程中存在一些局限性。车轮滚动时, 轮刺的倾斜角度及其进入土壤的深度都在发生变化, 与土壤作用的轮刺个数一般不止一个, 并且随着车轮的运转和沉陷量的变化也会有所不同, 轮刺产生的总牵引力, 应为作用在所有与地面接触的轮刺上的水平力之和。同时, 模型中涉及一些并非常用的土壤参数, 而这些参数对于月壤而言是未知的。轮刺与月壤作用过程中的附加应力大小不等, 方向也随时变化。因此, 利用此理论准确预测轮刺在车轮前进过程中产生的牵引力存在很多困难, 但是这可以作为轮刺式车轮与土壤相互作用过程分析的理论基础。

2. 轮刺对轮地相互作用应力分布的影响

由于传统车辆轮胎采用的是相对高度较小的花纹状轮刺增加牵引能力, 因此, 在进行分析过程中, 通常的做法是利用车轮的最大外圆半径 $R = r + h$ 作为车轮半径, 将车轮简化为半径为 R 的圆柱车轮进行分析, 如图 4.23 所示。

然而, 对于采用高度较大且截面积较小轮刺的月球车车轮而言, 轮刺与松软土壤的相互作用过程已经发生了显著地变化, 采用最大外圆半径进行等效的方法存在明显的不合理性。因此, 需要分析轮刺对于车轮应力分布的影响, 进而对应力分布公式作出相应修正。

3. 轮刺对轮地作用的正应力分布的影响

对于运行于松软土壤中的月球车车轮而言, 轮刺主要产生剪切作用, 用于提高车轮的牵引能力。轮刺厚度过大会增加车轮的重量, 增加对于车轮的支撑作用, 导致车轮的上下振动幅度和动态载荷变大, 降低运行的稳定性。因此轮刺厚度一般都

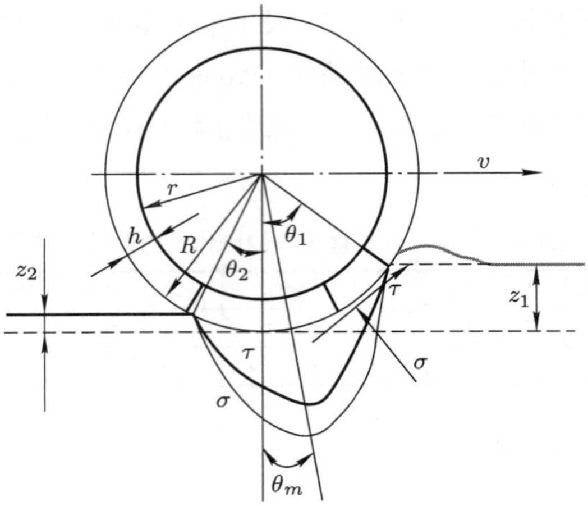

图 4.23 传统轮刺车轮的轮地相互作用受力图

比较小, 实验用车轮的轮刺厚度仅为 1.5 mm。轮刺厚度较小, 因而对车轮提供的正应力作用面积非常小, 可以忽略轮刺对车轮产生的支撑作用 (Wong, 1989)。车轮和土壤相互作用的正应力分布大致如图 4.24 中外侧的实线所示, 可以采用无轮刺情形下的虚线近似代替。此时, 对于沉陷量的测量, 应该是从车轮的圆柱表面开始, 而不应包括轮刺部分, 这与将最大外圆半径作为车轮半径的传统简化方法是不同的。当滑转率为零时, 轮刺对车轮沉陷量的影响主要是由其支撑作用而导致的, 车轮轮刺高度增加会导致沉陷量减小, 但是减小的幅度只有 2~3 mm, 远小于最大轮刺高度 15 mm。当滑转率较大时, 车轮的沉陷量为几十毫米, 轮刺对车轮的支撑作用导致沉陷量产生的变化相对较小, 而正应力是关于沉陷量的函数, 因此, 滑转率较大时忽略轮刺对于车轮正应力的影响是可行的。但是, 当车轮滑转率较小时, 忽略轮刺的支撑作用可能会带来较大的相对误差, 必要时可以进行补偿。

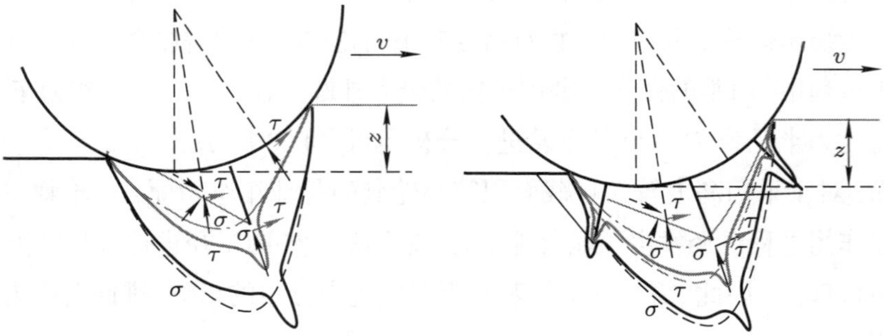

(a) 单个轮刺与土壤相互作用　　(b) 多个轮刺与土壤相互作用

图 4.24 轮刺与土壤相互作用对于应力分布的影响

4. 轮刺对轮地作用的剪切应力分布的影响

对于无轮刺车轮而言, 剪切作用发生在车轮表面与土壤之间, 并不存在土壤之间的内摩擦, 土壤对于车轮的牵引力计算需要利用车轮和土壤的摩擦角 δ_{sw}。月球车车轮通常由金属材料制成, 金属与土壤的摩擦角 δ_{sw} 通常小于土壤的内摩擦角, 因此, 金属无轮刺车轮依靠车轮 – 土壤作用产生的牵引力也非常小。只有当车轮土壤摩擦角 δ_{sw} 大于或等于土壤内摩擦角 φ 时, 才可以利用 Janosi 剪切应力计算公式 (4.17) 计算车轮 – 土壤的剪切应力。为了提高车轮的牵引能力, 通常在车轮表面安装轮刺, 借助于轮刺的作用, 将金属 – 土壤之间的摩擦转换为土壤之间的内摩擦, 以便最大程度地发挥土壤对车轮提供的牵引力。

轮刺对于剪切应力的影响主要表现在两个方面: ① 正应力的变化而导致剪切应力的局部变化, 但是作用面积较小, 可以忽略; ② 由于轮刺的存在, 使得车轮表面与土壤之间的摩擦变为土壤之间的内摩擦, 可以提高剪切应力, 进而增加车轮产生的挂钩牵引力。

如果轮刺不存在, 剪切发生在车轮的圆柱表面部分, 土壤和车轮金属表面之间的摩擦产生剪切应力, 如图 4.24 中的点划线所示。当轮刺存在时, 一部分土壤与车轮和轮刺固结在一起进行运动, 剪切作用发生在运动的土壤与固定的土壤之间, 最大程度上发挥了土壤产生的牵引作用。因此车轮与土壤的剪切作用包括两部分: 一部分发生在土壤与土壤之间, 另外一部分发生在车轮表面与土壤之间, 如图 4.24 中内侧表示剪切应力的实线所示。对于图 4.24b, 轮刺之间可以形成连续的剪切, 所有的剪切主要发生在土壤与土壤之间, 因而可以用图中的虚线近似代替实际的剪切应力, 对于轮刺端部, 剪切应力会因为正应力比较大而较大, 但是同样可以用虚线代替。

根据式 (4.21), 剪切应力的提高可以增加车轮的挂钩牵引力和驱动力矩, 轮刺高度增加时, 车轮的挂钩牵引力和驱动力矩比无轮刺车轮明显增大, 而且随着轮刺高度的增加, 增大幅度变大。这进一步说明了轮刺的存在提高了土壤剪切应力。轮刺还通过影响土壤剪切位移等方式提高剪切应力, 多种因素综合作用的结果使得增加轮刺高度对车轮的剪切应力起到了非常明显的作用。

5. 轮刺对轮地相互作用的剪切位移的影响分析

Janosi 公式中, 剪切应力分布除了与正应力有关外, 剪切位移对于剪应力分布也有很大的影响。

图 4.25 所示为轮地相互作用过程中单个轮刺对土壤剪切位移的影响情况, 图中忽略了轮刺对于正应力分布的影响。图 4.26 所示为车轮 Wh314 与土壤相互作用过程中的沉陷量和作用力/力矩曲线, 轮刺间距角为 45°, 当滑转率较低时, 进入角远远小于轮刺间距角, 与土壤作用的轮刺个数不多于 1, 与图 4.25 中单个轮刺和土壤的作用过程对应。由于直线轴承存在间隙和摩擦等, 配重提供的载荷不够稳定; 法向载荷变化主要取决于系统的加速度而不是位移。因此, 法向载荷与沉陷量的变化存在一定的相位差。分析的过程中, 主要参照图中沉陷量的变化情况。

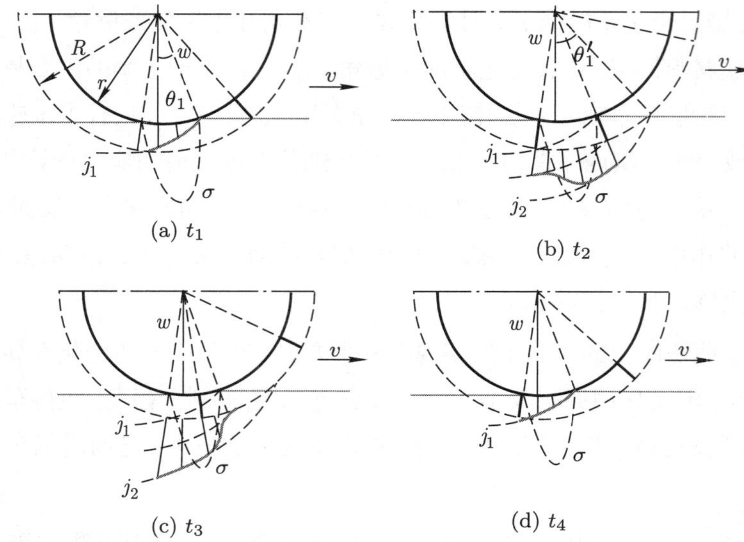

图 4.25 单个轮刺与土壤作用过程中土壤位移的变化

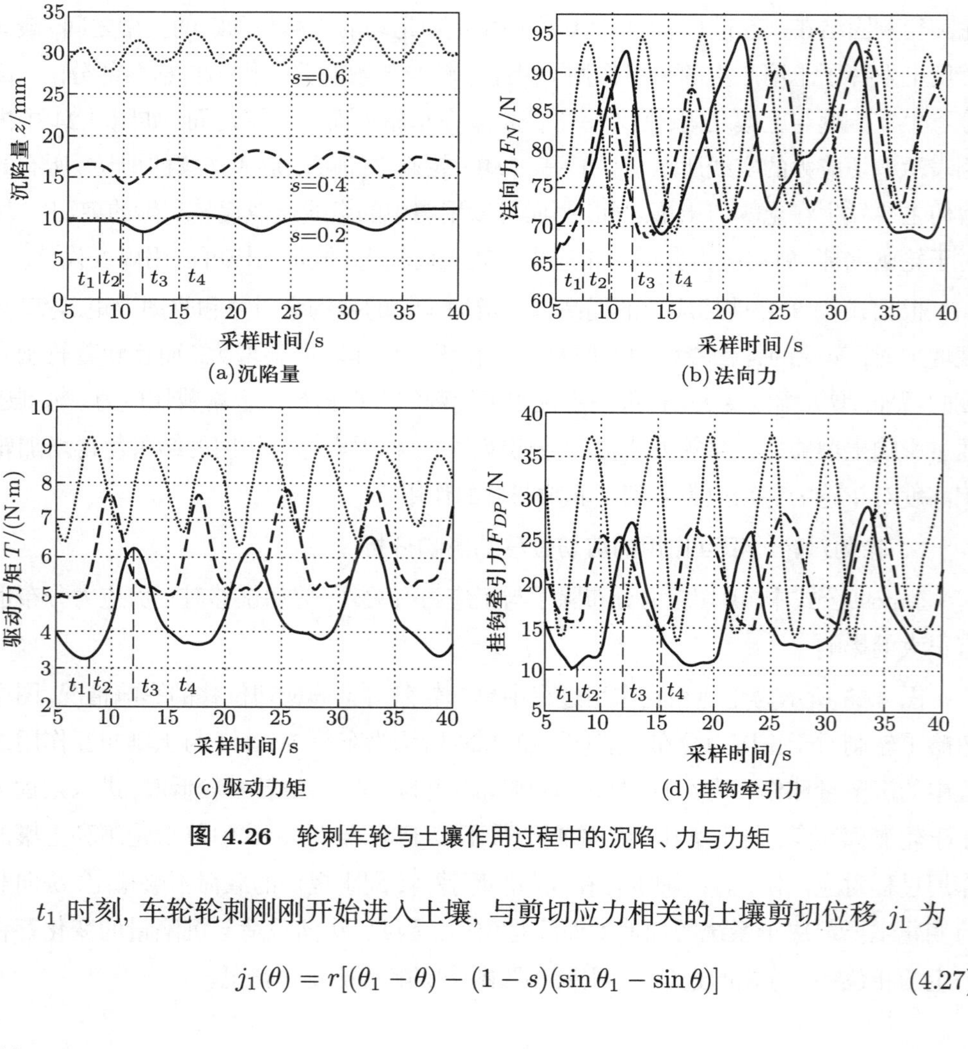

图 4.26 轮刺车轮与土壤作用过程中的沉陷、力与力矩

t_1 时刻, 车轮轮刺刚刚开始进入土壤, 与剪切应力相关的土壤剪切位移 j_1 为

$$j_1(\theta) = r[(\theta_1 - \theta) - (1 - s)(\sin\theta_1 - \sin\theta)] \tag{4.27}$$

$t_1 \sim t_2$ 时刻, 轮刺逐渐进入土壤, 对车轮形成支撑作用, 导致土壤对于车轮的法向载荷加大, 电动机驱动力矩增大, 但是沉陷量和挂钩牵引力变化较小, 此时驱动力矩的增加主要是由于法向载荷增大引起的。

t_2 时刻, 轮刺完全进入土壤, 车轮的沉陷量开始减小, 挂钩牵引力开始增加, 土壤剪切位移由 j_2 逐渐过渡到 j_1, 如图 4.25b 所示, 其中 j_2 的计算公式为

$$j_2(\theta) = R[(\theta_1' - \theta) - (1 - s)(\sin\theta_1' - \sin\theta)] \tag{4.28}$$

$$\theta_1' = \arccos\frac{(r - z)}{R} \tag{4.29}$$

$t_2 \sim t_3$ 时刻, 法向力在达到最大值后开始减小, 电动机驱动力矩和车轮挂钩牵引力则持续增大, 土壤剪切位移的增加对于车轮驱动力矩和挂钩牵引力的提高起到了主要作用。

t_3 时刻, 轮刺对于车轮起到了最大的支撑作用, 车轮沉陷量达到最小值, 而电动机驱动力矩达到最大值, 挂钩牵引力接近最大值。此时的剪切位移如图 4.25 c 所示, 由 j_1 逐渐过渡到 j_2。

$t_3 \sim t_4$ 时刻, 轮刺逐渐离开土壤, 沉陷量增大, 法向载荷、驱动力矩和挂钩牵引力均降低。

t_4 时刻, 轮刺离开正应力作用区域, 对于轮地相互作用的影响非常微小, 从此刻开始, 相当于光滑车轮与土壤的相互作用, 沉陷量达到最大值, 而法向载荷、驱动力矩和挂钩牵引力均达到较小值, 如图 4.25 d 所示。

表 4.14 所示为各时间间隔的理论值与实验值的比较, 从表中可以看出, 分析的理论值与实验中的相关结果比较吻合。

表 **4.14** 各时间间隔的理论值与实验值的比较

s	$z_{\max}$/mm	$\theta_1/(^\circ)$	θ_1/γ	T/s	$(t_4 - t_2)$/s	$(t_4 - t_2)/T$	$\theta_1'/(^\circ)$	θ_1'/γ	$(t_4 - t_1)$/s	$(t_4 - t_1)/T$
0.2	10.0	20.5	0.46	10.7	5.2	0.49	31.3	0.70	6.8	0.64
0.4	17.5	27.3	0.61	7.9	4.8	0.61	35.8	0.80	5.5	0.70
0.6	32.3	37.3	0.83	5.2	4.7	0.90	43.5	0.97	4.9	0.94

对于存在多个轮刺, 可以形成连续稳定剪切的情况进行分析。实际轮刺进入土壤时存在无土壤区域, 且实际的剪切并不是发生在轮刺端部, 而是存在滑移线。引入等效剪切半径 r_s, 用来表示剪切的平均作用半径, 如图 4.27a 所示。图 4.27b 中有

$$\psi = \gamma_L - (\theta_1' - \theta_1) \tag{4.30}$$

ψ 是关于进入角 θ_1 的增函数。当沉陷量较小时, $\psi < 0$, 即 $\theta_1' - \theta_1 > \gamma_L$, 如图 4.27a 所示, 由于形成了稳定的剪切, 此时剪切位移起始角可以用式 (4.29) 进行计算。但是随着滑转率的增加, 沉陷量增大, ψ 角逐渐变大, 起始角度趋向于 θ_1, 如

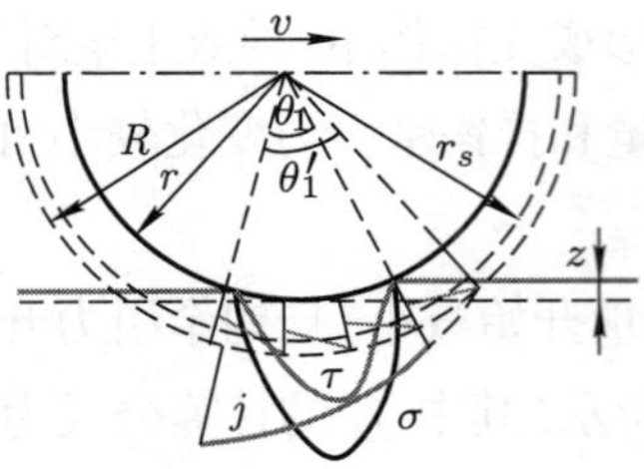

(a) 小沉陷量

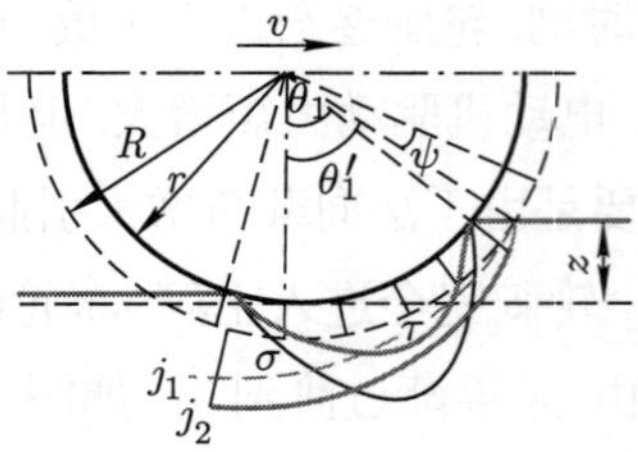

(b) 大沉陷量

图 4.27　多个轮刺与土壤作用过程中土壤位移的变化

图 4.27b 所示。由于沉陷量随滑转率的增大而增大, 引入随滑转率而变化的剪切位移起始角计算半径 R_j 进行 θ_1' 角度的计算, 即

$$R_j=\begin{cases}r+h, \quad 0\leqslant s\leqslant s_{j1}\\ r+h(s_{j2}-s)/(s_{j2}-s_{j1}), \quad s_{j1}<s<s_{j2}\\ r, \quad s_{j2}\leqslant s\leqslant 1\end{cases} \tag{4.31}$$

$$\theta_1'=\arccos\frac{r-z}{R_j} \tag{4.32}$$

$$j(\theta)=r_s[(\theta_1'-\theta)-(1-s)(\sin\theta_1'-\sin\theta)] \tag{4.33}$$

公式 (4.31)~式 (4.33) 是反映轮刺效应的关键。

6. 轮刺车轮的滑转率定义及等效剪切半径分析

1) 轮刺式车轮滑转率的定义方法

通过上述分析可知, 车轮的最大外圆作为半径不够合理, 在计算沉陷过程当中, 采用车轮的最小外圆半径, 而在计算车轮的剪切作用过程中, 包括车轮的滑转率等。

对于轮刺式车轮, 需要利用等效的剪切半径 r_s 进行滑转率的计算, r_s 的意义为车轮和土壤剪切发生的平均半径, 定义为

$$r_s=r+\lambda_s h, \quad 0\leqslant\lambda_s\leqslant 1 \tag{4.34}$$

因此滑转率为

$$s=\begin{cases}(r_s\omega-v)/(r_s\omega), \quad r_s\omega\geqslant v, 0\leqslant \mathrm{s}\leqslant 1\\ (r_s\omega-v)/v, \quad r_s\omega<v, -1\leqslant s<0\end{cases} \tag{4.35}$$

下面讨论 λ_s 的确定方法:

(1) 最小外圆滑转率用 s_1 表示, 即不考虑车轮的轮刺, 只考虑车轮圆柱部分的半径 r 进行滑转率的定义, 相当于 $r_{s1}=r, \lambda_{s1}=0$。当 $s_1=0$ 时, 轮刺部分处于滑转状态, 起到牵引作用, 车轮的牵引力可能会大于零。而通常情况下, 车轮在水平路面前进的时候, 通常会存在微小的滑转, 产生一定的牵引力与土壤阻力平衡。而此定义方法会导致车轮在水平路面运行时滑转率小于零, 即工作与滑移状态, 显然与实际情况不符。

(2) 最大外圆滑转率用 s_2 表示, 即

$$s_2=\begin{cases}[(r+h)\omega-v]/[(r+h)\omega], & r\omega+h\omega\geqslant v, 0\leqslant s\leqslant 1\\ [(r+h)\omega-v]/v, & r\omega+h\omega< v, -1\leqslant s<0\end{cases}\tag{4.36}$$

对应 $r_{s2}=r+h, \lambda_{s2}=1$。在传统车辆地面力学中, 车轮轮胎表面一般存在花纹状的轮刺以提高牵引能力, 这些轮刺横截面积较大并且相对高度较小, 因此将车轮的最大外圆半径作为车轮的等效半径是合理的。但是, 对于星球车车轮, 轮刺横截面积较小, 并且相对高度比较大。实验过程中, 采用 s_2 作为滑转率, 当滑转率为零时, 光滑车轮挂钩牵引力基本为零, 这说明, 由于滑转率为零时车轮沉陷量较小, 土壤对于光滑车轮形成的阻力也很小。但是, s_2 的定义方法使得当滑转率为零时, 在最大外圆处轮刺与土壤接触点的速度为零, 而轮刺之间的土壤则实际上处于滑移状态, 因而会形成附加阻力。实验中发现, 零滑转率下轮刺形成的附加阻力可能会达到负十几牛。原因在于轮刺之间的土壤存在流动, 并不能将其与车轮看作一个整体, 因而会存在阻力。

(3) 基于挂钩牵引力的滑转率定义方法。综合考虑上述两种定义方法的局限性, 应当存在一个等效剪切半径 $r_{s1}<r_{s3}<r_{s2}(0<\lambda_{s3}<1)$, 使得当滑转率为零时, 轮刺的存在既不会形成牵引作用, 也不形成阻碍作用, 由于土壤对于光滑车轮的阻力很小, 因此可以认为, 利用等效剪切半径计算得到的滑转率为零时, 车轮的挂钩牵引力也为零, 采用此方法确定的半径实际上是车轮和土壤的剪切作用相当于发生在等效剪切半径处, 即可以认为剪切作用发生在此半径处, 当此半径处滑转率为零时, 车轮和土壤相互作用形成的牵引力近似为零。

(4) 等速度/等位移滑转率 r_{s3} 的确定具有一定难度, 在 r_{s3} 不能准确确定的情况下, 可以利用 r_{s4} 近似。根据 Janosi 公式, 当滑转率为零时, 如果轮刺两端的土壤具有相同的剪切位移, 可以产生等大反向的剪切应力, 此时轮刺的牵引和阻碍作用可以得到最大程度上的消除。根据图 4.28, 需要满足 $(r+h)v_{O2}=rv_{O1}$, 其中, $v_{O1}=v-r\omega, v_{O2}=(r+h)\omega-v$, 且 $v=r_{s4}\omega(1-s)=r_{s4}\omega$, 可以推出

$$\begin{cases}r_{s4}=r+h(r+h)/(2r+h)\\ \lambda_{s4}=(r+h)/(2r+h)\approx 1/2\end{cases}\tag{4.37}$$

采用不同等效剪切半径定义的滑转率之间可以相互转化。给定利用等效半径 $r'_s=r+\lambda'_s h$ 定义的滑转率 s', 可得车轮的实际运行速度为

$$v=\begin{cases}r'_s\omega(1-s'), & 0\leqslant s\leqslant 1\\ r'_s\omega/(1+s'), & -1\leqslant s<0\end{cases}\tag{4.38}$$

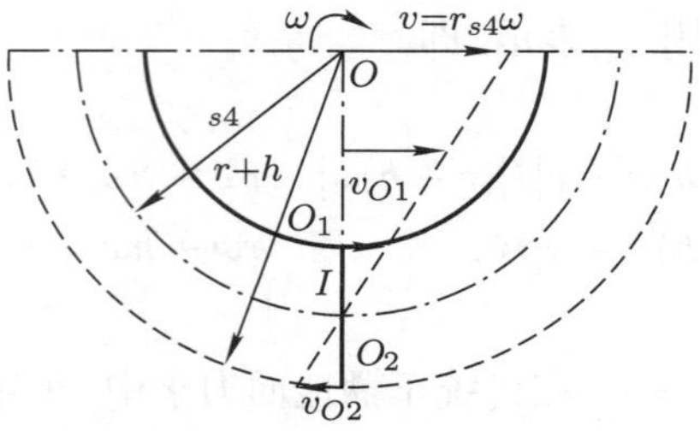

图 4.28 车轮和轮刺端部的速度分布

因此, 采用等效半径 r_s 定义的滑转率为

$$s=\begin{cases}\dfrac{r_s\omega-v}{r_{eq}\omega}=1-\dfrac{r_s'}{r_s}(1-s')=s'+\dfrac{\lambda_s-\lambda_s'}{r/h+\lambda_s}(1-s')\\ \dfrac{r_s\omega-v}{v}=\dfrac{r_s}{r_s'}(1+s')-1=s'+\dfrac{\lambda_s-\lambda_s'}{r/h+\lambda_s'}(1+s')\end{cases}\tag{4.39}$$

根据实验数据, 对于轮刺高度为 15 mm、10 mm 和 5 mm 的车轮, s_3 对应的 λ_{s3} 分别为 0.75、0.65 和 0.05。实验过程中, 采用滑转率 s_2。采用 s_2 作为横坐标的 F_{DP} 和 T 曲线如图 4.29a 和 b 所示, 采用 s_3 作为横坐标的曲线如图 4.29 c 和 d 所示。可见, s_2 作为滑转率时, 较低滑转率下的 F_{DP} 和 T 比较杂乱, 无规律可循, 而采用 s_3 作为滑转率, 当 s_3 为零时, 车轮挂钩牵引力基本为零, 而且驱动力矩数值接近, 说明轮刺在零滑转率下的作用基本被消除, 可见采用 s_3 定义滑转率较为合理。

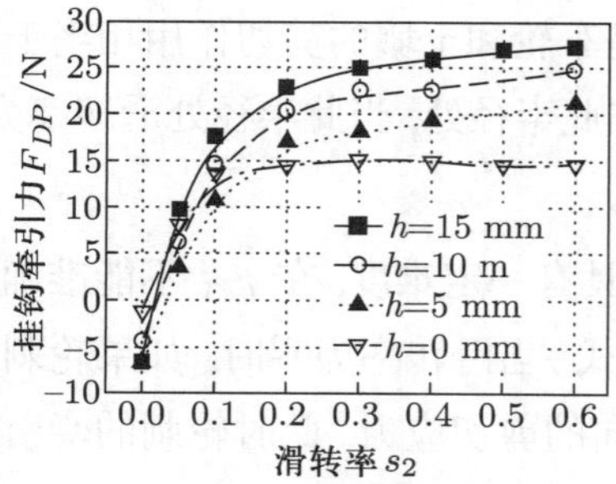

(a) 挂钩牵引力

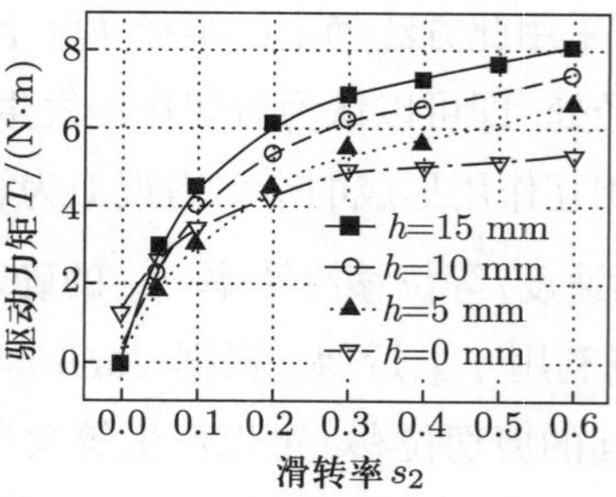

(b) 驱动力矩

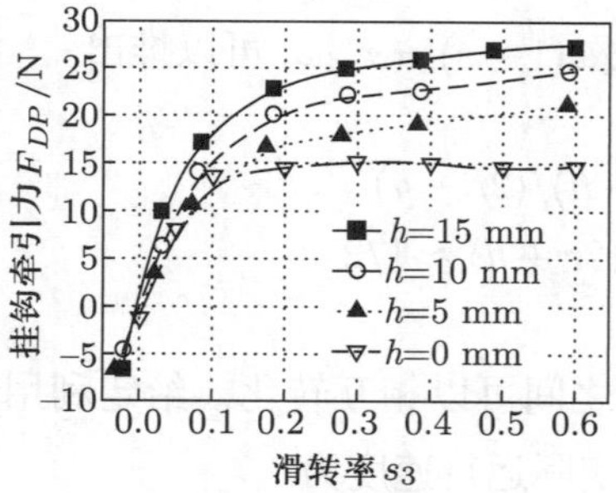

(c) 挂钩牵引力

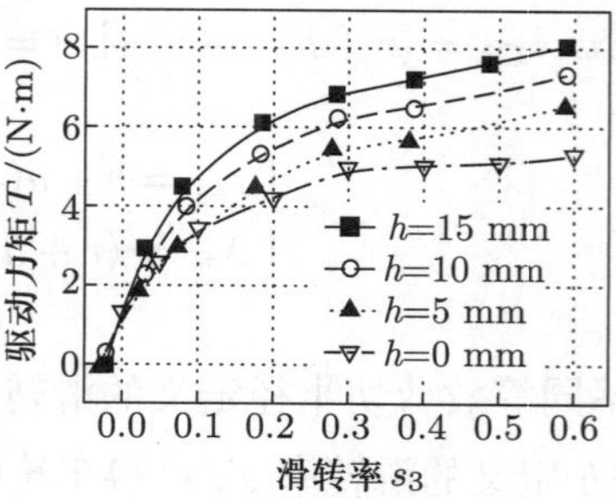

(d) 驱动力矩

图 4.29 Wh2 车轮的 F_{DP} 和 T 随滑转率变化的曲线

2) 轮刺式车轮等效剪切半径计算分析

两个相邻轮刺与土壤的作用过程如图 4.30 所示, 根据地面力学理论, 轮刺与土壤作用过程中存在实际滑移线 AE, 构造两条临界滑移线 AB 和 ACD, 根据

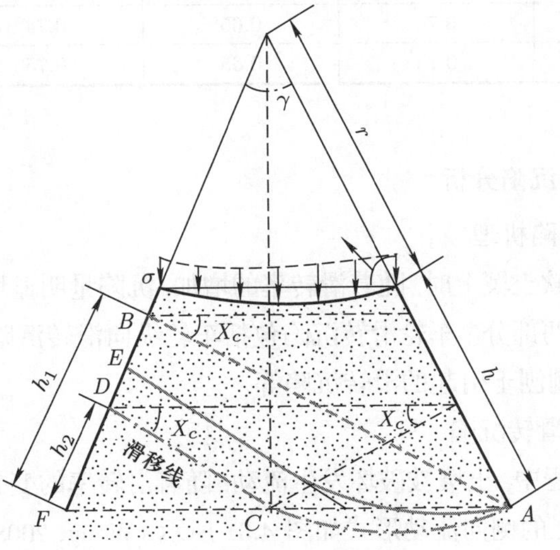

图 4.30 轮刺与土壤作用过程

几何知识求得 h_1 和 h_2 分别为

$$h_1 = \frac{2(r+h)}{1+\tan A\cot X_c} = \frac{2(r+h)}{1+\cot(\gamma/2)\cot X_c} \tag{4.40}$$

$$h_2 = \frac{(r+h)}{1+\tan A\cot X_c} = \frac{(r+h)}{1+\cot(\gamma/2)\cot X_c} \tag{4.41}$$

因此

$$r_{s3}^{h1} \approx r+h-\frac{h_1}{2} = (r+h)\frac{\cot\gamma\cot X_c}{1+\cot(\gamma/2)\cot X_c} \tag{4.42}$$

$$r_{s3}^{h2} \approx r+h-\frac{h_2}{4} = (r+h)\frac{3+4\cot(\gamma/2)\cot X_c}{4[1+\cot(\gamma/2)\cot X_c]} r_{s3}^{h1} < r_{s3} < r_{s3}^{h2} \tag{4.43}$$

假设 E 位于 BD的中点, 则

$$h' \approx \frac{h_1+h_2}{2} = \frac{3(r+h)}{2[1+\cot(\gamma/2)\cot X_c]} \tag{4.44}$$

取 $r_{s3} \approx r+h-\dfrac{h'}{4} = (r+h)\dfrac{5+8\cot(\gamma/2)\cot X_c}{8[1+\cot(\gamma/2)\cot X_c]}$, 经实验验证, 取得了比较好的效果, 如表 4.15 所示, 此时 λ_{s3} 为

$$\lambda_{s3} = 1-\frac{3(r+h)}{8[1+\cot(\gamma/2)\cot X_c]h} \tag{4.45}$$

对于后面的分析, 如无特别说明, 将采用 λ_{s3} 计算等效剪切半径, 用 s_3 作为车轮的滑转率, 为了表示方便, 分别用 λ_s 和 s 表示。

表 4.15　轮刺车轮等效剪切半径系数 λ_{s3} 对比

	W31	W32	W11	W12
λ_{s3}^{h1}	0.37	0.08	0.32	0.01
λ_{s3}^{h2}	0.84	0.77	0.83	0.75
λ_{s3} 理论值	0.76	0.65	0.74	0.63
λ_{s3} 实验值	0.75	0.65	0.75	0.65

4.4.3　车轮的滑转沉陷分析

1. 车轮滑转沉陷机理

车轮运行于松软土壤上时, 随着滑转率的增加, 沉陷量明显增大。沉陷量包括静态沉陷和滑转沉陷两部分。车轮滑转沉陷包括车轮纵向滑转沉陷、沙土侧向流动引起的滑转沉陷、轮刺刨土引起的滑转沉陷等。

1) 车轮的纵向滑转沉陷

车轮在前进过程中, 土壤被破坏发生流动, 随着滑转率的变化, 车轮的土壤流动方式有所不同。沙土的侧向流动形式如图 4.31 所示 (Wong, 2008)。

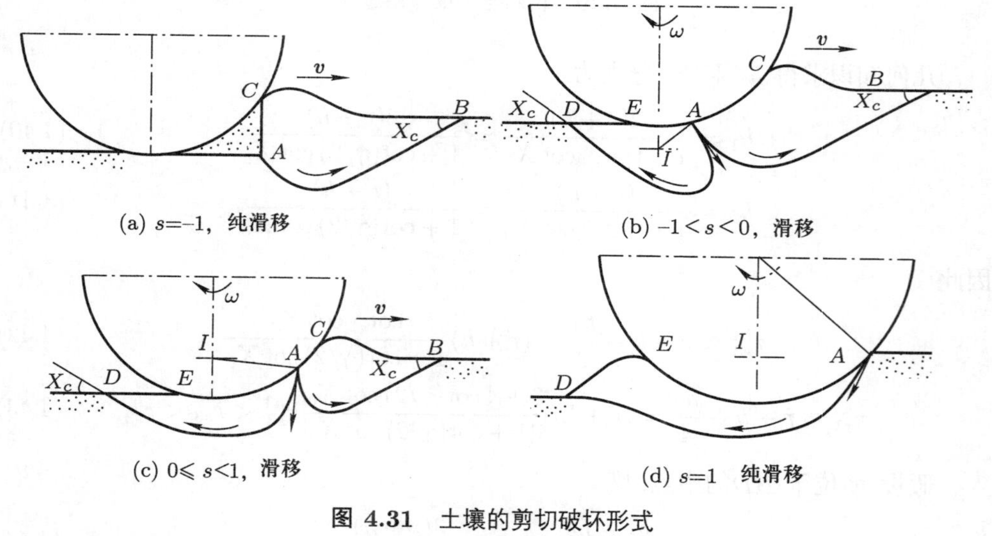

图 4.31　土壤的剪切破坏形式

月球车车轮全部为驱动轮以提供最大的驱动能力。在滑转的情况下, 车轮与土壤作用过程中, 土壤存在两个剪切流动破坏区域, 即图 4.32 中的 ABC 和 ADE (庄继德, 2002), 图中 θ_m 为 A 点对应的角度, 也是轮地作用的最大应力角。I 为转动瞬心, 位于下止点 O 的正上方。区域 ABC 的土壤颗粒与车轮运动方向相同, 在车轮前形成凸起, 区域 ADE 的土壤颗粒与车轮运动方向相反, 土壤遭到掘削而产生沉陷。剪切流动破坏的包络线可以用对数螺旋曲线和直线表示。AF 部分为对数螺线, 有

$$\rho = \rho_0 e^{(\alpha-\alpha_0)\tan\phi} \tag{4.46}$$

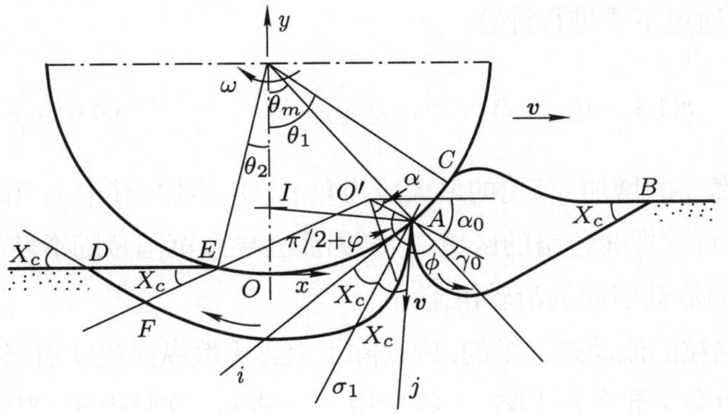

图 4.32 土壤剪切流动破坏示意图

DF 部分为直线, 与水平面夹角为 X_c。σ_1 为 A 点的最大主应力。根据塑性力学理论, 特征线 i 和 j 与 σ_1 方向的夹角均为 X_c, A 点车轮的速度方向也就是土壤滑动线方向, 与特征线 j 的方向相同。式 (4.46) 中的参数为

$$\alpha_0 = \frac{\pi}{2} - \theta_m - \gamma_0 = 2\phi - \theta_m \tag{4.47}$$

$$\rho_0 = |O'A| \tag{4.48}$$

ρ_0 可以根据 A 点和 O' 点坐标进行计算。A 点坐标 $(x_A, y_A) = (r\sin\theta_m, r(1-\cos\theta_m))$, E 点坐标 $(x_E, y_E) = (r\sin\theta_2, r(1-\cos\theta_2))$, 则 O' 点坐标为 (庄继德, 2002)

$$\begin{cases} x_{O'} = \dfrac{y_A - y_E + x_A\tan\alpha_0 + x_E\tan X_c}{\tan\alpha_0 + \tan X_c} \\ y_{O'} = y_A + \tan\alpha_0(x_A - x_{O'}) \end{cases} \tag{4.49}$$

将滑动破坏区土壤与车轮视作一个与车轮紧贴在一起的实体, 随着车轮与土壤体的转动, 车轮产生附加的沉陷量, 如图 4.33 所示 (庄继德, 2002)。

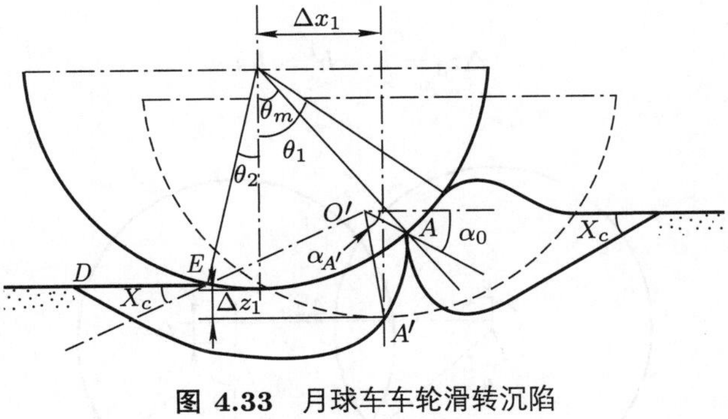

图 4.33 月球车车轮滑转沉陷

车轮的纵向滑转沉陷计算公式为 (庄继德, 2002)

$$\Delta z_1 = \rho_0 e^{(\alpha_{A'} - \alpha_0)\tan\phi} \sin\alpha A' - y_{O'} \tag{4.50}$$

式中, $\alpha_{A'}$ 可以通过下式进行计算:

$$r(1-s)\theta_m = \Delta x_1 = x_{O'} + \rho_0 e^{(\alpha_{A'}-\alpha_0)\tan\phi}\cos\alpha_{A'} \tag{4.51}$$

随着滑转率 s 的增加, 车轮的最大应力角 θ_m 也增加, 其中 c_1 和 c_2 为与月壤性质相关的参数, 对数螺线包络的区域变大, 因而会导致沉陷量随滑转率增大而增大。

2) 沙土侧向流动引起的滑转沉陷

由于沙土颗粒的流动是三维的, 因此除了上述土壤纵向流动引起的滑转沉陷, 沙土的侧向流动也会引起车轮下陷, 下陷量用 Δz_2 表示。文献表明, 当载荷较大或者沉陷量较大时沙土容易发生侧向流动 (庄继德, 2002), 对于宽度较小的星球车车轮, 沙土侧向流动引起的滑转沉陷更加明显。由于目前缺乏沙土侧向流动的相关理论, 可以利用实验方法对沙土侧向流动引起的滑转沉陷进行研究。

3) 轮刺刨土引起的沉陷

如图 4.34 所示, 当轮刺与松软土壤相互作用时, 假设车轮与土壤作用角为 $\theta_c = \theta_2 - \theta_1$, 当车轮转过 θ_c 角度时, 所用时间为 t_c, 车轮的行驶距离为 Δx_3, 相当于车轮在零滑转率时转过 θ_a 角度, 则有

$$\begin{cases} \theta_c = \omega t_c \\ r\theta_a = \Delta x_3 = r\omega t_c(1-s) \end{cases} \tag{4.52}$$

$$\frac{1}{2}[(r+h)^2 - r^2]\theta_a = \frac{1}{2}[(r+h')^2 - r^2]\theta_c \tag{4.53}$$

根据式 (4.52) 和式 (4.53), 可得

$$\frac{\theta_a}{\theta_c} = 1 - s = \frac{h'[1+h'/(2r)]}{h[1+h/(2r)]} \approx \frac{h'}{h}$$

所以, 由轮刺刨土所产生的滑转沉陷为

$$\Delta z_3 = h - h' \approx hs \tag{4.54}$$

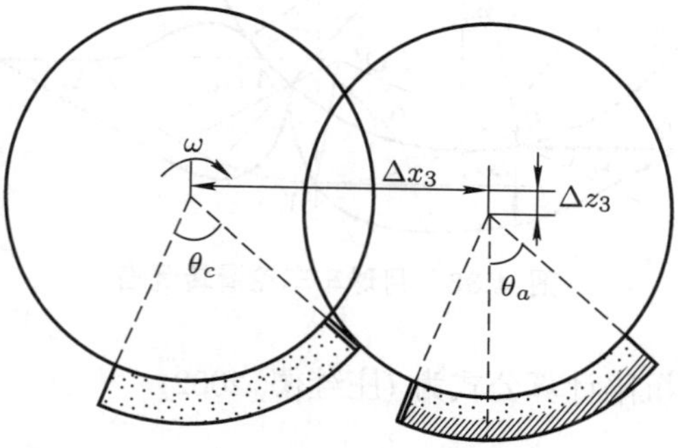

图 4.34 轮刺刨土引起的滑转沉陷

4) 轮刺对于车轮的支撑作用

土壤作用于轮刺顶端, 对于车轮会产生一定的支撑作用, 因而减小沉陷量。同时, 较长轮刺的端部也更容易插入土壤形成一定的支撑。对于星球车车轮, 轮刺厚度一般较小, 车轮的垂直载荷主要由车轮的圆柱面承担, 因此轮刺对于车轮的沉陷量影响比较小。分析实验结果可以看出, 对于轮刺高度不同的车轮, 可以用一固定的数值 Δz_4 来近似描述轮刺对沉陷量的减小值。

2. 滑转沉陷预测模型

车轮沉陷量计算公式为

$$z = z_0 + \Delta z_1 + \Delta z_2 + hs - \Delta z_4 \tag{4.55}$$

利用式 (4.55) 计算车轮的滑转沉陷时需要对车轮的静态沉陷量、沙土侧向流动、沙土纵向流动、轮刺支撑作用等引起的沉陷量变化分别进行计算, 这个过程是比较复杂的。根据轮地相互作用地面力学理论, 车轮的沉陷量主要受法向载荷和滑转率的影响, 可以通过求解轮地相互作用过程中的力学平衡方程进行进入角的计算, 进而得到沉陷量为

$$z = r(1 - \cos\theta_1) \tag{4.56}$$

然而, 传统车辆轮地相互作用模型并不能反映车轮的滑转沉陷问题。将测得的土壤参数带入轮地相互作用模型, 利用实验数据进行验证, 发现预测得到的沉陷量随滑转率的变化很小。为了使得模型可以预测出滑转沉陷, 分析发现, 沉陷指数对于沉陷量的预测具有非常明显的影响, 可以非常容易地通过调整沉陷指数得到准确的车轮沉陷量预测值。

例如, 对于车轮 Wh31 和 Wh32, 采用 $c_1 = 0.5$, $c_2 = 0$, $K = 14.2$ mm, 根据车轮载荷, 调整式 (4.16) 中的沉陷指数 n, 使预测得到的沉陷量与实验沉陷量一致, 所得到的沉陷指数估计值与滑转率呈较好的线性关系, 利用直线进行拟合, 结果如图 4.35a 所示。

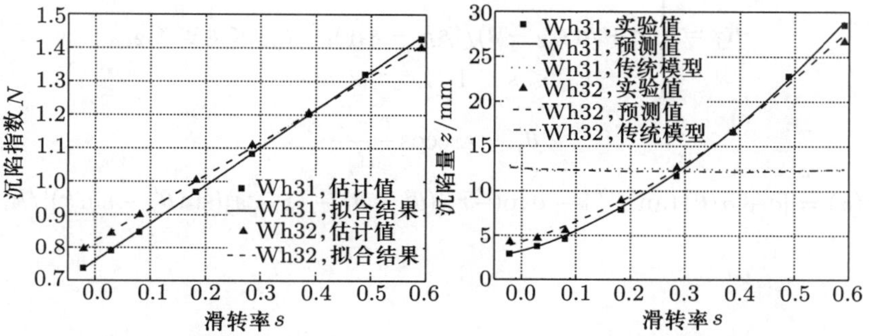

(a) 沉陷指数及拟合结果　　(b) 沉陷量预测

图 4.35 车轮 Wh31 和 Wh32 的沉陷指数及沉陷量预测

用 N 表示车轮随滑转率而变化的沉陷指数, 对于车轮 Wh31, 拟合结果为 $N=0.760+1.138s$, 车轮 Wh32 的拟合结果为 $N=0.819+0.993s$。利用该沉陷指数, 根据测量得到的车轮法向载荷, 对车轮沉陷量进行预测, 结果如图 4.35b 所示, 可以看出, 随滑转率线性变化的沉陷指数可以很好地预测车轮的滑转沉陷, 沉陷指数与车轮参数有关, 由土壤特性和车轮参数共同决定。而采用传统 Wong–Reece 模型计算得到的沉陷量随滑转率变化并不明显。

4.4.4 车轮前进力学模型

车轮前进力学模型不考虑车轮的侧偏, 主要对车轮在水平路面上滑转前进和滑移前进的情况进行分析。车轮在水平路面上的前进力学模型是进行车轮转向力学模型分析和车轮在崎岖地形中模型分析的基础。

1. 驱动车轮的滑转前进模型

驱动车轮的滑转沉陷力学模型是进行星球车轮地相互作用力学研究的基础, 在传统车辆地面力学中, 这是研究的焦点, 在目前的星球车轮地作用力学模型中, 大部分相关研究也是针对此模型的。

上述章节中已经对于车轮的轮刺效应和滑转沉陷进行了分析, 对于应力分布已经提出了修正方案, 因此, 基于修正的应力分布模型, 便可以建立反映轮刺效应和滑转沉陷的星球车轮地相互作用力学模型。车轮的受力情况如图 4.36 所示。用于计算轮地相互作用力学的相关公式为

$$N=n_0+n_1 s \tag{4.57}$$

$$\begin{cases}\sigma_1(\theta)=\left(\dfrac{k_c}{b}+k_\phi\right)r^N(\cos\theta-\cos\theta_1)^N, \quad \theta_m\leqslant\theta\leqslant\theta_1\\ \sigma_2(\theta)=\left(\dfrac{k_c}{b}+k_\phi\right)r^N\left\{\cos\left[\theta_1-\dfrac{\theta-\theta_2}{\theta_m-\theta_2}(\theta_1-\theta_m)\right]-\cos\theta_1\right\}^N, \quad \theta_2\leqslant\theta<\theta_{\mathrm{m}}\end{cases} \tag{4.58}$$

$$R_j=\begin{cases}r+h, \quad 0\leqslant s\leqslant s_{j1}\\ r+h(s_{j2}-s)/(s_{j2}-s_{j1}), \quad s_{j1}<s<s_{j2}\\ r, \quad s_{j2}\leqslant s\leqslant 1\end{cases} \tag{4.59}$$

$$\theta_1'=\arccos\frac{r-z}{R_j} \tag{4.60}$$

$$\tau(\theta)=[c+\sigma(\theta)\tan\phi]\{1-\exp(-r_s[(\theta_1'-\theta)-(1-s)(\sin\theta_1'-\sin\theta)]/k)\} \tag{4.61}$$

$$\begin{cases} F_N = b\left\{\int_{\theta_2}^{\theta_m}[r\sigma_2(\theta)\cos\theta + r_s\tau_2(\theta)\sin\theta]\mathrm{d}\theta + \int_{\theta_m}^{\theta_1}[r\sigma_1(\theta)\cos\theta + r_s\tau_1(\theta)\sin\theta]\mathrm{d}\theta\right\} \\ \quad = W \\ F_{DP} = b\left\{\int_{\theta_2}^{\theta_m}[r_s\tau_2(\theta)\cos\theta - r\sigma_2(\theta)\sin\theta]\mathrm{d}\theta + \int_{\theta_m}^{\theta_1}[r_s\tau_1(\theta)\cos\theta - r\sigma_1(\theta)\sin\theta]\mathrm{d}\theta\right\} \\ \quad = f_{DP} \\ M_R = r_s^2 b\left[\int_{\theta_2}^{\theta_m}\tau_2(\theta)\mathrm{d}\theta + \int_{\theta_m}^{\theta_1}\tau_1(\theta)\mathrm{d}\theta\right] = T \end{cases} \tag{4.62}$$

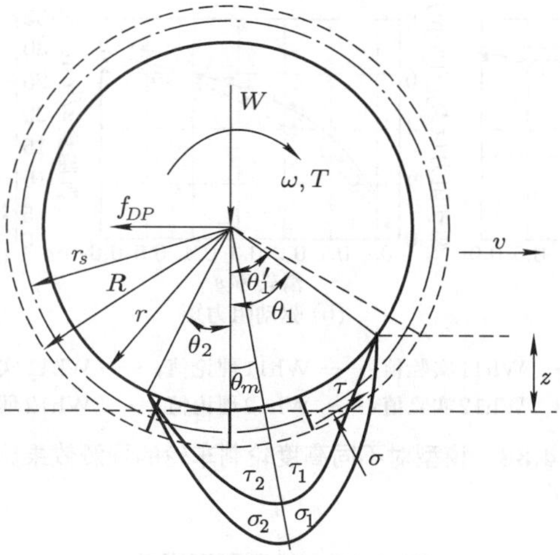

图 4.36　轮刺式车轮受力图

采用的土壤参数 k_c、k_φ、c、φ 为测量数值, 其余参数通过 4.5 节的参数辨识方法估计得到, 如表 4.16 所示。图 4.37 所示为模型对不同尺寸车轮的预测效果比较, 可以看出, 模型具有较好的预测精度, 如果采用固定沉陷指数, 沉陷量基本不变, 无法反映滑转沉陷。图 4.38 为模型对于不同轮刺高度车轮的预测结果, 表 4.17 为预测值的对比。可以看出, 考虑轮刺效应的预测误差远小于不考虑轮刺效应的误差。

表 4.16　车轮 – 土壤相互作用模型参数

	车轮编号	n_1	n_2	K/m	c_1	c_2
考虑轮刺效应	Wh11	0.839	1.202	0.014 5	0.295	0.016
	Wh21	0.879	1.031	0.014 8	0.415	–0.132
	Wh31	0.794	1.196	0.013 3	0.293	0.089
	Wh12	0.931	0.953	0.014 1	0.193	0.216
不考虑轮刺效应	Wh11	0.847	1.147	0.017 2	0.247	0.243
	Wh12	0.944	0.903	0.014 1	0.111	0.468

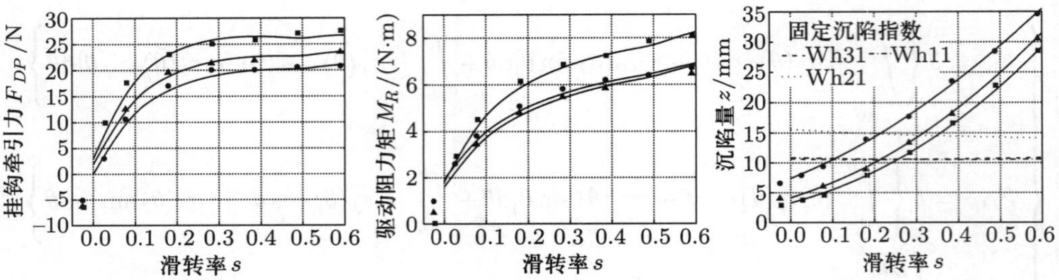

(a) 挂钩牵引力　(b) 驱动阻力矩　(c) 沉陷量

▪ Wh31 实验值；• Wh21 实验值；▴ Wh11 实验值；
—— Wh31 理论值；—— Wh21 理论值；—— Wh11 理论值

图 4.37 模型对不同尺寸车轮的力学预测效果比较

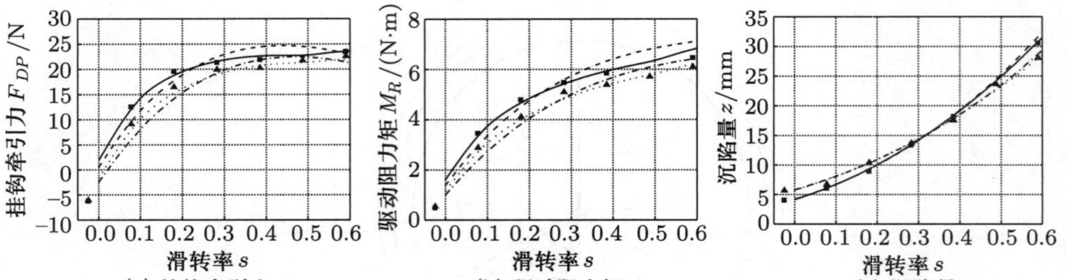

(a) 挂钩牵引力　(b) 驱动阻力矩　(c) 沉陷量

▪ Wh11 实验值；—— Wh11 理论值；- - - Wh11 实验值；
▴ Wh12 实验值；-·- Wh12 理论值；···· Wh12 理论值

图 4.38 模型对不同高度轮刺车轮的预测效果比较

表 4.17 模型预测误差　　单位: %

	考虑轮刺效应			不考虑轮刺效应		
	F_{DP}	z	M_R	F_{DP}	z	M_R
W11	8.27	0.78	5.26	12.54	3.48	9.91
W21	5.73	1.43	3.11	14.54	3.75	7.46
W31	7.68	1.76	4.16	17.61	4.25	9.21
W12	5.23	1.51	4.22	12.48	1.43	6.27

2. 车轮的滑移前进模型

车轮滑移状态下的受力情况如图 4.39 所示。在滑移情况下, 通常 $f_{DP} < 0, T < 0$。θ_0 为应力转换角, 在该角度处, 正应力最大, 剪切应力为零, $\tau_1 > 0, \tau_2 < 0$, 根据文献 (Wong、Reece, 1967a, b), 在转换角 θ_0 处, 土壤滑移线与径向的夹角为 X_c, 进而可以导出

$$\theta_0 = \arccos[(1+s)\cos X_c] - X_c \tag{4.63}$$

利用式 (4.63) 计算得到的 θ_0 角比较大, 甚至大于实验中测得的进入角 θ_1, 如

图 4.40 所示, 这对于星球车车轮而言显然是不合理的, 引入修正公式

$$N = n_{k0} + n_{k1}s \tag{4.64}$$

$$\theta_m = \theta_0 = (c_{k1} + c_{k2}s)\theta_1 \tag{4.65}$$

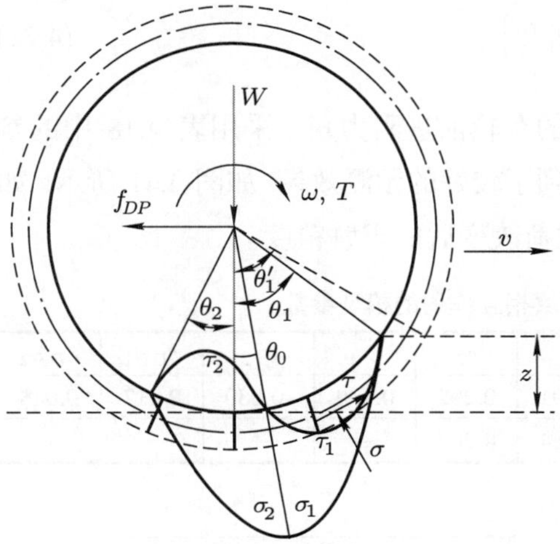

图 4.39 车轮滑移应力分布和滑移角度

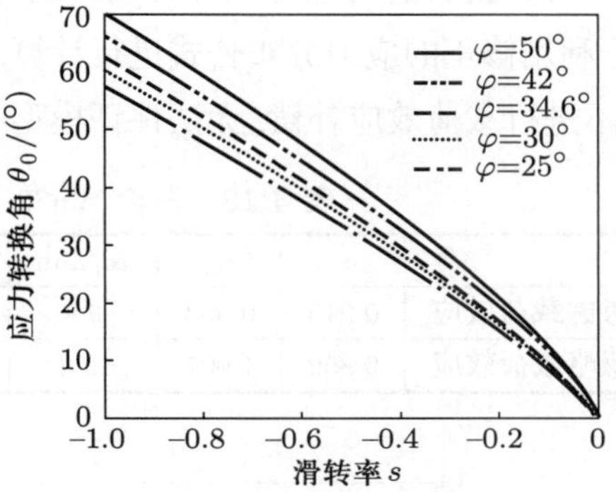

图 4.40 滑移状态下的应力转换角

如果 θ_0 已知, 根据文献 (Wong、Reece, 1967a, b), 并考虑轮刺效应, 可以得到土壤的剪切位移为

$$j_1(\theta) = r_s\left[\frac{(\theta_1' - \theta)(\sin\theta_1' - \sin\theta_0)}{(1+s)(\theta_1 - \theta_0)} - \frac{\sin\theta_1' - \sin\theta}{1+s}\right] \tag{4.66}$$

$$j_2(\theta) = \int_0^t v_j \mathrm{d}t = -r_s\int_{\theta_0}^{\theta}\left(1 - \frac{\cos\theta}{1+s}\right)\mathrm{d}\theta = r\left[(\theta_0 - \theta) - \frac{\sin\theta_0 - \sin\theta}{1+s}\right] \tag{4.67}$$

则剪切应力为

$$\tau_1(\theta) = (c + \sigma\tan\varphi)(1 - e^{-j_1(\theta)/K}) \tag{4.68}$$

$$\tau_2(\theta) = -(c + \sigma\tan\varphi)[1 - e^{-j_2(\theta)/K}] \tag{4.69}$$

代入式 (4.62) 可以进行滑移过程中轮地作用力的计算。利用滑移实验数据进行验证, 模型可以有效地反映车轮的滑移情况。

4.4.5 反映载荷效应的月球车轮地相互作用模型

利用不同法向载荷下测量的实验数据进行驱动车轮前进模型的验证, 发现模型对于载荷的改变适应性比较差。利用载荷为 80 N 时的数据进行验证, 载荷为 30 N 和 150 N 时模型并不能进行准确的预测。因此, 对模型进行了修正。

车轮载荷改变后, 引入修正系数分别对前切应力和挂钩牵引力进行修正

$$\tau(\theta)=\left\{c+\sigma(\theta)\tan\varphi\left[c_{\tau1}+\frac{c_{\tau2}(\overline{W}-F_N)}{\overline{W}}\right]\right\}[1-\exp(-j/K)] \tag{4.70}$$

$$F_{DP}=b\left[c_{DP1}+\frac{c_{DP2}(\overline{W}-F_N)}{\overline{W}}\right]\left\{\int_{\theta_2}^{\theta_m}[r_s\tau_2(\theta)\cos\theta-r\sigma_2(\theta)\sin\theta]\mathrm{d}\theta+\right.$$
$$\left.\int_{\theta_m}^{\theta_1}[r_s\tau_1(\theta)\cos\theta-r\sigma_1(\theta)\sin\theta]\mathrm{d}\theta\right\} \tag{4.71}$$

对修正后的切应力积分可以得到对应的车轮前进阻力矩。采用表 4.18 中的参数, 利用修正的应力分布公式进行计算, 得到了较好的预测效果, 如图 4.41 所示。如果不进行载荷效应补偿, 无法保证模型在载荷改变后的求解精度。

表 4.18　车轮 Wh32 与土壤相互作用的模型参数

	n_1	n_2	K/mm	c_1	c_2	$c_{\tau1}$	$c_{\tau2}$	c_{DP1}	c_{DP2}
考虑载荷效应	0.915	0.993	9.8	0.201	0.292	0.199	-0.030	0.217	0.048
忽略载荷效应	0.859	1.007	12.4	0.284	0.207	—	—	—	—

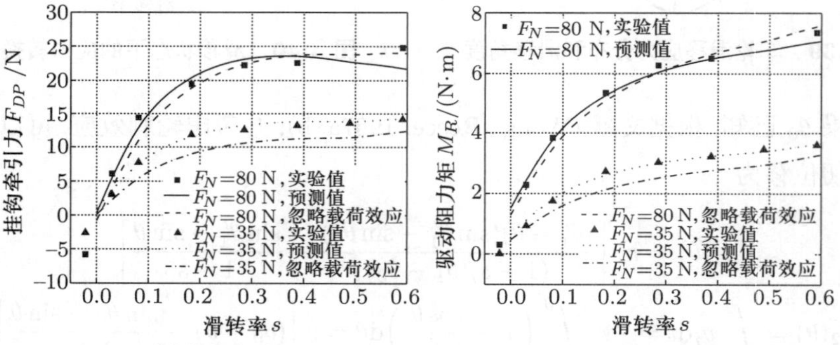

(a) 挂钩牵引力　　(b) 驱动阻力矩

图 4.41　考虑与忽略虑载荷效应的模型曲线

4.4.6　车轮的侧偏和转向模型

车轮的前进模型主要涉及土壤对于车轮的支撑力、挂钩牵引力和前进阻力矩。然而, 月球车车轮在松软土壤运行过程中, 车轮可能会发生侧向滑移, 导致车轮朝向与其前进方向存在一定夹角, 即侧偏角 β。侧偏角的存在会导致月壤对车轮产生侧向力 F_S, 并因而产生翻倒力矩 T_O。车轮转向时, 土壤会对车轮产生转向阻力矩 T_S。月球车运行于松软崎岖星壤表面, 车轮的转向和侧偏运动是相互耦合的过程: 车轮侧偏的存在需要通过调整探测车的位姿进行路径跟踪; 探测车转向时, 车轮转向产生侧偏角以形成侧向力, 侧向力驱动整车完成转向过程。

1. 车轮侧偏前进模型

星球车侧偏实验及轮刺轨迹如图 4.42 所示。为了运行于侧偏角为 15° 的斜坡，车轮朝向与其前进方向存在一定的侧偏角，产生侧向力以平衡探测车重力沿斜坡方向的分力，从而实现沿直线行走的路径跟踪运动。图 4.43 反映了具有侧偏角的车轮承受的应力情况，图中 v 的方向为车轮轮轴运动方向，v_x 为车轮前进方向速度，v_y 为车轮侧滑方向速度。

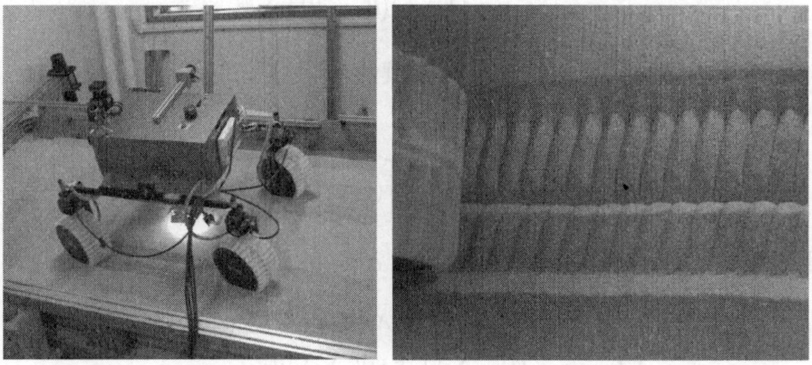

(a) (b)

图 4.42 车轮侧偏前进及轮刺痕迹

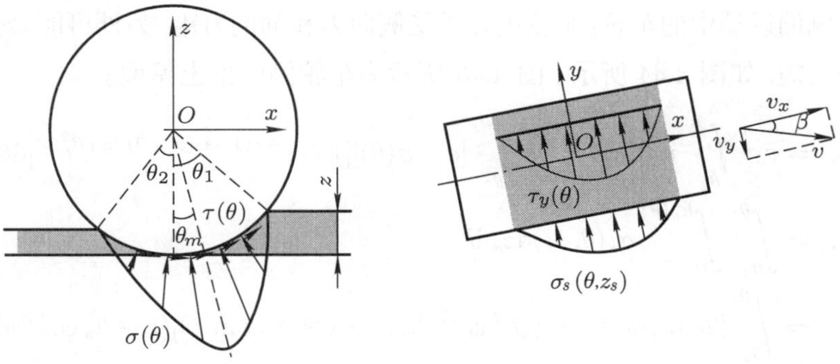

(a) (b)

图 4.43 有侧偏角车轮的受力分析

车轮的侧偏产生两部分剪切应力：车轮侧面的推土应力 σ_s，是关于角度 θ 和土壤深度 z_s 的函数；车轮底部与土壤剪切形成的侧向应力 τ_y，是关于角度 θ 的函数。$\tau_y(\theta)$ 的计算公式为 (Yoshida、Mizuno、Ishigami, 2004)

$$\tau_y(\theta) = [c + \sigma(\theta)](1 - e^{-j_y/K_y}) \tag{4.72}$$

式中，K_y 为车轮土壤相互作用的侧向剪切变形模量，主要与土壤剪切变形模量 K 有关，可以认为 $K_y \approx K$；j_y 为侧向变形量，计算公式为 (Yoshida、Mizuno、

Ishigami, 2004)

$$\begin{aligned} j_y(\theta) &= \int_0^t v_y(\theta)\mathrm{d}t = \int_0^t [v_y - v(\theta)]\mathrm{d}t = \int_\theta^{\theta_1} v\sin\beta \frac{\mathrm{d}\theta}{\omega} \\ &= \frac{v\sin\beta}{\omega}(\theta_1 - \theta) = r(1-s)(\theta_1-\theta)\tan\beta \end{aligned} \tag{4.73}$$

考虑车轮的轮刺对于土壤剪切位移的影响, 将 $j_y(\theta)$ 修正为

$$j_y(\theta) = r_s(1-s)(\theta_1' - \theta)\tan\beta \tag{4.74}$$

车轮侧面推土应力可以根据轮刺与土壤的作用过程进行分析。根据 Hegedus 推土理论

$$K_{pc} = \frac{\cot X_c + \tan(X_c+\varphi)}{1 - \tan\alpha'\tan(X_c+\varphi)}, K_{p\gamma} = K_{pc}\left[(\cot X_c - \tan\alpha') + \frac{(\cot X_c - \tan\alpha')^2}{\tan\alpha' + \cot\varphi}\right]$$

对于车轮与土壤的相互作用, 可以认为 $\alpha' = 0$, 则

$$\begin{cases} K_{pc} = \cot X_c + \tan(X_c+\varphi) = 2\cot X_c \\ K_{p\gamma} = 2\cot^2 X_c(1+\cot X_c\tan\varphi) \end{cases} \tag{4.75}$$

因此

$$\sigma_s(\theta, z_s) = 2c\cot X_c + 2\gamma_s z_s \cot^2 X_c(1+\cot X_c\tan\varphi) \tag{4.76}$$

对于侧偏运动中的车轮, 车轮主要承受侧向力和翻倒力矩, 另外可能会受到比较小的转向力矩, 如图 4.44 所示。图 4.45 所示为车轮侧向推土模型。

$$F_{S1} = r_s b\int_{\theta_2}^{\theta_1} \tau_y(\theta)\mathrm{d}\theta = rb\int_{\theta_2}^{\theta_1}[c+\sigma(\theta)][1-e^{-r(1-s)(\theta_1'-\theta)\tan\beta/k_y}]\mathrm{d}\theta \tag{4.77}$$

$$\begin{aligned} F_{S2} &= \int_{\theta_2}^{\theta_1}\int_0^{h_s(\theta)} \sigma_s(\theta, z_s)\mathrm{d}z_s\mathrm{d}l \\ &= \int_{\theta_2}^{\theta_1}[2ch_s\cot X_c + \gamma_s h_s^2\cot^2 X_c(1+\cot X_c\tan\varphi)](r - h_s\cos\theta)\mathrm{d}\theta \end{aligned} \tag{4.78}$$

式中, $h_s(\theta) = r(1-\cos\theta)$。

$$F_S = F_{S1} + F_{S2} \tag{4.79}$$

式中含有 γ_s 的项反映了土壤的重力对于侧向力的作用, 前文的分析表明, 数值比较小, 而对于月壤等松软土壤, 内聚力 c 也通常比较小, 也可以忽略, 因此可以说, F_{S2} 在车轮侧向力中所占的比重比较小, 可以将其简化为

$$F_S \approx F_{S1} \tag{4.80}$$

车轮的翻倒力矩 T_O 由侧向力 F_{S1} 和 F_{S2} 产生, 计算公式为

$$T_O = F_{S1}r_s + F_{S2}l_{S2} \tag{4.81}$$

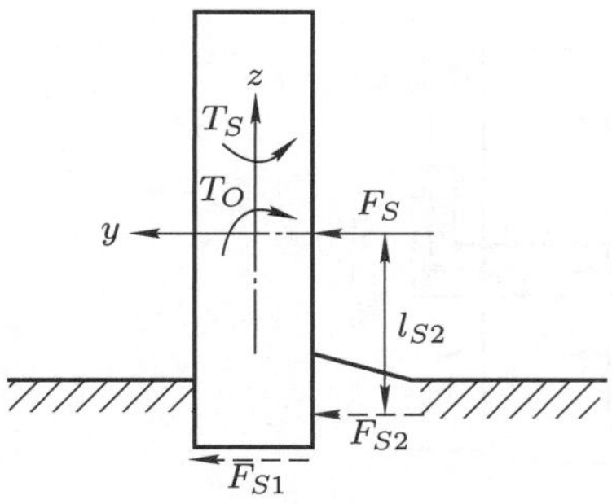

图 4.44 侧偏车轮侧向力与翻倒力矩

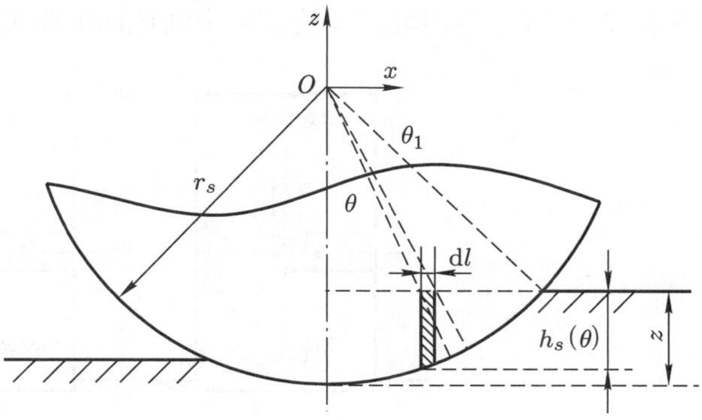

图 4.45 车轮侧面推士模型

式中, l_{S2} 为集中力的等效作用点到车轮中心的距离。F_{S2} 数值与 F_{S1} 相比非常微小, 可以将作用区域简化为三角形, 则 $l_{S2} \approx r_s - 2r_s(1-\cos\theta_1)/3$, 也可以认为 $l_{S2} \approx r_s$, 则

$$T_O \approx F_{S1}r_s + F_{S2}[r_s - 2r_s(1-\cos\theta_1)/3] \approx (F_{S1}+F_{S2})r_s \approx F_{S1}r_s \tag{4.82}$$

$$\begin{aligned} T_{S1} &= r_s^2 b\int_{\theta_2}^{\theta_1}\tau_y(\theta)\sin\theta\mathrm{d}\theta \\ &= rb\int_{\theta_2}^{\theta_1}[c+\sigma(\theta)][1-e^{-r(1-s)(\theta_1'-\theta)\tan\beta/k_y}]\sin\theta\mathrm{d}\theta \end{aligned} \tag{4.83}$$

$$\begin{aligned} T_{S2} = r_s\int_{\theta_2}^{\theta_1}&[2ch_s\cot X_c + \gamma_s h_s^2\cot^2 X_c(1+\cot X_c\tan\varphi)]\cdot \\ &(r-h_s\cos\theta)\sin\theta\mathrm{d}\theta \end{aligned} \tag{4.84}$$

$$T_S = T_{S1} + T_{S2} \approx T_{S1} \tag{4.85}$$

2. 车轮纯转向模型

车轮纯转向是指车轮转向过程中车轮不存在滚动, 图 4.46 为实验中的转向车轮及其在土壤上留下的印迹。车轮的转向轴位于车轮宽度中心截面上, 称无偏心转向, 如图 4.47a 所示; 车轮转向轴距车轮宽度中心截面存在一定距离, 称为偏心转向, 如

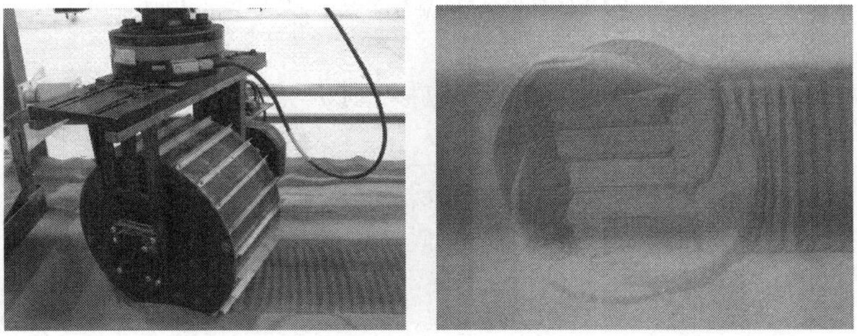

(a) (b)

图 4.46 车轮转向及转向痕迹

图 4.47b 所示。转向轴距车轮宽度中间截面的距离为偏心距, 用符号 d 表示。

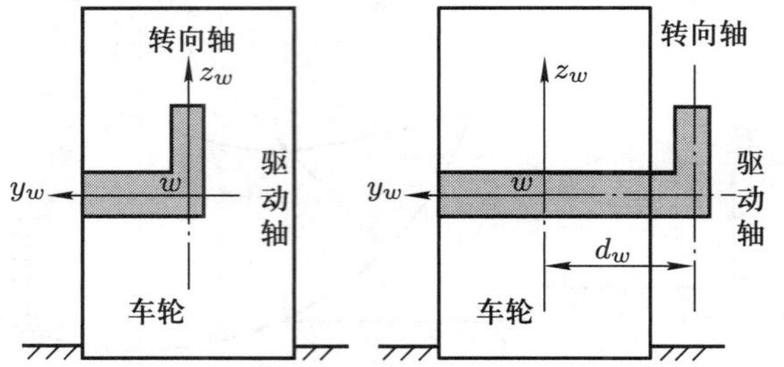

(a) 中心转向　　(b) 偏心转向

图 4.47　车轮转向示意图

在建立车轮正交转向力学模型时, 如果是偏心转向, 那么车轮在转向的同时也存在滚动。所以在这种情况下, 不仅要考虑车轮的转向阻力而且要考虑车轮的滚动阻力。

车轮纯转向时受到的土壤应力主要包括 4 部分: 正应力 σ、剪切应力 τ、底部侧向剪切应力 τ_y、车轮侧面推土形成的应力 σ_s。车轮转向过程中, 由于车轮侧面对于土壤的挤压作用, 正应力 σ 会受到影响, 但是, 对 σ 积分得到的合力为与转向轴平行的法向力, 因此其对于转向阻力矩的作用效果可以忽略。σ_s 反映的是土壤内聚力和土壤重力的作用效果, 数值很小, 实验表明, 初始沉陷量的不同对于转向阻力矩影响不大, 也证实了这一点。在偏心转向时, 侧向应力对于形成的转向阻力矩有一定抵消作用, 并且难以精确计算, 因此偏心转向时可以忽略 σ_s 引起的转向阻力矩。剪切应力 τ 与底部侧向剪切应力 τ_y 的合应力用 τ_s 表示, 如图 4.48 所示。车轮的转向阻力矩主要是由 τ_s 形成的 $T_{s\tau s}$。

在任意一点 $P=\{r_s\sin\theta, y_w, -r_s\cos\theta\}$, 承受的应力如图 4.48 所示。$\overline{P'P''}=d_w+y_w, \overline{PP''}=r_s\sin\theta$, 则点 P 到转向轴的距离为

$$\overline{PP'}=L_{PP'}(\theta,y_w)=\sqrt{r_s^2\sin^2\theta+(d_w+y_w)^2} \tag{4.86}$$

用 ω_s 和 θ_s 分别表示转向角速度和转向位移, 则 P 点处的土壤位移为

$$j_s=L_{PP'}(y,\theta)\theta_s=\sqrt{r_s^2\sin^2\theta+(d_w+y_w)^2}\theta_s \tag{4.87}$$

因此, 剪切应力 τ_s 的计算公式为

$$\tau_s(\theta,y_w)=[c+\sigma(\theta)\tan\phi]\left(1-e^{-\sqrt{r_s^2\sin^2\theta+(d_w+y_w)^2}\theta_s/K}\right) \tag{4.88}$$

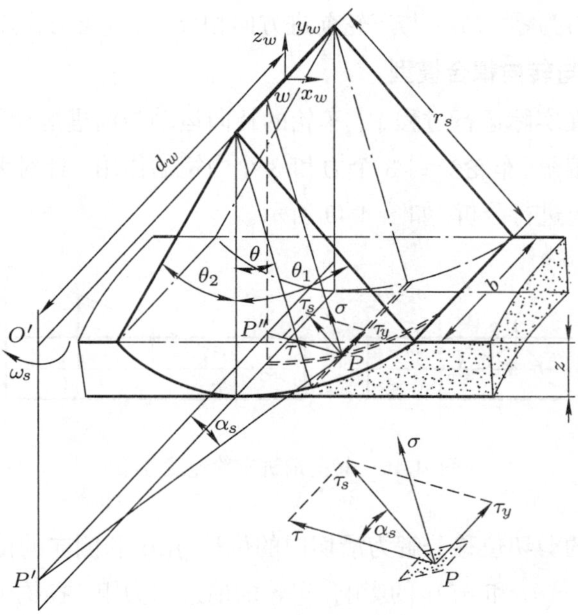

图 4.48 车轮转向应力分析

转向阻力矩计算公式为

$$
\begin{aligned}
T_{s\tau s} &= \int_{\theta_2}^{\theta_1}\int_{-b/2}^{b/2}\tau_s(\theta,y_w)L_{PP'}(\theta,y_w)r_s\mathrm{d}y_w\mathrm{d}\theta \\
&= r_s\int_{\theta_2}^{\theta_1}\int_{-b/2}^{b/2}[c+\sigma(\theta)\tan\varphi]\left(1-e^{-\sqrt{r_s^2\sin^2\theta+(d_w+y_w)^2}\theta_s/K}\right)\cdot \\
&\quad \sqrt{r_s^2\sin^2\theta+(d_w+y_w)^2}\mathrm{d}y_w\mathrm{d}\theta
\end{aligned} \tag{4.89}
$$

车轮转向过程中形成的侧向剪切应力分量 τ_y 分布在转轴两侧, 大小相等, 方向相反, 其合力的作用效果为零, 因而, 不形成侧向力和翻倒力矩。

但是, 车轮转向过程中的剪切应力 τ 可以形成前进阻力, 下面进行前进阻力推导。

$$
\tau(\theta,y_w)=\tau_s\cos\alpha_s=\tau_s\sqrt{\frac{(d_w+y_w)^2}{r_s^2\sin^2\theta+(d_w+y_w)^2}} \tag{4.90}
$$

$$
\begin{aligned}
F_{DP} &= \int_{\theta_2}^{\theta_1}\int_{-b/2}^{b/2}(\theta,y_w)r_s\mathrm{d}y_w\mathrm{d}\theta \\
&= r_s\int_{\theta_2}^{\theta_1}\int_{-b/2}^{b/2}[c+\sigma(\theta)\tan\varphi]\left(1-e^{-\sqrt{r_s^2\sin^2\theta+(d_w+y_w)^2}}\theta_s/K\right)\cdot \\
&\quad \sqrt{\frac{(d_w+y_w)^2}{r_s^2\sin^2\theta+(d_w+y_w)^2}}\mathrm{d}y_w\mathrm{d}\theta
\end{aligned} \tag{4.91}
$$

由式 (4.89) 可以看出, 无偏心转向时, $d=0, F_{DP}$ 是关于 y 的奇函数, 因此原地转向时形成的阻力为零。F_{DP} 与车轮前进方向相反, 形成阻力作用。

3. 车轮前进与转向耦合模型

星球探测车在实际运行过程中, 车轮的转向运动与前进运动同时存在, 车轮前进过程中存在侧偏角, 车轮受到 3 个力和 3 个力矩的作用。针对无偏心转向轮前进过程中的受力情况进行分析, 如图 4.49 所示。

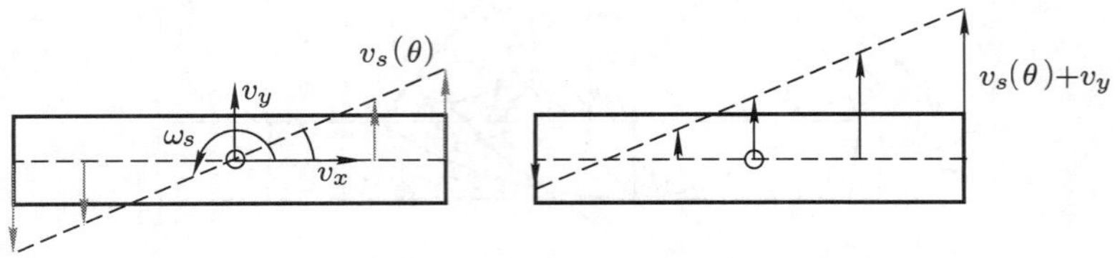

图 4.49　转向前进车轮速度分布

将车轮底部的剪切位移分解为沿切向的位移 $j(\theta)$ 和侧向的位移 $j_y(\theta)$, 忽略转向过程对于 $j(\theta)$、$\tau(\theta)$ 和 $\sigma(\theta)$ 的影响, 车轮的前进阻力矩、挂钩牵引力和支撑力仍然由前进模型确定, 只需确定 $j_y(\theta)$ 即可进行其余力和力矩的计算, 其计算公式为

$$\begin{aligned} j_y(\theta) &= \int_0^t [v_y + v_s(\theta)]\mathrm{d}t = \int_\theta^{\theta_1} (v_x \tan\beta + r_s\omega_s \sin\theta)\frac{\mathrm{d}\theta}{\omega} \\ &= \frac{v_x \tan\beta(\theta_1-\theta) + r_s\omega_s(\cos\theta - \cos\theta_1)}{\omega} \\ &= r_s(1-s)(\theta_1-\theta)\tan\beta + \frac{r_s\omega_s}{\omega}(\cos\theta-\cos\theta_1) \end{aligned} \tag{4.92}$$

对 $j_y(\theta)$ 积分可以分别得到作用与车轮的转向阻力矩、侧向力和翻倒力矩, 推导过程与车轮侧偏前进模型及车轮纯转向模型类似。

4.5　轮地作用解析解耦模型及参数辨识方法研究

4.5.1　轮地相互作用模型分析

1. 轮地相互作用模型的耦合度分析

将轮地相互作用力学模型表示为式 (4.93), 式中的积分项分别用对应的简化符号进行表示。其中, F_{N11}、F_{N12}、F_{DP11}、F_{DP12} 分别为进入部分和离去部分正应力产生的支撑力分量和前进阻力; F_{N21}、F_{N22}、F_{DP21}、F_{DP22} 分别为进入部分和离去部分剪切应力产生的支撑力分量和牵引力; M_{R1} 和 M_{R2} 为进入部分和离去部分剪切应力对车轮产生的阻力矩。牵引力和前进阻力的合力为挂钩牵引力。

图 4.50 描述了集中力/力矩与应力分布的关系。可以看出, 法向力、挂钩牵引力和驱动阻力矩与所有的土壤参数都有关系, 即集中力/力矩是关于所有土壤参数的函

数, 因此式 (4.93) 是高度耦合的积分方程组, 根据测量的集中力/力矩同时对众多土壤参数进行辨识是不现实的。

$$
\begin{cases}
F_N = W = rb\int_{\theta_m}^{\theta_1}\sigma_1(\theta)\cos\theta\mathrm{d}\theta + rb\int_{\theta_2}^{\theta_m}\sigma_2(\theta)\cos\theta\mathrm{d}\theta + \\
r_s b\int_{\theta_m}^{\theta_1}\tau_1(\theta)\sin\theta\mathrm{d}\theta + r_s b\int_{\theta_2}^{\theta_m}\tau_2(\theta)\sin\theta\mathrm{d}\theta = F_{N11}+F_{N12}+F_{N21}+F_{N22} \\
F_{DP} = f_{DP} = -rb\int_{\theta_m}^{\theta_1}\sigma_1(\theta)\sin\theta\mathrm{d}\theta - rb\int_{\theta_2}^{\theta_m}\sigma_2(\theta)\sin\theta\mathrm{d}\theta + \\
r_s b\int_{\theta_m}^{\theta_1}\tau_1(\theta)\cos\theta\mathrm{d}\theta + r_s b\int_{\theta_2}^{\theta_m}\tau_2(\theta)\cos\theta\mathrm{d}\theta = F_{DP11}+F_{DP12}+F_{DP21}+F_{DP22} \\
M_R = T = r_s^2 b\int_{\theta_m}^{\theta_1}\tau_1(\theta)\mathrm{d}\theta + r_s^2 b\int_{\theta_2}^{\theta_m}\tau_2(\theta)\mathrm{d}\theta = M_{R1}+M_{R2}
\end{cases}
\tag{4.93}
$$

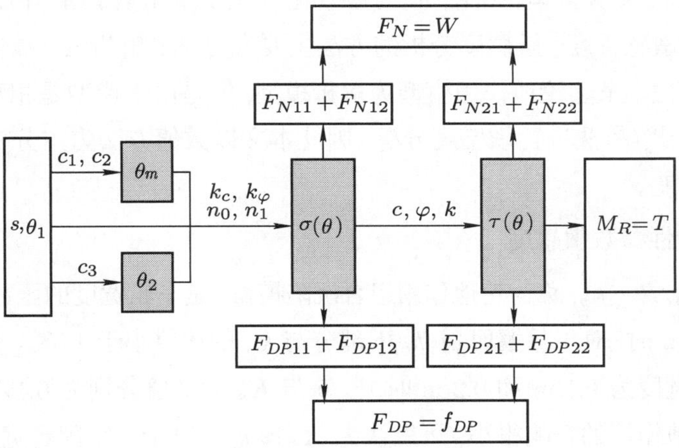

图 4.50 轮地相互作用耦合模型框图

剪切应力 τ 是关于正应力的函数。由于月壤内聚力相对较小, 且 $\tan\varphi$ 项一般小于 1, 剪切应力通常小于法向正应力。分析式 (4.93) 可以发现, 剪切应力乘以 $\sin\theta$ 为其产生的法向应力分量, 而 θ 的数值通常比较小, 且在 θ 取最大值 θ_1 时, 剪切应力为零, 因此, 剪切应力对于车轮产生的法向支撑力相对比较小。如果将 $\sin\theta$ 简化为零, 则可以消除法向力模型中的剪切参数。此时, 在滑转率给定的情况下, 法向载荷 W 主要由土壤对于车轮的正应力 σ 平衡, 消除了剪切应力对于法向力模型的耦合作用, 可以根据法向载荷估计进入角或者根据进入角计算法向载荷, 也可以根据法向力进行土壤承压参数的估计。

根据轮地相互作用力学预测模型分析得到的 $F_{N21}+F_{N22}$ 部分在法向载荷中所占的比重如表 4.19 所示。可以看出, 剪切应力所引起的支撑力分量约占总法向力的 15% 左右, 忽略剪切应力的法向分量所导致的误差可以通过模型参数的辨识降低。

表 4.19 剪切应力所引起的法向力分量

	车轮编号							
	Wh11	Wh12	Wh21	Wh22	Wh31	Wh32	Wh32	Wh32
W/N	80	80	80	80	80	80	35	150
$(F_{N21}+F_{N22})$/N	13.24	12.31	13.85	13.12	12.19	11.35	4.14	24.66
$[(F_{N21}+F_{N22})/W]$/%	16.56	15.39	17.31	16.40	15.24	14.39	11.83	16.44

2. 轮地相互作用模型对于土壤参数的敏感度分析

月球车轮地相互作用过程中的法向载荷 W 可以通过准静力学分析方法得到，因此通常作为已知量；模型中的滑转率 s 可以作为独立变化的变量。如果土壤参数、车轮参数和法向载荷已知，给定 W 和 s，便可以求解车轮的沉陷量、驱动力矩和挂钩牵引力。因此，主要分析车轮沉陷量 z、驱动阻力矩 M_R 和挂钩牵引力 F_{DP} 对于土壤参数变化的敏感程度。敏感度分析的方法主要有 3 种：解析法、数值法以及两者混合的半解析法。虽然轮地作用模型为解析模型，但是由于模型是相互耦合的积分方程组，难以用解析法进行敏感度分析，因此本文以数值方法为主分析模型对于土壤参数的敏感度。

1) 承压特性参数敏感度

令 $K_s=k_c/b+k_\phi$，称为轮地作用组合沉陷模量，是车轮宽度的函数。当 b 从 0.1 m 变化到 0.5 m 时，对于月壤而言，k_c/b 部分与 k_φ 的比值小于 1.5%。对于 SAST 模拟月壤，车轮宽度为 0.1 m 和 0.2 m 时，k_c/b 与 K_s 的比值分别为 6.1% 和 3.1%。因此 k_c 对于轮地作用的影响很小，可以认为 $K_s\approx k_\varphi$。对于一个固定宽度的车轮，无法也没有必要同时辨识出 k_c 和 k_φ，可以认为 $k_c\approx 0$，只对 K_s 进行辨识，通过 K_s 对 k_ϕ 进行估计，$k_\varphi\approx K_s$。组合沉陷指数 K_s 受车轮参数影响较小，因此可以作为土壤的固有参数。

表 4.20 承压特性参数及其影响

组别	K_s/(kPa/m^N)	n_0	n_1	z/%	F_{DP}/%	M_R/%
1	2 500	0.76	1.30	0.93	8.20	4.55
2	2 500	0.6	1.30	27.79	10.56	6.11
3	2 500	0.9	1.30	29.33	12.34	9.19
4	2 500	0.76	1.10	21.09	7.83	4.55
5	2 500	0.76	1.50	25.05	8.57	4.55
6	5 000	0.76	1.30	28.09	8.91	5.56
7	800	0.76	1.30	74.38	19.99	11.89
8	5 000	0.88	1.39	1.67	8.59	4.90
9	800	0.60	1.08	1.53	8.80	4.96

改变组合沉陷模量 K_s 和沉陷指数系数 n_0、n_1 进行车轮的沉陷量和受力分析。表 4.20 为数值计算所采用的承压特性参数以及计算出的 z、F_{DP} 和 M_R 的最大相对误差 (与实验值相比较)。图 4.51 和图 4.52 分别为车轮承压特性参数对沉陷量、挂钩牵引力、驱动阻力矩及应力分布的影响曲线。

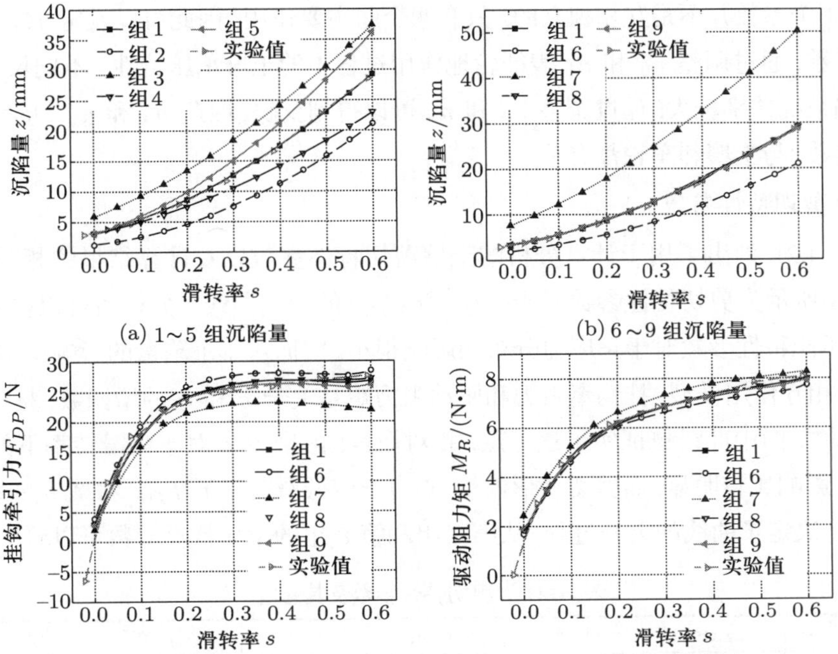

(a) 1～5 组沉陷量　(b) 6～9 组沉陷量

(c) 挂钩牵引力　(d) 驱动阻力矩

图 4.51　承压特性参数对 z, F_{DP} 和 M_R 的影响

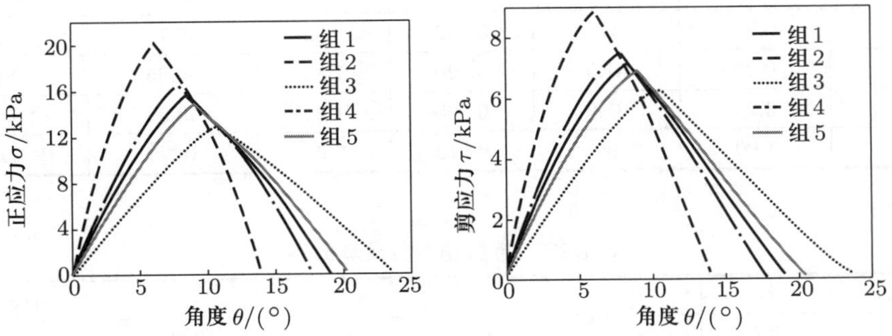

(a) 法向应力　(b) 剪切应力

图 4.52　承压特性参数对应力分布的影响

根据图表中的结果, 结合公式进行分析, 可以得出如下结论: 与沉陷量相比, 承压特性参数对轮地作用的挂钩牵引力和驱动阻力矩影响较小；由于车轮的沉陷量 z 远远小于 1m, 根据指数函数的性质, 正应力是关于沉陷指数系数 n_0 和 n_1 的减函

数, 而车轮的法向载荷主要由正应力的法向分量平衡, 因而随着 n_0 和 n_1 的增大, 固定的法向载荷 W 所引起的车轮沉陷量也增大, 相当于降低了土壤的承载能力, 与之相反, K_s 的增加会引起车轮沉陷量的减小, 相当于增强了土壤承载能力; 沉陷量的增大会因为对剪切位移产生影响而导致更大的驱动阻力矩, 同时土壤的阻力增加, 使得挂钩牵引力减小; 第 1 组和第 8、9 组对沉陷量具有相似的预测效果, 因此 K_s、n_0 和 n_1 3 个参数并不是互相独立的, 只有两个起主要作用, 因此可以设定 K_s 为典型土壤参数, 通过调整 n_0 和 n_1 表征轮地作用过程中的土壤承压特性。不同尺寸车轮的沉陷情况差别较大, 通过调整 n_0 和 n_1 可以得到反映, 因此 n_0 和 n_1 为轮地相互作用参数, 与土壤和车轮都有关系。

2) 剪切特性参数

表 4.21 列出了用于计算分析的土壤剪切特性参数以及计算结果的相对误差。图 4.53 所示为剪切特性参数对于 M_R 和 F_{DP} 的影响曲线。分析后可以得到如下结论: 承压特性参数对于正应力分布的影响很小, 因而对于沉陷量的影响也不大; 根据轮地相互作用模型, 挂钩牵引力和驱动阻力矩是关于 c 和 ϕ 的增函数, 是关于 K 的减函数, 图中曲线也证实了这一点; 相对而言, 内聚力 c 对于高滑转率下的 F_{DP} 和 M_R 影响比较明显, 而剪切变形模量 K 对于较低滑转率下 F_{DP} 和 M_R 的影响更加明显, 决定了曲线的上升过程; 从第 1 组和第 8 组的承压特性参数可以看出, 差别

表 4.21　剪切特性参数及其影响

组别	c/kPa	φ/(°)	K/m	z/%	F_{DP}/%	M_R/%
1	0.25	31.9	0.012	0.93	8.20	4.55
2	0	31.9	0.012	1.33	15.02	8.02
3	2.5	31.9	0.012	4.22	97.11	53.53
4	0.25	42	0.012	2.43	60.70	33.03
5	0.25	25	0.012	2.53	40.76	21.94
6	0.25	31.9	0.020	1.85	36.85	20.49
7	0.25	31.9	0.005	1.20	49.96	29.54
8	1.00	25	0.010	0.95	10.40	4.40

表 4.22　接触角系数及其影响

组别	c_1	c_2	c_3	z/%	F_{DP}/%	M_R/%
1	0.5	–0.3	0	0.93	8.20	4.55
2	0.4	–0.3	0	10.34	16.62	3.88
3	0.6	–0.3	0	9.58	14.87	5.11
4	0.5	0	0	19.28	23.92	4.55
5	0.5	0.3	0	58.30	55.28	4.55
6	0.5	–0.3	0.2	11.70	24.35	5.28
7	0.5	–0.3	–0.2	7.22	19.06	4.05

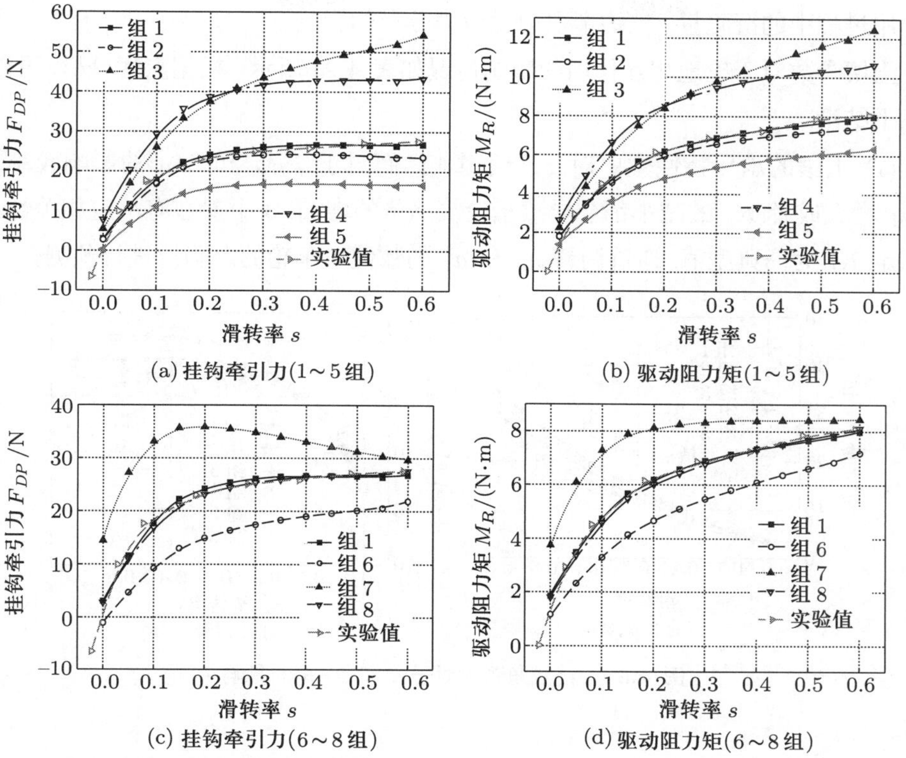

图 4.53 剪切特性参数对于 F_{DP} 和 M_R 的影响

较大的剪切特性参数可以具有相似的集中力/力矩计算结果, 说明 3 个参数也并非完全独立, 而是有一定的相关性。

3) 接触角系数

目前对于星球车轮地作用接触角系数的研究相对较少, 通常假定 $c_1 = 0.5, c_2 = 0, c_3 = 0$。为了了解这 3 个系数对于轮地相互作用的影响, 在一个较大的变化范围内给定接触角系数值, 分析 z、F_{DP} 和 M_R 的变化情况。接触角系数及最大相对计算误差如表 4.22 所示。对于第 5 组数据, c_2 的设定值与估计的数据差别很大, 主要是为了进行变化趋势分析, 与实际情况并不相符。从其余 6 组数据来看, 轮地作用中的力和沉陷量对于接触角系数的变化并不是特别敏感, c_1、c_2 和 c_3 的变化对 M_R 的影响几乎可以忽略, 因此在研究中为了简化问题给定接触角系数的典型值是可以接受的。相对而言, 这些系数变化对于 F_{DP} 的影响最为明显。从变化趋势来讲, 沉陷量固定, 随着 c_1 和 c_2 的增大, 最大应力角增加, 应力值减小, 产生的法向支撑力减小, 因而在法向载荷固定时, 沉陷量是关于 c_1 和 c_2 的增函数, 而挂钩牵引力则随着沉陷量的增加而减小; c_3 对于轮地作用的影响趋势可以通过理论分析得到, 随着 c_3 的增大, 沉陷量增大, 同时挂钩牵引力减小。图 4.54 和图 4.55 所示为接触角系数对于轮地作用过程中的沉陷量、挂钩牵引力及应力分布的影响。

土壤参数对于轮地相互作用的影响情况如表 4-23 所示。根据上述分析, 可以得出以下结论:

(1) 土壤的承压特性主要对 z 产生影响, 而对于 F_{DP} 和 M_R 的影响较小, n_0 和 n_1 增大或者 K_s 的减小都会导致车轮沉陷量的增加, 3 个参数有一定相关性, 可以指定 K_s 为一典型值, 通过调整 n_0 和 n_1 的数值对车轮的沉陷量进行预测;

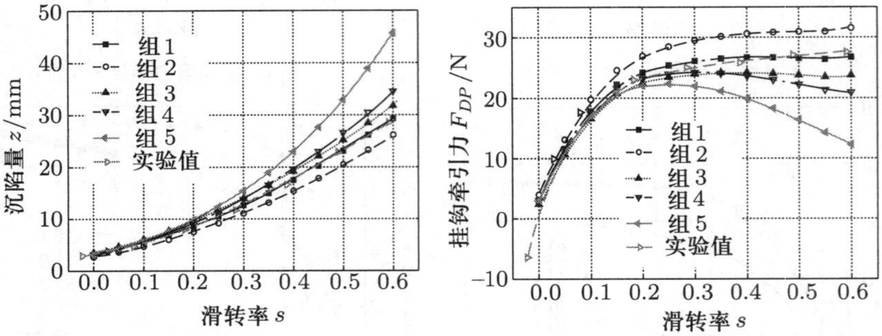

(a) 沉陷量　　(b) 挂钩牵引力

图 4.54　接触角系数对于 z 和 F_{DP} 的影响

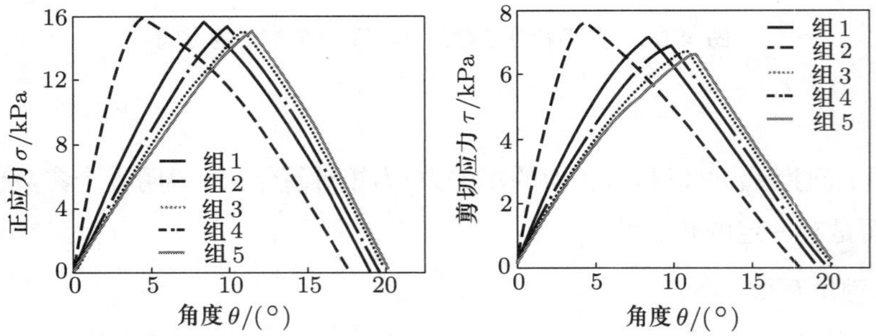

(a) 法向应力　　(b) 剪切应力

图 4.55　接触角系数对于应力分布的影响

表 4.23　土壤特性参数对轮地相互作用的影响总结

	承压特性参数 K_s、n_0、n_1	剪切特性参数 c、φ、K	接触角系数 c_1、c_2、c_3
$z(W)$	非常大	非常小	较小
F_{DP}	较小	较大	相对较大
M_R	较小	较大	非常小

(2) 土壤的剪切特性对 z 影响非常小, F_{DP} 和 M_R 是关于 c 和 φ 的增函数, 是关于 K 的减函数, c 和 ϕ 对于各滑转率下的作用力和力矩都产生影响, 而剪切变形模量 K 主要影响较低滑转率下力和力矩的上升过程;

(3) 轮地作用对于接触角系数的变化并不是特别敏感, 在研究中给定接触角系数的典型值是可以接受的, 相对而言, 这些系数对于 F_{DP} 的影响最为明显。

4.5.2 基于积分模型的参数辨识方法研究

1. 辨识方法分析

轮地相互作用模型中每个力和力矩的计算都包含了所有 3 组参数, 由于模型具有复杂的非线性特性, 若根据测量得到的数值对这些参数同时进行辨识, 则很容易导致局部收敛, 难以获得理想结果。根据表 4.23, F_{DP} 与轮地作用接触角系数 $P_{\mathrm{I}} = \{c_1, c_2\}$, z 与承压特性参数 $P_{\mathrm{II}} = \{K_s, n_0, n_1\}$, M_R 与剪切特性参数 $P_{\mathrm{III}} = \{c, \varphi, k\}$ 的相关度是最大的, 因而可以测量 z、M_R 和 F_{DP}, 分别对三组相关土壤参数进行辨识和估计。

令 $F_N \approx F_{N1} = F_{N11} + F_{N12}$, 模型中只包含了参数 P_{I} 和 P_{II}, 如果令 $c_1 = 0.5, c_2 = 0, c_3 = 0$, 可以根据测量得到的 F_N 对参数承压特性参数 K_s、n_0、n_1 进行辨识, 进而可以根据 M_R 的测量值辨识剪切特性参数 c、φ 和 K, 最后将参数 P_{I} 和 P_{II} 带入挂钩牵引力计算模型就可以对 c_1 和 c_2 进行辨识。为了消除简化误差, 将辨识得到的参数 P_{I} 和 P_{III} 代入 $F_N = F_{N11} + F_{N12} + F_{N21} + F_{N22}$, 重新进行承压特性参数 P_{I} 的辨识, 然后循环进行上述过程, 直到 c_1 和 c_2 趋于稳定时停止计算, 得到最后的参数辨识结果。基于积分模型的参数辨识方法称为方法 IM1, 流程如图 4.56 所示。

2. 实验验证

取 $s_{j1} = 0.1, s_{j2} = 0.5, \delta = 0.002$, 法向载荷为 80 N 时, 根据实验数据进行的参数辨识结果如表 4.24 所示, 辨识得到的 c 的范围为 0.097~0.268 kPa, φ 的范围为 29.2° ~ 31.1°, 与测量得到的 0.251 kPa 和 31.9° 差别不大, K 的范围为 10.1~13.8 mm, 具有很好的一致性, 说明辨识得到的剪切参数与车轮关系不大, 可以反映土壤参数; 参数 K_s 与初值 2 500 kPa/m^N 相差不大, 参数 n_0 和 n_1 的范围分别为 0.776~0.913 和 0.824~1.266, 与车轮尺寸有关; 参数 c_1 和 c_2 的范围分别为 0.299~0.465 和 –0.258~–0.017, 也与车轮尺寸有关。

表 4.24 基于积分模型的参数辨识结果

车轮编号	c_1	c_2	$K_s/(\mathrm{kPa/m}^N)$	n_0	n_1	c/kPa	$\varphi/(°)$	K/mm
Wh11	0.388	–0.258	2 499.0	0.823	1.257	0.103	30.9	13.1
Wh12	0.299	–0.083	2 499.3	0.913	1.013	0.218	29.6	11.3
Wh21	0.443	–0.234	2 499.3	0.873	1.059	0.212	31.1	13.8
Wh22	0.465	–0.204	2 499.6	0.933	0.824	0.236	29.2	10.6
Wh31	0.400	–0.253	2 499.0	0.776	1.266	0.097	30.5	11.0
Wh32	0.339	–0.017	2 499.3	0.849	1.063	0.268	29.3	10.1

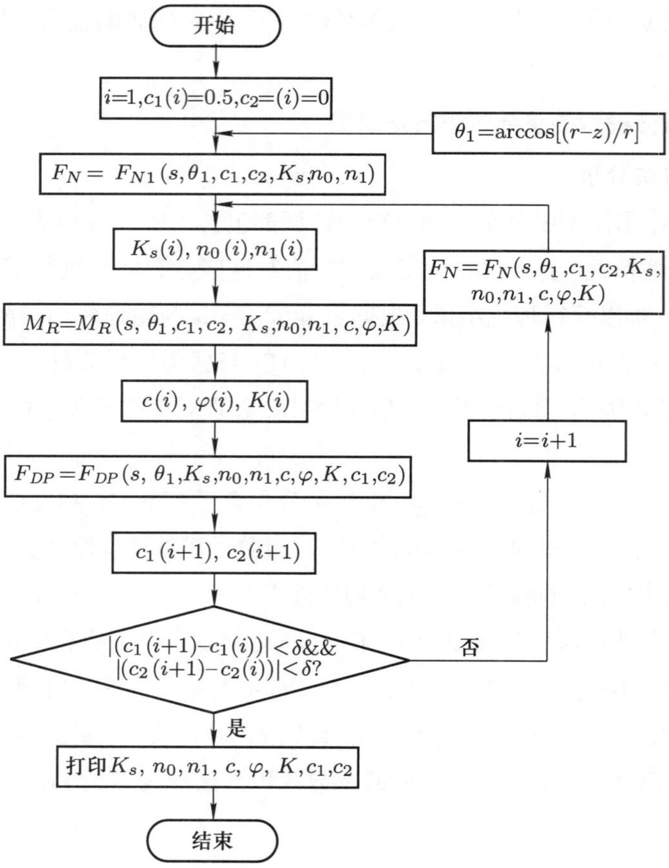

图 4.56　基于积分模型的参数辨识流程

表 4.25 所示为参数辨识过程中的数据拟合相对误差、辨识 (计算) 时间和迭代次数。F_{DP} 的拟合误差最大为 7.56%, F_N 和 M_R 的误差则不超过 5%, 辨识过程中需要迭代数次, 运算时间为几秒甚至十几秒 (利用 2.0 GHz 双核 CPU 的 PC 机进行计算)。此方法适于土壤参数的精确辨识, 但不适用于实时性要求较高的场合。

表 4.25　基于积分模型进行参数辨识的拟合相对误差、计算时间和迭代次数

车轮编号	相对误差/%			计算时间/s	迭代次数
	F_{DP}	F_N	M_R		
Wh11	7.56	3.80	4.69	9.701	10
Wh12	2.44	0.90	1.61	5.154	11
Wh21	6.09	1.14	1.74	3.467	3
Wh22	6.18	1.05	0.96	6.635	4
Wh31	5.38	3.42	6.31	19.883	13
Wh32	3.47	1.76	1.91	18.125	11

图 4.57 所示为参数辨识的收敛过程。可以看出, 随着 c_1 和 c_2 的收敛, 其余参

数也一致收敛。当载荷为 35 N 时, 可以得到稳定的辨识参数, 但是土壤内摩擦角偏大。

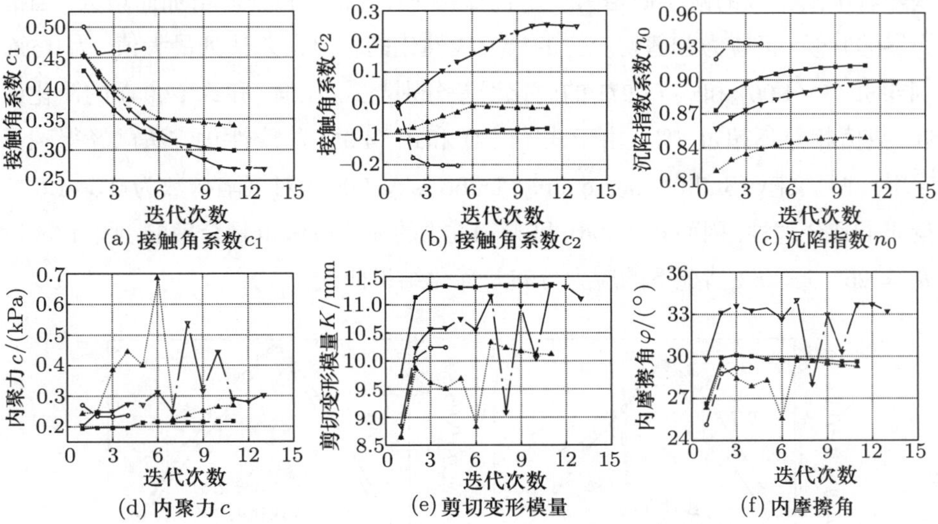

图 4.57 参数辨识中的收敛过程

4.5.3 轮地相互作用封闭解析解耦模型研究

1. 应力分布线性化方法

令 $E=1-\exp\{-r_s[(\theta_1'-\theta_m)-(1-s)(\sin\theta_1'-\sin\theta_m)]/K\}, \tau_m=E(c+\sigma_m\tan\phi)$, $\sigma_m=K_s r^N(\cos\theta_m-\cos\theta_1)^N$。参照文献 (Shibly, Iagnemma, Dubowsky, 2005) 中的方法, 可将轮地作用应力线性化为

$$\begin{cases}\sigma_1(\theta)\approx\sigma_1^L(\theta)=\sigma_m(\theta_1-\theta)/(\theta_1-\theta_m), & \theta_m\leqslant\theta\leqslant\theta_1)\\ \sigma_2(\theta)\approx\sigma_2^L(\theta)=\sigma_m(\theta-\theta_2)/(\theta_m-\theta_2), & \theta_2\leqslant\theta<\theta_m)\end{cases}\tag{4.94}$$

$$\begin{cases}\tau_1(\theta)\approx\tau_1^L(\theta)=\tau_m(\theta_1-\theta)/(\theta_1-\theta_m), & \theta_m\leqslant\theta\leqslant\theta_1\\ \tau_2(\theta)\approx\tau_2^L(\theta)=\tau_m(\theta-\theta_2)/(\theta_m-\theta_2), & \theta_2\leqslant\theta<\theta_m\end{cases}\tag{4.95}$$

由于车轮进入角 θ_1 通常不会太大, 并且当 θ 的数值接近 θ_1 时正应力和剪应力都接近零, 因而 $\cos\theta$ 与应力的乘积也可以考虑进行线性化。令 $\sigma_m'=\sigma_m\cos\theta_m, \tau_m'=\tau_m\cos\theta_m$, 则有

$$\begin{cases}\sigma_1(\theta)\cos\theta\approx\sigma_1'(\theta)=\sigma_m'(\theta_1-\theta)/(\theta_1-\theta_m)\\ \sigma_2(\theta)\cos\theta\approx\sigma_2'(\theta)=\sigma_m'(\theta-\theta_2)/(\theta_m-\theta_2)\end{cases}\tag{4.96}$$

$$\begin{cases}\tau_1(\theta)\cos\theta\approx\tau_1'(\theta)=\tau_m'(\theta_1-\theta)/(\theta_1-\theta_m)\\ \tau_2(\theta)\cos\theta\approx\tau_2'(\theta)=\tau_m'(\theta-\theta_2)/(\theta_m-\theta_2)\end{cases}\tag{4.97}$$

为了验证线性化的误差，采用不同的车轮尺寸进行数值分析。选取的典型状态参数为: $\theta_1 = 35°, s = 0.4; \theta_1 = 25°, s = 0.2; \theta_1 = 15°, s = 0$。分析表明，应力的简化误差随着沉陷指数的减小而增大，由于沉陷指数随着滑转率的增加而增大，当滑转率为零的时候，正应力和剪切应力的最大线性化的相对误差达到最大值，为 15% 左右。同时，式 (4.96) 和式 (4.97) 的简化误差分别与式 (4.94) 和式 (4.95) 的简化误差接近，数值相差不超过 1%。由于式 (4.94) 和式 (4.95) 的线性化方法已经得到了较多应用，并且文献 (Shibly、Iagnemma、Dubowsky, 2005) 对沉陷指数为 0.5~1.6 的土壤验证了其合理性，因而式 (4.96) 和式 (4.97) 的简化方法也是合理的。图 4.58 所示为 $\theta_1 = 25°, s = 0.2$ 情况下的应力分布及简化结果曲线。

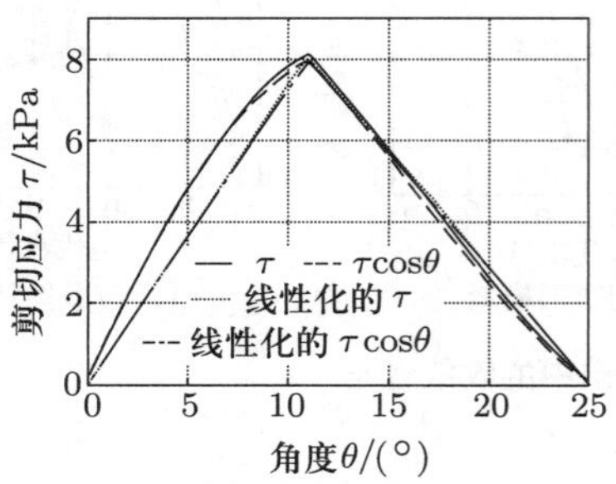

(a) 剪切应力

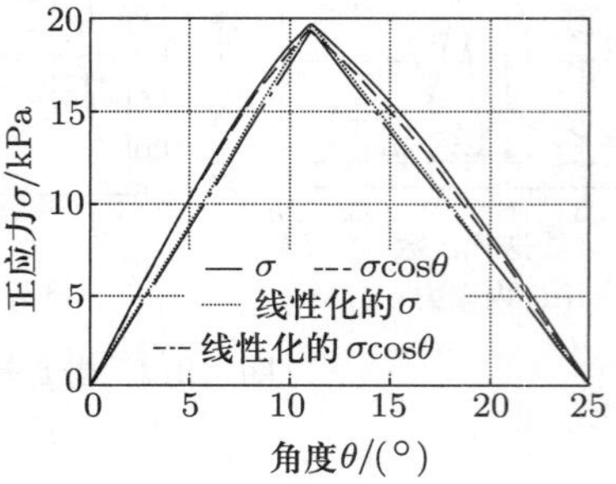

(b) 法向应力

图 4.58　月球车轮地作用应力分布及简化结果

对轮地作用模型同时进行解耦和应力分布线性化可能会导致误差累加。但是通过参数辨识的方法得到的轮地作用参数对于模型误差具有修正作用，如果简化模型能够从根本上反映轮地作用力学问题，将辨识参数代入简化模型进行轮地作用的相关预测和计算就能够保证精度。不足之处是，辨识得到的参数与真实的土壤参数之间会因此存在差别。

2. 基于应力分布线性化的封闭解析模型

1) 封闭解析模型 I

采用线性化公式 (4.94) 和式 (4.95) 进行简化，将其代入轮地相互作用模型公式 (4.93)，可以得到

$$F_N = rb\sigma_m A + r_s b\tau_m B = AX + BY \tag{4.98}$$

$$F_{DP} = r_s b\tau_m A - rb\sigma_m B = AY - BX \tag{4.99}$$

$$M_R = \frac{r_s^2 b(\theta_1 - \theta_2)\tau_m}{2} = r_s CY \tag{4.100}$$

式中，$A = \dfrac{\cos\theta_m - \cos\theta_2}{\theta_m - \theta_2} + \dfrac{\cos\theta_m - \cos\theta_1}{\theta_1 - \theta_m}$; $B = \dfrac{\sin\theta_m - \sin\theta_2}{\theta_m - \theta_2} + \dfrac{\sin\theta_m - \sin\theta_1}{\theta_1 - \theta_m}$; $C = (\theta_1 - \theta_2)/2$; $X = rb\sigma_m$; $Y = r_s b\tau_m$ 。

式 (4.98)～ 式 (4.100) 可进一步表示为

$$\begin{bmatrix} F_N \\ F_{DP} \\ M_R \end{bmatrix} = \begin{bmatrix} A & B \\ -B & A \\ 0 & r_s C \end{bmatrix} \begin{bmatrix} X \\ Y \end{bmatrix} \tag{4.101}$$

2) 封闭解析模型 II

将应力简化公式 (4.94)～ 式 (4.97) 带入轮地作用模型, 并且忽略剪切应力的垂直分量, 可以得到更加简化的模型

$$F_N \approx \frac{rb(\theta_1 - \theta_2)\sigma_m \cos\theta_m}{2} + r_s b \tau_m B \approx \frac{rb(\theta_1 - \theta_2)\sigma_m \cos\theta_m}{2} = DX \tag{4.102}$$

$$F_{DP} \approx \frac{r_s b(\theta_1 - \theta_2)\tau_m \cos\theta_m}{2} - rb\sigma_m B = DY - BX \tag{4.103}$$

式中, $D = (\theta_1 - \theta_2)\cos\theta_m/2$。

因此, 封闭解析模型 2 为

$$\begin{bmatrix} F_N \\ F_{DP} \\ M_R \end{bmatrix} = \begin{bmatrix} D & 0 \\ -B & D \\ 0 & r_s C \end{bmatrix} \begin{bmatrix} X \\ Y \end{bmatrix} \tag{4.104}$$

3. 封闭解析模型解耦

上一节利用简化的应力分布公式对轮地作用模型进行积分, 得到了关于 X 和 Y 的封闭解析模型, 模型中每一个公式仍然包含 P_{I}、P_{II} 和 P_{III} 3 组参数。为了进行实时参数辨识, 需要推导关于这 3 组参数的解耦模型。

1) 封闭解析解耦模型 I

根据式 (4.101), 可得

$$X = \frac{F_N - BY}{A} = \frac{AY - DP}{B} \tag{4.105}$$

$$Y = \frac{M_R}{r_s C} \tag{4.106}$$

因此

$$\begin{aligned} F_{DP} &= AY - BX = AY - B\frac{F_N - BY}{A} = \left(A + \frac{B^2}{A}\right)Y - \frac{BF_N}{A} \\ &= \left(\frac{A^2 + B^2}{AC}\right)\frac{M_R}{r_s} - \frac{B}{A}F_N \end{aligned} \tag{4.107}$$

式中, 第二项是由于重力所形成的阻力; 第一项是力矩引起的剪切作用导致的牵引力分量, 其中 $B^2/(AC)$ 表示由于剪切应力导致平衡重力的正应力减小, 因此降低了正应力所导致的阻力。

$$F_N = AX + BY = AX + \frac{B}{C}\frac{M_R}{r_s} = rbA\sigma_m + \frac{B}{C}\frac{M_R}{r_s} \tag{4.108}$$

所以

$$\sigma_m = \frac{F_N}{rbA} - \frac{B}{rbAC}\frac{M_R}{r_s} \tag{4.109}$$

将式 (4.109)、$Y = r_s b\tau_m$ 和 $\tau_m = E(c + \sigma_m \tan\varphi)$ 代入式 (4.101), 可得

$$M_R = r_s CY = r_s^2 bCE(c+\sigma_m \tan\varphi) = r_s^2 CE\left[bc + \left(\frac{F_N}{rA} - \frac{B}{rAC}\frac{M_R}{r_s}\right)\tan\varphi\right] \tag{4.110}$$

进而可以得到关于 M_R 的显式方程

$$M_R = \frac{r_s^2 CE[bc + F_N \tan\varphi/(rA)]}{1 + r_s BE\tan\varphi/(rA)} \tag{4.111}$$

式 (4.101) 中的力和力矩都是所有 3 组参数的函数, 而式 (4.107)、式(4.108) 和式 (4.111) 是关于未知土壤参数的解耦模型。

2) 封闭解析解耦模型 II

根据式 (4.102) 可得最大应力 σ_m 近似为

$$\sigma_m \approx \frac{2F_N}{rb(\theta_1 - \theta_2)\cos\theta_m} \tag{4.112}$$

根据式 (4.103) 可得, 最大剪切应力 τ_m 为

$$\tau_m = \frac{2M_R}{r_s^2(\theta_1 - \theta_2)} \tag{4.113}$$

将式 (4.112)、式 (4.113) 代入式 (4.103) 可以得到挂钩牵引力为

$$F_{DP} = \frac{M_R\cos\theta_m}{r_s} - \frac{2BF_N}{(\theta_1 - \theta_2)\cos\theta_m} \tag{4.114}$$

将 σ_m 和 τ_m 的计算公式代入式 (4.100) 可得

$$M_R = Er_s^2\left(\frac{bc(\theta_1 - \theta_2)}{2} + \frac{F_N\tan\varphi}{(r\cos\theta_m)}\right) \tag{4.115}$$

式 (4.102)、式 (4.114) 和式 (4.115) 分别为计算垂直载荷、挂钩牵引力和驱动力矩的解耦解析表达式。

模型 I 和 II 都实现了解耦, 其中 F_{DP} 是关于参数 P_{I} 的函数, M_R 是关于参数 P_{I} 和 P_{III} 的函数, F_N 分别是关于参数 P_{I}、P_{II}、P_{III} 和 P_{I}、P_{II} 的函数。

比较两个封闭解析解耦模型, 可以看出模型 II 比模型 I 的形式要更加简单, 这主要是因为忽略了剪切应力的垂直分量, 虽然带来了误差, 但是模型的形式更加简单, 可以提高求解的速度。

4.5.4 基于封闭解析模型的参数辨识方法研究

1. 参数辨识方法分析

封闭解析解耦模型中, 挂钩牵引力 F_{DP} 为土壤参数 $P_{\mathrm{I}}=\{c_1,c_2\}$ 的函数, 反映了驱动力矩和法向支撑力对于牵引力的作用, 因而可以通过挂钩牵引力对其进行辨识。在 c_1 和 c_2 已知的情况下, 驱动阻力矩 M_R 为关于剪切特性参数 $P_{\mathrm{III}}=\{c,\varphi,k\}$ 的函数, 如果已知参数 P_{I} 和 P_{III}, 法向支撑力 F_N 是关于土壤的承压特性参数 $P_{\mathrm{II}}=\{K_s,n_0,n_1\}$ 的函数, 可以通过 M_R 和 F_N 分别进行参数 P_{III} 与 P_{II} 的辨识。

1) 参数 c_1 和 c_2 的辨识

根据式 (4.107) 或式 (4.114), F_{DP} 是 F_N、M_R、θ_1、s 以及需要辨识的土壤参数 c_1 和 c_2 的函数。在星球车探测过程中, F_N、M_R、θ_1 和 s 都可以进行在线测量或者估值 (Shibly、Iagnemma、Dubowsky, 2005)。车轮进入角 θ_1 可以通过视觉系统进行测量或者通过悬架系统的运动学信息分析获得; 法向力 F_N 可以通过准静力学分析获取; 前进阻力矩与车轮驱动力矩 T 平衡; 驱动力矩可以根据测量的电动机电流求解得到; 光电编码器可以测量车轮的角速度 ω; 车轮前进线速度 v 可以由 IMU 惯性测量单元测得, 进而可以对滑转率 s 进行计算; 挂钩牵引力可以通过力/力矩传感器测量, 但是会增加成本和复杂性, 也可以通过准静力学分析进行计算。在这些信息已知的情况下, 可以获取不同滑转率下的相关信息, 进而对参数 c_1 和 c_2 进行辨识, 如图 4.59a 所示。

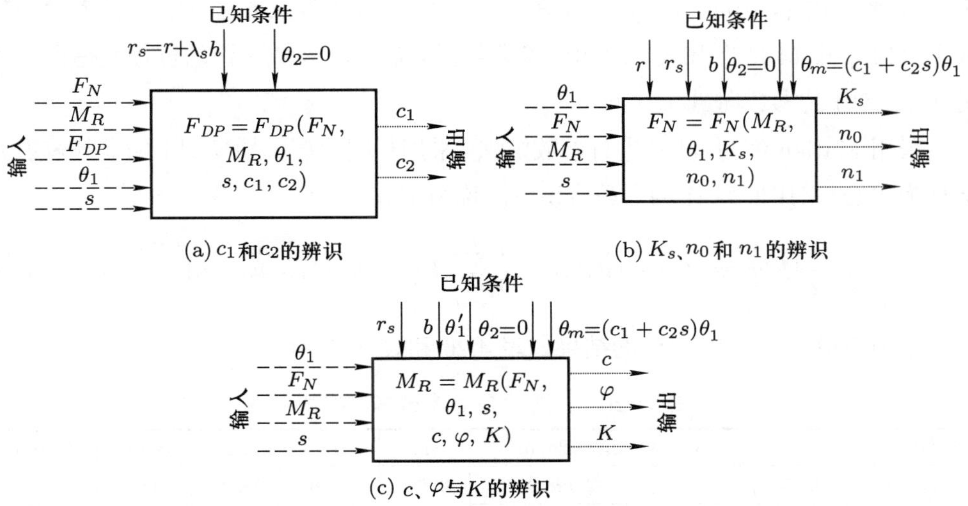

(a) c_1和c_2的辨识

(b) K_s、n_0和n_1的辨识

(c) c、φ与K的辨识

图 4.59 参数辨识原理框图

2) 承压参数 K_s、n_0 和 n_1 的辨识

根据式 (4.108), 有

$$F_N=rbA[K_s r^{n_0+n_1 s}(\cos\theta_m-\cos\theta_1)^{n_0+n_1 s}]+\frac{B}{C}\frac{M_R}{r_s} \tag{4.116}$$

根据式 (4.102), 有

$$F_N = \frac{rb}{2}(\theta_1-\theta_2)K_s r^{n_0+n_1 s}(\cos\theta_m-\cos\theta_1)^{n_0+n_1 s}\cos\theta_m \tag{4.117}$$

如图 4.59b 所示, 可以利用式 (4.116) 或式 (4.117) 进行参数 K_s、n_0 和 n_1 的辨识。其中, 如果采用式 (4.117), 仅根据车轮沉陷量、法向力和滑转率信息即可进行承压参数的辨识, 无需土壤对车轮的阻力矩信息。

3) 剪切参数 K_s、n_0 和 n_1 的辨识

将 E 分别代入式 (4.111) 和式 (4.115), 可得

$$M_R = \frac{r_s^2 C[bc+F_N\tan\varphi/(rA)](1-\exp\{-r_s[(\theta_1'-\theta_m)-(1-s)(\sin\theta_1'-\sin\theta_m)]/k\})}{1+[r_s B\tan\varphi/(rA)](1-\exp\{-r_s[(\theta_1'-\theta_m)-(1-s)(\sin\theta_1'-\sin\theta_m)]/k\})} \tag{4.118}$$

$$M_R = r_s^2[bc(\theta_1-\theta_2)/2+F_N\tan\phi/(r\cos\theta_m)]\times (1-\exp\{-r_s[(\theta_1'-\theta_m)-(1-s)(\sin\theta_1'-\sin\theta_m)]/k\}) \tag{4.119}$$

根据图 4.59 c, 可以利用式 (4.118) 或式 (4.119) 进行剪切参数 c、φ 和 k 的辨识。

2. 参数辨识实验验证

采用最小二乘法进行参数辨识。若用 x 表示辨识的参数向量, $xdata$ 为自变量, 表示滑转率, $ydata$ 表示测量的 F_{DP}、F_N 和 M_R, m 表示 $xdata$ 和 $ydata$ 的长度, F 表示函数式 (4.107)、式 (4.116) 和式 (4.118) (参数辨识方法 1), 或者表示函数式 (4.114)、式 (4.117) 和式 (4.119) (参数辨识方法 2)。参数辨识的过程就是得到满足式 (4.120) 的参数向量 x。

采用 Matlab 编写程序, 进行参数辨识。采用封闭解析解耦模型 I 的参数辨识方法称为 IM2, 采用模型 II 的参数辨识方法称为 IM3。

$$\min_x \frac{1}{2}\|F(x,xdata)-ydata\| = \frac{1}{2}\sum_{i=1}^{m}[F(x,xdata_i)-ydata_i]^2 \tag{4.120}$$

采用辨识方法 IM2 得到的结果如表 4.26 和表 4.27 所示。

表 4.26　方法 IM2 的参数辨识结果

车轮编号	c_1	c_2	K_s/(kPa/m^N)	n_0	n_1	c/kPa	φ/(°)	K/mm
Wh11	0.504	–0.377	2 498.9	0.767	1.336	0.096	32.2	13.1
Wh12	0.381	–0.228	2 499.2	0.864	1.094	0.199	29.1	11.5
Wh21	0.531	–0.299	2 499.2	0.820	1.136	0.285	31.3	12.7
Wh22	0.415	–0.038	2 499.6	0.915	0.840	0.239	29.4	10.6
Wh31	0.486	–0.308	2 515.6	0.727	1.332	0.205	30.8	11.2
Wh32	0.371	–0.090	2 499.2	0.806	1.148	0.217	28.8	9.7

表 **4.27** 方法 IM2 的拟合误差及辨识时间

车轮编号	相对误差 /%			计算时间 /ms		
	F_{DP}	F_N	M_R	F_{DP}	F_N	M_R
Wh11	2.88	1.62	3.86	19.838	21.864	103.829
Wh12	3.14	1.05	1.03	15.449	22.752	12.727
Wh21	2.20	0.70	1.30	21.616	23.931	161.634
Wh22	2.68	0.94	0.56	15.987	21.455	144.968
Wh31	4.13	3.60	3.70	19.883	45.598	50.604
Wh32	3.70	1.07	2.16	13.995	21.675	13.519

F_{DP}、F_N 和 M_R 的最大拟合误差为 4.13%。参数 φ 的最大辨识误差仅为 3.1°, 参数 c 的误差与几千帕的剪切应力相比也非常微小, 参数 K 的范围为 9.7~13.1 mm。根据参数 n_0 和 n_1 计算得到的 N 的范围为 0.73 (Wh31, $s=0$)~2.10 (Wh11, $s=1$)。可以参照月壤的 k_c 和 k_φ 指定 K_s 的典型值, 例如对于月壤, 可以忽略比较小的 $k_c = 1.4\ \mathrm{kPa/m}^{N+1}$, 将 K_s 赋值为 $k_\varphi = 820\ \mathrm{kPa/m}^N$。参数 c_1 范围为 0.37~0.53, c_2 范围为 –0.38~–0.04, 范围变化比较大, 也说明轮地作用力对于 c_1、c_2 的变化并不敏感。因此, 设定 $c_1 = 0.5$, $c_2 = 0$, 计算得到的 F_{DP} 与实验值相比的最大误差仅为 8.57%, 如图 4.60a 中的 IM22 所示。同时, 对 F_N 和 M_R 的拟合误差以及辨识得到的相应参数的影响也非常小, 如表 4.28 所示。

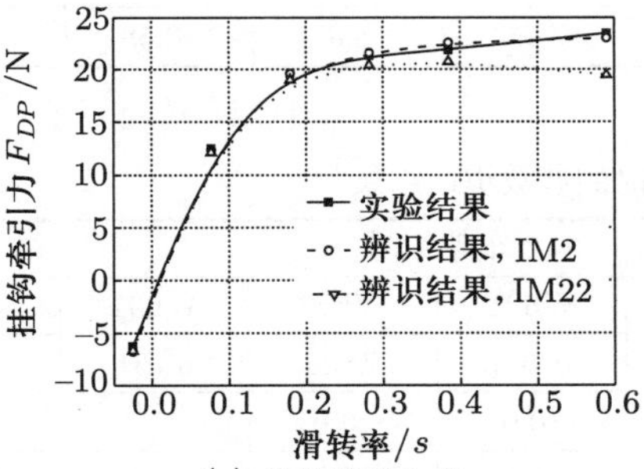

(a) 挂钩牵引力 F_{DP}

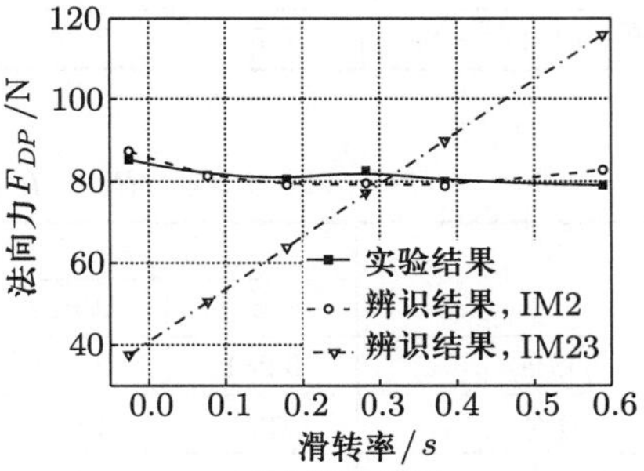

(b) 法向力 F_N

图 4.60 车轮 Wh11 的 F_{DP} 和 F_N 数据拟合结果

表 **4.28** $c_1 = 0.5, c_2 = 0$ 的参数辨识结果及预测误差

车轮编号	$K_s/(\mathrm{kPa/m}^N)$	n_0	n_1	c/kPa	φ/(°)	K/mm	相对误差/%		
							F_{DP}	F_N	M_R
Wh11	249.9	0.770	1.208	0.000	36.0	14.3	8.57	0.52	5.74
Wh12	249.9	0.845	0.989	0.201	31.4	10.9	18.74	0.58	1.66
Wh21	249.9	0.829	1.030	0.000	34.6	14.2	9.85	1.40	1.87
Wh22	250.0	0.897	0.797	0.200	30.6	10.5	11.61	1.02	0.77
Wh31	249.9	0.725	1.221	0.002	34.4	12.3	11.19	2.64	4.62
Wh32	249.9	0.787	1.073	0.146	30.7	9.3	8.13	1.59	3.93

如果不采用沉陷指数 N, 而是采用固定沉陷指数 n, 车轮 Wh11 的参数辨识值为 $K_s = 14.2\ \text{kPa/m}^n$, $n = 0$ (下限), F_N 的拟合误差很大, 如图 4.60b 中的 IM23 所示, 将 n 的下限扩展后拟合得到的结果为 $K_s = 1.32\ \text{kPa/m}^n$, $n = -0.54$, 与测量得到的土壤参数差别很大, 如表 4.29 所示。如果不采用轮刺效应公式, 也就是忽略轮刺对进入角的影响, 则 $R_j = r$ 时的辨识结果如表 4.30 所示, c 为 448~3 071 Pa, φ 为 $15.7^\circ \sim 26.2^\circ$, K 为 1.3~5.5 mm, M_R 的最大拟合误差为 10.58%; 若 $R_j = R$, M_R 的最大拟合误差大于 15%, 如表 4.31 所示。这证明了轮刺效应修正公式的有效性。

表 **4.29** 采用固定沉陷指数时的参数辨识结果

	车轮编号					
	Wh11	Wh12	Wh21	Wh22	Wh31	Wh32
$K_s/(\text{kPa/m}^n)$	1.32	1.62	2.26	2.13	1.55	1.35
n	–0.541	–0.506	–0.513	–0.539	–0.502	–0.535

表 **4.30** $R_j = r$ 时的参数辨识结果

	车轮编号					
	Wh11	Wh12	Wh21	Wh22	Wh31	Wh32
c/kPa	3.071	0.448	2.972	0.634	3.215	1.847
$\varphi/(^\circ)$	15.7	26.2	19.7	25.9	15.8	20.0
K/mm	2.1	5.5	2.5	4.8	1.3	2.9
M_R 的拟合误差/%	7.72	7.74	7.65	8.8	10.58	8.64

表 **4.31** $R_j = R$ 时的参数辨识结果

	车轮编号					
	Wh11	Wh12	Wh21	Wh22	Wh31	Wh32
c/kPa	0.281	0.214	0.263	1.035	0.731	0.227
$\varphi/(^\circ)$	29.9	28.2	30.0	26.0	27.3	28.0
K/mm	12.3	11.3	12.1	9.6	9.8	9.5
M_R 的拟合误差 /%	15.21	13.19	14.94	13.95	14.68	15.77

利用辨识得到的参数可以进行轮地相互作用力学预测, 虽然这与参数辨识相比是一个可逆的过程, 但是由于模型的复杂性, 不一定能够保证力学预测的准确程度。给定法向载荷和滑转率, 可以对轮地相互作用沉陷量、挂钩牵引力和前进阻力矩进行预测, 利用得到的参数可以进一步进行轮地作用力的预测, 流程如图 4.61 所示。表 4.32 为预测结果和计算时间, z、F_{DP} 和 M_R 的最大相对误差分别为 1.89%、9.09% 和 4.28%, 预测结果和实验结果的对比如图 4.62 所示。

参数辨识过程中, 拟合 F_{DP} 和 F_N 的时间小于 50 ms, 拟合 M_R 进行剪切参数辨识的最长时间大于 150 ms。轮地作用力学预测过程中, 进行沉陷量计算的时间小于 30 ms, 计算 F_{DP} 和 M_R 的时间为 30 μs。可以满足实时计算的需要。与基于积分模型的参数辨识结果相近。因此, 参数辨识方法 IM1 是可以保证辨识精度和运算实时性的一种方法, 不足之处在于利用 M_R 进行剪切参数辨识的时间稍长。

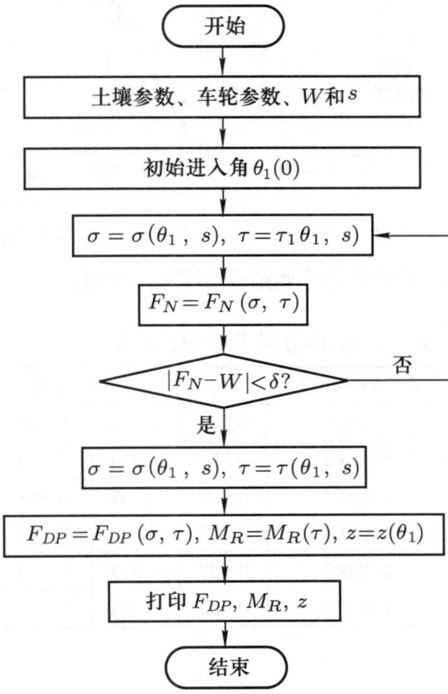

图 4.61 轮地作用预测流程

表 4.32 基于方法 IM2 辨识参数的轮地相互作用预测

车轮编号	相对误差 /%			计算时间	
	F_{DP}	z	M_R	z/ms	F_{DP} 和 M_R/μs
Wh11	4.97	1.15	2.20	25.313	33
Wh12	5.46	1.71	1.73	28.872	31
Wh21	5.44	1.09	3.00	27.771	31
Wh22	9.09	1.13	2.54	27.553	33
Wh31	8.94	1.89	4.28	29.640	33
Wh32	7.58	0.79	1.37	27.274	31

表 4.33 和表 4.34 为采用方法 IM3 对各个车轮参数辨识的结果。可以看出, ϕ 值比测量值偏小, 这主要是因为模型简化过程中消除耦合项所导致的, 也可以理解为, 拟合得到的 ϕ 值对于简化误差进行了补偿, 最大拟合相对误差不超过 5%, 具有较好的拟合度, 说明简化的解耦解析模型能够反映轮地作用力学问题; 采用辨识参数进行轮地作用力学预测的效果与方法 IM2 相近, 但是计算时间明显缩短。

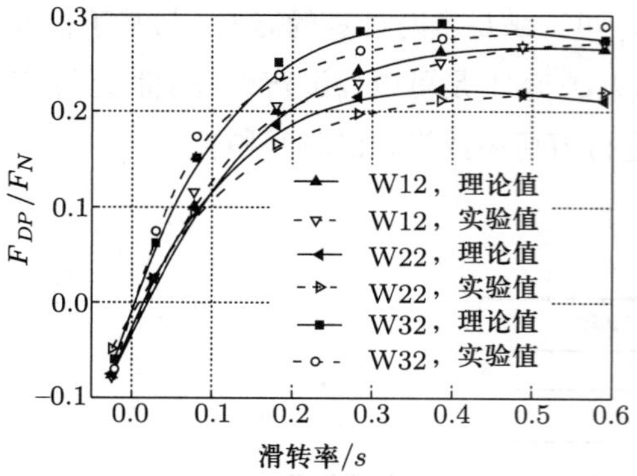

(a) F_{DP}/F_N

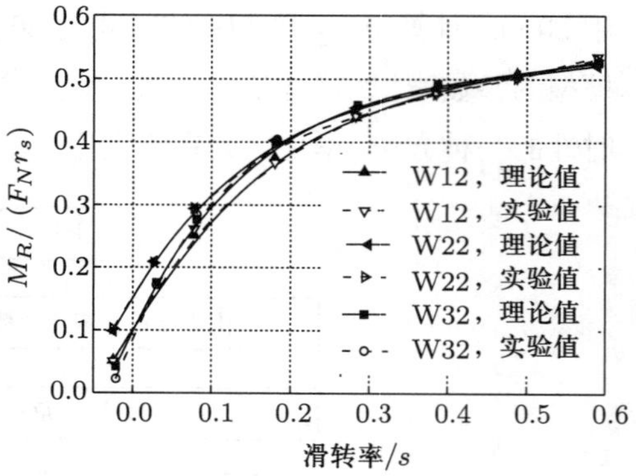

(b) $M_R/(F_N r_s)$

图 4.62 轮地作用预测结果与实验结果对比

表 4.33 方法 IM3 的参数辨识结果

车轮编号	c_1	c_2	$K_s/(\text{kPa/m}^N)$	n_0	n_1	c/kPa	$\phi/(°)$	K/mm
Wh11	0.458	–0.416	2 499.0	0.772	1.293	0.183	27.7	11.2
Wh12	0.353	–0.265	2 499.2	0.866	1.054	0.344	25.5	10.1
Wh21	0.471	–0.361	2 499.2	0.828	1.097	0.601	25.9	10.6
Wh22	0.385 7	–0.159	2 499.6	0.914	0.824	0.740	24.2	9.0
Wh31	0.460	–0.395	2 498.7	0.727	1.302	0.500	26.1	9.2
Wh32	0.365	–0.204	2 499.2	0.805	1.124	0.193	26.0	8.6

表 4.34 方法 IM3 的拟合误差及辨识时间

车轮编号	相对误差			计算时间		
	F_{DP}/%	F_N/%	M_R/%	F_{DP}/ms	F_N/ms	M_R/ms
Wh11	2.67	1.98	3.34	14.788	20.415	24.019
Wh12	3.14	1.37	1.20	14.137	21.664	51.576
Wh21	3.59	0.40	0.67	22.247	21.730	22.867
Wh22	2.04	0.73	1.22	13.065	18.332	64.362
Wh31	3.86	4.08	3.85	17.436	23.583	22.255
Wh32	3.67	0.85	2.10	21.916	17.842	29.209

4.5.5 基于整车实验的沙土参数辨识

考虑载荷效应的积分模型, 参照轮地作用力对于参数敏感度的分析结果和封闭解析解耦模型 I, 得到反映载荷效应的轮地相互作用力学封闭解析解耦模型

$$
\begin{cases}
F_N = rbA\sigma_m + r_s bB\tau_m \\
M_R = \dfrac{r_s^2 CD\{bc + [1 + c_M(\overline{W} - F_N)/\overline{W}]F_N \tan\varphi/(rA)\}}{1 + r_s BD \tan\varphi/(rA)} \\
F_{DP} = \left[\dfrac{M_R(A^2 + B^2)}{r_s AC} - \dfrac{BF_N}{A}\right](1 + c_{P1} + c_{P2}s)\left(1 + c_{P3}\dfrac{\overline{W} - F_N}{\overline{W}}\right)
\end{cases}
\tag{4.121}
$$

模型中, 令 $c_1 = 0.5$, $c_2 = 0, c_3 = 0$, 用 $1 + c_{P1} + c_{P2}s$ 项反映滑转率对挂钩牵引力的影响。

利用式 (4.121) 提供的模型, 针对水平地面和爬坡两种情形进行实验数据参数辨识。

水平地面实验条件如表 4.9 所示, 在水平方向施加的载荷分别为 0 N、10 N、20 N、30 N、35 N、40 N、50 N、60 N、70 N, 实验图片见图 4.63a。爬坡实验设计如表 4.10 所示, 探测车分别爬越 0°、3°、6°、9°、12° 和 15° 的斜坡, 图 4.63b 为爬坡实验图片。

利用实验数据进行土壤参数辨识。辨识时将剪切特性参数作为土壤固有参数, 不受坡度角的影响。参数辨识结果如表 4.35 所示, 其中的 c、φ 和 K_s 与文献中给出的测量值相近。

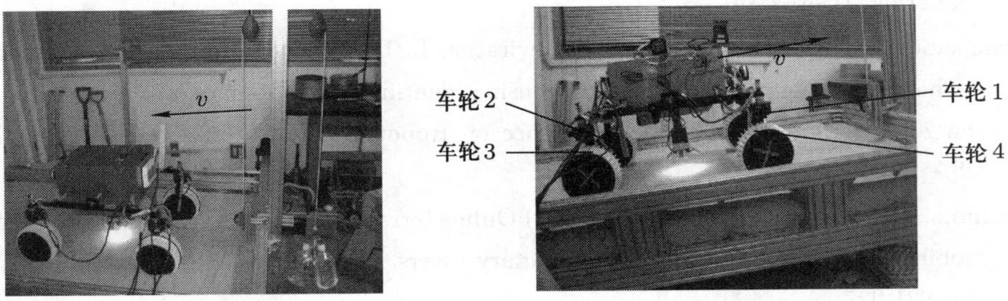

(a) 平地运动　　(b) 爬坡

图 4.63　El-Dorado II 实验照片

表 4.35　Toyoura 砂土的参数辨识结果

	c_{P1}	c_{P2}	c_{P3}	c_M	K_s/(kPa/m^N)	n_0	n_1	c/kPa	φ/(°)	K/mm
平地	–0.276	0.633	–0.304	0.354	1 796	0.63	0.72	0.025	35.8	10.5
爬坡	–0.379	0.616	–0.448	0.214	1 796	0.66	0.72	0.025	35.8	10.5
文献 (Ishigami, 2008)	—	—	—	—	1 790	1.00	0	0.0	38.0	—

参考文献

Apostolopoulos, D. S. (2001) Analytical configuration of wheeled robotics locomotion. The Robotics Institute of Carnegie Mellon University Technical Report CMU-RI- TR-01-08, 40-65.

Bernstein, R. (1913) Problems of the experimental mechanics of motor ploughs. Der Motorwagen.

Bauer, R., Leung, W. and Barfoot, T. (2005) Experimental and simulation results of wheel-soil interaction for planetary rovers// IEEE/RSJ International Conference on Intelligent Robots and Systems, Edmonton, Alberta, Canada, 586-591.

Bauer, R., Barfoot, T. and Leung, W. (2008) Dynamic simulation tool development for planetary rovers. International Journal of Advanced Robotic Systems, **5**(3): 311-314.

Bekker, M. G. (1956) Theory of land locomotion: The mechanics of vehicle mobility. Ann Arbor: The University of Michigan Press.

Bekker, M. G. (1960) Off-road locomotion: Research and development in terramechanics. Ann Arbor: The University of Michigan Press.

Bekker, M. G. (1969) Introduction to terrain-vehicle systems. Ann Arbor: The University of Michigan Press.

Carrier, W. D., Olhoeft, G. R. and Mendell, W. (1991) Physical properties of the lunar surface// Heiken G H, Vaniman D T, French B M. Lunar source book. New York: Cambridge Univesity. Press: 475-594.

Chu, C. C., Hayati, S. A. and Udomkesmalee, S. (2005) Mars base technology program overview// Proceedings of AIAA Space 2005 Conference and Exposition, Long Beach, California, USA, 1-14.

Hutangkabodee, S., Zweiri, Y. H. and Seneviratne, L. D. (2006) Performance prediction of a wheeled vehicle on unknown terrain using identified soil parameters// Proceedings of the 2006 IEEE International Conference on Robotics and Automation, Orlando, FL, USA, 3356-3361.

Iagnemma, K., Kang, S. and Shibly, H. (2004) Online terrain parameter estimation for wheeled mobile robots with application to planetary rovers. IEEE Transactions on Robotics, **20** (5): 921-927

Iagnemma, K., Shibly, H. and Rzepniewski, A. (2001) Planning and control algorithms for enhanced rough-terrain rover mobility// The 6th International Symposium on Artificial Intelligence, Robotics and Automation in Space, Quebec, Canada, 1-8.

Ishigami, G., Nagatani, K. and Yoshida, K. (2006) Path following control with slip compensation on loose soil for exploration rover// Proceedings of the 2006 IEEE/RSJ International Conference on Intelligent Robots and Systems, Beijing, 5552-5557.

Ishigami, G., Nagatani, K. and Yoshida, K. (2007) Path planning for planetary exploration rovers and its evaluation based on wheel slip dynamics// IEEE International Conference on Robotics and Automation. Roma, Italy, 2361-2366.

Ishigami, G., Miwa, A. and Nagatani, K. (2007) Terramechanics-based model for steering maneuver of planetary exploration rovers on loose soil. Journal of Field Robotics, **24** (3): 233-250.

Ishigami, G. (2008) Terramechanics-based analysis and control for lunar/planetary exploration robots, Sendai, Japan: Doctoral Thesis of Tohoku University, 104-154.

Ishigami, G., Nagatani, K. and Yoshida, K. (2008) Slope traversal experiments with slip compensation control for lunar/planetary exploration rover// 2008 IEEE International Conference on Robotics and Automation Pasadena, CA, USA, May 19-23, 2295-2300.

Janosi, Z. and Hanamoto, B. (1961) Analytical determination of drawbar pull as a function of slip for tracked vehicle in deformable soils// Proceedings of the 1st International Conference of ISTVES, Torino, Italy, 707-726.

Miclethwait, E. W. E. (1944) Soil mechanics in relation to fighting vehicles. Military Coll. of Science, Chobhan Lane, Chetsey.

Onafeko, O. and Recce, A. R. (1967) Soil stresses and deformations beneath rigid wheels. Journal of Terramechanics, **4** (1): 59-80.

Pandey, K. P. and Ojha, T. P. (1978) Effect of design parameters on the performance of rigid traction wheels on saturated soils. Journal of Terramechanics, **15**(3): 145-156.

Patel, N., Ellery, A. and Allouis, E. (2004) Rover mobility performance evaluation tool (RMPET): A systematic tool for rover chassis evaluation via application of Bekker theory// Proceeding of the 8th ESA Workshop on Advanced Space Technologies for Robotics and Automation, ESTEC, Noordwijk, The Netherlands, 251-258.

Perumpral, J. V., Lilzedahl, J. B. and Perloff, W. H. (1971) A numerical method for predicting the stress distribution and soil deformation under a tractor wheel. Journal of Terramechanics, **8**(1): 9-22.

Reece, A. R. and Wong, J. Y. (1966) Soil failure beneath rigid wheels// Proceedings of the Sencond International Conference of ISTVS, Quebec, Canada, 425-445.

Shibly, H., Iagnemma, K. and Dubowsky, S. (2005) An equivalent soil mechanics formulation for rigid wheels in deformable terrain, with application to planetary exploration rovers. Journal of Terramechanics, (42): 1-13.

Siegwart, R. and Nourbakhsh. I. R. (2004) Introduction to autonomous mobile robots. Cambridge, MA: MIT Press.

Sohl, G. and Jain, A. (2005) Wheel-terrain contact modeling in the ROAMS planetary rover simulation// IDETC'05 ASME International Design Engineering Technical Conference and Computers and Information in Engineering Conference, Long Beach, CA, USA, 1-9.

Wong, J. Y. and Reece, A. R. (1967a) Prediction of rigid wheel performance based on analysis of soil-wheel stresses, part I: Performance of driven rigid wheels. Journal of Terramechanics, **4**(1): 81-98.

Wong, J. Y. and Reece, A. R. (1967b) Prediction of rigid wheel performance based on analysis of soil-wheel stresses, part II: Performance of towed rigid wheels. Journal of Terramechanics, **4**(2): 7-25.

Wong, J. Y. (1989) Terramechanics and off-road vehicles. Amsterdam: Elsevier Press.

Wong, J. Y. (2008) Theory of ground vehicle. 4th ed. New York: John Wiley & Sons.

Yu, Q., Yu, G. Y. (1987) On the modelling and simulation of tire-soil systems// Proc. of the 9th Int. Conf. of ISTVS, Barcelona, Spain.

Yong, R. N., Youssef, A. F. and Fattah, E. A. (2010) Vane-cone measurements for assessment of tractive performance in wheel-soil interaction// Procceedings of the 5th International Conference of the ISTVS, 769-788.

Yoshida, K. (2009) Achievements in space robotics. IEEE Robotics & Auctomation Magazine, **16**(4): 20-28.

Yoshida, K., Asai, H. and Hamano, H. (2001) Motion dynamics of exploration rovers on natural terrain: Experiments and simulation// Proceedings of the 3rd International Conference on Field and Service Robotics, Helsinki, Finland, 281-286.

Yoshida, K., Mizuno, N. and Ishigami, G. (2004) Terramechanics-based analysis for slope climbing capability of a lunar/planetary rover// The 24th International Symposium on Space Technology and Science, 1-6

Young, K. (2006) Mars rover escapes from the "bay of lamentation"[EB/OL]. http: //space. newscientist.com/article/dn9286-mars-rover-escapes-from-the-bay-of-lamentation.html.

陈秉聪 (1981) 土壤 – 车辆系统力学. 北京: 中国农业机械出版社.

丁亮 (2009) 月/星球车轮地作用地面力学模型及其应用研究. 博士学位论文, 哈尔滨工业大学.

付宜利, 徐贺, 王树国, 等 (2004) 沙地环境移动机器人驱动轮的发展概况综述, 机器人技术与应用, (4): 22-29.

侯绪研, 高海波, 胡明 (2008) 基于越障性能的六轮摇臂式月球车悬架尺寸优化设计, 宇航学报, **29**(2): 420-425

刘吉成 (2009) 月球车车轮驱动性能及其综合评价的研究. 博士学位论文, 哈尔滨工业大学.

刘聚德 (1996) 车辆沙地行驶理论. 北京: 机械工业出版社.

欧阳自远 (2005) 月球科学概论: 北京: 宇航出版社.

全齐全 (2007) 月球车车轮与土壤作用的力学特性测试系统的研制与实验. 学位论文, 哈尔滨工业大学: 18-49.

孙刚, 高峰, 李雯(2007) 地面力学及其在行星探测研究中的应用. 力学进展, **37**(3): 453-464.

王林 (2006) 月球车车轮与土壤作用的力学特性分析与测试系统设计. 学位论文, 哈尔滨工业大学, 27-44.

叶培建, 肖福根 (2006) 月球探测工程中的月球环境问题. 航天器环境工程, **23**(1): 1-11.

袁勇, 丁同才, 胡震宇 (2006) 月球车车轮驱动能力研究// 中国宇航学会深空探测技术专业委员会第三届学术会议论文集, 北京.

郑永春, 欧阳自远, 王世杰, 等 (2004) 月壤的物理和机械性质. 矿物岩石, **24**(4): 14-19.

张克健 (2002) 车辆地面力学. 北京: 国防工业出版社.

庄继德 (2002) 计算汽车地面力学. 北京: 机械工业出版社.

邹猛, 李建桥, 贾阳 (2007) 月面探测车辆牵引通过特性研究. 测试技术学报, **21**(Sup): 14-19.

第 5 章　移动系统动力学建模与仿真

5.1　引言

动力学仿真可以为月球车提供设计、评价、测试和控制的研究平台, 为连续遥操作时的三维图形预测显示提供支持, 并为月球车监控模式下的地面控制命令序列提供验证平台。因此, 无论是在月球车的设计开发阶段还是在遥控探测阶段, 动力学仿真都具有重要的意义。

月球车的动力学仿真主要包括两个方面: 车体多刚体动力学和轮地相互作用地面力学。由于目前的月球车通常为多关节式结构, 可以采用基于相对坐标的递归方法进行运动学方程推导, 进而利用拉格朗日动力学方程、牛顿 – 欧拉方程等进行通用动力学模型的建立。前述章节中推导的轮地作用地面力学模型是提高仿真保真度的关键, 可以反映土壤的松软特性。在崎岖地形环境中, 车轮土壤相互作用接触区域的确定是进行沉陷量和轮地作用力计算的前提, 文献中常用的单点接触假设只适合于硬质地面。

本章考虑月球地形的松软崎岖特性, 建立融合轮地相互作用力学的通用月球车递归动力学模型, 并进行仿真实现和实验验证。

5.2　星球车虚拟仿真意义、现状与发展趋势

5.2.1　星球车虚拟仿真的意义

虚拟仿真是星球车能够成功进行星球探测的前提条件和重要保证, 主要体现在以下 3 个方面:

(1) 为星球车提供设计、评价、测试和控制的研究平台。在星球探测车的构型设

计、运动性能分析、控制策略研究等各个方面, 虚拟仿真都发挥了重要作用。在 "探路者号" (Pathfinder) 火星探测器发射之前, 美国喷气推进实验室运用虚拟仿真技术预测到, 由于制动火箭与火星风的相互作用, 探测器很可能在着陆时滚翻。工程师们针对这个问题修改了技术方案, 保证了探测器在火星表面软着陆的成功 (陈立平等, 2005)。为了支持火星车的研究, 美国开发了 ROAMS 综合性仿真系统, 欧洲则致力于开发 RCET 等仿真工具以便对 ExoMars 火星车进行评价和优化。杨嘉墀院士曾指出, 研究月球车时应大力采用虚拟仿真技术, 以模拟月球车的结构和控制特性, 进行运动学与动力学仿真等实验, 通过比较获取最佳设计方案 (洪炳熔、蔡则苏、唐好选, 2005)。北京控制工程研究所 (梁斌、王巍、王存恩, 2005) 对月球车研制的技术途径进行了探讨, 认为应当建立一个集三维实体设计、动力学建模、控制、可视化仿真于一体的虚拟月面计算机仿真系统, 为月球车结构参数、动力学参数及控制算法的优化提供设计和验证平台。

(2) 为星球车连续遥操作模式下的三维图形预测显示提供支持。由于星球表面环境具有很大的不确定性, 探测任务也各不相同, 需要由地面科学家进行规划, 因此即使代表目前最先进技术水平的"勇气号 (Spirit)"、"机遇号 (Opportunity)" 火星车也没有采取完全自主的控制方式, 而是由地面人员进行遥控操作。由于通信信道的传输延迟和传送带宽的限制, 月球与地球之间的往返通信时延达十几秒, 这导致连续地闭环控制变得不稳定。基于三维图形预测显示对月球车进行连续遥操作可以有效地解决时延问题, 吉林大学和日本的明治大学等单位都对此进行了探讨。地面计算机根据传送回的月球车状态信息以及 2 倍时延后月球车经过的月面图像信息实时地构建虚拟仿真环境, 操作者基于仿真环境对虚拟月球车进行控制, 经过误差修正, 将控制指令发送到月球车, 使其经过一定时延后复现地面仿真运动。月面图像信息的提前发送保证了连续遥操作的顺利进行, 月球车无须停下来等待地面的遥控指令, 漫游速度可以得到很大提高。

(3) 为星球车监控模式下的地面控制命令序列提供验证平台。由于火星和地球之间信号往返传输时延达几十分钟, 无法实现连续遥操作, 因此 MER 火星车采用了监控遥操作 (supervised tele-operation) 控制方式 (Jeffrey 等, 2006)。美国航空航天局 (NASA,2005) 从对 "索杰纳" 火星车的控制中吸取了教训, 认识到需要一个快速、准确、有效的工具以便辅助完成火星车的遥操作, 由此开发了 "漫游车命令序列生成与可视化程序"RSVP (Wright、Hartman、Cooper, 2006)。RSVP 将火星车传送回地面的图像进行合成和处理, 生成地面数字高程图和 3D 立体图形, 构造虚拟仿真环境; 科学家据此确定探测目标, 规划探测活动; RSVP 根据规划生成任务级指令, 漫游车据此在仿真环境中进行自主探测并生成三维动画, 若无法完成预期任务, 则改进探测任务后重复上述过程; 最后生成命令序列并上传给火星车。火星车接收到地面指令后进行自主规划和操作，完成当天的探测任务。与连续遥操作相比，其缺点在于探测车需要停下来等待地面命令，限制了漫游速度，同时对探测车的智能性提出了更高的要求；其优势也是明显的，例如探测目标的确定更加科学和严谨，降低了操作者的负担等。因此，在月球车进行月面探测时，可根据不同的地形情况和探测要求采用连续遥操作或监控遥操作方式。然而，不管采用什么样的控制形式，都离不开虚拟仿真系统的支持。

5.2.2 星球探测车虚拟仿真研究简述

虚拟仿真在星球车研究中发挥了重要作用，在星球车的正逆运动学分析、动力学分析、控制策略验证以及可视化等方面，通用的仿真工具被广泛采用。表 5.1 列出了文献中常见的星球车仿真研究工具及研究内容 (Ding 等, 2008)。

表 **5.1** 星球车仿真工具及研究内容

	主要研究内容	研究目的	仿真工具
正运动学分析	根据车体俯仰、横滚角，车轮和各关节的运动信息，计算车体位置、偏航角和机械臂位置与姿态等	实时根据月球车反馈信息确定车体和机械臂的位姿 (dead reckoning 法)	Matlab、VC++ 等
逆运动学分析	给定机械臂目标位姿，车体水平位置和偏航角，结合地形信息计算车体高度、横滚角、俯仰角和各关节运动情况	判断在给定规划路径上车体的稳定性、可通过性，进行碰撞检测等	
动力学研究	根据已有的车轮 – 地面相互作用模型，建立车体动力学方程组并寻求快速的微分方程求解算法	确定漫游车运行的平顺性、越障能力等；为控制策略提供基础	ADAMS、DADS、Vortex 等
控制策略研究	漫游车的底层移动控制策略和路径规划、避障等智能控制策略	开发车载计算机智能控制程序及底层移动控制程序	Matlab 等
可视化	根据月面地形地貌特征和月球车样机模型，构建虚拟仿真环境，实现仿真过程的可视化	提供对漫游车系统进行仿真、检验的可视化平台	3DMax、OpenGL、Vega 等

国内仿真研究较多基于通用仿真工具进行，而美国 NASA、欧空局等则根据星球探测任务需求开发了相应的星球车动力学仿真系统，并且仍在不断地进行完善。

美国为了支持火星车的研究开发和探测活动，在大量地面模拟实验的基础上，开发了漫游车仿真系统 ROAMS 和具有仿真功能的摇操作软件 WITS。

用于漫游车的建模、分析和仿真的 ROAMS (rover analysis modeling and simulation) 是一个集运动学、动力学、控制和可视化等于一体的综合性漫游车虚拟仿真平台，可以与 Matlab 软件或者 CLARAty 联合，以验证高级智能控制策略，模拟漫游车的自主运动过程，如图 5.1 所示。它还可将地形数据、漫游车状态信息传送到 Dspace 三维可视化软件进行实时显示。ROAMS 目前正用于 MSL 任务与 CLARAty 的联合仿真, 以验证漫游车的自主控制功能, 以及 Ames 实验室的 MSF (mission simulation facility) 任务和 JPL 实验室的 MDS (mission data system) 任务。

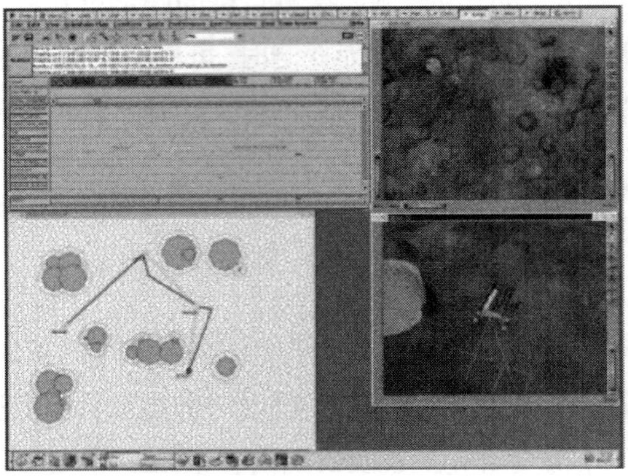

图 5.1 ROAMS 与 CLARAty 联合的闭环仿真

WITS (web interface for tele-science) 是地面遥操作软件 (Backes、Noms、Powell, 2004), 提供下行数据通信和处理、可视化、探测活动规划、命令序列生成和验证、上行数据通信等功能, 位于不同地点的科学家可利用该软件参与到探测活动规划中。WITS 集成了命令序列仿真验证功能, 可基于运动学仿真进行路径规划和验证。WITS 根据火星探测车摄像机传回的图像生成 3D 地面模型, 用户对移动子系统进行路径规划生成控制策略序列以及车体和车轮的轨迹, 如图 5.2 所示。软件可自动根据地形信息和轨迹序列进行运动学分析, 计算漫游车的姿态和纵向坐标, 判断路径和任务的合理性, 同时根据漫游车姿态数据生成 IDD (instrument deployment device) 系统和全向天线的控制命令序列。在水平路面上, 软件模拟的轨迹和实际轨迹误差小于 5%, 在斜坡上行驶时误差较大, 但可以通过事先计算好的滑移量表和里程计进行补偿, 该方法在 MER 火星车上进行了应用并得到了验证。JPL 实验室正在研究将动力学仿真融入该软件中, 以用于未来火星车的探测任务。

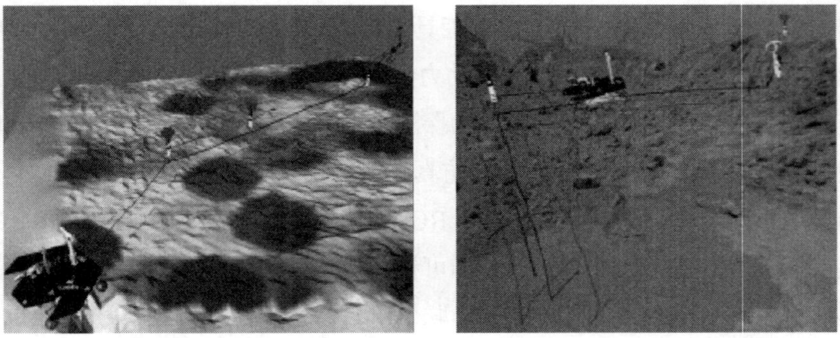

(a) (b)

图 5.2 RSVP 对火星车进行路径规划

ROAMS 和 WITS 都在火星探测任务中发挥了重要的作用。因此，它们与 CLARAty (coupled layer architecture for robotic autonomy) 一起, 被 NASA 的 "火星技术计划" (MTP) 和新一代 "火星科学实验室" (MSL) 任务作为 3 个互相补充的主要资助基础要素。其中, CLARAty 是一个统一、可复用的机器人自主操作双层软件框架。

另外, 欧洲的 RCET、RPET 和 RCAST 等星球车设计和性能评价工具的核心也是基于地面力学的动力学仿真。

5.2.3 星球车虚拟仿真系统的发展趋势

(1) 开发集运动学、动力学、控制和可视化虚拟环境于一体的综合性星球车仿真系统。美国的 ROAMS 就是一个优秀的综合性仿真系统, 它在火星车的研究中发挥了重要作用。综合性虚拟仿真系统对于我国月球车等星球车的研究和开发同样是不可或缺的。图 5.3 所示为综合性星球车虚拟仿真系统模型 (Ding 等, 2008), 系统由 PRMAS (planetary rover modeling, analysis and simulation) 和 IVPRE(interactive virtual planetary rover environment) 两部分组成。PRMAS 可以用于星球车的建模, 以及运动学、动力学分析与控制策略仿真。通过其提供的 GUI 界面输入控制指令可进行单独仿真, 也可与 Matlab、VC++ 等软件开发的控制策略联合仿真, 还可以接收 IVLRE 的控制指令进行用户在环仿真, 支持开环控制、移动指令控制以及智能导航控制。IVPRE 为交互式虚拟星球车运行环境, 负责可视化和交互控制等功能。可根据星球车发送回地面的图像生成 DEM 数字高程图, 三角网格化后得到 PRMAS 软件可以调用的路面谱; 星壤力学参数可以由车载仪器测定或根据星球车反馈信息在线估算获得; 仿真时, 根据星球车反馈的信息进行实时更新, 以保证虚拟月面环境与真实月面环境的一致性。采取分布式仿真策略, 两个软件可以运行在同一台计算机上, 也可以运行于不同的计算机, 以提高速度。在进行月球车探测时, 可以基于仿真进行三维图形预测显示, 以支持遥操作。

(2) 星球车递归动力学建模及仿真。对于多刚体系统, 自 20 世纪 60 年代以来, 从各自研究对象的特征出发, 航天与机械两大工程领域分别提出了不同的建模策略, 分别为多刚体系统的拉格朗日方法与笛卡儿方法 (洪嘉振, 2003)。机械领域形成的笛卡儿方法是一种绝对坐标方法, 由 Chace 和 Haug 提出, 以系统中每一个物体为单元, 建立固结在刚体上的坐标系, 坐标个数为 $6N$ (N 为刚体个数), 铰约束的存在使这些位置坐标不独立。其动力学模型是微分 – 代数方程组 (DAE), 即欧拉 – 拉格朗日方程组, 该方法建立的微分代数方程个数相当大, 但系数矩阵呈稀疏状, 适于计算机自动建立统一的模型并处理。目前, 国际上最著名的两个动力学分析商业软件 ADAMS 和 DADS 都采用这种建模方法 (陈立平等, 2005)。航天领域形成的拉格

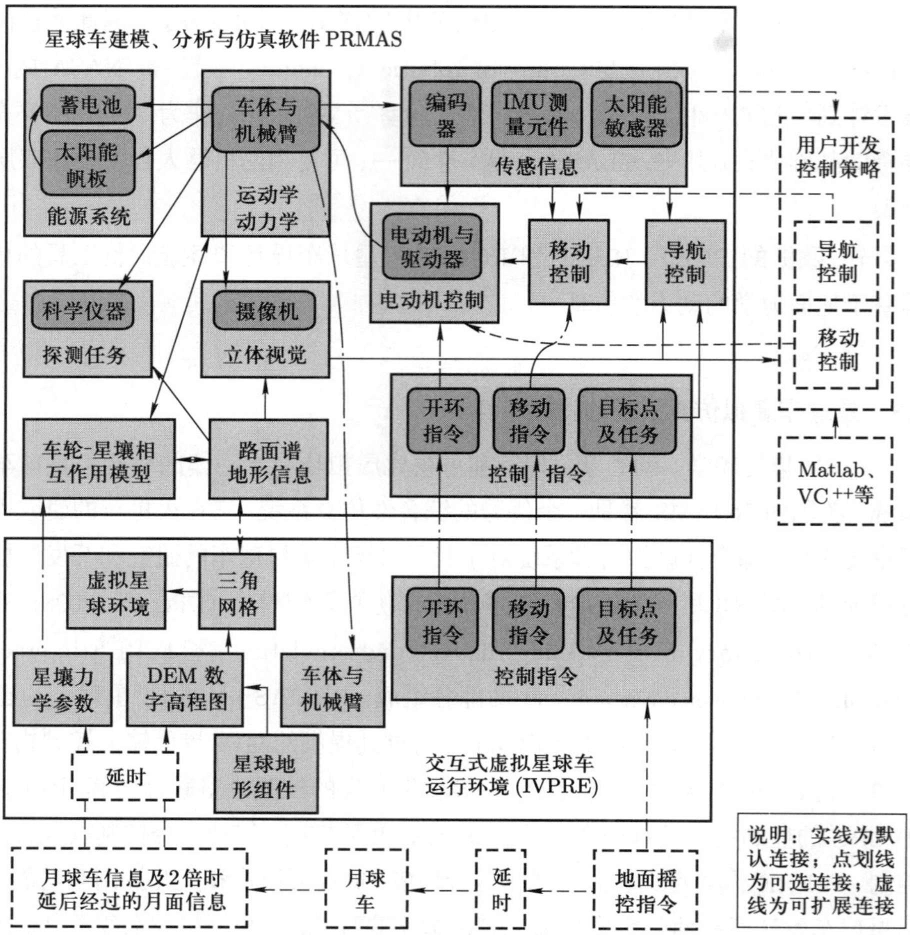

图 5.3　综合性星球车虚拟仿真系统框图

朗日方法是一种相对坐标方法, 以 Roberson-Wittenburg 方法为代表, 是以系统每个铰的一对邻接刚体为单元, 以一个刚体为参考, 另一个刚体相对该刚体的位置由铰的广义坐标 (拉格朗日坐标) 来描述, 广义坐标通常为邻接刚体之间的相对转角或位移, 开链系统的位置可由所有铰的拉格朗日坐标阵完全确定, 其动力学方程的形式为拉格朗日坐标阵的二阶微分方程组。该方法方程个数最少, 树系统的坐标数等于系统的自由度, 而且动力学方程易转化为常微分方程组 (ODE)。但广义坐标选择需要人为干预, 不利于计算机自动建模。对于非树系统, 需要采用切割铰的方法, 以消除闭环。随着递归动力学的快速发展, 世界著名的多体动力学大师 A. A. Shabana 的学生 J. H. Choi 和 E. J. Haug 的学生 D. S. Bae 于 1997 年在韩国成立了 FunctionBay 公司, 开发了 RecurDyn 递归多体动力学仿真软件, 将局部坐标系和递归算法相结合, 大大减小了求解问题的规模, 使求解速度更快, 稳定性更高, 在求解大规模、高速和病态问题方面其性能大大超过了其他同类软件, 表现出强大的生命力和竞争力。

目前的星球车系统通常为开链的关节式结构，是典型的树形拓扑结构，尽管车轮与地面的链接形成了闭链，但通过在接触点处施加轮地相互作用力，可以解决这一问题。另外，目前已经出现了一些带有闭链的星球车原理样机，可以通过切割铰的方法将这样的系统转变为树系统。综上所述，采用递归动力学进行星球车动力学建和分析方便可行，而且可以提高求解的速度。

(3) 基于轮地相互作用力学的高保真度星球车仿真。高保真仿真系统需要能够比较准确地模拟星球车在松软崎岖地形中运行时的滑转沉陷、载荷分布、滑移等问题，以真实地反映车辆的地面通过性、可操纵性、爬坡性能和越障性能等，从而在地面开发阶段为星球车提供设计、研究、评价和测试的平台，用于进行悬架评估、测试星球车性能、优化结构参数、验证控制策略等。地面力学模型以及车轮与崎岖地形的接触模型的保真程度皆可影响仿真的精度。

(4) 交互性实时星球车动力学仿真。高速实时仿真系统是星球车在遥操作阶段进行地面控制的重要辅助工具，命令序列的验证，尤其是连续遥操作阶段的三维图形预测显示，对于仿真速度提出了极高的要求。无论是采用轮胎模型还是接触模型，由于计算量很大，运行速度较慢，通用的仿真工具，均达不到实时仿真的要求。美国的 RSVP 初期只具备运动学仿真的功能，用于提高仿真速度。然而，Spirit 火星车曾两次在火星上陷入沙坑，其中一次时间竟长达 5 周，对于这些沉陷等现象只有通过动力学仿真才能够模拟，RSVP 的开发者目前也开始了动力学仿真方面的研究。高保真仿真与高速仿真是相互矛盾的两个方面，同时实现比较困难。但是高保真仿真研究是进行高速仿真研究的基础，将高保真仿真的成果改进后可用于高速仿真，在牺牲一定精度的基础上尽量提高速度，以达到实时仿真的要求。在仿真系统中，可以提供两种方案之间的切换。

基于轮地相互作用地面力学的星球车递归动力学仿真是其中的核心和关键，也是本章研究的重点。

5.3 关节式星球车通用递归运动学建模

5.3.1 星球车的拓扑结构描述

1. 星球车拓扑结构描述方法

目前的星球车多为树形拓扑结构，对于存在闭链的系统，可以采用切割铰的方法将其转化为树系统，因此可以采用图论的方法 (Wittenburg, 1977) 进行星球车车体的拓扑结构描述。

(1) 连杆和关节的定义。定义规则 (Yoshida, 2000) 为：车体为连杆 0，这也是系统的基体; 位于车体和连杆 j 之间的连杆序号为 i, 必须有 $0 < i < j$; 连杆 $i(i > 0)$ 可以与多个连杆连接, 但是只有一个前向连接 (连杆标号小于 i), 可能会有 0、1 或者多个后向连接 (连杆标号大于 i); 关节标号从 1 开始, 关节 i 固连到连杆 i 上, 连接 i 连杆和 j 连杆的 $(i < j)$ 的关节标号为 j。

星球车是浮动基动力学系统, 用于描述车体位置和姿态的矢量包含 6 个坐标: $[\boldsymbol{P}_0^{\mathrm{T}} \quad \boldsymbol{Q}_0^{\mathrm{T}}] = [x_0 \quad y_0 \quad z_0 \quad \psi_0 \quad \theta_0 \quad \phi_0]^{\mathrm{T}}$, 其中 $\boldsymbol{P}_0 = [x_0 \quad y_0 \quad z_0]^{\mathrm{T}}$, 表示车体的位置坐标, $\boldsymbol{Q}_0 = [\psi_0 \quad \theta_0 \quad \phi_0]^{\mathrm{T}}$ 表示车体的角度坐标, 分别表示车体的横滚 (roll)、俯仰 (pitch) 和偏航 (yaw) 角度。也可以认为, 星球车基体固连在 3 个移动关节和 3 个转动关节上, 因而可以在空间自由运动, 这 6 个坐标是系统中的广义坐标, 因此关节坐标数为 n_v 的星球车系统中包含 $n_v + 6$ 个广义坐标。

(2) 前向连接向量 $\boldsymbol{B}$。用于描述构件的前向连接, 对于连杆 $i(i > 0)$ 而言, 前向联接是唯一的。向量中的元素 B_i 是连杆 i 前向连接杆件的标号。在进行从末端连杆 (车轮) 向基体 (车体) 的递归运算过程中, 可以利用该向量寻找前向连接杆件的标号。

(3) 关联矩阵 $\boldsymbol{S}$。用于描述连杆的后向连接, 可能不存在, 也可能存在一个或者多个。$\boldsymbol{S}_{ij}(i, j = 1, \cdots, n_v)$ 的定义为

$$\boldsymbol{S}_{ij} = \begin{cases} 1, & i = \boldsymbol{B}_j \\ -1, & i = j \\ 0, & \text{其他} \end{cases} \tag{5.1}$$

(4) 连杆通路索引矩阵 $\boldsymbol{L}$。用于描述从车体 0 到各个连杆构成的通路, 即

$$\boldsymbol{L}_{ij} = \begin{cases} 1, & j\ \text{位于到}\ i\ \text{的通路上} \\ 0, & \text{其他} \end{cases}$$

(5) 基体连接标志向量 $\boldsymbol{S}_{0j}(j = 1, \cdots, n)$。用于指示连杆 i 是否与连杆 0(车体) 有连接, 即

$$\boldsymbol{S}_{0j} = \begin{cases} 1, & \boldsymbol{B}_j = 0 \\ 0, & \text{其他} \end{cases} \tag{5.2}$$

(6) 终端标志矩阵 $\boldsymbol{S}_e$。这也是一个标志矩阵, 用于指示连杆 i 是否是末端连杆, 对于月球车而言, 车轮就是末段连杆, 车轮的个数用 n_w 表示, 其中

$$\boldsymbol{S}_{ei} = \begin{cases} 1, & i\ \text{是末端杆} \\ 0, & \text{其他} \end{cases} \tag{5.3}$$

(7) 关节描述。关节分为移动关节和转动关节, 分别用 P 和 R 表示。

2. 星球车拓扑结构描述实例

以典型的摇臂 – 转向架式六轮星球车为例, 进行其拓扑结构描述 (Yoshida, 2000)。

图 5.4 为星球车的树形拓扑结构图。

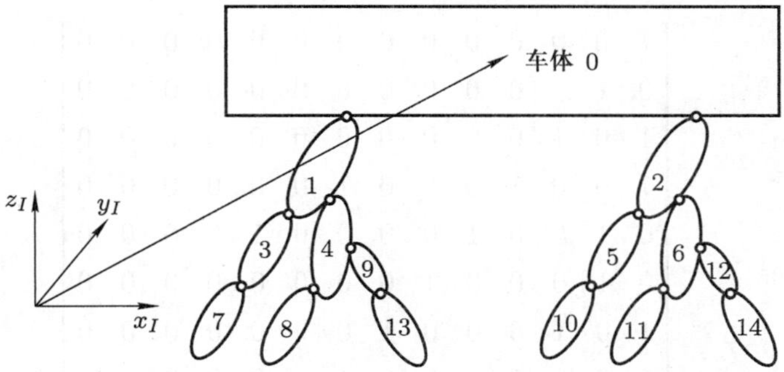

1(2) — 左 (右) 主摇臂; 3 (5) — 左 (右) 前转向架; 4 (6) — 左 (右) 副摇臂; 7 (10) — 左 (右) 前轮; 8 (11) — 左 (右) 中轮; 9 (12) — 左 (右) 后转向架; 13 (14) — 左 (右) 后轮

图 5.4 轮摇臂 – 转向架式星球车的拓扑结构

因此, 对于六轮摇臂 – 转向架式星球车而言, 前向连接向量为

$$\boldsymbol{B} = [0 \quad 0 \quad 1 \quad 1 \quad 2 \quad 2 \quad 3 \quad 4 \quad 4 \quad 5 \quad 6 \quad 6 \quad 9 \quad 12]$$

基体联接标志向量为

$$\boldsymbol{S}_0 = [1 \quad 1 \quad 0 \quad 0 \quad 0 \quad 0 \quad 0 \quad 0 \quad 0 \quad 0 \quad 0 \quad 0 \quad 0 \quad 0]$$

终端标志向量为

$$\boldsymbol{S}_e = [0 \quad 0 \quad 0 \quad 0 \quad 0 \quad 0 \quad 1 \quad 1 \quad 0 \quad 1 \quad 1 \quad 0 \quad 1 \quad 1]$$

关联矩阵为

$$\boldsymbol{S} = \begin{bmatrix} -1 & 0 & 1 & 1 & 0 & 0 & 0 & 0 & 0 & 0 & 0 & 0 & 0 & 0 \\ 0 & -1 & 0 & 0 & 1 & 1 & 0 & 0 & 0 & 0 & 0 & 0 & 0 & 0 \\ 0 & 0 & -1 & 0 & 0 & 0 & 1 & 0 & 0 & 0 & 0 & 0 & 0 & 0 \\ 0 & 0 & 0 & -1 & 0 & 0 & 0 & 1 & 1 & 0 & 0 & 0 & 0 & 0 \\ 0 & 0 & 0 & 0 & -1 & 0 & 0 & 0 & 0 & 1 & 0 & 0 & 0 & 0 \\ 0 & 0 & 0 & 0 & 0 & -1 & 0 & 0 & 0 & 0 & 1 & 1 & 0 & 0 \\ 0 & 0 & 0 & 0 & 0 & 0 & -1 & 0 & 0 & 0 & 0 & 0 & 0 & 0 \\ 0 & 0 & 0 & 0 & 0 & 0 & 0 & -1 & 0 & 0 & 0 & 0 & 0 & 0 \\ 0 & 0 & 0 & 0 & 0 & 0 & 0 & 0 & -1 & 0 & 0 & 0 & 0 & 0 \\ 0 & 0 & 0 & 0 & 0 & 0 & 0 & 0 & 0 & -1 & 0 & 0 & 0 & 0 \\ 0 & 0 & 0 & 0 & 0 & 0 & 0 & 0 & 0 & 0 & -1 & 0 & 0 & 0 \\ 0 & 0 & 0 & 0 & 0 & 0 & 0 & 0 & 0 & 0 & 0 & -1 & 0 & 1 \\ 0 & 0 & 0 & 0 & 0 & 0 & 0 & 0 & 0 & 0 & 0 & 0 & -1 & 0 \\ 0 & 0 & 0 & 0 & 0 & 0 & 0 & 0 & 0 & 0 & 0 & 0 & 0 & -1 \end{bmatrix}$$

连杆索引矩阵为

$$
\boldsymbol{L}=\begin{bmatrix}
1&0&0&0&0&0&0&0&0&0&0&0&0&0\\
0&1&0&0&0&0&0&0&0&0&0&0&0&0\\
1&0&1&0&0&0&0&0&0&0&0&0&0&0\\
1&0&0&1&0&0&0&1&0&0&0&0&0&0\\
0&1&0&0&1&0&0&0&0&1&0&0&0&0\\
0&1&0&0&0&1&0&0&0&0&0&0&0&0\\
1&0&1&0&0&0&1&0&0&0&0&0&0&0\\
1&0&0&1&0&0&0&1&0&0&0&0&0&0\\
1&0&0&1&0&0&0&0&1&0&0&0&0&0\\
0&1&0&0&1&0&0&0&0&1&0&0&0&0\\
0&1&0&0&0&1&0&0&0&0&1&0&0&0\\
0&1&0&0&0&1&0&0&0&0&0&1&0&1\\
1&0&0&1&0&0&0&0&1&0&0&0&1&0\\
0&1&0&0&0&1&0&0&0&0&0&1&0&1
\end{bmatrix}
$$

假设从车体到其中一个车轮的连杆标号依次为 $0,l,m,n,\cdots,s$, 则 $\boldsymbol{B}(l)=0$, $\boldsymbol{B}(m)=l$, $\boldsymbol{B}(n)=m,\cdots,\boldsymbol{S}_e(s)=1$。

5.3.2 坐标系定义与坐标变换

用 $\{\Sigma_I\}$ 表示惯性空间中的惯性坐标系。定义固连到每一个连杆的动坐标系。定义动坐标系的时候, 并非采用 D–H 方法, 而是采用一种更为简单和灵活的规则。

如果关节 i 是旋转关节: 将坐标系 $\{\Sigma_i\}$ 的坐标原点固定在关节 i 上, 将坐标系固连到连杆 i; 使 z 轴与关节的旋转轴重合; x 轴的方向指向关节 $i+1$, 或者是转动惯量容易描述的方向。如果关节 i 是移动关节: 将 $\{\Sigma_i\}$ 的坐标原点置于关节 i 位移为零的位置, 并与连杆 $i-1$ 固连; 使其 z 轴与关节位移方向重合, 位移方向为正方向; x 轴的方向为便于进行惯量描述的方向。

定义绕关节旋转的旋转矩阵

$$
Rot(x,\psi)=\begin{bmatrix}1&0&0\\0&\cos\psi&-\sin\psi\\0&\sin\psi&\cos\psi\end{bmatrix},\quad Rot(y,\theta)=\begin{bmatrix}\cos\theta&0&\sin\theta\\0&1&0\\-\sin\theta&0&\cos\theta\end{bmatrix}
$$

$$
Rot(z,\varphi)=\begin{bmatrix}\cos\varphi&-\sin\varphi&0\\\sin\varphi&\cos\varphi&0\\0&0&1\end{bmatrix}
$$

对于旋转关节, 坐标系 $i-1$ 到坐标系 i 的变换为

$$\{\Sigma_i\} = Rot(x,\psi)Rot(y,\theta)Rot[z,(\varphi+q_{i-1})]\{\Sigma_{i-1}\} = {}^iA_{i-1}\{\Sigma_{i-1}\} \tag{5.4}$$

$$A_i = {}^I A_i = {}^I A_0^0 A_1 \cdots {}^{i-1}A_i \tag{5.5}$$

式中, q_i 为关节 i 对应的角度变量。对于移动关节, 用 q_i 表示位移变量, 但在公式 (5.4) 中不包含 q_{i-1} 项。另外, 需要定义位于连杆 i 质心位置的坐标系, 该坐标系的姿态与关节 i 的坐标系 $\{\Sigma_i\}$ 相同。为了便于公式表达, 作如下约定: 对于在惯性坐标系中矢量和转换矩阵等, 省略标志惯性坐标系的左上角标 I。

5.3.3 运动学递归方程

星球车的运动学信息是进行动力学方程求解的基础 (Yoshida, 2000), 包括车体、连杆质心和车轮等的位置、速度和加速度。

1. 位置递归方程

星球车关节和质心位置如图 5.5 所示。

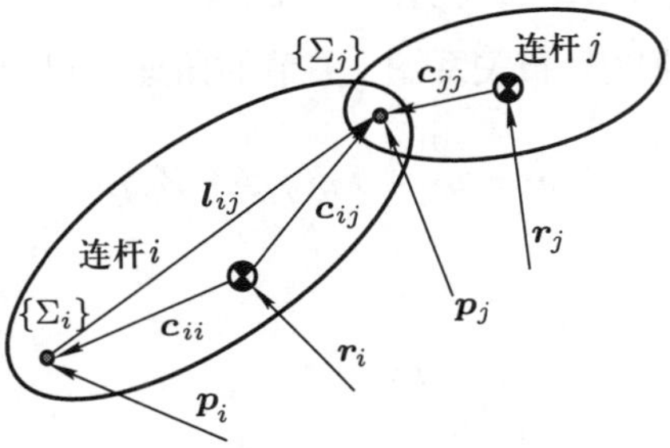

图 5.5 关节和质心位置关系图

令 $\boldsymbol{c}_{ij} = \boldsymbol{A}_i{}^i\boldsymbol{c}_{ij}$ 表示从连杆 i 的质心指向关节 j 的矢量, $\boldsymbol{l}_{ij}$ 表示从关节 i 指向关节 j 的矢量, $\boldsymbol{c}_{se} = \boldsymbol{A}_s{}^s\boldsymbol{c}_{se}$ 表示从末端连杆 s 的质心指向末端点 e 的矢量 (s 为末端连杆), $\boldsymbol{l}_{se}$ 表示从关节 s 指向末端点的矢量。矢量 $\boldsymbol{p}_i$ 表示关节 i 在惯性坐标系中的位置, $\boldsymbol{r}_i$ 表示连杆 i 的质心在惯性坐标系中的位置。${}^i\boldsymbol{Z}_i = [0 \quad 0 \quad 1]^{\mathrm{T}}$ 表示关节 i 的 z 轴在坐标系 i 上的投影。下面对关节、质心和末端点的位置关系进行描述。

对于转动关节 i 和 j, 有

$$\boldsymbol{p}_j = \boldsymbol{p}_i + \boldsymbol{l}_{ij} = \boldsymbol{p}_i + \boldsymbol{c}_{ij} - \boldsymbol{c}_{ii} = \boldsymbol{p}_i + \boldsymbol{A}_i({}^i\boldsymbol{c}_{ij} - {}^i\boldsymbol{c}_{ii})$$

$$\boldsymbol{r}_j = \boldsymbol{r}_i + \boldsymbol{c}_{ij} - \boldsymbol{c}_{jj} = \boldsymbol{r}_i + \boldsymbol{A}_i{}^i\boldsymbol{c}_{ij} - \boldsymbol{A}_j{}^j\boldsymbol{c}_{jj}$$

对于移动关节 i 和 j, 有

$$\boldsymbol{p}_j = \boldsymbol{p}_i + \boldsymbol{l}_{ij} = \boldsymbol{p}_i + \boldsymbol{c}_{ij} + \boldsymbol{A}_i{}^i\boldsymbol{Z}_i q_i - \boldsymbol{c}_{ii} = \boldsymbol{p}_i + \boldsymbol{A}_i({}^i\boldsymbol{c}_{ij} + {}^i\boldsymbol{Z}_i q_i - {}^i\boldsymbol{c}_{ii})$$

$$\boldsymbol{r}_j = \boldsymbol{r}_i + \boldsymbol{c}_{ij} + \boldsymbol{A}_j{}^j\boldsymbol{Z}_j q_j - \boldsymbol{c}_{jj} = \boldsymbol{r}_i + \boldsymbol{A}_i{}^i\boldsymbol{c}_{ij} + \boldsymbol{A}_j({}^j\boldsymbol{Z}_j q_j - {}^j\boldsymbol{c}_{jj})$$

为了将移动关节和转动关节统一表达, 可以引入如下标志变量:

$$\lambda_P(i)=\begin{cases}0, & i\text{ 是旋转关节}\\ 1, & i\text{ 平移关节}\end{cases}$$

$$\lambda_R(i)=\begin{cases}1, & i\text{ 是旋转关节}\\ 0, & i\text{ 平移关节}\end{cases}$$

因此可以统一表示为

$$\boldsymbol{p}_j=\boldsymbol{p}_i+\boldsymbol{c}_{ij}+\lambda_P(i)\boldsymbol{A}_i{}^i\boldsymbol{Z}_iq_i-\boldsymbol{c}_{ii}=\boldsymbol{p}_i+\boldsymbol{A}_i[{}^i\boldsymbol{c}_{ij}+\lambda_P(i){}^i\boldsymbol{Z}_iq_i-{}^i\boldsymbol{c}_{ii}] \tag{5.6}$$

$$\boldsymbol{r}_j=\boldsymbol{r}_i+\boldsymbol{c}_{ij}+\lambda_P(j)\boldsymbol{A}_j{}^j\boldsymbol{Z}_jq_j-\boldsymbol{c}_{jj}=\boldsymbol{r}_i+\boldsymbol{A}_i{}^i\boldsymbol{c}_{ij}+\boldsymbol{A}_j[\lambda_P(j){}^j\boldsymbol{Z}_jq_j-{}^j\boldsymbol{c}_{jj}] \tag{5.7}$$

末端点 (轮地作用点) 位置矢量为

$$\boldsymbol{p}_e=\boldsymbol{p}_s+\boldsymbol{c}_{se}+\lambda_P(s)\boldsymbol{A}_s{}^s\boldsymbol{Z}_s\phi_s-\boldsymbol{c}_{ss}=\boldsymbol{r}_s+\boldsymbol{c}_{se}=\boldsymbol{r}_s+\boldsymbol{A}_s{}^s\boldsymbol{c}_{se} \tag{5.8}$$

2. 速度递归方程

根据动力学知识, 有 $\dot{\boldsymbol{A}}_i=\boldsymbol{\omega}_i\times\boldsymbol{A}_i,\dot{r}_i=\boldsymbol{\omega}_i\times\boldsymbol{r}$。

图 5.6 为相邻连杆速度分布关系图。关节的角速度可以通过叠加求得, 即

$$\boldsymbol{\omega}_j=\boldsymbol{\omega}_i+\lambda_R(j)\boldsymbol{A}_j{}^j\boldsymbol{Z}_j\dot{q}_j \tag{5.9}$$

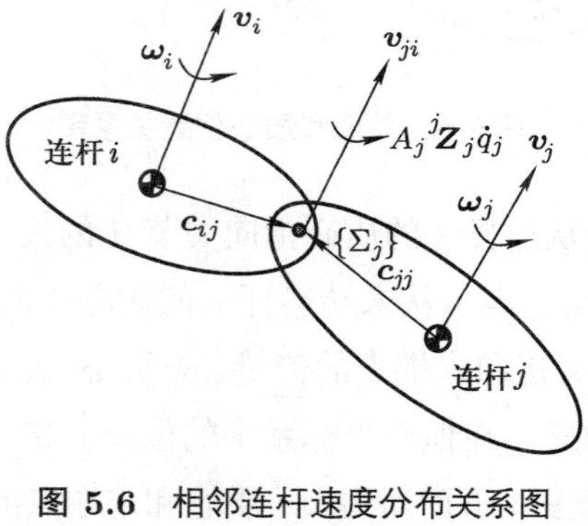

图 5.6 相邻连杆速度分布关系图

对公式 (5.7) 进行微分, 可以求得关节连杆质心的线速度为

$$\begin{aligned}\boldsymbol{v}_j&=\dot{\boldsymbol{r}}_i+\dot{\boldsymbol{c}}_{ij}+\lambda_p(j)(\boldsymbol{A}_j{}^j\dot{\boldsymbol{Z}}_j\phi_j+\boldsymbol{A}_j{}^j\boldsymbol{Z}_j\dot{q}_j)-\dot{\boldsymbol{c}}_{jj}\\&=\boldsymbol{v}_i+\boldsymbol{\omega}_i\times\boldsymbol{c}_{ij}-\boldsymbol{\omega}_j\times\boldsymbol{c}_{jj}+\lambda_p(j)(\boldsymbol{\omega}_j\times\boldsymbol{A}_j{}^j\boldsymbol{Z}_jq_j+\boldsymbol{A}_j{}^j\boldsymbol{Z}_j\dot{q}_j)\end{aligned} \tag{5.10}$$

对式 (5.8) 进行微分, 可得末端点的速度为

$$\boldsymbol{v}_e=\dot{\boldsymbol{r}}_s+\dot{\boldsymbol{c}}_{se}=\boldsymbol{v}_s+\boldsymbol{\omega}_s\times\boldsymbol{c}_{se} \tag{5.11}$$

3. 加速度递归方程

对式 (5.9) ~ 式 (5.11) 微分, 可以得到关节的角加速度和线加速度方程递归计算公式

$$\begin{aligned}\dot{\boldsymbol{\omega}}_j &= \dot{\boldsymbol{\omega}}_i + \lambda_R(j)(\dot{\boldsymbol{A}}_j{}^j\boldsymbol{Z}_j\dot{q}_j + \boldsymbol{A}_j{}^j\boldsymbol{Z}_j\ddot{q}_j) \\ &= \dot{\boldsymbol{\omega}}_i + \lambda_R(j)(\boldsymbol{\omega}_j \times \boldsymbol{A}_j{}^j\boldsymbol{Z}_j\dot{q}_j + \boldsymbol{A}_j{}^j\boldsymbol{Z}_j\ddot{q}_j)\end{aligned} \tag{5.12}$$

$$\begin{aligned}\dot{\boldsymbol{v}}_j = {} & \dot{\boldsymbol{v}}_i + \dot{\boldsymbol{\omega}}_i \times \boldsymbol{c}_{ij} + \boldsymbol{\omega}_i^{\times}\dot{\boldsymbol{c}}_{ij} - \dot{\boldsymbol{\omega}}_j \times \boldsymbol{c}_{jj} - \boldsymbol{\omega}_j \times \dot{\boldsymbol{c}}_{jj} + \\ & \lambda_p(j)(\dot{\boldsymbol{\omega}}_j \times \boldsymbol{A}_j{}^j\boldsymbol{Z}_j q_j + \boldsymbol{\omega}_j \times \dot{\boldsymbol{A}}_j{}^j\boldsymbol{Z}_j q_j + \boldsymbol{\omega}_j \times \boldsymbol{A}_j{}^j\boldsymbol{Z}_j\dot{q}_j + \dot{\boldsymbol{A}}_j{}^j\boldsymbol{Z}_j\dot{q}_j + \boldsymbol{A}_j{}^j\boldsymbol{Z}_j\ddot{q}_j) \\ = {} & \dot{\boldsymbol{v}}_i + \dot{\boldsymbol{\omega}}_i \times \boldsymbol{c}_{ij} + \boldsymbol{\omega}_i \times (\boldsymbol{\omega}_i \times \boldsymbol{c}_{ij}) - \dot{\boldsymbol{\omega}}_j \times \boldsymbol{c}_{jj} - \boldsymbol{\omega}_j \times (\boldsymbol{\omega}_j \times \boldsymbol{c}_{jj}) + \\ & \lambda_p(j)[\dot{\boldsymbol{\omega}}_j \times \boldsymbol{A}_j{}^j\boldsymbol{Z}_j q_j + \boldsymbol{\omega}_j \times (\boldsymbol{\omega}_j \times \boldsymbol{A}_j{}^j\boldsymbol{Z}_j q_j) + 2\boldsymbol{\omega}_j \times \boldsymbol{A}_j{}^j\boldsymbol{Z}_j\dot{q}_j + \boldsymbol{A}_j{}^j\boldsymbol{Z}_j\ddot{q}_j]\end{aligned} \tag{5.13}$$

末端点的加速度计算公式为

$$\dot{\boldsymbol{v}}_e = \dot{\boldsymbol{v}}_s + \dot{\boldsymbol{\omega}}_s \times \boldsymbol{c}_{se} + \boldsymbol{\omega}_s \times \dot{\boldsymbol{c}}_{se} = \dot{\boldsymbol{v}}_s + \dot{\boldsymbol{\omega}}_s \times \boldsymbol{c}_{se} + \boldsymbol{\omega}_s \times (\boldsymbol{\omega}_s \times \boldsymbol{c}_{se}) \tag{5.14}$$

5.3.4 速度雅可比矩阵

首先对符号定义、用到的公式以及一些约定进行说明。

用 $\boldsymbol{q}$ 表示关节向量, 元素个数与关节数目相同, 即 n_v 个, $\boldsymbol{q}_s$ 表示其中一个分支的关节向量, 即车体到单个车轮的关节向量, n_s 为该分支上的关节个数, 则 $\boldsymbol{q} = [q_1 \quad q_2 \quad \cdots \quad q_{n_v}]^{\mathrm{T}}, \boldsymbol{q}_s = [q_l \quad q_m \quad q_n \quad \cdots \quad q_s]^{\mathrm{T}}$。

$\boldsymbol{v} = [v_x \quad v_y \quad v_z]^{\mathrm{T}}, \boldsymbol{\omega} = [\omega_x \quad \omega_y \quad \omega_z]^{\mathrm{T}}$ 分别表示速度和加速度向量。

令 $\boldsymbol{P}_{ij} = \boldsymbol{p}_j - \boldsymbol{p}_i$ 表示关节 i 指向关节 j 的矢量, $\boldsymbol{r}_{ij} = \boldsymbol{r}_j - \boldsymbol{r}_i$ 表示连杆 i 的质心指向连杆 j 的质心的矢量。

对于矢量 $\boldsymbol{a} = [a_1 \quad a_2 \quad a_3]^{\mathrm{T}}, \boldsymbol{b} = [b_1 \quad b_2 \quad b_3]^{\mathrm{T}}$, 定义 $\widetilde{\boldsymbol{a}} = \begin{bmatrix} 0 & -a_3 & a_2 \\ a_3 & 0 & -a_1 \\ -a_2 & a_1 & 0 \end{bmatrix}$, 则有 $\boldsymbol{a} \times \boldsymbol{b} = \widetilde{\boldsymbol{a}}\boldsymbol{b}; \boldsymbol{b} \times \boldsymbol{a} = -\widetilde{\boldsymbol{a}}\boldsymbol{b} = \widetilde{\boldsymbol{a}}^{\mathrm{I}}\boldsymbol{b}$。

1. 轮地作用点关于广义坐标的速度雅可比矩阵

雅可比矩阵反映了轮地作用点速度与广义速度之间的映射关系, 给定车体速度和各个关节的速度, 可以据此求解各个车轮的速度信息; 根据虚位移原理, 如果已知土壤对于车轮的作用力, 则依据雅可比矩阵可以求解作用于车体和各个关节的广义力。

将树形结构中一个分支的连杆序号 $0, l, m, n, \cdots, s$ 重新标号为 $1, 2, 3, \cdots, n_s$。为了简化问题, 假设这些关节全部为转动关节, 对于移动关节的情况放在最后讨论。

由图 5.7 可知, 车轮末端的位置矢量递归公式为

$$\boldsymbol{p}_e = \boldsymbol{r}_0 + \boldsymbol{c}_{01} + \sum_{i=1}^{n_s-1} \boldsymbol{l}_{i(i+1)} + \boldsymbol{b}_{n_s e} \tag{5.15}$$

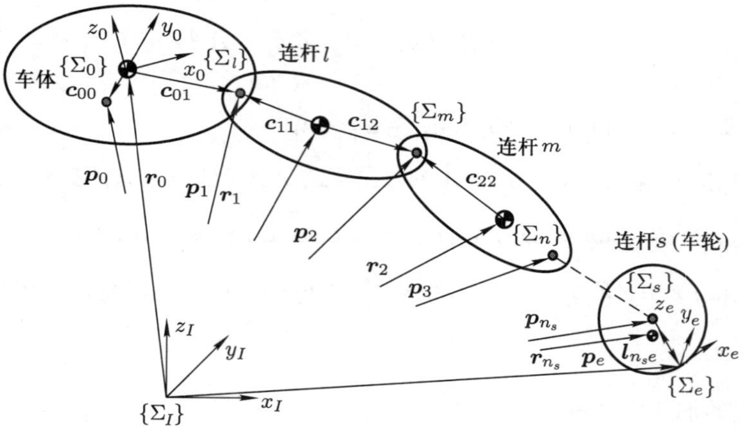

图 5.7 车体到单个车轮的坐标系

对上式求导可得

$$\boldsymbol{v}_e = \boldsymbol{v}_0 + \boldsymbol{\omega}_0 \times \boldsymbol{c}_{01} + \sum_{i=1}^{n_s-1} \boldsymbol{\omega}_i \times \boldsymbol{l}_{i(i+1)} + \boldsymbol{\omega}_{n_s} \times \boldsymbol{l}_{n_s e} \tag{5.16}$$

关节 i 的角速度可以通过递归方法进行计算

$$\boldsymbol{\omega}_i = \boldsymbol{\omega}_0 + \boldsymbol{\omega}_1^0 + \boldsymbol{\omega}_2^1 + \cdots + \boldsymbol{\omega}_i^{i-1} = \boldsymbol{\omega}_0 + \boldsymbol{A}_1{}^1\boldsymbol{Z}_1\dot{q}_1 + \boldsymbol{A}_2{}^2\boldsymbol{Z}_2\dot{q}_2 + \cdots + \boldsymbol{A}_i{}^i\boldsymbol{Z}_i\dot{q}_i \tag{5.17}$$

将式 (5.17) 带入式 (5.16), 可以得到

$$\begin{aligned}
\boldsymbol{v}_e &= \boldsymbol{v}_0 + \boldsymbol{\omega}_0 \times \left[\boldsymbol{c}_{01} + \sum_{i=1}^{n_s-1} \boldsymbol{l}_{i(i+1)} + \boldsymbol{l}_{n_s e}\right] + \boldsymbol{\omega}_1^0 \times \left[\sum_{i=1}^{n_s-1} \boldsymbol{l}_{i(i+1)} + \boldsymbol{l}_{n_s e}\right] + \\
&\quad \boldsymbol{\omega}_2^1 \times \left[\sum_{i=2}^{n_s-1} \boldsymbol{l}_{i(i+1)} + \boldsymbol{l}_{n_s e}\right] + \cdots + \boldsymbol{\omega}_{n_s}^{n_s-1} \times \boldsymbol{l}_{n_s e} \\
&= \boldsymbol{v}_0 + \boldsymbol{\omega}_0 \times (\boldsymbol{p}_e - \boldsymbol{r}_0) + \sum_{i=1}^{n_s} \boldsymbol{A}_i{}^i\boldsymbol{Z}_i \times (\boldsymbol{p}_e - \boldsymbol{p}_i)\dot{q}_i \\
&= [\boldsymbol{J}_{BTe} \quad \boldsymbol{J}'_{MTe}][(\boldsymbol{v}_0^{\mathrm{T}} \quad \boldsymbol{\omega}_0^{\mathrm{T}})\dot{q}_s^{\mathrm{T}}]^{\mathrm{T}}
\end{aligned} \tag{5.18}$$

式中, $\boldsymbol{J}_{BTe} = [\boldsymbol{E} \quad \widetilde{P}_{er0}^{\mathrm{T}}$ 为 3×6 矩阵, 其中 $\boldsymbol{P}_{er0} = \boldsymbol{p}_e - \boldsymbol{r}_0$; $\boldsymbol{J}'_{MTe} = [\boldsymbol{A}_1{}^1\boldsymbol{Z}_1 \times \boldsymbol{P}_{1e} \quad \boldsymbol{A}_2{}^2\boldsymbol{Z}_2 \times \boldsymbol{P}_{2e} \cdots \boldsymbol{A}_{n_s}{}^{n_s}\boldsymbol{Z}_{n_s} \times \boldsymbol{P}_{n_s e}]$ 为 $3 \times n_s$ 矩阵。

对于移动关节, 可以采用同样的方法进行推导。假设第 i 个关节为移动关节, 则雅可比矩阵 $\boldsymbol{J}'_{MTe}$ 中的对应项 $\boldsymbol{A}_i{}^i\boldsymbol{Z}_i \times \boldsymbol{P}_{ie}$ 用 $\boldsymbol{A}_i{}^i\boldsymbol{Z}_i$ 代替即可。其意义是显而易见的, 反映了关节速度映射到轮地作用接触点的分量。

末端点的角速度为

$$\boldsymbol{\omega}_e = \boldsymbol{\omega}_n = \sum_{i=0}^{n} \boldsymbol{\omega}_i = \boldsymbol{\omega}_0 + \sum_{i=1}^{n} \boldsymbol{A}_i{}^i\boldsymbol{Z}_i \dot{q}_i = [\boldsymbol{J}_{BRe} \quad J'_{MRe}][(\boldsymbol{v}_0^{\mathrm{T}} \quad \boldsymbol{\omega}_0^{\mathrm{T}})\dot{q}_s^{\mathrm{T}}]^{\mathrm{T}} \tag{5.19}$$

对于移动关节, 对应的角速度项为零。

$\boldsymbol{J}_{BRe} = [0 \quad \boldsymbol{E}]$ 为 3×6 矩阵, 反映了车体的角速度对于轮地作用角速度的贡献。$\boldsymbol{J}'_{MRe} = [\boldsymbol{A}_1{}^1\boldsymbol{Z}_1 \quad \boldsymbol{A}_2{}^2\boldsymbol{Z}_2 \quad \cdots \quad \boldsymbol{A}_{n_s}{}^{n_s}\boldsymbol{Z}_{n_s}]$ 为 $3 \times n_s$ 矩阵, 反映了各旋转关节对于轮地作用点角速度的贡献。如果第 i 个关节为移动关节, 其对于末端点的角速度没有影响, 因而 $\boldsymbol{J}'_{MRe}$ 中的对应项 $\boldsymbol{A}_i{}^i\boldsymbol{Z}_i$ 用 0 代替即可。

将标号 $1, 2, 3, \cdots, n_s$ 重新赋予原来的 $l, m, n, \cdots, s$, 可以得到末端点对于所有关节的雅可比矩阵

$$\begin{aligned}
\boldsymbol{J}_{MTe} &= [0 \quad \cdots \quad \boldsymbol{A}_l{}^l\boldsymbol{Z}_l \times \boldsymbol{P}_{le} \quad \cdots \quad \boldsymbol{A}_m{}^m\boldsymbol{Z}_m \times \boldsymbol{P}_{me} \quad \cdots \quad \boldsymbol{A}_s{}^s\boldsymbol{Z}_s \times \boldsymbol{P}_{se} \quad \cdots \quad 0] \\
&= [\boldsymbol{L}_{s1}\boldsymbol{A}_1{}^1\boldsymbol{Z}_1 \times \boldsymbol{P}_{1e} \quad \boldsymbol{L}_{s2}\boldsymbol{A}_2{}^2\boldsymbol{Z}_2 \times \boldsymbol{P}_{2e} \quad \cdots \quad \boldsymbol{L}_{sn_v}\boldsymbol{A}_{n_v}{}^{n_r}\boldsymbol{Z}_{n_v} \times \boldsymbol{P}_{n_v e}]
\end{aligned}$$

$$\begin{aligned}
\boldsymbol{J}_{MRe} &= [0 \quad \cdots \quad \boldsymbol{A}_l{}^l\boldsymbol{Z}_l \quad \cdots \quad \boldsymbol{A}_m{}^m\boldsymbol{Z}_m \quad \cdots \quad \boldsymbol{A}_s{}^s\boldsymbol{Z}_s \quad \cdots \quad 0] \\
&= [\boldsymbol{L}_{s1}\boldsymbol{A}_1{}^1\boldsymbol{Z}_1 \quad \boldsymbol{L}_{s2}\boldsymbol{A}_2{}^2\boldsymbol{Z}_2 \quad \cdots \quad \boldsymbol{L}_{sn_v}\boldsymbol{A}_{n_v}{}^{n_r}\boldsymbol{Z}_{n_v}]
\end{aligned}$$

式中, $\boldsymbol{J}_{MTe}$ 和 $\boldsymbol{J}_{MRe}$ 均为 $3 \times n_v$ 矩阵。

因此, 对于标号为 i_w 的车轮, 其雅可比矩阵表示的速度关系为 (Yoshida, 2000)

$$\begin{bmatrix} \boldsymbol{v}_e(i_w) \\ \boldsymbol{\omega}_e(i_w) \end{bmatrix} = \boldsymbol{J}_e(i_w) \begin{bmatrix} \begin{pmatrix} \boldsymbol{v}_0 \\ \boldsymbol{\omega}_0 \end{pmatrix} \\ \dot{\boldsymbol{q}} \end{bmatrix} \tag{5.20}$$

式中, $\boldsymbol{J}_e = [\boldsymbol{J}_{Be} \quad \boldsymbol{J}_{Me}] = \begin{bmatrix} \boldsymbol{J}_{BTe} & \boldsymbol{J}_{MTe} \\ \boldsymbol{J}_{BRe} & \boldsymbol{J}_{MRe} \end{bmatrix}$, 为广义坐标映射到轮地作用点的 $6 \times (6 + n_v)$ 速度雅可比矩阵, $\boldsymbol{J}_{Be}$ 为车体速度映射到轮地相互作用点的 6×6 雅可比矩阵, $\boldsymbol{J}_{Me}$ 为各旋转关节速度映射轮地相互作用点的 $6 \times n_v$ 雅可比矩阵。

对于整车系统, 广义速度与各个车轮和土壤相互作用点的映射关系为

$$\dot{\boldsymbol{X}}_{ae} = \boldsymbol{J}_{ae}\dot{\boldsymbol{\Phi}} \tag{5.21}$$

式中, $\dot{\boldsymbol{X}}_{ae}(6n_w \times 1)$ 表示所有轮地接触点的速度信息; $\boldsymbol{J}_{ae}[6n_w \times (n+6)]$ 表示整车的雅可比矩阵; $\dot{\boldsymbol{\Phi}}[(n+6) \times 1]$ 表示整车的广义速度。它们分别表示如下:

$$\dot{\boldsymbol{X}}_{ae} = \begin{bmatrix} \boldsymbol{v}_e(1) \\ \boldsymbol{\omega}_e(1) \\ \vdots \\ \boldsymbol{v}_e(n_w) \\ \boldsymbol{\omega}_e(n_w) \end{bmatrix}, \quad \boldsymbol{J}_{ae} = \begin{bmatrix} \boldsymbol{J}_e(1) \\ \boldsymbol{J}_e(2) \\ \vdots \\ \boldsymbol{J}_e(n_w) \end{bmatrix}, \quad \dot{\boldsymbol{\Phi}} = \begin{bmatrix} \boldsymbol{v}_0 \\ \boldsymbol{\omega}_0 \\ \dot{\boldsymbol{q}} \end{bmatrix}$$

2. 构件质心关于广义速度的雅可比矩阵

利用该雅可比矩阵, 可以将广义速度转化为各个构件质心的速度。

根据图 5.7 和式 (5.7), 连杆 i 的质心位置计算公式为

$$\boldsymbol{r}_i = \boldsymbol{r}_0 + \boldsymbol{c}_{01} + \sum_{j=1}^{i-1} \boldsymbol{l}_{j(j+1)} \boldsymbol{c}_{ii} \tag{5.22}$$

对时间进行微分, 可以得到

$$\dot{\boldsymbol{r}}_i = \boldsymbol{v}_0 + \boldsymbol{\omega}_0 \times \boldsymbol{c}_{01} + \sum_{j=1}^{i-1} \boldsymbol{\omega}_j \times \boldsymbol{l}_{j(j+1)} - \boldsymbol{\omega}_i \times \boldsymbol{c}_{ii} \tag{5.23}$$

将公式 (5.17) 代入, 可以得到

$$\begin{aligned}
\dot{\boldsymbol{r}}_i =& \boldsymbol{v}_0 + \boldsymbol{\omega}_0 \times \left[\boldsymbol{c}_{01} + \sum_{j=1}^{i-1} \boldsymbol{l}_{j(j+1)} - \boldsymbol{c}_{ii}\right] + \boldsymbol{\omega}_1^0 \times \left[\sum_{j=1}^{i-1} \boldsymbol{l}_{j(j+1)} - \boldsymbol{c}_{ii}\right] + \\
& \boldsymbol{\omega}_2^1 \times \left[\sum_{j=2}^{i-1} \boldsymbol{l}_{j(j+1)} - \boldsymbol{c}_{ii}\right] + \cdots + \boldsymbol{\omega}_{i-1}^{i-2} \times [\boldsymbol{l}_{(i-1)i} - \boldsymbol{c}_{ii}] + \boldsymbol{\omega}_i^{i-1} \times (-\boldsymbol{c}_{ii}) \\
=& \boldsymbol{v}_0 + \boldsymbol{\omega}_0 \times (\boldsymbol{r}_i - \boldsymbol{r}_0) + \sum_{j=1}^{i} \boldsymbol{A}_j{}^j\boldsymbol{Z}_j \times (\boldsymbol{r}_i - \boldsymbol{P}_j)\dot{q}_i = [\boldsymbol{J}_{BTi} \quad \boldsymbol{J}'_{MTi}][(\boldsymbol{v}_0^{\mathrm{T}} \quad \boldsymbol{\omega}_0^{\mathrm{T}})\dot{\boldsymbol{q}}_s^{\mathrm{T}}]^{\mathrm{T}}
\end{aligned} \tag{5.24}$$

式中, $\boldsymbol{J}_{BTi}$ 为 3×6 矩阵; $\boldsymbol{J}_{MTi}$ 为 $3\times n_s$ 矩阵。它们分别表示如下:

$$\boldsymbol{J}_{BTi} = [\boldsymbol{E} \quad \tilde{r}_{0i}^{\mathrm{T}}]$$

$$\boldsymbol{J}'_{MTi} = [{}^1\boldsymbol{Z}_1 \times (\boldsymbol{r}_1 - \boldsymbol{P}_1) \quad {}^2\boldsymbol{Z}_2 \times (\boldsymbol{r}_2 - \boldsymbol{P}_2) \quad \cdots \quad {}^i\boldsymbol{Z}_i \times (\boldsymbol{r}_i - \boldsymbol{P}_i) \quad 0 \quad \cdots \quad 0]$$

连杆 i 质心的角速度为

$$\boldsymbol{\omega}_i = \sum_{j=0}^{i} \boldsymbol{\omega}_j = \boldsymbol{\omega}_0 + \sum_{j=0}^{i} \boldsymbol{Z}_i \dot{\boldsymbol{q}}_i = [\boldsymbol{J}_{BRi} \quad \boldsymbol{J}'_{MRi}][(v_0^{\mathrm{T}} \quad \boldsymbol{\omega}_0^{\mathrm{T}}) \quad \dot{\boldsymbol{q}}^{\mathrm{T}}]^{\mathrm{T}}$$

式中, $\boldsymbol{J}_{BRi} = [0 \quad \boldsymbol{E}]$ 为 3×6 矩阵; $\boldsymbol{J}'_{MRi} = [\boldsymbol{Z}_1 \quad \boldsymbol{Z}_2 \quad \cdots \quad \boldsymbol{Z}_i \quad 0 \quad \cdots \quad 0]$ 为 $3\times n_s$ 矩阵。

因此, 对于整车系统, 可以得到如下 $3\times n_v$ 矩阵:

$$\boldsymbol{J}_{MTi} = [\boldsymbol{L}_{i1}{}^1\boldsymbol{Z}_1 \times (\boldsymbol{r}_i - \boldsymbol{p}_1) \quad \boldsymbol{L}_{i2}{}^2\boldsymbol{Z}_2 \times (\boldsymbol{r}_i - \boldsymbol{p}_2) \quad \cdots \quad \boldsymbol{L}_{in_v}{}^{n_v}\boldsymbol{Z}_{n_v} \times (\boldsymbol{r}_i - \boldsymbol{p}_{n_v})]$$

$$\boldsymbol{J}_{MRi} = [\boldsymbol{L}_{i1}{}^1\boldsymbol{Z}_1 \quad \boldsymbol{L}_{i2}{}^2\boldsymbol{Z}_2 \quad \cdots \quad L_{in_v}{}^{n_v}\boldsymbol{Z}_{n_v}]$$

假设第 j 个关节为移动关节, 则 $\boldsymbol{J}_{MTi}$ 中的 $\boldsymbol{L}_{ij}{}^j\boldsymbol{Z}_j \times (\boldsymbol{r}_i - \boldsymbol{p}_j)$ 项变为 $\boldsymbol{L}_{ij}{}^j\boldsymbol{Z}_j$, $\boldsymbol{J}_{MRi}$ 中的 $\boldsymbol{L}_{ij}{}^j\boldsymbol{Z}_j$ 项变为 0 即可。

因此, 对于标号为 i 的连杆, 其质心速度关于广义速度的计算公式为 (Yoshida, 2000)

$$\begin{bmatrix} \boldsymbol{v}_i \\ \boldsymbol{\omega}_i \end{bmatrix} = \boldsymbol{J}_i \dot{\boldsymbol{\Phi}} \tag{5.25}$$

式中, $\boldsymbol{J}_i = [\boldsymbol{J}_{Bi} \quad J_{Mi}] = \begin{bmatrix} \boldsymbol{J}_{BTi} & \boldsymbol{J}_{MTi} \\ \boldsymbol{J}_{BRi} & \boldsymbol{J}_{MRi} \end{bmatrix}$, 为广义坐标映射到连杆 i 质心的 $6\times(6+n_v)$ 雅可比矩阵, $\boldsymbol{J}_{Bi}$ 为车体速度映射到连杆 i 质心速度的 6×6 雅可比矩阵, $\boldsymbol{J}_{Mi}$ 为各旋转关节速度映射到连杆 i 质心速度的 $6\times n_v$ 雅可比矩阵。

对于整车系统, 各广义坐标映射到各个连杆质心的雅可比矩阵为

$$\dot{\boldsymbol{X}}_a = \boldsymbol{J}_a \dot{\boldsymbol{\Phi}} \tag{5.26}$$

式中, $\dot{\boldsymbol{X}}_a(6n_v\times 1)$ 表示所有关节质心的速度信息; $\boldsymbol{J}_a[6n_v\times(n_v+6)]$ 表示广义坐标映射到所有关节质心的雅可比矩阵。分别表示如下:

$$\dot{\boldsymbol{X}}_a = \begin{bmatrix} \boldsymbol{v}_1 \\ \boldsymbol{\omega}_1 \\ \vdots \\ \boldsymbol{v}_{n_v} \\ \boldsymbol{\omega}_{n_v} \end{bmatrix}, \quad \boldsymbol{J}_a = \begin{bmatrix} \boldsymbol{J}_1 \\ \boldsymbol{J}_2 \\ \vdots \\ \boldsymbol{J}_{n_v} \end{bmatrix}$$

5.4 基于轮地作用力学的月球车通用递归动力学建模

5.4.1 松软崎岖地形中的轮地相互作用力计算

对于松软的星壤, 轮地作用过程中存在一个接触区域, 根据这一接触区域可以进行车轮进入角和离去角的计算, 进而根据轮地作用力学模型确定土壤整车系统产生的作用力和力矩。

已知条件包括车轮的中心点 W 的坐标 (x_w, y_w, z_w)、车轮的偏航角度 φ_w 及地形 DEM 高程图。可以将车轮与崎岖地形中土壤的接触面简化为一个小斜面, 如图 5.8 所示, 这个斜面由点 $P_1(x_1, y_1, z_1)$、$P_2(x_2, y_2, z_2)$ 和 $P_3(x_3, y_3, z_3)$ 共同确定, 其中的各个点位于高程图的三角网格中, 例如 P_2 位于三角网格 $A_1A_2A_3$ 中。

图 5.9 为车轮和斜面相互作用的情况。其中 $\{\Sigma_I\}$ 为惯性坐标系; $\{\Sigma_e\}$ 为车轮末端和土壤相互作用点处的坐标系, $\{\Sigma_w\}$ 为在车轮轮轴处建立的与 $\{\Sigma_e\}$ 平行的坐标系。

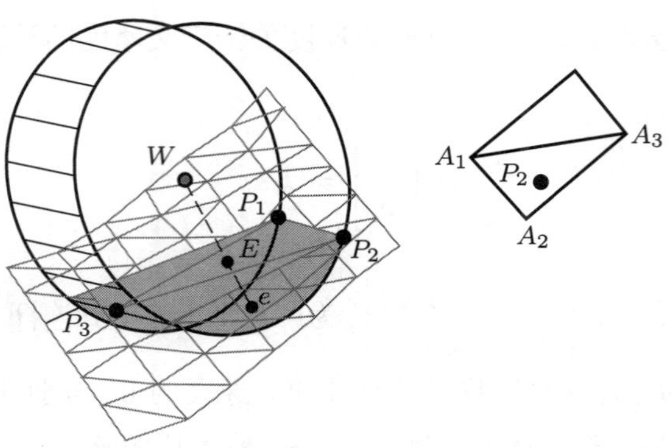

图 5.8 车轮与崎岖地形作用接触区域

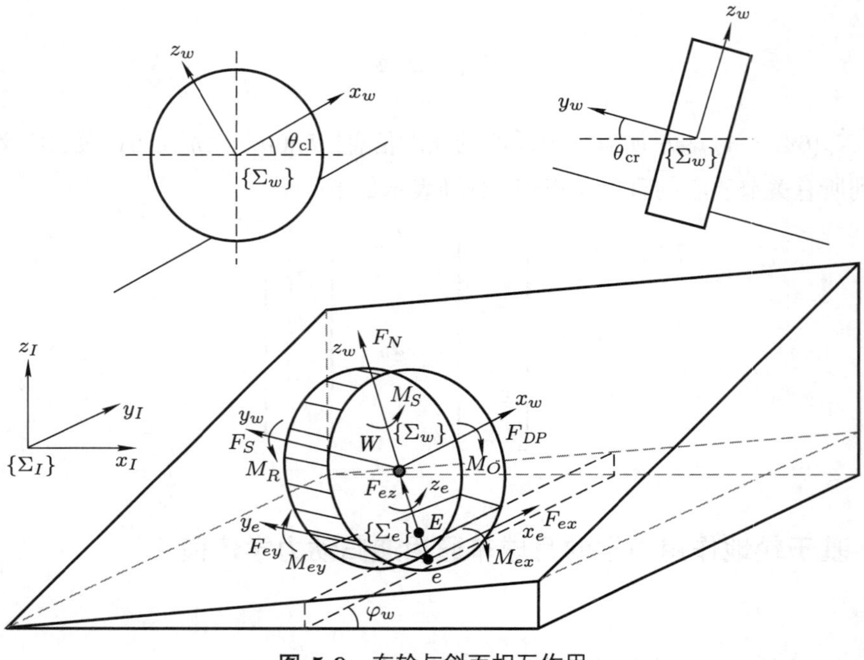

图 5.9 车轮与斜面相互作用

P_1、P_2 和 P_3 所确定的斜面的法向矢量和斜面方程为

$$\boldsymbol{z}_e = \begin{bmatrix} A_t \\ B_t \\ C_t \end{bmatrix} = \begin{bmatrix} x_2 - x_1 \\ y_2 - y_1 \\ z_2 - z_1 \end{bmatrix} \times \begin{bmatrix} x_3 - x_1 \\ y_3 - y_1 \\ z_3 - z_1 \end{bmatrix}$$
$$= \begin{bmatrix} (y_2 - y_1)(z_3 - z_1) - (z_2 - z_1)(y_3 - y_1) \\ -(x_2 - x_1)(z_3 - z_1) + (z_2 - z_1)(x_3 - x_1) \\ (x_2 - x_1)(y_3 - y_1) - (y_2 - y_1)(x_3 - x_1) \end{bmatrix} \tag{5.27}$$

$$A_t(x - x_1) + B_t(y - y_1) + C_t(z - z_1) = 0 \tag{5.28}$$

过车轮中心 W 作轮地作用面的垂线, 垂足 E 位于直线 $(x - x_w)/A_t = (y -$

$y_w)/B_t = (z - z_w)/C_t$ 上，代入平面方程式 (5.28)，求得 E 点坐标，进而求得线段 WE 的长度为

$$\overline{WE} = \frac{|A_t(x_w - x_1) + B_t(y_w - y_1) + C_t(z_w - z_1)|}{\sqrt{A_t^2 + B_t^2 + C_t^2}} \tag{5.29}$$

因此车轮的沉陷量为

$$z = r - \overline{WE} \tag{5.30}$$

$\boldsymbol{x}_e$ 为轮地相互作用面和与 x 轴夹角为 φ_t 的平面 $x\tan\varphi_t - y + D' = 0$ 的交线，求得其矢量方向为 $\boldsymbol{x}_e = \{C_t, C_t\tan\varphi_w, -A_t - B_t\tan\varphi_w\}$。则 $\boldsymbol{y}_e$ 的方向矢量为

$$\boldsymbol{y}_e = \boldsymbol{z}_e \times \boldsymbol{x}_e = \begin{bmatrix} -A_tB_t - (B_t^2 + C_t^2)\tan\varphi_w \\ C_t^2 + A_t(A_t + B_t\tan\varphi_w) \\ A_tC_t\tan\varphi_w - B_tC_t \end{bmatrix} \tag{5.31}$$

将车轮的运动正交分解为爬越角度 θ_{cl} 的斜坡运动和沿侧偏角度 θ_{cr} 的斜坡运动两种，θ_{cl} 和 θ_{cr} 分别为 $\boldsymbol{x}_e$ 和 $\boldsymbol{y}_e$ 与水平面的夹角。根据直线与平面夹角的求解公式，可以得到

$$\theta_{\text{cl}} = \arcsin\frac{-A_t - B_t\tan\varphi_w}{X_1}, \quad \theta_{\text{cr}} = \arcsin\frac{C_t(A_t\tan\varphi_w - B_t)}{X_2}$$

式中

$$X_1 = \sqrt{C_t^2(1 + \tan^2\varphi_w) + (A_t + B_t\tan\varphi_w)^2}$$
$$X_2 = \sqrt{(A_t^2 + B_t^2 + C_t^2)[A_t^2 + C_t^2 + 2A_tB_t\tan\varphi_t + (B_t^2 + C_t^2)\tan^2\varphi_w]}$$

根据法向矢量 $\boldsymbol{x}_e$、$\boldsymbol{y}_e$ 和 $\boldsymbol{z}_e$，可以得到坐标系 $\{\Sigma_e\}$ 和 $\{\Sigma_w\}$ 在惯性坐标系中的变换矩阵

$$^I\boldsymbol{A}_w = {}^I\boldsymbol{A}_e = \begin{bmatrix} \dfrac{C_t}{X_1} & \dfrac{-A_tB_t - (B_t^2 + C_t^2)\tan\varphi_w}{X_2} & \dfrac{A_t}{X_3} \\ \dfrac{C_t\tan\varphi_w}{X_1} & \dfrac{C_t^2 + A_t^2 + A_tB_t\tan\varphi_w}{X_2} & \dfrac{B_t}{X_3} \\ \dfrac{-A_t - B_t\tan\varphi_w}{X_1} & \dfrac{A_tC_t\tan\varphi_w - B_tC_t}{X_2} & \dfrac{C_t}{X_3} \end{bmatrix} \tag{5.32}$$

式中，$X_3 = \sqrt{A_t^2 + B_t^2 + C_t^2}$。

车轮和土壤的相互作用力的计算如下：

$$^e\boldsymbol{F}_e = \begin{bmatrix} ^eF_{ex} \\ ^eF_{ey} \\ ^eF_{ez} \end{bmatrix} = {}^w\boldsymbol{F}_e = \begin{bmatrix} F_{DP} \\ F_S \\ F_N \end{bmatrix} \tag{5.33}$$

$$
{}^{w}\boldsymbol{M}_e = \begin{bmatrix} M_O \\ -M_R \\ M_S \end{bmatrix} = {}^{e}\boldsymbol{M}_e + {}^{e}\boldsymbol{r}_{we} \times {}^{e}\boldsymbol{F}
$$

$$
= \begin{bmatrix} {}^{e}M_{ex} \\ {}^{e}M_{ey} \\ {}^{e}M_{ez} \end{bmatrix} + \begin{bmatrix} 0 \\ 0 \\ -r \end{bmatrix} \times \begin{bmatrix} F_{DP} \\ F_S \\ F_N \end{bmatrix} = \begin{bmatrix} M_{ex} + rF_S \\ M_{ey} - rF_{DP} \\ M_{ez} \end{bmatrix} \tag{5.34}
$$

所以

$$
{}^{e}\boldsymbol{M}_e = \begin{bmatrix} {}^{e}M_{ex} \\ {}^{e}M_{ey} \\ {}^{e}M_{ez} \end{bmatrix} = \begin{bmatrix} M_O - rF_S \\ -M_R + rF_{DP} \\ M_S \end{bmatrix} \tag{5.35}
$$

在惯性坐标系中, 土壤对于车轮作用所产生的等效力/力矩计算公式为

$$
\begin{cases} {}^{I}\boldsymbol{F}_e = {}^{I}\boldsymbol{R}_e {}^{e}\boldsymbol{F}_e \\ {}^{I}\boldsymbol{M}_e = {}^{I}\boldsymbol{R}_e {}^{e}\boldsymbol{M}_e \end{cases} \tag{5.36}
$$

下面以 P_2 为例, 介绍点 P_1、P_2 和 P_3 坐标的确定方法。根据图 5.8, P_2 的 x 和 y 坐标为

$$
\begin{cases} x_2 = x_w + r\cos\theta_{\mathrm{cr}} \\ y_2 = y_w + r\sin\theta_1\cos\theta_{\mathrm{cl}} \end{cases}
$$

根据 x_2 和 y_2, 可以在 DEM 高程图中确定 A_1、A_2 和 A_3 点的坐标, 采用与计算 E 点相同的方法在平面 $A_1A_2A_3$ 中求解 z_2。

5.4.2 拉格朗日动力学方程推导

动能的计算公式为 (Yoshida, 2000)

$$
T = \frac{1}{2}\sum_{i=0}^{n_v}(\boldsymbol{\omega}_i^{\mathrm{T}}\boldsymbol{I}_i\boldsymbol{\omega}_i + m_i\boldsymbol{v}_i^{\mathrm{T}}\boldsymbol{v}_i) \tag{5.37}
$$

式中

$$
\begin{aligned}
T_T = &\sum_{i=0}^{n_v} m_i\boldsymbol{v}_i^{\mathrm{T}}\boldsymbol{v}_i = \sum_{i=0}^{n_v} m_i(\boldsymbol{v}_0 + \boldsymbol{\omega}_0 \times \boldsymbol{r}_{0i} + \boldsymbol{J}_{MTi}\dot{\boldsymbol{q}})^{\mathrm{T}}(\boldsymbol{v}_0 + \boldsymbol{\omega}_0 \times \boldsymbol{r}_{0i} + \boldsymbol{J}_{MTi}\dot{\boldsymbol{q}}) \\
= &\sum_{i=0}^{n_v} m_i\boldsymbol{v}_0^{\mathrm{T}}\boldsymbol{v}_0 + \sum_{i=0}^{n_v} m_i\boldsymbol{v}_0^{\mathrm{T}}(\boldsymbol{\omega}_0 \times \boldsymbol{r}_{0i}) + \sum_{i=0}^{n_v} m_i\boldsymbol{v}_0^{\mathrm{T}}(\boldsymbol{J}_{MTi}\dot{\boldsymbol{q}}) + \\
&\sum_{i=0}^{n_v} m_i(\boldsymbol{\omega}_0 \times \boldsymbol{r}_{0i})^{\mathrm{T}}\boldsymbol{v}_0 + \sum_{i=0}^{n_v} m_i(\boldsymbol{\omega}_0 \times \boldsymbol{r}_{0i})^{\mathrm{T}}(\boldsymbol{\omega}_0 \times \boldsymbol{r}_{0i}) + \\
&\sum_{i=0}^{n_v} m_i(\boldsymbol{\omega}_0 \times \boldsymbol{r}_{0i})^{\mathrm{T}}\boldsymbol{J}_{MTi}\dot{\boldsymbol{q}} + \sum_{i=0}^{n_v} m_i\dot{\boldsymbol{q}}^{\mathrm{T}}J_{MTi}^{\mathrm{T}}\boldsymbol{v}_0 + \sum_{i=0}^{n_v} m_i\dot{\boldsymbol{q}}^{\mathrm{T}}J_{MTi}^{\mathrm{T}}(\boldsymbol{\omega}_0 \times \boldsymbol{r}_{0i}) +
\end{aligned}
$$

$$
\begin{aligned}
&\sum_{i=0}^{n_v} m_i \dot{\boldsymbol{q}}^{\mathrm{T}} \boldsymbol{J}_{MTi}^{\mathrm{T}} \boldsymbol{J}_{MTi} \dot{\boldsymbol{q}} \\
&= M\boldsymbol{v}_0^{\mathrm{T}}\boldsymbol{v}_0 + \boldsymbol{v}_0^{\mathrm{T}} M \widetilde{\boldsymbol{r}}_{0g}^{\mathrm{T}} \boldsymbol{\omega}_0 + \boldsymbol{v}_0^{\mathrm{T}} \left(\sum_{i=0}^{n_v} m_i \boldsymbol{J}_{MTi}\right) \dot{\boldsymbol{q}} + \\
&\quad \boldsymbol{\omega}_0^{\mathrm{T}} M \widetilde{\boldsymbol{r}}_{0g} \boldsymbol{v}_0 + \boldsymbol{\omega}_0^{\mathrm{T}} \left(\sum_{i=0}^{n_v} m_i \widetilde{\boldsymbol{r}}_{0i} \widetilde{\boldsymbol{r}}_{0i}^{\mathrm{T}}\right) \boldsymbol{v}_0 + \boldsymbol{\omega}_0^{\mathrm{T}} \left(\sum_{i=0}^{n_v} m_i \widetilde{\boldsymbol{r}}_{0i} \boldsymbol{J}_{MTi}\right) \dot{\boldsymbol{q}} + \\
&\quad \dot{\boldsymbol{q}}^{\mathrm{T}} \sum_{i=0}^{n_v} m_i J_{MTi}^{\mathrm{T}} \boldsymbol{v}_0 + \dot{\boldsymbol{q}}^{\mathrm{T}} \left(\sum_{i=0}^{n_v} m_i \boldsymbol{J}_{MTi}^{\mathrm{T}} \widetilde{\boldsymbol{r}}_{0i}^{\mathrm{T}}\right) \boldsymbol{\omega}_0 + \dot{\boldsymbol{q}}^{\mathrm{T}} \left(\sum_{i=0}^{n_v} m_i \boldsymbol{J}_{MTi}^{\mathrm{T}} \boldsymbol{J}_{MTi}\right) \dot{\boldsymbol{q}} \\
&= [\boldsymbol{v}_0^{\mathrm{T}} \quad \boldsymbol{\omega}_0^{\mathrm{T}} \quad \dot{\boldsymbol{q}}^{\mathrm{T}}] \begin{bmatrix} M\boldsymbol{E} & M\widetilde{\boldsymbol{r}}_{0g}^{\mathrm{T}} & \sum\limits_{i=0}^{n_v} m_i \boldsymbol{J}_{MTi} \\ M\widetilde{\boldsymbol{r}}_{0g} & \sum\limits_{i=0}^{n_v} m_i \widetilde{\boldsymbol{r}}_{0i} \widetilde{\boldsymbol{r}}_{0i}^{\mathrm{T}} & \sum\limits_{i=0}^{n_v} m_i \widetilde{\boldsymbol{r}}_{0i} \boldsymbol{J}_{MTi} \\ \sum\limits_{i=0}^{n_v} m_i \boldsymbol{J}_{MTi}^{\mathrm{T}} & \sum\limits_{i=0}^{n_v} m_i \boldsymbol{J}_{MTi}^{\mathrm{T}} \widetilde{\boldsymbol{r}}_{0i}^{\mathrm{T}} & \sum\limits_{i=0}^{n_v} m_i \boldsymbol{J}_{MTi}^{\mathrm{T}} \boldsymbol{J}_{MTi} \end{bmatrix} \begin{bmatrix} \boldsymbol{v}_0 \\ \boldsymbol{\omega}_0 \\ \dot{\boldsymbol{q}} \end{bmatrix}
\end{aligned} \tag{5.38}
$$

$$
\begin{aligned}
T_R &= \sum_{i=0}^{n_v} \boldsymbol{\omega}_i^{\mathrm{T}} \boldsymbol{I}_i \boldsymbol{\omega}_i = \sum_{i=0}^{n_v} (\boldsymbol{\omega}_0 + \boldsymbol{J}_{MRi}\dot{\boldsymbol{q}})^{\mathrm{T}} \boldsymbol{I}_i (\boldsymbol{\omega}_0 + \boldsymbol{J}_{MRi}\dot{\boldsymbol{q}}) \\
&= \boldsymbol{\omega}_0^{\mathrm{T}} \left(\sum_{i=0}^{n_v} \boldsymbol{I}_i\right) \boldsymbol{\omega}_0 + \boldsymbol{\omega}_0^{\mathrm{T}} \left(\sum_{i=0}^{n_v} \boldsymbol{I}_i \boldsymbol{J}_{MRi}\right) \dot{\boldsymbol{q}} + \dot{\boldsymbol{q}}^{\mathrm{T}} \left(\sum_{i=0}^{n_v} \boldsymbol{J}_{MRi}^{\mathrm{T}} \boldsymbol{I}_i\right) \boldsymbol{\omega}_0 + \\
&\quad \dot{\boldsymbol{q}}^{\mathrm{T}} \left(\sum_{i=0}^{n_v} \boldsymbol{J}_{MRi}^{\mathrm{T}} \boldsymbol{I}_i \boldsymbol{J}_{MRi}\right) \dot{\boldsymbol{q}} \\
&= [\boldsymbol{v}_0^{\mathrm{T}} \ \boldsymbol{\omega}_0^{\mathrm{T}} \ \dot{\boldsymbol{q}}^{\mathrm{T}}] \begin{bmatrix} 0 & 0 & 0 \\ 0 & \sum\limits_{i=0}^{n_v} \boldsymbol{I}_i & \sum\limits_{i=0}^{n_v} \boldsymbol{I}_i \boldsymbol{J}_{MRi} \\ 0 & \sum\limits_{i=0}^{n_v} \boldsymbol{J}_{MRi}^{\mathrm{T}} \boldsymbol{I}_i & \sum\limits_{i=0}^{n_v} \boldsymbol{J}_{MRi}^{\mathrm{T}} \boldsymbol{I}_i \boldsymbol{J}_{MRi} \end{bmatrix} \begin{bmatrix} \boldsymbol{v}_0 \\ \boldsymbol{\omega}_0 \\ \dot{\boldsymbol{q}} \end{bmatrix}
\end{aligned} \tag{5.39}
$$

$$
\begin{aligned}
T &= T_R + T_T = \frac{1}{2} [\boldsymbol{v}_0^{\mathrm{T}} \ \boldsymbol{\omega}_0^{\mathrm{T}} \ \dot{\boldsymbol{q}}^{\mathrm{T}}] \\
&\begin{bmatrix} M_a\boldsymbol{E} & M_a\widetilde{\boldsymbol{r}}_{0g}^{\mathrm{T}} & \sum\limits_{i=0}^{n_v} m_i \boldsymbol{J}_{MTi} \\ M_a\widetilde{\boldsymbol{r}}_{0g} & \boldsymbol{I}_0 + \sum\limits_{i=1}^{n_v} (\boldsymbol{I}_i + m_i \widetilde{\boldsymbol{r}}_{0i} \widetilde{\boldsymbol{r}}_{0i}^{\mathrm{T}}) & \sum\limits_{i=1}^{n_v} (\boldsymbol{I}_i \boldsymbol{J}_{MRi} + m_i \widetilde{\boldsymbol{r}}_{oi} \boldsymbol{J}_{MTi}) \\ \sum\limits_{i=0}^{n_v} m_i \boldsymbol{J}_{MTi}^{\mathrm{T}} & \sum\limits_{i=1}^{n_v} (\boldsymbol{J}_{MRi}^{\mathrm{T}} \boldsymbol{I}_i + m_i \boldsymbol{J}_{MTi}^{\mathrm{T}} \widetilde{\boldsymbol{r}}_{0i}^{\mathrm{T}}) & \sum\limits_{i=1}^{n_v} (\boldsymbol{J}_{MRi}^{\mathrm{T}} \boldsymbol{I}_i \boldsymbol{J}_{MRi} + m_i \boldsymbol{J}_{MTi}^{\mathrm{T}} \boldsymbol{J}_{MTi}) \end{bmatrix} \begin{bmatrix} \boldsymbol{v}_0 \\ \boldsymbol{\omega}_0 \\ \dot{\boldsymbol{q}} \end{bmatrix} \\
&= \frac{1}{2} [\boldsymbol{v}_0^{\mathrm{T}} \ \boldsymbol{\omega}_0^{\mathrm{T}} \ \dot{\boldsymbol{q}}^{\mathrm{T}}] \begin{bmatrix} M_a\boldsymbol{E} & M_a\widetilde{\boldsymbol{r}}_{0g}^{\mathrm{T}} & \boldsymbol{J}_{Tg} \\ M_a\widetilde{\boldsymbol{r}}_{0g} & \boldsymbol{H}_{\omega} & \boldsymbol{H}_{\omega\varphi} \\ \boldsymbol{J}_{Tg}^{\mathrm{T}} & \boldsymbol{H}_{\omega\varphi}^{\mathrm{T}} & \boldsymbol{H}_{\varphi} \end{bmatrix} \begin{bmatrix} \boldsymbol{v}_0 \\ \boldsymbol{\omega}_0 \\ \dot{\boldsymbol{q}} \end{bmatrix}
\end{aligned} \tag{5.40}
$$

式中

$$\boldsymbol{J}_{Tg}=\sum_{i=0}^{n_v}m_i\boldsymbol{J}_{MTi},\ \boldsymbol{H}_{\omega}=\boldsymbol{I}_0+\sum_{i=1}^{n_v}(\boldsymbol{I}_i+m_i\widetilde{\boldsymbol{r}}_{0i}\widetilde{\boldsymbol{r}}_{0i}^{\mathrm{T}})=\boldsymbol{I}_0+\sum_{i=1}^{n_v}(\boldsymbol{I}_i+m_i\widetilde{\boldsymbol{r}}_{0i}^{\mathrm{T}}\widetilde{\boldsymbol{r}}_{0i})$$

$$\boldsymbol{H}_{\omega\phi}=\sum_{i=1}^{n_v}(\boldsymbol{I}_i\boldsymbol{J}_{MRi}+m_i\widetilde{\boldsymbol{r}}_{0i}\boldsymbol{J}_{MTi}),\ \boldsymbol{H}_{\phi}=\sum_{i=1}^{n_v}(\boldsymbol{J}_{MRi}^{\mathrm{T}}\boldsymbol{I}_i\boldsymbol{J}_{MRi}+m_i\boldsymbol{J}_{MTi}^{\mathrm{T}}\boldsymbol{J}_{MTi})$$

令 $\boldsymbol{H}_{\mathrm{sys}}=\begin{bmatrix} M_a(\boldsymbol{E})_{3\times3} & M_a(\widetilde{\boldsymbol{r}}_{0g}^{\mathrm{T}})_{3\times3} & (\boldsymbol{J}_{Tg})_{3\times n_v} \\ M_a(\widetilde{\boldsymbol{r}}_{0g})_{3\times3} & (\boldsymbol{H}_{\omega})_{3\times3} & (\boldsymbol{H}_{\omega\varphi})_{3\times n_v} \\ (\boldsymbol{J}_{Tg}^{\mathrm{T}})_{n_v\times3} & (\boldsymbol{H}_{\omega\varphi}^{\mathrm{T}})_{n_v\times3} & (\boldsymbol{H}_{\varphi})_{n_v\times n_v}\end{bmatrix}$, 是 $(n_v+6)\times(n_v+6)$ 系统质量矩阵, 反映了系统的惯性, 则系统动能可表示为

$$T=\frac{1}{2}\dot{\boldsymbol{\Phi}}^{\mathrm{T}}\boldsymbol{H}_{\mathrm{sys}}\dot{\boldsymbol{\Phi}} \tag{5.41}$$

用 P 表示系统的势能, 系统的拉格朗日函数为

$$L=T-P \tag{5.42}$$

利用耗散函数 (dissipation function) $\varPsi_q$ 反映系统中存在阻尼力等。

基于能量耗散的拉格朗日方程为

$$(F_{\mathrm{sys}})_i=\frac{\mathrm{d}}{\mathrm{d}t}\frac{\partial L}{\partial \dot{q}_i}-\frac{\partial L}{\partial q_i}+\frac{\partial \varPsi_q}{\partial \dot{q}_i},\ i=1,2,\cdots,n \tag{5.43}$$

式中, q_i 表示广义坐标; $\dot{q}_i$ 为相应的广义速度; $(F_{\mathrm{sys}})_i$ 为作用在第 i 个坐标上的广义力 (直线坐标) 或者广义力矩 (关节坐标)。

将式 (5.41) 和式 (5.42) 代入拉格朗日方程, 可得 (Yoshida, 2000)

$$\boldsymbol{F}_{\mathrm{sys}}=\boldsymbol{H}_{\mathrm{sys}}(\boldsymbol{\Phi})\ddot{\boldsymbol{\Phi}}_{\mathrm{sys}}+\boldsymbol{C}(\boldsymbol{\Phi},\dot{\boldsymbol{\Phi}})\dot{\boldsymbol{\Phi}}+\boldsymbol{f}(\dot{\boldsymbol{\Phi}})+\boldsymbol{G}(\boldsymbol{\Phi}) \tag{5.44}$$

式中, $\ddot{\boldsymbol{\Phi}}_{\mathrm{sys}}=[\dot{\boldsymbol{v}}_0^{\mathrm{T}}\ \dot{\boldsymbol{\omega}}_0^{\mathrm{T}}\ \ddot{\boldsymbol{q}}^{\mathrm{T}}]$; $\boldsymbol{C}$ 为 $(n_v+6)\times(n_v+6)$ 刚度阵, $\boldsymbol{C}(\boldsymbol{\Phi},\dot{\boldsymbol{\Phi}})\dot{\boldsymbol{\Phi}}$ 中包含 $\dot{q}_i^2$ 的项为离心力引起的力和力矩, 包含 $\dot{q}_i\dot{q}_j$ 的项为哥氏加速度引起的力和力矩; $\boldsymbol{f}$ 为 $(n_v+6)\times1$ 阻尼阵, 反映了黏性力或者库仑摩擦力等耗散力的作用, 在多刚体系统中通常不作考虑; $\boldsymbol{G}$ 为 $(n_v+6)\times1$ 陀螺阵, 反映了重力等有势力的作用; $\boldsymbol{F}_{\mathrm{sys}}$ 为 $(n_v+6)\times1$ 阶广义力向量, $\boldsymbol{F}_{\mathrm{sys}}=\boldsymbol{N}+\boldsymbol{J}_{ae}^{\mathrm{T}}\boldsymbol{N}_{ae}$, 其中 $\boldsymbol{N}$ 为 $(n_v+6)\times1$ 力向量, 包含了直接作用于车体和各个关节的主动力, $\boldsymbol{N}_{ae}$ 为土壤对于各个车轮的作用力, $6n_w\times1$ 向量, $\boldsymbol{N}$ 和 $\boldsymbol{N}_{ae}$ 为

$$\boldsymbol{N}=\begin{bmatrix}\boldsymbol{F}_0\\ \boldsymbol{M}_0\\ \boldsymbol{\tau}\end{bmatrix},\ \boldsymbol{N}_{ae}=\begin{bmatrix}\boldsymbol{F}_e(1)\\ \boldsymbol{M}_e(1)\\ \vdots\\ \boldsymbol{F}_e(n_w)\\ \boldsymbol{M}_e(n_w)\end{bmatrix}$$

其中, $\boldsymbol{F}_0=[F_{0x}\quad F_{0y}\quad F_{0z}]^{\mathrm{T}}$; $\boldsymbol{M}_0=[M_{0x}\quad M_{0y}\quad M_{0z}]^{\mathrm{T}}$; $\boldsymbol{\tau}=[\tau_1\quad \tau_2\quad \cdots\quad \tau_{n_v}]^{\mathrm{T}}$; $\boldsymbol{F}_e(i)=[F_{ex}(i)\quad F_{ey}(i)\quad F_{ez}(i)]^{\mathrm{T}}$; $\boldsymbol{M}_e(i)=[M_{ex}(i)\quad M_{ey}(i)\quad M_{ez}(i)]^{\mathrm{T}}$。

因此可以得到包含轮地相互作用力的整车系统动力学方程

$$\boldsymbol{H}_{\mathrm{sys}}(\boldsymbol{\Phi})\ddot{\boldsymbol{\Phi}}_{sys}+\boldsymbol{C}(\boldsymbol{\Phi},\dot{\boldsymbol{\Phi}})\dot{\boldsymbol{\Phi}}+\boldsymbol{f}(\dot{\boldsymbol{\Phi}})+\boldsymbol{G}(\boldsymbol{\Phi})-\boldsymbol{N}-\boldsymbol{J}_{ae}^{\mathrm{T}}\boldsymbol{N}_{ae}=0 \tag{5.45}$$

令 $\boldsymbol{C}(\boldsymbol{\Phi},\dot{\boldsymbol{\Phi}})\dot{\boldsymbol{\Phi}}+\boldsymbol{f}(\dot{\boldsymbol{\Phi}})+\boldsymbol{G}(\boldsymbol{\Phi})=[\boldsymbol{C}_{BF}^{\mathrm{T}}\quad \boldsymbol{C}_{BM}^{\mathrm{T}}\quad \boldsymbol{C}_{M}^{\mathrm{T}}]^{\mathrm{T}}$, $\boldsymbol{C}_{BF}$ 和 $\boldsymbol{C}_{BM}$ 均为 3×1 列向量, 分别表示作用于车体的力和力矩, $\boldsymbol{C}_M$ 为 $n_v\times 1$ 列向量, 表示作用于各个关节的驱动力矩。方程 (5.45) 可以表示为

$$\begin{bmatrix}\dot{\boldsymbol{v}}_0\\ \dot{\boldsymbol{\omega}}_0\\ \ddot{\boldsymbol{q}}\end{bmatrix}=\boldsymbol{H}_{\mathrm{sys}}^{-1}\left(\begin{bmatrix}\boldsymbol{F}_0\\ \boldsymbol{M}_0\\ \boldsymbol{\tau}\end{bmatrix}-\begin{bmatrix}\boldsymbol{C}_{BF}\\ \boldsymbol{C}_{BM}\\ \boldsymbol{C}_{M}\end{bmatrix}+\begin{bmatrix}\boldsymbol{J}_{e1}^{\mathrm{T}} & \boldsymbol{J}_{e2}^{\mathrm{T}} & \cdots & \boldsymbol{J}_{en_w}^{\mathrm{T}}\end{bmatrix}\begin{bmatrix}\boldsymbol{F}_e(1)\\ \boldsymbol{M}_e(1)\\ \vdots\\ \boldsymbol{F}_e(n_w)\\ \boldsymbol{M}_e(n_w)\end{bmatrix}\right) \tag{5.46}$$

根据动力学方程 (5.46), 由于其余项已经求出, 如果可以求得 $\boldsymbol{C}_{BF}$、$\boldsymbol{C}_{BM}$ 和 $\boldsymbol{C}_M$, 便可以将 $\ddot{\boldsymbol{\Phi}}_{\mathrm{sys}}$ 作为变量, 进行车体以及各个关节的加速度求解。

5.4.3 基于牛顿 – 欧拉法的逆动力学

式 (5.46) 可以表示为

$$\begin{bmatrix}\boldsymbol{F}_0\\ \boldsymbol{M}_0\\ \boldsymbol{\tau}\end{bmatrix}=\boldsymbol{H}_{\mathrm{sys}}\begin{bmatrix}\dot{\boldsymbol{v}}_0\\ \dot{\omega}_0\\ \ddot{\boldsymbol{q}}\end{bmatrix}+\begin{bmatrix}\boldsymbol{C}_{BF}\\ \boldsymbol{C}_{BM}\\ \boldsymbol{C}_{M}\end{bmatrix}-[\boldsymbol{J}_{e1}^{\mathrm{T}}\quad \boldsymbol{J}_{e2}^{\mathrm{T}}\quad \cdots\quad \boldsymbol{J}_{en_w}^{\mathrm{T}}]\begin{bmatrix}\boldsymbol{F}_e(1)\\ \boldsymbol{M}_e(1)\\ \cdots\\ \boldsymbol{F}_e(n_w)\\ \boldsymbol{M}_e(n_w)\end{bmatrix} \tag{5.47}$$

如果可以将系统动力学方程表示为上述形式, 只要令各构件加速度外部作用力为零, 便可以求得 $\boldsymbol{C}_{BF}$、$\boldsymbol{C}_{BM}$ 和 $\boldsymbol{C}_M$。采用机器人领域中广泛应用的牛顿 – 欧拉法进行式 (5.47) 的递归推导。

刚体系统的牛顿 – 欧拉方程包括线加速度方程和角加速度方程

$$\begin{cases}\boldsymbol{F}_i=m_i\dot{\boldsymbol{v}}_i\\ \boldsymbol{M}_i=\boldsymbol{I}_i\dot{\omega}_i+\boldsymbol{\omega}_i\times\boldsymbol{I}_i\boldsymbol{\omega}_i\end{cases}$$

连杆 i 的受力分析如图 5.10 所示。用 $\boldsymbol{f}_i$ 、$\boldsymbol{m}_i$ 分别表示作用于关节 i 和作用于连杆 i 上的力和力矩, 则关节 j 作用于连杆 i 上的力和力矩分别为 $\boldsymbol{f}_j'=-\boldsymbol{f}_j$ 和 $\boldsymbol{m}_j'=-\boldsymbol{m}_j$; 连杆受到的惯性力为 $\boldsymbol{F}_i^G=-\boldsymbol{F}_i$, $\boldsymbol{M}_i^G=-\boldsymbol{M}_i$; 重力为 $m_i\boldsymbol{g}$; 末端作

用力为 $\boldsymbol{F}_{ei}$ 和 $\boldsymbol{M}_{ei}$; 对于多刚体系统, 忽略黏性力。根据达朗贝尔 (d'Alembert) 原理, 有

$$\begin{cases} \boldsymbol{f}_i + \boldsymbol{F}_i^G + m_i\boldsymbol{g} + \boldsymbol{f}_j' + \boldsymbol{f}_k' + \cdots + \boldsymbol{F}_{ei} = 0 \\ \boldsymbol{m}_i + \boldsymbol{M}_i^G + \boldsymbol{M}_j' + \boldsymbol{M}_k' + \cdots + \boldsymbol{M}_{ei} + [\lambda_P(i)\boldsymbol{A}_i{}^i\boldsymbol{Z}_i q_i - \boldsymbol{c}_{ii}] \times (\boldsymbol{F}_i^G + m_i\boldsymbol{g}) + \\ \quad \boldsymbol{l}_{ij} \times_{\mathbf{j}}' + \mathbf{l_{ik}} \times \mathbf{f_k'} + \cdots + \mathbf{l_{ie}} \times \mathbf{F_{ei}} = \mathbf{0} \end{cases} \tag{5.48}$$

因此

$$\begin{cases} \boldsymbol{f}_i = \boldsymbol{F}_i - m_i\boldsymbol{g} + \boldsymbol{f}_j + \boldsymbol{f}_k + \cdots - \boldsymbol{F}_{ei} \\ \boldsymbol{m}_i = \boldsymbol{M}_i + \boldsymbol{m}_j + \boldsymbol{m}_k + \cdots - \boldsymbol{M}_{ei} + [\lambda_P(i)\boldsymbol{A}_i{}^i\boldsymbol{Z}_i q_i - \boldsymbol{c}_{ii}] \times (\boldsymbol{F}_i - m_i\boldsymbol{g}) + \\ \quad \boldsymbol{l}_{ij} \times \boldsymbol{f}_j + \boldsymbol{l}_{ik} \times \boldsymbol{f}_k + \cdots - \boldsymbol{l}_{ie} \times \boldsymbol{F}_{ei} = 0 \end{cases} \tag{5.49}$$

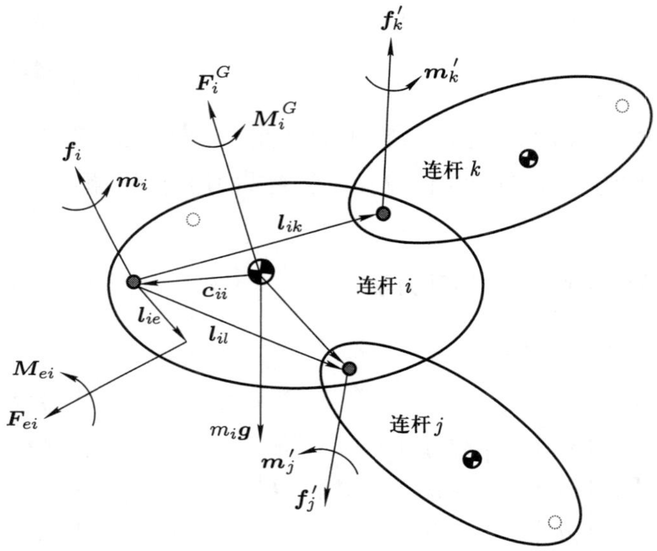

图 5.10 连杆 i 的受力分析

对于任意的连杆 i, 其动力学方程可以表示为如下形式:

$$\begin{cases} \boldsymbol{f}_i = \boldsymbol{F}_i - m_i\boldsymbol{g} + \sum\limits_{j=1}^{n} \boldsymbol{S}_{ij}\boldsymbol{f}_j - \boldsymbol{S}_{ei}\boldsymbol{F}_{ei} \\ \boldsymbol{m}_i = \boldsymbol{M}_i + \sum\limits_{j=1}^{n} \boldsymbol{S}_{ij}(\boldsymbol{l}_{ij} \times \boldsymbol{f}_j +_j) + \\ \quad \boldsymbol{S}_{ii}[\lambda_P(i)\boldsymbol{A}_i^i\boldsymbol{Z}_i q_i - \boldsymbol{c}_{ii}] \times (\boldsymbol{F}_i - m_i\boldsymbol{g}) - \boldsymbol{S}_{ei}(\boldsymbol{l}_{ie} \times \boldsymbol{F}_{ei} + \boldsymbol{M}_{ei}) \end{cases} \tag{5.50}$$

作用到关节上的外部力或者力矩为 (Yoshida, 2000)

$$\tau_i = \begin{cases} \boldsymbol{m}_i^{\mathrm{T}I}\boldsymbol{A}_i{}^i\boldsymbol{Z}_i, & \text{(旋转关节)} \\ \boldsymbol{f}_i^{\mathrm{T}I}\boldsymbol{A}_i{}^i\boldsymbol{Z}_i & \text{(平移关节)} \end{cases} \tag{5.51}$$

作用于车体的力和力矩为

$$\begin{cases} \boldsymbol{F}_0 = \sum\limits_{j=0}^{n} \boldsymbol{S}_{0j}\boldsymbol{f}_j + m_0(\dot{\boldsymbol{v}}_0 - \boldsymbol{g}) \\ \boldsymbol{M}_0 = \sum\limits_{j=1}^{n} \boldsymbol{S}_{0j}(\boldsymbol{c}_{0j} \times \boldsymbol{f}_j + \boldsymbol{m}_j) + \boldsymbol{I}_0\dot{\omega}_0 + \boldsymbol{\omega}_0 \times \boldsymbol{I}_0\boldsymbol{\omega}_0 \end{cases} \tag{5.52}$$

式 (5.50)~式 (5.52) 为系统的牛顿 – 欧拉动力学方程, 令轮地作用力和各构件加速度为零, 代入上述公式便可以求得 $\boldsymbol{C}_{BF}$、$\boldsymbol{C}_{BM}$ 和 $\boldsymbol{C}_M$。

5.5 基于 Matlab 的仿真平台开发及实验验证

5.5.1 基于 SpaceDyn 的仿真系统实现

SpaceDyn (Yoshida, 2000) 是日本东北大学 SRL 实验室开发的多体动力学仿真 Matlab 工具包, 提供了基本的运动学和动力学分析函数, 采用四阶龙格 – 库塔法进行微分方程求解。基于 SpaceDyn 进行程序开发, 在其提供的动力学仿真函数的基础上, 编写动力学仿真程序, 融入上述崎岖地形轮地相互作用区域求解算法, 轮地相互作用力学模型和控制算法等, 以实现仿真系统。系统的动力学仿真原理框图如图 5.11 所示。

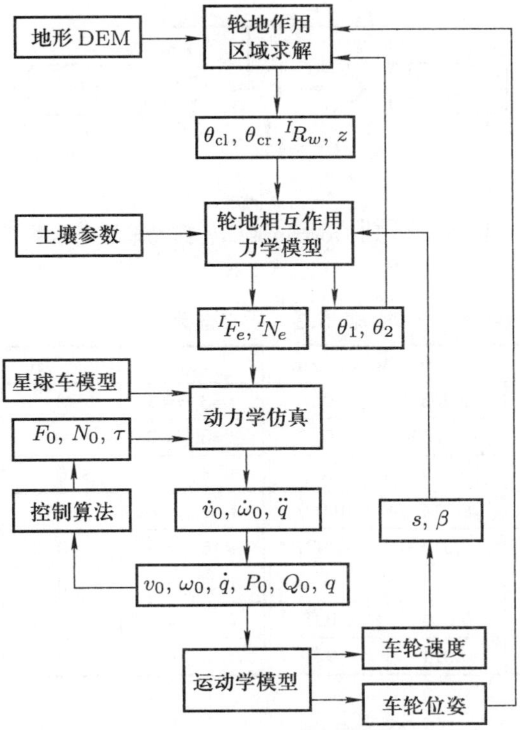

图 5.11 动力学仿真原理框图

5.5.2 El-Dorado Ⅱ 探测车模型

El-Dorado Ⅱ 探测车的坐标系如图 5.12 所示。各构件质量、质心位置及绕质心坐标系的转动惯量利用 SolidWorks 软件计算得出。表 5.2 为构件的质心坐标, 表 5.3 为坐标系关系表。

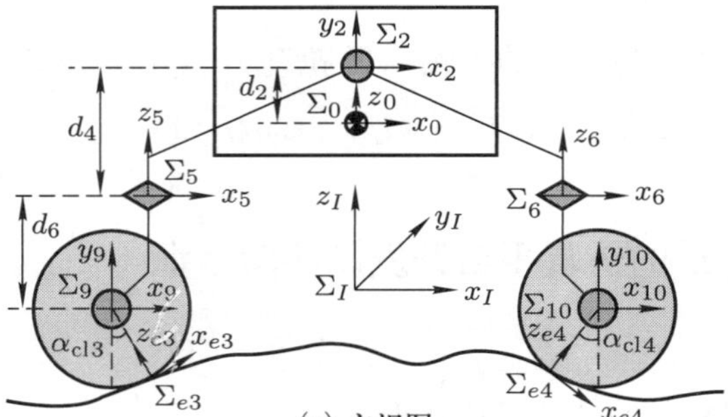

(a) 主视图

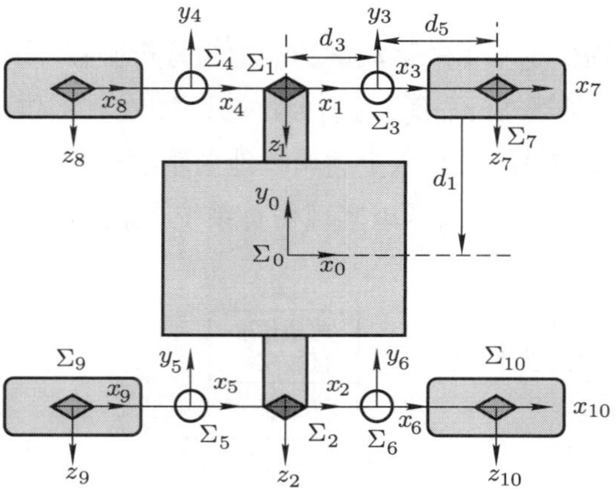

(b) 俯视图

图 5.12 El-Dorado Ⅱ 四轮探测车的坐标系

表 5.2 质心坐标

i,j	c_{ijx} /m	c_{ijy} /m	c_{ijz} /m	i,j	c_{ijx} /m	c_{ijy} /m	c_{ijz} /m
i=0, j=1	0	0.205	0	i=3, j=3	0	0.015	0.08
i=0, j=2	0	−0.205	0	i=3, j=7	0	0.015	−0.146
i=1, j=1	0	0.014	0	i=4, j=4	0	0.015	0.08
i=1, j=3	0.304	0.014	−0.027	i=4, j=8	0	0.015	−0.146
i=1, j=4	−0.304	0.014	−0.027	i=5, j=5	0	0.015	0.08
i=2, j=2	0	0.014	0	i=5, j=9	0	0.015	−0.146
i=2, j=5	−0.304	0.014	0.027	i=6, j=6	0	0.015	0.08
i=2, j=6	−0.304	0.014	0.027	i=6, j=10	0	0.015	−0.146

表 5.3 坐标系关系表

坐标系	dx_{ij} /m	dy_{ij} /m	dz_{ij} /m	α_j	β_j	$\gamma_j + q_j$
$\{\Sigma_0\} \rightarrow \{\Sigma_1\}$	0	0.205	0	π/2	0	q_1
$\{\Sigma_0\} \rightarrow \{\Sigma_2\}$	0	−0.205	0	π/2	0	q_2
$\{\Sigma_1\} \rightarrow \{\Sigma_3\}$	0.304	0	−0.027	−π/2	0	q_3
$\{\Sigma_1\} \rightarrow \{\Sigma_4\}$	−0.304	0	−0.027	−π/2	0	q_4
$\{\Sigma_2\} \rightarrow \{\Sigma_5\}$	−0.304	0	0.027	−π/2	0	q_5
$\{\Sigma_2\} \rightarrow \{\Sigma_6\}$	0.304	0	0.027	−π/2	0	q_6
$\{\Sigma_3\} \rightarrow \{\Sigma_7\}$	0	0	−0.226	π/2	0	q_7
$\{\Sigma_4\} \rightarrow \{\Sigma_8\}$	0	0	−0.226	π/2	0	q_8
$\{\Sigma_5\} \rightarrow \{\Sigma_9\}$	0	0	−0.226	π/2	0	q_9
$\{\Sigma_6\} \rightarrow \{\Sigma_{10}\}$	0	0	−0.226	π/2	0	q_{10}

5.5.3 基于 El-Dorado Ⅱ 的仿真实验验证

采用第 4 章中获得的整车实验数据进行仿真验证, 土壤参数采用第 4 章辨识的得到的数据。

1. 水平地面仿真与实验结果对比

仿真时, 在车体后部施加水平载荷, 载荷的大小与实验测试得到的挂钩牵引力合力相等。图 5.13 所示为仿真得到的滑转率随水平负载变化的曲线, 图 5.14 所示为实验和仿真结果随滑转率变化的对比。可以看出, 仿真结果可以较好地模拟探测车整车的滑转情况, 并且沉陷量、法向载荷、挂钩牵引力以及驱动阻力矩的仿真值与实际测量值非常相近, 从而证明了仿真的保真度。

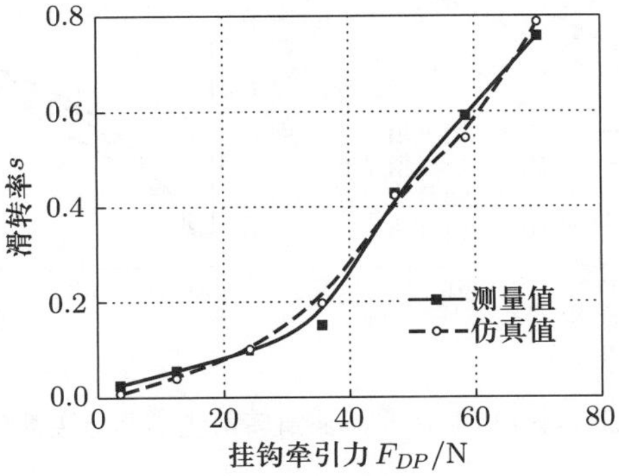

图 5.13 El-Dorado Ⅱ 实验与仿真滑转率的对比

2. 爬坡仿真与实验结果对比

仿真和实验的滑转率、驱动阻力矩对比曲线如图 5.15 和图 5.16 所示, 仿真可以反映出爬坡时的运动情况和力学信息, 具有较高的保真度。

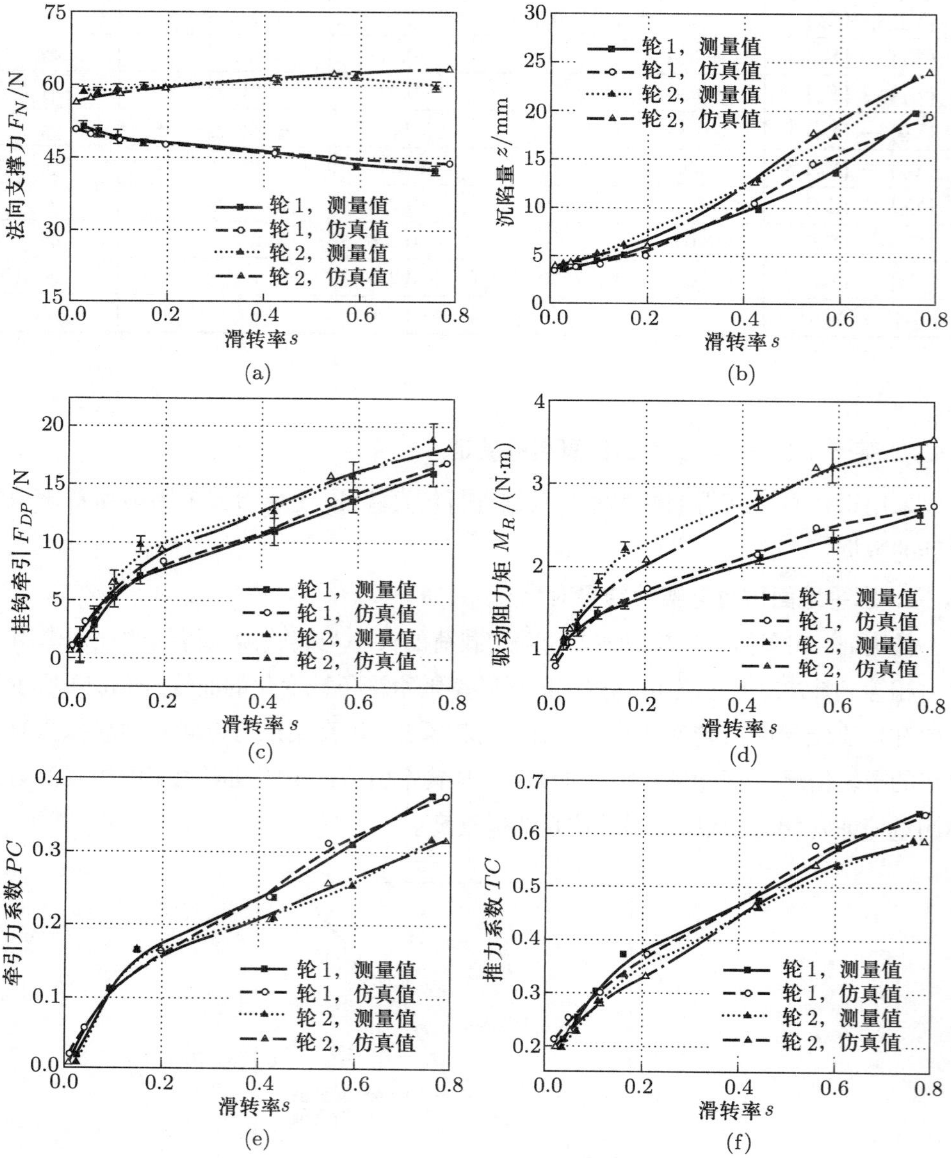

图 5.14 El-Dorado Ⅱ 水平路面滑转前进仿真与实验结果的对比

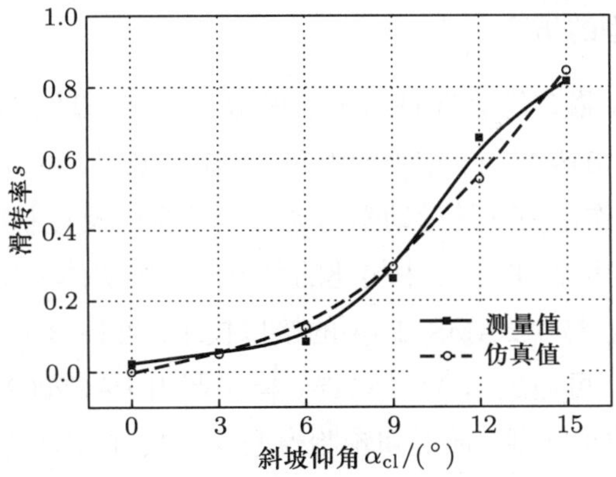

图 5.15 El-Dorado Ⅱ 爬坡的实验与仿真滑转率的对比

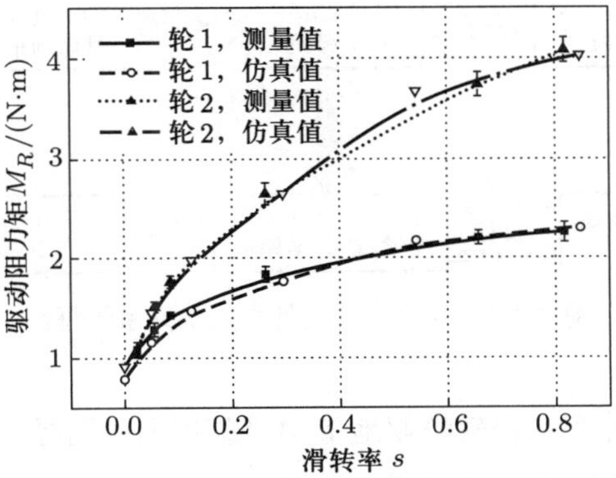

图 5.16 El-Dorado Ⅱ 爬坡的实验与仿真驱动阻力矩的对比

5.6 基于 ADAMS 的月球车仿真

ADAMS (automatic dynamic analysis of mechanical systems) 是美国 MSC 软件公司开发的功能强大的机械系统动力学分析软件。该软件采用交互矢量图环境和完全参数化的机械系统几何模型, 使用方便, 其求解器采用多刚体系统动力理论中的拉格朗日方法建立系统动力学方程, 可以对虚拟机械系统进行静力学、运动学和动力学分析。该软件同时具有 Controls 控制模块以及 Tire 轮胎等模块, 具有与 Pro/E、Matlab 等多种软件衔接的接口, 数据交换十分方便。该软件采用了 GSTIFF 积分器、DSTIFF 积分器以及 BDF 积分器 3 种功能强大的变阶、变步长积分求解程序。在多体动力学建模和求解方面该软件非常成熟, 仿真保真度受限于轮地接触模型。通用的 Contact 轮地接触模型为月球车轮地接触提供了一种基本的解决方案, 可通过简单地设定动静摩擦系数进行轮地力学模拟, 但该模型精度差, 求解速度低。基于魔术公式的轮胎模型和二次开发的地面力学模型可以提高仿真的保真度。

5.6.1 基于轮胎模型的仿真

可利用 ADAMS 搭建综合性月球车虚拟仿真系统, 其结构如图 5.17 所示。该系统集成了 Pro/E、3DS Max、ADAMS 和 Matlab 软件, 可分别实现月球车建模、地形建模、基于轮地作用力学的运动学与动力学仿真以及控制等功能。通过无缝接口模块 ADAMS/Pro 可将 Pro/E 中构建的月球车三维实体模型导入 ADAMS 仿真软件; 通过 3DS Max 与 ADAMS/Tire 的接口技术, 可将 3DS Max 构建的崎岖月面模型导入 ADAMS; 可通过 ADAMS/Tire 模块调用 PAC2002 轮地作用力学模型。在 ADAMS 中对月球车模型、地形和轮胎模型的参数进行配置, 最终形成虚拟月球车仿真环境, 可以通过 ADAMS/Solver 对其进行运动学和动力学仿真求解。

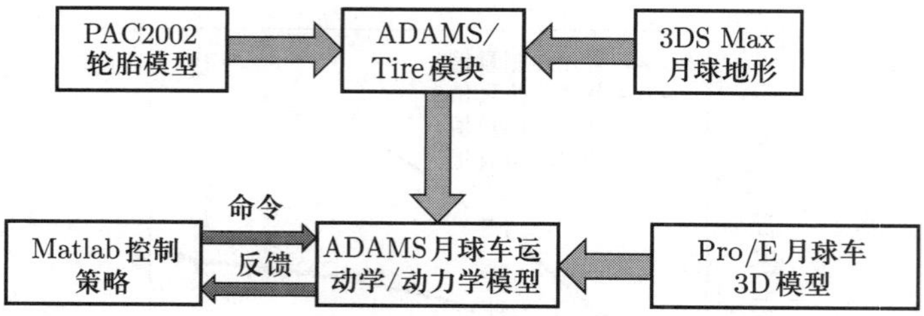

图 5.17 月球车综合性虚拟仿真系统框图

为了控制虚拟月球车在松软崎岖地形中跟踪规划的路径并对滑转和滑移进行补偿, 可基于 Matlab 进行控制策略开发。通过 ADAMS 与 Matlab/Simulink 之间的接口 ADAMS/Control, 可实现对虚拟月球车的控制。ADAMS/Control 提供了一个交互环境, 用于创建和演示 S-function"控制对象", Matlab 的 Simulink 模块可以调用该对象进行控制。Simulink 在每一个积分步将 ADAMS/Control 作为一个子程序来调用, 将计算所得到的控制指令流通过 ADAMS/Control 施加到 ADAMS 环境中月球车的对应部件 (如车轮驱动电机)。ADAMS/Solver 基于动力学仿真算法计算月球车的运动信息, 同时相关信息可通过 ADAMS/Control 反馈到 Simulink 环境中。数据传输的整个过程是自动、透明的。

ADAMS/Tire 是计算轮胎/道路相互作用力和力矩的模块。ADAMS 提供了多种轮胎模型: MF-Tyre 模型、UA 模型、Ftire 模型、SWIFT 模型、PAC 89 模型和 PAC 2002 模型。每个轮胎模型都有其优点和缺点, 经过仔细分析和比较, 选用 PAC 2002 作为月球车的轮地作用模型。该模型适用于 3D 地形中车轮与路面和障碍物的相互作用。

PAC 2002 使用三角函数组成的魔术公式拟合轮地作用实验数据, 用一套形式相同的公式完整地表达了地面对车轮在三维空间中的作用力和力矩: 挂钩牵引力 F_x (对应 F_{DP})、侧向力 F_y (对应 F_S)、支撑力 F_z (对应 F_N)、翻转力矩 M_x (对应 M_O)、

阻力矩 M_y (对应 M_R) 及回正力矩 M_z (对应 M_S)。魔术公式的一般表达式为

$$Y(X) = D\cos(C\arctan\{BX - E[BX - \arctan(BX)]\}) \tag{5.53}$$

式中, $Y(X)$ 可以是各力或力矩; 自变量 X 可以在不同的情况下分别反映轮胎的侧偏角或纵向滑转率; 系数 B、C、D 依次由轮胎的垂直载荷和外倾角来确定; E 为曲线曲率因子。式中的参数可以根据实验数据通过数据拟合的方法获取。

由于魔术公式基于实验数据, 此模型在实验条件范围内具有很高精度, 同时, 在极限值以外一定程度上仍适用, 可以对有限工况进行外推且具有较好的置信度。

结合月球车轮地作用实验数据, 对 PAC2002 模型参数进行合理设置是实现高保真度仿真的关键。式 (5.53) 包含了众多参数, 需要逐一进行设置, 以保证轮地作用力/力矩预测的精度。与挂钩牵引力 F_x、侧向力 F_y 和回正力矩 M_z 对应的魔术公式具体形式如下:

$$\begin{aligned} F_x = {} & (B_1F_z^2 + B_2F_z)\cos(B_0\arctan\{B_xX_x - \\ & (B_6F_z^2 + B_7F_z + B_8)[B_xX_x - \arctan(B_xX_x)]\}) \end{aligned} \tag{5.54}$$

$$B_xX_x = \frac{(B_3F_z^2 + B_4F_z)e^{-B_5F_z}(s + B_9F_z + B_{10})}{B_0(B_1F_z^2 + B_2F_z)} \tag{5.55}$$

$$\begin{aligned} F_y = {} & (A_1F_z^2 + A_2F_z)\cos(A_0\arctan\{B_yX_y - (A_6F_z + A_7) \times \\ & [B_yX_y - \arctan(B_yX_y)]\}) + A_{11}F_Z\gamma + A_{12}F_z + A_{13} \end{aligned} \tag{5.56}$$

$$\begin{aligned} B_yX_y = {} & \{A_3(1 - A_5|\gamma|) \sim [2\arctan(F_Z/A_4)] \times \\ & (\beta + A_9F_Z + A_{10} + A_8\gamma)\}/[A_0(A_1F_z^2 + A_2F_z)] \end{aligned} \tag{5.57}$$

$$\begin{aligned} M_z = {} & (C_1F_z^2 + C_2F_z)\cos(C_0\arctan\{B_zX_z - (1 - C_{10}|\gamma|) \times \\ & (C_7F_z^2 + C_8F_z + C_9)[B_zX_z - \arctan(B_zX_z)]\}) + \\ & \gamma(C_{14}F_Z^2 + C_{15}F_Z) + C_{16}F_Z + C_{17} \end{aligned} \tag{5.58}$$

$$\begin{aligned} B_zX_z = {} & [(C_3F_z^2 + C_4F_z)(1 - C_6|\gamma|)e^{-C_5F_z} \times \\ & (\beta + C_{11}\gamma + C_{12}F_Z + C_{13})]/[C_0(C_1F_z^2 + C_2F_z)] \end{aligned} \tag{5.59}$$

式中, $A_0 \sim A_{13}$、$B_0 \sim B_{10}$ 和 $C_0 \sim C_{17}$ 为可调整参数, 用于确保力和力矩预测的保真度; s 为滑转率; β 为侧偏角; γ 为外倾角; F_z 为法向力。

表 5.4~ 表 5.6 列出了根据实验结果调整得到的参数 A、B 和 C, 另外对于动力学参数 (摩擦、阻尼、刚性等) 和尺寸参数等也进行了相应的设置。

表 5.4　侧向力参数设置

A_0	2.650	A_5	0.005	A_{10}	0.371
A_1	12.100	A_6	−0.021	A_{11}	9.166
A_2	850.000	A_7	0.774	A_{12}	1.214
A_3	1 236.000	A_8	0.002	A_{13}	−6.262
A_4	12.800	A_9	0.013		

表 5.5　牵引力参数设置

B_0	2.373	B_4	76.000	B_8	1.200
B_1	9.460	B_5	0.089	B_9	0.030
B_2	−1 490.000	B_6	0.004	B_{10}	−0.176
B_3	30.000	B_7	−0.062		

表 5.6　回正力矩参数设置

C_0	−2.340	C_6	0.028	C_{12}	0.030
C_1	1.495	C_7	−0.001	C_{13}	−0.065
C_2	0.417	C_8	0.100	C_{14}	0.211
C_3	3.574	C_9	1.333	C_{15}	0.895
C_4	−0.088	C_{10}	2.255	C_{16}	−1.994
C_5	0.098	C_{11}	−0.024	C_{17}	−3.337

为了验证 PAC2002 模型及设定的参数对于轮地相互作用的预测精度, 控制 ADAMS 中的虚拟月球车在不同的滑转率下运行, 每个车轮施加的垂直载荷调整为 80 N, 与实验条件一致。当滑转率不低于 0.05 时, 挂钩牵引力的仿真计算值和实验值非常接近, 因此根据实验数据进行参数调整后 PAC2002 模型可以高保真地预测轮地相互作用力。

采用 3DS Max 进行基于网格的月面建模。利用 3DS Max 软件的网格建模功能可以构建月海、月陆、月坑及岩石等基本地形, 也可将各种地形进行组合。由于最终要实现月面模型与月球车模型在 ADAMS 仿真环境中的集成, 因此解决用于月面建模的 3DS Max 软件与 ADAMS 仿真软件的接口是关键。其中主要包括两个方面的问题: 3DS Max 环境下月面地形三维数据点的提取问题以及数据点的转换及其在 ADAMS 环境中无失真的数据重构问题。

对于第一个问题, 可采用对 3DS Max 模型文件格式进行转换的方式来解决: 将 *.max 文件导出为 *.ASE 格式文件, 通过该文件即可获取模型三维数据点坐标及其连接方式。第二个问题实际上是 3DS Max 数据文件与 ADAMS 路面谱文件的接口问题。ADAMS 路面谱数据主要包括节点数据和单元两个部分。

所谓节点, 是指构成月面模型的位置控制点。式 (5.60) 所示为月面模型节点参数格式表, 第 1 列为节点序号, 第 2~4 列依次为 x、y、z 坐标的数值, n 为节点数目。

$$
\begin{array}{cccc}
\text{NUMBER\_OF\_NODES} & & = n & \\
\{\text{node} & x\text{\_value} & y\text{\_value} & z\text{\_value}\} \\
1 & x_1 & y_1 & z_1 \\
2 & x_2 & y_2 & z_2 \\
\vdots & \vdots & \vdots & \vdots \\
n & x_n & y_n & z_n
\end{array}
\tag{5.60}
$$

各个节点相互连接构成单元, 例如, 图 5.18 中节点 1、2、3 相连组成三角形 A, 节点 2、3、4 相连组成三角形 B, 以此类推, 便组成了路面的三角网格。

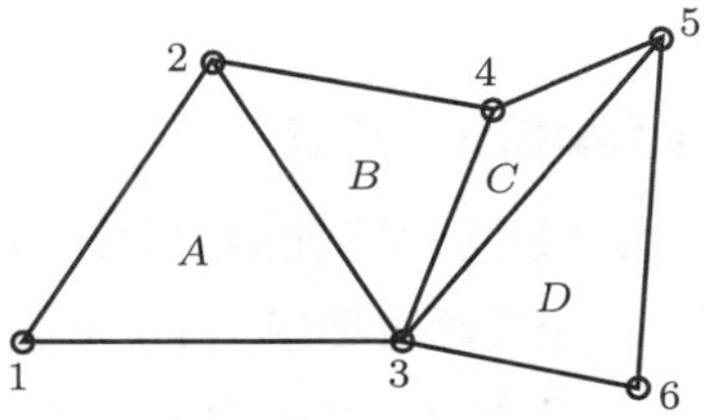

图 5.18 路面三角网格化示意图

3DS Max 环境下的模型是通过各个数据点矩形网格化形成的, *.ASE 文件中仅仅包含点的坐标, x、y 坐标之间的连线是无序的, 而且存在重复, 与三角网格化的路面谱数据有很大区别, 不能被 ADAMS 直接调用。因此需要将 *.ASE 文件转化为可供 ADAMS 直接调用的 *.rdf 三角网格化路面谱文件。利用 Matlab 编写转换接口程序, 可以自动进行文件格式的转换。

将利用 Pro/E 建立的月球车三维模型和利用 3DS Max 建立的崎岖月面地形导入 ADAMS, 通过 ADAMS/Tire 模块调用 PAC2002 轮胎模型作用于各个车轮, 根据月球车实际情况进行参数 (轮胎模型参数、月球车参数、重力加速度参数、求解器参数等) 设置后构成月球车移动系统仿真模型, 如图 5.19 所示。

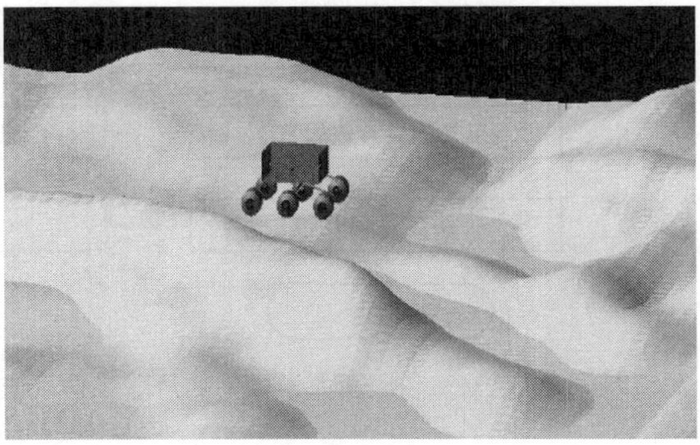

图 5.19 崎岖地形中月球车仿真模型

轮胎参数参照上述部分的介绍进行, 设置的月球车参数包括月球车质量、转动惯量, 车轮半径、宽度、垂直刚度 k, 质心至前轮轴的纵向距离 L, 质心至左右轮的横向距离 D 等。设置重力加速度为地球表面重力加速度的 1/6, 方向竖直向下。ADAMS/Solver 求解器参数包括数值积分器 (Integrator)、积分格式 (Formulation)、校正器 (Corrector)、误差控制 (Error)、输出步长、适应性参数 (Adaptivity)、积分多项式阶数 (Kmax)、最大迭代次数 (Maxit) 以及容差比例 (Scale) 等。

利用 ADAMS/Control 模块将建立的月球车移动系统仿真模型生成 S-function "控制对象", 供 Matlab/Simulink 调用。根据路径跟踪算法, 利用 Simulink 工具包构建联合仿真控制系统。控制量为 6 个车轮驱动电机的转速和 4 个车轮转向电机的转角, 反馈量为车体位置、姿态和速度等。

5.6.2 基于二次开发的地面力学模块的仿真

采用自定义函数进行二次开发可以将地面力学模型嵌入仿真系统以提高保真度。ADAMS 提供了两种用户自定义函数类型: 自定义编译函数 (设计过程函数) 和自定义子程序 (运行过程函数)。其中自定义子程序是用户为了实现基础平台的功能扩展而独立开发的功能调用函数, 里面可以载入功能目标函数以及实现扩展功能的过程执行语句, 适用于复杂的月球车轮地作用地面力学模型开发。

基于 ADAMS 和地面力学动态链接库函数的月球车仿真流程如图 5.20 所示。

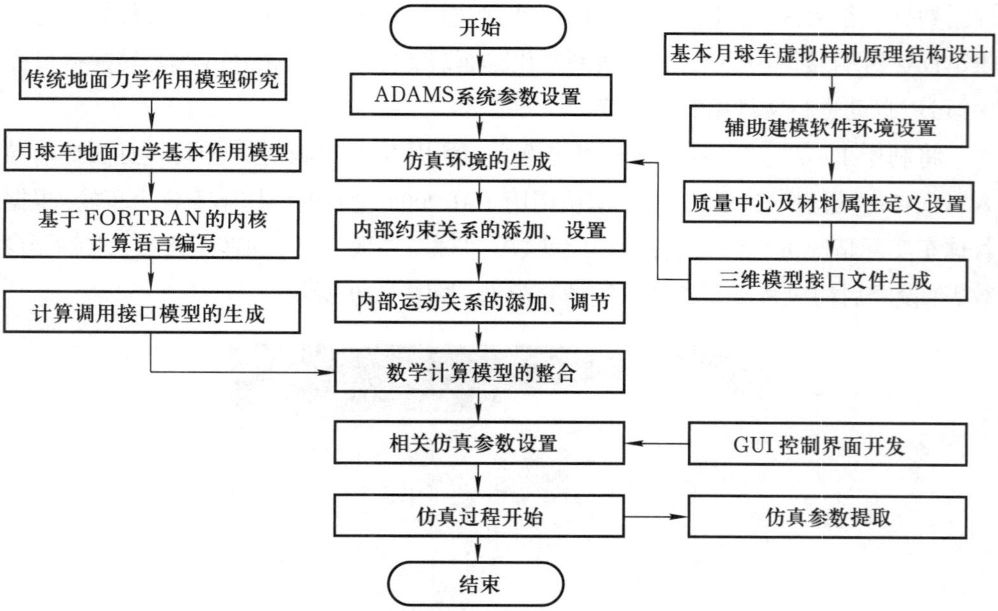

图 5.20 基于 ADAMS 和地面力学模型的月球车仿真流程图

用户子程序的编写调用目标是实现月壤 – 车轮相互作用力的计算, 因而采用表征六维作用力/力矩的 GFORCE 受力接口, 同时通过编写 GFORSUB 用户子程序进行整合模式下的底层动力学平台扩展。在 GFORSUB 子程序的功能模式下, 为进一步扩展用户数据与软件数据的交互性, 提高计算、控制的灵活性并方便计算过程的监控以及仿真数据的提取, 可以应用 ADAMS 的功能函数, 主要包括执行控制子程序 (Execution Control Subroutines)、数据获取子程序 (Data Access Subroutines)、自定义约束子程序 (Setup Subroutine)、ADAMS 通用子程序 (General Subroutines) 等, 其中每类子程序又包括若干子项。而这些子项中, 又以 SYSARY 和 SYSFNC 功能函数应用最为广泛。

SYSARY 子程序的功能主要体现为可以向用户子程序提供系统的状态值, 如位移和速度等, 这些 ADAMS/Solver 的系统状态值的各个分量被保存在特定的数组中, 以数组的形式传递给用户子程序进行数据传输。SYSARY 功能子程序可调用的用户子程序包括 CONSUB、DIFSUB、GFORSUB、REQSUB、SENSUB、SFOSUB、VARSUB、VFOSUB 和 VTOSUB 等。

SYSFNC 子程序的功能与 SYSARY 的类似, 也是向用户子程序提供系统的状态值。不同之处在于, SYSARY 子程序提供的是状态值数组, 如位移的 6 个分量组成的数组, 而 SYSFNC 子程序提供的只是单个状态值。

地面力学计算程序即为 GFORSUB 模式下调用 SYSFNC 和 SYSARY 函数模块的月球车轮地平地基本相互作用计算功能执行命令序列。

用户自定义编译函数可以使用的语言包括 C 和 FORTRAN 两种。在用户功能扩展程序编写完成之后, 为了获得基础扩展平台可直接调用的动态模块, 就需要对编写的功能子程序进行编译链接, 采用编译函数生成仿真计算用的动态连接组件 (即动态链接库文件), 包括.dll 文件和.lib 文件。

以上步骤生成的动态链接库文件即可作为 ADAMS 计算过程的接口文件之一, 在仿真计算过程中可以与内核文件共同调用, 实现仿真过程动力学与地面力学的联合同步仿真计算。

在 ADAMS 中构建六轮摇臂 - 转向架式月球车虚拟样机, 包括设备箱体、轮系、悬架等。车体的基本参数为: 长度 1 200 mm, 宽度 800 mm, 车体总高 900 mm, 车轮半径 $r = 157.35$ mm, 车轮宽度 $b = 120$ mm。车体的两悬架通过箱体内部的差速机构协调整车的运动姿态, 参照实际车体结构要求分配各部件的质量属性, 设计好各运动部分之间的装配参数, 最后在仿真环境中添加必要的结构约束, 构建出月球车整车样机。

基本车体模型设置好之后, 进一步设计月表环境的路面模型, 包括平地、爬坡地形、复杂曲面地形以及各种组合环境地形。

图 5.21 所示为月球车通过平地和斜坡组合地形的仿真。通过调节仿真时间以及

步长, 分别对组合爬坡地形条件下月球车同侧前、中、后三轮上作用的 GFORCE 接口力学参数进行测量, 获得的月球车运动性能参数包括挂钩牵引力、前进阻力矩、地面法向支撑、车体前进速度、探测车加速度等, 如图 5.22~图5.24 所示。

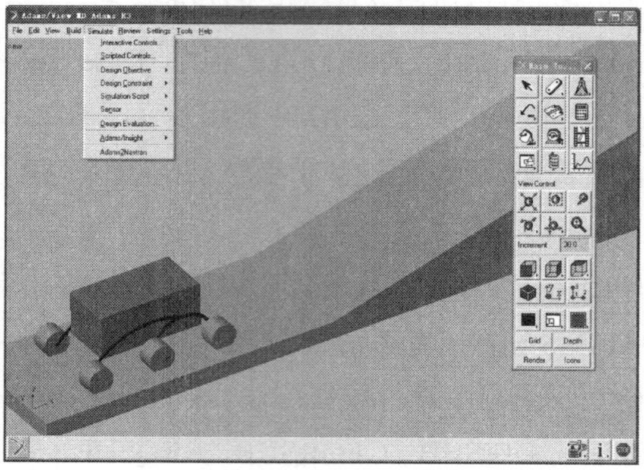

图 5.21　月球车爬坡组合地形仿真运动过程

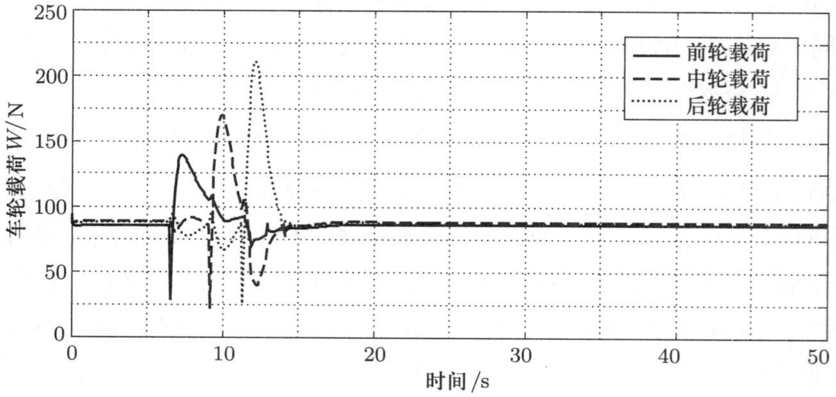

图 5.22　爬坡冲击载荷变化曲线

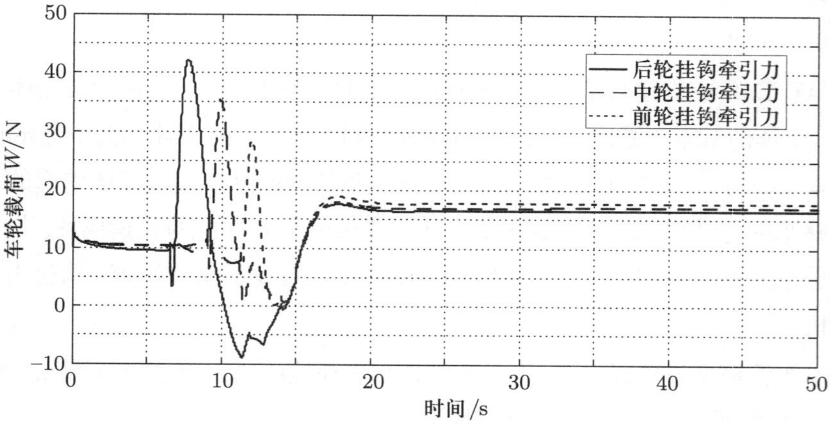

图 5.23　爬坡挂钩牵引力变化曲线

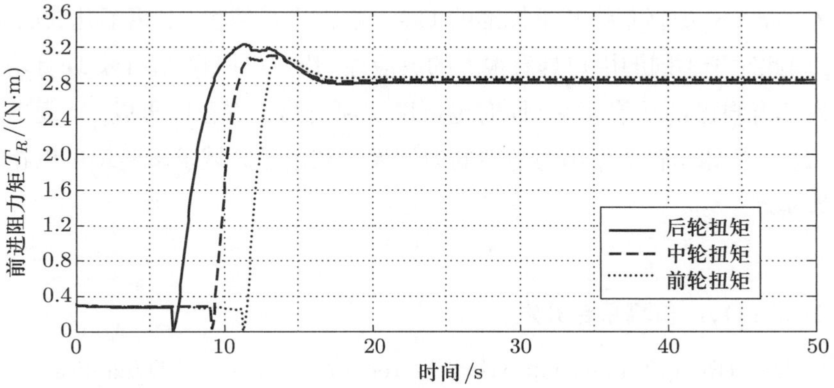

图 5.24 爬坡前进阻力矩变化曲线

5.7 基于 Vortex 的实时仿真系统开发

5.7.1 Vortex 介绍

Vortex 是加拿大 CMLabs 公司研发的实时交互式动力学仿真系统平台, 主要应用于地面车辆、水面或者水下航行器、机器人、海洋探测器、空间机械手、大型机械设备等现实物理系统精确动力学建模与实时仿真的开发。

Vortex 在仿真精度与仿真速度上取得了很好的平衡, 这主要得益于其内部的运行机制。Vortex 可以精确地考虑各种复杂虚拟现实场景中的动力学效应 (包括物体与物体之间的相互作用以及物体与复杂场景环境的耦合动力学), 同时采用基于物体空间域的碰撞检测算法 (优化的 GLK 算法), 并建立了一套自动远场识别和物体分组技术, 可以计算任意复杂物体之间的碰撞, 甚至是超大地形与多物体之间的大规模碰撞解算, 同时采用改进的 LCP 算法进行快速精确的动力学解算, 动力学解算的输出可作为精确的力反馈和输出信号。

Vortex 仿真系统中涉及的仿真物体模型有两种, 即物理模型和场景模型。其中物理模型是基于的 Vortex 仿真系统的建模功能创建的, 该物理模型是参与物体与物体之间、物体与地形、物体与周围环境相互作用的实体模型, 是参与 Vortex 碰撞检测和动力学解算的模型, 因此物理模型是系统仿真时必须要创建的物体模型。场景模型, 顾名思义, 是用来在场景中进行显示的模型, 该模型总是与相对应的物理模型绑定, 按照物理模型的运动方式进行运动, 并不参与 Vortex 中的碰撞检测和动力学解算, 尽管如此, 场景模型在仿真系统中也是不可或缺的。场景模型的创建方式分为两种: 一种是基于 Vortex 中场景模型的创建功能来完成, 另一种是通过外部文件导入, 并与相应的物理模型实时绑定来实现。

另外, Vortex 仿真系统基于标准的 C++ 语言进行编程, 采用了开放的 API 函数结构, 因此对于不同的用户具有很大的灵活性, 用户可以在 Vortex 现有功能的基础上开发适合自己的功能模块, 同时也可以实现与第三方程序集成, 实现更加复杂的实时仿真。月球车轮地作用力学中的力学模型和接触区域求解模块可以在该软件中方便地实现。

5.7.2 RoSTDyn 仿真平台开发

RoSTDyn (Rover Simulation based on Terramechanics and Dynamics) 是以 Vortex 为基础, 融合地面力学模型开发的月球车高保真度实时虚拟仿真平台。该仿真平台主要由 5个模块组成, 图 5.25 为 RoSTDyn 的结构组成示意图, 主要包括月球车模型生成器、地形生成器、地面力学模块、动力学/运动学仿真、数据输出和性能评价等功能。月球车模型生成器是根据 Vortex 的建模功能创建的, 主要用于月球车物理模型的构建以及场景显示, 场景模型是采用 3DS Max 建模软件创建的, 之后再通过接口函数导入 Vortex, 并与物理模型进行绑定, 一起构成完整的月球车模型; 地形生成器是采用 Matlab 和 3DS Max 两个软件相结合而开发的, 主要包括地形的 DEM 节点信息以及场景显示; 轮地接触区域求解模块主要用来求解轮地接触面、沉陷量以及接触面的局部坐标系等; 地面力学模块是在轮地作用力学模型基础上利用 C++ 语言进行二次开发获得的, 其流程如图 5.26 所示, 月球车的轮地接触力主要是在这个模块进行解算的。仿真系统的动力学解算等都是通过 Vortex 实时物理仿真引擎的核心模块的碰撞检测及动力学解算部分完成的, 也就是说上述六大模块部分中的核心解算部分 —— 动力学/运动学仿真模块依然是基于 Vortex 实现的。

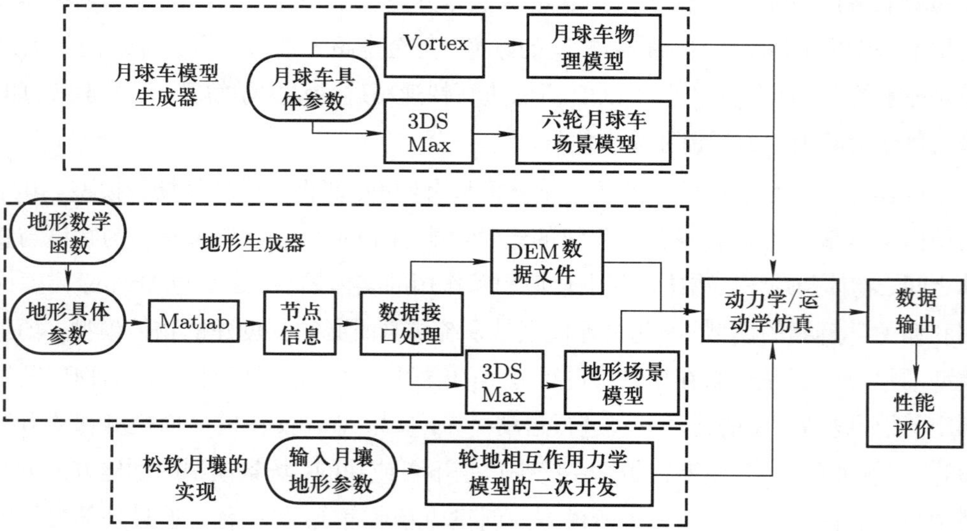

图 5.25 RoSTDyn 移动性能仿真平台体系结构

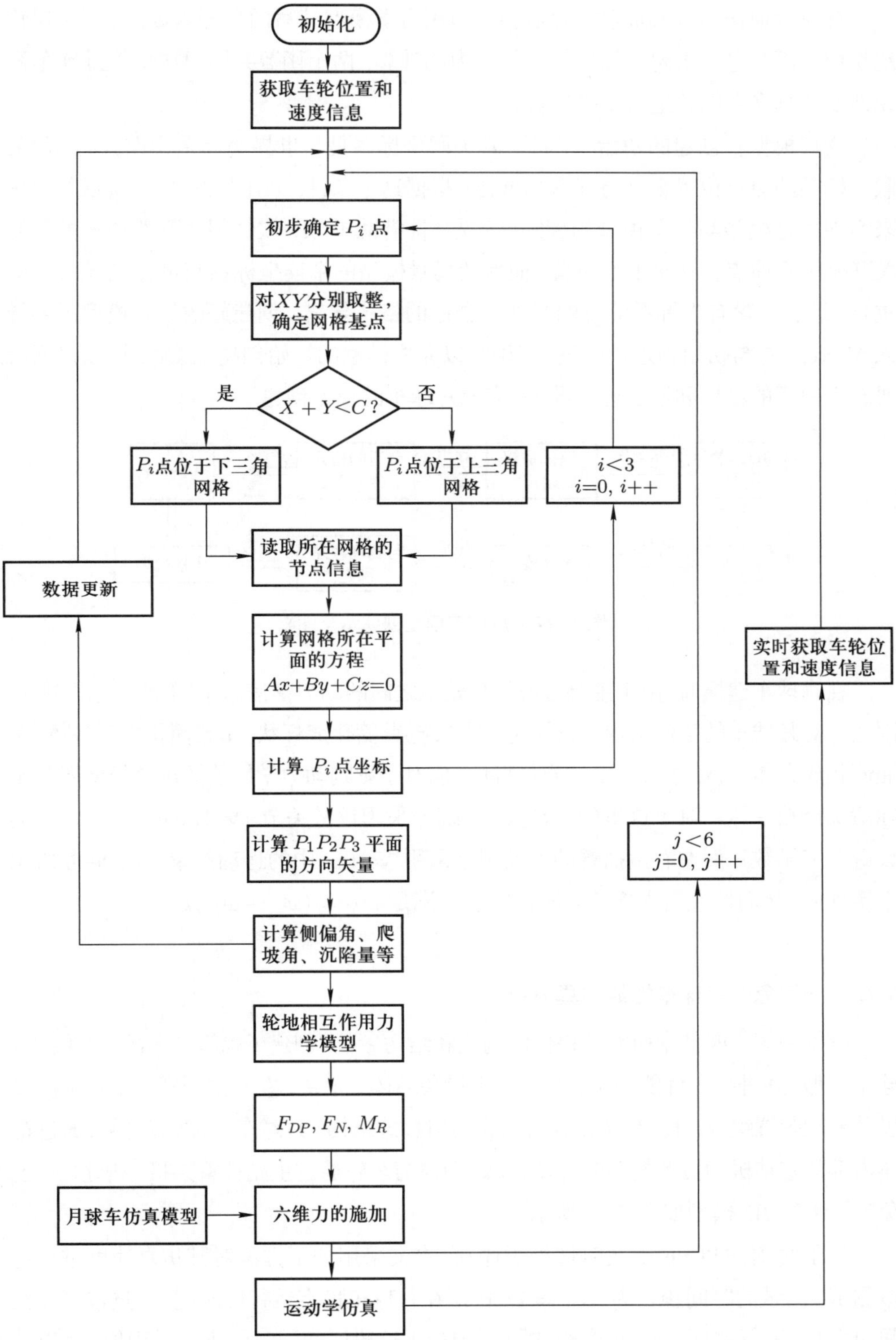

图 5.26 月球车地面力学模块流程图

针对轮地作用区域求解和轮地相互作用力学模型编写两个子函数, 分别实现轮地作用平面信息的求解和轮地相互作用力的计算, 两个函数共同组成了该月球车移动性能仿真平台的轮地力学模块。

物理模型在创建的初始状态下, 其关联坐标系是与世界坐标系相重合的, 而关联坐标系的原点位置则是与其形心重合。根据这个条件, 采用如图 5.27 所示的方法来实现物理模型与场景模型的绑定。首先, 将借助于 3D 软件创建好的场景模型的关联坐标系原点转换至形心位置; 而后使场景模型的牵连坐标系与世界坐标系完全重合; 最后将含有坐标系信息的文件以合适的格式导出。创建好的场景模型需要导入 Vortex, 并与初始物理模型进行绑定, 以完成模型的初始创建。最后, 可以根据需要对于模型的位置和姿态进行设定, 完成月球车的模型创建。

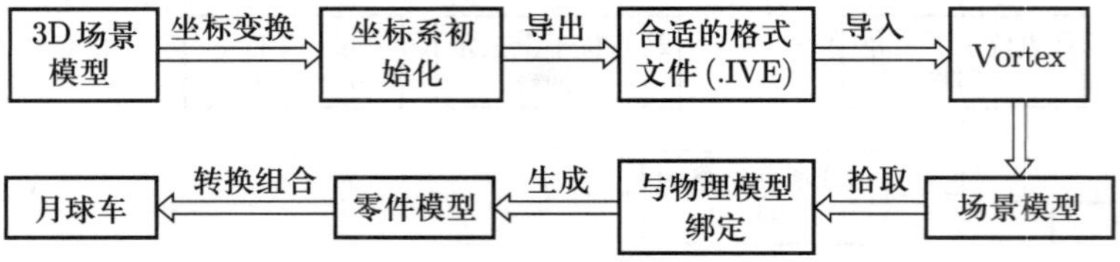

图 5.27 月球车模型创建示意图

在月球车建模时, 由于主要考虑的是轮地之间的动力学信息, 对干涉考虑得较少, 因此可对月球车的零件结构进行简化, 例如, 摇臂简化成杆状, 车轮简化成圆柱体, 车厢简化成方体, 并赋予其给定的质量特性, 但对于影响动力学性能的尺寸长度要与实际情况严格一致。对于这里的活动关节, 统一采用铰链关节 (VxHinge, Vortex 中的铰链关节函数), 而左右主摇臂的差动则是采用 Vortex 中的运动约束 (VxDeffinitial) 来实现的, 从而使左右主摇臂和车体的运动满足 $\omega_{车} = (\omega_{左} + \omega_{右})/2$。

5.7.3 "玉兔" 月球车性能仿真分析

根据中国空间技术研究院提供的构型和结构参数, 创建了嫦娥二期的 "玉兔" 月球车模型, 并进行了性能分析。月球车由设备箱体、轮系、左右主摇臂、左右副摇臂以及差动装置组成。其中车轮, 摇臂为左右对称式结构。月球车车体的两摇臂通过箱体内部的差动机构协调整车的运动姿态, 箱体与车轮通过主副摇臂连接。构建的 "玉兔" 月球车 3D 模型如图 5.28 所示。

为了对 RoSTDyn 的实时性给予评判, 本文采用如下方法对其仿真速度进行近似测试。测试的时间步长为 $t_{\text{step}} = 1/80$ s。在月球车稳定运行的工况下, 选取一段区间, 用秒表进行物理时间的测试。同时, 记录下这段区间的时间步的累积值, 用以计算仿真时间。表 5.7 所示是测试结果。本文对于场景模型的显示与否也进行了测试, 以估计场景模型在仿真效果显示中所占用的时间。

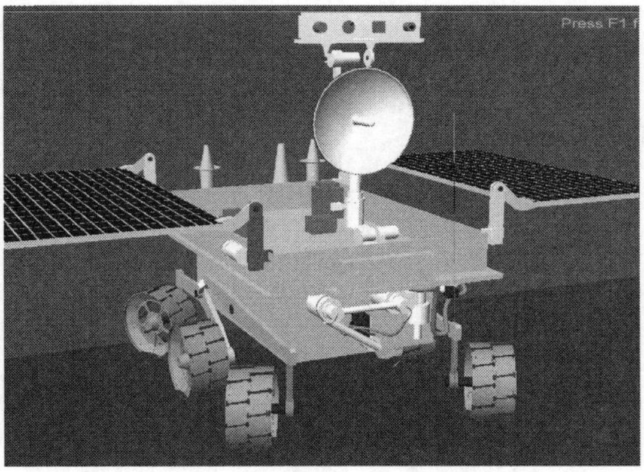

图 5.28 "玉兔" 月球车 3D 模型

表 5.7 仿真平台实时性测试

地形 (是否显示)	仿真时间 t_s /s	物理时间 t_p /s	$t_s : t_p$
Flat (是)	24.33	30.45	0.799:1
Slope (是)	34.50	42.91	0.804:1
Random (是)	43.50	53.76	0.809:1
Flat (否)	41.25	41.07	1:1
Slope (否)	38.50	38.43	1:1
Random (否)	45.00	44.82	1:1

通过测试发现, 场景模型显示时, 仿真速度较慢, 仿真时间与物理时间之比大概为 0.8 左右; 若关闭场景模型, 只进行动力学解算仿真, 则仿真速度近似实时仿真。同时, 本文又进行了一个 $t_{\text{step}} = 1/800$ s 的仿真, 关闭场景模型时, 仿真时间与物理时间的比值降为 0.8 左右, 这说明仿真软件的计算速度是很快的, 只是场景模型的显示占用了很大一部分系统资源, 影响了计算速度。根据上述测试结果, 将仿真的显示频率降低, 同时提高解算频率, 之后又做了一组测试, 发现仿真速度得到极大的提高, 如表 5.8 所示。

表 5.8 仿真平台实时性测试

显示频率 /Hz	解算频率 /Hz	仿真时间 t_s /s	物理时间 t_p /s	$t_s : t_p$
20	200	32.35	28.56	1 : 0.883
25	250	32.50	29.48	1 : 0.907
30	300	31.23	29.60	1 : 0.948
35	350	31.80	32.08	1 : 1

基于构建的月球车移动性能仿真平台, 进行典型工况下月球车移动性能的仿真分析, 主要工况包括平面、坡面、曲面和越障 4 种。以斜坡地形为例介绍仿真结果。仿真地形以坡面角度划分, 共有 10 组, 分别为 0°、3°、6°、9°、12°、15°、18°、20°、22°

和 25°。

图 5.29 所示为车轮滑转率随坡度变化的曲线。需要指出的是, 这里的滑转率是在月球车爬坡稳定时测得的。

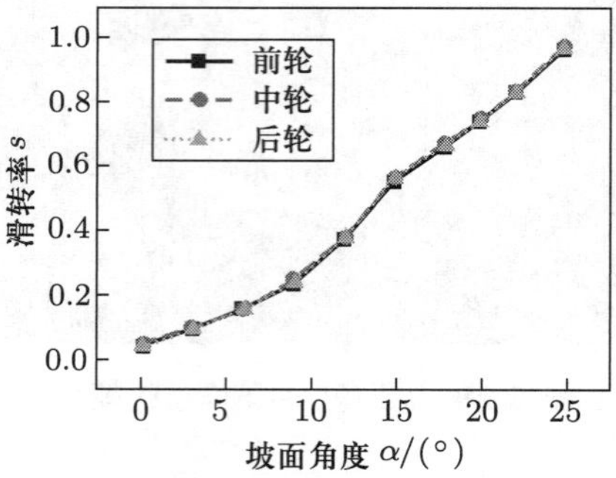

图 5.29 滑转率随坡度变化的曲线

从图 5.29 中可以看出, 随着坡度角的增加, 车轮的滑转率不断地增大, 且前、中、后车轮的滑转率变化趋势基本相同。这是因为在月球车爬坡稳定时, 各车轮的线速度基本上与车体的速度相当, 加之车轮的角速度相等, 故稳定时各车轮的滑转率基本相等。

图 5.30 所示为坡面仿真中车轮的力学仿真数据随坡度变化的曲线。

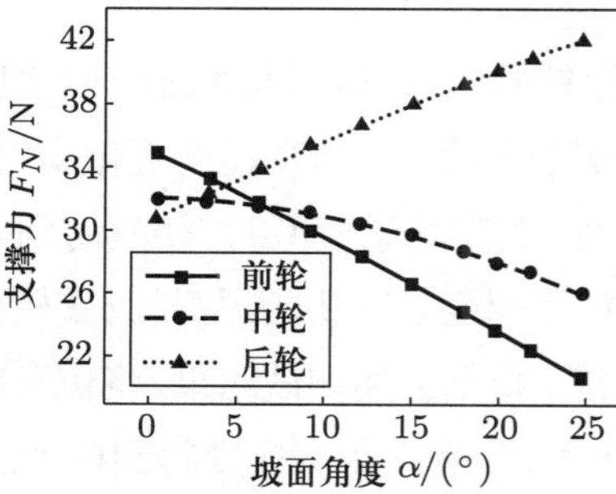

(a) 坡面角度与支撑力变化关系

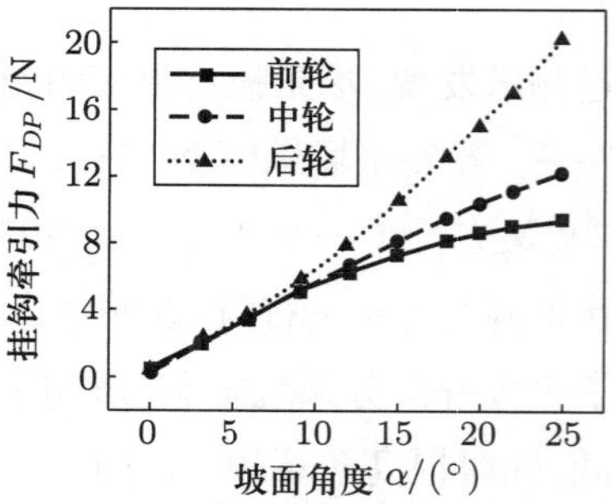

(b) 坡面角度与牵引力变化关系

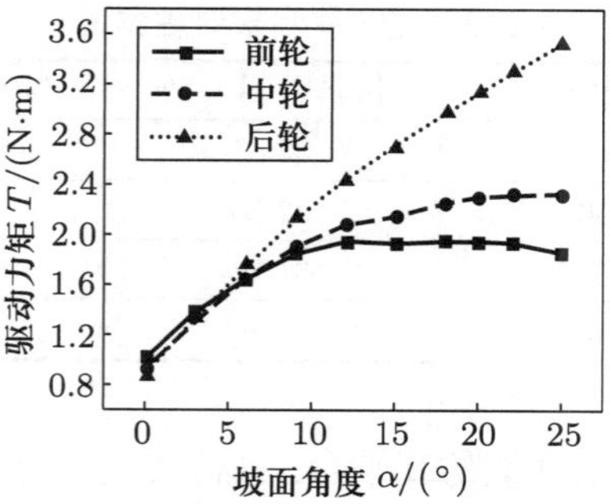

(c) 坡面角度与驱动力矩变化关系

图 5.30 坡面仿真中力学测量数据随坡度变化的曲线

从图 5.30a 中曲线可以看出，随着爬坡角度的增加，后轮的支撑力不断增加，前轮和中轮的支撑力不断减小，且前轮减小的幅度更加明显。在月球车爬坡的过程中，随着角度的增加，车体的倾斜程度不断增大，车体的重心相对向后轮移动，导致后轮承受的载荷不断增加；相反，前轮和中轮的承载会减小。另外，前轮通过主摇臂直接与车体相连，随着车体重心的后移，前轮支撑力对车体的作用力臂不断增加，这样加快了前轮支撑力减小的幅度；而中轮则是先通过副摇臂，再通过主摇臂与车体相连，因此中轮对车体的作用力臂取决于主副摇臂的关节位置，而随着车体重心的后移，该关节点对车体的作用力臂不断减小，这样会减缓中轮支撑力减小的幅度，因此前轮支撑力减小的幅度要大于中轮。

从图 5.30b 中曲线可以知道，随着爬坡角度的增加，车轮的挂钩牵引力不断增加，后轮上的增加趋势更加明显。车轮在爬坡时需要克服车体沿坡面方向的重力分量，这个力是由挂钩牵引力提供的，随着坡度的增加，车体沿坡面方向的重力分量越大，则车轮的挂钩牵引力不断增加；对图 5.30a 的分析可知，随着坡度角的增加，后轮的支撑力增大，中轮和前轮支撑力减小，且后者减小得更快，也就是说不同车轮的支撑力并不相同，这样就会导致车轮受到的阻力不同，支撑力越大，阻力越大，需要克服阻力的挂钩牵引力也越大。

图 5.30c 给出了驱动力矩的变化趋势，即驱动力矩随着坡度角的增大而增加，当坡度大于 12° 时后轮的驱动力矩总是大于其他车轮的驱动力矩。将滑转率大于 0.8 作为能够通过坡面的标准，则车轮的驱动力矩只需 3.5 N·m 就可满足设计要求。

图 5.31 所示为坡面仿真中左侧前、中、后车轮的阻力系数，牵引力系数和推力系数随坡度的变化曲线。

可以看出，随着坡度角的增加，3 组系数均不断增加。

阻力系数的不断增加说明，随着坡度的增加车轮所受到的月壤的阻碍作用变大；牵引系数的增大说明，随着坡度的增加单位载荷所产生的牵引力不断增加；推力系数的增大同样说明，随着坡度的不断增加单位载荷所需要的电动机驱动力矩增大。

图 5.32 所示为坡面仿真中左侧车轮的牵引效率和驱动效率随坡度变化的曲线。

图 5.33 为车轮滑转率和挂钩牵引力随时间变化的曲线，坡面角度为 15°。

从图 5.33 中的曲线可以看出，随着时间的增长，车轮的滑转率和挂钩牵引力总体趋势是不断增加的，但均有 3 次较大的突变，分别发生在月球车前、中、后轮开始爬坡时。以前轮为例进行解释：当前轮开始爬坡时，车轮与月壤的轮地相互作用状态发生改变，导致与坡面接触的前轮进入角突然增加，根据沉陷量与进入角的关系式可知，随着进入角的增加，沉陷量也会增加，进而月壤会对前轮产生较大的支撑力；同时随着前轮开始爬坡，前轮的运动方向发生改变，此时车轮的前进速度仅是原前进速度沿坡面方向上的分速度，前进线速度的突然减小会导致前轮的滑转率突然增

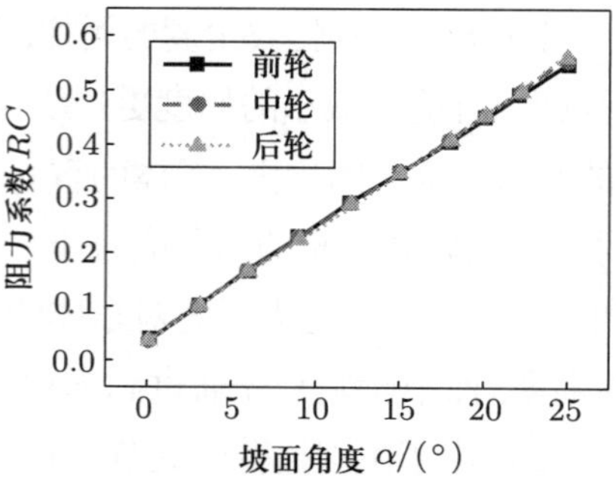

(a) 坡面角度与阻力系数变化关系

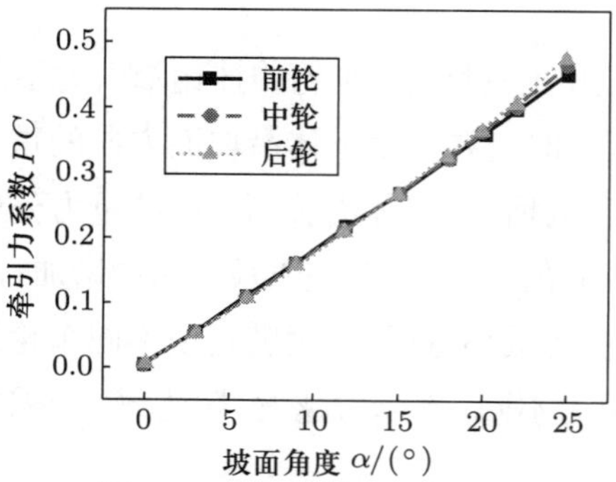

(b) 坡面角度与牵引力系数变化关系

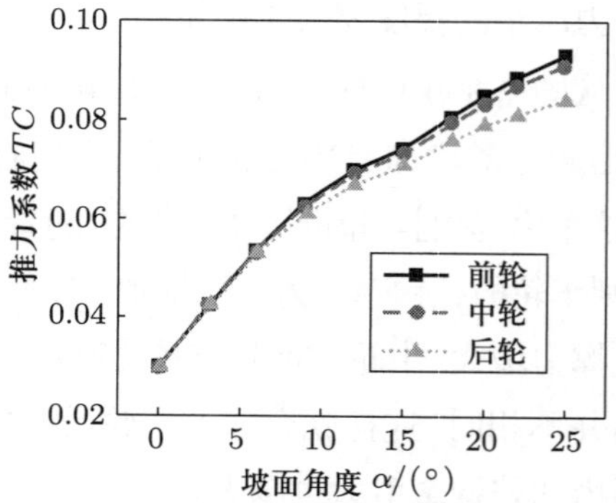

(c) 坡面角度与推力系数变化关系

图 5.31 坡面仿真中测量数据随坡度变化的曲线

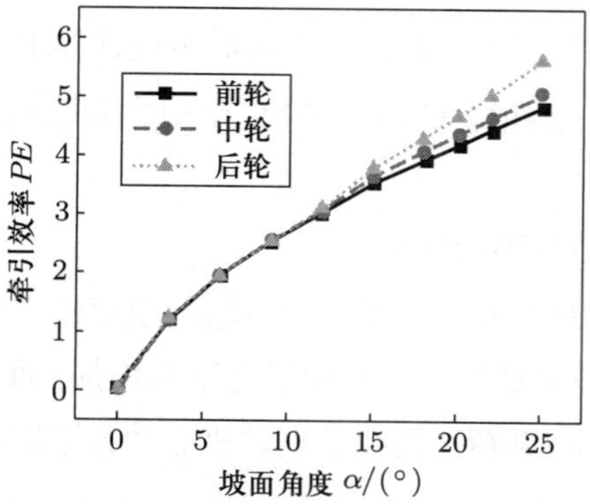

(a)

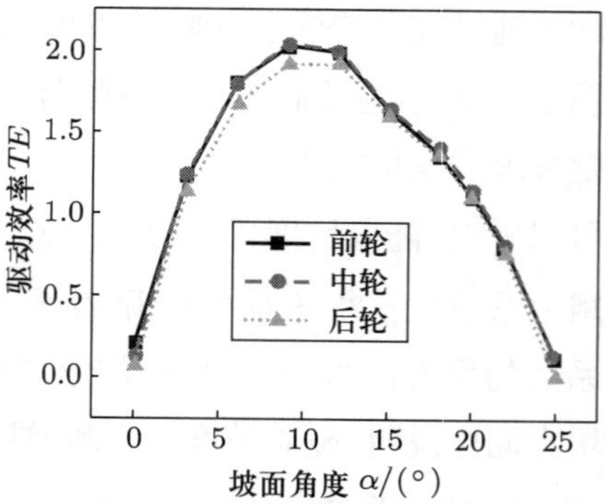

(b)

图 5.32 坡面仿真中测量数据随坡度变化的曲线

大; 而随着前轮运动方向的改变, 车轮的承载会在沿坡面方向上产生一个阻力分量, 使得前轮的挂钩牵引力增大, 以克服该阻力分量。中轮和后轮开始爬坡时的轮地相互作用情况与前轮开始爬坡时的相同。

依据月球车爬坡能力指标的分析, 月球车的爬坡能力并非单纯地由车轮的牵引力、驱动力矩等决定, 必须考虑滑转率等因素。由图 5.29 可以看出, 随着坡度角的不断增大, 车轮的滑转率也不断增大, 当坡度角为 20° 时, 滑转率为 0.76 左右, 当坡度

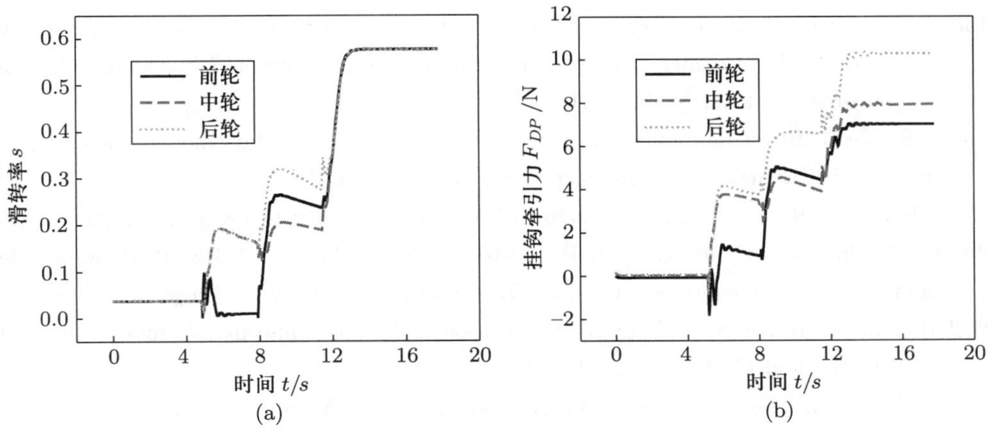

图 5.33 滑转率和车轮挂钩牵引力随时间变化的曲线 (15°)

角为 22° 时, 滑转率已达到了 0.85, 此时整车的爬坡速度已经很慢, 一定程度上可认定无法爬上 22° 的斜坡。

因此, 评价月球车的爬坡能力时必须确定相关的性能指标。首先界定当滑转率超过 0.8 时, 认定月球车无法通过该坡度的坡面, 当滑转率小于 0.8, 且满足牵引力和驱动力矩的要求时, 认定月球车可通过该坡度的坡面。上述仿真数据表明, 月球车可以成功爬上 20° 的坡面。

参考文献

Backes, P. G., Noms, J. S. and Powell, M. W. (2004) Multi-mission activity planning for Mars lander and rover missions//IEEE Aerospace Conference Proceedings, 877-886.

Biesiadecki, J. J., Baumgartner, E. T. and Bonitz, R. G. (2006) Mars exploration rover surface operations: Driving opportunity at meridiani planum. IEEE Robotics & Automation Magazine, 63-71.

Ding, L., Gao H. B., Deng Z. Q., et al. (2008) Design of comprehensive high-fidelity/high-speed virtual simulation system for lunar rover//Proc. of 2008 IEEE International Conference on Robotics, Automation and Mechatronics, Chengdu, China: 1118-1123.

Jeffrey, J., Biesiadecki, E. T., Baumgartner, R. G., et al. (2006) Mars exploration rover surface operation: Driving opportunity at meridiani planum. IEEE Robotics & Automation Magazine, 63-71.

Kuroda, Y., Kawanishi, M. and Matsukuma, M. (2003) Tele-operating system for continuous operation of lunar rover//Proceedings of the IEEE/RSJ International Conference on Intelligent Robots and Systems, Las Vegas, Nevada, USA, 2565-2570.

Maxwell, S., Cooper, B. and Hartman, F. (2005) The best of both worlds: Integrating textual and visual command interfaces for Mars rover operations//IEEE International Conference on Systems, Man and Cybernetics, Waikoloa, HI, USA, 1384-1388.

Tao, J. G., Deng, Z. Q. and Hu, M. (2006) A small wheeled robotic rover for planetary exploration//Proceedings of the 1st International Symposium on Systems and Control in Aerospace and Astronautics, Harbin, 413-417.

Volpe, R. (2003) Rover functional autonomy development for the Mars mobile science laboratory//IEEE Aerospace Conference Proceedings, 643-652.

Wittenburg, J. (1977) Dynamics of systems of rigid bodies. Adler's Foreign Books Inc.

Wright, J., Hartman, F. and Cooper, B. (2006) Driving on Mars with RSVP: Building safe and effective command sequences. IEEE Robotics & Automation Magazine, 37-45.

Yoshida, K. (2000) The SpaceDyn: A Matlab toolbox for space and mobile robots. Journal of Robotics and Mechatronics, 411-416.

陈立平, 张云清, 任卫群, 等 (2005) 机械系统动力学分析及 ADAMS 应用教程. 北京: 清华大学出版社: 7-8, 24-25.

丁亮 (2009) 月/星球车轮地作用地面力学模型及其应用研究. 博士学位论文, 哈尔滨工业大学.

洪炳熔, 蔡则苏, 唐好选 (2005) 虚拟现实及其应用. 北京: 国防工业出版社, 206-207.

洪嘉振 (2003) 计算多体系统动力学. 北京: 高等教育出版社, 9-11.

贾彦辉 (2010) 基于 Vortex 的月球车移动性能仿真与评价. 硕士学位论文, 哈尔滨工业大学.

焦振 (2009) 基于地面力学的月球车动力学建模与仿真研究. 硕士学位论文, 哈尔滨工业大学.

李卫华 (2011). 月球车连续遥操作相关技术研究. 硕士学位论文, 哈尔滨工业大学.

梁斌, 王巍, 王存恩 (2005) 开发我国月球车的初步设想. 国际太空, 22-25.

尚建忠, 罗自荣, 张新访 (2006) 两种轮式月球车悬架方案及其虚拟样机仿真. 中国机械工程, 49-51.

仝光 (2007) 基于 ADAMS 月球车仿真平台的研究. 学位论文, 吉林大学.

王梦宇 (2008) 基于崎岖地形的月球车移动性能仿真研究. 硕士学位论文, 哈尔滨工业大学.

第 6 章　月球车性能分析及悬架参数优化

为了保证月球车工作的可靠性, 提高其工作效率, 月球车必须具有较好的综合移动性能。月球表面复杂的地形特征是影响月球车移动性能的外部因素, 月球车移动系统自身结构是影响移动性能的内部因素。本章以经典的摇臂 – 转向架式月球车构型作为研究对象, 基于月球表面地形特征分析月球车典型的运动性能。在月球车悬架参数化表示的基础上, 建立悬架的优化模型, 并基于越障性能和运动平稳特性对月球车悬架进行优化, 使月球车具有较好的综合移动性能。

6.1　月球车移动性能分析

月球车的移动性能主要包括地形适应性能、平稳性、抗倾翻性能、爬坡能力、越障性能、几何通过性、机动性等。月球车移动性能与运动工况是相互对应的。月球车各运动工况对应的移动性能及其含义, 以及移动性能的评价参数如表 6.1 所示

表 **6.1**　月球车移动性能评价参数

运动工况	移动性能	含义	评价参数
平坦工况	载荷均匀性	载荷在各个车轮上分布均匀程度	车轮对月球表面的正压力 F_N
斜坡工况	抗倾翻性能	静止时不倾翻的能力	最小稳定角 θ_W
	爬坡性能	在爬坡时连续行驶而不出现打滑或后退情形的能力	最大爬坡角 α_{cl} 挂钩牵引力 F_{DP}
障碍工况	几何通过性能	月球车通过障碍而不发生卡住或悬起现象的能力	最小离地间隙 h_m 通过半径 ρ_{li} 或 ρ_{ti} $(i=1,2,\cdots)$
	越障性能	通过一定高度的某种类型的障碍的能力	障碍的高度 h 驱动电机功率 W 最小附着系数 $f_{\min}$
	机动性能	月球车灵活转向避开障碍的能力	最小转弯半径 $R_{\min}$

续表

运动工况	移动性能	含义	评价参数
崎岖工况	移动平稳性能	车体的起伏和俯仰变化的程度	车体质心的垂直位移 Z_B 车体质心的俯仰角 θ_0
	地形适应性	各车轮与地面始终保持接触而无车轮悬空情形的能力	车轮与月球表面的距离 d_w

6.1.1 月球车几何通过性分析

月球车的通过性能是指探测车通过松散月壤、凹凸不平地面和各种障碍 (如陡坡、侧坡、壕沟、台阶) 的能力, 包括支撑通过性和几何通过性两个方面。支撑通过性是指月球车不会因车轮在松软月壤中沉陷过深而无法前进, 主要取决于月壤的物理性质; 几何通过性是指探测车不与障碍发生干涉, 不出现悬起、卡住而失去通过性。月球车悬起的主要原因是它与地面之间的间隙不足, 也称为 "间隙失效", 探测车卡住的主要原因是障碍物的尺寸与悬架的最大间距接近, 称为 "间距失效" (Papadopoulos、Rey, 1996)。月球车的几何通过性取决于障碍物的类型和尺寸及悬架参数。

月球车行驶过程中经常遇到的障碍类型包括大尺寸障碍和小尺寸障碍, 前者主要有拱形凸包、台阶, 后者指小凸起、凹坑、矩形或梯形障碍等。障碍类型和尺寸不同, 摇臂月球车的几何通过性能的评价参数也不同。评价参数主要包括最小离地间隙、接近角、离去角、纵向通过半径、横向通过半径等, 由于摇臂月球车具有特殊构型, 这些评价参数与地面车辆中相应的含义存在区别。

6.1.1.1 最小离地间隙

最小离地间隙用于评价月球车对局部凸起障碍的几何通过性能, 指的是当月球车的各车轮处于同一平面时, 车体最低点到车轮所在平面的距离, 记为 h_m。局部凸起障碍是指宽度小于两侧车轮内侧距离的凸起、矩形或梯形障碍。如图 6.1 所示, 最

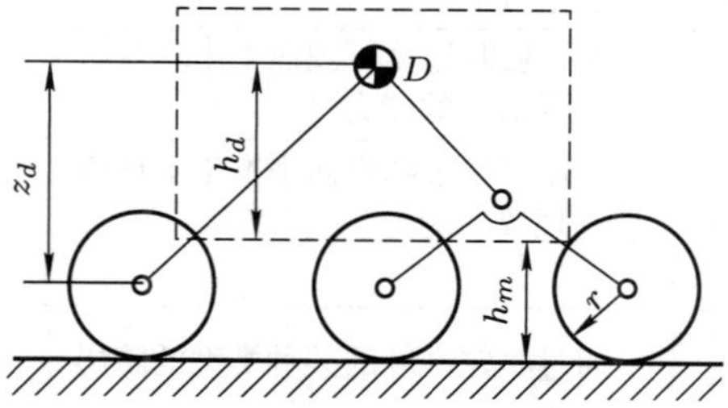

图 6.1 最小离地间隙

小离地间隙可表示为

$$h_m = z_d + r - h_d \tag{6.1}$$

式中, Z_d 为差动点 D 到车轮中心的距离; r 为车轮半径; h_d 为差动点 D 到车体底面的距离。

由此可见, 最小离地间隙 h_m 取决于摇臂在车体上的悬挂位置。

6.1.1.2 几何通过半径

拱形障碍是指宽度大于轮距、光滑的近似圆弧状的障碍, 此时月球车的车轮均与圆弧相切。月球车通过拱形障碍的几何通过性用纵向通过半径和横向通过半径来评价, 通过半径越小, 表明月球车的几何通过性越好, 越容易通过拱形障碍。通过半径的大小与最小离地间隙、拱形障碍的跨度、车轮间距有关。由于摇臂月球车具有较强的地形自适应性, 6 个车轮始终能够与路面保持接触, 从而减小了车轮的间距, 使月球车对拱形障碍具有较好的纵向通过性, 如图 6.2 所示, 因此这里对纵向通过性不作讨论, 只研究横向通过半径。摇臂月球车的横向通过半径是指左、右两侧车轮与车体最低点所确定的圆的半径, 记为 ρ_s, 它用于评价月球车通过横向拱形障碍的能力。

由图 6.3 中的几何关系, 可得

$$\rho_{l1} = \frac{b_W^2 + 4h_m^2}{8h_m} \tag{6.2}$$

式中, b_w 为两侧车轮内侧之间的距离。

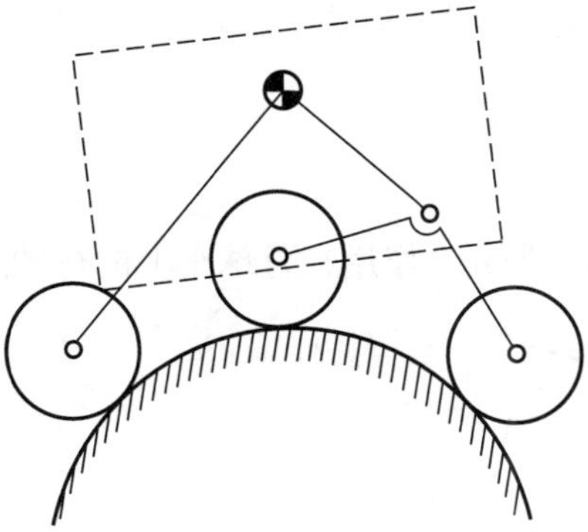

图 6.2 纵向通过半径

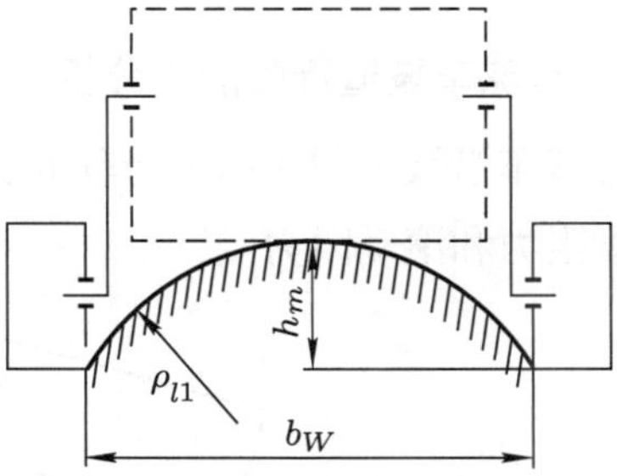

图 6.3 横向通过半径

6.1.1.3 自由铰点最小高度

月球车通过台阶障碍物时, 除车轮外, 其他部件不应与障碍物相接触。对于摇臂月球车, 摇臂由于可相对于摆杆自由转动, 一般不会与障碍物发生接触, 而摆杆则不同, 由于两轮心点之间的距离始终保持不变, 因此可能会与障碍物发生干涉, 有必要对摆杆通过台阶障碍的情况进行分析, 如图 6.4 所示, 摆杆前轮越过台阶, 后轮刚好与障碍接触, 此时摆杆刚好与台阶交于点 A, 这时自由点高度处于最小极限位置。

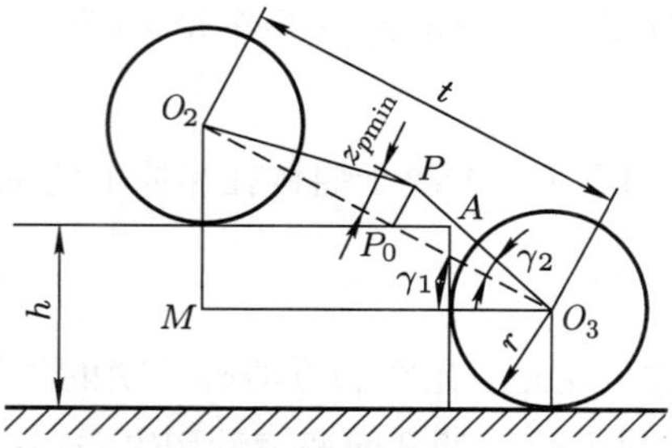

图 6.4 摆杆越过台阶障碍的几何通过性

由图 6.4 中的几何关系, 可得

$$\begin{cases} \sin\gamma_1 = \dfrac{h}{t} \\ \sin\gamma_2 = \dfrac{2z_{p\min}}{t} \\ \tan(\gamma_1+\gamma_2) = \dfrac{h-r}{r} \end{cases} \tag{6.3}$$

式中, t 为中轮和后轮轮心之间的距离, $t = x_1 - x_2$; h 为台阶的高度。

由式 (6.3) 可得自由点纵坐标最小值

$$z_{p\min} = \frac{x_1 - x_2}{\sqrt{\left(\dfrac{r\sqrt{(x_1-x_2)^2-h^2}+(h-r)h}{(h-r)\sqrt{(x_1-x_2)^2-h^2}-hr}\right)^2+1}} \tag{6.4}$$

6.1.2 月球车坡道行驶能力分析

月球车沿坡道匀速向上行驶的受力如图 6.5 所示。作用在月球车上的行驶阻力有坡度阻力和滚动阻力。

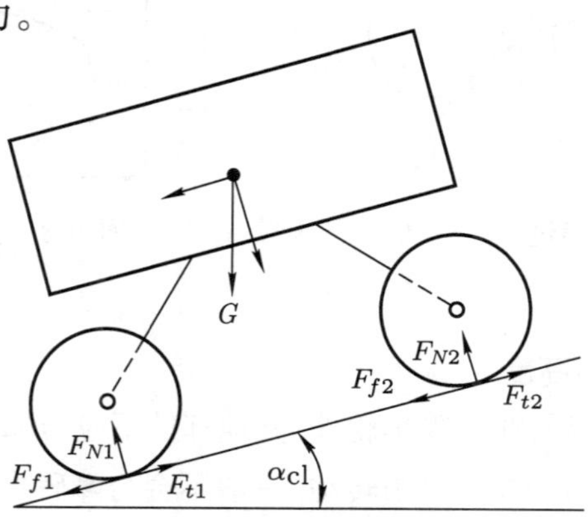

图 6.5 坡路行驶受力图

1. 坡度阻力

在坡道上行驶时, 重力沿坡道的分力即为坡度阻力, 为

$$F_i = G\sin\alpha_{\text{cl}} \tag{6.5}$$

2. 滚动阻力

$$F_f = G\cos\alpha_{\text{cl}}\cdot f \tag{6.6}$$

式中, f 为车轮滚动阻力系数。

F_t 为作用在每个车轮上的驱动力 F_{ti} 之和, 且

$$F_t \leqslant F_N\varphi_z \tag{6.7}$$

式中, F_N 为车轮的地面法向反作用力总和; φ_z 为车轮与地面间的纵向附着系数。

综合式 (6.5)、式 (6.6) 和式 (6.7), 月球车沿坡道匀速行驶时的受力方程为

$$G\sin\alpha_{\text{cl}} + G\cos\alpha_{\text{cl}}\cdot f \leqslant G\cos\alpha_{\text{cl}}\cdot\varphi_z \tag{6.8}$$

则

$$\theta \leqslant \arctan(\varphi_z - f) \tag{6.9}$$

可见, 月球车的爬坡能力不但与月球车车轮和地面间的附着系数有关, 而且与月球车车轮的滚动阻力系数有关。

6.1.3 月球车抗倾翻性能分析

抗倾翻性能, 是指月球车以任意方位角驻于斜坡时都不发生倾翻的能力, 它直接影响到月球车的使用寿命, 是月球车首要满足的移动性能。月球车的抗倾翻性能用最小稳定角 θ_w 作为评价参数, 月球车的初始质心位置、悬架参数及斜面的坡度都会影响最小稳定角。

6.1.3.1 稳定角定义

以往对月球车进行抗倾翻性分析时, 多借用汽车理论方法, 通过静力学分析列出平衡方程来求解, 其过程较为复杂; 这里采用力 – 角度法 (Papadopoulos、Rey, 1996) 进行摇臂月球车的抗倾翻性能分析, 即通过重力作用线偏离原来位置的角度来判断月球车是否会发生倾翻, 这种方法只通过几何关系式来求解, 简单方便。

如图 6.6 所示, 摇臂月球车以任意方位角 β_W 处于倾角为 α_{cl} 的斜坡上。W_1、W_2、W_3 和 W_4 分别为摇臂月球车左前轮、右前轮、左后轮、右后轮与地面的接触点, W_1W_2、W_1W_3、W_2W_4、W_3W_4 为倾翻轴, C 为月球车的质心, O_C 为 C 在斜面上的投影, F 为 O_W 在 W_1W_3 上的投影, E 为重力作用线与斜面的交点。由图 6.7 可以

看出, 随着 α_W 的增加, E 点沿斜面的梯度方向往下移动, 当 E 与 W_1W_3 相交时, 月球车处于临界稳定状态。

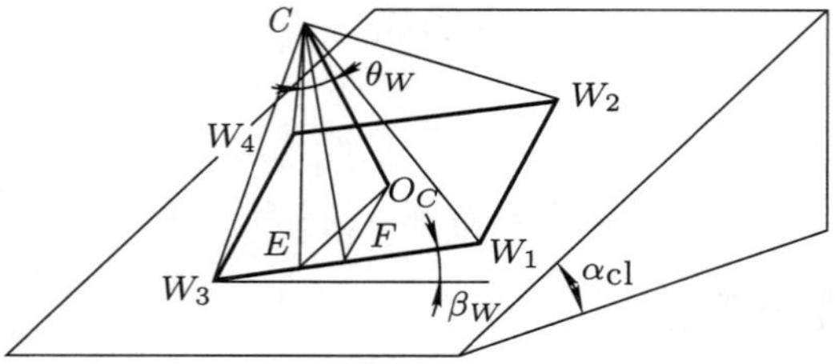

图 6.6 月球车驻于斜坡的情形

由图 6.6 中的几何关系, 可得

$$\theta_W = \arctan \frac{OF}{CO_C \cos \beta_W} \tag{6.10}$$

6.1.3.2 稳定角参数模型

由式 (6.10) 可知, 当 $\cos \beta_W = 1$ 时, θ_W 取最小值, 此时 $\beta_W = 0$, 相当于月球车处于纵倾或横倾位置。当月球车纵倾时, 将月球车向过 C 点垂直斜面的平面投影, 如图 6.7 所示。类似地, 得到月球车横倾情形, 如图 6.8 所示。

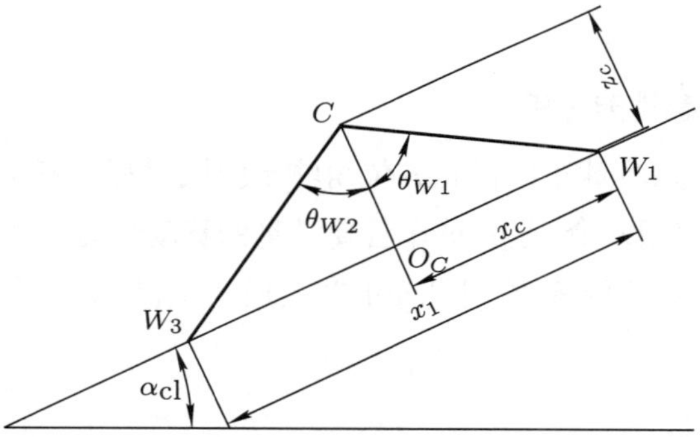

图 6.7 月球车纵倾稳定角

由图 6.7 中的几何关系可得月球车纵倾时的临界稳定角 θ_{W1}、θ_{W2}

$$\begin{cases} \theta_{W1} = \arctan \dfrac{x_c}{z_c} \\ \theta_{W2} = \arctan \dfrac{x_1 - x_c}{z_c} \end{cases} \tag{6.11}$$

式中, x_c 为月球车质心与前轮之间的水平距离; z_c 为月球车质心与前轮之间的垂直距离。

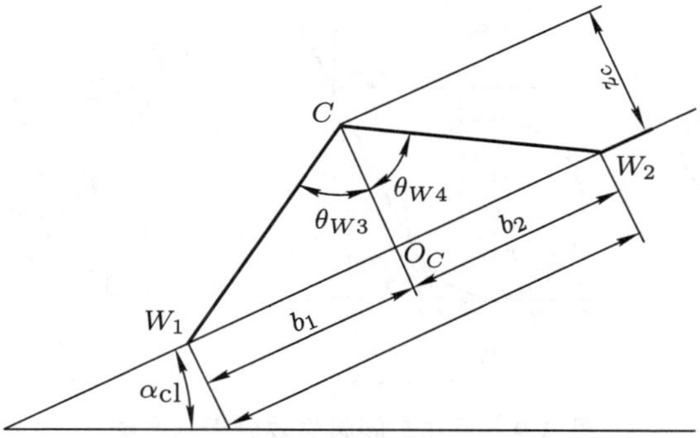

图 6.8　月球车横倾稳定角

由图 6.8 中月球车悬架的几何关系可得两个横倾临界稳定角 θ_{W3}、θ_{W4}

$$\theta_{W3} = \arctan\frac{b_1}{z_c} \tag{6.12}$$

$$\theta_{W4} = \arctan\frac{b_2}{z_c} \tag{6.13}$$

综合式 (6.11)~式 (6.13), 可得月球车的临界稳定角

$$\theta_W = \min\{\theta_{W1}, \theta_{W2}, \theta_{W3}, \theta_{W4}\} \tag{6.14}$$

式 (6.14) 建立了月球车抗倾翻性能评价参数 θ_W 的参数化模型。假设月球车的最小稳定角为 θ_{W0}, 则探测车不倾翻的条件表示为

$$\theta_W \geqslant \theta_{W0} \tag{6.15}$$

6.1.4　月球车越障性能分析

月球车在非结构化的月球表面行驶过程中会遇到各种各样的障碍, 这些障碍包括小到碎石块, 大到不能绕行而只能爬越的类台阶。当月球车结构的某一部分与障碍物接触时, 有可能发生间隙失效, 其又可细分为触头失效、顶起失效和托尾失效。下面先分析为使一般月球车避免这 3 种失效应具备的结构约束条件。图 6.9 给出了月球车越障时 3 种失效形式的示意图。

为保障月球车不发生顶起失效, 应对即将越过的岩石进行检测, 确保月球车车厢底部与障碍物之间有足够的间隙, 顶起失效的障碍条件可表达为

$$(\rho_{l1} + r)\sin\alpha_0 + H_1 > \rho_{l1} \tag{6.16}$$

为避免月球车在越障时发生触头和拖尾失效, 其结构参数与地形参数之间分别

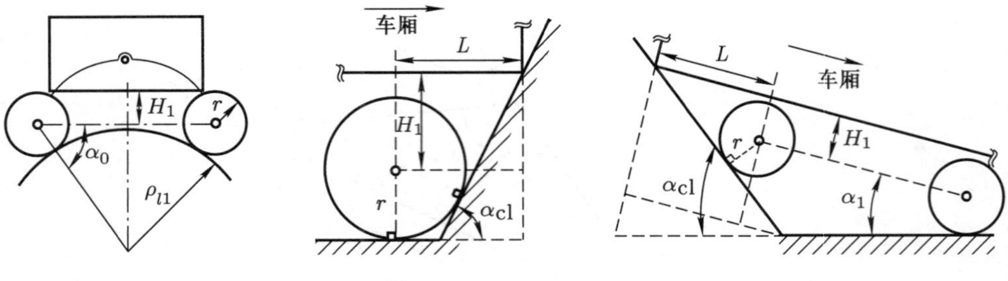

(a) 顶起失效　　(b) 触头失效　　(c) 托尾失效

图 6.9 月球车间隙失效分析示意图

有如下关系式:

$$\text{触头失效:}\ L - r\tan\frac{\alpha_{cl}}{2} < \frac{H_1 + r}{\tan\alpha_{cl}} \tag{6.17}$$

$$\text{托尾失效:}\ L < \frac{\dfrac{r}{\cos(\alpha_{cl}-\alpha_1)} + H_1}{\tan(\alpha_{cl}-\alpha_1)} \tag{6.18}$$

式中, L 为前后轮心分别与车厢前后缘之间的距离 (m); α_{cl} 为斜坡倾角 (°); α_1 为轮心连线与水平地面之间的夹角 (°); H_1 为轮心连线与车厢地面之间的距离 (m); r 为车轮半径 (m)。

如图 6.10 所示月球车正常越障过程中, 前轮和后轮的越障动作依次进行。在所有障碍中, 垂直台阶障碍对月球车最具挑战性, 下面以此分析月球车成功越障的条件。

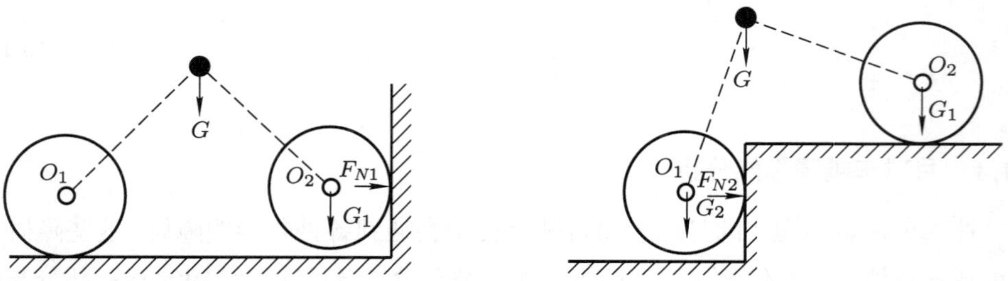

(a) 前轮爬越台阶障碍　　(b) 后轮爬越台阶障碍

图 6.10 月球车爬越台阶障碍分析示意图

能够成功越过障碍的的条件是，月球车提供的越障力矩大于受到的阻力矩。当月球车前轮越障时, 对轮心 O_1 取矩, 其越障成功的条件是

$$\mu F_{N1} l_1 - G_1 l_2 - G l_3 > 0 \tag{6.19}$$

式中, μ 为轮地之间摩擦系数; F_{N1} 为前轮对台阶面的正压力 (N); l_1 为摩擦力 μF_{N1} 对 O_1 作用力臂 (m); l_2 为前轮受到的重力对 O_1 的作用力臂 (m); l_3 为月球车质心

受到的重力对 O_1 的作用力臂 (m)。

当月球车前轮在台阶水平面上滚动, 后轮在台阶垂直面上越障时, 对轮心 O_2 取矩, 其越障成功的条件是

$$\mu F_{N2}l_4 - G_2l_5 - Gl_6 > 0 \tag{6.20}$$

式中, F_{N2} 为后轮对台阶面的正压力 (N); l_4 为摩擦力 μF_{N2} 对 O_2 的作用力臂 (m); l_5 为后轮受到的重力对 O_2 的作用力臂 (m); l_6 为月球车质心受到的重力对 O_2 的作用力臂 (m)。

6.1.5 月球车跨越壕沟性能分析

当月球车在崎岖的地面行驶时, 会遇到一些大小不一的坑洼地带, 在此总称为壕沟。月球车跨越壕沟通常分为两种情况: 一种是当探测到壕沟容易越过且不威胁到月球车的安全时, 地面操作人员给出遥操作指令让月球车直接越过; 另一种是经过地面操作人员分析后觉得壕沟无法克服时, 替月球车规划新的路径以绕过壕沟。图 6.11a 为壕沟示意图, 对于某一种结构确定的月球车而言, 其能越过的壕沟的宽度和深度都是可以事先确定的。根据能越过壕沟的宽度 – 深度数据表就可以制订控制策略, 避过月球车不能越过的壕沟, 从而避免陷入的危险。在分析中将任意形状的壕沟简化成图 6.11a 所示形状, 并用宽度和深度参数 L_d 和 H_d 表征。当 $L_d \leqslant 2r$ 时, 月球车可以无困难地越过壕沟, 这时月球车越过壕沟的能力与壕沟的深度没有关系。

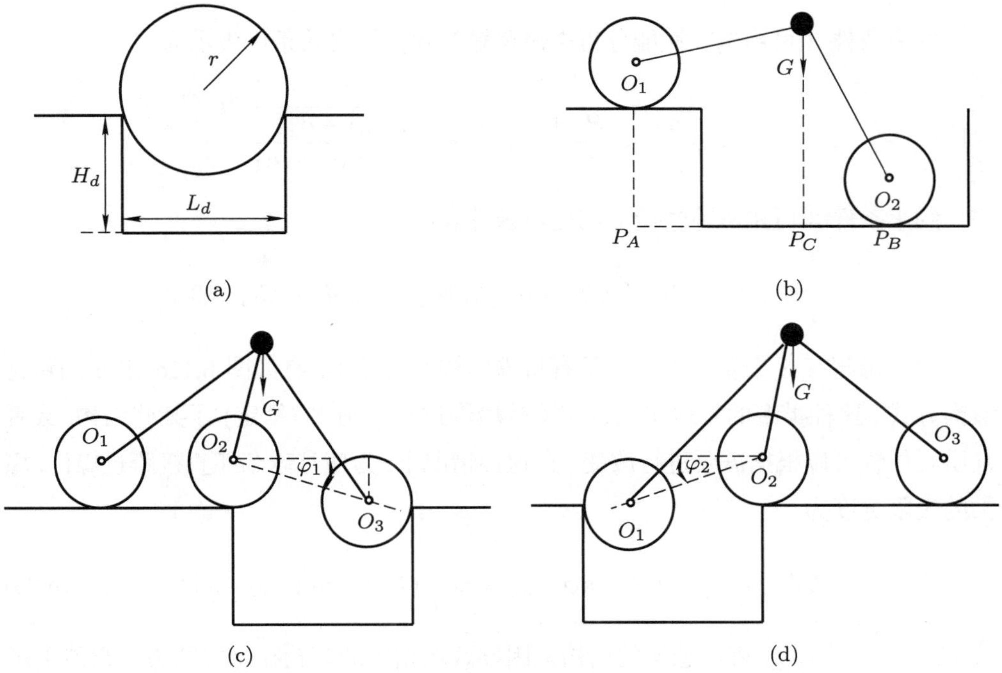

图 6.11 任意构型月球车翻越壕沟的示意图

如图 6.11b 所示, 当 $L_d>2r$ 时, 月球车越过壕沟的能力就与壕沟深度有密切的关系。月球车的前轮 (如图中的轮 2) 有从壕沟上台阶面碰触下台阶面的趋势, 但最终能否碰到下台阶面以及能否越过壕沟要满足下面几个约束条件:

(1) 前轮接触台阶地面的过程中, 月球车不能倾翻且壕沟深度不大于月球车极限越障高度;

(2) 月球车不能有触头失效和托尾失效;

(3) 月球车提供的越障力矩不小于阻力力矩。

通过月球车稳定性能的分析可知, 当车体质心的地面投影点 P_C 在车轮与地面接触点的投影点 P_A 与 P_B 之间时, 月球车是稳定的。当 P_C 向右移动直到与 P_B 重合时, 月球车处在稳定的临界状态, 也就是说壕沟的深度继续增加就可能导致月球车倾翻。这时的壕沟深度达到了使月球车顺利通过的极限值, 可表示为

$$H_{d1}=|O_1O_2|\sin\varphi_{\max}-r+r=|O_1O_2|\sin\varphi_{\max} \tag{6.21}$$

式中, $|O_1O_2|$ 为轮心点 O_1 与 O_2 之间的直线距离 (m); $\varphi_{\max}$ 为当点 P_C 与 P_B 重合时, 点 O_1 与 O_2 之间的连线与水平地面之间的极限夹角 (°)。

根据对月球车越障能力的分析可以得到月球车可以爬越的垂直台阶障碍的极限高度 H_{d2}, 则约束条件 1 可表示为

$$H_d=\min\{H_{d1},H_{d2}\} \tag{6.22}$$

约束条件 2 可用越障性能分析中避免触头和托尾失效条件表示为

$$L-r\tan\frac{\alpha_{\rm cl}}{2}<\frac{H_1+r}{\tan\alpha_{\rm cl}},\quad L<\frac{\dfrac{r}{\cos(\alpha_{\rm cl}-\alpha_1)}+H_1}{\tan(\alpha_{\rm cl}-\alpha_1)}$$

约束条件 3 可用越障性能成功越障条件表示为:

$$\mu F_{N1}l_1-G_1l_2-Gl_3>0,\quad \mu F_{N2}l_4-G_2l_5-Gl_6>0$$

对于每侧有 3 个及以上车轮且有特殊结构的月球车, 有如图 6.11c 和 d 的跨越壕沟方式。这种类型的月球车或者在跨越壕沟过程中刚化 (锁定) 了某些结构, 或者其质心位置可以根据需要进行改变。在这种情况下, 为使月球车能直接跨过壕沟, 壕沟的极限宽度为

$$L_d=\min\{|O_2O_3|\cos\phi_{1\max}+r,\quad |O_1O_2|\cos\phi_{2\max}+r\} \tag{6.23}$$

式中, $\phi_{1\max}$、$\phi_{2\max}$ 表示悬架的结构原因导致的相应的车轮在悬空状态下自然下沉的最大角度 (°)。

6.2 月球车移动系统设计参数

本节以典型的摇臂 – 转向架式月球车为例, 介绍月球车的基本结构组成并对其悬架进行参数化表示, 为下一节的悬架优化做准备。

6.2.1 月球车基本结构

摇臂 – 转向架式月球车的结构如图 6.12 所示, 由车体、差动平衡装置、摇臂悬架和车轮组成, 两侧悬架对称, 通过差动平衡装置与车体连接, 6 个车轮独立驱动, 4 个角轮独立转向。单侧摇臂悬架由摇臂和摆杆组成, 摆杆的一端与中轮铰接, 另一端通过后转向机构与后轮铰接, 摇臂的一端通过前转向机构与前轮铰接, 另一端与摆杆自由铰接。为研究方便, 本文以下称车体与差动装置的铰接点 D 为差动点, 称摇臂和摆杆的铰接点 P 为自由点; 称悬架与车轮的铰接点 O_1、O_2 和 O_3 为轮心点。规定向摇臂一侧运动为正向, 往正向看, 左手侧为左悬架, 另一侧为右悬架。月球车中的差动平衡装置采用对称式锥齿轮结构 (陶建国等, 2007), 如图 6.13 所示, 其左、右中心轴分别与悬架的左、右摇臂固接, 底座与车体固接。

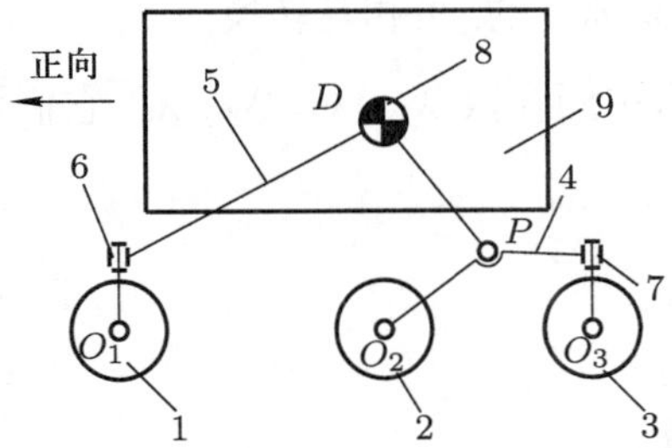

1 — 前轮; 2 — 中轮; 3 — 后轮; 4 — 摆杆; 5 — 摇臂; 6 — 前转向机构; 7 — 后转向机构; 8 — 差动平衡装置; 9 — 车体

图 6.12 摇臂 – 转向架式月球车基本结构

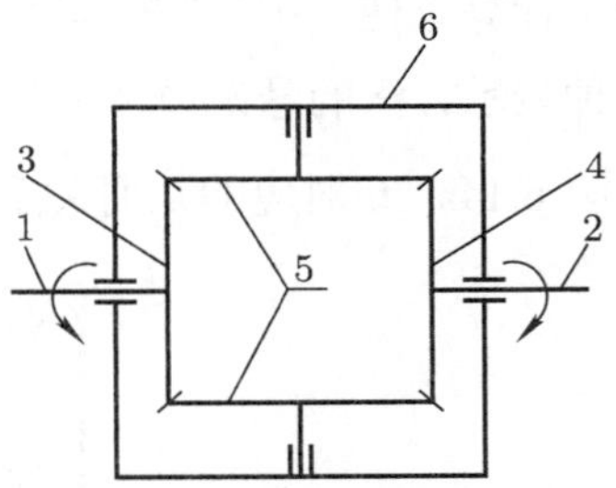

1 — 左中心轴; 2 — 右中心轴; 3 — 左中心齿轮; 4 — 右中心齿轮; 5 — 行星齿轮; 6 — 壳体

图 6.13 差动平衡装置示意图

6.2.2 月球车悬架参数化表示

悬架设计参数是指月球车在展开状态下, 单侧悬架的 3 个车轮处于同一平面时悬架各铰接点的相对位置。摇臂 – 转向架式月球车的摇臂悬架、车体及月球表面组成了一个串并混合的空间连杆机构。悬架设计参数决定连杆的尺寸, 影响月球车的移动性能。在研究时只考虑月球车直线行驶的情况, 忽略转向机构及悬架的具体结构, 直接将摇臂或摆杆与车轮铰接, 从而将摇臂悬架简化为平面连杆机构, 如图 6.14 所示。

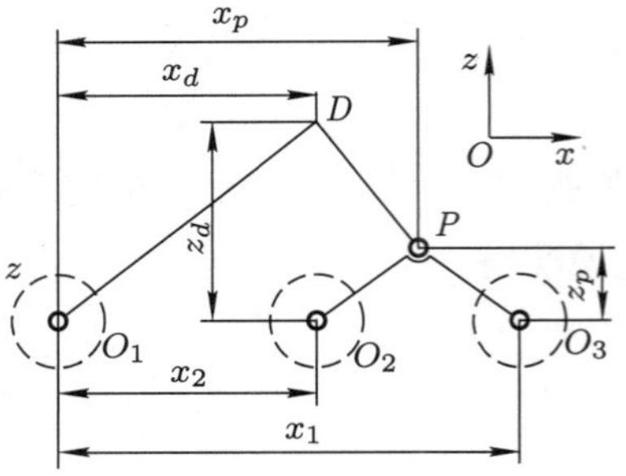

(a) 直角坐标

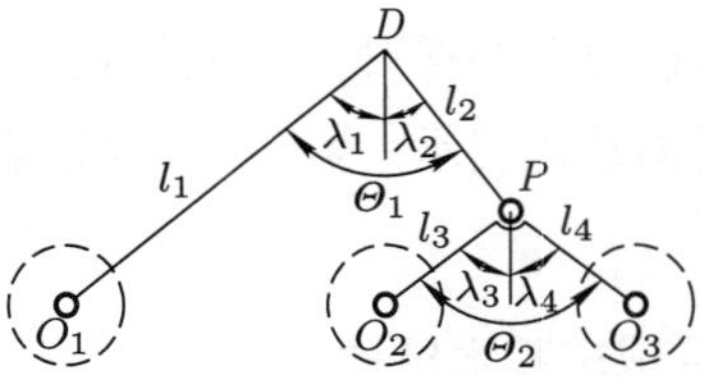

(b) 广义坐标

图 6.14　摇臂 – 转向架月球车悬架参数化表示

由图 6.14 可知, 摇臂悬架设计参数可用两种方式来表示: 一种是直角坐标表示法, 另一种是广义坐标表示法. 两种方法中, 摇臂悬架设计参数均为 6 个独立参数。如图 6.14a 所示, 直角坐标表示的摇臂悬架设计参数为 x_1、x_2、x_d、z_d、x_p、z_p; 如图 6.14b 所示, 广义坐标表示的悬架设计参数为 l_1、l_2、l_3、l_4、Θ_1、Θ_2。这两种表示方法分别用于不同情况, 直角坐标法多用于悬架的尺寸设计及月球车的准静力学分析, 而广义坐标法对于月球车的运动学分析较为方便, 因为在月球车运动过程中这 6 个参数不变。悬架设计参数两种表示法之间不是孤立的, 可相互转换。

为了计算方便, 用广义坐标表示法时, 引入中间参数 λ_1、λ_2、λ_3、λ_4, 它们可由任意一种表示方法的悬架设计参数来表示。

由图 6.14a、b 对应的几何关系, 得到

$$\begin{cases} \lambda_1 = \arctan \dfrac{x_d}{z_d} \\ \lambda_2 = \arctan \dfrac{x_p - x_d}{z_d - z_p} \\ \lambda_3 = \arctan \dfrac{x_p - x_2}{z_p} \\ \lambda_4 = \arctan \dfrac{x_1 - x_p}{z_p} \end{cases} \tag{6.24}$$

$$\left.\begin{aligned} &|O_1p| = \sqrt{l_1^2 + l_2^2 - 2l_1l_2\cos\Theta_1} \\ &|O_2O_3| = \sqrt{l_3^2 + l_4^2 - 2l_3l_4\cos\Theta_2} \\ &\lambda_1 = \frac{\pi}{2} - \left[\arcsin\left(\frac{l_4}{|O_1p|}\sin\Theta_1\right) + \arcsin\frac{l_3l_4\sin\Theta_2}{|O_1p|\cdot|O_2O_3|}\right] \\ &\lambda_2 = \lambda - \frac{\pi}{2} + \left[\arcsin\left(\frac{l_4}{|O_1p|}\sin\Theta_1\right) + \arcsin\frac{l_3l_4\sin\Theta_2}{|O_1p|\cdot|O_2O_3|}\right] \\ &\lambda_3 = \frac{\pi}{2} - \arcsin\left(\frac{l_4}{|O_2O_3|}\sin\Theta_2\right) \\ &\lambda_4 = \frac{\pi}{2} - \arcsin\left(\frac{l_3}{|O_2O_3|}\sin\Theta_2\right) \end{aligned}\right\} \tag{6.25}$$

又由图 6.14a、b 对应的几何关系可得到两种方法表示的悬架设计参数表达式

$$\begin{cases} l_1=\sqrt{x_d^2+z_d^2} \\ l_2=\sqrt{(x_p-x_d)^2+(z_p-z_d)^2} \\ l_3=\sqrt{(x_p-x_2)^2+z_p^2} \\ l_4=\sqrt{(x_1-x_p)^2+z_p^2} \\ \varTheta_1=\lambda_1+\lambda_2 \\ \varTheta_2=\lambda_3+\lambda_4 \end{cases} \tag{6.26}$$

$$\begin{cases} x_1=l_1\sin\lambda_1+l_2\sin\lambda_2+l_4\sin\lambda_4 \\ x_2=l_1\sin\lambda_1+l_2\sin\lambda_2-l_3\sin\lambda_3 \\ x_d=l_1\sin\lambda_1 \\ z_d=l_1\cos\lambda_1 \\ x_p=l_1\sin\lambda_1+l_2\sin\lambda_2 \\ z_p=l_3\cos\lambda_3 \end{cases} \tag{6.27}$$

6.3 摇臂悬架设计参数优化

6.3.1 优化数学模型

6.3.1.1 优化准则

在月球车移动系统设计时, 表 6.1 中月球车的各项移动性能评价参数所要求的权重是不同的, 其中抗倾翻性和通过性是首要满足的评价参数, 它们是保证月球车正常工作的前提条件, 在此基础上再考虑对月球车其他的移动性能进行优化。

摇臂 – 转向架式月球车由于摇臂和摆杆自由铰接而具较好的地形自适应性能, 而 4 个角轮独立转向方式又使其具有较强的机动性能, 甚至可以实现零半径转向, 因此基于月球车移动性能对悬架设计参数进行优化时, 可不考虑月球车的地形自适应性能和机动性能。通过以上分析, 最终确定如下基于移动性能进行悬架设计参数优化的准则:

(1) 以月球车的抗倾翻性和几何通过性为约束条件;

(2) 以月球车的越障性能和平稳性为优化目标函数。

月球车用太阳电池阵来提供能源, 其总能量是有限的, 节约能量是月球车设计的基本要求之一。月球车越障工况下消耗的能量较大, 减小越障时电动机消耗的功率是节约能量的一个重要方面。同时, 月球车在崎岖工况下行进时, 车体的位姿不断变化, 影响车载仪器的精度, 因此应尽量减小车体的位姿变化。其中, 主要是车体质心垂直位移的变化以及车体的俯仰变化对月球车的平稳性产生的影响。因此, 选取越障时电动机消耗的能量 W、车体质心的垂直位移 Z_B、车体的俯仰角 θ 作为 3 个

目标函数, 从而对悬架设计参数进行多目标优化。

6.3.1.2 优化数学模型的建立

优化问题的数学模型包括设计变量、约束条件及目标函数 3 个要素 (陶建国等, 2007), 按其有无约束条件可分为无约束优化问题和约束优化问题, 按约束函数和目标函数是否同时为线性函数可分为线性规划问题和非线性规化问题。基于月球车移动性能的悬架设计参数优化问题属于具有不等式约束的非线性规化问题。

1. 设计变量 X

月球车的总长及车轮半径一般事先给定, 因此悬架设计参数中的 x_1 为已知的常量, 从而取其余的 5 个参数作为优化设计变量, 记为

$$X = [x_2 \quad x_d \quad z_d \quad x_p \quad z_p]^{\mathrm{T}} = [X_1 \quad X_2 \quad X_3 \quad X_4 \quad X_5]^{\mathrm{T}} \tag{6.28}$$

2. 约束条件 $g(X)$

约束条件是指设计变量必须满足的一些设计限制条件, 包括性能约束和边界约束。悬架设计参数取值应满足一定范围

$$d_{1i} \leqslant X_i \leqslant d_{2i}, \quad i = 1, \cdots, 5 \tag{6.29}$$

式中, d_{1i}、d_{2i} 为设计变量 X_i 的最小值和最大值。

由式 (6.24)~式 (6.29) 所示的抗倾翻性、几何通过性的参数化模型可建立如下性能约束条件:

$$\begin{cases} g_{11}(X) = \tan\theta_{W0} - \dfrac{X_2 + X_{C0}}{X_3 + X_{C0}} \leqslant 0 \\ g_{12}(X) = \tan\theta_{W0} - \dfrac{x_1 - X_2 - X_{C0}}{X_3 + X_{C0}} \leqslant 0 \\ g_{13}(X) = \tan\theta_{W0} - \dfrac{b}{X_3 + X_{C0}} \leqslant 0 \\ g_{14}(X) = \dfrac{x_1 - X_1}{\sqrt{\left(\dfrac{r\sqrt{(x_1 - X_1)^2 - h^2} + (h - r)h}{(h - r)\sqrt{(x_1 - X_1)^2 - h^2} - hr}\right)^2 + 1}} - X_5 \leqslant 0 \end{cases} \tag{6.30}$$

3. 目标函数 $U(X)$

根据优化准则, 取越障时消耗的能量 W、车体质心的垂直位移 Z_B、车体的俯仰角 θ 为 3 个目标函数, 记作

$$U(X) = [W \quad Z_B \quad \theta]^{\mathrm{T}} = [F_1(X) \quad F_2(X) \quad F_3(X)]^{\mathrm{T}} \tag{6.31}$$

4. 优化数学模型的一般形式

由式 (6.28)~ (6.31) 可知, 悬架设计参数的优化是一个多目标优化问题, 其数学模型的一般形式为

$$\begin{cases} X = [X_1 \quad X_2 \quad X_3 \quad X_4 \quad X_5]^{\mathrm{T}} \\ V - \min U(X) = \min[F_1(X) \quad F_2(X) \quad F_3(X)]^{\mathrm{T}} \\ \text{s.t.}(X) \leqslant 0 \end{cases} \tag{6.32}$$

6.3.1.3 优化算法

式 (6.32) 表示的是具有不等式约束的非线性规划多目标优化问题, 求解这类问题的最为有效的方法是序列二次规划法 (SQP) (孙靖民, 2003), 其基本原理是首先通过拉格朗日乘子法, 将原来的非线性规划问题转化为序列二次规划子问题, 然后通过求解序列二次规划子问题确定迭代的搜索方向, 并进行一维搜索, 确定步长, 最后进行迭代得到最优解。

式 (6.32) 对应的拉格朗日函数为

$$L(X, \lambda) = U(X) + \boldsymbol{\lambda}^{\mathrm{T}} g(X) \tag{6.33}$$

式中, $\boldsymbol{\lambda}$ 为拉格朗日乘子向量。

设给定点为 X^k, 在该点将拉格朗日函数 $L(X, \boldsymbol{\lambda})$ 和约束函数 $g(X)$ 做 Taylor 展开, $L(X, \boldsymbol{\lambda})$ 取至二次项, $g(X)$ 取至线性项, 有

$$\begin{aligned} L(X^{k+1}, \lambda^{k+1}) = & L(X^k, \lambda^k) + [\nabla L(X^k, \lambda^k)]^{\mathrm{T}}(X^{k+1} - X^k) + \\ & \frac{1}{2}(X^{k+1} - X^k)\boldsymbol{H}^k(X^{k+1} - X^k) \end{aligned} \tag{6.34}$$

$$g(X^{k+1}) = g(X^k) + \nabla g(X^k)^{\mathrm{T}}(X^{k+1} - X^k) \tag{6.35}$$

式中, $\boldsymbol{H}^k$ 为 Hesse 矩阵。

拉格朗日函数的一阶导数为

$$\nabla L(X^k, \lambda^k) = \nabla U(X^k) + [\nabla g(X^k)]^{\mathrm{T}} \lambda^k \tag{6.36}$$

设

$$\begin{cases} d^k = X^{k+1} - X^k \\ \boldsymbol{H}^k = \boldsymbol{B}^k \end{cases} \tag{6.37}$$

式中, $\boldsymbol{B}^k$ 为拟牛顿法中的变尺度矩阵。

将式 (6.36) 和式 (6.37) 代入式 (6.34) 有

$$L(X^{k+1}, \lambda^{k+1}) = U(X^k) + (\lambda^k)^{\mathrm{T}}(g(X^k) + \nabla g)(X^k)d^k) + [\nabla U(X^k)]^{\mathrm{T}} d^k + \frac{1}{2}(d^k)^{\mathrm{T}} \boldsymbol{B}^k d^k \tag{6.38}$$

将式 (6.37) 代入式 (6.34) 有

$$g(X^{k+1}) = g(X^k) + \nabla g(X^k)^{\mathrm{T}} d^k \tag{6.39}$$

最后, 将原来的非线性规划问题转化成如下的序列二次规划子问题

$$\begin{cases} \min QP(d) = [\nabla U(X^k)]^{\mathrm{T}} d + \dfrac{1}{2}(d)^{\mathrm{T}} \boldsymbol{B} d \\ \text{s.t.} \quad g(X) + \nabla g(X)^{\mathrm{T}} d \leqslant 0 \end{cases} \tag{6.40}$$

首先对式 (6.40) 求解得到 d^k, 接着沿 d^k 进行一维搜索, 确定步长 α_k, 然后按 $X^{k+1} = X^k + \alpha_k d^k$ 进行迭代, 最后得到目标函数的最优解, 其迭代步骤如图 6.15 所示。序列二次规划方法的编程过程较为复杂, 本文利用 ADAMS 提供的内置二次序列规划算法对摇臂悬架设计参数进行优化求解。

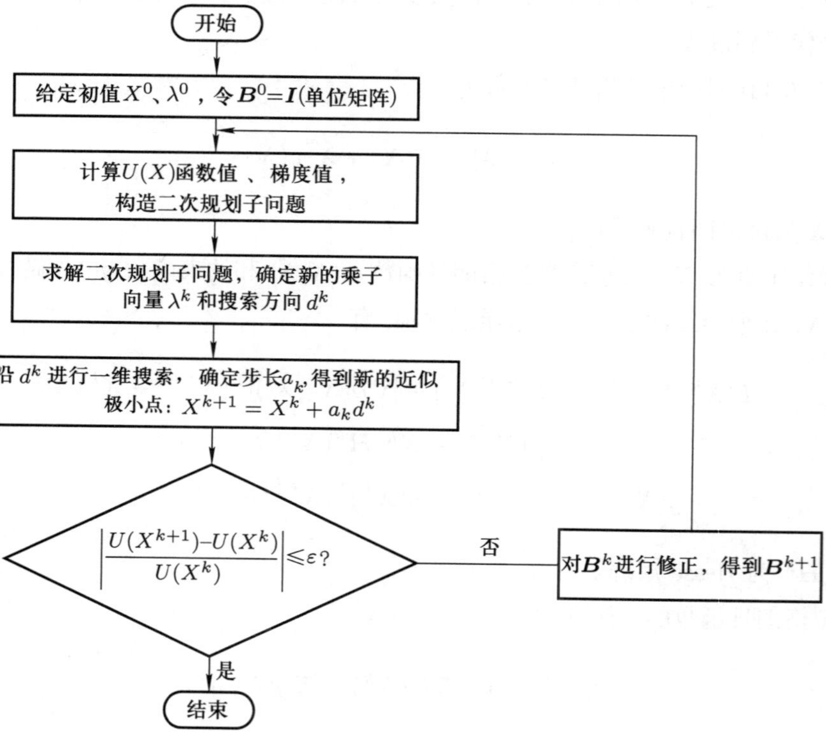

图 6.15 序列二次规划法迭代流程图

6.3.2 基于越障性能悬架设计参数优化

6.3.2.1 障碍类型确定

月球车的越障通过性能取决于障碍类型、尺寸及悬架设计参数。因此, 针对某种障碍类型来讨论悬架设计参数更为有效。以往多基于垂直障碍对月球车进行越障性

能分析, 但是在实际自然环境中, 垂直障碍并不多见, 月球车越垂直障碍时, 前轮会与障碍发生干涉 (Δ 为干涉量), 如图 6.16 所示。

由于月球车车轮与摇臂均为刚性件, 前轮与障碍物干涉会使中轮和后轮向后滑动, 影响月球车越障性能分析的准确性; 同时, 摇臂月球车较容易通过高度小于车轮半径的障碍。因此, 本节基于越障性能进行摇臂悬架设计参数优化时, 选取高度大于车轮半径的梯形台阶障碍, 如图 6.17 所示, 障碍高度 h 取 220 mm, 倾角 α 取 70°。

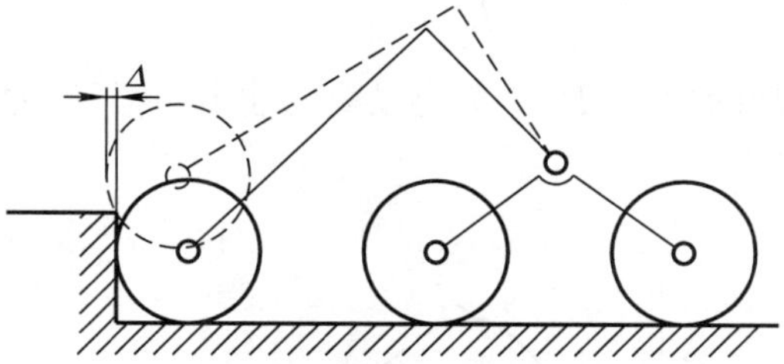

图 6.16　前轮越垂直障碍干涉示意图

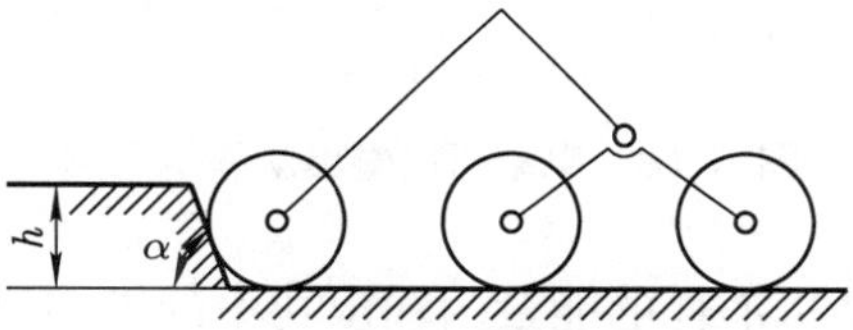

图 6.17　梯形障碍

6.3.2.2　目标函数 $F_1(X)$ 简化

摇臂月球车悬架机构在前、后方向上非对称, 所以在跨越障碍时, 正向和逆向的越障能力不同, 表现在越障时各车轮电动机消耗的能量不同, 如图 6.12 所示, 以摇臂前进方向为正向, 摆杆前进方向为逆向。

记各车轮越障时电动机消耗的能量为 $W_{ij}(i=\mathrm{f},\mathrm{b};j=\mathrm{f},\mathrm{m},\mathrm{r})$, 其中前下角标符号 f、b 分别代表正向和反向, 后下角标符号 f、m、r 分别代表前轮、中轮、后轮。因此越障时的目标函数 $F_1(x)$ 为多目标函数, 表示为

$$\begin{aligned}F_1(X) &= [W_{\mathrm{ff}} \quad W_{\mathrm{fm}} \quad W_{\mathrm{fr}} \quad W_{\mathrm{bf}} \quad W_{\mathrm{bm}} \quad W_{\mathrm{br}}]^{\mathrm{T}} \\ &= [f_1(X) \quad f_2(X) \quad f_3(X) \quad f_4(X) \quad f_5(X) \quad f_6(X)]^{\mathrm{T}}\end{aligned} \tag{6.41}$$

作为一个多目标函数, $F_1(X)$ 的优化结果是使 6 个分量的值都达到最小, 但是直接求解非常困难, 通常的做法是用统一目标法转变成单目标优化问题。常用的转化方法有线性加权和法、极大极小值法、理想点法与平方和加权法、分目标乘除法以及几何平均法等。这里采用极大极小法, 即取各电动机中消耗的最大能量作为函数,

记为

$$V(X) = \max\{f_i(X)\}, \quad i = 1, 2, \cdots, 6 \tag{6.42}$$

由于函数 $F_1(X)$ 较难用表达式给出, 因此要借助仿真分析来确定这个函数, 分析时要进行转换, 用车轮驱动电机的输出功率来间接表示其消耗的能量。如图 6.18 所示, 月球车跨越障碍时, 车轮驱动电机消耗的能量可表示为

$$W = \int_0^T P(t)\mathrm{d}t = \overline{P}T \tag{6.43}$$

式中, W 为电动机消耗的能量; P (t) 为电动机的输出功率; T 为越障时间; $\overline{P}$ 为 $P(t)$ 的平均值。

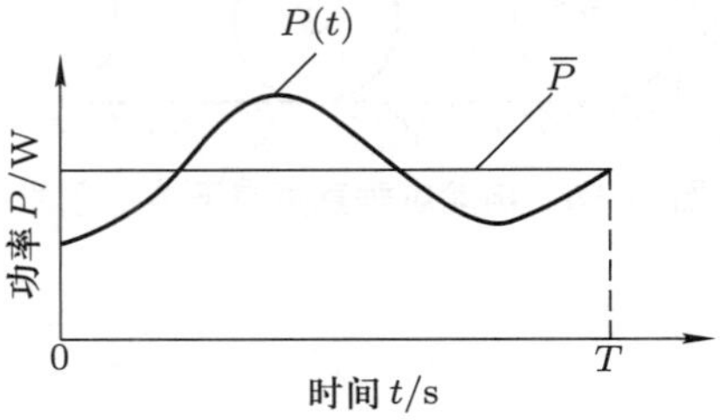

图 6.18 电动机的输出功率示意图

式 (6.43) 表明, 电动机消耗的能量为输出功率的平均值与越障周期的乘积。由于本文针对月球车单侧 3 个车轮依次过同一个障碍进行分析, 因此完成越障时, 车轮消耗的能量可通过电动机的输出功率的平均值来确定, 这样就将函数函数 $F_1(X)$ 转化成电动机输出功率的平均值, 从而很容易地由仿真结果得到。

在 ADAMS/View 中建立月球月球车摇臂悬架的仿真模型, 设置越障分析的仿真时间为 60 s, 定义各电动机的输出功率。通过仿真分析, 得到正向越障和逆向越障时各驱动电机的输出功率曲线, 如图 6.19 所示, 同时得到越障时各电动机输出功率的平均值, 见表 6.2。

表 6.2 电动机输出功率的平均值

电动机输出功率	P_{ff}	P_{fm}	P_{fr}	P_{bf}	P_{bm}	P_{br}
平均功率 /(N · mm/s)	1 595	2 046	3 317	2 432	2 350	1 132

由表 6.2 可以看出, 在月球车正向越障时, 后轮电动机的输出功率 P_{fr} 的平均值最大, 表明该电动机消耗的能量最大, 式 (6.42) 具体表示为

$$V(X) = \max\{f_i(X)\} = f_3(X) \tag{6.44}$$

由此可见, 在月球车正向越障时, 实际上是通过测量后轮电动机的输出功率 P_{fr} 得到平均功率, 最后作为基于越障性能进行悬架设计参数优化的目标函数。

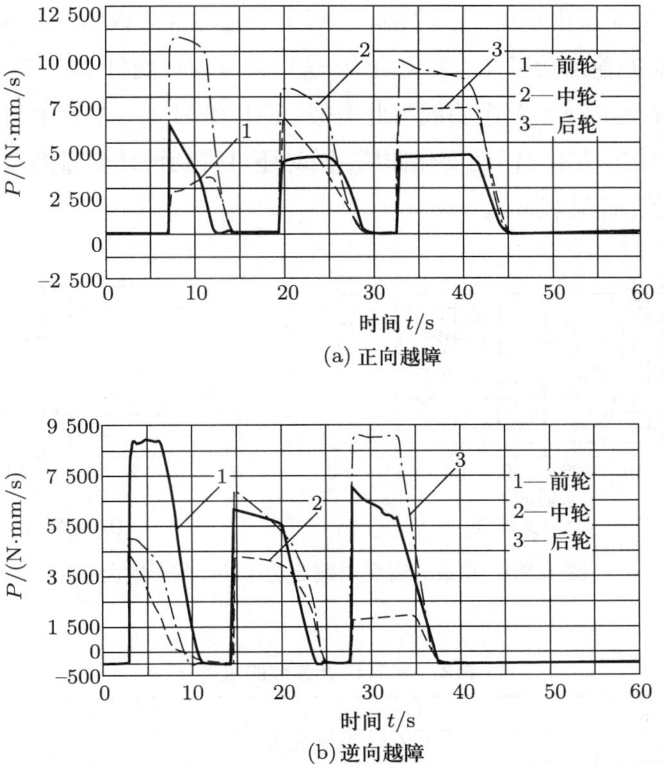

(a) 正向越障

(b) 逆向越障

图 6.19 越障时驱动电机的输出功率曲线

6.3.2.3 悬架设计参数对越障性能影响分析及优化

为了验证方法的有效性, 选取一辆初始设计的月球车为研究对象, 通过摇臂悬架设计参数优化, 减少月球车越障时的能量消耗。

月球车摇臂悬架的初始设计参数为: $x_1 = 930$ mm, $x_2 = 465$ mm, $x_d = 445$ mm, $z_d = 470$ mm, $x_p = 670$ mm, $z_p = 170$ mm。车轮直径为 270 mm, 车轮宽度为 150 mm 月球车总质量为 120 kg, 悬架和车轮总质量为 20 kg, 车体质心 C_5 的偏距 $e_1 = 20$ mm, $e_2 = 25$ mm。

根据以上初始设计参数, 在 ADAMS 中建立摇臂悬架的仿真模型, 通过对各铰接点进行参数化处理得到式设计变量 $X_1 \sim X_5$。

参照相关资料, 确定月球车的纵向静态稳定角为 45°, 横向静态稳定角为 40°, 最小离地间隙为 300 mm。同时, 设定设计变量的取值范围: $445 \leqslant X_1 \leqslant 485$, $395 \leqslant X_2 \leqslant 495$, $450 \leqslant X_3 \leqslant 510$, $650 \leqslant X_4 \leqslant 690$, $150 \leqslant X_5 \leqslant 190$。

每个设计变量对目标函数的影响程度是不同的, 一般用敏感度来描述。敏感度的绝对值越大, 表示变量对目标函数的影响越明显 (郑建荣, 2002)。在优化设计时, 只需对敏感度较大的参数进行优化, 这样不但可以减少迭代次数, 提高运算速度, 而且可以增加收敛迭代的可靠性。为此, 在进行基于越障性能的悬架参数优化之前, 首先分析单个变量对输出功率 P_{fr} 的影响。每个变量在各自取值区间内等距离地取 5 个值, 得到对应的输出功率 P_{fr} 变化曲线, 这里只以设计变量 X_1、X_2 对应的 P_{fr} 曲线为例, 如图 6.20 所示, 其余曲线与此类似。图中编号 1 ~ 5 表示设计变量由小到大依次取值时输出功率 P_{fr} 的变化曲线, 同时还可得到设计变量的敏感度及输出功率 P_{fr} 的平均值, 详见表 6.3。

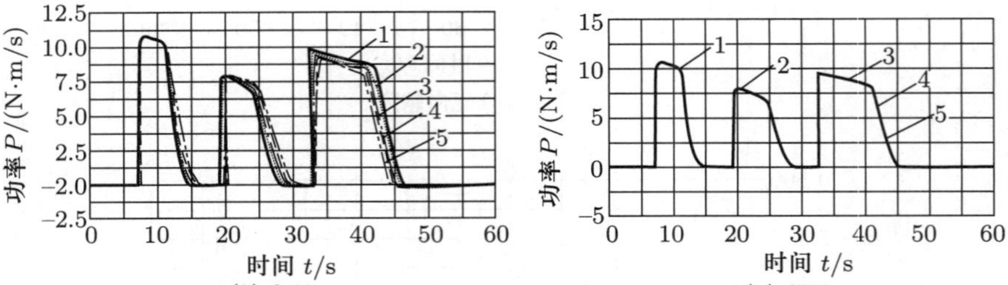

(a) 变量 X_1　　(b) 变量 X_2

图 6.20　单设计变量对输出功率 P_{fr} 的影响曲线

表 **6.3**　悬架设计参数的敏感度

设计变量	曲线号	变量值	目标函数 $F_1(x)$		目标函数 $F_2(x)$		目标函数 $F_3(x)$	
			P_{fr} 平均值	敏感度	Z_B/mm	敏感度	$\theta/(^\circ)$	敏感度
X_1	1	445	3 570	–9.8	464.55	0.22	7.66	0.15
	2	455	3 460		460.95		7.98	
	3	465	3 317		460.13		8.35	
	4	475	3 264		462.83		8.72	
	5	485	3 196		465.79		9.15	
X_2	1	395	3318	0	460.14	0	8.34	0
	2	420	3 337		460.13		8.33	
	3	445	3 317		460.13		8.33	
	4	470	3 337		460.13		8.34	
	5	495	3 331		460.15		8.33	
X_3	1	450	3338	1.3	460.14	0	8.36	0
	2	460	3 316		460.13		8.33	
	3	470	3 317		460.13		8.33	
	4	490	3 346		460.13		8.34	
	5	510	3 324		460.13		8.34	
X_4	1	650	3062	19.6	479.44	0.32	11.17	-0.06
	2	660	3 143		469.42		9.69	
	3	670	3 316		460.13		8.35	
	4	680	3 534		458.03		7.11	
	5	690	3 992		456.6		7.56	
X_5	1	150	3037	11.5	461.22	-0.06	8.49	-0.008
	2	160	3 208		460.68		8.41	
	3	170	3 317		460.13		8.35	
	4	180	3 439		459.59		8.26	
	5	190	3 627		459.03		8.18	

由表 6.3 可以看出, 设计变量 X_2、X_3 的敏感度绝对值很小, 表明这两个变量对 P_{fr} 的影响较小; 而设计变量 X_1、X_4、X_5 的灵敏度绝对值较大, 表明这 3 个变量对 P_{fr} 的影响较大, 选取这 3 个变量作为多变量分析和优化时的变量。同时, 随着 X_1 的增大, P_{fr} 平均值逐渐减小, $X_1 = 485$ mm 时, 取得最小值 3 196 N·mm; 随着 X_4、X_5 的增大, P_{fr} 平均值逐渐增大, $X_4 = 650$ mm 时, 取得最小值 3 062 N·mm, $X_5 = 150$ mm 时, 取得最小值 3 037 N·mm。

事实上, 输出功率 P_{fr} 同时受到 5 个设计变量的影响, 为了分析设计变量不同组合对 P_{fr} 的影响, 需进行多变量的影响分析。取敏感度较大的 3 个设计变量 X_1、X_4、X_5 作为因素, 每个因素取两个水平, 经过 2^3 次迭代, 得到 3 个设计变量不同组合对应的 P_{fr} 变化曲线, 如图 6.21 所示, 同时得到 P_{fr} 的平均值, 见表 6.4。

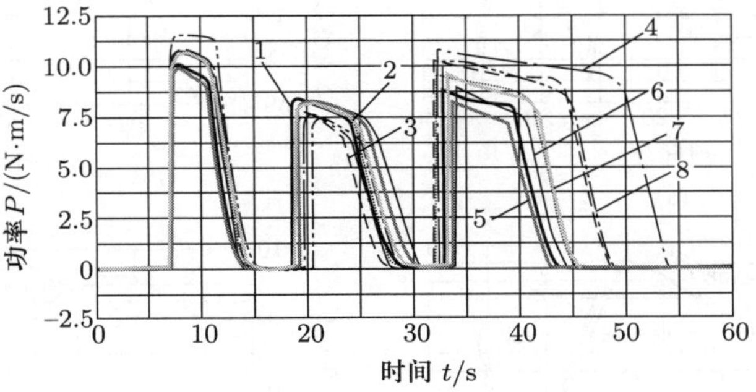

图 6.21 多变量对输出功率 P_{fr} 的影响

表 **6.4** 多参数变化对目标函数的影响

迭代次数	X_1	X_4	X_5	P_{fr}平均值/(N·mm)	Z_B/mm	θ/(°)
1	445	650	150	3 006	480.01	10.32
2	445	650	190	3 346	482.19	10.08
3	445	690	150	3 910	462.40	8.66
4	445	690	190	5 001	460.82	8.44
5	485	650	150	2 839	488.28	12.52
6	485	650	190	3 186	485.68	12.12
7	485	690	150	3 368.3	457.43	6.97
8	485	690	190	4 046.9	458.13	6.82

由表 6.4 可知, 设计变量 X_1、X_4、X_5 分别取 445、650、150 时, P_{fr} 平均值取得最小值 3 006 N·mm, 表明这组变量值对 P_{fr} 的影响较大。

最后, 取 3 个设计变量 X_1、X_4、X_5 进行优化, 经过 9 次迭代, 得到基于越障性能的悬架参数优化时目标函数 $F_1(X)$ 所对应的一组设计变量优化值: $X_1 = 466.92$ mm, $X_4 = 654.46$ mm, $X_5 = 152.46$ mm。

6.3.3 基于移动平稳性能悬架设计参数优化

基于移动平稳性进行悬架设计参数优化时有两个目标函数 $F_2(X)$ 和 $F_3(X)$, 这两个函数可由式 (6.42) 定义, 在 ADAMS 中则通过 Function 来定义。首先分析单变量对 Z_B 和 θ 的影响, 每个变量仍在各自取值区间内等距离地取 5 个值, 得到对应的 Z_B 和 θ 的变化曲线, 这里同样只给出设计变量 X_1、X_2 对应的曲线作为代表, 如图 6.22 所示, 其余类似。图 6.22a、b 分别为 X_1、X_2 对 Z_B 的影响; 图 6.22c、d 分别表示 X_1、X_2 对 θ 的影响。图中编号 1~5 表示设计变量由小到大依次取值时 Z_B 和 θ 的变化曲线, 同时还可得到设计变量的敏感度及 Z_B 和 θ 的值, 详见表 6.3。

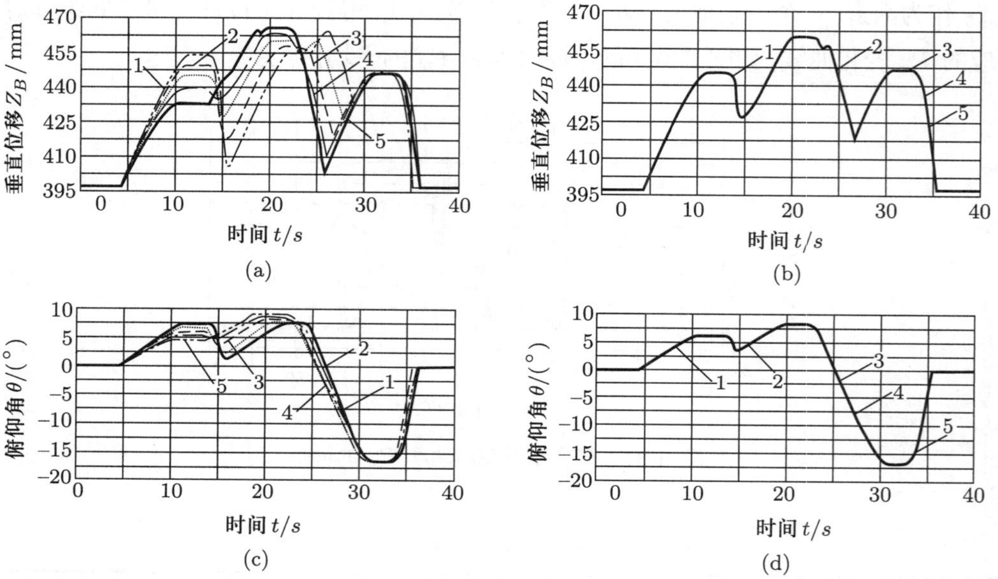

图 6.22 单变量对 Z_B 和 θ 的影响曲线

由表 6.3 可以看出, 设计变量 X_2、X_3 的敏感度绝对值为 0, 表明这两个变量对 Z_B 和 θ 的影响较小; 而设计变量 X_1、X_4、X_5 的灵敏度绝对值较大, 表明这 3 个变量对 B_Z 和 θ 的影响较大, 因此, 选取这 3 个作为多变量分析和优化的变量。

同时, 随着 X_1 的增大, Z_B 先减小而后增加, $X_1 = 445$ mm 时, Z_B 取得最小值 464.55 mm; 随着 X_1 的增大, θ 逐渐增大, $X_1 = 445$ mm 时, θ 取得最小值 7.66°。随着 X_4、X_5 的增大, Z_B 和 θ 逐渐减小, $X_4 = 690$ mm 时, Z_B 取得最小值 456.6 mm, θ 取得最小值 7.56°; $X_5 = 190$ mm 时, Z_B 取得最小值 459.03 mm, θ 取得最小值 8.18°。

取敏感度较大的 3 个设计变量 X_1、X_4、X_5 作为因素, 每个因素取两个水平, 经过 2^3 次迭代, 分别得到 3 个设计变量在不同组合所对应的 Z_B 和 θ 变化曲线, 如图 6.23 所示, 同时得到 Z_B 和 θ 的数值, 详见表 6.4。

由表 6.4 可知, 设计变量 X_1、X_4、X_5 分别取 485、690、150 时, Z_B 取得最小

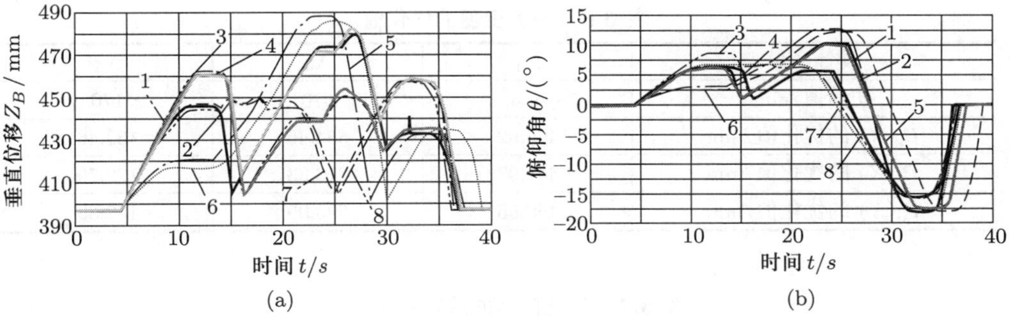

图 6.23 多变量对 Z_B 和 θ 的影响曲线

值 457.43 mm; 设计变量 X_1、X_4、X_5 分别取 485、690、190 时, θ 取得最大值 6.82°, 表明这两组变量值对 Z_B 和 θ 影响较大。

最后, 对设计变量 X_1、X_4、X_5 进行优化, 经过 6 次迭代, 得到基于移动平稳性悬架参数优化的目标函数 $F_2(X)$ 和 $F_3(X)$ 对应的两组设计变量优化值: $X_1 = 441.97$ mm, $X_4 = 713.83$ mm, $X_5 = 172.79$ mm; $X_1 = 456.55$ mm, $X_4 = 693.09$ mm, $X_5 = 172.39$ mm。

6.3.4 优化结果分析

以上分别基于月球车的越障性能和移动平稳性进行了悬架设计参数的优化, 将对应目标函数 $F_1(X)$、$F_2(X)$、$F_3(X)$ 的 3 组设计变量 X_1、X_4、X_5 优化值进行汇总, 如表 6.5 所示。

表 6.5 设计变量的优化值

设计变量	X_1	X_4	X_5
初始值/mm	465	670	170
$F_1(X)$ 的优化值/mm	466.92	654.46	152.46
$F_2(X)$ 的优化值/mm	441.97	713.83	172.79
$F_3(X)$ 的优化值/mm	456.55	693.09	172.39

由表 6.6 可知, 越障性能和移动平稳性能不能同时达到最优。从使月球车具有较好综合移动性能来考虑, 需对两种移动性能进行折中处理, 这里对 3 组设计变量优化值进行线性加权平均, 并对处理结果进行圆整, 得到最终的优化设计变量。对于未优化的参数取初始值。优化前后悬架设计参数值的对比见表 6.7, 同时得到展开状态摇臂悬架的优化设计参数, 如图 6.24 所示, 为后文悬架结构拓扑优化和悬架折叠设计提供基础。

表 6.6 设计变量的优化值

设计变量	X_1	X_4	X_5
初始值/mm	465	670	170
$F_1(X)$ 的优化值/mm	466.92	654.46	152.46
$F_2(X)$ 的优化值/mm	441.97	713.83	172.79
$F_3(X)$ 的优化值/mm	456.55	693.09	172.39

表 6.7 优化前后的悬架设计参数

悬架设计参数	x_2	x_d	z_d	x_p	z_p
设计变量	X_1	X_2	X_3	X_4	X_5
初始值/mm	465	445	480	670	170
优化值/mm	455	445	480	690	166

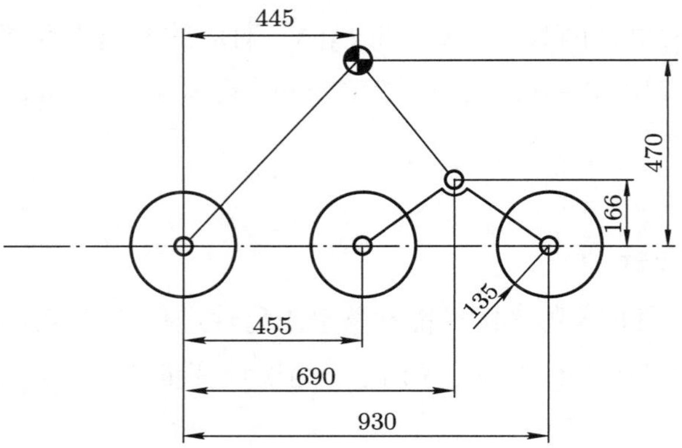

图 6.24 展开状态下摇臂悬架的设计参数

为了验证悬架设计参数的优化对提高月球车性能的有效性，取摇臂悬架设计参数的初始值和最终设计值，对月球车越障性能和平稳性进行仿真分析，得到两种情况下 $P_{\rm fr}$、Z_B 和 θ 的对比曲线，如图 6.25 所示。图中虚线为悬架初始设计参数时的目标函数曲线，实线为最终设计参数时的目标函数曲线。

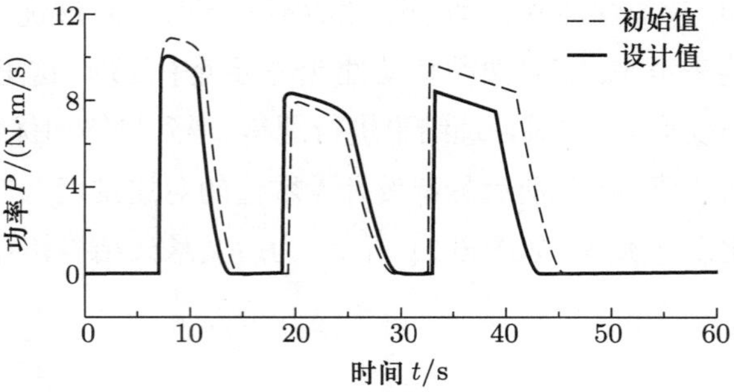

(a)

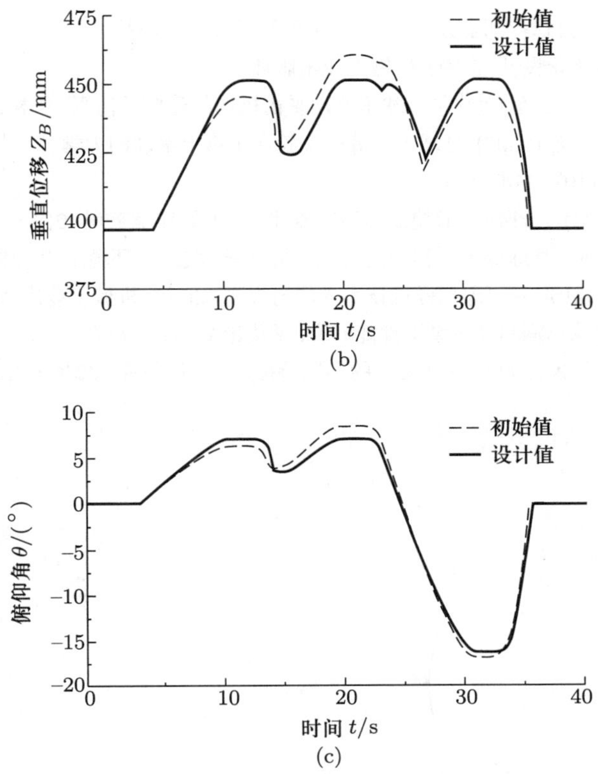

图 6.25 悬架为初始值和设计值时的目标函数对比曲线

由图 6.25 可知, 悬架为初始值和设计值时月球车正向越障过程中后轮电动机消耗的能量 P_{fr} 分别为 10 758 N·mm 和 9 735 N·mm, 能耗降低了 9.5%; 悬架为初始值和设计值时车体质心的垂直位移 Z_B 分别为 466 mm 和 460 mm, 减小了 6 mm; 车体俯仰角 θ 分别为 17.5° 和 16°, 减小了 1.5°。由此可见, 经过悬架设计参数优化后, 月球车的越障能量消耗、车体垂直位移及俯仰角均有减小, 月球车的综合移动性能明显提高, 从而证明了悬架设计参数优化的有效性。

参考文献

Bauer, R., Leung, W. and Barfoot, T. (2005) Experimental and simulation results of wheel-soil interaction for planetary rovers// IEEE/RSJ International Conference on Intelligent Robots and Systems, Edmonton, 586-591.

Papadopoulos, E. G. and Rey, D. A. (1996) A new measure of overturning stability margin for mobile manipulators// IEEE Int. Conf. on Robotics and Automation Minneapolis, 1-6.

Shibly, H., Iagnemma, K. and Dubowsky, S. (2005) An equivalent soil mechanics formulation for rigid wheels in deformable terrain, with application to planetary exploration rovers. Journal of Terramechanics, **42**: 1-13.

褚桂柏, 张熇 (2007) 月球探测器技术. 北京: 中国科学技术出版社.

孙靖民 (2003) 机械优化设计. 北京: 机械工业出版社.

陶建国, 孟宪伟, 邓宗全, 等 (2007) 月球车差动平衡机构的建模及仿真. 机械设计, **24**(3): 16-18.

陶建国, 全齐全, 邓宗全 (2007) 月球车不等径车轮在土壤上滚动的力学分析与实验. 哈尔滨工程大学学报, **28**(10): 1144-1149.

肖福根, 庞贺伟 (2003) 月球地质形貌及其环境概述. 航天器环境工程, **6**(2): 5-14.

叶培建, 肖福根 (2006) 月球探测工程中的月球环境问题. 航天器环境工程, **23**(1): 1-11.

郑建荣 (2002) ADAMS —— 虚拟样机技术入门与提高. 北京: 机械工业出版社.

邹猛 (2008) 月面月球车辆驱动轮牵引性能研究. 学位论文, 吉林大学.

邹永廖, 欧阳自远, 徐琳 (2002) 月球表面的环境特征. 第四纪研究, **22**(6): 533-539.

第 7 章　月球车移动控制技术

7.1　引言

月球车控制技术包括遥操作、导航与路径规划、移动控制、行为环境感知等方面, 其中移动控制是目前研究的一个重点, 包括定位、路径跟踪、轨迹跟随等。常规轮式机器人移动控制的研究重点主要集中在运动学层面, 多数机器人运行于比较理想的结构化环境, 控制算法基本不考虑周围环境的物理和力学特性。月球探测任务要求月球车能够自主运行于松软崎岖的复杂的地形环境中, 基于物理的 (physics based) 运动控制策略综合考虑探测车运动学、轮地相互作用力学和地形几何信息等, 可以极大提高探测车的运动性能, 已经日益引起重视。

轮地相互作用力学可以反映松软崎岖地形环境中月球车的受力、沉陷、侧偏和滑移等与运动控制密切相关的信息。根据地面力学知识可以对车轮的滑转率和侧偏角进行预测, 提高定位精度, 通过滑移补偿可实现高精度路径跟踪; 进行滑转补偿和车轮速度协调可以节省运行时间、降低能量消耗; 将基于地面力学的移动控制算法应用于路径规划和评价可确保路径的可通过性和最优性。本章主要针对松软崎岖地形环境中月球车的高性能移动控制等相关问题进行研究。

7.2　松软崎岖地形中的月球车路径跟踪控制

7.2.1　基于目标追踪法的理论跟踪路径计算

在 DEM 高程图中进行路径规划。路径用水平位置坐标和偏航角度信息 (x, y, ϕ) 表示。采用 Craig (1992) 提出的目标追踪法 (carrot following method) 设计路径跟踪策略, 寻求理论跟踪路径。设定前方观望距离 (look ahead distance) 为 R_f, 以 R_f 为半径、月球车中心为圆心画圆，寻找该圆与路径的前向交点，从前向交点中选择目标点，进而驱动探测车向目标点运动。前向点是指沿着前进方向即将路过的点。

在目标寻找过程中，综合考虑如图 7.1 所示的 4 种情况：

(1) 存在 1 个交点，则该点即为目标点；

(2) 存在 2 个以上交点，则最前方点为目标点；

(3) 不存在交点，所有前向点都在观望圆以外，则到车体中心最近点为目标点；

(4) 不存在交点，所有前向点都在观望圆以内，则终点为目标点。

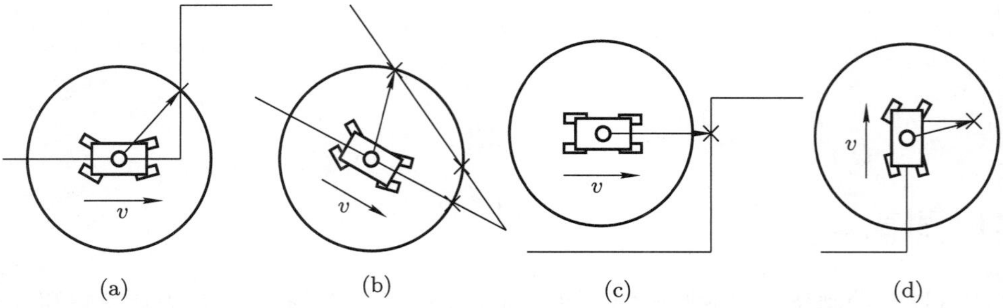

图 7.1 目标点情况分类

观望半径 R_f 对于理论跟踪路径有较大的影响，如图 7.2 所示，图中 ϕ_d 为理论跟踪路径的目标偏航角度。较小的 R_f 可以保证较高的路径跟踪精度，增大 R_f 使得路

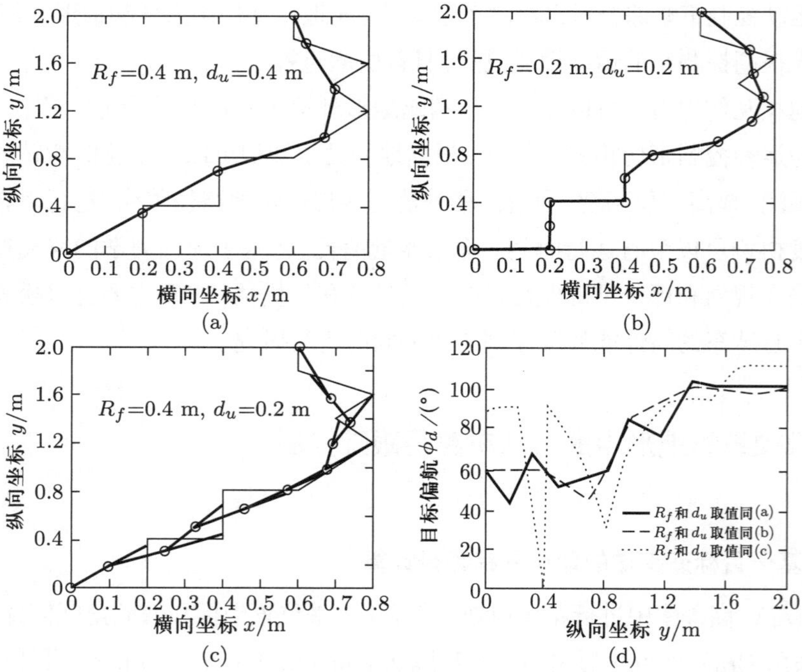

图 7.2 R_f 和 d_u 对于理论跟踪路径的影响

径跟踪精度降低, 但是路径变得更加平滑, 目标偏航角度 ϕ_d 的变化也相对平缓。R_f 应该根据实际探测需求综合考虑, 进行折中选择, 在进行 El-Dorado Ⅱ 探测车控制时, 本文选取的 R_f 为 0.5 m, 与探测车尺寸相当, 既可以保证一定的路径跟踪精度, 又可以使转向相对平缓。

为了反映车轮可以越过的小尺寸障碍物或者凹坑, DEM 地形分辨率应当与车轮尺寸相当。与整车尺寸相当的 R_f 明显大于 DEM 分辨率, 会导致路径跟踪时不能有效反映 DEM 中规划的路径信息。例如图 7.2a 中, 当 DEM 的分辨率为 0.2 m, R_f 为 0.4 m 时, 就存在较大的路径跟踪误差。为了解决这一问题, 引入路径更新距离 d_u, 使 d_u 小于或者等于 DEM 分辨率, 当探测车前进距离 d_u 后, 重新寻找前向目标点, 进行路径更新, 这样既可以充分利用 DEM 所反映的信息, 又避免了探测车的频繁转向, 如图 7.2c 所示。同时, 较小的 d_u 还可以及时修正探测车在跟踪过程中的滑移, 减小实际跟踪误差。

7.2.2 月球车非完整运动学模型实例

由于地形的松软特性, 探测车存在侧滑、侧偏等现象。由于地形的崎岖特性, 车轮坐标系与车体坐标系不一致, 且各车轮的坐标系也彼此不同。非完整运动学模型是进行车轮前进速度和转向角度控制的基础, 模型中需要综合考虑因为地形的松软崎岖所带来的问题, 六轮月球车的运动学模型如图 7.3 所示。

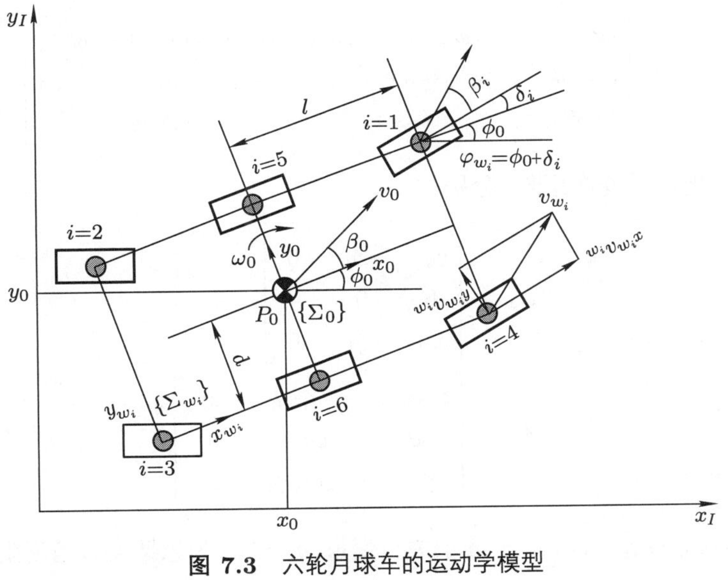

图 7.3 六轮月球车的运动学模型

月球车运行过程中存在侧向速度, 车体纵向前进速度与合速度之间存在一定的角度, 用侧偏角 $\beta_0 = \arctan(y_0/x_0)$ 表示。若以 ϕ_0 表示车体的偏航角度, 则车体非

完整运动学方程为

$$\dot{x}_0 \sin(\phi_0 + \beta_0) - \dot{y}_0 \cos(\phi_0 + \beta_0) = 0 \tag{7.1}$$

车轮 i 在运行过程中由于侧向速度导致的侧偏角用 β_i 表示。每个转向车轮都有一个转向角 δ_i, 对于非转向轮, $\delta_i = 0$。用 w_i 表示固连于车轮 i 中心的坐标系标号, 车轮的非完整运动学方程为

$$^{w_i}\dot{x}_{w_i} \sin \beta_i - {}^{w_i}\dot{y}_{w_i} \cos \beta_i = 0 \tag{7.2}$$

式中, $^{w_i}\dot{x}_{w_i}$ 和 $^{w_i}\dot{y}_{w_i}$ 分别为车轮在各自坐标系内的前进速度和侧滑速度, 给定车体的目标速度, 可以根据逆运动学方程对它们进行求解。以 4 轮车为例进行分析, 建立如图 7.4 所示的月球车坐标系。其中, 坐标系 Σ_1、Σ_2, Σ_3、Σ_4、Σ_5、Σ_6, $\Sigma_{w_1}(\Sigma_7)$、$\Sigma_{w_2}(\Sigma_8)$、$\Sigma_{w_3}(\Sigma_9)$、$\Sigma_{w_4}(\Sigma_{10})$ 的姿态分别相同, 不同的仅仅是坐标原点的位置。从车体到达 4 个车轮的坐标系通路分别为: $\Sigma_0 \to \Sigma_1 \to \Sigma_3 \to \Sigma_{w_1}$、$\Sigma_0 \to \Sigma_1 \to \Sigma_4 \to \Sigma_{w_2}$、$\Sigma_0 \to \Sigma_2 \to \Sigma_5 \to \Sigma_{w_3}$, $\Sigma_0 \to \Sigma_2 \to \Sigma_6 \to \Sigma_{w_4}$。根据图 7.4 所示的坐标系, 以车轮 1 为例, 根据车体速度进行车轮运动速度的推导。

将车轮中心点作为末端点, 根据公式 (5.18), 可得

$$\boldsymbol{v}_{w_1} = \boldsymbol{v}_0 + \boldsymbol{\omega}_0 \times \boldsymbol{P}_{0w_1} + \boldsymbol{A}_0^0 \boldsymbol{A}_1^1 \boldsymbol{Z}_1 \times \boldsymbol{P}_{1w_1} \dot{q}_1 + \boldsymbol{A}_0^0 \boldsymbol{A}_3^3 \boldsymbol{Z}_3 \times \boldsymbol{P}_{3w_1} \dot{q}_3 \tag{7.3}$$

式中, $^0\boldsymbol{A}$ 为月球车姿态矩阵, 是关于 RPY 角度 $(\psi_0, \theta_0, \phi_0)$ 的函数, 即

$$\boldsymbol{A}_0 = \begin{bmatrix} \mathrm{c}\varphi_0\mathrm{c}\theta_0 & \mathrm{c}\varphi_0\mathrm{s}\theta_0\mathrm{s}\psi_0 - \mathrm{s}\varphi_0\mathrm{c}\psi_0 & \mathrm{c}\varphi_0\mathrm{s}\theta_0\mathrm{c}\psi_0 + \mathrm{s}\varphi_0\mathrm{s}\psi_0 \\ \mathrm{s}\varphi_0\mathrm{c}\theta_0 & \mathrm{s}\varphi_0\mathrm{s}\theta_0\mathrm{s}\psi_0 + \mathrm{c}\varphi_0\mathrm{c}\psi_0 & \mathrm{s}\varphi_0\mathrm{s}\theta_0\mathrm{c}\psi_0 - \mathrm{c}\varphi_0\mathrm{s}\psi_0 \\ -\mathrm{s}\theta_0 & \mathrm{c}\theta_0\mathrm{s}\psi_0 & \mathrm{c}\theta_0\mathrm{c}\psi_0 \end{bmatrix} \tag{7.4}$$

$^0\boldsymbol{A}_1$、$^0\boldsymbol{A}_3$ 为坐标系变换矩阵, 分别为

$$^0\boldsymbol{A}_1 = \begin{bmatrix} \mathrm{c}q_1 & -\mathrm{s}q_1 & 0 \\ 0 & 0 & -1 \\ \mathrm{s}q_1 & \mathrm{c}q_1 & 0 \end{bmatrix} \tag{7.5}$$

$$^0\boldsymbol{A}_3 = \begin{bmatrix} \mathrm{c}q_1\mathrm{c}q_3 & -\mathrm{c}q_1\mathrm{s}q_3 & -\mathrm{s}q_1 \\ \mathrm{s}q_3 & \mathrm{c}q_3 & 0 \\ \mathrm{s}q_1\mathrm{c}q_3 & -\mathrm{s}q_1\mathrm{s}q_3 & \mathrm{c}q_1 \end{bmatrix} \tag{7.6}$$

其中, $\mathrm{c}q_i = \cos q_i$; $\mathrm{s}q_i = \sin q_i$; q_i 表示关节变量, q_1 和 q_2 为悬架关节角度坐标, $q_3 \sim q_6$ 为转向关节位移坐标, $q_7 \sim q_{10}$ 为车轮旋转关节位移坐标。

式 (7.3) 中的 $\boldsymbol{P}_{0w_1}$、$\boldsymbol{P}_{1w_1}$ 和 $\boldsymbol{P}_{3w_1}$ 为车轮 w_1 中心相对于坐标系 0、1 和 3 原点的位置矢量。根据图 7.4, $^0\boldsymbol{P}_{01} = [0 \quad D_1 \quad D_2]^{\mathrm{T}}$, $^1\boldsymbol{P}_{13} = [D_3 \quad D_4 \quad 0]^{\mathrm{T}}$, $^3\boldsymbol{P}_{37} =$

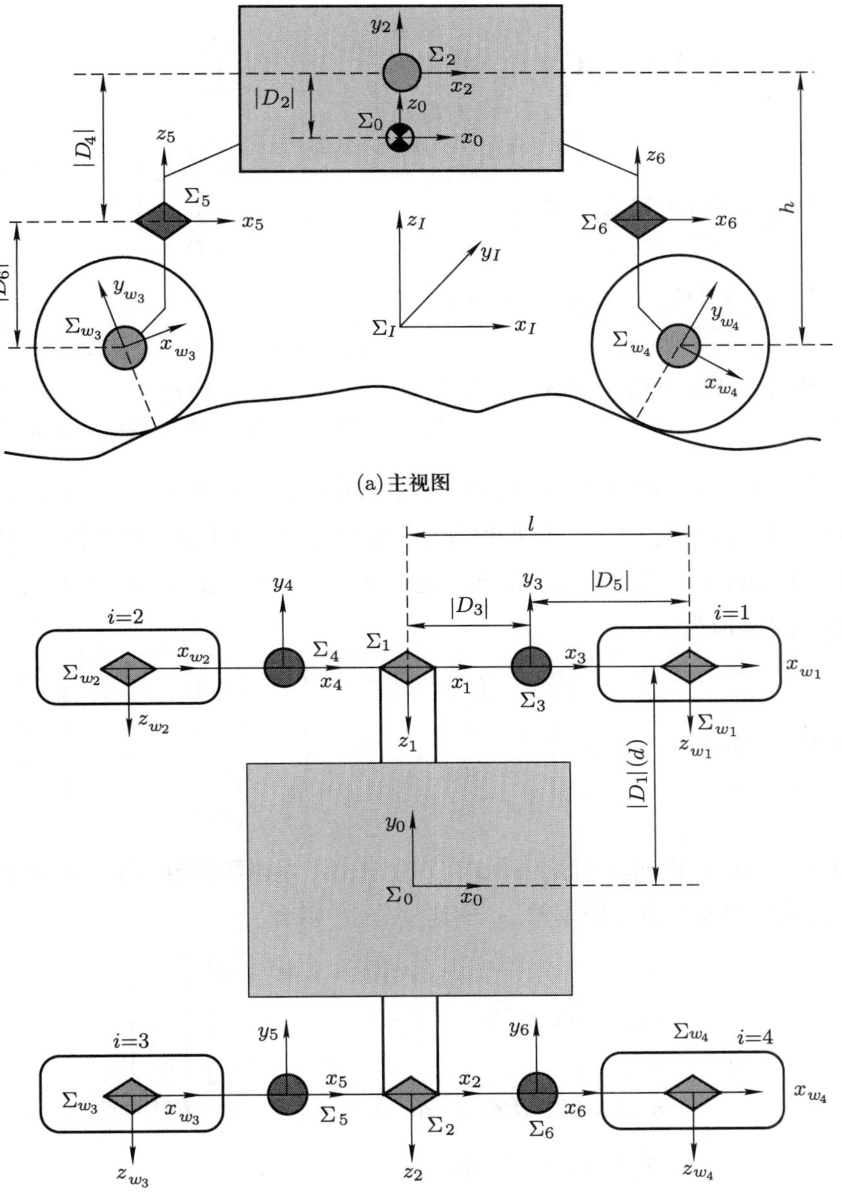

(a) 主视图

(b) 俯视图

图 7.4 四轮月球车坐标系

$[D_5 \quad 0 \quad D_6]^{\mathrm{T}}$, 则

$$\boldsymbol{P}_{3w_1} = \boldsymbol{P}_{37} = \boldsymbol{A}_0^0 \boldsymbol{A}_3^3 \boldsymbol{P}_{37} = \boldsymbol{A}_0 \begin{bmatrix} D_5 c_1 c_3 - D_6 s_1 \\ D_5 s_3 \\ D_5 s_1 c_3 + D_6 c_1 \end{bmatrix} \tag{7.7}$$

$$
\boldsymbol{P}_{13}=\boldsymbol{A}_0^0\boldsymbol{A}_1^1\boldsymbol{P}_{13}=\boldsymbol{A}_0\begin{bmatrix}D_3c_1-D_4s_1\\0\\D_3s_1+D_4c_1\end{bmatrix}
$$

$$
\boldsymbol{P}_{1w_1}=\boldsymbol{P}_{13}+\boldsymbol{P}_{3w_1}=\boldsymbol{A}_0\begin{bmatrix}D_3c_1-D_4s_1+D_5c_1c_3-D_6s_1\\D_5s_3\\D_3s_1+D_4c_1+D_5s_1c_3+D_6c_1\end{bmatrix}\tag{7.8}
$$

$$
\boldsymbol{P}_{01}=\boldsymbol{A}_0{}^0\boldsymbol{P}_{01}=\boldsymbol{A}_0[0\quad D_1\quad D_2]^{\mathrm{T}}
$$

$$
\boldsymbol{P}_{0w_1}=\boldsymbol{P}_{01}+\boldsymbol{P}_{13}+\boldsymbol{P}_{3w_1}=\boldsymbol{A}_0\begin{bmatrix}D_3c_1-D_4s_1+D_5c_1c_3-D_6s_1\\D_1+D_5s_3\\D_2+D_3s_1+D_4c_1+D_5s_1c_3+D_6c_1\end{bmatrix}\tag{7.9}
$$

将式 (7.4)~ 式 (7.9) 带入式 (7.3), 可以得到车轮 w_1 的绝对速度, 用各个车轮对应的 $D_1\sim D_6$ 分别代入, 则可以得到各个车轮的速度。对于典型的对称结构探测车, 例如 El-Dorado Ⅱ, 可以只考虑其长度、宽度和高度, 分别用 $2l$、$2d$ 和 h 表示, 其对应的 $D_1\sim D_6$ 值为

$$
D_2=D_4=D_5=0,\quad D_1=\begin{cases}d & (w_1)\\d & (w_2)\\-d & (w_3)\\-d & (w_4)\end{cases},\quad D_3=\begin{cases}l & (w_1)\\-l & (w_2)\\-l & (w_3)\\l & (w_4)\end{cases},\quad D_6=\begin{cases}-h & (w_1)\\-h & (w_2)\\-h & (w_3)\\-h & (w_4)\end{cases}
$$

用 $\boldsymbol{v}_{w_i1}$、$\boldsymbol{v}_{w_i2}$ 和 $\boldsymbol{v}_{w_i3}$ 分别表示式 (7.3) 中由于车体转动角速度、悬架关节角速度和转向电机角速度引起的车轮 w_i 的速度分量, 则有

$$
\boldsymbol{v}_{w_i1}=\boldsymbol{\omega}_0\times\boldsymbol{P}_{0w_i}=\begin{bmatrix}0&f_1&-f_2\\-f_1&0&f_3\\f_2&-f_3&0\end{bmatrix}\begin{bmatrix}\dot{\psi}_0\\\dot{\theta}_0\\\dot{\varphi}_0\end{bmatrix}\tag{7.10}
$$

$$
\boldsymbol{v}_{w_i2}=\boldsymbol{A}_0^0\boldsymbol{A}_1^1\boldsymbol{Z}_1\times\boldsymbol{P}_{1w_1}\dot{q}_1=\dot{q}_r[f_4\quad f_5\quad f_6]^{\mathrm{T}}\tag{7.11}
$$

$$
\begin{aligned}\boldsymbol{v}_{w_i3}&=\boldsymbol{A}_0^0\boldsymbol{A}_3^3\boldsymbol{Z}_3\times\boldsymbol{P}_{3w_1}\dot{q}_3\\&=D_6\dot{q}_3(\boldsymbol{A}_0[-s_1\quad 0\quad c_1]^{\mathrm{T}})\times(\boldsymbol{A}_0[-s_1\quad 0\quad c_1]^{\mathrm{T}})=0\end{aligned}\tag{7.12}
$$

式中

$$
\begin{cases}f_1=-\mathrm{s}\theta(D_3\mathrm{c}q_1-D_6\mathrm{s}q_1)+D_1\mathrm{c}\theta\mathrm{s}\psi+\mathrm{c}\theta\mathrm{c}\psi(D_3\mathrm{s}q_1+D_6\mathrm{c}q_1)\\f_2=\mathrm{s}\phi\mathrm{c}\theta(D_3\mathrm{c}q_1-D_6\mathrm{s}q_1)+D_1(\mathrm{c}\phi\mathrm{c}\psi+\mathrm{s}\phi\mathrm{s}\theta\mathrm{s}\psi)+(\mathrm{s}\phi\mathrm{s}\theta\mathrm{c}\psi-\mathrm{c}\phi\mathrm{s}\psi)(D_3\mathrm{s}q_1+D_6\mathrm{c}q_1)\\f_3=\mathrm{c}\phi\mathrm{c}\theta(D_3\mathrm{c}q_1-D_6\mathrm{s}q_1)+D_1(\mathrm{c}\phi\mathrm{s}\theta\mathrm{s}\psi-\mathrm{s}\phi\mathrm{c}\psi)+(\mathrm{c}\phi\mathrm{s}\theta\mathrm{c}\psi+\mathrm{s}\phi\mathrm{s}\psi)(D_3\mathrm{s}q_1+D_6\mathrm{c}q_1)\\f_4=(\mathrm{c}\phi\mathrm{s}\theta\mathrm{c}\psi+\mathrm{s}\phi\mathrm{s}\psi)(D_3\mathrm{c}q_1-D_6\mathrm{s}q_1)-\mathrm{c}\phi\mathrm{c}\theta(D_3\mathrm{s}q_1+D_6\mathrm{c}q_1)\\f_5=(\mathrm{s}\phi\mathrm{s}\theta\mathrm{c}\psi-\mathrm{c}\phi\mathrm{s}\psi)(D_3\mathrm{c}q_1-D_6\mathrm{s}q_1)-\mathrm{s}\phi\mathrm{c}\theta(D_3\mathrm{s}q_1+D_6\mathrm{c}q_1)\\f_6=\mathrm{c}\theta\mathrm{c}\psi(D_3\mathrm{c}q_1-D_6\mathrm{s}q_1)+\mathrm{s}\theta(D_3\mathrm{s}q_1+D_6\mathrm{c}q_1)\end{cases}\tag{7.13}
$$

$\dot{q}_r$ 表示悬架的关节角速度, 对于车轮 w_1 和 w_2, $\dot{q}_r=\dot{q}_1$, 对于车轮 w_3 和 w_4, $\dot{q}_r=\dot{q}_2$。因此, 车轮 w_i 的绝对速度为

$$\boldsymbol{v}_{w_i}=\begin{bmatrix}\dot{x}_{w_i}\\ \dot{y}_{w_i}\\ \dot{z}_{w_i}\end{bmatrix}=\begin{bmatrix}\dot{x}_0\\ \dot{y}_0\\ \dot{z}_0\end{bmatrix}+\begin{bmatrix}0 & f_1 & -f_2\\ -f_1 & 0 & f_3\\ f_2 & -f_3 & 0\end{bmatrix}\begin{bmatrix}\dot{\psi}\\ \dot{\theta}\\ \dot{\varphi}\end{bmatrix}+\dot{q}_r\begin{bmatrix}f_4\\ f_5\\ f_6\end{bmatrix} \tag{7.14}$$

车轮 w_i 在坐标系 $\{\Sigma_{w_i}\}$ 中的速度为

$$^{w_i}\boldsymbol{v}_{w_i}=\mathrm{inv}(\boldsymbol{A}_{w_i})\boldsymbol{v}_{w_i}=\boldsymbol{A}_{w_i}^{\mathrm{T}}\boldsymbol{v}_{w_i} \tag{7.15}$$

即

$$\begin{cases}^{w_i}\dot{x}_{w_i}=[\dot{x}_{w_i}\boldsymbol{C}_{tw_i}+\dot{y}_{w_i}\boldsymbol{C}_{tw_i}\tan\varphi_{w_i}+(-\boldsymbol{A}_{tw_i}-\boldsymbol{B}_{tw_i}\tan\phi_{w_i})\dot{z}_{w_i}]/X_{1w_i}\\ ^{w_i}\dot{y}_{w_i}=\{\dot{x}_{w_i}[-\boldsymbol{A}_{tw_i}\boldsymbol{B}_{tw_i}-(\boldsymbol{B}_{tw_i}^2+\boldsymbol{C}_{tw_i}^2)\tan\varphi_{w_i}]+\dot{y}_{w_i}[\boldsymbol{C}_{tw_i}^2+\boldsymbol{A}_{tw_i}^2+\\ \qquad\boldsymbol{A}_{tw_i}\boldsymbol{B}_{tw_i}\tan\varphi_{w_i}]+\dot{z}_{w_i}(\boldsymbol{A}_{tw_i}\boldsymbol{C}_{tw_i}\tan\phi_{w_i}-\boldsymbol{B}_{tw_i}\boldsymbol{C}_{tw_i})\}/X_{2w_i}\\ ^{w_i}\dot{z}_{w_i}=(\dot{x}_{w_i}\boldsymbol{A}_{tw_i}+\dot{y}_{w_i}\boldsymbol{B}_{tw_i}+\dot{z}_{w_i}\boldsymbol{C}_{tw_i})/X_{3w_i}\end{cases} \tag{7.16}$$

式中, $\varphi_{w_i}=\phi_0+\delta_i$ 为车轮的偏航角度; $\boldsymbol{A}_{tw_i}$、$\boldsymbol{B}_{tw_i}$ 和 $\boldsymbol{C}_{tw_i}$ 为车轮 w_i 与土壤相互作用平面的法向矢量; X_{1w_i}、X_{2w_i} 和 X_{3w_i} 为法向矢量的函数。

将式 (7.16) 中的车轮速度代入式 (7.2), 便得到车轮的非完整运动学方程。

7.2.3 基于滑移补偿的转向控制策略

图 7.5 所示为路径跟踪控制示意图。路径跟踪过程中, 确定了目标点后, 需要控制月球车从当前位置 $P_0=\{x_0,y_0\}$ 运动到期望目标位置 $P_d=\{x_d,y_d\}$, 探测车的期望偏航角 ϕ_d 是路径 P_0P_d 与 x 轴的夹角, ϕ_e 为车体偏航角度误差 ($\phi_e=\phi_d-\phi_0$)。车体运行过程中, 由于土壤滑移等原因, 可能会偏离目标路径, 用车体质心到路径 P_0P_d 的最小距离 l_e 表示偏离的程度。

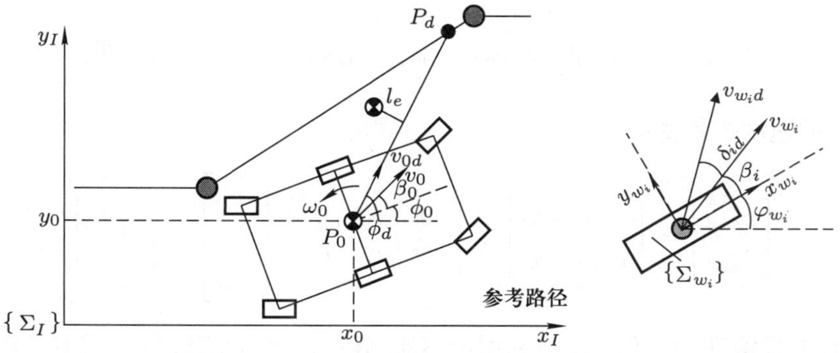

图 7.5 路径跟踪控制示意图

通过协调控制各车轮的转动速度和转向角度, 可以使探测车沿期望路径到达目标点, 并尽量减小其误差。对于各个车轮的转速, 通常采用比较简单的等速控制方法,

即给各车轮以相等的角速度 ω_{w_i}。因此, 路径跟踪中首先要解决的是车轮的转向控制问题。

只要给定月球车的水平坐标, 其 z 向坐标就可以由地形决定, 因此, 对于月球车的控制指令, 只要给出在水平面内的前进和转向角速度即可, 分别用 v_{0d} 和 ω_{0d} 表示。v_{0d} 是期望的探测车水平速度, 可以独立给出; ω_{0d} 则可以根据探测车的侧偏角、滑移角和侧滑等因素确定。

路径跟踪控制中, 需要使车体偏航角度与目标偏航角度一致, 即 $\phi_e = \phi_d - \phi_0 \to 0$; 需要尽量保证车体速度方向与车体偏航方向一致以减小整车的侧滑, 即 $\beta_0 \to 0$; 需要尽量使车体沿着规定的路径前进, 具有较小的偏移量, 即 $l_e \to 0$。根据上述控制目标引入 PID 控制策略 (Ishigami 等, 2006) 对探测车进行转向控制, 其转向角速度为

$$\begin{aligned}\omega_{0d} = {} & k_{fp}\phi_e + k_{fd}\dot{\phi}_e + k_{fi}\int \phi_e \mathrm{dt} + k_{lp}l_e/|v_{0d}| + k_{ld}\dot{l}_e/|v_{0d}| + k_{li}\int l_e dt/|v_{0d}| + \\ & k_{\beta p}\beta_0 + k_{\beta d}\dot{\beta}_0 + k_{\beta i}\int \beta_0 \mathrm{dt}\end{aligned} \tag{7.17}$$

式 (7.17) 计算所得的车体转向控制角速度同时兼顾了偏航角度跟踪和侧滑补偿等问题。车体转向是通过转向轮的转向来实现的, 在车轮转向控制时, 可以侧重于不同的车轮, 例如前轮侧重于侧滑补偿, 后轮侧重于偏航角度跟踪。设定不同的 PID 参数, 计算出 ω_{0df} 和 ω_{0dr}, 分别带入车体的非完整运动学方程, 进行转向控制。Craig (1992) 在探测车斜坡跟踪直线的实验中采用了前后轮分别控制的思想, 取得了较好的效果。

给定车体的目标速度为 v_{0d}, 则探测车在绝对坐标系中的期望运行速度分别为 $\dot{x}_{0d} = v_{0d}\cos\phi_d, \dot{y}_{0d} = v_{0d}\sin\phi_d$。

因此, 探测车的控制变量为

$$[\dot{x}_{0d} \quad \dot{y}_{0d} \quad \omega_{0d}]^{\mathrm{T}} = [v_{0d}\cos\phi_d \quad v_{0d}\sin\phi_d \quad \omega_{0df}(\omega_{0dr})]^{\mathrm{T}} \tag{7.18}$$

车轮 w_i 的速度控制变量为

$$\begin{bmatrix}\dot{x}_{w_id}\\ \dot{y}_{w_id}\end{bmatrix} = \begin{bmatrix}v_{0d}\cos\phi_d\\ v_{0d}\sin\phi_d\end{bmatrix} + \begin{bmatrix}0 & f_1 & -f_2\\ -f_1 & 0 & f_3\end{bmatrix}\begin{bmatrix}\dot{\psi}\\ \dot{\theta}\\ \omega_{0d}\end{bmatrix} + \dot{q}_r\begin{bmatrix}f_4\\ f_5\end{bmatrix} \tag{7.19}$$

车体的横滚和俯仰角速度可利用传感器测得, 由于数值比较小, 将其忽略, 则车轮的绝对速度控制变量简化为

$$\begin{bmatrix}\dot{x}_{w_id}\\ \dot{y}_{w_id}\end{bmatrix} = \begin{bmatrix}v_{0d}\cos\varphi_d\\ v_{0d}\sin\varphi_d\end{bmatrix} + \omega_{0d}\begin{bmatrix}-f_2\\ f_3\end{bmatrix} + \dot{q}_r\begin{bmatrix}f_4\\ f_5\end{bmatrix} \tag{7.20}$$

将式 (7.20) 代入式 (7.16) 求得车轮速度控制变量在各自坐标系的映射 $[^{w_i}\dot{x}_{w_id} \quad ^{w_i}\dot{y}_{w_id}]^{\mathrm{T}}$, 根据非完整运动学方程和图 7.5, 车轮的目标转向角度为

$$\delta_{id} = \arctan \frac{^{w_i}\dot{y}_{w_id}}{^{w_i}\dot{x}_{w_id}} - \beta_i \tag{7.21}$$

根据式 (7.21) 计算所得的转向角度, 采用 PID 控制器进行转向电机的控制。路径跟踪过程中的车轮转向控制策略如图 7.6 所示, 最后生成转向力矩 τ_{id} 以控制车轮 w_i 的转向运动, 进而实现路径跟踪。探测车的姿态、各关节的位移、速度可以通过车载传感器测量; 侧偏角估计可以参照 Reina 等 (2008) 提供的方法; 月球车路径和地形信息可以通过上层的路径规划获取; 可对车轮滑转率进行估计, 通过正运动学分析求得车体的位置, 滑转率估计方法将在下节介绍。

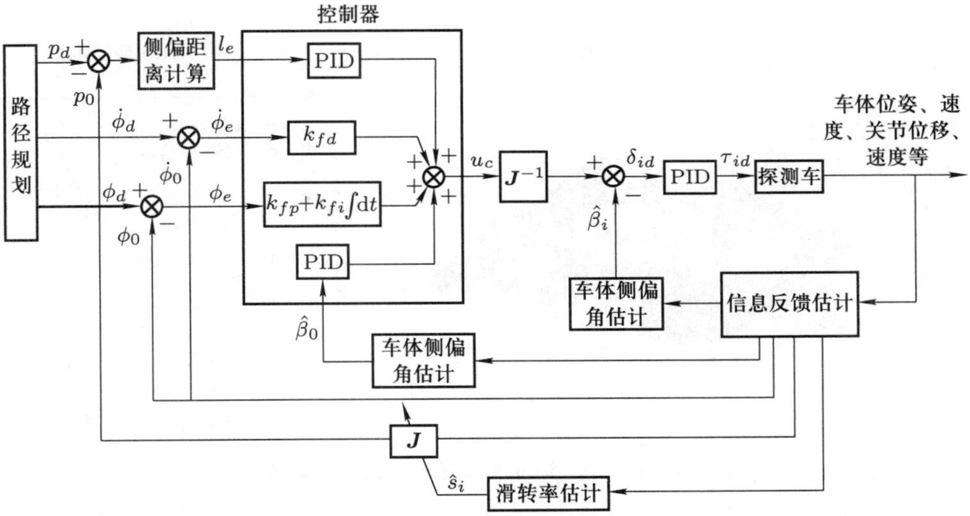

图 7.6 路径跟踪过程中的车轮转向控制策略

7.2.4 路径跟踪控制仿真验证

采用 El-Dorado Ⅱ 探测车和 Toyoura 沙土参数进行仿真。地形 DEM 高程图由 Matlab 生成。

后轮主要进行偏航角度跟踪控制, 与式 (7.17) 对应的 PID 参数为: $k_{fpr} = 2$, $k_{fir} = 0.1$, $K_{fdr} = 0.5$, 其余参数为零; 前轮同时进行偏航角度跟踪和车体侧滑速度补偿, PID 参数为: $k_{fpf} = 0.4$, $k_{fif} = 0.02$, $K_{fdf} = 0.1$, $k_{\beta pf} = 0.5$, $k_{fif} = 0$, $K_{fdf} = 0.1$, 其余参数为零。路径跟踪的侧偏距离 l_e 主要通过采用较小的路径更新距离 d_u 来保证, d_u =0.2 m, 因而并没有在转向控制中体现。车轮角速度为 3 rad/s。

图 7.7 所示为路径跟踪控制过程中月球车的仿真结果, 车体的俯仰角和横滚角随时间变化明显, 摇臂角度不断变化以适应地形的崎岖不平, 且 $q_1 = -q_2$, 因此仿真

结果可以反映地形的崎岖不平特性，从车体跟踪轨迹可以看出，路径跟踪算法具有较高的精度。图 7.8 所示为 4 个车轮的滑转率和挂钩牵引力曲线以及与车轮 4 接触的斜面分解后的角度曲线，可以看出，滑转率和挂钩牵引力的变化与地形角度是一致的。

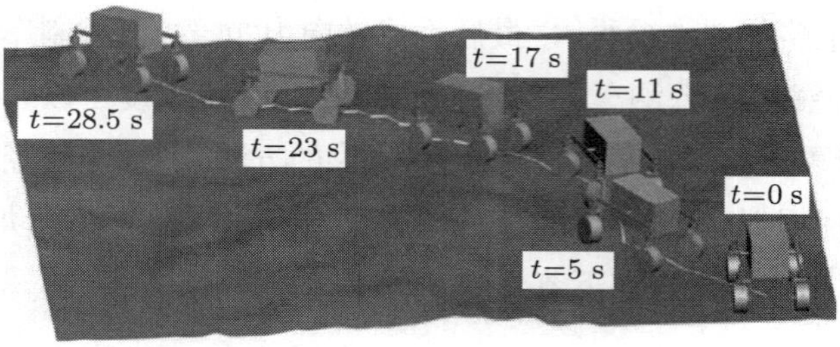

(a) 月球车快照

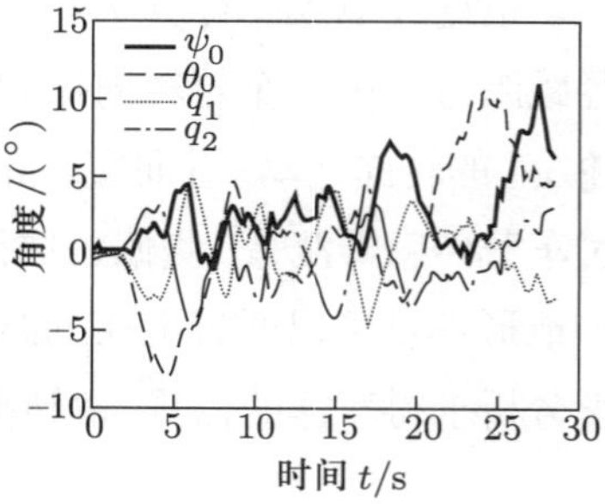

(b) 机体和摇臂角度

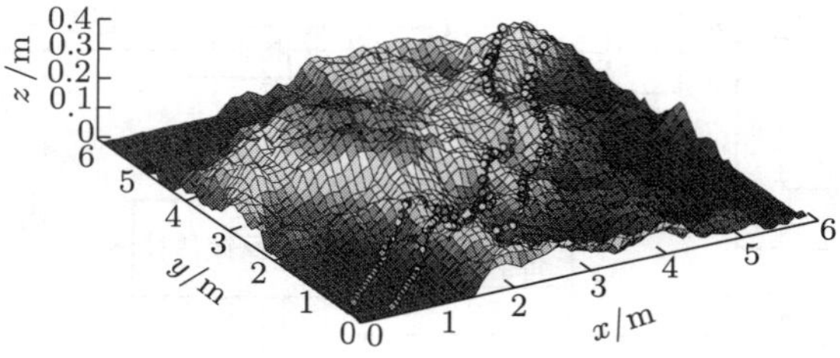

(c) 车轮轨迹

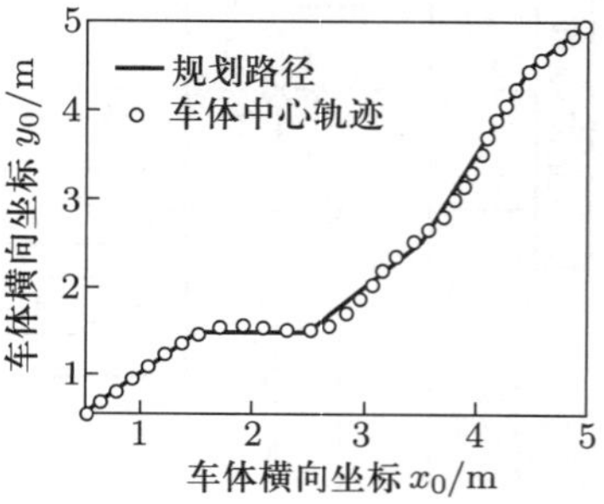

(d) 月球车重心轨迹

图 7.7　El-Dorado Ⅱ 探测车路径跟踪仿真结果

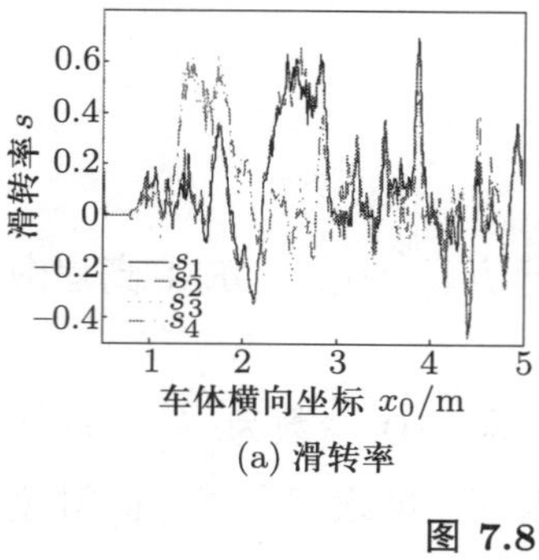

(a) 滑转率

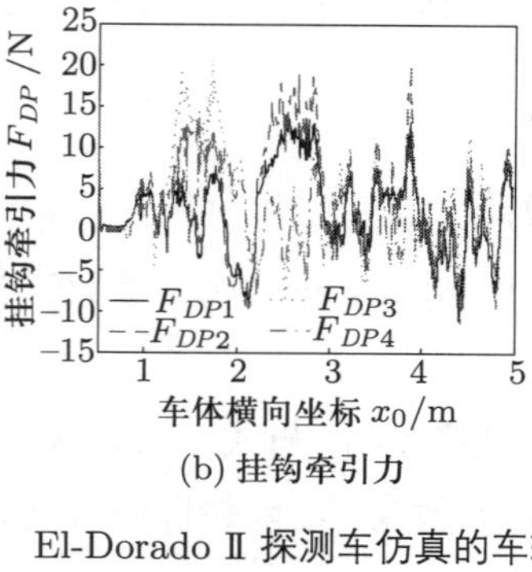

(b) 挂钩牵引力

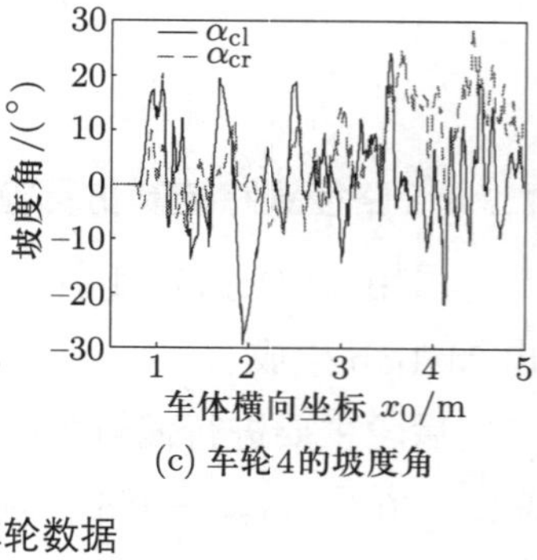

(c) 车轮 4 的坡度角

图 7.8　El-Dorado Ⅱ 探测车仿真的车轮数据

7.3　车轮滑转率在线估计方法

对车轮滑转率进行在线估计是协调滑转率补偿和控制的关键，下面对两种滑转率估计方法进行介绍。

7.3.1 基于轮刺痕迹的车轮滑转率估计

在月球车轮地相互作用力学实验过程中观察到，伴随着车轮滑转率的改变，轮刺与土壤作用的痕迹有着明显的改变，随着滑转率的增加，轮刺作用到土壤上的印迹越来越密集，如图 7.9 所示。因而可以通过测量相邻轮刺印迹之间的距离进行滑转率的估计。

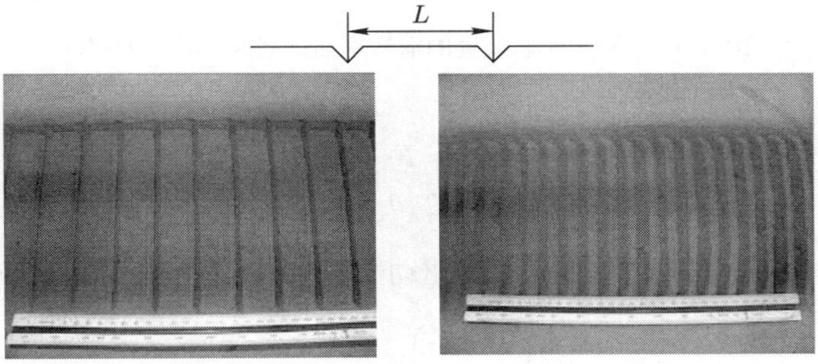

(a) s=0.1　　(b) s=0.5

图 7.9 轮刺与土壤作用的压痕 (Wh12, $W = 80$ N)

用 t_{T} 表示车轮转动角度 γ_L 所需要的时间，用 L 表示两相邻轮刺作用在土壤上形成的距离，根据滑转率的定义公式，可以得到

$$\hat{s} = \begin{cases} 1 - \dfrac{vt_T}{r_s\omega t_T} = 1 - \dfrac{L}{r_s\gamma_L}, & 0 \leqslant \hat{s} \leqslant 1 \\ \dfrac{r_s\omega t_T}{vt_T} - 1 = \dfrac{r_s\gamma_L}{L} - 1, & -1 \leqslant \hat{s} < 0 \end{cases} \tag{7.22}$$

由于实验中滑转率的计算采用车轮最大外圆半径，因此用 $r_s = r + h$ 进行滑转率的估计与实验结果的对比。估计得到的滑转率和实验设定值如图 7.10 所示，两者非常接近，证明了该方法的合理性。月球探测过程中，可以通过视觉系统测量轮刺之间的距离，进而对滑转率进行估计。同时，在月球车地面实验时，可以直接测量轮刺之间的距离，对月球车在不同地形上的滑转率进行估计，用于了解月球车的滑转或者滑移情况，也可以用此方法对滑转率在线测试系统进行标定。但是，当滑转率太高 (例如 $s > 0.6$，与轮刺个数、车轮尺寸和视觉系统分辨率等因素有关) 而导致轮刺痕迹过密时，或者当车轮的运动轨迹比较复杂而破坏轮刺痕迹时，此方法具有一定的局限性。

7.3.2 基于轮地相互作用力学的车轮滑转率估计

根据地面力学模型，法向载荷 F_N 和电动机驱动力矩 T 为轮地作用进入角 θ_1

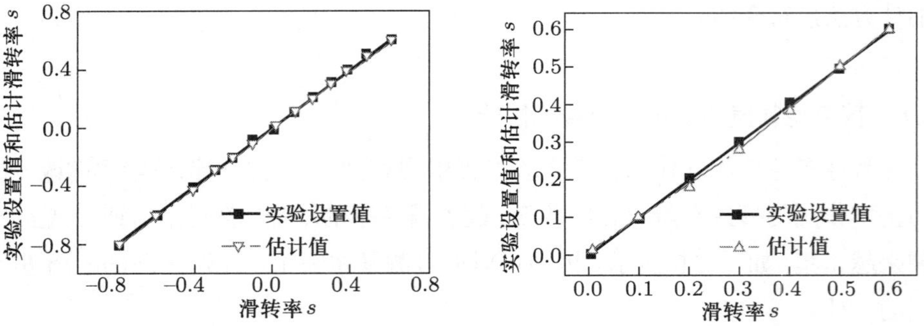

(a) Wh12　　(b) Wh11

图 7.10　基于轮刺痕迹的滑转率估计结果 ($W = 80$ N)

和滑转率 s 的函数

$$\begin{cases} F_N = F_N(\theta_1, s) \\ T = T(\theta_1, s) \end{cases} \tag{7.23}$$

因此, 如果测得车轮的法向载荷和驱动力矩, 可以进行进入角和滑转率的估计

$$\begin{cases} s = s^{-1}(F_N, T) \\ \theta_1 = \theta_1^{-1}(F_N, T) \end{cases} \tag{7.24}$$

由于地面力学模型的复杂性, 推导式 (7.24) 的显式表达式比较困难, 但根据式 (7.23) 可以利用数值计算方法进行 θ_1 和 s 的计算。求得 θ_1 和 s 之后, 可以进一步计算车轮的沉陷量和挂钩牵引力。滑转率的求解流程如图 7.11 所示。

图 7.12 所示为滑转率估计结果, 可以看出滑转率具有较好的估计精度。图 7.13 为预测得到的挂钩牵引力和沉陷量与实验数据的比较。车轮的沉陷量可以通过视觉方法测量, 车轮法向载荷通过进行正常准静力学分析可以求得, 车轮的驱动力矩可以通过测量电机电流得到, 因此该方法是可行的, 可以估计各个车轮的滑转率。

7.4　基于能量 – 时间最优的滑转率协调控制

7.4.1　车轮滑转率与月球车能量消耗的关系

1. 滑转率对车轮驱动效率和功率的影响

根据轮地作用力学实验结果, 当滑转率为 0.05~0.2 时, 驱动效率 TE 达到最大值, 随滑转率的增加, 驱动效率急剧下降。图 7.14 所示为电动机提供的有效功率随滑转率的变化情况, 随滑转率的增加, 车轮驱动力矩的增加, 为了保持恒定的前进速度, 车轮需要提供更高的转速, 上述两方面的原因导致车轮有效功率随滑转率的增加迅速增大, 当滑转率大于 0.4 时, 功率曲线出现拐点, 增长斜率明显变大。为了节省能耗, 一些文献中提出让月球车车轮在较低的滑转率下运行。然而, 单独控制每个车

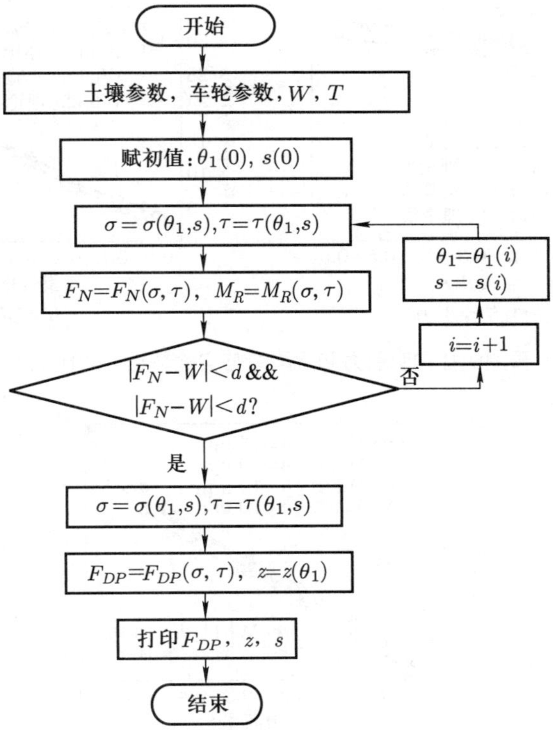

图 7.11 基于地面力学的滑转率估计流程图

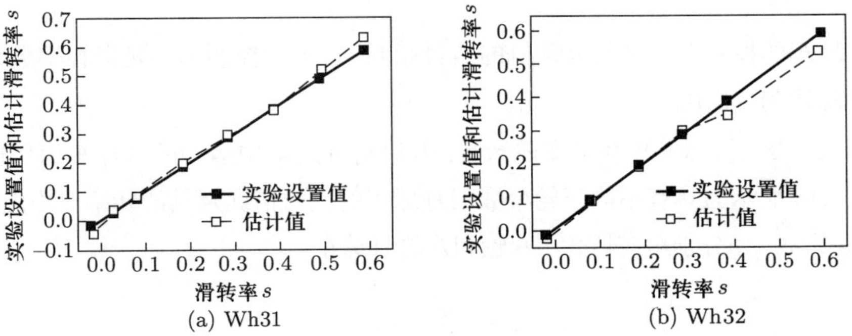

图 7.12 基于地面力学的滑转率估计结果 ($W = 80$ N)

轮，使其工作在理想的滑转率下是难以实现，甚至是不可行的。例如月球车爬越坡度较大的斜坡时，每个车轮都需要工作在一定的滑转率下，以提供挂钩牵引力，驱动其前进，显然不可能使每个车轮都在理想的低滑转率下工作。

2. 月球车车轮滑转率控制自由度

虽然不能使各车轮工作在理想的低滑转率下，但是根据常识，如果任意给定车轮速度，车轮之间会相互“打架”而导致能量内耗。而协调控制各个车轮的速度可以降低能耗，其根本原因在于协调车轮之间滑转率的分配关系，使得所有车轮在共同提供牵引力时，其能量消耗之和达到最小。

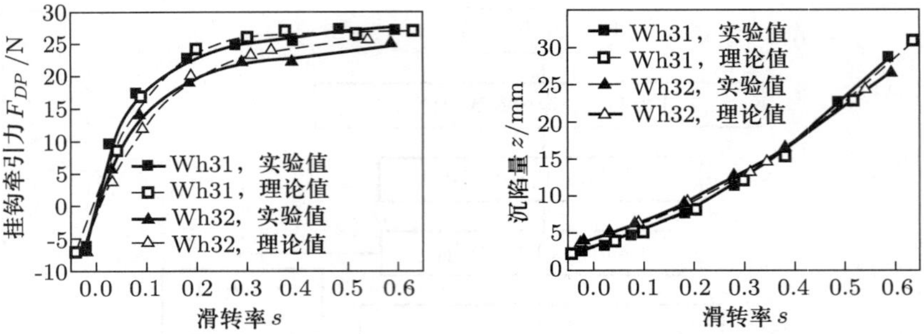

(a) 挂钩牵引力 (b) 沉陷量

图 7.13 预测的挂钩牵引力和沉陷量与实验数据的对比 (F_N =80 N)

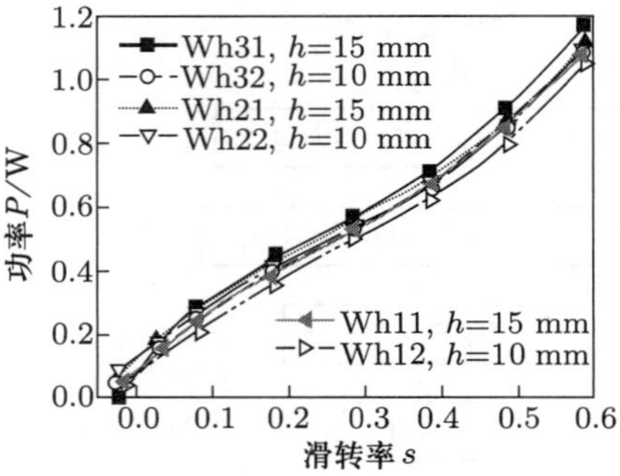

图 7.14 不同尺寸车轮的功率曲线 (v = 10 mm/s)

月球车的控制自由度与电动机的数目相同, 可自由控制的车轮滑转率数目称为滑转率的控制自由度。

用 n_s 表示月球车单侧的车轮数目, 并以对称地形中运动的月球车为例进行分析。图 7.15 所示为具有不同车轮个数的月球车的受力情况及其滑转率自由度 δ_s, 其中 $n_s = 2$、3、4, 分别对应四轮、六轮和八轮月球车。

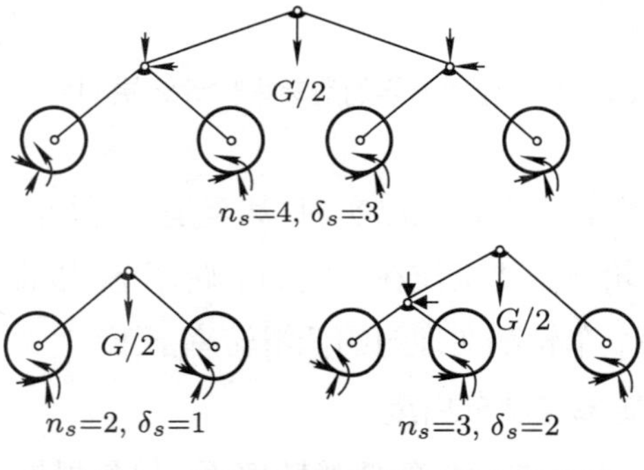

图 7.15 月球车滑转率控制自由度分析

由图 7.15 可以看出, 每个车轮具有法向力、挂钩牵引力和前进阻力矩 3 个未知量; 链接车轮的连杆数目为 $n_s - 1$, 每个连杆可以列出 3 个力和力矩平衡方程; 铰链

数目为 n_s-2, 每个铰链对应两个未知力; 车轮转动的局部自由度不予考虑; G 为车体重量。则单侧月球车中未知力的个数为

$$\delta_f=2(n_s-2)+3n_s-3(n_s-1)=2n_s-1 \tag{7.25}$$

为了确定 δ_f 个未知力, 需要增加约束条件。根据地面力学模型, 土壤作用于车轮的 F_N、F_{DP} 和 M_R 都是进入角 θ_1 和滑转率 s 的函数, 将进入角作为中间变量消去, 可以为每个车轮列写如下的轮地相互作用力学方程:

$$\begin{cases} F_{DP1}=F_{DP}(F_{N1},s_1) \\ M_{R1}=M_R(F_{N1},s_1) \\ \quad\vdots \\ F_{DPn_s}=F_{DP}(F_{Nn_s},s_{n_s}) \\ M_{Rn_s}=M_R(F_{Nn_s},s_{n_s}) \end{cases} \tag{7.26}$$

式 (7.26) 包含的方程个数为 $2n_s$ 个, 但是同时引入了 n_s 个未知滑转率。因此, 为了使整车力学方程组获得唯一解, 可以通过对电动机的协调控制增加 $\delta_s=n_s-1$ 个滑转率约束条件, 即

$$\begin{cases} s_2=f_2(s_1) \\ s_3=f_3(s_1) \\ \quad\vdots \\ s_{n_s}=f_{n_s}(s_1) \end{cases} \tag{7.27}$$

以四轮月球车为例, 分析如何通过控制电动机的角速度实现对滑转率的协调控制。四轮车在对称崎岖地形中运行的受力分析如图 7.16 所示。

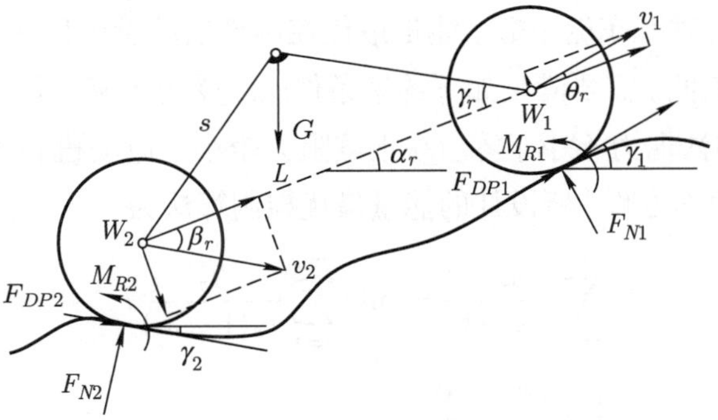

图 7.16 对称崎岖地形中的四轮车的受力图

根据图 7.16, 可以列写如下方程:

$$\begin{cases} s_1=1-v_1/(r\omega_1) \\ s_2=1-v_2/(r\omega_2) \\ v_1\cos\theta_r=v_2\cos\beta_r \end{cases} \tag{7.28}$$

根据上式可推出

$$s_2 = 1 - (\omega_1/\omega_2)(1 - s_1)\cos\theta_r/\cos\beta_r \tag{7.29}$$

因此, 四轮车的单侧受力平衡方程为

$$\begin{cases} F_{DP1} = F_{DP}(F_{N1}, s_1) \\ F_{DP2} = F_{DP}(F_{N2}, s_2) \\ s_2 = (\omega_1/\omega_2)(1 - s_1)\cos\theta_r/\cos\beta_r \\ \sum F_x = F_{N1}\cos\gamma_1 + F_{DP1}\sin\gamma_1 + F_{N2}\cos\gamma_2 + F_{DP2}\sin\gamma_2 - G = 0 \\ \sum F_y = -F_{N1}\sin\gamma_1 + F_{DP1}\cos\gamma_1 - F_{N2}\sin\gamma_2 + F_{DP2}\cos\gamma_2 = 0 \\ \sum M = Gs\sin\{\alpha + a\cos[L/(2s)]\} - LF_{N1} - r(F_{DP1} + F_{DP2}) - (M_{R1} + M_{R2}) = 0 \end{cases} \tag{7.30}$$

通过式 (7.30) 可以求解出滑转率 s_1, 由此月球车的滑转率主要由地形、土壤特性、车轮速度比等因素决定。通过调整车轮速度比可以改变车轮之间滑转率的关系, 却无法通过控制的方法单独改变每一个滑转率, 这可以理解为对称地形中车轮的滑转率控制自由度为 $n_s - 1$(两侧对应车轮给定相同的速度), 实际上是可以通过协调控制车轮的角速度来改变车轮之间滑转率分配关系的。在非对称崎岖地形中, 显然不可能任意控制每个车轮的滑转率。

等角速度控制相当于施加了滑转率约束: $s_2 = 1 - (1 - s_1)\cos\theta_r/\cos\beta_r$, 各个车轮的滑转率并不相等。如果采用等滑转率控制, 则必须满足 $\omega_1/\omega_2 = \cos\beta_r/\cos\theta_r$。

7.4.2 月球车滑转率协调控制算法设计

1. 基本优化控制算法

用 n_w 表示月球车车轮个数。能量最优控制算法的设计目标为: 车体运行单位距离的能量消耗最低。需要满足如下约束条件: ① 受力平衡方程; ② 每个车轮均与地面保持接触; 即法向力不小于零, ③ 土壤阻力矩小于电动机和减速机构提供的最大力矩; ④ 地面力学方程。所设计的能量最优控制算法为

$$\min\sum_{i=1}^{n_w}\frac{T_i\omega_i\Delta t}{v_i\Delta t} = \min\sum_{i=1}^{n_w}\frac{T_i}{r_s(1-s_i)}$$
$$\text{s.t.}\begin{cases} \boldsymbol{G}(\boldsymbol{F}) = \boldsymbol{0} \\ F_{Ni} \geqslant 0 \\ T_i = M_{Ri} \leqslant T_{i\max}, \quad i = 1, 2, \cdots, n_w \\ F_{DPi} = F_{DPi}(F_{Ni}, s_i) \\ M_{Ri} = M_{Ri}(F_{Ni}, s_i) \end{cases} \tag{7.31}$$

通过优化式 (7.30), 可以得到保证能量最优的各车轮滑转率, 进而用于月球车车轮的速度控制, 同时可以对车轮滑转带来的速度损失进行补偿, 实现时间最优控制。

设计的能量 – 时间最优控制算法如图 7.17 所示。根据整车期望速度和运动学信息，通过逆运动学方程得到各车轮的期望线速度 ${}^{w_i}\dot{x}_{w_id}$; 利用能量最优控制算法求解各个车轮的期望滑转率; 利用时间最优算法对滑转率进行补偿, 求得各车轮的期望角速度 ω_{id}; 利用 PID 算法计算各电动机的控制转矩 T_{id}, 驱动车轮转动, 使用球车实现预定的运动。

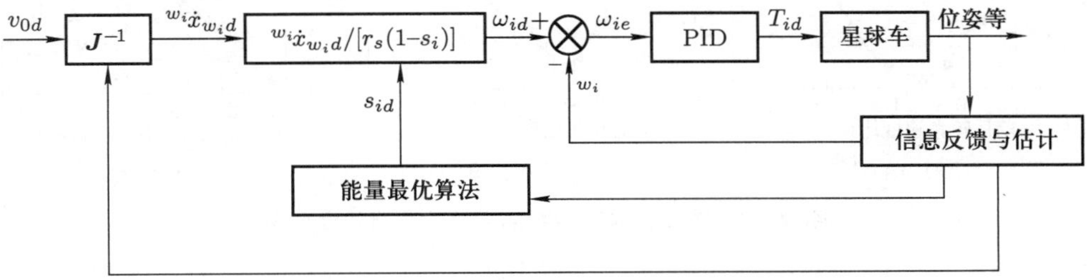

图 7.17　基于能量 – 时间最优的滑转率协调控制框图

2. 控制算法改进

图 7.17 所示的控制方法在理论上是可行的, 但是在实际应用过程中难以有效地获得能量最优算法所需要的所有输入信息; 同时, 由于计算得到的 s_{id} 随地形变化有很大的波动, 导致求得的期望电动机角速度 ω_{id} 很不稳定, 因此难以实现较好的控制效果。针对上述基本控制算法中存在的两个问题, 分别改进。

在水平地面, 采用相同的车轮角速度是一种比较好的控制方案, 相当于 "等滑转率" 控制。在斜坡地形中, 也通常采用此控制方法, 但由于地面力学模型的非线性, 会导致采用 "等滑转率" 控制的能耗与根据能量最优算法 (7.31) 求得的滑转率控制的能耗有所不同。通过实验和仿真的方法对此进行研究。

实验设计如表 4.10 所示。控制月球车移动 0.5 m, 爬越 12° 的斜坡, 改变前后车轮的速度比以改变车轮滑转率, 图 7.18a 所示为根据实验数据绘制的有效功曲线。当车轮角速度相同时, 滑转率均为 0.582, 有效功消耗最少, 为 182.1 J。同时, 当月球车爬越 9° 斜坡时进行仿真, 前进距离也为 0.5 m, 所消耗的有效功如图 7.18b 所示。当 $\omega_{mf}/\omega_{mr} = 0.952$ 时, 前后车轮的换转率分别为 0.273 和 0.307 时, 能量消耗达到最小值 68.87 J, 当 $\omega_{mf} = \omega_{mr}$ 时, 滑转率均为 0.295, 能量消耗为 68.94 J。滑转率的分布如图 7.18c 所示。因此知, 由于式 (7.31) 具有非线性, "等滑转率" 并不一定是最优解, 但至少是一个可用的简化次优解。

假设 $s*$ 为求得的 "等滑转率", 为了实现时间最优控制, 车轮的期望角速度应为 ${}^{w_i}\dot{x}_{w_id}/[r_s(1-s*)]$。为避免进行滑转率求解, 如果令 $v_{0c} = v_{0d}/(1-s*)$, ${}^{w_i}\dot{x}_{w_id} = \boldsymbol{J}^{-1}v_{0c}$, 则期望速度用 $\omega_{id} = {}^{w_i}\dot{x}_{w_id}/r_s$ 计算即可, 既不用进行滑转率求解, 又避免了滑转率波动带来的角速度不稳定。v_{0c} 通过带有前馈的 PID 算法给出。改进的能量 – 时间优化控制控制算法如图 7.19 所示。由于整车质量相对较大, 车轮挂钩牵引力所导致的月球车加速度比较小, 因此车体速度 v_0 以及 v_{0c} 的变化相对平缓, 算法具有较高的鲁棒性, 且无须计算目标滑转率 $s*$。

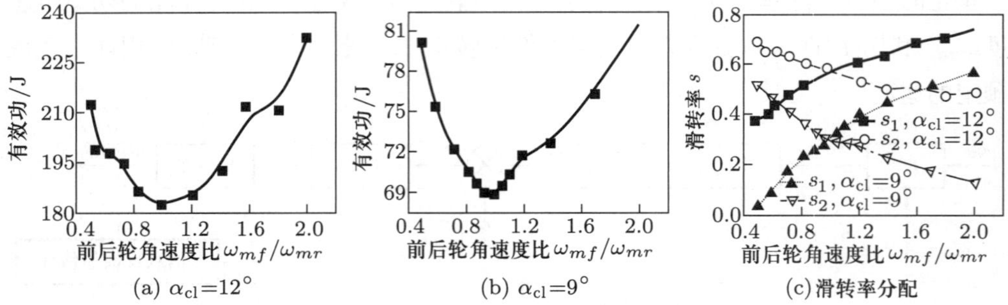

图 7.18 改变速度比消耗的有效功及滑转率分布

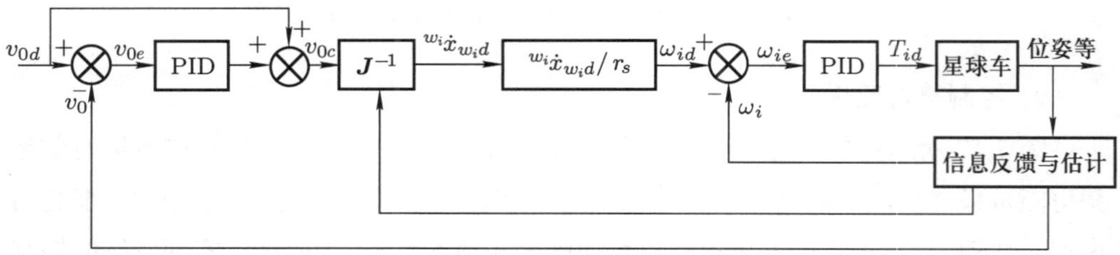

图 7.19 改进的能量 – 时间最优控制算法

7.4.3 仿真验证

对 El-Dorado Ⅱ 探测车采用 3 种控制方法进行仿真验证: CM1 为等角速度控制方法; CM2 为基于图 7.19 的能量 – 时间最优控制方法, 其中用于速度补偿的 PID 参数为 $k_{vp}=10$, $k_{vd}=2$, $k_{vi}=0$; CM3 为只进行等滑转率能量最优控制的方法, $v_{0c}=v_0$。月球车运行时地形一侧为斜坡, 另外一侧叠加了正弦曲面。

车体从 (0.5, 0) 运行到 (4.5, 0), 图 7.20 所示为月球车车轮轨迹。图 7.21 所示为控制效果的对比。由图 7.21a 可以看出, 采用 CM2 方法得到的车轮 1 和车轮 3 左右

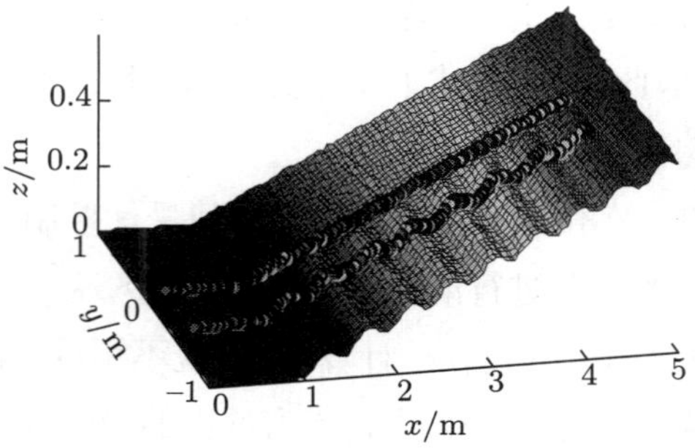

图 7.20 El-Dorado Ⅱ 探测车爬坡时的轮轨迹

两个车轮滑转率的差别明显小于 CM1所得, 图 7.21b 中 CM3 控制方法得到的车轮 2 和 3 所承受的土壤阻力矩 M_R 的差别也明显比 CM1 小, 图 7.21c 中, 采用时间最优控制的 CM2 方法所得到的车体水平速度接近目标速度, 而其余两种方法得到的车体速度随地形波动有很大变化。3 种控制方法的能量消耗和运行时间如表 7-1 所示, 可以看出, 与等角速度控制相比, 所提出的控制算法 CM2 实现了能量和时间的优化控制, CM3 由于无须协调速度而消耗的能量更少, 同时在协调车轮滑转率的过程中略微缩短了运行时间。

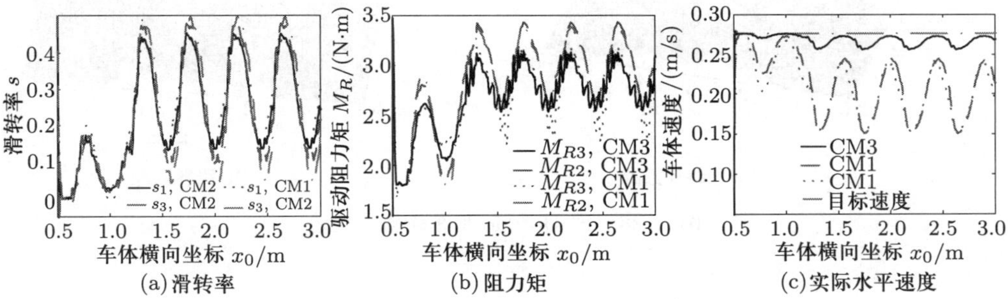

(a) 滑转率　　(b) 阻力矩　　(c) 实际水平速度

图 7.21　不同方法控制结果的对比

7.5　基于能量 – 时间最优的路径跟踪控制

将路径跟踪算法和能量 – 时间最优算法结合, 设计如图 7.22 所示的控制算法, 同时对车轮前进和转向进行控制。

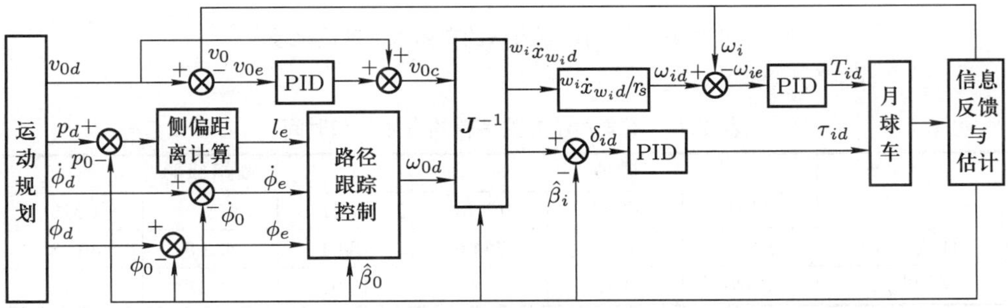

图 7.22　基于能量 – 时间最优的路径跟踪控制算法

利用仿真验证前进与转向耦合同时控制时算法的可行性。令 El-Dorado Ⅱ 在崎岖地形中从 (0,0) 沿直线行驶到 (4,4), 如果不采用路径跟踪控制, 则月球车因为地形的倾斜而出现严重的侧滑, 如图 7.23a 所示。引入路径跟踪算法后, 采用 CM1、CM2 和 CM3 3 种驱动电机速度控制算法, 仿真表明 3 种控制算法均不影响月球车的路径跟踪精度, 车轮轨迹如图 7.23b 所示。采用 3 种不同方法时的车体速度如图 7.24 所示, 能量消耗和所需时间见表 7.1, 可以看出, 与 CM1 相比, CM2 运行时间缩短了 17.2%,

但是能量节省并不明显，CM3 只进行了能量最优控制，能量节省达 7.6%。CM2 在追求速度的同时牺牲了对车轮滑转率的协调效果。可以根据实际运行需要选择 CM2 方法或者 CM3 方法。

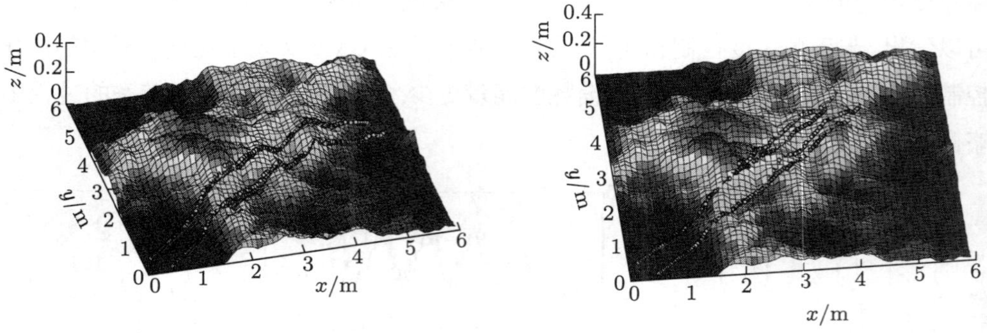

图 7.23　El-Dorado Ⅱ 车轮轨迹比较

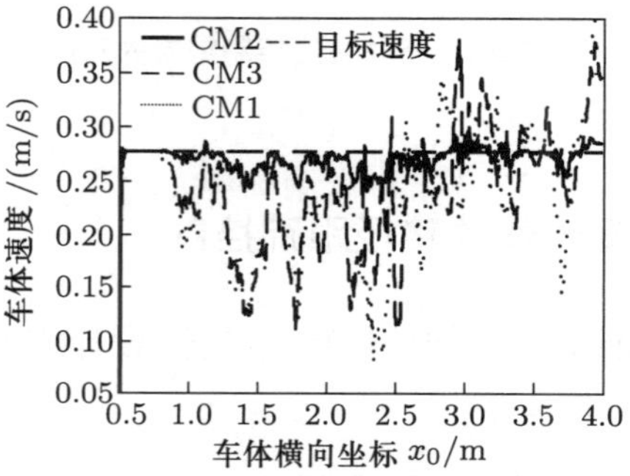

图 7.24　不同控制方法的车体水平速度比较

表 7.1　不同控制方法消耗的有效功和时间

	爬坡			崎岖地形		
	CM1	CM2	CM3	CM1	CM2	CM3
有效功 /J	387.5	385.8	384.6	434.1	433.3	401.3
时间 /s	13.26	9.52	13.06	15.91	13.18	15.14

参考文献

Craig, R. (1992) Implementation of the pure pursuit path tracking algorithm. Tech. Report CMU-RI-TR-92-01, Carnegie Mellon University, 4-9.

Ishigami, G., Nagatani, K. and Yoshida, K. (2006) Path following control with slip compensation on loose soil for exploration rover//Proceedings of the IEEE/RSJ International Conference on Intelligent Robots and Systems, Beijing, China, pp. 5552-5557.

Ishigami, G., Nagatani, K. and Yoshida, K. (2008) Slope traversal experiments with slip compensation control for lunar/planetary exploration rover//Proceedings of IEEE International Conference on Robotics and Automation, Pasadena, CA, USA, pp. 2295-2300.

Reina, G., Ishigami, G., Nagatani, K., et al. (2008) Vision-based estimation of slip angle for mobile robots and planetary rovers//Proceedings of IEEE International Conference on Robotics and Automation, Pasadena, CA, USA, pp. 486-491.

丁亮 (2009) 月/星球车轮地相互作用地面力学模型及其应用. 学位论文, 哈尔滨工业大学.

第 8 章　多节串联式移动系统设计实例

世界各国的学者提出了多种形式的星球车移动系统, 例如美国的索杰纳、MER 火星车移动系统 (Lindemann、Voorhees, 2005), 苏联的 Lunokhod 1 与 Lunokhod 2 月球车移动系统 (Mauretle, 1999) 都是成功实现星球漫游作业的典范。苏联及俄罗斯研制的一系列多节串联悬架轮式移动系统, 如 Mir、Small Marsokhod 等 (Kemurdjian 等 1992), 展现了出色的地形通过能力。苏联曾计划以此类移动系统为载体先登月球再登火星, 但终因经济窘困未能实现。尽管如此, 该类型移动系统仍然得到世界各国学者的关注, 先后诞生了俄罗斯 RCL 公司与芬兰及澳大利亚联合研制的 J-rover、俄罗斯与法国联合研制的 LAMA 等具有同类型移动系统的漫游车 (Kemurdjian 等, 1992; 1998)。本章主要介绍作者所在团队研制的一款多节串联悬架六轮月球车移动系统原理样机的设计过程, 并简要介绍所研制的其他一些月球车移动系统原理样机的结构设计特点。

8.1　总体设计

本章根据第 3 章的构型综合结果, 选择具有折展功能的六轮构型进行月球车移动系统的设计。将着重从提高运动能力和地形适应能力出发, 介绍所设计的一种构型如图 3.31 所示的、具有多节串联铰接悬架的混合适应型六轮移动系统, 该移动系统类似俄罗斯的 Mir 星球车的构型, 但其俯仰关节设计为可以根据运动需要成为自由关节或可控关节的结构形式, 因此在其具有良好的三维地形自适应性的前提下能够增强主动适应能力。图 8.1 为该移动系统的机构示意图。

该移动系统由三节串联而成, 每节具有一对独立驱动的圆柱 – 圆锥轮和一个搭载平台。整个悬架共有 11 个关节, 相邻两节间连接悬架均为具有俯仰、侧向扭转和前后摆动 3 个自由度的空间串联铰接结构, 而前、后节与中间节之间通过俯仰关

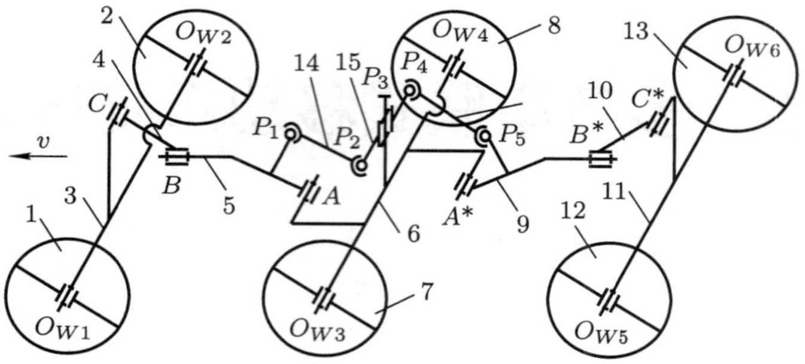

1、2 — 前轮; 3 — 前轴支架; 4 — 前侧倾杆; 5 — 前俯仰杆; 6 — 中轴支架; 7、8 — 中轮;
9 — 后俯仰杆; 10 — 后侧倾杆; 11 — 后轴支架; 12、13 — 右后轮; 14、15、16 — 差动平衡连杆

图 8.1 多节串联悬架混合适应型六轮移动系统机构示意图

节 A、A^*、$P_1 \sim P_5$ 等运动副及连杆构件, 又链接成一个空间差动平衡机构, 以保持中间支撑平台与前、后节悬架俯仰角的均衡姿态。俯仰关节 A、A^* 处设计了可自锁的电动机驱动与传动系统, 并设计有离合器; 侧倾关节 B、B^* 处也设计有离合器。当各关节处离合器处于释放状态时, 三节间能够随地形产生被动自适应的俯仰和扭转运动, 保证月球车在移动时 6 个车轮均能着地, 均化各轮的载荷, 并保持足够的牵引力; 当以上所述各关节处离合器处于接合状态时, 三节可以锁成一体, 使月球车能够直接跨越具有一定宽度的壕沟。此外, 俯仰关节 A、A^* 也可以通过离合器在电动机驱动下实现主动俯仰运动, 增强移动系统爬越垂直或凸伸障碍的能力; 前、后节摆动关节 C、C^* 处也设计有带制动器的驱动电机, 能够根据需要通过驱动摆动关节与各节车轮依次滚动配合, 使移动系统以轮步蠕动方式爬行。因此, 该移动系统具有被动适应与主动适应相结合的混合适应地形的特性; 同时, 该移动系统的悬架也具有沿车体长度方向的折展特性。

该移动系统的运动状态由车轮驱动轴及悬架各关节处的光电编码器、车载陀螺仪及车体平台上的二维倾角传感器实时检测。

为降低结构和控制的复杂性, 该移动系统没有设置专门的转向机构及其驱动装置, 转向是通过两侧车轮的差速控制来实现的, 如图 8.2 所示。整车转向的瞬时运动速度和方向与两侧车轮的速度有如下关系式:

$$v = \frac{v_{\mathrm{L}} + v_{\mathrm{R}}}{2}, \quad R_0 = \frac{(w_b - b)(v_R + v_L)}{2(v_R - v_L)}, \quad \omega_0 = \frac{v_R - v_L}{w_b - b} \tag{8.1}$$

式中, v 为车体中心速度; R_0 为车体中心转弯半径; ω_0 为车体转弯角速度; v_L、v_R 为移动系统左、右侧车轮的均一速度; b 为车轮圆柱部分接地宽度; w_b 为两侧车轮接地跨度尺寸。

当两侧车轮的速度大小相等、方向相反时, 转弯半径近似等于零。显然, 移动系统转弯时, 前、后车轮均存在侧向滑移, 转弯半径越小, 外侧车轮的侧向滑移越严重。

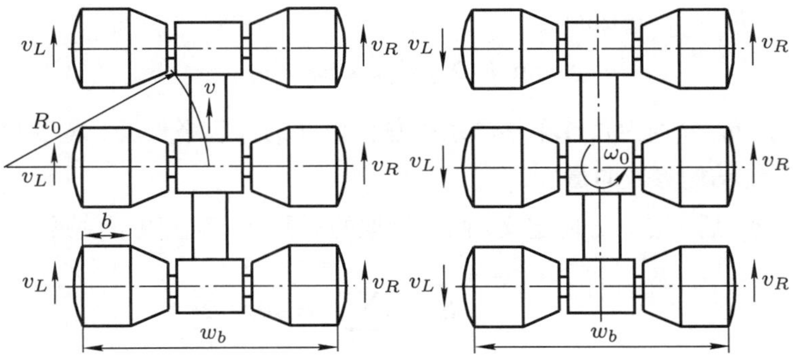

(a) 弧线转向　　(b) 原地转向

图 8.2　移动系统差速转向

8.2　移动系统尺度综合

月球车移动系统的尺度将影响月球车的整体性能, 如运动的稳定性, 地形通过能力等, 以及系统的体积和质量。在保证月球车运动性能前提下, 尽可能地减小移动系统的体积以及相关联的质量, 可以节省运载火箭的体积和推动力, 不仅具有巨大的经济意义, 而且能够提高发射的可靠性。因此, 建立月球车移动系统尺度优化模型, 并进行结构参数优化, 使其结构更加紧凑, 具有重要的意义。以下简要介绍所设计的多节串联悬架六轮移动系统结构参数的优化过程。

1. 目标函数确定

这里以移动系统在水平地面可能占据的包络体积空间最小化为优化模型的目标函数。考虑到结构工艺的复杂性和不可预见的因素, 对优化模型的尺寸参数量纲一化, 均以其与车轮直径 d 的比值表示。移动系统的外形总体参数如图 8.3 所示, 于是目标函数可表示为

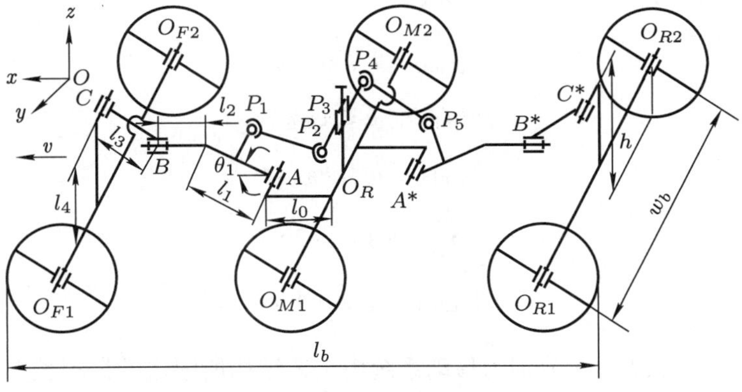

图 8.3　移动系统结构参数示意图

$$\min F(\boldsymbol{X}) = l_b \times w_b \times h_b \tag{8.2}$$

式中, l_b、w_b、h_b 分别为月球车移动系统总体设计的外包络长度、宽度和高度尺寸; $\boldsymbol{X}$ 为移动系统结构参数向量。

考虑到前、后 (按 v 方向定义) 两节悬架的对称性, 存在以下关系

$$l_b = 2\sum_{i=0}^{4} l_i \cos\theta_i + 2r \tag{8.3}$$

$$h_b = r - l_4 \sin\theta_4 \tag{8.4}$$

$$\boldsymbol{X} = [l_0, l_1, l_2, l_3, l_4, \theta_1, \theta_2, \theta_3, \theta_4, w]^{\mathrm{T}} \tag{8.5}$$

式中, l_i 为移动系统前悬架各构件长度尺寸, $i = 0, 1, \cdots, 4$; θ_i 为 l_i 对应构件与水平轴 x 正向的夹角, $i = 0, 1, \cdots, 4$; r 为车轮半径, 这里取 $r = 0.5$。

2. 约束条件的建立

选取月球车移动系统结构参数时, 首先应保证移动系统的运动性能, 避免发生结构干涉。同时, 各关节的运动范围也会受到结构的限制。将这些要求和限制条件用与结构参数有关的数学表达式描述, 可建立以下几方面的约束条件。

1) 机构的结构配置约束

如图 8.3 所示, 在移动系统总体构成上, 具有左右结构基本对称, 前后结构也基本对称的特点, 应满足如下条件:

$$\theta_{i\min} \leqslant \theta_i \leqslant \theta_{i\max}, \quad i = 0, 1, \cdots, 4 \tag{8.6}$$

式中, $\theta_{i\min}$ 为各构件由结构配置所限定的最小位置角; $\theta_{i\max}$ 为各构件由结构配置所限定的最大位置角。

2) 构件尺寸及关节结构的约束

要保证移动系统结构有足够的工艺设计空间, 同时外形包络尺寸不能超出运载航天器的装载空间, 因此需要满足如下条件:

$$l_{b\min} \leqslant l \leqslant l_{b\max} \tag{8.7}$$

$$w_{b\min} \leqslant w \leqslant w_{b\max} \tag{8.8}$$

$$h_{b\min} \leqslant h \leqslant h_{b\max} \tag{8.9}$$

$$\sum_{i=0}^{4} l_i \cos\theta_i > 2r \tag{8.10}$$

$$l_i \geqslant l_i \min, \quad i = 0, 1, \cdots, 4 \tag{8.11}$$

式中, $l_{b\min}$、$w_{b\min}$、$h_{b\min}$ 分别为移动系统由工艺结构所限定的最小长度尺寸、最小宽度尺寸和最小高度尺寸; $l_{b\max}$、$w_{b\max}$、$h_{b\max}$ 分别为移动系统允许的最大长度尺

寸、最大宽度尺寸和最大高度尺寸; $l_{i\min}$ 为前悬架各构件由工艺结构所限定的最小长度尺寸。

式 (8.6)~式 (8.8) 为外形包络尺寸约束条件; 式 (8.9) 保证相邻两节车轮不产生干涉; 式 (8.10) 保证悬架各杆件有足够的工艺设计空间。

3) 越障指标约束

在结构上要保证月球车能爬越高于车轮的垂直障碍, 跨过宽于车轮的壕沟, 此时各节之间 (包括载荷平台) 不能有运动干涉, 因而有

$$\arctan\frac{2h_b-1}{\sum\limits_{i=1}^{4}l_i\cos\theta_i}+\arctan\frac{1}{\sum\limits_{i=1}^{4}l_i\cos\theta_i}<\frac{\pi}{2} \tag{8.12}$$

4) 抗倾覆能力

要保证月球车在倾斜角 $\alpha_{\mathrm{cl}}\leqslant\alpha_{\mathrm{cl}d}$ 的坡面上或单侧轮翻越高于车轮的障碍时不会翻倒。根据前面的分析可知, 前者的最大倾斜角大于后者。为简化计算并不失其合理性, 假设车的重心在其长、宽、高的中点处, 可以给出如下约束条件:

$$mg\cos\alpha_{\mathrm{cl}}\cdot\frac{w_b}{2}\geqslant mg\sin\alpha_{\mathrm{cl}}\cdot\frac{h_b}{2}$$

即有

$$\frac{w_b}{h_b}\geqslant\tan\alpha_{\mathrm{cl}d} \tag{8.13}$$

5) 轮步方式移动的步距

使该移动系统的移动步距不小于半个车轮直径, 并从静力分析的角度保证结构的稳定性, 据此可以给出如下约束条件:

$$l_4\sin(\theta_{4\max}-\theta_{4\min})\geqslant 0.5 \tag{8.14}$$

3. 优化设计结果

根据月球车具体设计要求可以确定该移动系统相关边界条件参数。本设计中确定的移动系统相关参数如表 8.1 所示。

表 **8.1** 优化模型相关参数边界条件

参数类型	参数值	参数类型	参数值
$l_{b\min}/l_{b\max}$	3/6	$w_{\min}/w_{\max}$	2.5 /l
$h_{b\min}/h_{b\max}$	1.2 / 2	$l_{0\min}$	0.3
$l_{1\min}$	0.2	$l_{2\min}$	0.4
$l_{3\min}$	0.2	$l_{4\min}$	0.5
$\theta_{0\min}/\theta_{0\max}$	0/0	$\theta_{1\min}/\theta_{1\max}$	0/(π/4)
$\theta_{2\min}/\theta_{2\max}$	0/0	$\theta_{3\min}/\theta_{3\max}$	0/(π/3)
$\theta_{4\min}/\theta_{4\max}$	(−2π/3)/(−π/3)	β_d	35°

对于上述优化模型, 运用 Matlab 最优化工具箱中的 fmincon 函数进行计算, 优化得到的月球车移动系统的量纲一外包络尺寸为

$$l_b = 4.000\ 1, \quad w_b = 2.499\ 9, \quad h_b = 1.213\ 3$$

同时, 还优化出悬架各构件的相关尺寸参数。由于前后结构对称, 本例中仅将前悬架的优化计算结果列出, 见表 8.2。根据第 6 章的设计理论选取基参数 —— 车轮直径。这里选定车轮直径 d =270 mm, 则根据优化结果可初步确定移动系统的外形尺寸为 $l_b \times w_b \times h_b = 1\ 080$ mm×650 mm×328 mm。其他构件尺寸参数也可相应确定 (具体数值数见 8.5 节中的表 8.3)。

表 **8.2** 悬架尺寸优化计算结果

参数类型	参数值	参数类型	参数值	参数类型	参数值	参数类型	参数值	参数类型	参数值
l_0	0.388 5	l_1	0.309 1	l_2	0.604 1	l_3	0.546 0	l_4	0.750 0
θ_0	0	θ_1	$4\pi/45$	θ_2	0	θ_3	$\pi/5$	θ_4	$-3\pi/5$

8.3 移动系统结构设计

8.3.1 悬架机构的结构设计

如图 8.4 所示, 移动系统的悬架为三节串联形式, 相邻两节间悬架均设计为具有俯仰、侧向扭转和前后摆动 3 个自由度的空间串联铰接结构, 前后节悬架间及与中间一节之间设计有由空间连杆机构组成的差动平衡机构, 保持中间支撑平台与前后节悬架俯仰角的均衡姿态。

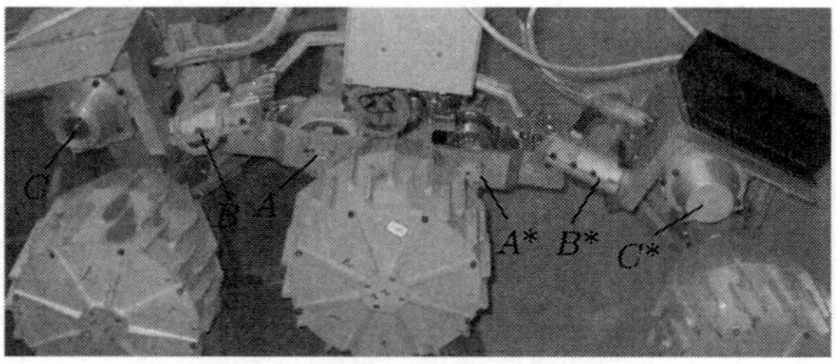

图 **8.4** 移动系统悬架局部

A、A^* 处的俯仰关节有主动回转和被动回转两种运动方式。主动回转由具有较好堵转能力的力矩电机驱动, 采用二级蜗杆减速传动, 传动输出轴通过牙嵌式离合器与俯仰关节连接。关节的转动位移由光电编码器检测, 编码器检测精度为 1 000 线。

B、B^* 处的侧倾关节为可锁定的被动回转关节, 设计有离合器, 在移动系统以主动方式跨越沟堑时, 可根据需要锁定该关节。离合器额定工作转矩为 1.2 N·m, 关

节的转动位移也由光电编码器检测。

C、C^* 处的前、后摆动关节为可制动的主动回转关节, 采用瑞士 Maxon 公司的直流伺服电机驱动, 配套有 Maxon 公司的行星齿轮减速器和电磁制动器。关节的转动位移由电动机配套的光电编码器检测。

当移动系统以被动方式适应地形时, 只需要依靠前、后悬架的俯仰和侧扭 4 个被动关节; 当移动系统以主动方式适应地形时, 需要依靠前、后悬架的俯仰、侧倾 4 个被动关节和两个摆动主动关节来提高运动能力。

前、后节悬架的俯仰关节构件与中间节之间有中心对称的空间 RSSRSSR 连杆机构所组成的差动平衡机构, 使得中间一节的承载平台的俯仰角是前、后节悬架俯仰角度之和的均值, 可以降低前、后两节承载平台与中间一节承载平台干涉的可能性, 并减小中间一节承载平台的俯仰波动。各车体平台的姿态由安装于平台上的二维倾角传感器实时检测。

在被动适应方式下, 移动系统承载平台的载荷在车轮的上方, 悬架机构的受力状态较好。在主动适应方式下, 当俯仰关节锁定以及做受控运动时, 若移动系统悬架处于完全展开状态, 悬架中的两个零部件 —— 俯仰连接架和侧倾关节轴座的受力最恶劣, 它们相当于悬臂梁。月球车的运动速度低, 而且经常时走时停, 因此可利用有限元分析软件对这两个零部件的应力和变形进行静力分析, 以满足强度要求。

8.3.2 车轮构型及其结构设计

车轮是探测车最重要的运动部件, 既承受整车的负载, 又要提供足够的牵引力, 以保证整车顺利运行。本文设计的移动系统的 6 个车轮均采用高强度铝合金轮体, 同一节的左、右两个车轮同轴对称布置。车轮的轮体外形均为圆柱 – 圆锥形, 轮体的圆柱体部分的轴向尺寸约为车轮直径的二分之一, 能够使轮与地面有较大的接触面积, 降低接地比压, 提高月球车在松软地面上的通过能力。车轮的圆锥体部分使车轮接地圆柱体部分不致过宽而增大转向阻力, 又可使左、右两车轮的轮轴显露部分大大减小, 以降低轮轴被小于车轮跨距的凸起障碍卡阻的可能性。车轮外形如图 8.5 所示, 当移动系统正面遇到位于两侧车轮圆柱体之间的凸起障碍时, 圆锥体部分与其接触可以起到牵引作用。

轮体采用带肋的薄壁壳体结构, 能够有效减轻质量。同时, 可以保证较大的内部空间, 便于安装内部轮系部件以及进行防护。此外, 轮体的整体封闭式壳体结构具有很高的强度和刚度。轮体的非动连接处涂密封胶, 可有效保温和密封。

为了提高车轮在类似月壤的松软地面上的附着能力, 各轮体外表面沿圆周均布有凸出的轮刺。根据第 7 章及有关文献的研究成果, 轮刺的分布数量和高度尺寸对车轮在松软地面上的附着能力影响较大, 如果轮刺分布数量过少, 或高度过小, 不利

(a) (b)

图 8.5 圆柱–圆锥车轮外形

于在土壤中形成剪切环; 但若轮刺分布数量过多或高度过大, 轮刺槽中又易黏附土, 也不利于后续滚动时剪切环的形成。参照上述研究结果, 本文的车轮沿圆周均布设计了 16 个轮刺, 轮刺高度为 12 mm。为降低车轮在硬地面滚动时由轮刺引起的波动幅度, 采用双排交错的布置, 如图 8.6 所示, 轮体中间轮刺交叉部分的圆周布有 32 个轮刺。

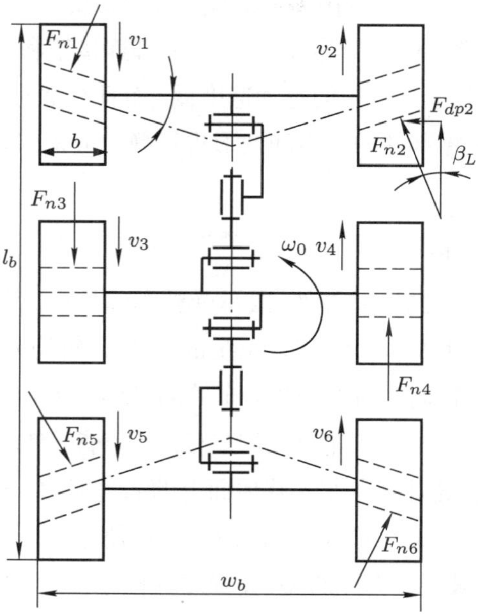

图 8.6 车轮运动及受力图

由于该移动系统采用差速转向, 前、后两节的车轮存在较大的转向侧滑阻力, 为增加其转向驱动力矩, 这两节同轴两车轮的轮刺方向与车轮轴线呈一定的倾斜角 β_L, 且对称相反, 从而达到增加转向力矩且互相抵消侧向力的效果, 如图 8.6 所示。图中虚线表示车轮与地面接触一侧的轮刺布置方向, v_i 为车轮瞬时移动速度, F_{ni} 为土壤对轮刺的法向作用力, ω_0 为移动系统转向速度。

由于轮刺倾斜角的存在, 土壤对轮刺的法向作用力可分解为圆周牵引力 F_{dpi} 和

侧向力 F_{si}, 如果忽略轮刺表面的摩擦力, 则各轮的作用力及转向力矩 M_{si} 可分别由下式计算:

$$F_{dpi} = \frac{2T_i}{d} \tag{8.15}$$

$$F_{si} = F_{dpi} \tan \beta_L \tag{8.16}$$

$$F_{ni} = \frac{F_{dpi}}{\cos \beta_L} \tag{8.17}$$

$$M_{si} = \frac{F_{ni}(w_b - b)}{2\cos \beta_L} = \frac{F_{dpi}(w_b - b)}{2\cos^2 \beta_L} \tag{8.18}$$

式中, T_i 为车轮驱动力矩; w_b 为两侧车轮接地跨度尺寸; b 为柱体部分车轮宽度。

显而易见, 各轮的侧向力和转向力矩的大小与倾斜角 β_L 的角函数关系密切。由图 8.7 所示的相关函数曲线可以看出, 倾斜角 β_L 增大时, 转向力矩和侧向力同时增加。考虑到既要适当地增大转向力矩, 又不至于产生太大的侧向力, 最终选取 $\beta_L = 20°$, 此时, 转向力矩可增加 13.2%。

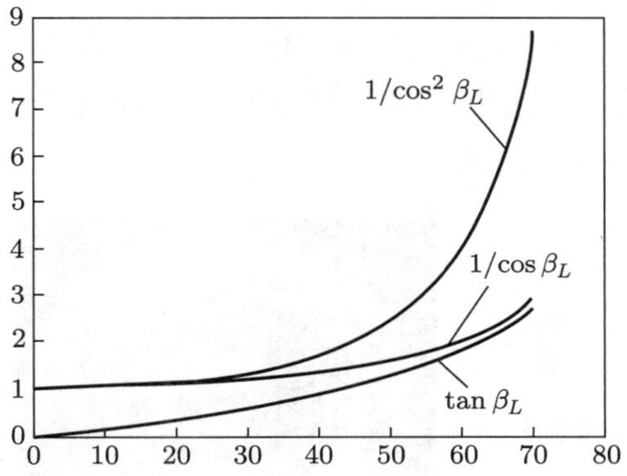

图 8.7　相关函数曲线

8.3.3　车轮轮系设计

在轮式移动系统设计中, 车轮的驱动、传动及制动部分称为车轮的轮系。本章实例中各车轮的内部轮系结构相同: 带有行星减速器的直流伺服电机通过弹性联轴器连接车轮端盖, 从而带动由圆柱体与圆锥体组成的车轮壳体转动, 车轮壳体通过一对轴承套装在空心轴上。车轮的转速和转动位移由与电动机配套的光电编码器检测与反馈; 电动机与编码器之间可装电磁制动器, 如图 8.8 所示。驱动电机与组合的行星减速器及光电编码器安装于车轮空心轴内, 伺服放大器及电源等部件均安装在车轮壳体内与空心轴固定的支架上, 从而使结构紧凑, 最大限度地利用内部空间, 同时能大大降低整车的重心, 提高月球车移动的稳定性。此外, 空心轴也便于内部走线。

为了减小刚性车轮滚动而产生的随机振动, 在车轮轴的每个支承轴承与车轮壳

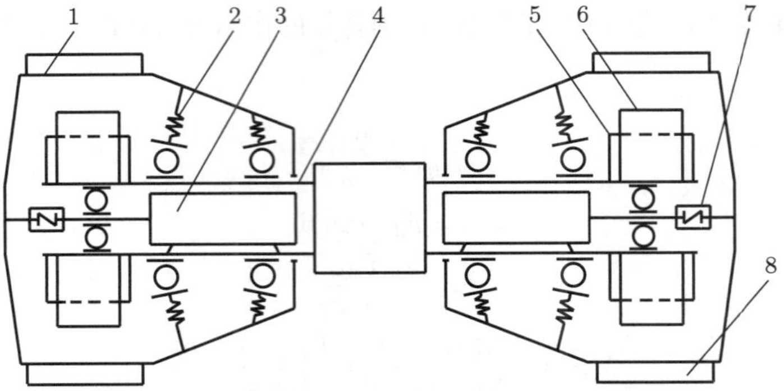

1 — 车轮壳体; 2 — 减振器; 3 — 伺服电机组件 (配有行星减速器); 4 — 空心轴;
5 — 伺服放大器; 6 — 电源; 7 — 弹性联轴器; 8- 轮刺

图 8.8 圆柱 – 圆锥车轮结构示意图

体之间的径向定位和轴向定位处均设计了由金属橡胶环组合构成的减振器, 图 8.9 所示是其中的一部分。这些金属橡胶环具有良好的高、低温适应性能 (侯军芳等, 2006), 结合弹性联轴器可改善移动系统运动的平稳性。

此外, 金属橡胶环还具有良好的密封作用 (夏宇宏等, 2004), 可用于轮系及悬架运动副的动密封。轮系支承采用了耐高、低温的陶瓷轴承, 图 8.10 所示为悬架关节及轮系中采用的一部分陶瓷轴承。

图 8.9 轮系及悬架减振、密封用金属橡胶环

图 8.10 轮系及悬架用陶瓷轴承

车轮驱动与传动系统采用瑞士 Maxon 公司的直流伺服电机及配套的行星齿轮

减速器。车轮的转动位移及速度由与电动机配套的光电编码器检测，编码器检测精度为 1 000 线。可利用有限元软件对带动车轮转动的空心轴进行有限元分析。该轴同时承受弯矩与扭矩作用，材料为调质处理的合金钢；如果采用钛合金材料，可以有效地减轻车轮的质量。

8.4 控制系统设计

月球车移动系统运行于复杂的非结构化环境，特别是在崎岖不平的路面上行驶或者越障时，要求车载运动控制系统能够根据车上的各种传感器反馈的路面和自身状态信息，实时调整和匹配各个车轮和悬架的运动，避免车轮出现过大的滑转和滑移，以节省能耗。本章实例中，移动系统原理样机的控制系统仅用于考察移动系统地面运动的性能，并没有按工程样机的要求进行设计。

8.4.1 硬件系统设计

移动系统的控制系统采用无线通信的遥操作的上、下位机控制模式。遥端上位机主要用于路径规划和监控，发送控制指令给车载下位机，并接受下位机提供的移动系统的运动状态和环境等反馈信息，作进一步的判断和决策。车载下位机及控制系统接受遥端上位机的指令，生成相应的控制逻辑，同时根据各传感器的反馈信息，基于控制模型对控制量进行实时控制。

车载下位机控制系统硬件包括车载计算机 (MSM855)、无线通信装置、输入输出单元、运动控制单元、信号和数据检测单元、各种传感器以及电源控制板等部分，其系统硬件组成如图 8.11 所示。无线通信采用传输速度快、传输距离远的 WLAN 技术；MSM855 通过内置的 PC/104 总线连接各硬件单元；运动控制单元采用 Maxon 公司的 DC 伺服电机和驱动器，以及Diamond 公司的 RM1612D/A 模块、RMM32A/D 模块和 I/O104 模块，并采用 FPGA 作为码盘的计数单元。

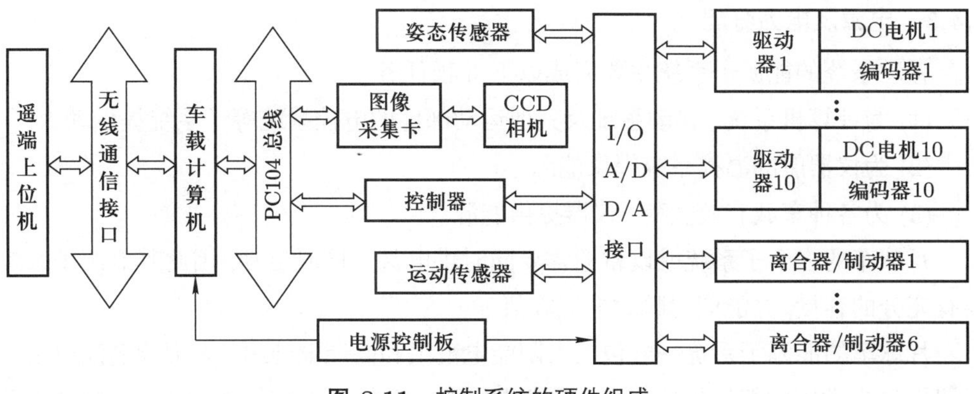

图 8.11 控制系统的硬件组成

8.4.2 软件系统设计

移动系统的控制系统采用的是基于 TCP/IP 通信的多任务实时处理程序, 以 Linux 为操作系统平台, 实时内核为 RTAI。该系统软件主要分为两大部分: 非实时控制层和实时控制层, 均由若干基本功能模块组成, 如图 8.12 所示。

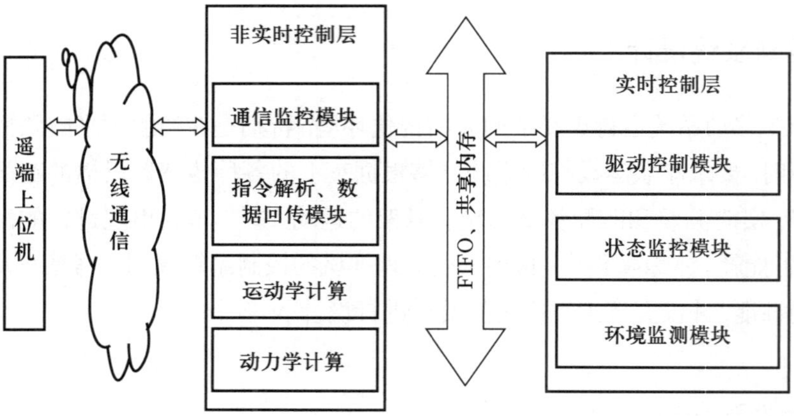

图 8.12 软件系统构成

非实时控制层包括指令解析、数据回传、控制量计算和通信监控等功能模块。该控制层根据通信协议解析上位机发来的控制指令, 综合模型计算的结果和实时控制层的监测信息, 向实时控制层发出运动控制指令并接受反馈信息, 同时构造给遥端上位机的回传数据。

实时控制层包括车轮驱动控制、悬架的主动适应控制、移动系统的运动状态监控以及运行环境监测等实时任务功能模块。该控制层将实时检测各车轮与悬架驱动电机的电流、转速、位移等信息, 车载平台和悬架的运动状态, 以及离合器、制动器的状态, 根据任务规划目标和动力学控制模型实时计算各驱动电机的控制参数, 进行驱动执行操作。

8.4.3 电源及电力分配

移动系统的能源子系统主要完成以下 3 项任务:

(1) 为计算机系统、移动系统及其他运动部件的电控系统等子系统提供动力;

(2) 为仪器舱的温控系统提供能源;

(3) 为各种车载有效载荷、仪器提供能源。

月球车的多个子系统或设备通常要同时供电甚至同时启动, 因此其能源子系统要有充分的容量, 并能应对瞬时电流峰值。

月球车的能源子系统一般包括太阳能电池组和高能电池组。太阳能电池组是航天器中最为常用的能源供应设备, 通常由成百上千的光电转换电池组成, 排列于几块或可折叠或可展开的帆板上，并采用自动跟踪机构使其实时跟踪太阳的垂射方向，以使能量吸收率最高。而高能电池组是在太阳能电池供电不足时采用的能源系统，如同位素电池组等。对于本章实例中的设计的移动系统原理样机，在其分为 3 节的载荷平台上很难设置较大面积的太阳能电池帆板，更适宜采用同位素等高能电池组。鉴于安全性和经济性，地面实验原理样机可选用经济的铅酸蓄电池组或高能、轻质的锂电池组。通过对移动系统总能耗的估算，本章选用了额定容量为 33 A·h 的锂电池，电力分配方案见图 8.13。每个车轮内安装 2 节蓄电池 (图 8.14)，为车轮驱动电机供电的同时也为就近的车载平台的有效载荷和主动关节的驱动电机等供电。

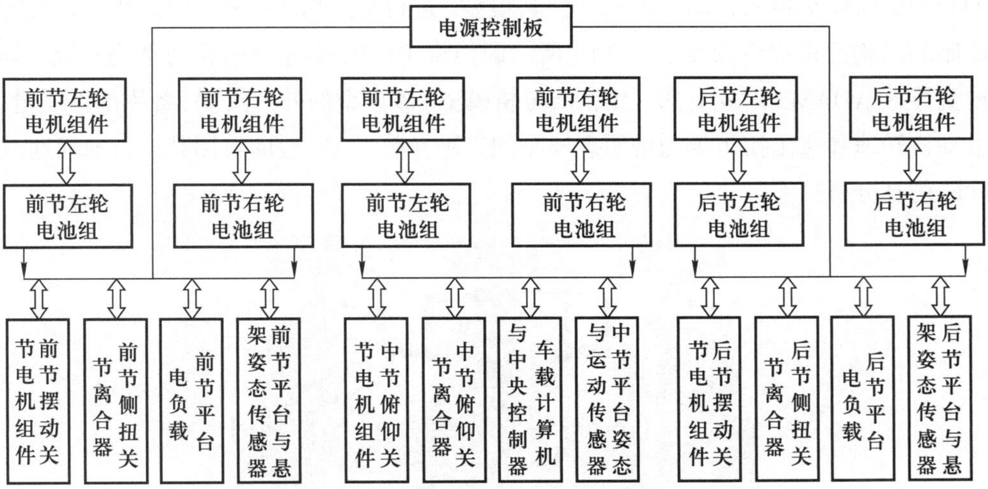

图 8.13　系统电力分配

图 8.14　车轮中的电源布置

8.5　三维实体模型建立

为了分析所设计的月球车移动系统的运动性能，需要确定其质量、体积、质心等物理属性。应用 Pro/Engineering (简称 Pro/E) 软件建立三维实体模型，可有效地确定上述物理量，该软件集参数化、特征建模、全相关单一数据库与行为建模技术等特征于一体，可提供精确的参数化实体造型和工程设计图。在参数化设计中，实体模型取代线框模型和面模型, 具有直观、真实、与生产中的产品基本接近的特点; 实体模型具有质量、体积、重心及质心等物理属性, 便于后续的模型分析和制造等。同时, 该软件使用交互式图形环境以及零件库、约束库、力库创建完全参数化的机械系统几何模型, 其求解器采用拉格朗日方程方法建立系统动力学方程, 可对虚拟机械系统进行静力学、运动学和动力学分析, 输出位移、速度、加速度和反作用力曲线, 可用于预测机械系统的性能、运动范围、碰撞检测、峰值载荷以及有限元的输入载荷计算等。

此外, 借助 Pro/E 软件与 ADAMS 软件的友好接口, 可以便捷地建立基于 ADAMS 软件平台的移动系统三维仿真模型, 进行动态仿真分析, 为该移动系统的研制和结构改进提供依据。图 8.15 所示即为将 Pro/E 中建立的移动系统三维实体模型导入 ADAMS 时建立的三维仿真分析模型。该模型的外形尺寸、各零部件质量、电动机转速和输出扭矩等均按原理样车的实际参数设定, 后面将用其进行地面通过性的仿真分析。

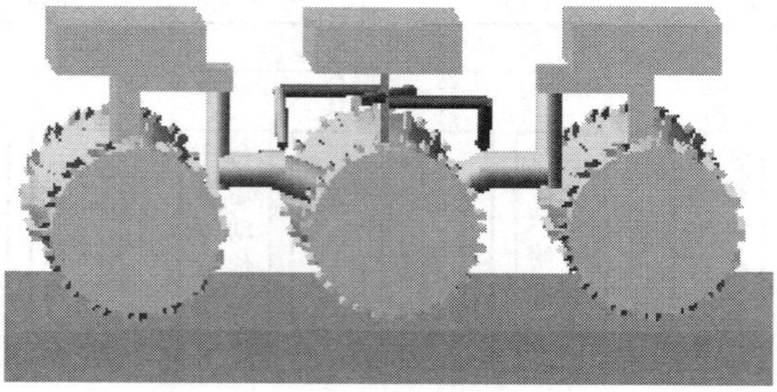

图 8.15　移动系统仿真模型

进行移动系统的初步结构设计, 应用 Pro/E 软件建立三维实体模型, 得到相关的物理参数如表 8.3 所示, 其中外形包络尺寸较优化计算结果稍有变化。

表 8.3　移动系统实体模型的物理参数

参数类型	参数值	参数类型	参数值
收缩状态外包络尺寸 /mm	1 065×690×400	空载/有载质量 /kg	70/100
伸展状态外包络尺寸 /mm	1 465×690×345	悬架侧扭角度 /(°)	–50～50
车轮最大外包络直径 /mm	284(包括轮刺)	悬架摆动角度 /(°)	–15～45
车轮最大宽度 (包括锥体)/mm	274	悬架相对俯仰角度 /(°)	–58～75

8.6　移动系统运动模式设计

本章实例中所设计的多节串联悬架月球车移动系统是一种混合适应型移动系统, 能够根据不同的地形和障碍特点采用被动适应模式或主动适应模式行驶。为充分发挥其优势, 可以根据所通过地形的需要和悬架变形特点, 进一步将运动形式设计为被动适应运动模式和主动适应模式下的主动越障模式、主动跨越模式和轮步蠕动模式。在移动系统实际运行时, 将以被动适应为主, 主动适应为辅; 主动适应模式只有在被动适应模式无法通过地形时启用。下面分别对这几种运动模式的特点加以阐述和分析。

1. 被动适应模式

这是一种功耗最小、地形适应敏捷的常规运动模式。在该模式下, 移动系统的俯仰关节 A、A^* 和侧倾关节 B、B^* 的离合器均处于释放状态, 此时这些关节均为自由关节, 移动系统的悬架成为一个空间四关节串联机构, 悬架将随地形产生被动的相对俯仰和扭转运动, 能够适应任何复杂的三维地形, 移动系统的 6 个车轮均能着地, 可保持良好的稳定性和足够的牵引力, 从而具有较强的运动能力。图 8.16 为移动系统被动适应地形的示意图。

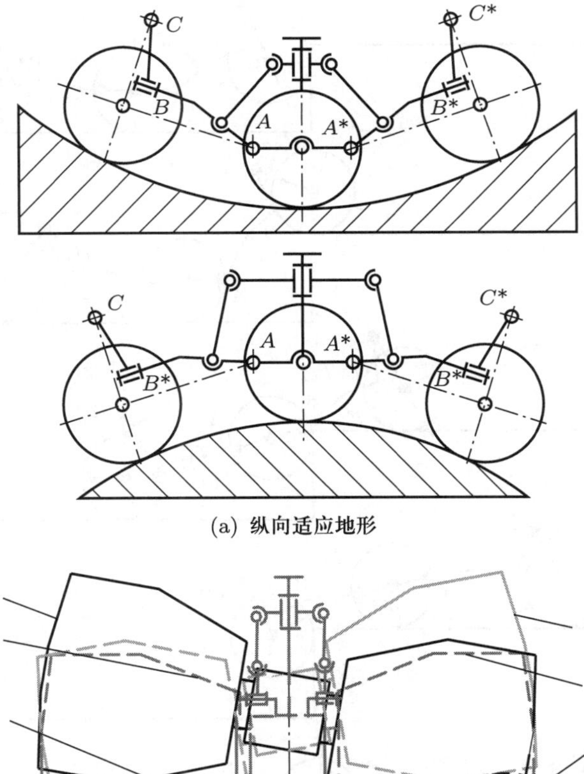

(a) 纵向适应地形

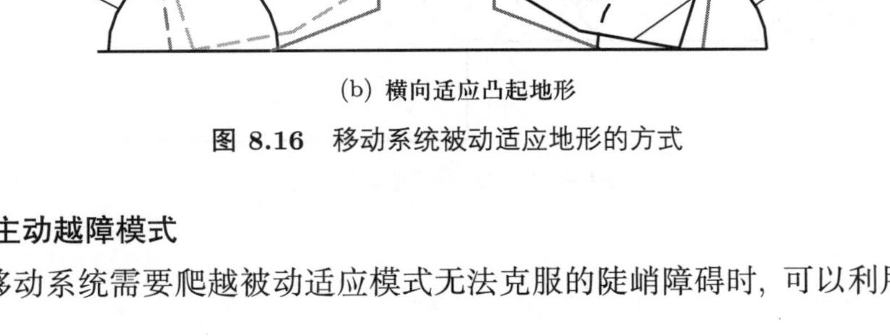

(b) 横向适应凸起地形

图 8.16　移动系统被动适应地形的方式

2. 主动越障模式

当移动系统需要爬越被动适应模式无法克服的陡峭障碍时, 可以利用俯仰关

节 A、A^* 和前后摆动关节 C、C^* 在电动机驱动下的主动运动, 改变悬架的形态, 借助前、后俯仰关节电机的驱动力 T_{b1}、T_{b2} 与车轮爬升力的合力完成越障; 此时, 俯仰关节 A、A^* 处离合器处于接合状态, 侧倾关节 B、B^* 可以根据需要处于释放或锁定状态, 以保证车体平衡, 如图 8.17 所示。当前轮爬越障碍时, 可借助前轮的爬升力与前俯仰关节 A 处电动机的仰起驱动来完成, 而后悬架摆动关节 C^* 张开, 以调节车体平衡; 当中轮爬越障碍时, 前轮悬架可能会与障碍抵触, 此时可控制俯仰关节 A、A^* 两处电动机同时做下俯驱动, 借助地面反力使中轮抬起而实现越障; 当后轮爬越障碍时, 则借助后轮的爬升力与后俯仰关节 A^* 处电动机的仰起驱动来完成。

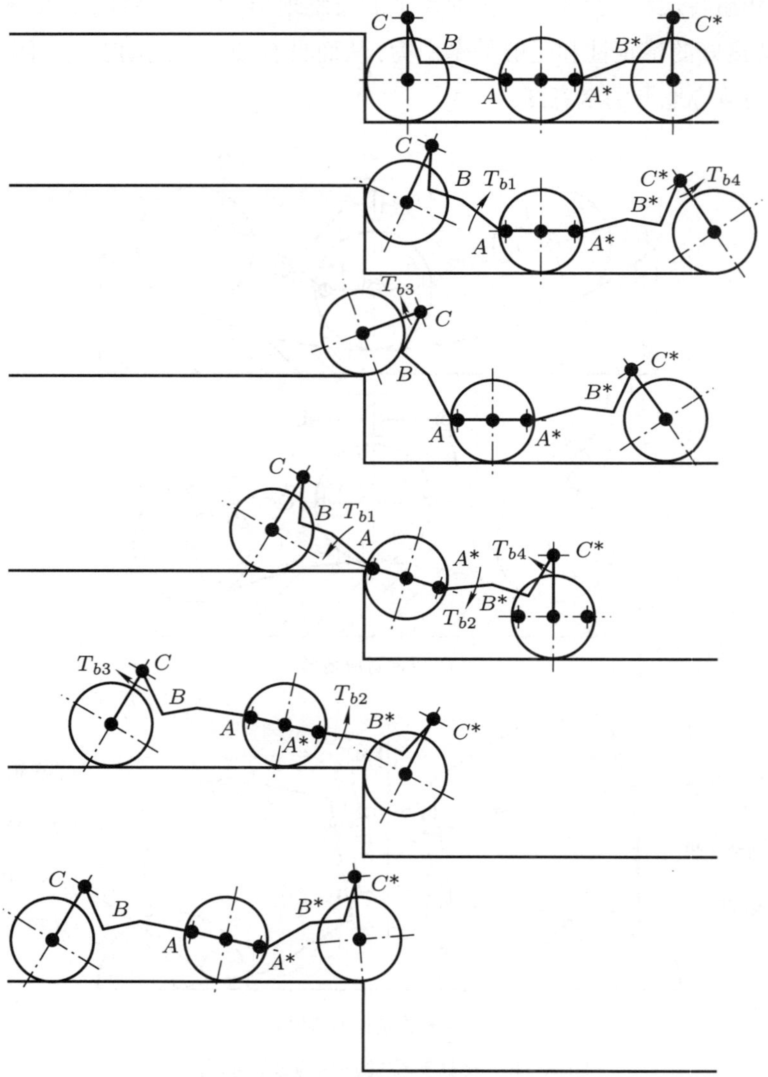

图 8.17 主动爬越障碍模式

3. 主动跨越模式

当移动系统跨越宽度大于车轮直径甚至略大于相邻两轮中心距的深沟时，采用被动适应模式可能无法越过，但可以利用俯仰关节 A、A^* 和前后摆动关节 C、C^* 的可控运动跨越。此时，侧倾关节 B、B^* 均锁定，俯仰关节 A、A^* 两处的离合器处于接合状态，可利用传动机构的自锁使到达沟缘的车轮悬起，从而跨过壕沟。为避免车体倾倒，当前轮跨越时，前悬架摆动关节 C 处于收拢状态，后悬架摆动关节 C^* 处于伸展状态，使整个移动系统的质心位于中节支承车轮的后方，从而保证前轮可靠地悬起跨越；当前轮跨过壕沟后，前悬架摆动关节 C 完全伸展，后悬架摆动关节 C^* 收拢，使整个移动系统的质心移至中节支承车轮的前方，从而保证后轮可靠地悬起跨越，其过程如图 8.18 所示。

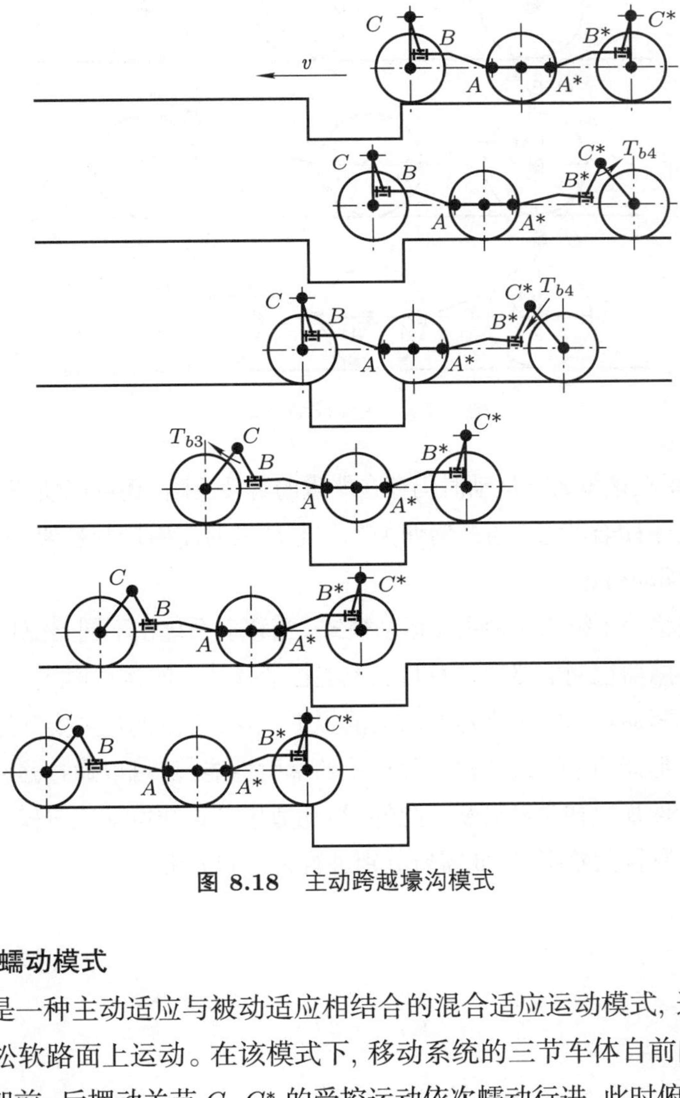

图 8.18 主动跨越壕沟模式

4. 轮步蠕动模式

该模式是一种主动适应与被动适应相结合的混合适应运动模式，适于在易产生滑转沉陷的松软路面上运动。在该模式下，移动系统的三节车体自前向后借助车轮的滚动和悬架前、后摆动关节 C、C^* 的受控运动依次蠕动行进，此时俯仰关节 A、A^*

和侧倾关节 B、B^* 因离合器处于释放状态而均为自由关节; 当其中一节车轮滚动时, 其余两节车轮静止不动; 前、后悬架在摆动关节带动下做受控展开或收缩运动, 爬行运动的一节只需克服该节两车轮的滚动阻力, 而驱动力由该节车轮驱动电机和悬架的前、后摆动关节的驱动电机 (驱动电分别为 T_{b3}、T_{b4}) 联合提供, 因而可大大减轻车轮的滑转沉陷。其运动过程如图 8.19 所示。

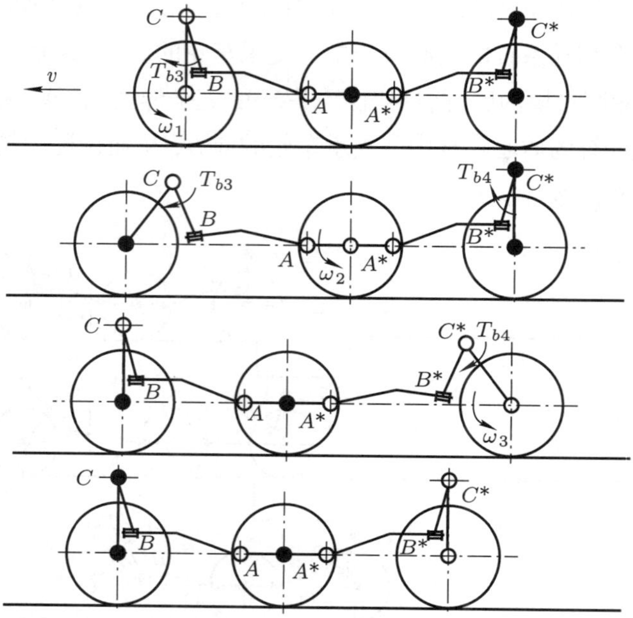

图 8.19 轮步蠕动运动模式

另外, 如果在该模式下运动时仍存在严重的滑转沉陷, 还可以使俯仰关节 A、A^* 处的离合器处于闭合状态, 通过俯仰关节处电动机的作用抬升悬架, 使沉陷车轮脱离困境, 继续蠕动行进。

以上为该移动系统的几种主要运动模式。当移动系统在不同路况环境中运动时, 将根据车载传感器检测的路况信息自主或遥控选择适合的运动模式。

在电源及驱动功率完全满足要求的前提下, 移动系统的地形实际通过能力主要取决悬架的变形能力、均载特性以及车轮的牵引性能, 这可以通过移动系统的几何特性及力学特性加以初步的分析。此外, 被动适应模式和主动适应模式下的地形实际通过能力会有较大差别, 因此需要分别进行讨论和分析。

8.7 地形通过性分析

8.7.1 被动适应模式下的地形通过性分析

1. 几何通过性分析

1) 纵向通过性条件

由第 6 章可知, 移动系统的纵向通过性包括凸起地形的通过性和凹陷地形的通过性, 可以由几何通过半径的大小来评价。如图 8.20a 所示, 将前、后两个车轮接地处和中间轮或两车轮之间底盘上的最低点所决定的圆的半径 ρ_{l1} 称为纵向凸起通过半径; 当纵向凸起地形的曲率半径小于 ρ_{l1} , 移动系统通过时会出现前节或后节车轮悬起而不能产生牵引力的情形, 系统因牵引力不足而失去通过性的可能性将大大增加。ρ_{l1} 越小, 则纵向凸起地形的通过能力越大。本设计中移动系统的 ρ_{l1} 在前、后摆动关节完全收拢的状态下为 267 mm, 完全伸展状态下为 385 mm。

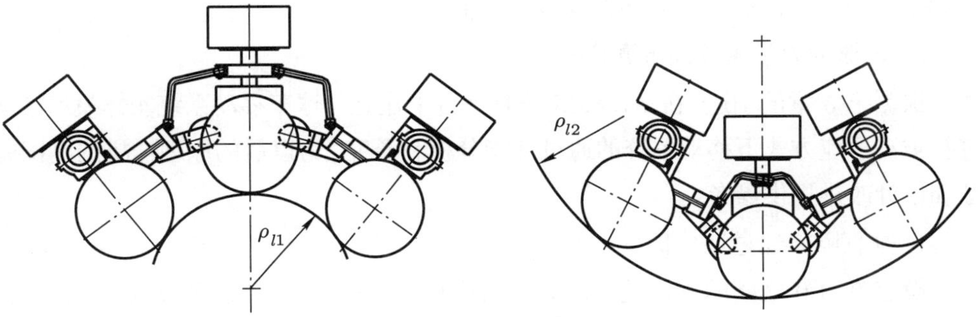

(a) 凸起地形通过半径　　(b) 凹陷地形通过半径

图 8.20 移动系统纵向通过性几何条件

类似地, 对于凹陷地形的通过性优劣, 可以由纵向凹陷通过半径的大小来评价。如图 8.20b 所示, 将前、后两个车轮接地处和中间轮最低点所决定的圆的半径 ρ_{l2} 称为纵向凹陷通过半径; 当纵向凹陷地形的曲率半径小于 ρ_{l2}, 移动系统通过时会出现中节车轮悬起而不能产生牵引力的情形, 系统因牵引力不足而失去通过性的可能性将大大增加。ρ_{l2} 越小, 则纵向凹陷地形的通过能力越大。本设计中移动系统的 ρ_{l2} 在前、后摆动关节完全收拢的状态下为 744 mm, 完全伸展的状态下为 837 mm。

2) 横向通过性条件

移动系统对于凸起地形的横向适应性的优劣可以由横向通过半径的大小来评价。如图 8.21 所示, 左、右两个车轮处和两轮之间底盘最低点所决定的圆的半径 ρ_{t1} 称为横向通过半径。ρ_{t1} 越小, 则横向通过能力越强。

本设计中移动系统采用的圆柱 —— 圆锥车轮结构极大地缩小了显露在车轮外

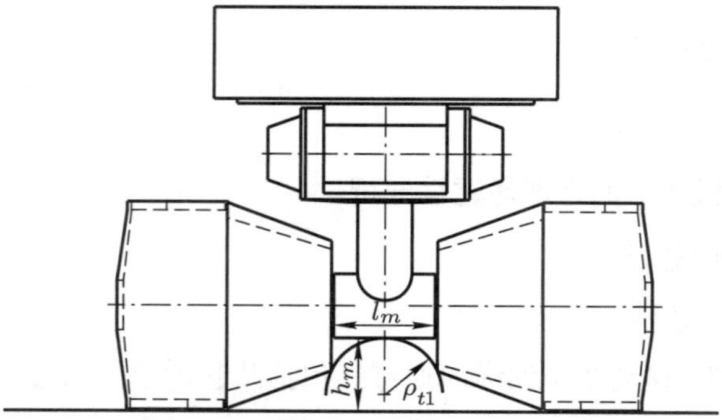

图 8.21　移动系统横向通过性分析

面的轮轴, 显露的轮轴可短至 $l_m = 136$ mm; 轮轴底面为悬架最低点, 最小离地间隙 $h_m = 95$ mm, 因而 ρ_{t1} 小至 75 mm。

当车轮轴正下方的横向凸起地形的曲率半径小于 ρ_{t1}, 且凸起高于 h_m 时, 则有的车轮悬起而不能产生牵引力, 载体丧失通过性的概率将大大增加。此时, 可能需要启动主动越障模式来提高系统的地形通过性。

2. 地形的力学通过性仿真分析

根据第 5 章的阐述, 在 ADAMS 仿真平台中建立月球车移动系统实体模型能够进行被动适应方式下移动系统的通过性能分析和研究, 为以后的原理样机的测试验证和设计改进提供参考。

1) 垂直障碍通过性分析

设定 0~1.0 之间的不同轮地附着系数进行反复仿真, 运动速度设为 5 cm/s, 仿真时间设为 50 s。

图 8.22a 所示是两前轮同时越障时的仿真过程。图 8.22b 所示是轮地附着系数为 0.6, 垂直障碍高度为 180 mm 时, 前轮在移动系统完整越障运动仿真过程中的法向受力曲线。其中 $a \sim b$ 段为越障前的前轮受力; $b \sim c$ 段为越障中的前轮受力; $c \sim d$ 段为刚刚越上障碍时的前轮受力; $d \sim e$ 段为中轮开始越障时的前轮受力; $e \sim f$ 段为中轮刚刚越上障碍时的前轮受力; $f \sim g$ 段为后轮开始越障时的前轮受力。

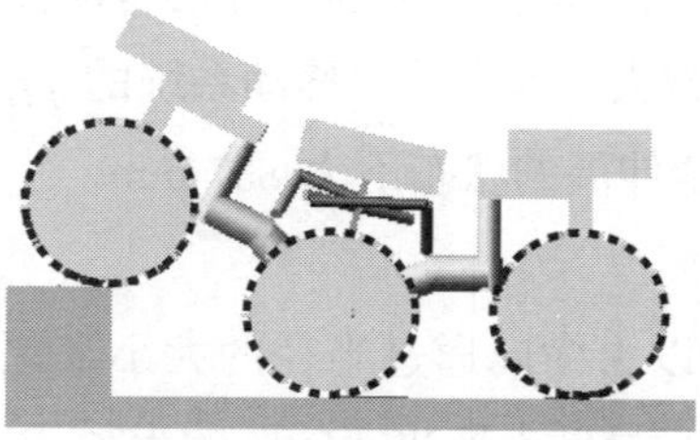

(a) 仿真模型

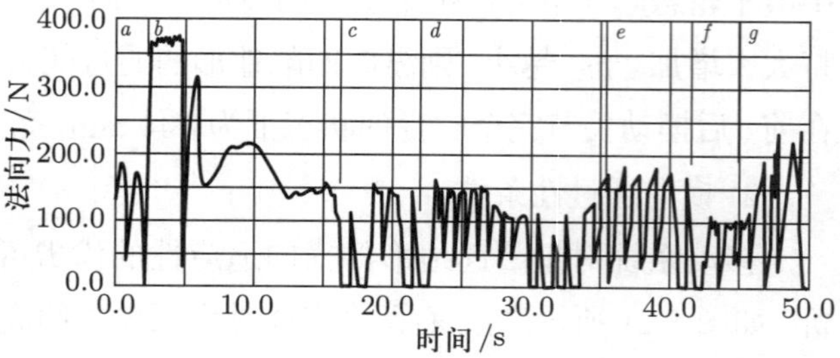

(b) 前轮法向受力曲线

图 8.22　两前轮爬越垂直障碍时的运动仿真

同理, 可仿真分析两中轮同时越障、两后轮同时越障时移动系统的通过能力。图 8.23 所示为两中轮越障时的运动仿真结果; 图 8.24 所示为两后轮越障时的运动仿真结果。比较移动系统在被动适应方式下三节车轮可以同时越过的垂直障碍高度的运动仿真结果发现: 在地形条件和运动条件均相同的前提下, 中轮可越过的垂直障碍高度小于前、后轮可越过的垂直障碍高度, 移动系统所能越过障碍的最大高度主要取决于中轮。因此, 在以后做改进设计时, 应重点提高中轮越障性能, 载荷分配也应考虑这一点。在越障过程中, 中、后轮的受力较大, 容易产生滑转现象。

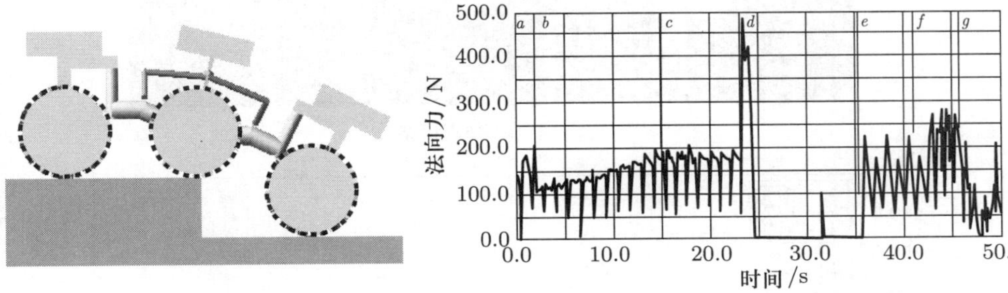

(a) 仿真模型 (b) 中轮法向受力曲线

图 8.23 两中轮爬越垂直障碍时的运动仿真

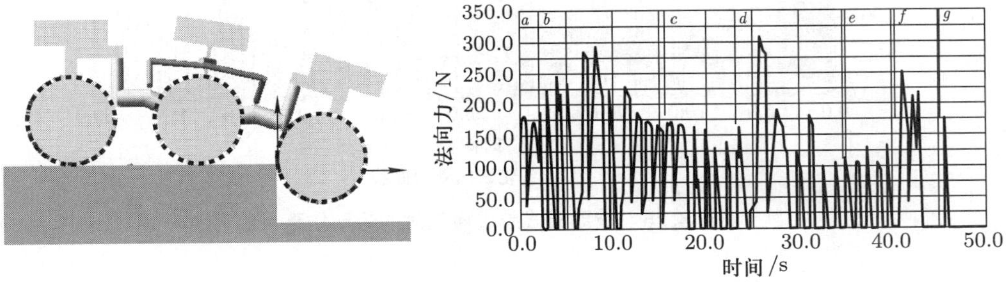

(a) 仿真模型 (b) 后轮法向受力曲线

图 8.24 两后轮爬越垂直障碍时的运动仿真

2) 壕沟通过性仿真分析

月球车以被动适应方式所能穿越的壕沟宽度主要取决于悬架结构、车轮直径和车轮中心距等结构参数, 整个移动系统的穿越壕沟能力需以各轮均能穿越的宽度来衡量。

图 8.25a 所示为移动系统以被动适应方式穿越壕沟的仿真过程。仿真中设定轮地附着系数在 0~1.0 之间变化, 运动速度设定为 5 cm/s, 仿真时间设定为 50 s。图 8.25b 所示是轮地附着系数为 0.6, 壕沟宽度为 275 mm 时, 移动系统穿越壕沟的运动仿真过程中各轮的法向受力曲线。从图中可以看出, 穿越壕沟时车轮的受力要略大于越障时的受力。

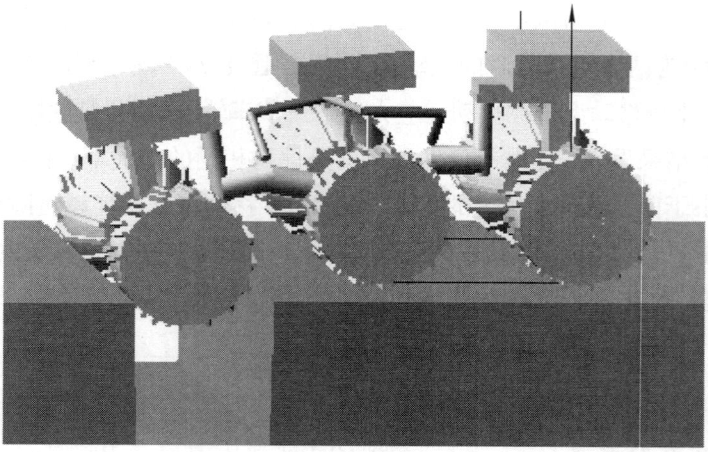

(a) 仿真模型

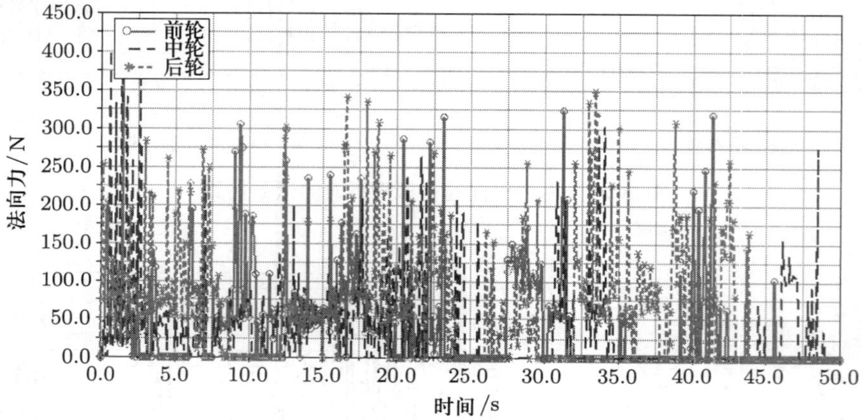

(b) 各轮法向受力曲线

图 8.25 被动模式越过壕沟时的运动仿真

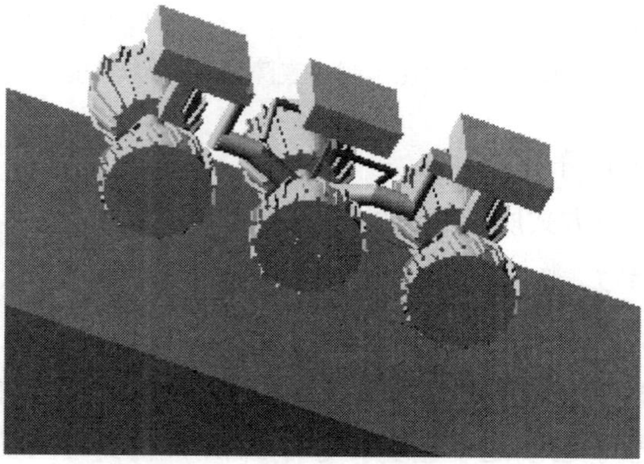

图 8.26 被动模式爬坡时的分析及仿真

3) 坡路通过性仿真分析

当月球车在沿斜坡向上移动时, 系统的重力分力将成为运动阻力, 因而移动系统的通过性较平地将会明显降低。因而，有必要对其坡路的通过性进行分析。图 8.26 所示为移动系统以被动适应方式爬坡时的仿真过程。地面等效附着系数为 0.6 时的仿真结果表明：当坡面倾斜角度 $\alpha_{\mathrm{cl}} \leqslant 29.4°$ 时，移动系统可以爬上坡道。

4) 侧倾稳定性分析

由于本移动系统在可爬越的坡度内都不会发生纵向倾覆，因此稳定性分析重点在侧倾方面。如图 8.27 所示，移动系统在倾斜角度为 α_{cr} 的坡面上横向匀速行驶，当 α_{cr} 角达到一定数值时，移动系统将处于图中所示的以下面车轮的外侧为轴线的倾覆临界状态。此时，上面车轮的支反力为零，虽然下面的支撑车轮受到月面的支反力和摩擦力，但这些力都通过倾覆轴线。所以，稳定性条件可以简化为下式的临界侧倾角 α_m 的计算：

$$Wh_C \sin\alpha_m = W\frac{w_b}{2}\cos\alpha_m \tag{8.19}$$

$$\alpha_m = \arctan\frac{w_b}{2h_C} \tag{8.20}$$

式中，G 为移动系统总重量；h_C 为移动系统质心高度。

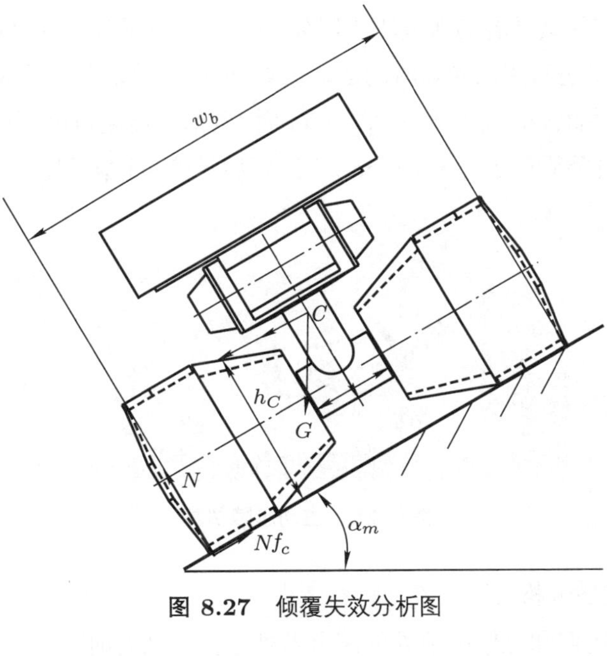

图 8.27 倾覆失效分析图

移动系统实际侧倾角满足 $\alpha_{\mathrm{cr}} \leqslant \alpha_m$ 时才不致倾覆。由式 (8.20) 可以看出，移动系统的重心高度越低，其临界侧倾角越大，但对重心高度要求过低，会给有效载荷的布置带来困难。因此，设计时应综合考虑。本章实例中的移动系统设计取 $w_b =$ 680 mm, $h_C = 310$ mm，则求得移动系统的临界侧倾角为 $\alpha_m = 47.6°$。

移动系统在倾斜角度为 α_{cr} 的坡面上横向行驶时，还有可能发生侧滑，临界侧滑

角 α'_m 的计算公式为

$$f_c W \cos\alpha'_m = W \sin\alpha'_m \tag{8.21}$$

则

$$\alpha'_m = \arctan f_c \tag{8.22}$$

式中, f_c 为车轮与地面间的侧向附着系数。

满足 $\alpha_{\rm cr} \leqslant \alpha'_m$ 时移动系统才不会侧滑。考虑到移动系统的安全性, 运动规划时宁愿侧滑也不倾覆。

8.7.2 主动适应模式下的地形通过性分析

1. 垂直障碍通过性分析

由于本月球车移动系统的俯仰和侧倾关节处设计有离合器, 当离合器处于接合状态时, 侧倾关节 B、B^* 锁定, 俯仰关节 A、A^* 和摆动关节 C、C^* 处于受控驱动状态。借助俯仰电机的驱动力矩, 移动系统能够爬越高于被动适应模式的垂直障碍; 此时, 前、后悬架摆动关节可以根据实际情况展开或收拢, 进而可以改变移动系统的质心位置以及轮距, 使其更容易爬越垂直障碍。图 8.28 所示为 ADAMS 仿真平台中的移动系统实体模型进行主动越障时的运动仿真, 地面等效附着系数为 0.6 时的运动仿真结果表明: 当垂直障碍高度 $h_r \leqslant 357$ mm 时, 两前轮能越过障碍; 当 $h_r \leqslant 326$ mm 时, 两中轮能越过障碍; 当 $h_r \leqslant 343$ mm 时, 两后轮能越过障碍。

图 8.28 主动越障仿真

2. 壕沟通过性分析

当移动系统俯仰和侧倾关节处的离合器处于接合状态时, 三节可以锁成为一体, 这时移动系统就能够直接跨越大于车轮直径宽度的壕沟。当移动系统以这种主动模式跨过壕沟时, 可以根据实际情况控制前、后悬架的摆动关节展开或收拢, 结合俯仰关节的协调控制, 进而可以改变整个移动系统的质心位置, 使其能够稳定可靠地跨越壕沟。在跨越时, 要保证相邻两节车轮的接地点能够跨过壕沟两侧边缘, 即相邻两节车轮的轴距应大于壕沟宽度。

用 ADAMS 建立移动系统主动跨越壕沟的仿真模型，如图 8.29 所示。地面等效附着系数仍取 0.6，仿真结果表明：当壕沟宽度小于 600 mm 时，移动系统均能成功越过。这是因为尽管前、后轮跨越时移动系统稍有倾斜，但车轮还能较好地接触到壕沟边缘。

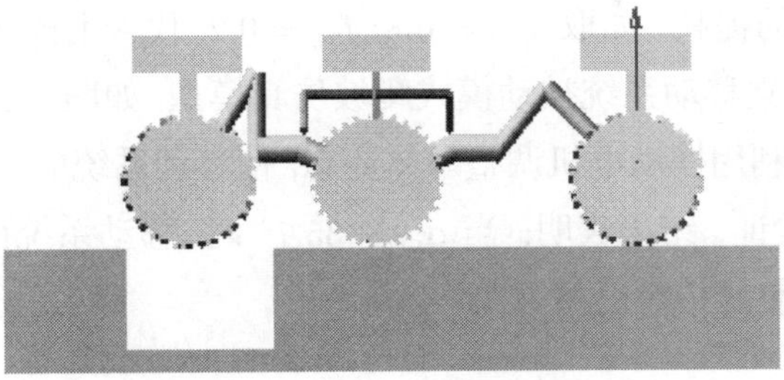

图 8.29　主动跨越壕沟的仿真

3. 轮步式蠕动爬坡性能分析

由式 (6.9) 可知，松散路面的附着系数与滚动阻力系数的差值较小 (Beard 等, 1989; Yoshioka Nishio, Wakabayashi, 1995)，移动系统的在松散坡面的爬坡能力会较低。采用轮步蠕动模式不打滑匀速爬行时，可见一侧的受力及运动形态如图 8.30a 所示，有如下关系式：

$$\left(\sum_{i=1}^{2} W_i \sin\alpha_{\mathrm{cl}} + \sum_{i=1}^{2} f_{\mathrm{eq}}\cdot W_i\cos\alpha_{\mathrm{cl}}\right) + \sum_{i=3}^{6} W_i\sin\alpha_{\mathrm{cl}} \leqslant \sum_{i=1}^{6}\varphi_{\mathrm{eq}}\cdot W_i\cos\alpha_{\mathrm{cl}}$$

式中，W_i 为整车分配到各个车轮上的重力；θ_{cr} 为移动系统爬行的坡面倾斜角；φ_{eq} 为车轮与路面间的均一附着系数；f_{eq} 为主动模式下车轮滚动的当量阻力系数。

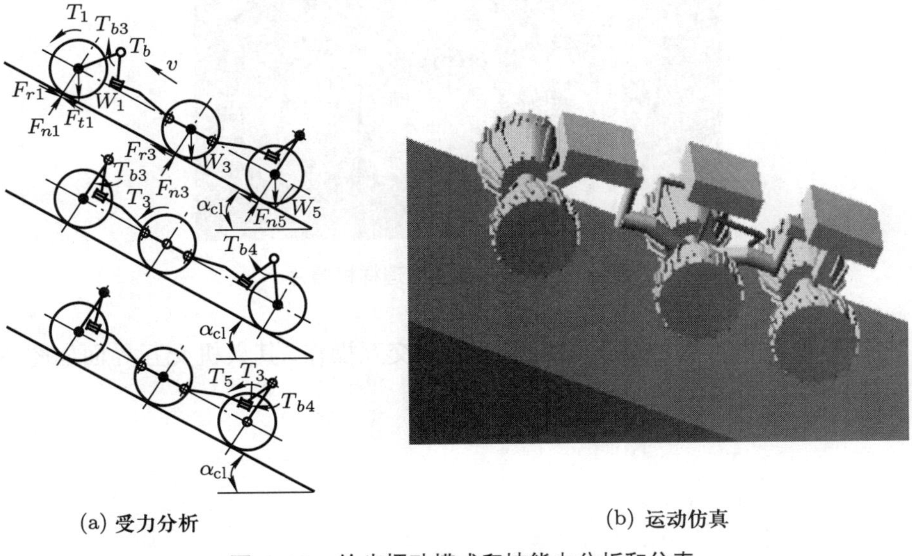

(a) 受力分析　　　　(b) 运动仿真

图 8.30　轮步蠕动模式爬坡能力分析和仿真

假设分配到各轮上的重力相同, 则得到如下可通过条件:

$$\alpha_{\mathrm{cl}} \leqslant \arctan\left(\varphi_{\mathrm{eq}} - \frac{1}{3}f_{\mathrm{eq}}\right) \tag{8.23}$$

比较式 (6.9) 与式 (8.23) 可以看出: 在松软路面采用轮步蠕动模式时, 移动系统的爬坡能力有一定的提高。如取 $\varphi_{\mathrm{eq}} = 0.8$, $f_{\mathrm{eq}} = 0.2$, 代入上式计算得 $\alpha_{\mathrm{cl}} \leqslant 36.3°$。

用 ADAMS 建立移动系统被动模式爬坡仿真模型, 如图 8.30b 所示。地面等效附着系数仍取 0.6, 利用摆动电机调整车体姿态, 使移动系统的三节自前向后依次蠕动爬行, 进行仿真验证。结果表明: 当 $\alpha_{\mathrm{cl}} \leqslant 35.7°$ 时, 移动系统可以爬上坡道, 最大可爬越坡度与计算值的相对误差为 1.7%。

8.8 移动系统原理样机性能实验

所研制的移动系统原理样机如图 8.31 所示, 其控制部分包括车载计算机控制系统和遥操作计算机。车载计算机控制系统由车载计算机 (MSM855)、WLAN 无线通信装置、A/D 及 D/A 转换单元、I/O 输入输出单元、运动控制单元、信号和数据检测单元、各种传感器和电源控制板组成。其中车载计算机、无线通信装置、I/O 输入输出单元、信号和数据采集单元以及电源控制板等叠放安装在车载控制箱内, 如图 8.32 所示; 传感器和电机伺服放大器安装于悬架或车轮壳体内。为了方便, 实验中暂时用外接电源代替车轮中的锂电池供电。

图 8.31 移动系统原理样机照片

遥操作计算机作为遥端上位机用于人机交互操作, 其人机交互界面如图 8.33 所示。

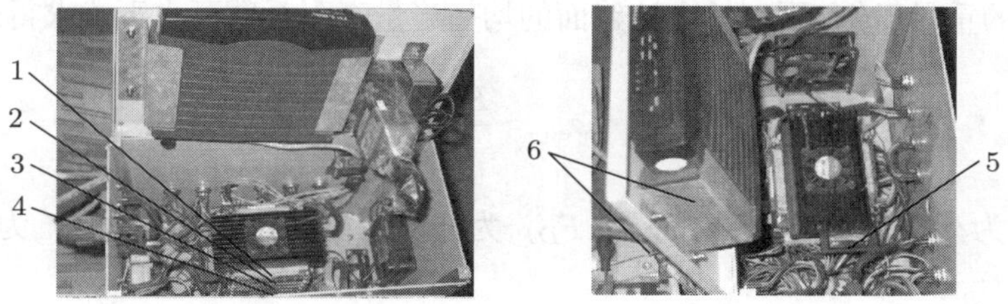

(a)　　　　　　　　　　(b)

1 — 车载计算机; 2 — 信号和数据采集板; 3 —A/D、D/A、I/O 集成板; 4 — 运动控制卡;

5 —WLAN 网卡; 6 — 路由器及其天线

图 8.32　移动系统原理样机的控制系统

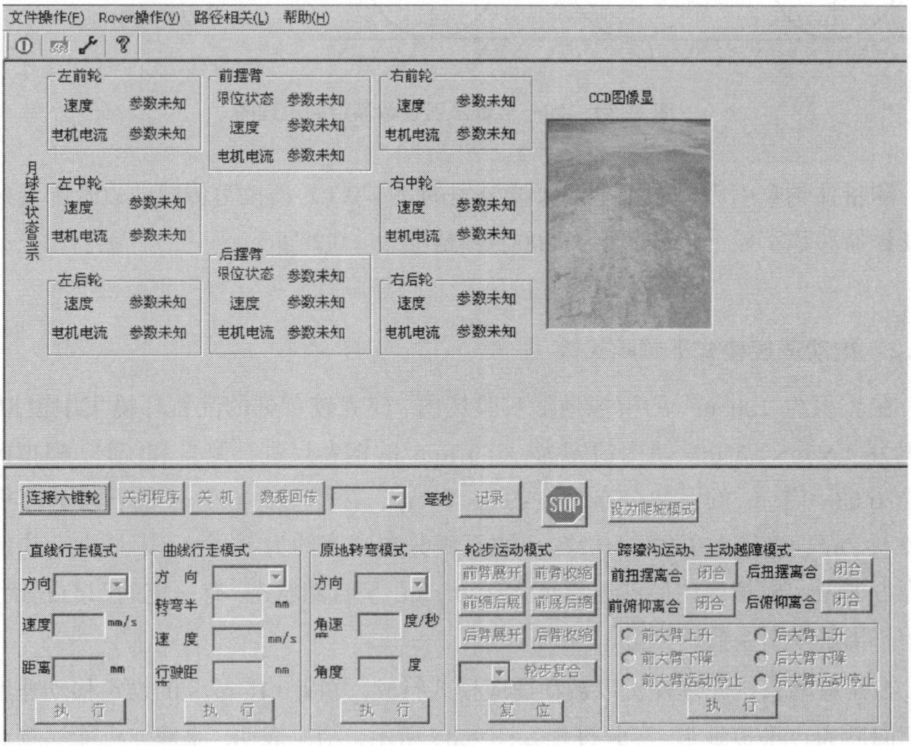

图 8.33　遥操作人机交互界面

8.8.1　车轮均一当量牵引系数测定

车轮均一当量牵引系数测定的原理如图 8.34 所示。该方法是将钢丝的一端固定在移动系统的中节车体上, 另一端与拉力传感器相连, 拉力传感器的另一端固定在墙上, 使钢丝和拉力传感器的连线保持水平且尽可能靠近移动系统中节车体的质心。控制移动系统以被动适应模式在所测路面上向图中所示的方向运动, 直至车轮接近完全滑转, 此时拉力传感器测得的拉力即为移动系统的挂钩牵引力; 改变移动系统在所测路面上的位置, 测量 3 次, 取其拉力的平均值作为挂钩牵引力的最终值。由于

移动系统的重量已知, 则车轮在该路面的均一当量牵引系数可由下式求得:

$$\bar{\varphi}_{\mathrm{eq}} = \frac{F_{DP}}{W} \tag{8.24}$$

式中, $\bar{\varphi}_{\mathrm{eq}}$ 为车轮均一当量牵引系数; F_{DP} 为移动系统的挂钩牵引力; W 为移动系统的重力。

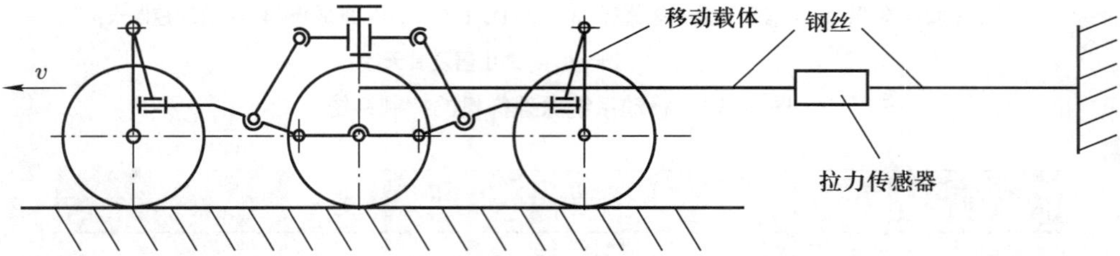

图 8.34　均一当量牵引系数测定的原理图

测量挂钩牵引力时选用上海天沐公司的 NS-WL1 型拉力传感器以及配套的信号变送器和数字显示仪, 量程为 1 000 N, 精度为 ±0.2%FS。

8.8.2　被动适应模式下越障实验

在面积约 100 m^2 的模拟地形实验场内, 建立较苛刻的乱石环境集中模拟区, 面积为 4.5 m×1.5 m。使用精度为 ±0.5 mm 的钢卷尺进行测量和统计, 模拟区内直径 0.03~0.1 m 的石块分布密度约 5 个/m^2, 直径 0.1~0.2 m 的石块分布密度约 2 个/m^2, 直径大于 0.2~0.27 m 的石块分布密度约为 1 个/m^2, 最大石块的直径为 0.27 m。模拟区内的沙土厚度大于 0.4 m, 呈自然状态, 有一定的凹凸起伏, 车轮均一当量牵引系数约为 0.5。

控制移动系统原理样机以被动适应模式行驶, 并以 0.15 m/s 的设定移动速度向前和向后通过模拟地形, 实验过程如图 8.35 所示。结果表明: 原理样机能够顺利地通过模拟地形, 完成时间约为 20 s。

(a)　　(b)

(c)

(d)

图 8.35 原理样机乱石地面通过性实验

8.8.3 主动适应模式下越障实验

主动越障实验是在模拟地形实验场中进行的。垂直障碍用埋入沙土中的木质方台来模拟，但木台表面有油漆而较为光滑 (车轮均一当量牵引系数为 0.32)，因此在木台表面上铺盖了纤维地毯以增大牵引系数。车轮均一当量牵引系数可达 0.58，稍高于车轮在沙土中的均一当量牵引系数 (0.5)，障碍实测高度为 298 mm，高于车轮直径的 284 mm (包括轮齿高度 24 mm)，如图 8.36 所示。

在进行主动越障实验前，先尝试了多次被动适应模式的越障。前轮仍能较顺利爬上障碍，但当中轮非常接近障碍顶部时，车轮出现完全滑转而失败。

图 8.36 主动适应方式下模拟垂直障碍

控制移动系统原理样机以被动适应模式运动至前轮接触障碍时，改作主动越障模式，运动车轮移动速度设定为 0.10 m/s，此时前后摆动关节与俯仰关节做受控运动。在爬越过程中，前后摆动关节根据需要展开或收缩，以保持整车平衡；俯仰关节根据爬越状态作仰起或俯下协调运动，侧向侧倾关节处于被动适应状态，如图 8.37 所示。其中，图 8.37a 所示为爬上障碍的过程，图 8.37b 所示为爬下障碍的过程。

测试结果表明，移动系统原理样机以主动越障模式能够顺利爬越高于车轮直径的模拟垂直障碍，并能顺利爬下障碍，满足设计要求。

越障实验还表明, 移动系统原理样机在被动适应方式下, 其前轮和后轮的越障能力大于理论分析及仿真的结果, 但中轮的越障能力小于理论分析及仿真的结果, 可能是因为轮刺的存在对前轮和后轮的越障有较大的帮助, 而各轮运动的协调性对中轮的越障能力有较大影响, 协调性不好就会降低中轮的越障能力。

(a) 爬上障碍的过程

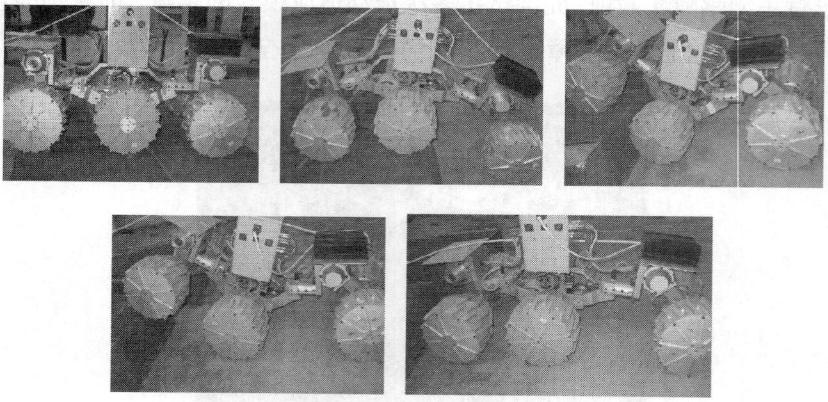

(b) 爬下障碍的过程

图 8.37 主动越障通过性试验

8.8.4 壕沟通过性测试

宽于车轮直径且深于车轮半径的壕沟是移动系统通过难度最大的障碍之一, 此时前轮通过运动的受力状态极为恶劣。该实验也进行了被动适应和主动适应两种模式的通过性测试, 壕沟设有宽度小于车轮直径、宽于车轮直径而浅于车轮半径、宽于车轮直径且深于车轮半径 3 个级别。

壕沟通过性实验是在模拟地形实验场中进行的。壕沟状态仍用埋入沙土中的木质方台来模拟, 车轮均一当量牵引系数为 0.32, 如图 8.38 所示。

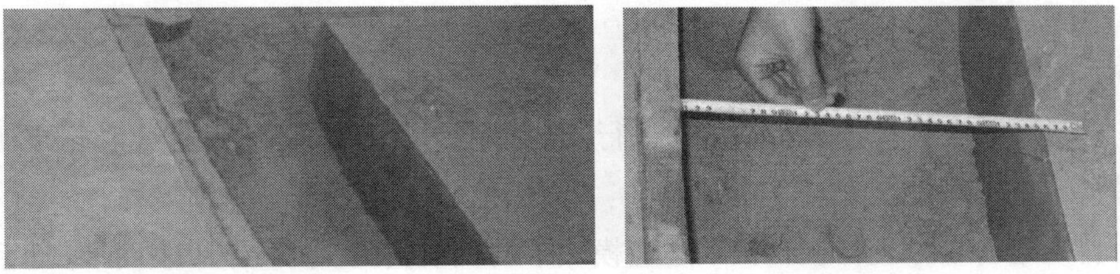

(a) (b)

图 8.38 模拟的壕沟地形环境

首先进行了原理样机被动适应模式下的通过性实验, 车轮移动速度设定为 0.15 m/s。测试结果表明, 移动系统原理样机以被动适应模式能够顺利越过宽度小于 255 mm 以及宽于车轮直径而浅于 130 mm 的模拟壕沟; 但跨越宽于车轮直径且深度为 150 mm (接近车轮最大半径) 的模拟壕沟时, 未能成功。

控制原理样机再以主动跨越模式跨越宽于车轮直径且深于车轮半径的壕沟, 模拟壕沟宽度为 358~600 mm, 深 200 mm。首先控制原理样机以被动适应模式运动, 至前轮接触壕沟前沿时, 改作主动适应模式进行跨越, 运动车轮移动速度设定为 0.1 m/s。在跨越过程中, 前后摆动关节根据需要展开或收缩, 以保持整车的平衡; 俯仰关节根据跨越状态作仰俯位置调整并锁定, 侧倾关节也锁定; 车轮在跨越壕沟时, 处于悬空状态, 如图 8.39 所示。

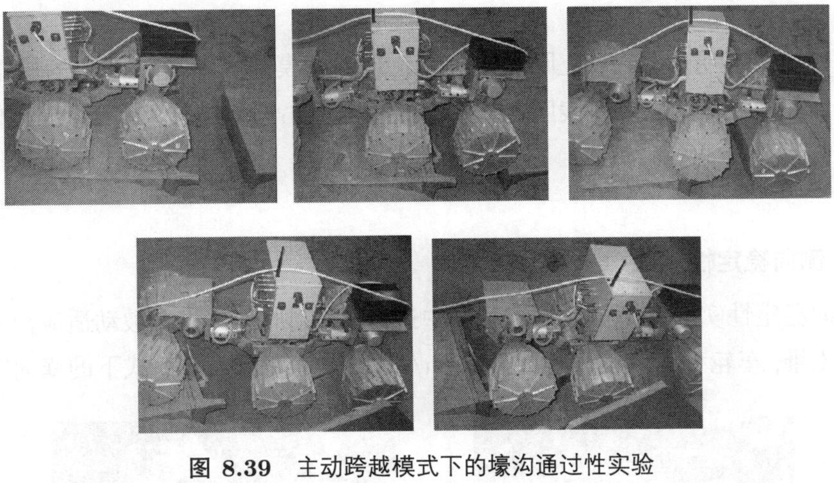

图 8.39 主动跨越模式下的壕沟通过性实验

测试结果表明, 移动系统原理样机以主动适应模式能够顺利越过宽度为 565 mm 而深度无限制的模拟壕沟, 满足设计要求。

实验结果还表明, 原理样机以主动适应模式可越过的壕沟宽度要小于理论分析及仿真的结果, 因为样机在实际运行中存在车轮滑转现象, 很难严格按直线行走, 因方位不正而影响到跨越壕沟的能力。

8.8.5 爬坡能力测试

爬坡实验在模拟地形实验场中进行, 分别测试了原理样机被动适应和轮步蠕动两种模式下的爬坡能力。

首先进行了原理样机在被动适应模式下的爬坡实验。测试结果表明, 移动系统原理样机以被动适应模式能够顺利爬越 30° 的模拟斜坡, 满足设计要求。

图 8.40 所示为原理样机的轮步蠕动模式爬坡实验, 是在模拟地形实验场中另一处构建的松软土坡上进行的, 坡度为 35°, 车轮均一当量牵引系数约为 0.35。在该坡路上以被动适应模式爬越时, 车轮产生严重的滑转沉陷而难以前进。将原理样机变换为轮步蠕动模式运动, 车轮的移动速度设定为 0.1 m/s, 此时前后摆动关节做受控协调运动, 俯仰关节与侧倾关节做被动自适应运动。

(a) (b) (c)

图 8.40 轮步蠕动模式下的爬坡实验

测试结果表明, 移动系统原理样机以轮步蠕动模式能够爬越 35° 的模拟斜坡, 满足设计要求。测试结果还表明, 原理样机在至少 35° 的斜坡上具有纵向抗倾覆稳定性。

8.8.6 侧向稳定性测试

侧向稳定性实验在模拟地形实验场中进行。控制原理样机在被动适应模式下横向通过土堆, 车轮移动速度设定为 0.15 m/s, 图 8.41 所示为该模式下的横向穿越土

(a) (b)

图 8.41 侧向稳定性实验

堆的过程。利用精度 ±0.2° 的水平仪、直尺以及精度 ±0.5° 的量角器, 测得三节车体平台的最小侧倾角为 35°, 最大侧倾角为 40°, 满足侧向抗倾覆稳定性设计要求。

8.8.7 运动平顺性测试

测试设备包括: ① 移动系统原理样机; ② 集成了电荷放大功能的压电 IC 加速度传感器 CA-YD-186; ③ INV306DF 智能信号采集处理分析仪; ④ 计算机及 DASP 大容量数据处理软件系统。其中, 压电加速度传感器测得的振动信号 (加速度波动信号) 进入 INV306DF 智能信号采集处理分析仪, 以进行数据的采集记录和分析。图 8.42 所示为振动测试系统, 移动系统原理样机的前节和中节的两对车轮中均安装了金属橡胶减振器, 而后节车轮没有安装减振器。测试前设定了数据自动采集处理系统的各参数值及工程单位标定值。

图 8.42 振动测试系统

遥控原理样机各节车轮爬上 10 cm 高的障碍后落下, 在前、后轮的载荷平台上各竖直安装了一个加速度传感器, 同时测量两个平台的竖直方向加速度。车轮移动速度设定为 0.10 m/s, 有效数据采集时间 30 s, 测得的两个平台的加速度曲线如图 8.43 和图 8.44 所示。

比较两图可以看出, 越障过程中前轮载荷平台的加速度峰值比后轮载荷平台的加速度峰值有明显减小, 降低约 40%; 加速度的波动也较小, 说明金属橡胶减振器起到了较明显的减振效果。

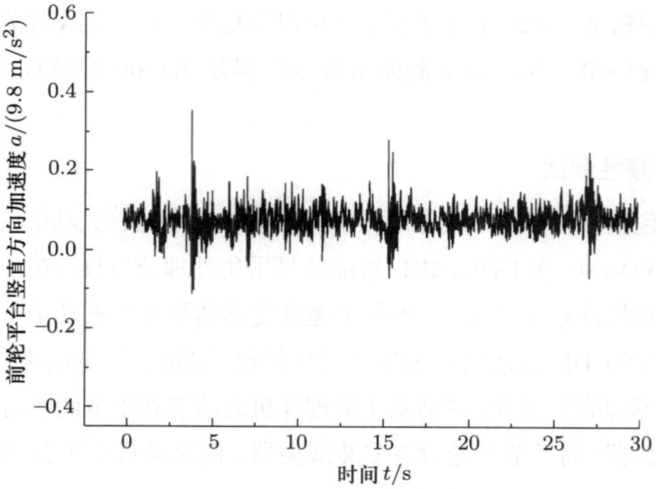

图 8.43 前轮平台加速度测试曲线

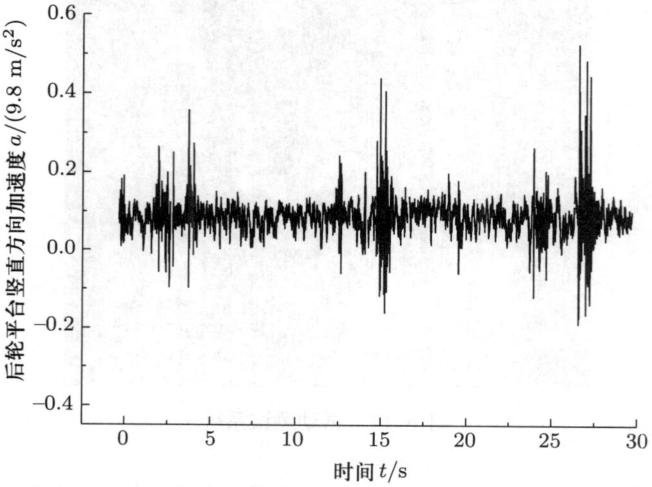

图 8.44 后轮平台加速度测试曲线

8.9 其他月球车移动系统设计实例

8.9.1 摇臂转向架六轮移动系统

六轮摇臂转向架式月球车移动系统借鉴了美国索杰纳火星车的移动系统构型，其结构简图如图 8.45 所示。月球车的移动系统本体是一个被动的无弹簧悬挂系统，为左右对称式结构，由左、右两个单侧摇臂转向架机构和一个差动机构组成。单侧摇臂转向架机构由一个主摇臂、一个副摇臂和两个转向架组成，主摇臂两端分别铰接后转向架和副摇臂，副摇臂两端分别铰接中轮和前转向架，前、后转向架均连接一个车轮; 这样每侧的摇臂转向架机构各装有 3 个车轮, 整个移动系统共有 6 个车轮。而两侧的主摇臂则通过一个差动机构附着到车体上, 与差动机构外框架固连的车体的前、后俯仰角位移为两侧主摇臂的平均俯仰角位移, 这为车载仪器提供了较平稳的工作平台。当遇到凹凸路面或障碍时, 通过主、副摇臂的转动, 保持各个车轮基本均匀地承受整车载荷, 以提高移动系统的抗沉陷能力, 使其具有良好的通过性。

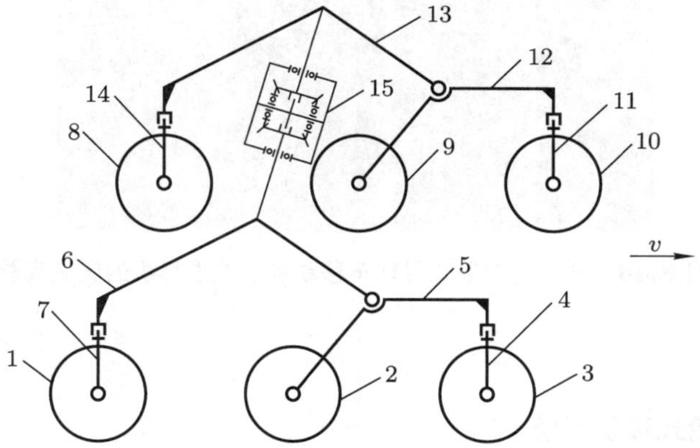

1 — 右后轮; 2 — 右中轮; 3 — 右前轮; 4 — 右前转向架; 5 — 右副摇臂; 6 — 右主摇臂; 7 — 右后转向架; 8 — 左后轮; 9 — 左中轮; 10 — 左前轮; 11 — 左前转向架; 12 — 左副摇臂; 13 — 左主摇臂; 14 — 左后转向架; 15 — 差动机构

图 8.45 摇臂转向架式月球车移动系统机构原理图

该移动系统采用六轮独立驱动, 具有良好的驱动牵引能力; 两侧前、后的 4 个转向架的车轮独立转向, 可有效减小移动系统转向时的侧滑, 使移动系统的转向更灵活。差动机构采用差动轮系式机构, 其两端输入轴与悬架两侧的主摇臂连接, 具有结构紧凑、可靠性高, 易采取密封和保温措施等特点, 并且可精确实现对复杂地面运动输入、输出的线性平均, 提高车体的平稳性。

两侧的主摇臂和副摇臂之间的铰链各装有一个角度传感器, 以测量副摇臂相对于主摇臂的转角; 两侧的主摇臂与差动机构的输入轴处也安装有一个角度传感器, 用以测量主摇臂相对于车体的转角。

图 8.46 所示为六轮摇臂转向架式月球车移动系统原理样机的爬坡实验。

图 8.46 摇臂转向架式月球车移动系统原理样机的爬坡实验

8.9.2 四行星轮式移动系统

四行星轮式月球车的移动系统主要由三大部件组成: 车架、悬架 (由扭杆弹簧和磁弹簧减振器并联构成) 和行星车轮, 每个行星车轮都是独立驱动的, 电动机功率为 10 W, 在平直路面上的行驶速度为 0.32 km/h。图 8.47 所示为原理样机的外观图。

图 8.47 四行星轮式月球车移动系统的外观图

车轮采用行星差动轮系传动, 图 8.48 所示为行星车轮原理示意图。由中心齿轮 1、过渡齿轮 2、驱动齿轮 3、车轮、电动机和系杆 H 组成。具体工作原理为: 由直流电机驱动中心齿轮 1 转动, 带动过渡齿轮 2 和驱动齿轮 3 转动, 而驱动齿轮 3 和车轮是固接在一起的, 从而带动车轮转动。

该月球车移动系统采用了扭杆弹簧悬架, 扭杆弹簧按其断面形状可分为圆形、环

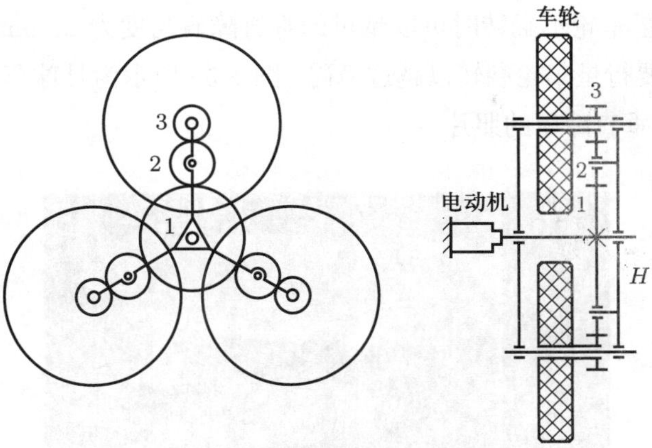

图 8.48 行星车轮原理示意图

形、矩形及组合式等。圆形断面的扭杆弹簧结构简单, 应用的棒料便于供应且制造方便, 因而应用最为广泛。本设计采用了圆形断面的扭杆弹簧。

扭杆弹簧悬架按扭杆弹簧的布置形式可分为横向和纵向两种, 前者的扭杆弹簧长度受到车身宽度的限制, 后者的扭臂长度受到车架宽度及轮距的限制, 本设计采用了扭杆弹簧横向布置的形式。扭杆悬架的示意图如图 8.49 所示。

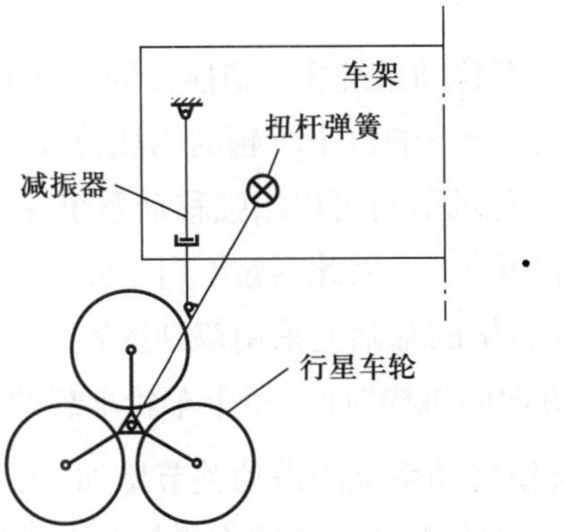

图 8.49 扭杆悬架示意图

另外, 扭杆弹簧悬架受到冲击后, 将产生振动, 故悬架还应包括减振器, 使振动迅速衰减。综合以上两点, 本设计采用磁弹簧减振器与扭杆弹簧并联形式的悬架。磁弹簧减振器既可以起到弹性元件的作用, 也可以起到减振器的作用, 从而满足以上两点要求。

为检验月球车的越障能力, 进行了爬坡实验和垂直障碍的越障能力实验。实验过程中用红砖作为地面和台阶障碍, 以便保证水平地面和台阶障碍具有相同的附着系数。

通过实验测得, 月球车在红砖路面情况下可以爬上坡度为 21° 的斜坡; 在红砖地面情况下, 行星车轮不翻转时可以越过的垂直障碍高度为 27 mm, 当垂直障碍高于此值时, 就需要行星车轮翻转以越过障碍。图 8.50 所示为月球车移动系统车轮翻转越过一砖高的垂直障碍的照片。

图 8.50　月球车移动系统垂直越障

8.9.3　八轮对称悬架移动系统

摇臂转向架式月球车移动系统主、副摇臂的存在使其越障能力大大提高, 但是该悬架机构不是对称的, 会影响每个车轮的均载特性, 并且前进和后退的运动性能也不一样。另外, 增加车轮的数目可以增强移动系统在松软月面上的抗沉陷能力, 提高其地形通过的能力和可靠性。因此, 提出了图 8.51 所示的八轮月球车移动系统构型, 其特点是在摇臂式悬架的基础上采用双副摇臂杆, 在主摇臂上增加一个副摇臂, 使月球车前进和后退方向的机构对称, 每个车轮承载的载荷更加均衡。

但是, 双副摇臂会使移动系统的被动关节增加, 在越过陡峭障碍时会产生瞬间落地的冲击现象。因此, 在每侧的主摇臂上添加两个扭杆弹性元件来解决上述问题, 使该移动系统兼有摇臂悬架和扭杆减振的特点。

该移动系统采用八轮独立驱动, 具有良好的驱动牵引能力; 两侧前、后的 4 个转向架的车轮独立转向, 可有效减小移动系统转向时的侧滑, 使移动系统的转向更灵活。差动机构采用差动轮系式结构, 其两端输入轴与悬架两侧的主摇臂连接, 具有摇臂转向架式月球车移动系统的优点。

两侧的主摇臂和副摇臂之间的铰链各装有一个角度传感器, 以测量副摇臂相对于主摇臂的转角; 两侧的主摇臂与差动机构的输入轴处也装有一个角度传感器, 用以测量主摇臂相对于车体的转角。图 8.52 所示为原理样机的外观图。图 8.53 所示为该原理样机进行模拟地形运动的性能实验图。

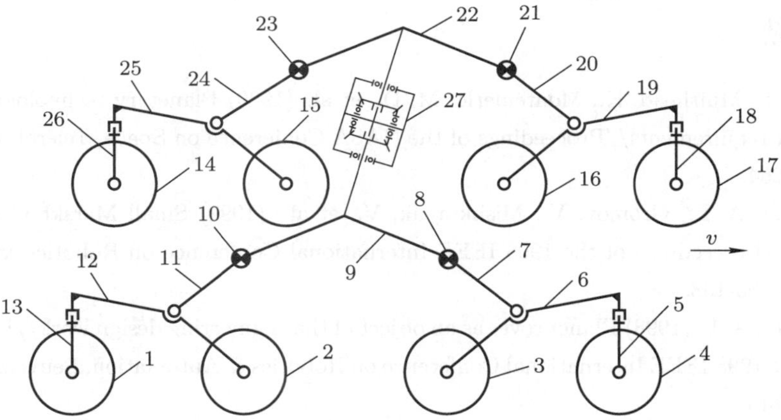

1、2、3、4 — 右侧车轮; 5、13 — 右侧转向架; 6、12 — 右侧副摇臂; 7、11 — 右侧扭杆压臂; 8、10 — 右侧扭杆; 9 — 右主摇臂; 14、15、16、17 — 左侧车轮; 18、26 — 左侧转向架; 19、25 — 左侧副摇臂; 20、24 — 左侧扭杆压臂; 21、23 — 左侧扭杆; 22 — 左主摇臂; 27 — 差动机构

图 8.51 摇臂转向架式月球车移动系统机构原理图

图 8.52 八轮对称悬架月球车移动系统原理样机的外观图

图 8.53 八轮对称悬架月球车移动系统原理样机模拟实验

参考文献

Beard, R. J., Muirhead, K., Montemerlo, M. D., et al. (1989) Planetary technology development requirements//Proceedings of the NASA Conference on Space, Telerobotics, **2**(2): 251-264.

Kemurdjian, A. L., Gromov, V., Mishkinyuk, V., et al. (1992) Small Marskhod configuration//Proceedings of the 1998 IEEE International Conference on Robotics & Automation, 165-168.

Kemurdjian, A. L. (1998) Planet rover as an object of the engineering design work//Proceedings of the 1998 IEEE International Conference on Robotics & Automation, Leuven, Belgium, 140-145.

Lindemann, R. A. and Voorhees, C. J. (2005) Mars exploration rover mobility assembly design, test and performance//Systems, Man and Cybernetlcs, **1**: 450-455.

Liu Jicheng, Gao Haibo, Deng Zongquan (2008). Effect of straight grousers parameters on motion performance of small rigid wheel on loose sand. Information Technology Journal, **7**(8): 1125-1132.

Maurette, M. (1999) Robots for lunar exploration: Present and future. Advanced Space Research, **23**(11): 1894-1855.

Michaud, S., Richter, L., Thueer, T., et al. (2006) Rover chassis evaluation and design optimisation using the RCET//Proc. of 9th ESA ASTRA, European Space Agency, ESTEC, Noordwijk, The Netherlands, 245-252.

Nakashima, H., Fujii, H., Oida, A., et al. (2007) Parametric analysis of lugged wheel performance for a lunar microrover by means of DEM. Journal of Terramechanics, **44**(2): 153-162.

Yoshioka, N., Nishio, Y. and Wakabayashi, Y. (1995) Integrated test system for a six-powered-wheel lunar rover//Proceedings of ICAR'95, 285-291.

方海涛 (2009) 基于 RTAI 的多关节式月球车运动控制. 博士学位论文, 哈尔滨工业大学.

付宜利, 徐贺, 王树国, 等 (2004) 沙地环境移动机器人驱动轮的发展概况综述. 机器人技术与应用, **4**: 22-29.

高海波 (2003) 行星轮式月球车关键技术研究. 博士学位论文, 哈尔滨工业大学.

侯军芳, 白鸿柏, 李冬伟, 等 (2006) 高低温环境金属橡胶减振器阻尼性能试验研究. 航空材料学报, **26**(6): 50-54.

胡明 (2004) 六轮摇臂式月球车关键技术研究. 博士学位论文, 哈尔滨工业大学.

李世杰 (2005) 六锥轮月球车的结构优化与运动分析. 硕士学位论文, 哈尔滨工业大学.

陶建国 (2009) 串联多关节悬架六轮月球车移动系统及其关键技术研究. 博士学位论文, 哈尔滨工业大学.

夏宇宏, 姜洪源, 阎辉, 等 (2003) 直角滑环式组合型金属橡胶密封件的密封机理及应用研究. 宇航学报, **4**: 404-409.

禹鑫燚 (2009) 八轮被动关节式月球车及其轨迹规划与运动控制研究. 博士学位论文, 哈尔滨工业大学.

第 9 章　月球车重力补偿实验

9.1　国内外星球车低重力模拟研究现状

9.1.1　等效质量样机方法

等效质量原理样机在空间移动机器人移动子系统的测试中非常普遍。通过去除质量，获得等效于低重力环境中的重力是等效质量原理样机制造的准则。虽然质量的减小会改变探测车的动力学性能，但是目前阶段探测车的行进速度普遍很低，由质量改变带来的动力学性能变化可以忽略不计。需要注意的是，去除质量的方法仅适用于移动子系统的低重力实验，整车实验中基本不能移除探测车质量。

通过等效质量原理样机方法测试移动系统性能的例子有很多。美国的 ROCKER-BOGIE 火星车就采用了这种方法 (Lindemann、Bickler、Harngton, 2006)。图 9.1 所示为火星车及其移动性能测试实验。在移动性能实验中，原理样机通过电缆供电，不载有电池、太阳板和有效载荷等。由于火星有大气，其地表类似于戈壁或者沙漠，而

(a)

(b)

图 9.1　NASA 火星车的等效质量原理样机实验 (Lindemann、Bickler、Harington, 2006)

不是像月球那样覆盖着相当厚度的尘埃, 所以火星的地面主要是硬表面, 在测试台的硬质表面撒沙子就可以在一定程度上模拟火星的沙土环境。关于火星车整车的地面实验未见文献报道。可以查到的文献和报告中只包含了分系统的单独测试 (Andrew、Reg、Jay, 2005; Richard, 1999)。

苏联的星球车移动系统的地面实验也采用了相同的思路, 如图 9.2 所示。等效质量原理样机与真实系统的质心位置相同, 而且转动惯量相同。星球车向前后两端突起的结构起到提高质心和模拟转动惯量的作用。

图 9.2 苏联的星球探测车的等效质量原理样机

日本 Meiji 大学针对五轮星球车建立了 1/6 质量模型, 如图 9.3 所示 (Kuroda、Teshima、Sato, 2004)。图中的两个样机分别用于模拟月球重力场和火星重力场。

(a) (b)

图 9.3 Micro 5 探测车的等效质量原理样机

9.1.2 悬吊法低重力模拟

为模拟星球车在低重力环境中的轮地作用, 需要对星球车进行重力补偿。重力补偿的标准是使星球车在补偿状态下的轮地力和低重力状态下的轮地力完全一致。进行这项工作对保证星球车安全和了解星球车在真实地形上的低重力运动性能具有重要意义。对星球车运动性能的分析有很多类，国内外同行在该领域展开了深入而广泛的研究。最普遍的方法是对星球车进行运动学建模 (Li、Gao、Deng, 2009; Nishikori、Hokamoto、Kubota, 2011)，通过模型的解得到星球车的运行轨迹 (Grand、Benamar、Plumet, 2010; Withers, 2010)。这种方法的局限性在于，它对轮地接触力的建模并不准确，因为在建模过程中进行了简化和拟合，与真实情况的吻合度并不高。另一种研究方法是建立动力学仿真软件，使用计算机模拟星球车的运行轨迹 (Du、Ren、Lia, 2011; Gao、Li、Ding, 2012; Mosadeghzad、Naderi、Ganjefar, 2012)。这种方法的计算精度建立在轮地力学模型的准确性上，而实际上在轮地作用力学领域对车轮侧滑、滑转等模型的研究尚是一个开放性的问题 (Ding、Dao、Deng, 2010; Ishigam、Nagatani、Yoshida, 2009; Kuroda、Sakai、Tamura, 2010)。

星球车的低重力实验主要考察其移动性能 (Silva、Santes、Meggiolaro, 2010)。在星球车的整车大范围低重力模拟实验系统方面，只有 NASA 针对 LSSM 型载人车重力补偿系统的概念设计和苏联对多种星球车重力补偿系统的设计。图 9.4 所示是 NASA 为 LSSM 载人星球车设计的低重力实验系统 (Paulnock, 1966)。可以查到的只有设计文献，没有实验结果。NASA 载人星球车的低重力实验系统是主动系统。它采用类似于天车的机构实现大范围内的跟随运动，采用二维伺服平台实现小范围内精确的跟随运动，两套机构相互配合，以实现大范围内的精确跟踪。其覆盖范围为 30 m×30 m。

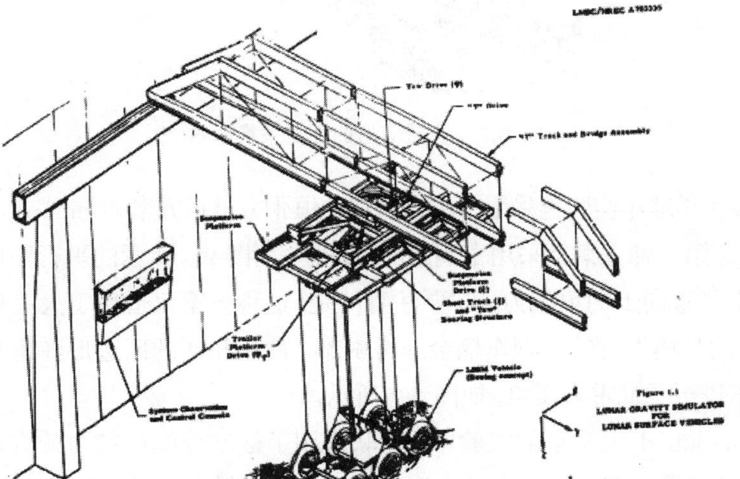

图 9.4 LSSM 载人星球车的低重力实验系统

因为载人星球车悬架具有多个自由度，系统包含了多根恒拉力索，以向每个刚体质心施加补偿力。拉力由液压马达产生。这样做的结果是，系统包含了很多套液压伺服机构，给恒拉力控制带来很大的难度。星球车的俯仰会造成拉力吊点在水平面投影相对位置的变化, 而同时伺服平台上的拉力机构的位置总是维持不变, 这会使得拉力索并不总是垂直。为了解决这个问题, 平台的高度设为 10 m。将平台高度提升所带来的问题是绳索过长, 无法在绳索中放置倾角传感器, 绳索的横向振动干扰会湮没有效的倾角信号。受限于当时的图像处理技术, 此系统采用了四象限传感器来采集星球车的位置信号。四象限位置传感器的核心部件类似于 CCD, 与 CCD 的差别是 PSD 不成像, 直接给出传感部件接收到的光源的能量中心位置 (于丽霞、王福明, 2007)。四象限传感器配置镜头可起到限制视场的作用。视场中的背景全部涂黑, 在黑背景中放置固定的点光源, 点光源作用相当于图像识别过程中的标志点。图像识别的原理如图 9.5 所示。

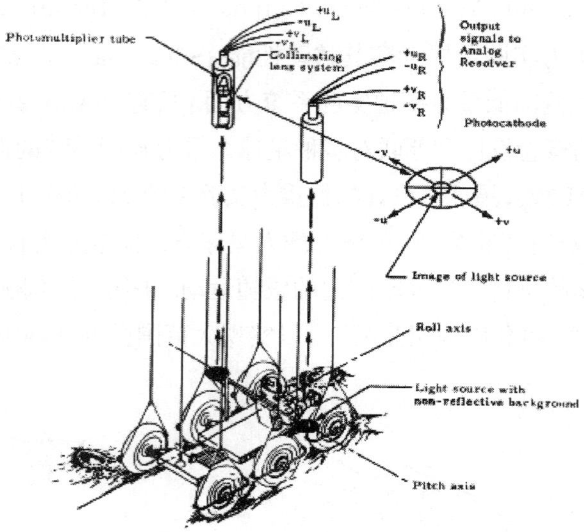

图 9.5　位置信号的视觉采集系统

苏联整车星球车实验也采用了主动跟踪的恒张力悬挂方案 (Kemurdjian、Khakhanov, 2000)。第一种方案是采用车辆跟随星球车, 用图 9.6 所示的平行四边形机构配合弹簧产生竖直向上的恒拉力。需要注意的是, 这种方案仅适用于火星车的地面实验, 在模拟的月壤上行驶大型车辆会非常困难。使用相同的四边形弹簧张力机构对微型火星车进行了低重力实验, 如图 9.7 所示。

在 Marsokhod 火星车的实验中, 苏联采用了被动分配恒拉力的方法, 而不是像 NASA 那样采取多个恒拉力动力源的做法。这样做的好处是降低了系统的复杂度, 缺点是在绳索中串入了较大的质量环节, 限制了星球车的运行速度。被动分配拉力的方法对于星球探测车来说是合理的, 因为星球探测车的速度普遍很低 (卢波、范嵬娜, 2006)。

无论是上述哪一种实验, 当被测试的星球车的悬架具有多自由度时, 重力补偿机构必须对这个自由度响应, 否则会造成失真。在 NASA 的 LSSM 型低重力模拟的

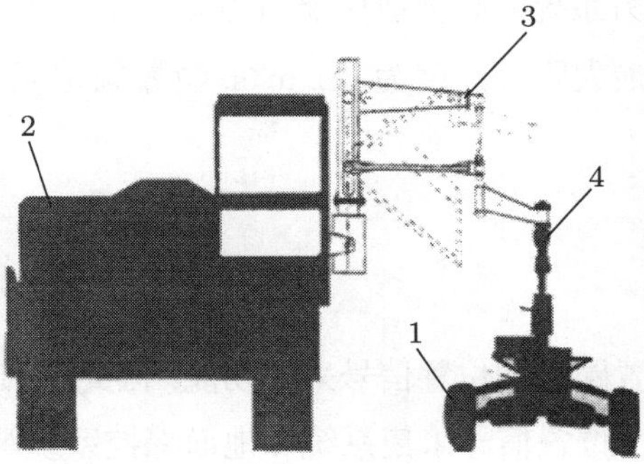

图 9.6 苏联火星车地面实验

图 9.7 微型火星车低重力实验

例子中, 采用多索悬挂主要是因为 LSSM 的底盘有多个自由度, 通过单点施加所有构件的补偿力明显是不对的。可以观察到, 苏联对其微型火星车的实验直接采用了单点悬挂, 这是因为微型火星的底盘形式与轿车底盘相似, 两侧驱动轮不存在相对运动的可能性, 轮轴与底盘关系是固定的。在 Marsokhod 火星车低重力实验的例子中, 恒拉力索的拉力通过第一级杠杆机构分解为两个力, 通过第二级杠杆机构分解为 3 个力, 作用于星球车的各个可以相对运动的平台上。在哈尔滨工业大学董玉红等人的分析数据中可以发现, 对 Marsokhod 火星车实施单点悬挂, 将使各轮垂直载荷产生 10%~40% 的模拟误差 (董玉红、邓宗全、高海波, 2009)。这说明多自由度悬架的星球车不能通过简单的单点悬挂完全模拟各轮的轮压。

9.2 月球车悬吊法低重力模拟实验系统简介

悬吊法低重力模拟是一种使用吊索的张力抵消被测对象的部分自重以达到低重力模拟效果的方法。在技术储备足够的前提下, 悬吊法是月球车低重力模拟实验最理想的方法。相对于落塔法和抛物线飞行法, 悬吊法允许的实验时间更长, 实验范围更大; 相对于气浮法, 悬吊法能够实现三维空间内的低重力模拟, 允许的实验自由度更大; 相对于低质量样机方法, 悬吊法能够在不改变月球车结构的情况下实现低重力模拟, 更适用于初样、正样的实验。

9.2.1 功能和指标要求

重力补偿系统在实验场内对月球车进行重力补偿。实验场为沙土覆盖的平地,缓坑, 8°、10°、15° 直坡以及岩石障碍。场地高程差为 4 m, 面积为 30 m × 30 m。月球车漫游过程中, 重力补偿系统抵消月球车的地球自重和月面自重的差值。

重力补偿系统应满足如下指标:

(1) 除越障过程外, 拉力系统的拉力误差小于 ±5 N; 拉力系统应具备快速性, 在月球车越障过程中保持较好的补偿精度; 拉力系统的高度适应能力为 4 m。

(2) 位置系统覆盖面积为 30 m×30 m, 最大跟踪速度为 0.1 m/s, 位置跟踪误差小于 28 mm。

9.2.2 系统构成

月球车重力补偿系统应具有恒拉力、位置跟踪和位置信号采集功能。因此, 月球车重力补偿系统应包含拉力系统、位置系统、位置信号采集系统和地面综控系统等。重力补偿系统的原理简图见图 9.8。

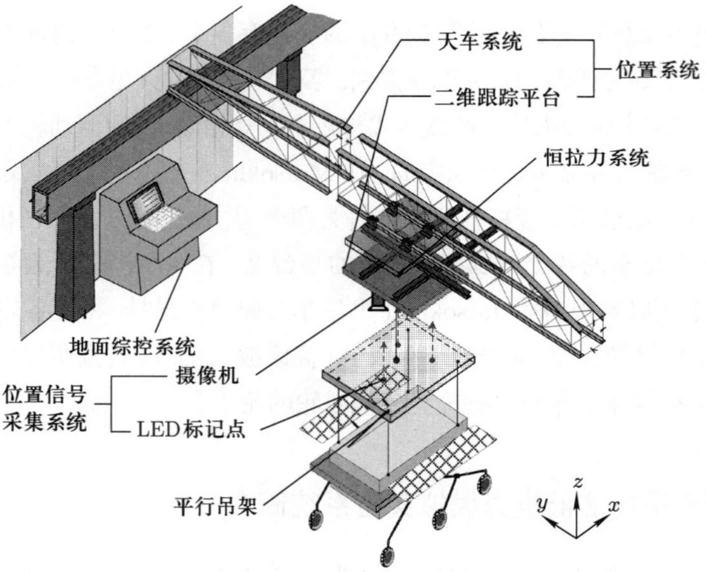

图 9.8　重力补偿系统原理简图

位置信号采集位置系统的跟踪误差, 为位置系统提供输入。位置系统包括天车系统和二维跟踪平台; 天车系统搭载二维跟踪平台, 二维跟踪平台搭载拉力系统, 以使拉力系统在水平面内跟随月球车运动, 保持吊索拉力时时竖直向上。地面综控系统显示和记录系统的工作状态, 为系统下发运行和急停指令。

内场重力补偿系统的作用是模拟月球车的低重力运动性能。洁净间重力补偿系统的作用是对月球车进行功能验证。两个系统最大的特点是二维跟踪范围不同。前者覆盖的范围为 30 m×30 m, 后者覆盖的范围为 7 m× 2 m, 如图 9.9 所示。为提供大扬程，使月球车在纵向能够大范围移动，两个系统的高度约为 10 m。拉力系统的有效扬程为 4.5 m。

(a) 内场重力补偿系统

(b) 洁净间重力补偿系统

图 9.9 内场和洁净间重力补偿系统

9.2.3 系统设计中的关键问题

本章内容围绕 4 个设计问题展开，简述如下:

(1) 使用单根吊索保证星球车所有车轮的低重力轮压模拟。设地球表面的重力加速度为 g，则月球表面的重力加速度为 $g/6$。对于同一辆月球车来说，其在地球表面上的轮地接触力是月面上的 6 倍。在月球车移动性能实验中，必须还原月球车的月面轮压才能复现车轮在松软崎岖地形上的通过能力。月球车的悬架往往是多自由度结构，虽然在每个运动构件质心施加补偿力能够达到轮压模拟效果，但这种方法所对应的重力补偿系统极其复杂，几乎无法实施。针对这种情况，本章给出月球车的单吊索重力补偿方法。

(2) 主梁基频问题。系统覆盖面积为 $30\ \text{m} \times 30\ \text{m}$，位置系统包含跨度 30 m 的主梁。为提高主梁的基频和刚度，主梁采用双箱梁并联的形状，每个箱梁高 1 700 mm，宽 600 mm，厢壁厚 8 mm，材质为 Q235；箱梁内，长度方向设置加强筋，宽度方向设置隔板。在此设计下，主梁总质量为 30 t，实测基频为 3 Hz。为避免激发主梁谐振，拉力系统带宽 ω_B 应小于主梁基频 ω_m 的 1/5，即拉力系统带宽不能高于 0.6 Hz。此指标下，系统快速性极差。必须对拉力系统进行特殊设计，才能使其带宽达到合理的水平。

(3) 马达快速性问题。若用马达、减速器和卷筒收放吊索产生恒拉力，则对马达快速性要求较高，否则无法响应阶跃扰动和冲击扰动。拉力系统的阶跃扰动产生于车轮爬障过程中轮齿与岩石的刮擦、车轮从障碍上的掉落以及月球车上行大角度坡时反复前进后滑等工况。冲击扰动产生于车轮与障碍的碰撞以及月球车的起停。考虑马达的快速性有限, 应当尽量降低吊索的等效刚度, 用吊索的等效伸长量吸收马达卷扬吊索时的误差, 降低高频干扰下的拉力误差。

(4) 天车系统运动精度问题。位置系统包含天车系统, 以实现大覆盖范围。天车系统不能被视为具有运动精度和绝对位置反馈的系统, 否则需要很高的硬件配置, 这包括: ① 沿主梁行程 (30 m) 设置重载、精密传动副; ② 在主梁两侧, 沿主梁行程设置绝对位置传感器; ③ 主梁两端驱动必须同步。实现以上要求的时间和经济成本很高。

以上 3 个问题是大范围重力补偿系统的关键, 这些问题直接影响到系统的工作性能。在系统设计阶段, 必须从机构原理和控制策略两方面进行有针对性的设计。

9.3 月球车重力补偿模型的建立

月球车动力学建模是重力补偿建模的基础。通过对比重力补偿状态和低重力状态的动力学方程, 可以获得补偿力服从的约束条件, 从而建立重力补偿模型。

为使动力学方程的形式统一, 使用拉格朗日方程描述月球车的动力学性质, 如下所示:

$$\frac{\mathrm{d}}{\mathrm{d}t}\frac{\partial L}{\partial \dot{q}_i}-\frac{\partial L}{\partial q_i}=Q_i,\quad i=1,2,\cdots,n+6 \tag{9.1}$$

式中, L 为拉格朗日算子; q 为广义坐标; Q 为广义力; n 表示月球车构件的自由度。

9.3.1 广义坐标的选取

月球车动力学方程的广义坐标 q_i 对应系统运动自由度, 系统广义坐标的数量与系统运动自由度相等; 若广义坐标对应移动自由度, 则其单位为 m; 若广义坐标对应转动自由度, 则其单位为 rad; 若广义坐标对应由闭合铰链构成的自由度, 则其单位为闭合链中的某个关节的单位。

月球车的运动自由度分两部分: ① 月球车构件的运动; ② 月球车整体的运动。为描述月球车构件的运动, 将其视为车厢固接于地面的 n 自由度结构, 使用矢量 $(q_1, q_2,\cdots,q_n)^{\mathrm{T}}$ 描述此结构姿态。为描述月球车整体运动, 建立固定坐标系 $Oxya$ 和车厢坐标系 $O_{1x_1y_1z_1}$, 令 z 轴竖直向上, 令 z_1 轴从车厢底面指向车厢顶面。$O_1x_1y_1z_1$ 可视为将 $Oxyz$ 进行 3 次旋转和 1 次平移后的结果。变换前, 坐标系 $O_1x_1y_1z_1$ 和 $Oxyz$ 重合; 然后将坐标系 $O_1x_1y_1z_1$ 分别绕 x 轴、y 轴和 z 轴旋转 ψ、θ 和 ϕ 角, 记 $(q_{n+4},q_{n+5},q_{n+6})^{\mathrm{T}}=(\psi,\theta,\phi)^{\mathrm{T}}$; 最后将旋转后坐标系的原点由点 O 移至点 O_1, 记点 O_1 在固定坐标系中的坐标为 $(q_{n+1},q_{n+2},q_{n+3})^{\mathrm{T}}=(x,y,z)^{\mathrm{T}}$。若如此构造, 则用 $\boldsymbol{q}=(q_1,q_2,\cdots,q_{n+6})^{\mathrm{T}}$ 可完整地描述 n 自由度月球车的运动。

作为示例, 给出摇臂 - 转向架式六轮车和平行四连杆式四轮车的广义坐标选取方法, 如图 9.10 所示。摇臂 - 转向架式六轮车的悬架含差速器和两个主副摇臂旋转关节; 为差速器选取广义坐标 q_1, 为两个旋转关节选取坐标 q_2 和 q_3, 用 $(q_1, q_2, q_3)^{\mathrm{T}}$ 描述六轮车构件运动; 用 $(q_4, q_4, \cdots, q_9)^{\mathrm{T}}$ 描述六轮车车体运动。平行四连杆式四轮车的悬架含差速器和两个平行四连杆机构, 因为平行四连杆相对车厢的位置由差速轴控制, 因此只为差速器选取坐标 q_1 即可描述四轮车构件运动; 用 $(q_2, q_3, \cdots, q_7)^{\mathrm{T}}$ 描述四轮车车体运动。

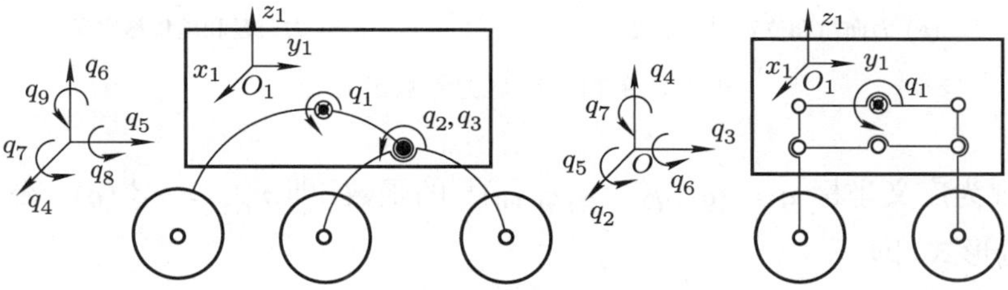

(a) 六轮摇臂转向架式月球车 (b) 四轮闭合铰链式月球车

图 9.10 广义坐标定义示例

9.3.2 轮地力至广义力的映射

月球车受 3 种力: 重力、补偿力和轮地力。重力和补偿力都是保守力, 因此将其以 “势能” 形式写入动力学方程; 轮地力是耗散力, 将其以 “广义力” 形式写入动力学方程。

9.3.2.1 广义力和轮地力的换算

月球车的广义力是通过虚功相等原则由轮地接触力换算得来的。轮地接触点上, 地面向车轮同时施加三维力 $\boldsymbol{N}$ 和三维力矩 $\boldsymbol{T}$。不失一般性, 总可以通过平移支撑力 $\boldsymbol{N}$ 来抵消转矩 $\boldsymbol{T}$, 使轮地接触力只包含三维力。将平移后的支撑力 $\boldsymbol{N}$ 称为等效轮地力, 简称 “轮地力”。

n 自由度月球车有 $n+3$ 个轮, 将第 i 个车轮的轮地力记为 $\boldsymbol{N}_i, i = 1, 2, \cdots, n+3$。将轮地力 $\boldsymbol{N}_i$ 作用点在固定坐标系中位置记为 $\boldsymbol{r}_{Ni}^O$, 如图 9.11a 所示。令轮地力 $\boldsymbol{N}_i$ 作用点产生虚位移 $\delta\boldsymbol{r}_{Ni}^O$。虚位移是系统在某时间点上产生的假想无限小位移。它不是实际位移, 因为在时间不变的前提下不可能发生任何实际位移。由于时间不变, 因此在虚位移 $\delta\boldsymbol{r}_{Ni}^O$ 产生后轮地力 $\boldsymbol{N}_i$ 的大小、方向不变, 如图 9.11b 所示。

产生虚位移后, 轮地力 $\boldsymbol{N}_i$ 做功为 $\boldsymbol{N}_i \cdot \delta\boldsymbol{r}_{Ni}^O$。全部轮地力的虚功和为

$$\delta W = \sum_{i=1}^{n+3} \boldsymbol{N}_i \cdot \delta\boldsymbol{r}_{Ni}^O \tag{9.2}$$

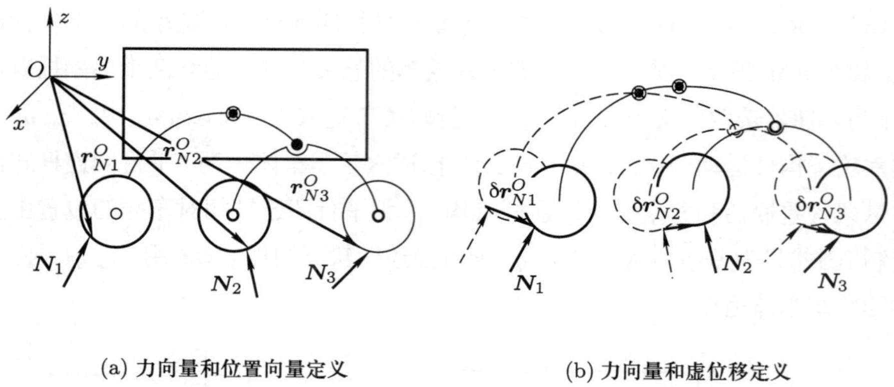

图 9.11　轮地力参数定义

将 $\boldsymbol{r}_{Ni}^{O}$ 视为广义坐标 $\boldsymbol{q}=(q_1,q_2,\cdots,q_{n+6})^{\mathrm{T}}$ 的函数, 即 $\boldsymbol{r}_{Ni}^{O}=\boldsymbol{r}_{Ni}^{O}(\boldsymbol{q})$。将 $\delta\boldsymbol{r}_{Ni}^{O}$ 写成全微分形式, 即

$$\delta\boldsymbol{r}_{Ni}^{O}=\sum_{j=1}^{n+6}\frac{\partial\boldsymbol{r}_{Ni}^{O}}{\partial q_j}\delta q_j \tag{9.3}$$

式中, δq_j 是广义坐标 q_j 的虚位移。将式 (9.3) 代入式 (9.2), 得

$$\delta W=\boldsymbol{N}_1\cdot\sum_{j=1}^{n+6}\frac{\partial\boldsymbol{r}_{N1}^{O}}{\partial q_j}\delta q_j+\boldsymbol{N}_2\cdot\sum_{j=1}^{n+6}\frac{\partial\boldsymbol{r}_{N2}^{O}}{\partial q_j}\delta q_j+\cdots+\boldsymbol{N}_{n+3}\cdot\sum_{j=1}^{n+6}\frac{\partial\boldsymbol{r}_{Nn+3}^{O}}{\partial q_j}\delta q_j \tag{9.4}$$

按 δq_j 整理式 (9.4), 得

$$\delta W=\sum_{i=1}^{n+3}\boldsymbol{N}_i\cdot\frac{\partial\boldsymbol{r}_{Ni}^{O}}{\partial q_1}\delta q_1+\cdots+\sum_{i=1}^{n+3}\boldsymbol{N}_i\cdot\frac{\partial\boldsymbol{r}_{Ni}^{O}}{\partial q_{n+6}}\delta q_{n+6} \tag{9.5}$$

此时, 可以定义广义力 Q_j, 即

$$Q_j=\sum_{i=1}^{n+3}\boldsymbol{N}_i\cdot\frac{\partial\boldsymbol{r}_{Ni}^{O}}{\partial q_j} \tag{9.6}$$

将式 (9.6) 代入式 (9.5), 获得虚功 δW 在广义坐标下的表达式, 即

$$\delta W=Q_1\delta q_1+\cdots+Q_{n+6}\delta q_{n-6}$$

按照虚功 δW、力 Q_j 和虚位移 δq_1 的关系, Q_j 即为与广义坐标 q_j 对应的广义力。式 (9.6) 即为轮地力 $\boldsymbol{N}_i$ 和广义力 Q_j 的换算关系。

9.3.2.2　广义力的表达式

式 (9.6) 中, 轮地力 $\boldsymbol{N}_i, i=1,2,\cdots,n+3$ 为已知量, 广义力 $Q_j, j=1,2,\cdots,n+6$ 为未知量, $\partial\boldsymbol{r}_{Ni}^{O}/\partial q_j$ 是参数。轮地力 Q_j 和广义力 $\boldsymbol{N}_i$ 的关系取决于函数 $\partial\boldsymbol{r}_{Ni}^{O}/\partial q_j$ 的

结构。为获得广义力 Q_j 的表达式, 本节首先构造位移矢量 $\boldsymbol{r}_{Ni}^{O}(\boldsymbol{q})$, 然后推导 $\partial \boldsymbol{r}_{Ni}^{O}/\partial q_j$ 的表达式。

在 q_j 对应关节处建立关节坐标系 $O_2x_2y_2z_2$。q_j 连接两个运动构件, 关节坐标系固连于离车轮较远的构件; 因为月球车悬架中旋转自由度居多, 所以关节坐标系使用球坐标。若 q_i 为转动关节, 定义 z_2 轴与转动轴线重合; 若为平动关节, 定义 z_2 轴与平动轴线重合。在关节坐标系 $O_2x_2y_2z_2$ 内, 从原点 O_2 指向轮地力 $\boldsymbol{N}_i$ 作用点的矢量记为 $\boldsymbol{r}_{Ni}^{O2}$, 其形式如下:

$$\boldsymbol{r}_{Ni}^{O2} = \rho_i(\cos\alpha_i \sin\beta_i, \sin\alpha_i \sin\beta_i, \cos\beta_i) \tag{9.7}$$

式中, ρ_i、α_i 和 β_i 分别为矢量 $\boldsymbol{r}_{Ni}^{O2}$ 的极径、水平极角和纵向极角。由于 $\boldsymbol{r}_{Ni}^{O2}$ 是广义坐标 q 的函数, 因此将 ρ_i、α_i 和 β_i 都视为 $\boldsymbol{q}$ 的函数, 即

$$\boldsymbol{r}_{Ni}^{O2} = \rho_i(\boldsymbol{q})(\cos\alpha_i(\boldsymbol{q}) \sin\beta_i(\boldsymbol{q}), \sin\alpha_i(\boldsymbol{q}) \sin\beta_i(\boldsymbol{q}), \cos\beta_i(\boldsymbol{q})) \tag{9.8}$$

为简练表述, 下文省略 $\alpha_i(\boldsymbol{q})$、$\beta_i(\boldsymbol{q})$ 和 $\rho_i(\boldsymbol{q})$ 的下标 i 以及与 q 的函数关系。

记由固定坐标系原点 O 指向关节坐标系原点 O_2 的矢量为 $\boldsymbol{r}_{O2}^{O}$, 记由 O 指向 $\boldsymbol{N}_i$ 作用点的矢量为 $\boldsymbol{r}_{Ni}^{O}$, 记关节坐标系相对于固定坐标系的旋转矩阵为 $\boldsymbol{R}_{O2}^{O}$, 则有

$$\boldsymbol{r}_{Ni}^{O} = \boldsymbol{r}_{O2}^{O} + \boldsymbol{R}_{O2}^{O}\boldsymbol{r}_{Ni}^{O2} \tag{9.9}$$

因为关节坐标系固连于离车轮较远的构件上, 所以 q_j 关节的运动不改变关节坐标系 $O_2x_2y_2z_2$ 的方向和位置。因此, $\boldsymbol{r}_{O2}^{O}$ 和 $\boldsymbol{R}_{O2}^{O}$ 不是 q_j 的函数。因此有

$$\frac{\partial \boldsymbol{r}_{Ni}^{O}}{\partial q_j} = \boldsymbol{R}_{O2}^{O}\frac{\partial \boldsymbol{r}_{Ni}^{O2}}{\partial q_j} = \boldsymbol{R}_{O2}^{O}\left(\frac{\partial \rho}{\partial q_j}\widehat{\boldsymbol{r}}_{Ni}^{O2} + \frac{\partial \alpha}{\partial q_j}\rho\sin\beta\widehat{\boldsymbol{\alpha}} + \frac{\partial \beta}{\partial q_j}\rho\widehat{\boldsymbol{\beta}}\right) \tag{9.10}$$

式中, $\widehat{\boldsymbol{r}}_{Ni}^{O2}$ 为 $\boldsymbol{r}_{Ni}^{O2}$ 的单位向量; $\widehat{\boldsymbol{\alpha}}$、$\widehat{\boldsymbol{\beta}}$ 为向量 $\boldsymbol{r}_{Ni}^{O2}$ 沿竖直圆和水平圆的单位切向量, 如图 9.12a 所示, 它们的表达式分别为

$$\widehat{\boldsymbol{r}}_{Ni}^{O2} = (\cos\alpha\sin\beta, \sin\alpha\sin\beta, \cos\beta)$$

$$\widehat{\boldsymbol{\alpha}} = (-\sin\alpha, \cos\alpha, 0)$$

$$\widehat{\boldsymbol{\beta}} = (\cos\alpha\cos\beta, \sin\alpha\cos\beta, -\sin\beta)$$

在摇臂 – 转向架式六轮星球车的差速关节上建立关节坐标系的示例如图 9.12b 所示。关节坐标系的轴线 z_2 与差速轴转轴重合, 平面 $O_2x_2y_2$ 与摇臂旋转面平行; 关节坐标系固定于车厢上。差速轴的转动不影响 $\boldsymbol{r}_{O2}^{O}$ 和 $\boldsymbol{R}_{O2}^{O}$。

普遍地, 矢量 $\boldsymbol{r}_{Ni}^{O2}$ 不是所有广义坐标的函数。例如图 9.12b 中, 矢量 $\boldsymbol{r}_{Ni}^{O2}$ 与车厢另一侧主副摇臂的转动自由度无关。令 $A_j \subseteq (1, 2, \cdots, n+3)$ 为受关节 q_j 控制的

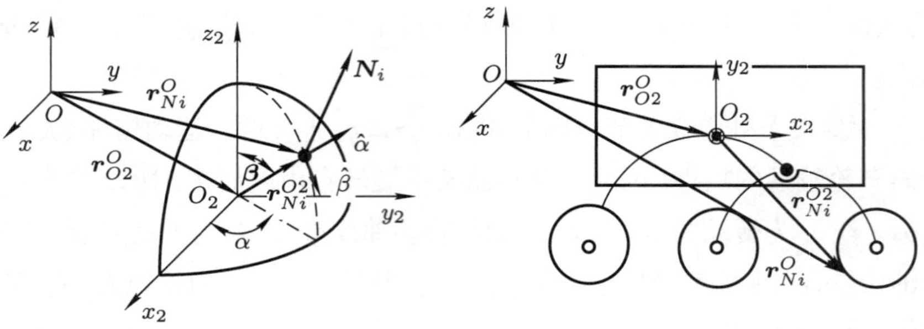

(a) 关节坐标系的球坐标定义　　　　(b) 关节坐标系定义示例

图 9.12　关节坐标系的建立

车轮序号集合, 将式 (9.10) 代入式 (9.6), 得广义力 Q_j, 即

$$Q_j = \sum_{i \in A_j} \boldsymbol{N}_i \cdot \left[\boldsymbol{R}_{O2}^{O} \left(\frac{\partial \rho}{\partial q_j} \widehat{\boldsymbol{r}}_{Ni}^{O2} + \frac{\partial \alpha}{\partial q_j} \rho \sin \beta \widehat{\boldsymbol{\alpha}} + \frac{\partial \beta}{\partial q_j} \rho \widehat{\boldsymbol{\beta}} \right) \right] \tag{9.11}$$

式中, $\boldsymbol{N}_i$ 是已知量; Q_j 是未知量; $\boldsymbol{R}_{O2}^{O}$ 为常值矩阵; 小括号内是方程参数, 方程参数的形式取决于广义坐标 q_j 的类型。

9.3.2.3　广义力的分类讨论

本节针对广义坐标 q_j 的类型求解式 (9.11) 的参数, 给出相应的广义力 Q_j。

1. 整车平移的广义力

广义坐标 q_{n+1}、q_{n+2} 和 q_{n+3} 是月球车沿固定坐标系 x 轴、y 轴和 z 轴的平移自由度, 将它们对应的广义力称为整车平移的广义力。

以广义坐标 q_{n+3} 为例。建立广义坐标 q_{n+3} 对应的关节坐标系 $O_2x_2y_2z_2$。按照约定, 使 z_2 轴与固定坐标系的 z 轴平行; 由于关节坐标系的 x_2 轴和 y_2 轴方向任意, 此处令 x_2 轴和 y_2 轴分别与 x 轴和 y 轴重合。若如此构造, 则关节坐标系与固定坐标系平行, 有 $\boldsymbol{R}_{O/2} = \boldsymbol{I}$。

使广义坐标 q_{n+3} 产生虚位移 δq_{n+3}, 则整车沿 z 轴的平移为 δq_{n+3}, 如图 9.13a 所示, 所有车轮沿 z 轴的平移为 δq_{n+3}。由原点 O_2 指向轮地力 $\boldsymbol{N}_i$ 作用点的矢量由 $\boldsymbol{r}_{Ni}^{O2}$ 变为 $\boldsymbol{r}_{Ni}^{O2} + \delta \boldsymbol{r}_{Ni}^{O2}$ 。由于 δq_{n+3} 在水平面内无分量, 因此 $\boldsymbol{r}_{Ni}^{O2}$ 和 $\boldsymbol{r}_{Ni}^{O2} + \delta \boldsymbol{r}_{Ni}^{O2}$ 的水平极角相等, 即

$$\frac{\partial \alpha}{\partial q_{n+3}} = 0 \tag{9.12}$$

将 BO_2A 平面绘于图 9.13b。对应广义坐标 q_{n+3} 的虚位移 δq_{n-3}, 纵向极角 β 产生虚位移 $-\delta\beta$, 极径 ρ 产生虚位移 $\delta\rho$。

通过矢量 $\boldsymbol{r}_{Ni}^{O2} + \delta \boldsymbol{r}_{Ni}^{O2}$ 末端点 C 向矢量 $\boldsymbol{r}_{Ni}^{O2}$ 做垂线, 交于点 D。由余弦定义得

$$\cos \beta = \frac{|\boldsymbol{r}_{ED}|}{\boldsymbol{r}_{CE}} = \frac{|\boldsymbol{r}_{O2C}| \cos \delta\beta - |\boldsymbol{r}_{O2E}|}{|\boldsymbol{r}_{CE}|} = \frac{(\rho + \delta\rho) \cos \delta\beta - \rho}{\delta q_{n+3}} \tag{9.13}$$

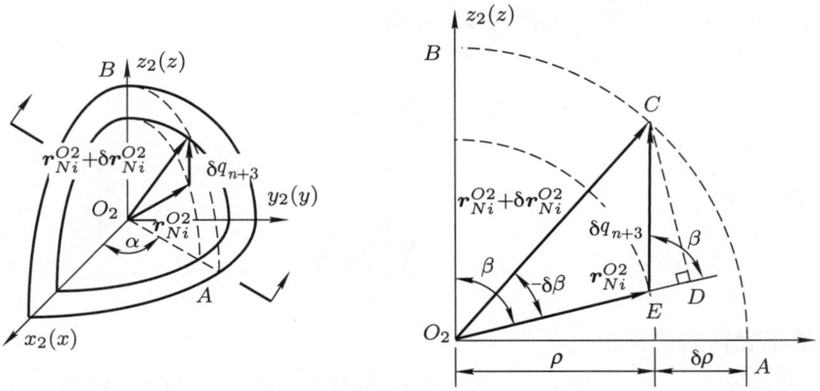

(a) 广义坐标和球坐标位移关系　　(b) BO_2A 平面投影

图 9.13　整车平移自由度的关节坐标系

$\delta\beta$ 是无穷小量, 因此 $\cos\delta\beta = 1$, 式 (9.13) 改写为

$$\frac{\delta\rho}{\delta q_{n+3}} = \cos\beta \tag{9.14}$$

由正弦定义得

$$\sin\beta = \frac{|\boldsymbol{r}_{CD}|}{|\boldsymbol{r}_{CE}|} = \frac{|\boldsymbol{r}_{O2C}|\sin(\delta\beta)}{\delta q_{n-3}} = \frac{(\rho+\delta\rho)\sin(\delta\beta)}{\delta q_{n+3}} \tag{9.15}$$

$\delta\beta$ 是无穷小量, 因此 $\sin(-\delta\beta) = -\delta\beta$, 有

$$\frac{\rho\delta\beta}{\delta q_{n+3}} = -\sin\beta \tag{9.16}$$

式 (9.12)、式 (9.14) 和式 (9.16) 分别是广义力表达式 (9.11) 中单位向量 $\widehat{\boldsymbol{\alpha}}$、$\widehat{\boldsymbol{r}}_{Ni}^{O2}$ 和 $\widehat{\boldsymbol{\beta}}$ 的系数, $\boldsymbol{R}_{O2} = \boldsymbol{I}$ 是关节坐标系和固定坐标系的旋转矩阵。将它们代入式 (9.11), 得广义力 Q_{n+3}, 即

$$Q_{n+3} = \sum_{i=1}^{n+3} \boldsymbol{N}_i \cdot \widehat{\boldsymbol{z}} \tag{9.17}$$

式 (9.17) 说明, 对应于广义坐标 q_{n+3} 的广义力 Q_{n+3} 是所有轮地力 z 向分量之和。此时广义力的单位为 N。

广义坐标 q_{n+1} 是整车沿 x 轴方向的平移自由度。针对广义坐标 q_{n+1} 建立关节坐标系 $O_2x_2y_2z_2$。按照约定, 使 z_2 轴与固定坐标系的 x 轴平行; 由于关节坐标系的 x_2 轴和 y_2 轴方向任意, 此处取 x_2 轴和 y_2 轴分别与 y 轴和 z 轴重合。若按如上构造, 则关节坐标系和固定坐标系的旋转矩阵为

$$\boldsymbol{R}_{O2} = \begin{bmatrix} 0 & 0 & 1 \\ 1 & 0 & 0 \\ 0 & 1 & 0 \end{bmatrix}$$

将式 (9.17) 中的旋转矩阵 I 置换为 $\boldsymbol{R}_{O2}$, 得

$$Q_{n+1}=\sum_{i=1}^{n+3}\boldsymbol{N}_i\cdot\widehat{\boldsymbol{x}} \tag{9.18}$$

类似地, 有

$$Q_{n+2}=\sum_{i=1}^{n+3}\boldsymbol{N}_i\cdot\widehat{\boldsymbol{y}}$$

2. 整车旋转的广义力

广义坐标 q_{n+4}、q_{n+5} 和 q_{n+6} 是月球车绕固定坐标系 x 轴、y 轴和 z 轴的旋转自由度。它们对应的广义力称为整车旋转的广义力。

以广义坐标 q_{n+6} 为例。针对广义坐标 q_{n+6} 建立关节坐标系 $O_2x_2y_2z_2$; 按照约定, 使 z_2 轴与固定坐标系的 z 轴平行; 由于关节坐标系的 x_2 轴和 y_2 轴方向任意, 此处取 x_2 轴和 y_2 轴分别与 x 轴和 y 轴重合。若按如上构造, 则关节坐标系与固定坐标系平行, 有 $\boldsymbol{R}_{O2}=\boldsymbol{I}$。

使广义坐标 q_{N+6} 产生虚位移 δQ_{N+5}, 则整车绕 Z 轴的旋转为 δq_{n+6}, 所有车轮绕 z 轴的旋转为 δq_{n+6}。由原点 O_2 指向轮地力 $\boldsymbol{N}_i$ 作用点的矢量由 $\boldsymbol{r}_{Ni}^{O2}$ 变为 $\boldsymbol{r}_{Ni}^{O2}+\delta\boldsymbol{r}_{Ni}^{O2}$, 如图 9.14a 所示。由于 δq_{n+6} 在竖直面内无分量, 因此 $\boldsymbol{r}_{Ni}^{O2}$ 和 $\boldsymbol{r}_{Ni}^{O2}+\delta\boldsymbol{r}_{Ni}^{O2}$ 的纵向极角 β 相等, 极径 ρ 不变化, 即

$$\frac{\partial\beta}{\partial q_{n+3}}=0 \tag{9.19}$$

$$\frac{\partial l(q_{n+6})}{\partial q_{n+6}}=\frac{\partial\beta(q_{n+6})}{\partial q_{n+6}}=0 \tag{9.20}$$

考虑定轴旋转的性质, 如图 9.14b 所示, 有

$$\frac{\partial\alpha(q_{n+6})}{\partial q_{n+6}}=1 \tag{9.21}$$

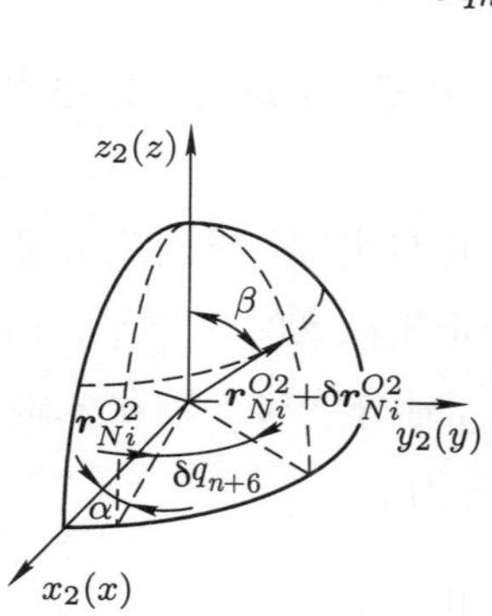

(a) 广义坐标和极坐标位移的关系

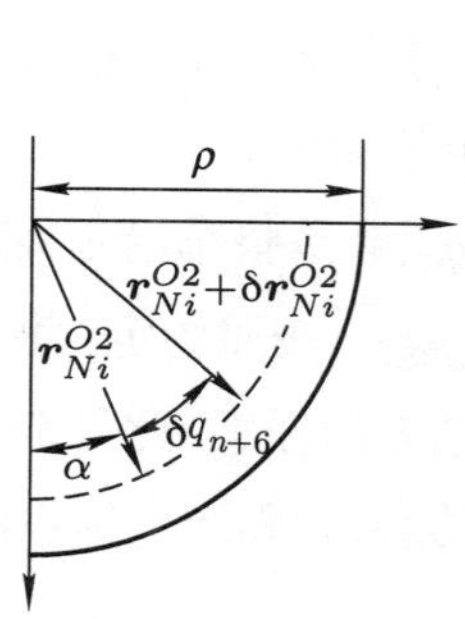

(b) 水平面投影

图 9.14 整车旋转自由度的关节坐标系

将 $\boldsymbol{R}_{O2}=\boldsymbol{I}$、式 (9.19)、式 (9.20) 和式 (9.21) 代入广义力表达式 (9.11), 得

$$Q_{n+6}=\sum_{i=1}^{n+3}\boldsymbol{N}_i\cdot\frac{l(q_{n+6})}{\cos\beta(q_{n+6})}\widehat{\boldsymbol{\alpha}}=\sum_{i=1}^{n+3}\boldsymbol{N}_i\cdot(\widehat{\boldsymbol{z}}\times\boldsymbol{r}_{Ni}^{O2}) \tag{9.22}$$

使用混合积定理 $a\cdot(b\times c)=b\cdot(c\times a)$, 得

$$Q_{n+6}=\sum_{i=1}^{n+3}\widehat{\boldsymbol{z}}\cdot(\boldsymbol{r}_{Ni}^{O2}\times\boldsymbol{N}_i) \tag{9.23}$$

式 (9.23) 说明, 广义力 Q_{n+6} 是所有轮地力对固定坐标系原点的力矩 $(\boldsymbol{r}_{Ni}^{O2}\times\boldsymbol{N}_i)$ 的 z 轴分量。此时广义力的单位为 N·m。

广义坐标 q_{n+4} 是整车绕 x 轴方向的平移自由度。针对广义坐标 q_{n+1} 建立关节坐标系 $O_2x_2y_2z_2$。按照约定, 使 z_2 轴与固定坐标系的 x 轴平行; 由于关节坐标系的 x_2 轴和 y_2 轴方向任意, 此处取 x_2 轴和 y_2 轴分别与 y 轴和 z 轴重合。若按如上构造, 则关节坐标系和固定坐标系的旋转矩阵为

$$\boldsymbol{R}_{O2}=\begin{bmatrix}0&0&1\\1&0&0\\0&1&0\end{bmatrix}$$

将式 (9.23) 中的旋转矩阵置换为 $\boldsymbol{R}_{O2}$, 得

$$Q_{n+4}=\sum_{i=1}^{n+3}\widehat{\boldsymbol{x}}\cdot(\boldsymbol{r}_{Ni}^{O2}\times\boldsymbol{N}_i) \tag{9.24}$$

类似地, 有

$$Q_{n+5}=\sum_{i=1}^{n+3}\widehat{\boldsymbol{y}}\cdot(\boldsymbol{r}_{Ni}^{O2}\times\boldsymbol{N}_i) \tag{9.25}$$

3. 悬架自由度的广义力

用球车悬架的广义坐标主要对应 4 类自由度: ① 由单个转动关节构成的转动自由度, 如摇臂 – 转向架式六轮车的主副摇臂自由度; ② 由平动关节构成的自由度; ③ 由多个转动关节构成的单自由度平面闭合铰链自由度, 如平行四连杆四轮月球车的平行四连杆机构自由度; ④ 差速器机构的自由度, 如连接摇臂 – 转向架式六轮车两侧主摇臂的差速器自由度。

如果广义坐标 q_j 对应单个转动关节, 则关节坐标系 $O_2x_2y_2z_2$ 的 z_2 轴与旋转轴线重合, 如图 9.15a 所示; 将 q_j 关节对应的广义力 Q_j 称为第一类关节广义力, 记为 ${}^1Q_j$。由于 Q_{n+6} 和 ${}^1Q_j$ 都是定轴转动的广义力, 因此它们在关节坐标系内的表达一致。将 Q_{n+6} 表达式 (9.23) 中的旋转矩阵 $\boldsymbol{I}$ 置换为对应于 q_j 关节的旋转矩

阵 $\boldsymbol{R}_{O2}$, 并将求和范围由 $i=1,2,\cdots,n+3$ 置换为 $i\in A_j$ ($A_j\subseteq(1,2,\cdots,n+3)$ 为受关节 q_j 控制的车轮序号集合), 即获得第一类关节广义力

$$^1Q_j=\sum_{i\in A_j}\boldsymbol{R}_{O2}\widehat{\boldsymbol{z}}_2\cdot(\boldsymbol{r}_{Ni}^{O2}\times\boldsymbol{N}_i) \tag{9.26}$$

式中, $\boldsymbol{R}_{O2}\widehat{\boldsymbol{z}}_2$ 为 q_j 关节转轴在固定坐标系中的单位向量, 记 $\boldsymbol{R}_{O2}\widehat{\boldsymbol{z}}_2=\widehat{\boldsymbol{u}}$, 则式 (9.26) 改写为

$$^1Q_j=\sum_{i\in A_j}\widehat{\boldsymbol{u}}\cdot(\boldsymbol{r}_{Ni}^{O2}\times\boldsymbol{N}_i) \tag{9.27}$$

式 (9.27) 说明, 广义力 ^1Q_j 是受 q_j 关节控制的轮的轮地力对关节坐标系原点的力矩 ($\boldsymbol{r}_{Ni}^{O2}\times\boldsymbol{N}_i$) 在关节转轴 $\widehat{\boldsymbol{u}}$ 方向的分量。此时广义力的单位为 N·m。

如果广义坐标 q_j 对应单个平动关节, 则关节坐标系 $O_2x_2y_2z_2$ 的 z_2 轴与平动方向轴线重合, 如图 9.15b 所示; 将 q_j 关节对应的广义力 Q_j 称为第二类关节广义力, 记为 ^2Q_j。由于 Q_{n+3} 和 ^2Q_j 都对应平动自由度的广义力, 因此它们在关节坐标系内的表达一致。将 Q_{n+3} 表达式 (9.17) 中的旋转矩阵 $\boldsymbol{I}$ 置换为对应于 q_j 关节的旋转矩阵 $\boldsymbol{R}_{O2}$, 并将求和范围由 $i=1,2,\cdots,n+3$ 换为 $i\in A_j$($A_j\subseteq(1,2,\cdots,n+3)$ 为关节 q_j 控制的车轮序号集合), 即获得第二类关节广义力

$$^2Q_j=\sum_{i\in A_j}\boldsymbol{N}_i\cdot\widehat{\boldsymbol{u}} \tag{9.28}$$

式中, $\widehat{\boldsymbol{u}}$ 为 q_j 关节转轴在固定坐标系中的单位向量。式 (9.28) 说明, 广义力 ^2Q_j 是受 q_j 关节控制的轮的轮地力之和在关节移动轴线 $\widehat{\boldsymbol{u}}$ 方向的分量。此时广义力的单位为 N。

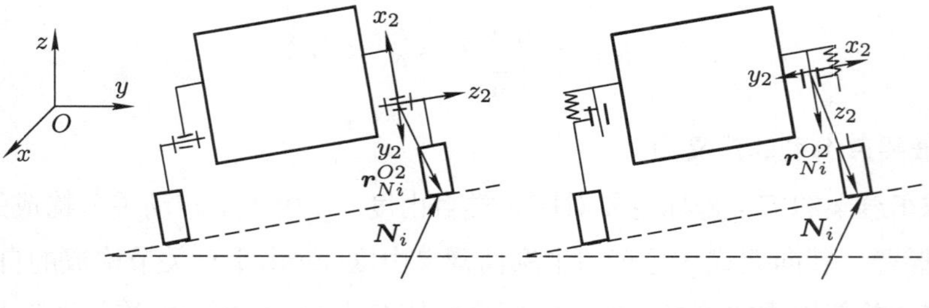

(a) 第一类广义力的关节坐标系　　(b) 第二类广义力的关节坐标系

图 9.15　第一类、第二类关节广义力的关节坐标系

如果广义坐标 q_j 对应由多个转动关节构成的单自由度平面闭合铰链自由度, 则将 q_j 关节对应的广义力 Q_j 称为第三类关节广义力, 记为 ^3Q_j。关节坐标系 $O_2x_2y_2z_2$ 的 z_2 轴应与选定的某个转动关节旋转轴线重合; z_2 轴垂直指向纸面外, 如图 9.16a 所示。

为计算方便, 将关节坐标系原点 O_2 置于矢量 $\boldsymbol{r}_{Ni}^{O}$ 末端的旋转平面上, 如图 9.16b 所示。因此俯仰极角 $\beta=\pi/2$, 即

$$\sin\beta(q_j)=1,\quad \frac{\partial\beta(q_j)}{\partial q_j}=0 \tag{9.29}$$

将式 (9.29) 代入式 (9.11), 并使求和范围为 $i\in A_j$, 得

$$^3Q_j=\sum_{i\in A_i}\frac{\partial\rho}{\partial q_j}\boldsymbol{N}_i\cdot\widehat{\boldsymbol{u}}+\frac{\partial\alpha(q_j)}{\partial q_j}\widehat{\boldsymbol{u}}\cdot(\boldsymbol{r}_{Ni}^{O2}\times\boldsymbol{N}_i) \tag{9.30}$$

式 (9.30) 说明, 第三类广义力 ^3Q_j 没有明确的单位。此时广义力的单位是 N· m/rad。由于第二类和第三类广义力都是旋转自由度的广义力, 所以它们的单位一致。

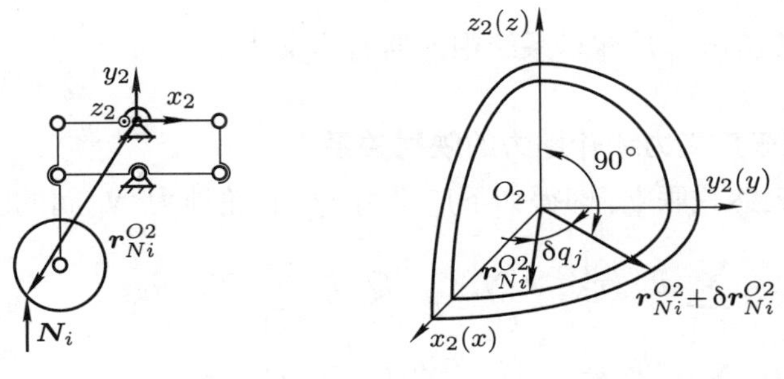

(a) 广义力的关节坐标系　　(b) 广义坐标和球坐标位移关系

图 9.16 第三类关节广义力的关节坐标系

如果广义坐标 q_j 对应差速器关节, 则将 q_j 关节对应的广义力 Q_j 称为第四类关节广义力, 记为 ^4Q_j。差速器关节的实质是两个转角互为负数的转动关节。按照这种特点, 在差速器两个转轴上分别建立关节坐标系 $O_2x_2y_2z_2$ 和 $O_2'x_2'y_2'z_2'$, 并使 z_2 轴和 z_2' 轴与旋转轴线重合, 如图 9.17a 所示。将两个关节的运动分别投影至 $A-A$ 视图和 $B-B$ 视图, 如图 9.17b 所示。在左侧摇臂关节上, 关节产生 δq_j 虚位移; 相应地, 右侧摇臂关节上, 产生 $-\delta q_j$ 虚位移。

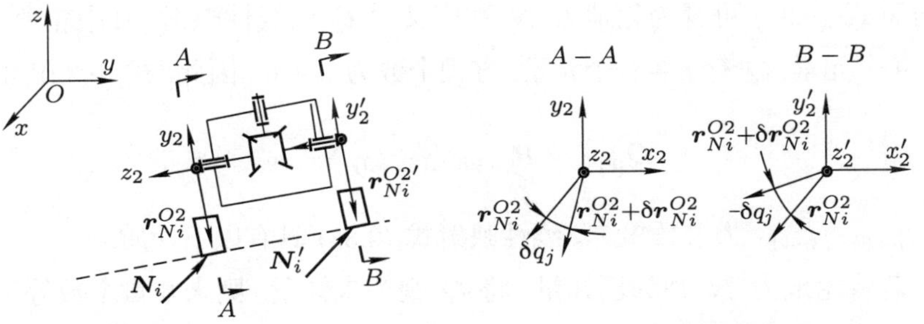

(a) 广义力的关节坐标系　　(b) 广义坐标和球坐标位移关系

图 9.17 第四类关节广义力的关节坐标系

参照第一类广义力的表达式 (9.27), 并采用虚功相等的原则, 可以得出第四类广义力的表达式

$$ {}^4Q_j\delta q_j=\sum_{i\in A_j}\widehat{\boldsymbol{u}}\cdot(\boldsymbol{r}_{Ni}^{O2}\times\boldsymbol{N}_i)\delta q_j+\sum_{i\in A_i}\widehat{\boldsymbol{u}}\cdot(\boldsymbol{r}_{Ni}^{O2}\times\boldsymbol{N}_i)\delta(-q_j) $$

等式两边同时除以 δq_j, 得如下第四类广义力表达式:

$$ {}^4Q_j=\sum_{i\in A_i}\widehat{\boldsymbol{u}}\cdot(br_{Ni}^{O2}\times\boldsymbol{N}_i)-\sum_{i\in A_i'}\widehat{\boldsymbol{u}}\cdot(\boldsymbol{r}_{Ni}^{O2}\times\boldsymbol{N}_i) \tag{9.31} $$

式中, A_i 和 A_i' 分别为两侧关节控制的车轮序号。式 (9.31) 说明, 差速器关节控制两个转动关节, 每侧的转动关节单独计算第一类广义力, 第四类广义力是两个第一类广义力之差。

至此, 本节给出了月球车系统中的所有广义力。

9.3.2.4 月球车广义力和轮地力的映射关系

将 Q_j 的表达式联立, 即得如下广义力 Q_j 和轮地力 N_i 间的映射关系:

$$ \begin{cases} Q_j=\begin{cases} {}^1Q_j=\displaystyle\sum_{i\in A_j}\widehat{\boldsymbol{u}}\cdot(\boldsymbol{r}_{Ni}^{O2}\times\boldsymbol{N}_i),\quad {}^2Q_j=\displaystyle\sum_{i\in A_j}\boldsymbol{N}_i\cdot\widehat{\boldsymbol{u}}\\ {}^3Q_j=\displaystyle\sum_{i\in A_i}\frac{\partial\rho}{\partial q_j}\boldsymbol{N}_i\cdot\widehat{\boldsymbol{u}}+\frac{\partial\alpha(q_j)}{\partial q_j}\widehat{\boldsymbol{u}}\cdot(\boldsymbol{r}_{Ni}^{O2}\times\boldsymbol{N}_i)\\ {}^4Q_j=\displaystyle\sum_{i\in A_i}\widehat{\boldsymbol{u}}\cdot(\boldsymbol{r}_{Ni}^{O2}\times\boldsymbol{N}_i)-\sum_{i\in A_i'}\widehat{\boldsymbol{u}}\cdot(\boldsymbol{r}_{Ni}^{O2}\times\boldsymbol{N}_i)\end{cases}\\ Q_{n+1}=\displaystyle\sum_{i=1}^{n+3}\boldsymbol{N}_i\cdot(1,0,0)^{\mathrm{T}},Q_{n+2}=\sum_{i=1}^{n+3}\boldsymbol{N}_i\cdot(0,1,0)^{\mathrm{T}},Q_{n+3}=\sum_{i=1}^{n+3}\boldsymbol{N}_i\cdot(0,0,1)^{\mathrm{T}}\\ Q_{n+4}=\displaystyle\sum_{i=1}^{n+3}\widehat{\boldsymbol{x}}\cdot(\boldsymbol{r}_{Ni}^{O2}\times\boldsymbol{N}_i),Q_{n+5}=\sum_{i=1}^{n+3}\widehat{\boldsymbol{y}}\cdot(\boldsymbol{r}_{Ni}^{O2}\times\boldsymbol{N}_i),Q_{n+6}=\sum_{i=1}^{n+3}\widehat{\boldsymbol{z}}\cdot(\boldsymbol{r}_{Ni}^{O2}\times\boldsymbol{N}_i)\end{cases} \tag{9.32} $$

记 $\boldsymbol{Q}=(Q_1,Q_2,\cdots,Q_{n+6}),\boldsymbol{N}=(\boldsymbol{N}_1,\boldsymbol{N}_2,\cdots,\boldsymbol{N}_{n+3})$; 将其余元素视为方程参数; 因为所有参数均为几何量, 所以在月球车位姿确定时各参数均为已知量。若按此构造, 方程式 (9.32) 可视为轮地力 $\boldsymbol{N}$ 和广义力 $\boldsymbol{Q}$ 的线性映射, 其中轮地力 $\boldsymbol{N}$ 共有 $3n+9$ 个元素, $\boldsymbol{Q}$ 有 $n+6$ 个元素, 方程个数为 $n+6$。因此, 式 (9.32) 可简写为

$$ \boldsymbol{Q}_{n+6}=\boldsymbol{R}_{(n+6)\times(3n+9)}\boldsymbol{N}_{3n+9} \tag{9.33} $$

式中, $\boldsymbol{R}_{(n+6)\times(3n+9)}$ 为参数矩阵。线性映射式 (9.33) 具有以下性质:

(1) 若将轮地力 $\boldsymbol{N}$ 视为已知量, 将 $\boldsymbol{Q}$ 视为未知量, 则未知量个数等于方程个数, $\boldsymbol{Q}$ 唯一确定。其含义为, 当月球车位姿 (决定 $\boldsymbol{R}_{(n+6)\times(3n+9)}$) 和轮地力确定时, 广义力唯一, 月球车运动确定。

(2) 若将 $\boldsymbol{Q}$ 视为已知量, 将 $\boldsymbol{N}$ 视为未知量, 则未知量个数多于方程个数, $\boldsymbol{N}$ 的解具有 $2n+3$ 个自由度。其含义为, 当月球车姿态、运动确定时, 轮地力不确定。实际上, 若需要计算轮地力, 还需要补充各轮的转速方程和轮地力学方程。

综上所述, 使用广义力比使用轮地力进行分析更简洁, 意义更明确。这也是使用约束力学分析月球车重力补偿的原因之一。

9.3.3 拉格朗日算子的构成

拉格朗日算子形如

$$L = D - P$$

式中, D 为系统动能, 相当于式 (5.42) 中的 T; P 为系统势能。

记第 i 个质点在固定坐标系 $Oxyz$ 内的坐标为 $\boldsymbol{l}_i^O$。不失一般性地, $\boldsymbol{l}_i^O$ 形如

$$\boldsymbol{l}_i^O = \boldsymbol{l}_i^O(\boldsymbol{q}, t)$$

因为月球车质心位置可完全由广义坐标 $\boldsymbol{q}$ 确定, 且月球车的构造、尺寸不随时间变化, 所以 $\boldsymbol{l}_i^O$ 表达式中不显含时间项 t, 即

$$\boldsymbol{l}_i^O = \boldsymbol{l}_i^O(\boldsymbol{q}(t)) \tag{9.34}$$

1. 月球车动能

将 $\boldsymbol{l}_i^O$ 对时间求导, 得质心的速度 $\boldsymbol{l}_i^O$

$$\dot{\boldsymbol{l}}_i^O = \frac{\partial \boldsymbol{l}_i^O}{\partial t} = \sum_{j=1}^{n+6} \frac{\partial \boldsymbol{l}_i^O}{\partial q_j}\dot{q}_j, \quad j = 1, 2, \cdots, n+6$$

第 i 个质点的动能是

$$D_i = \frac{1}{2} m_i \dot{\boldsymbol{l}}_i^O \cdot \dot{\boldsymbol{l}}_i^O = \frac{1}{2} m_i \sum_{j,k=1}^{n+6} \frac{\partial \boldsymbol{l}_i^O}{\partial q_j} \frac{\partial \boldsymbol{l}_i^O}{\partial q_k} \dot{q}_j \dot{q}_k$$

月球车整车的动能表达式为

$$D = \sum_i D_i = \frac{1}{2} \sum_i m_i \sum_{j,k=1}^{n+6} \frac{\partial \boldsymbol{l}_i^O}{\partial q_j} \frac{\partial \boldsymbol{l}_i^O}{\partial q_k} \dot{q}_j \dot{q}_k$$

注意到 $(\partial \boldsymbol{r}_i^O/\partial q_j) \cdot (\partial \boldsymbol{r}_i^O/\partial q_k)$ 是 $\boldsymbol{q}$ 的函数, 因此月球车动能可写为

$$D = D(m, \boldsymbol{q}, \dot{\boldsymbol{q}}) \tag{9.35}$$

2. 月球车势能

月球车势能分为两部分: 一部分是重力势能; 另一部分是弹性势能, 弹性势能产生于月球车中的弹性元件。

将第 i 个质心的坐标式展开为

$$\boldsymbol{l}_i^O(\boldsymbol{q}) = (x(\boldsymbol{q}), y(\boldsymbol{q}), z(\boldsymbol{q}))$$

整车势能 G 的表达式为

$$G = \sum_i m_i g z(\boldsymbol{q}) = G(m, g, \boldsymbol{q}) \tag{9.36}$$

式中, g 为地球的重力场数值。

部分月球车含有弹性元件, 弹性元件的形式如图 9.18 所示。图 9.18a 所示为在相对旋转的构件间设置扭杆弹簧。八轮摇臂 – 转向架的主副摇臂关节上就设有扭杆弹簧, 弹簧的扭转角等于广义坐标 q_j 的增量。图 9.18b 所示为在相对移动的构件间设置压簧。MARSHOOD 的车轮和车厢间就设有压簧, 压簧的伸缩量等于广义坐标 q_j 的增量。图 9.18c 所示为在平行四杆机构的相对杆件间设置压簧, 以张紧四杆机构。SHRIMP 火星车前轮和车体间即为此结构, 压簧的伸缩量是广义坐标 q_j 的函数。综上所述, 总能将弹簧的形变量 Δl 写为广义坐标 q_j 的函数 $\Delta l(q_j)$。弹簧势能可写为

$$E_i(q_i) = \frac{1}{2} k \Delta l(q_i)^2$$

整车的总势能为

$$E(\boldsymbol{q}) = \sum_i E_i(\boldsymbol{q}) \tag{9.37}$$

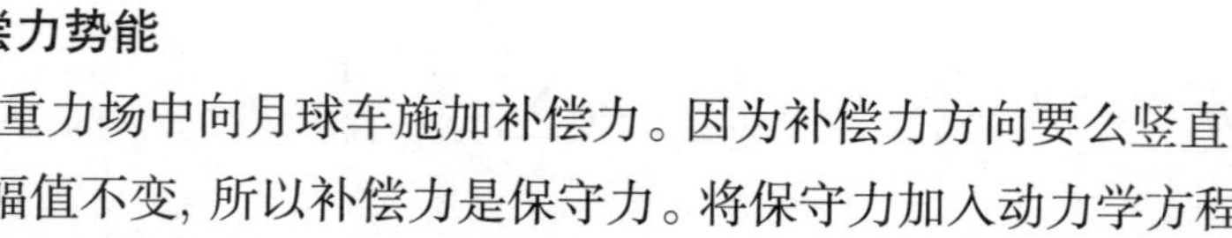

(a) 扭簧作用于转动关节　(b) 压簧作用于直线关节　(c) 压簧作用于闭环铰链

图 9.18　月球车中弹性元件的 3 种形式

3. 补偿力势能

在地球重力场中向月球车施加补偿力。因为补偿力方向要么竖直向下, 要么竖直向上, 其幅值不变, 所以补偿力是保守力。将保守力加入动力学方程有两种方法: ① 将保守力换算为广义力, 加入方程的广义力 Q_i 中; ② 将保守力换算为势能, 加入方程势能 G 中。此处将补偿力换算为势能, 记补偿力势能为 G^*。明显地, 补偿力势能 G^* 与广义速度 $\dot{q}$ 无关, 只是广义坐标 $\boldsymbol{q}$ 的函数, 因此可写为

$$G^* = G^*(\boldsymbol{q})$$

在补偿条件下, 系统势能为月球车重力势能、弹性势能和补偿力势能之和, 即

$$P = G(m, g, \boldsymbol{q}) + E(\boldsymbol{q}) + G^*(\boldsymbol{q}) \tag{9.38}$$

4. 拉格朗日算子

将式 (9.35) 和式 (9.38) 代入拉格朗日算子中, 得

$$L = D(m, \boldsymbol{q}, \dot{\boldsymbol{q}}) - G(m, g, \boldsymbol{q}) - G^*(\boldsymbol{q}) - E(\boldsymbol{q}) \tag{9.39}$$

式中, D 为月球车动能; G 为月球车重力势能; G^* 为补偿力势能; E 为月球车弹性势能。

9.3.4 补偿力的约束条件

低重力运动模拟的充要条件是: 重力补偿状态下的月球车动力学方程与低重力状态下月球车动力学方程完全一致。该条件就是补偿力应当服从的约束。为获得补偿力的约束, 首先求解各状态下的月球车动力学方程。

1. 地球重力场中的月球车动力学方程

令式 (9.39) 中的补偿力势能为零, 并将其代入动力学方程式 (9.1), 得如下月球车动力学方程:

$$\frac{\mathrm{d}}{\mathrm{d}t}\frac{\partial D}{\partial \dot{q}_i} - \frac{\partial D}{\partial q_i} + \frac{\partial G}{\partial q_i} + \frac{\partial E}{\partial q_i} = Q_i, \quad i = 1, 2, \cdots, n+6 \tag{9.40}$$

由于式 (9.40) 对应的重力加速度为 g, 且补偿力势能为零, 所以式 (9.40) 就是月球车在地球重力场中的动力学方程。

2. 低重力状态的月球车动力学方程

记低重力加速度为 $g/s, s > 1$, 用 G/s 置换式 (9.40) 中的 G 项, 即得如下低重力场中月球车的动力学方程:

$$\frac{\mathrm{d}}{\mathrm{d}t}\frac{\partial D}{\partial \dot{q}_i} - \frac{\partial D}{\partial q_i} + \frac{1}{s}\frac{\partial G}{\partial q_i} + \frac{\partial E}{\partial q_i} = Q_i, \quad i = 1, 2, \cdots, n+6 \tag{9.41}$$

3. 重力补偿状态的月球车动力学方程

在补偿状态下, 拉格朗日算子 [式 (9.39)] 中的重力加速度为 g, 且补偿力势能不为零。直接将式 (9.39) 代入式 (9.1), 得补偿状态下月球车动力学方程

$$\frac{\mathrm{d}}{\mathrm{d}t}\frac{\partial D}{\partial \dot{q}_i} - \frac{\partial D}{\partial q_i} + \frac{\partial (G + G^*)}{\partial q_i} + \frac{\partial E}{\partial q_i} = Q_i, \quad i = 1, 2, \cdots, n+6 \tag{9.42}$$

欲使补偿状态和低重力状态下月球车的性能一致, 应使两状态下动力学方程一致。比较式 (9.41) 和式 (9.42), 当且仅当

$$\frac{1}{s}\frac{\partial G}{\partial q_i} = \frac{\partial (G + G^*)}{\partial q_i}, \quad i = 1, 2, \cdots, n+6 \tag{9.43}$$

时, 式 (9.41) 和式 (9.42) 一致。移项后, 补偿约束可写为

$$s*\frac{\partial G}{\partial q_i}=\frac{\partial G^*}{\partial q_i},\quad i=1,2,\cdots,n+6 \tag{9.44}$$

式中, $s^*=(1-s)/s$, $s>1$。式 (9.44) 即为补偿力应服从的约束条件。

在补偿力约束的推导过程中, 没有做任何特殊性的假设或限定, 因而补偿约束式 (9.44) 适用于任何形式的月球车。

9.3.5 关节链及参数定义

1. 定义关节关系

广义坐标 $\boldsymbol{q}_n=(q_1,q_2,\cdots,q_n)$ 的元素对应月球车悬架的运动, 因此使用 q_i 作为关节名称。月球车悬架关节的关系描述如下: 将月球车车厢固定, 若 q_i 关节运动造成 q_j 关节位置变化, 则称 q_i 和 q_j 关节处于同一关节链中, 并称 q_i 在 q_j 关节的前端, q_j 在 q_i 关节后端; 如 q_i关节是关节链中所有关节的前端, 则称 q_j 关节为关节链的始端; 如 q_i 关节是关节链中所有关节的后端, 则称 q_i 关节为关节链的末端; 如 q_i 和 q_j 关节同处一个关节链中, 且 q_i 和 q_j 关节之间无其他关节, 则称 q_i 和 q_j 关节相邻。如果 q_i 关节同时与两个关节相邻, 并为这两个关节的前端, 则称关节链在 q_i 处分叉。

图 9.19a 所示是一个分叉关节链的示意图。作为示例, 给出了八轮摇臂 – 转向架式月球车的关节链示意图, 如图 9.19b 所示。八轮月球车的车厢两侧各有一个关节链; 每个关节链的始端是车厢和主摇臂间的差速关节, 末端是主副摇臂间的转动关节; 每个关节链在差速关节处分叉; 同一关节链中, 差速关节是转动关节的前端, 转动关节是差速关节的后端, 差速关节和转动关节相邻。

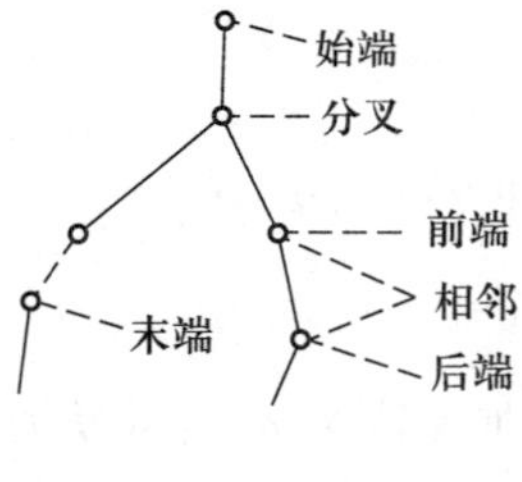

(a) 关节关系示意图

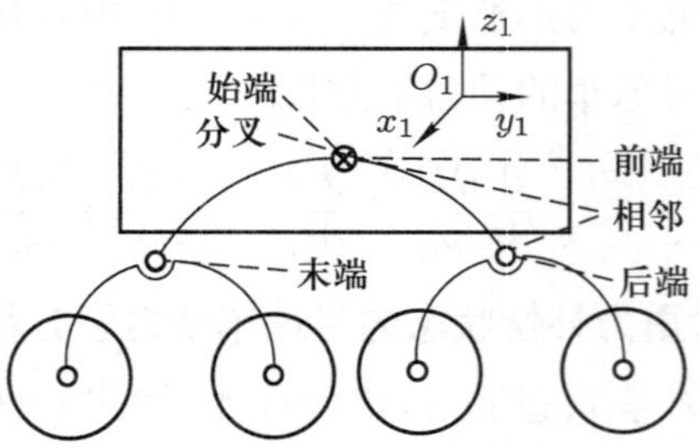

(b) 八轮月球车的关节链示意图

图 9.19 关节关系的定义

对于多车厢月球车, 如图 9.20a 所示, 关节链数量与始端的选取有关。在图 9.20a 所示中, 将 B、C 关节都选为始端, 则月球车共有两条关节链, 此时车厢坐标系应置于中间的车厢上。如将 A 关节选为始端, 那么月球车只有一条关节链, 此时车厢坐标系应置于左边的车厢上。

图 9.20b 所示是 SHRIMP 闭合铰链月球车, 共含有 3 个四连杆机构 (车厢两侧各一个, 前方一个) 和一个摆杆机构 (车厢后方)。由于四连杆机构相对于车厢为单自由度, 因此每个四连杆机构只选择一个广义坐标, 在关节链中只视为一个 "关节"。SHRIMP 月球车含有 4 条关节链, 每个关节既是始端, 也是终端。

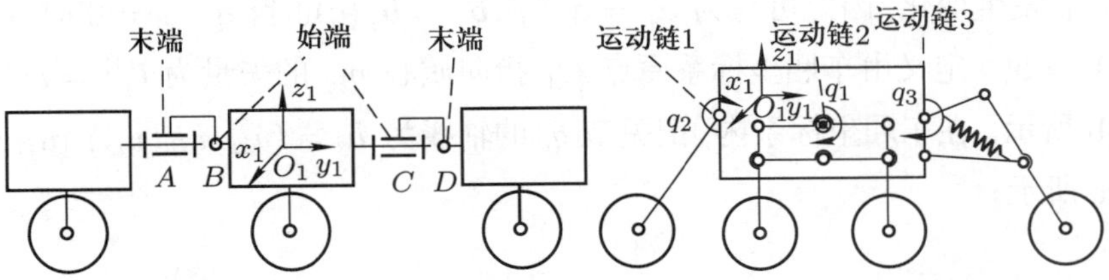

(a) 多平台月球车的关节关系　　(b) SHRIMP月球车的关节关系

图 9.20　关节链关系示例

2. 定义广义坐标零点

q_i 表示由其连接的两个相邻刚体的相对位置, $\boldsymbol{q}_{n+6} = (q_1, q_2, \cdots, q_n)$ 表示悬架姿态。若整车置于平地, 则定义广义坐标向量 $\boldsymbol{q}_{n+6} = 0$。其中, $(q_1, q_2, \cdots, q_n)$ 的零点对应月球车构件相对位置的零点, $(q_{n+1}, q_2, \cdots, q_{n-6})$ 的零点对应月球车车厢在固定坐标系中的零点。

广义坐标 q_i 运动的含义是: 令 $(q_1, q_2, \cdots, q_{i-1}, q_{i+1}, \cdots, q_{n+6})$ 为定值, 只使 q_i 产生变化。下面给出八轮摇臂 – 转向架式月球车广义坐标运动的示例。若 q_i 对应八轮车的差速器关节, 则 q_j 关节运动 Δq_i 的含义是令 $\boldsymbol{q}_n$ 中其他元素为常值, 只有差速器运动, 如图 9.21b 所示。若 q_j 对应整车的俯仰运动, 则广义坐标 q_i 运动 Δq_i 的含义是 $\boldsymbol{q}_n$ 中其他元素为常值, 只进行俯仰运动, 如图 9.21c 所示。两种情况下, 车厢在空间中的朝向不同, 车厢和主悬架的相对位置不同。

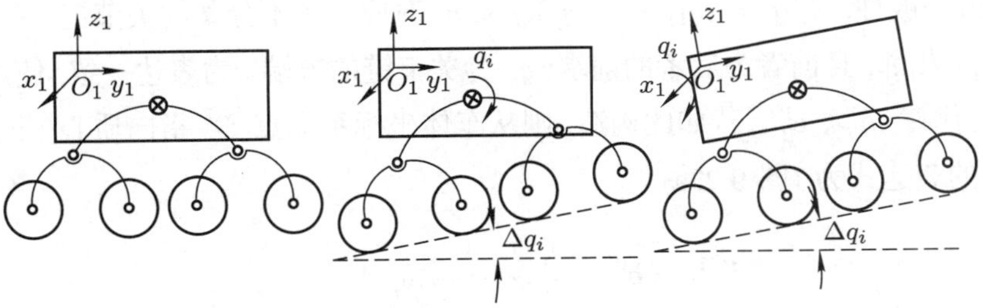

(a) 运动前　　(b) 差速器运动　　(c) 俯仰运动

图 9.21　广义坐标移动的示例

3. 定义关节链参数

在 $\boldsymbol{q}_{n+6} = \boldsymbol{0}$ 时, 定义相邻关节 q_i 和 q_j 间的常数。记相邻关节 q_i 和 q_j 间的构件质量为 m_j^i。在车厢坐标系内, 记由关节 q_i 指向质心 m_j^i 的矢量为 $\boldsymbol{c}_j^i$, 由关节 q_j 指向 q_j 的矢量为 $\boldsymbol{b}_j^i$。如关节 q_j 为关节链始端, 则 q_i 应为车厢坐标系原点 O_1, 相应地

有 m_j^0、$\boldsymbol{c}_j^0$ 和 $\boldsymbol{b}_j^0$, 它们分别为车厢质量、从 O_1 指向车厢质心的矢量及从 O_1 指向 q_j 关节的矢量。若 q_i 为关节链末端, 则 q_j 应为大地 T, 相应地有 m_T^i、$\boldsymbol{c}_T^i$ 和 $\boldsymbol{b}_T^i$。由于不使用 $\boldsymbol{b}_T^i$, 因此不在图 9.22a 中标出。在车厢坐标系内, 当 $\boldsymbol{q}_{n+6} \neq \boldsymbol{0}$ 时, 记由关节 q_i 指向质心 m_j^i 的矢量为 $\boldsymbol{c}_j^{i'}$, 由关节 q_i 指向 q_j 的矢量为 $\boldsymbol{b}_j^{i'}$。$\boldsymbol{c}_j^{i'}$ 和 $\boldsymbol{b}_j^{i'}$ 的位置随广义坐标 $\boldsymbol{q}_{n+6}$ 发生变化, 因此可写为 $\boldsymbol{c}_j^{i'} = \boldsymbol{c}_j^{i'}(\boldsymbol{q}), \boldsymbol{b}_j^{i'} = \boldsymbol{b}_j^{i'}(\boldsymbol{q})$。当 $\boldsymbol{q}_{m+6} = \boldsymbol{0}$ 时, $\boldsymbol{c}_j^{i'}(\boldsymbol{0}) = \boldsymbol{c}_j^i, \boldsymbol{b}_j^{i'}(\boldsymbol{0}) = \boldsymbol{b}_j^i$。定义由车厢坐标系原点 O_1 指向质心 m_j^i 的矢量为 $\boldsymbol{l}_j^{O1} = \boldsymbol{l}_j^{O1}(\boldsymbol{q})$, 如图 9.22b 所示。在车厢坐标系内, 记关节 q_i 的轴线为 $\hat{\boldsymbol{u}}_i = (u_{ix}, u_{iy}, u_{iz}), |\boldsymbol{u}_i| = 0$, 如图 9.22c 所示。

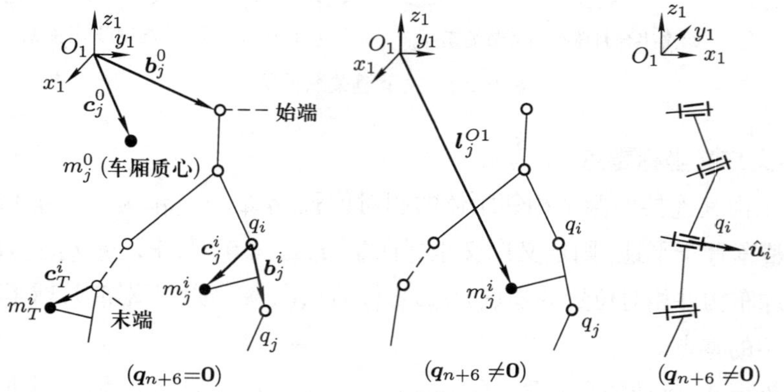

(a) 常值定义　　(b) 变量定义　　(c) 轴线定义

图 9.22　关节链参数的定义

9.3.6　关节链的重力势能及补偿力势能

不失一般性, 令 $\boldsymbol{q}_p = (q_1, q_2, \cdots q_p), p < n$, 对应一个不分叉的关节链, 关节 q_i 和关节 q_{i+1} 相邻, 且前者为后者的前端; q_p 为关节链的末端。为表达一致, 使用 m_{p+1}^p 和 $\boldsymbol{c}_{p+1}^p$ 代替 m_T^p、$\boldsymbol{c}_T^p$。若如此构造, 则从车体坐标系原点 O' 指向质心 m_{i+1}^i 的矢量 $\boldsymbol{l}_{i+1}^{O1}$ 的表达式为 (图 9.23a)

$$\boldsymbol{l}_{i+1}^{O1} = \boldsymbol{b}_1^{0'} + b_2^{1'} + \cdots + b_i^{i-1'} + c_{i+1'}^i \tag{9.45}$$

因为相邻关节 q_i 和 q_{i+1} 的轴线 $\boldsymbol{u}_i$ 和 $\boldsymbol{u}_j$ 相对方向不变, 所以存在常值的旋转矩阵 $\boldsymbol{R}_i^{i+1}$, 使得 (图 9.23b)

$$\boldsymbol{u}_{i+1} = \boldsymbol{R}_i^{i+1}\boldsymbol{u}_i$$

相似地, 有

$$\boldsymbol{u}_{i+1} = \boldsymbol{R}_i^{i+1}\boldsymbol{u}_i = \boldsymbol{R}_i^{i+1}\boldsymbol{R}_{i-1}^i\boldsymbol{u}_{i-1}$$

以此类推, 关节链中任意两关节轴线的相对姿态不变。因为关节链始端的轴线在车厢坐标系中为常值, 所以任意关节的轴线方向在车厢坐标系中不变。因为在车厢坐标系内关节轴线 $\boldsymbol{u}_i$ 是常值, 所以在车厢坐标系内绕 $\boldsymbol{u}_i=(u_{ix},u_{iy},u_{iz})$ 轴的旋转矩阵 $\boldsymbol{R}_{ui}(q_i)$ 也是常值, 其形如下:

$$\boldsymbol{R}_{ui}(q_i)=\begin{bmatrix} \mathrm{c}q_i+u_{ix}^2(1-\mathrm{c}q_i) & u_{ix}u_{iy}(1-\mathrm{c}q_i)-u_{iz}\mathrm{s}q_i & u_{ix}u_{iz}(1-\mathrm{c}q_i)+u_{iy}\mathrm{s}q_i \\ u_{ix}u_{iy}(1-\mathrm{c}q_i)+u_{iz}\mathrm{s}q_i & \mathrm{c}q_i+u_{iy}^2(1-\mathrm{c}q_i) & u_{iy}u_{iz}(1-\mathrm{c}q_i)-u_{ix}\mathrm{s}q_i \\ u_{ix}u_{iz}(1-\mathrm{c}q_i)-u_{iy}\mathrm{s}q_i & u_{iy}u_{iz}(1-\mathrm{c}q_i)+u_{ix}\mathrm{s}q_i & cq_i+u_{iz}^2(1-\mathrm{c}q_i) \end{bmatrix}$$

式中, 正体的 s 和 c 分别代表正弦函数和余弦函数。

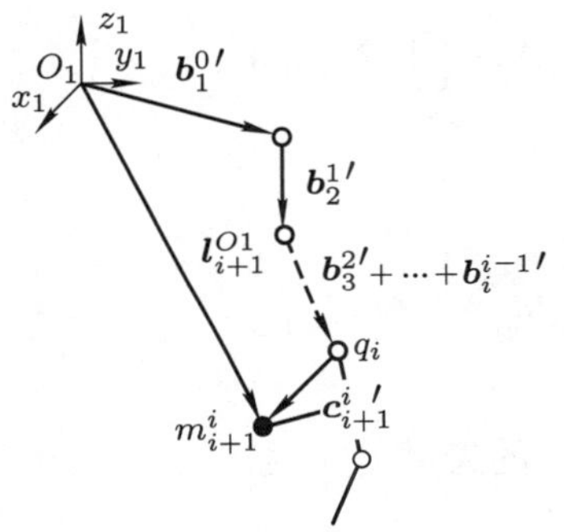

(a) 常数定义

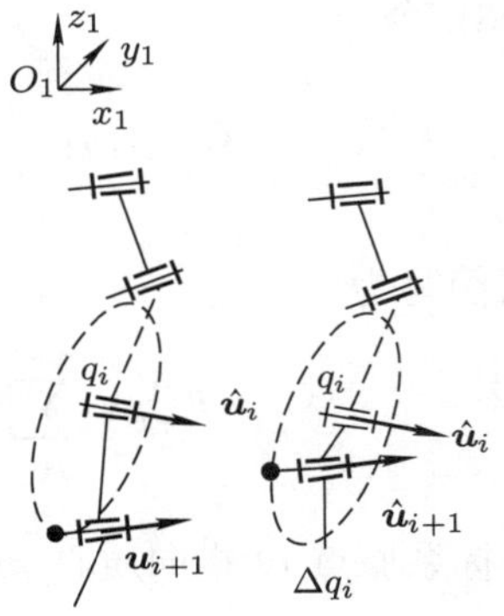

(b) 轴线定义

图 9.23 关节链位移关系

$b_{i+1}^{i'}$ 受到所有 q_{i+1} 前端关节转动的影响, 即 $\boldsymbol{b}_{i+1}^{i'}$ 是 $\boldsymbol{b}_{i+1}^{i}$ 绕 u_1 轴旋转 q_1 角, 绕 u_2 轴旋转 q_2 角, $\cdots$, 绕 $\boldsymbol{u}_i$ 轴旋转 q_i 角的结果, 如图 9.24 所示, 因此有

$$\boldsymbol{b}_{i+1}^{i'}=\prod_{j=0}^{i}\boldsymbol{R}_{uj}(q_j)\boldsymbol{b}_{i+1}^{i} \tag{9.46}$$

式中, 当连乘号的下限大于上限时, 无法进行运算; 若出现这种情况, 定义连乘结果为 $\boldsymbol{I}$。

同理, $\boldsymbol{c}_{i+1}^{i'}$ 是 c_{i+1}^{i} 绕 $\boldsymbol{u}_1$ 轴旋转 q_1 角, 绕 $\boldsymbol{u}_2$ 轴旋转 q_2 角, $\cdots$, 绕 $\boldsymbol{u}_i$ 轴旋转 q_i 角的结果, 因此有

$$c_{i+1}^{i'}=\prod_{j=0}^{i}\boldsymbol{R}_{uj}(q_j)\boldsymbol{c}_{j+1}^{j} \tag{9.47}$$

将式 (9.46) 和式 (9.47) 代入式 (9.45), 得

$$\boldsymbol{l}_{i+1}^{O1}=\sum_{j=0}^{i-1}\prod_{k=0}^{j}\boldsymbol{R}_{uk}(q_k)\boldsymbol{b}_{j+1}^{j}+\prod_{j=0}^{i}\boldsymbol{R}_{uj}(q_j)\boldsymbol{c}_{i+1}^{i} \tag{9.48}$$

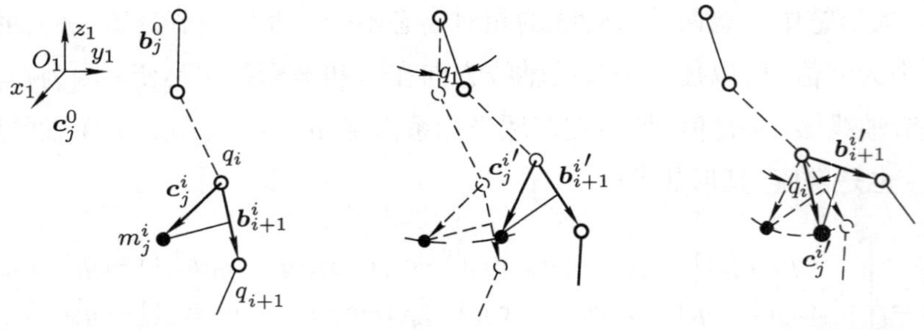

(a) 在初始点　(b) 第一个关节运动后　(c) 一系列关节运动后

图 9.24　关节链常数和变量的关系

为简化式 (9.48), 令

$$\boldsymbol{\Theta}_{\mathrm{i}}(q_1, q_2, \cdots, q_i) = \prod_{j=0}^{i} \boldsymbol{R}_{uj}(q_j) \tag{9.49}$$

则式 (9.48) 可简写为

$$\boldsymbol{l}_{i+1}^{O1} = \sum_{j=0}^{i-1} \boldsymbol{\Theta}_j \boldsymbol{b}_{j+1}^j + \boldsymbol{\Theta}_i \boldsymbol{c}_{i+1}^i \tag{9.50}$$

由固定坐标系原点 O 指向质心 m_{i+1}^i 的矢量 $\boldsymbol{l}_{i+1}^O$ 为

$$\boldsymbol{l}_{i+1}^O = \boldsymbol{R}_{O1}^O \boldsymbol{l}_{i+1}^{O1} + \boldsymbol{r}$$

式中, $\boldsymbol{r} = (q_{n+1}, q_{n+2}, q_{n+3})$; $\boldsymbol{R}_{O1}^O = \boldsymbol{R}_z(q_{n+6})\boldsymbol{R}_y(q_{n+5})\boldsymbol{R}_x(q_{n+4})$, $\boldsymbol{R}_x$、$\boldsymbol{R}_y$ 和 $\boldsymbol{R}_z$ 分别为绕 x 轴、y 轴和 z 轴的旋转矩阵, 如图 9.25 所示。

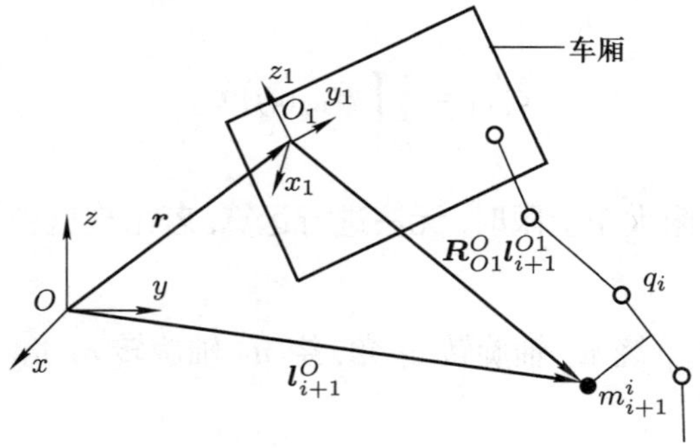

图 9.25　从固定坐标系原点到质心的距离

质心 m_{i+1}^i 的势能 G_{i+1}^i 为

$$G_{i+1}^i = m_{i+1}^i g \boldsymbol{l}_{i+1}^O \cdot \widehat{\boldsymbol{z}} = m_{i+1}^i g \boldsymbol{R}_{O1}^O \left(\sum_{j=0}^{i-1} \boldsymbol{\Theta}_j \boldsymbol{b}_{j+1}^j + \boldsymbol{\Theta}_i \boldsymbol{c}_{i+1}^i \right) \cdot \widehat{\boldsymbol{z}} + m_{i+1}^i g \boldsymbol{r} \cdot \widehat{\boldsymbol{z}} \tag{9.51}$$

式中, $\hat{\boldsymbol{z}}=(0,0,1)^{\mathrm{T}}$。整条关节链的势能 G 为 (包含车厢)

$$G=\hat{\boldsymbol{z}}\cdot\sum_{i=0}^{p}m_{i+1}^{i}g\boldsymbol{R}_{O1}^{O}\left(\sum_{j=0}^{i-1}\boldsymbol{\Theta}_{j}\boldsymbol{b}_{j+1}^{j}+\boldsymbol{\Theta}_{i}\boldsymbol{c}_{i+1}^{i}\right)+\hat{\boldsymbol{z}}\cdot\boldsymbol{r}\sum_{i=0}^{p}m_{i+1}^{i}g \tag{9.52}$$

当求和符号的下限大于上限时, 无法进行运算; 若出现这种情况, 定义求和结果为 0。为观察式 (9.52) 的性质, 将其等号右边第一项按横行 i、纵行 j 置于表 9.1, 并将含 $\boldsymbol{\Theta}_{i}\boldsymbol{c}_{i+1}^{i}$ 的项置于表的对角线上。

表 **9.1** 式 (9.52) 中求和项展开

i	j				
	0	1	2	$\cdots$	p
0	$m_1^0 g\boldsymbol{R}_{O1}^O\boldsymbol{\Theta}_0\boldsymbol{c}_1^0\cdot\hat{\boldsymbol{z}}$	—	—	—	—
1	$m_2^1 g\boldsymbol{R}_{O1}^O\boldsymbol{\Theta}_0\boldsymbol{b}_1^0\cdot\hat{\boldsymbol{z}}$	$m_2^1 g\boldsymbol{R}_{O1}^O\boldsymbol{\Theta}_1\boldsymbol{c}_2^1\cdot\hat{\boldsymbol{z}}$	—	—	—
2	$m_3^2 g\boldsymbol{R}_{O1}^O\boldsymbol{\Theta}_0\boldsymbol{b}_1^0\cdot\hat{\boldsymbol{z}}$	$m_3^2 g\boldsymbol{R}_{O1}^O\boldsymbol{\Theta}_1\boldsymbol{b}_2^1\cdot\hat{\boldsymbol{z}}$	$m_3^2 g\boldsymbol{R}_{O1}^O\boldsymbol{\Theta}_2\boldsymbol{c}_3^2\cdot\hat{\boldsymbol{z}}$	—	—
$\cdots$	$\cdots$	$\cdots$	$\cdots$	$\cdots$	—
p	$m_{p+1}^p g\boldsymbol{R}_{O1}^O\boldsymbol{\Theta}_0\boldsymbol{b}_1^0\cdot\hat{\boldsymbol{z}}$	$m_{p+1}^p g\boldsymbol{R}_{O1}^O\boldsymbol{\Theta}_1\boldsymbol{b}_2^1\cdot\hat{\boldsymbol{z}}$	$m_{p+1}^p g\boldsymbol{R}_{O1}^O\boldsymbol{\Theta}_2\boldsymbol{b}_3^2\cdot\hat{\boldsymbol{z}}$	$\cdots$	$m_{p+1}^p g\boldsymbol{R}_{O1}^O\boldsymbol{\Theta}_p\boldsymbol{b}_{p+1}^p\cdot\hat{\boldsymbol{z}}$

表 9.1 中, 只有矩阵 $\boldsymbol{\Theta}$ 是广义坐标 $\boldsymbol{q}_p=(q_1,q_2,\cdots,q_p)$ 的函数, 且矩阵 $\boldsymbol{\Theta}$ 的下角标数值总是等于表的列数 j。若先逐行求和再求总和, 即得式 (9.52) 等号右边第一项, 此时 $\boldsymbol{\Theta}_j$ 位于内层求和号内。为使 G 对广义坐标向量 $\boldsymbol{q}_p$ 的偏导表达简练, 应使 $\boldsymbol{\Theta}_j$ 位于两层求和号之间, 即先逐列求和再求总和

$$\begin{aligned}G&=\hat{\boldsymbol{z}}\cdot\sum_{j=0}^{p}\left(m_{j+1}^{j}g\boldsymbol{R}_{O1}^{O}\boldsymbol{\Theta}_{j}\boldsymbol{c}_{j+1}^{j}+\boldsymbol{R}_{O1}^{O}\boldsymbol{\Theta}_{j}\boldsymbol{b}_{j+1}^{j}\sum_{i=j+1}^{p}m_{i+1}^{i}g\right)+\hat{\boldsymbol{z}}\cdot\boldsymbol{r}\sum_{i=0}^{p}m_{i+1}^{i}g\\&=\hat{\boldsymbol{z}}\cdot\sum_{j=0}^{p}\boldsymbol{R}_{O1}^{O}\boldsymbol{\Theta}_{j}\left(\boldsymbol{c}_{j+1}^{j}m_{j+1}^{j}g+\boldsymbol{b}_{j+1}^{j}\sum_{i=j+1}^{p}m_{i+1}^{i}g\right)+\hat{\boldsymbol{z}}\cdot\boldsymbol{r}\sum_{i=0}^{p}m_{i+1}^{i}g\end{aligned} \tag{9.53}$$

当 $\boldsymbol{q}_{n+6}=\boldsymbol{0}$ 时, 定义相邻关节 q_i 和 q_j 间的补偿力常数: 在车厢坐标系内, 记作用于相邻关节 q_i 和 q_j 之间构件上的补偿力为 $\boldsymbol{f}_j^i=(0,0,f_j^i)$; 记由关节 q_i 指向补偿力 $\boldsymbol{f}_j^i$ 作用点的矢量为 $\boldsymbol{c}_j^{i*}$; 由关节 q_i 指向 q_j 的矢量 $\boldsymbol{b}_j^i$ 已经定义, 此处不再重复。如关节 q_j 为关节链的始端, 则 q_i 应为车厢坐标系原点 O_1, 相应地有 $\boldsymbol{f}_j^0$, f_j^0 为作用于车厢的补偿力; 如 q_i 为关节链的末端, 则 q_j 应为大地 T, 相应地有 $\boldsymbol{f}_T^i$, f_T^i 为作用于末端构件的补偿力。

在 $\boldsymbol{q}_{n+6}\neq\boldsymbol{0}$ 时, 补偿力 $\boldsymbol{f}_j^i$ 作用点 $\boldsymbol{c}_j^{i*}$ 在车厢坐标系中的位置随广义坐标发生变化。定义由车厢坐标系原点 O_1 指向补偿力 $\boldsymbol{f}_j^i$ 的矢量为 $\boldsymbol{l}_j^{O1*}=\boldsymbol{l}_j^{O1*}(\boldsymbol{q})$。补偿力的常值和变量的定义见图 9.26。

不失一般性, 令 $\boldsymbol{q}_p=(q_1,q_2,\cdots q_p), p<n$, 对应一个不分叉的关节链, 元素 $q_i, i=1,2,\cdots,p-1$ 与 q_{i+1} 对应的关节相邻, 且前者为后者的前端, q_p 为关节链的末端。

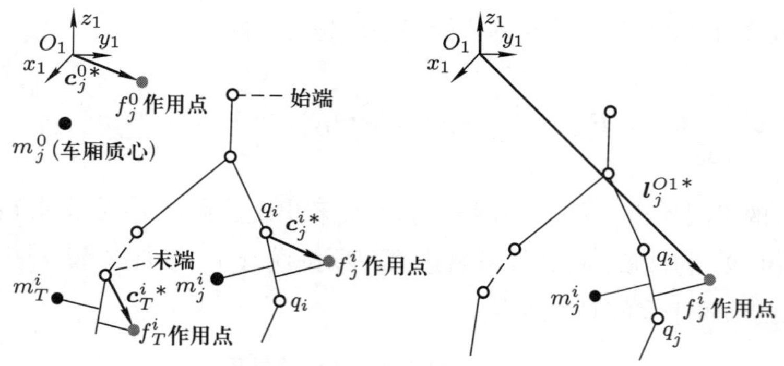

$(q_{n+6}=0)$ (a) 常值定义

$(q_{n+6}\neq 0)$ (b) 变量定义

图 9.26 补偿力参数定义

为表达一致, 使用 $\boldsymbol{f}_{p+1}^p$ 代替 $\boldsymbol{f}_T^p$, 使用 ${\boldsymbol{c}_{p+1}^p}^*$ 代替 ${\boldsymbol{c}_T^p}^*$。若按此构造, 则从车体坐标系原点 O' 指向 $\boldsymbol{f}_{i+1}^i$ 作用点的矢量 ${\boldsymbol{l}_{i+1}^{O1}}^*$ 为

$$
{\boldsymbol{l}_{i+1}^{O1}}^* = \sum_{j=0}^{i-1} \boldsymbol{\Theta}_j \boldsymbol{b}_{j+1}^j + \boldsymbol{\Theta}_i {\boldsymbol{c}_j^i}^*
$$

由固定坐标系原点 O 指向 $\boldsymbol{f}_{i+1}^i$ 作用点的矢量 ${l_{i+1}^O}^*$ 为

$$
{\boldsymbol{l}_{i+1}^O}^* = \boldsymbol{R}_{O1}^O {\boldsymbol{l}_{i+1}^{O1}}^* + \boldsymbol{r}
$$

补偿力 $\boldsymbol{f}_{i+1}^i$ 的势能 $G_i{}^*$ 为

$$
G_i{}^* = \widehat{\boldsymbol{z}} \cdot f_{i+1}^i \boldsymbol{R}_{O1}^O \left(\sum_{j=0}^{i-1} \boldsymbol{\Theta}_j \boldsymbol{b}_{j+1}^j + \boldsymbol{\Theta}_i {\boldsymbol{c}_{i+1}^i}^* \right) + \widehat{\boldsymbol{z}} \cdot f_{i+1}^i \boldsymbol{r}
$$

整条关节链中的补偿力势能 G^* 为

$$
G^* = \widehat{\boldsymbol{z}} \cdot \sum_{i=0}^{p} f_{i+1}^i \boldsymbol{R}_{O1}^O \left(\sum_{j=0}^{i-1} \boldsymbol{\Theta}_j \boldsymbol{b}_{j+1}^j + \boldsymbol{\Theta}_i {\boldsymbol{c}_{i+1}^i}^* \right) + \widehat{\boldsymbol{z}} \cdot \boldsymbol{r} \sum_{i=0}^{p} f_{i+1}^i
$$

交换求和顺序后, 补偿力势能改写为

$$
G^* = \widehat{\boldsymbol{z}} \cdot \sum_{j=0}^{p} \boldsymbol{R}_{O1}^O \boldsymbol{\Theta}_j \left({\boldsymbol{c}_{j+1}^j}^* f_{j+1}^j g + \boldsymbol{b}_{j+1}^j \sum_{i=j+1}^{p} f_{i+1}^i g \right) + \widehat{\boldsymbol{z}} \cdot \boldsymbol{r} \sum_{i=0}^{p} f_{i+1}^i g
$$

9.3.7 重力补偿模型的表示式

9.3.7.1 势能对广义坐标的偏微分

考虑重力势能 G 对某广义坐标 q_k 的偏导。按 k 取值, q_k 关节位置分为 4 类: ① 若 $0 < k \leqslant p, q_k$ 关节处于关节链 $\boldsymbol{q}_p = (q_1, q_2, \cdots, q_p)$ 中; ② 若 $p < k \leqslant n, q_k$ 关

节是月球车关节, 但不处于关节链 $\boldsymbol{q}_p$ 中; ③ 若 $n < k \leqslant n+3, q_k$ 对应于整车平移; ④ 若 $n+3 < k \leqslant n+6, q_k$ 对应于整车俯仰、侧倾和转向。

当 $0 < k \leqslant p$ 时, 式 (9.53) 等号右侧只有矩阵 $\boldsymbol{\Theta}_j$ 是 q_k 函数, 因此

$$\frac{\partial G}{\partial q_k} = \widehat{\boldsymbol{z}} \cdot \sum_{j=0}^{p} \boldsymbol{R}_{O1}^{O} \frac{\partial \boldsymbol{\Theta}_j}{\partial q_k} \left(\boldsymbol{c}_{j+1}^{i} m_{j+1}^{j} g + \boldsymbol{b}_{j+1}^{j} \sum_{i=j+1}^{p} m_{i+1}^{i} g \right), \quad k = 1, 2, \cdots, p \tag{9.54}$$

由于 $\boldsymbol{\Theta}_j$ 仅是 $(q_1, q_2, \cdots, q_j)$ 的函数, 所以若 $q_k \in (q_{j+1}, q_{j+2}, \cdots, q_p)$, 有

$$\frac{\partial \boldsymbol{\Theta}}{\partial q_k} = 0, \quad j < k \tag{9.55}$$

将式 (9.55) 代入式 (9.54), 得

$$\frac{\partial G}{\partial q_k} = \widehat{\boldsymbol{z}} \cdot \sum_{j=k}^{p} \boldsymbol{R}_{O1}^{O} \frac{\partial \boldsymbol{\Theta}_j}{\partial q_k} \left(c_{j+1}^{j} m_{j+1}^{j} g + \boldsymbol{b}_{j+1}^{j} \sum_{i=j+1}^{p} m_{i+1}^{i} g \right), \quad k = 1, 2, \cdots, p \tag{9.56}$$

即式 (9.54) 的求和下限由零变为 k。

当 $p < k \leqslant n$ 时, 式 (9.54) 等号右侧没有任何量是 q_k 函数, 因此

$$\frac{\partial G}{\partial q_k} = 0, \quad k = p+1, p+2, \cdots, n$$

当 $n < k \leqslant n+3$ 时, 式 (9.54) 等号右侧只有 r 是 q_k 函数, 因此

$$\frac{\partial G}{\partial q_k} = \widehat{\boldsymbol{z}} \cdot \frac{\partial \boldsymbol{r}}{\partial q_k} \sum_{i=0}^{p} m_{i-1}^{i} g, \quad k = n+1, n+2, n+3$$

当 $n < k \leqslant n+3$ 时, 式 (9.54) 等号右侧只有 $\boldsymbol{R}_{O1}^{O}$ 是 q_k 函数, 因此

$$\frac{\partial G}{\partial q_k} = \widehat{\boldsymbol{z}} \cdot \sum_{j=0}^{p} \frac{\partial \boldsymbol{R}_{O1}^{O}}{\partial q_k} \boldsymbol{\Theta}_j \left(\boldsymbol{c}_{j+1}^{j} m_{j+1}^{j} g + \boldsymbol{b}_{j+1}^{j} \sum_{i=j+1}^{p} m_{i+1}^{i} g \right), \quad k = n+4, n+5, n+6$$

综上所述, 重力势能 G 对某广义坐标 q_k 的偏导为

$$\frac{\partial G}{\partial q_k} = \begin{cases} \widehat{\boldsymbol{z}} \cdot \displaystyle\sum_{j=k}^{p} \boldsymbol{R}_{O1}^{O} \frac{\partial \Theta_j}{\partial q_k} \left(\boldsymbol{c}_{j+1}^{j} m_{j+1}^{j} g + \boldsymbol{b}_{j+1}^{j} \sum_{i=j+1}^{p} m_{i+1}^{i} g \right), \ k = 1, 2, \cdots, p \\ 0, \ k = p+1, p+2, \cdots, n \\ \widehat{\boldsymbol{z}} \cdot \dfrac{\partial r}{\partial q_k} \displaystyle\sum_{i=0}^{p} m_{i+1}^{i} g, \ k = n+1, n+2, n+3 \\ \widehat{\boldsymbol{z}} \cdot \displaystyle\sum_{j=0}^{p} \frac{\partial \boldsymbol{R}_{O1}^{O}}{\partial q_k} \boldsymbol{\Theta}_j \left(\boldsymbol{c}_{j+1}^{j} m_{j+1}^{j} g + \boldsymbol{b}_{j+1}^{j} \sum_{i=j+1}^{p} m_{i+1}^{i} g \right), \ k = n+4, n+5, n+6 \end{cases} \tag{9.57}$$

补偿力势能 G^* 对广义坐标 q_k 的偏导为

$$\frac{\partial G^*}{\partial q_k}=\begin{cases}\widehat{\boldsymbol{z}}\cdot\displaystyle\sum_{j=k}^{p}\boldsymbol{R}_{O1}^{O}\frac{\partial\boldsymbol{\Theta}_j}{\partial q_k}\left(\boldsymbol{c}_{j+1}^{j}{}^{*}f_{j+1}^{j}+\boldsymbol{b}_{j+1}^{j}\sum_{i=j+1}^{p}f_{i+1}'\right),\ k=1,2,\cdots,p\\ 0,\ k=p+1,p+2,\cdots,n\\ \widehat{\boldsymbol{z}}\cdot\dfrac{\partial\boldsymbol{r}}{\partial q_k}\displaystyle\sum_{i=0}^{p}f_{i+1}',\ k=n+1,n+2,n+3\\ \widehat{\boldsymbol{z}}\cdot\displaystyle\sum_{j=0}^{p}\frac{\partial\boldsymbol{R}_{O1}^{O}}{\partial q_k}\boldsymbol{\Theta}_j\left(\boldsymbol{c}_{j+1}^{j}{}^{*}f_{j+1}^{j}+\boldsymbol{b}_{j+1}^{i}\sum_{i=j+1}^{p}f_{i+1}'\right),\ k=n+4,n+5,n+6\end{cases}\tag{9.58}$$

实际上, 将式 (9.57) 中的 $\boldsymbol{c}_{i+1}^{i}$ 置换为 $\boldsymbol{c}_{i+1}^{i}{}^{*}, m_{i+1}^{i}g$ 置换为 $\boldsymbol{f}_{i+1}^{i}$ 即得式 (9.58); 式 (9.57) 与式 (9.58) 的结构完全相同。

9.3.7.2 重力补偿模型的表达式

将式 (9.57) 和式 (9.58) 代入重力补偿约束式 (9.44), 即得单关节链补偿力的解析模型, 见式 (9.59)。该中, 未知数是 $\boldsymbol{c}_{j+1}^{j}{}^{*}$ 和 f_{j+1}^{j}; 常数是 s^*、$\boldsymbol{b}_{j+1}^{j}$、$\boldsymbol{c}_{j+1}^{j}$、$\widehat{\boldsymbol{z}}$ 和 $m_{j+1}^{j}g$; 变量是 $\boldsymbol{r}$、矩阵 $\boldsymbol{R}_{O1}^{O}$ 和矩阵 $\boldsymbol{\Theta}_j$。未知矢量 $\boldsymbol{c}_{j+1}^{j}{}^{*}$ 是整车置于平地时由关节 q_i 指向补偿力 $\boldsymbol{r}_{j+1}^{j}$ 作用点的矢量, 因此 $\boldsymbol{c}_{j+1}^{j}{}^{*}$ 是常值未知量。补偿力大小 f_{j+1}^{j} 也是常值未知量。变量 $\boldsymbol{R}_{O1}^{O}$、$\boldsymbol{\Theta}_j$ 和 $\boldsymbol{r}$ 是广义坐标 $\boldsymbol{q}_{n+6}$ 的函数, 所以它们是方程中的变量。

$$\begin{cases}s^*\widehat{\boldsymbol{z}}\cdot\displaystyle\sum_{j=k}^{p}\boldsymbol{R}_{O1}^{O}\frac{\partial\boldsymbol{\Theta}_j}{\partial q_k}\left(\boldsymbol{c}_{j+1}^{j}m_{j+1}^{j}g+\boldsymbol{b}_{j+1}^{j}\sum_{i=j+1}^{p}m_{i+1}^{i}g\right)=\\ \qquad\widehat{\boldsymbol{z}}\cdot\displaystyle\sum_{j=k}^{p}\boldsymbol{R}_{O1}^{O}\frac{\partial\boldsymbol{\Theta}_j}{\partial q_k}\left(\boldsymbol{c}_{j+1}^{j}{}^{*}f_{j+1}^{j}+\boldsymbol{b}_{j+1}^{j}\sum_{i=j+1}^{p}f_{i+1}^{i}\right),\quad k=1,2,\cdots,p\\ \boldsymbol{0}=\boldsymbol{0},\quad k=p+1,p+2,\cdots,n\\ s^*\widehat{\boldsymbol{z}}\cdot\dfrac{\partial\boldsymbol{r}}{\partial q_k}\displaystyle\sum_{i=0}^{p}f_{i+1}^{i}=\widehat{\boldsymbol{z}}\cdot\frac{\partial\boldsymbol{r}}{\partial q_k}\sum_{i=0}^{p}m_{i+1}^{i}g,\quad k=p+1,p+2,\cdots,n\\ s^*\widehat{\boldsymbol{z}}\cdot\displaystyle\sum_{j=0}^{p}\frac{\partial\boldsymbol{R}_{O1}^{O}}{\partial q_k}\boldsymbol{\Theta}_j\left(\boldsymbol{c}_{j+1}^{j}{}^{*}f_{j+1}^{j}+\boldsymbol{b}_{j+1}^{j}\sum_{i=j+1}^{p}f_{i+1}^{i}\right)=\\ \qquad\widehat{\boldsymbol{z}}\cdot\displaystyle\sum_{j=0}^{p}\frac{\partial\boldsymbol{R}_{O1}^{O}}{\partial q_k}\boldsymbol{\Theta}_j\left(\boldsymbol{c}_{j+1}^{j}m_{j+1}^{j}g+\boldsymbol{b}_{j+1}^{j}\sum_{i=j+1}^{p}m_{i+1}^{i}g\right),\quad k=n+4,n+5,n+6\end{cases}\tag{9.59}$$

方程式 (9.59) 的含义是: 若方程组有解, 则无论广义坐标 $\boldsymbol{q}_{n+6}$ 如何取值, 常量解 $\boldsymbol{c}_{j+1}^{i*}$ 和 f_{j+1}^{j} 始终使方程式 (9.59) 成立。如果方程式 (9.59) 有解, 则无论月球车如何运动, 都能准确模拟低重力场, 且补偿力的大小和作用点不变。

为了便于读者理解, 将多关节链、分叉关节链和差速器耦合关节链的建模置于下节。这主要是因为, 通过单关节链的补偿力解系可以直接构造多关节链等更为复杂模型的解系, 而不必列出多关节链等模型的方程组。

9.4 月球车重力补偿模型的解系

针对只含转动自由度的关节链, 本节推导补偿力的解系。首先求解单关节链的补偿力解系, 然后计算双关节链的补偿力解系, 证明两条关节链的补偿解系独立。在此基础上, 求解分叉关节链的补偿力解系和差速器耦合关节链的补偿力解系。

9.4.1 单条关节链的补偿力解系

9.4.1.1 $0<k\leqslant p$ 段补偿力解系

当 $0<k\leqslant p$ 时, 广义坐标 q_k 对应单关节链中的某关节。补偿力的约束方程为

$$s^*\widehat{\boldsymbol{z}}\cdot\sum_{j=k}^{p}\boldsymbol{R}_{O1}^{O}\frac{\partial\boldsymbol{\Theta}_j}{\partial q_k}\left(\boldsymbol{c}_{j+1}^{j}m_{j+1}^{j}g+\boldsymbol{b}_{j+1}^{j}\sum_{i=j+1}^{p}m_{i+1}^{i}g\right)=$$
$$\widehat{\boldsymbol{z}}\cdot\sum_{j=k}^{p}\boldsymbol{R}_{O1}^{O}\frac{\partial\boldsymbol{\Theta}_j}{\partial q_k}\left(\boldsymbol{c}_{j+1}^{j}{}^{*}f_{j+1}^{j}+\boldsymbol{b}_{+1}^{j}\sum_{i=j+1}^{p}f_{i+1}^{i}\right),\quad k=1,2,\cdots,p \tag{9.60}$$

将式 (9.60) 等号右边的项移至左边, 然后使用点积结合率 $\boldsymbol{a}\cdot\boldsymbol{c}+\boldsymbol{b}\cdot\boldsymbol{c}=(\boldsymbol{a}+\boldsymbol{b})\cdot\boldsymbol{c}$, 最后将 $\widehat{\boldsymbol{z}}=(0,0,1)^{\mathrm{T}}$ 代入, 得

$$\boldsymbol{R}_{O1}^{O}\sum_{j=k}^{p}\frac{\partial\boldsymbol{\Theta}_j}{\partial q_k}\left[s^*\left(\boldsymbol{c}_{j+1}^{j}m_{j+1}^{j}g+\boldsymbol{b}_{j+1}^{j}\sum_{i=j+1}^{p}m_{i+1}^{i}g\right)-\right.$$
$$\left.\left(\boldsymbol{c}_{j+1}^{j}{}^{*}f_{j+1}^{j}+\boldsymbol{b}_{j+1}^{j}\sum_{i=j+1}^{p}f_{i+1}^{i}\right)\right]=(c_x,c_y,0)^{\mathrm{T}},\quad k=1,2,\cdots,p \tag{9.61}$$

式中, c_x 和 c_y 是任意实数。式 (9.61) 的含义是: 矩阵 $\boldsymbol{R}_{O1}^{O}$ 和求和号内向量乘积的 z 轴分量始终为零。因为 $\boldsymbol{R}_{O1}^{O}(q_{n+4},q_{n+5},q_{n+6})$ 是车体绕固定坐标系x、y 和 z 轴旋转矩阵的乘积, 所以 $\boldsymbol{R}_{O1}^{O}$ 可将任意非零向量旋转至 z 轴分量不为零的状态。因此, 求和号内的向量必须为零向量, 式 (9.61) 等价于

$$\sum_{j=k}^{P}\frac{\partial\boldsymbol{\Theta}_j}{\partial q_k}\left[s^*\left(c_{j+1}^{j}m_{j+1}^{j}g+\boldsymbol{b}_{j+1}^{j}\sum_{i=j+1}^{p}m_{i+1}^{i}g\right)-\left(\boldsymbol{c}_{j+1}^{j}{}^{*}f_{j+1}^{j}+\boldsymbol{b}_{j+1}^{i}\sum_{i=j+1}^{p}f_{i+1}^{i}\right)\right]$$
$$=\boldsymbol{0},\quad k=1,2,\cdots,p \tag{9.62}$$

由 $\boldsymbol{\Theta}_j$ 的定义式 (9.49) 可得

$$\frac{\partial\boldsymbol{\Theta}}{\partial q_k}=\prod_{l=0}^{k-1}\boldsymbol{R}_{ul}(q_l)\frac{\mathrm{d}\boldsymbol{R}_{uk}(q_k)}{\mathrm{d}q_k}\prod_{l=k+1}^{j}\boldsymbol{R}_{ul}(q_l) \tag{9.63}$$

因为 $\prod_{j=0}^{k-1}\boldsymbol{R}_{uj}(q_j)$ 是 $k-1$ 个旋转矩阵的乘积, 所以总存在逆矩阵 $\prod_{j=0}^{k-1}\boldsymbol{R}_{uj}(-q_j)$。将式 (9.63) 代入式 (9.62), 并将式 (9.62) 两边同时左乘逆矩阵 $\prod_{j=0}^{k-1}\boldsymbol{R}_{uj}(-q_j)$, 得

$$\frac{\mathrm{d}\boldsymbol{R}_{uk}(q_k)}{\mathrm{d}q_k}\sum_{j=k}^{p}\prod_{l=k1}^{j}\boldsymbol{R}_{ul}(q_l)\left[s^*\left(\boldsymbol{c}_{j+1}^{j}m_{j+1}^{j}g+\boldsymbol{b}_{j+1}^{j}\sum_{i=j+1}^{p}m_{i+1}^{i}g\right)-\left(\boldsymbol{c}_{j+1}^{j}{}^{*}f_{j+1}^{j}+\boldsymbol{b}_{j+1}^{j}\sum_{i=j+1}^{p}f_{i+1}^{i}\right)\right]=\boldsymbol{0},\quad k=1,2,\cdots,p \tag{9.64}$$

式中, $\boldsymbol{R}_{uk}(q_k)$ 是以 $\boldsymbol{u}_k(x_k,y_k,z_k)$ 为轴的旋转矩阵, 对 q_k 的微分为

$$\frac{\partial\boldsymbol{R}_{uk}(q_k)}{\partial q_k}=\boldsymbol{S}^*(\boldsymbol{u}_k)\boldsymbol{R}_{uk}(q_k) \tag{9.65}$$

其中, $\boldsymbol{S}(\boldsymbol{u}_k)$ 是以 $\boldsymbol{u}_k=(u_k,y_k,z_k)$ 为轴的螺旋矩阵, 其定义为

$$\boldsymbol{S}(\boldsymbol{u}_k)=\begin{bmatrix}0 & -z_k & y_k\\ z_k & 0 & -x_k\\ -y_k & x_k & 0\end{bmatrix} \tag{9.66}$$

矩阵 $\boldsymbol{S}(\boldsymbol{u}_k)$ 的秩为 2 [将式 (9.66) 第二行乘以 y_k/x_k, 第三行乘以 z_k/x_k 后加至第一行, 第一行为零]。因此, 式 (9.65) 等号两边的矩阵 $\boldsymbol{S}(\boldsymbol{u}_k)\boldsymbol{R}_{uk}(q_k)$ 和 $\partial\boldsymbol{R}_{uk}(q_k)/\partial q_k$ 的秩也是 2, 不能将其从式 (9.64) 中消去。但是, 总可以将 $\partial\boldsymbol{R}_{uk}(q_k)/\partial q_k$ 从式 (9.64) 中直接消去, 以获得一组特解; 然后再考虑矩阵 $\boldsymbol{S}(\boldsymbol{u}_k)\boldsymbol{R}_{uk}(q_k)$ 的性质, 向特解中增添一个自由度, 补回损失的解自由度。

将 $\partial\boldsymbol{R}_{uk}(q_k)/\partial q_k$ 从式 (9.64) 中直接消去, 获得特解, 即

$$\sum_{j=k}^{p}\prod_{l=k+1}^{j}\boldsymbol{R}_{ul}(q_l)\left[s^*\left(c_{j+1}^{j}m_{j+1}^{j}g+\boldsymbol{b}_{j+1}^{j}\sum_{i=j+1}^{p}m_{i+1}^{i}g\right)-\left(\boldsymbol{c}_{j+1}^{j}{}^{*}f_{j+1}^{j}+\boldsymbol{b}_{j+1}^{j}\sum_{i=j+1}^{p}f_{i+1}^{i}\right)\right]=\boldsymbol{0},\quad k=1,2,\cdots,p \tag{9.67}$$

旋转矩阵 $\boldsymbol{R}_{uk}(q_k)$ 具有如下性质:

$$\boldsymbol{R}_{uk}(q_k)\boldsymbol{u}_k=\boldsymbol{u}_k \tag{9.68}$$

螺旋矩阵 $\boldsymbol{S}(\boldsymbol{u}_k)$ 具有如下性质:

$$\boldsymbol{S}(\boldsymbol{u}_k)\boldsymbol{u}_k=\begin{bmatrix}0 & -z_p & y_p\\ z_p & 0 & -x_p\\ -y_p & x_p & 0\end{bmatrix}\begin{bmatrix}x_p\\ y_p\\ z_p\end{bmatrix}=0 \tag{9.69}$$

将式 (9.68) 代入式 (9.69), 得

$$\boldsymbol{S}(\boldsymbol{u}_k)\boldsymbol{R}_{uk}(q_k)\boldsymbol{u}_k = \boldsymbol{u}_k \tag{9.70}$$

根据式 (9.70), 总可以向特解式 [(9.67)] 加 $c_k\boldsymbol{u}_k$ (c_k 为任意实数), 结果仍旧满足式 (9.64)。因此, 式 (9.64) 的通解为

$$c_k\boldsymbol{u}_k + \sum_{j=k}^{p}\prod_{l=k+1}^{j}\boldsymbol{R}_{ul}\left[s^*\left(c_{j+1}^{j}m_{j+1}^{j}g + \boldsymbol{b}_{j+1}^{j}\sum_{i=j+1}^{p}m_{i+1}^{i}g\right) - \right.$$
$$\left.\left(\boldsymbol{c}_{j+1}^{j}{}^{*}f_{j+1}^{j}\boldsymbol{b}_{j+1}^{j}\sum_{i=j+1}^{p}f_{i+1}'\right) = \boldsymbol{0}, \quad k = 1, 2, \cdots, p \tag{9.71}$$

式中, c_k 为任意实数。式 (9.71) 共对应 p 个补偿约束。第 k 个约束中含 $p-k+1$ 对未知量 ($\boldsymbol{c}_{j+1}^{j}{}^{*}$ 和 f_{j+1}^{j} 为一对)。$k=p$ 时, 约束中未知量个数最少; 随着 k 值的减小, 约束未知矢量个数增多。将式 (9.71) 等号左边记为函数 g_k, 未知量视为函数变量, 其余量视为参数。式 (9.71) 可等价地表达为

$$\begin{cases} g_p(c_{p+1}^{p}{}^{*}, f_{p+1}^{p}) = \boldsymbol{0} \\ g_{p-1}(\boldsymbol{c}_{p}^{p-1*}, p_{p}^{p-1}, \boldsymbol{c}_{p+1}^{p}{}^{*}, f_{p+1}^{p}) = \boldsymbol{0} \\ \cdots \\ g_1(\boldsymbol{c}_2^{1*}, f_2^1, \boldsymbol{c}_3^{2*}, f_3^2, \cdots, \boldsymbol{c}_{p+1}^{p}{}^{*}, f_{p+1}^{p}) = \boldsymbol{0} \end{cases} \tag{9.72}$$

方程式 (9.72) 的解法如下:

(1) 解方程式 (9.72) 的第一式, 得第一式解。

(2) 将第一式解代入第二式, 得出第二式解。

(3) 将第一式、第二式解代入第三式, 得出第三式解; 最后将前 $p-1$ 式的解代入第 p 式, 求解完成。

按照这种方法, 下面求方程的前三式的解, 然后给出通解。

令方程式 (9.71) 中 $k=p$, 得

$$f_{p+1}^{p}\boldsymbol{c}_{p+1}^{p*} = s^*m_{p+1}^{p}g\boldsymbol{c}_{p+1}^{T} + c_p\boldsymbol{u}_p \tag{9.73}$$

式 (9.73) 为第一式解。

令方程式 (9.71) 中 $k=p-1$, 得

$$c_{p-1}\boldsymbol{u}_{p-1} + s^*(c_p^{p-1}m_p^{p-1} + \boldsymbol{b}_p^{p-1}m_{p+1}^{p}g) - (\boldsymbol{c}_p^{p-1*}f_p^{p-1} + \boldsymbol{b}_p^{p-1}f_{p+1}^{p}) +$$
$$\boldsymbol{R}_{up}(s^*\boldsymbol{c}_{p+1}^{p}m_{p+1}^{p}m_{p+1}^{p}{}^{*}g - \boldsymbol{c}_{p+1}^{p/}{}^{*}f_{p+1}^{p}) = \boldsymbol{0} \tag{9.74}$$

将第一式解 [式 (9.73)] 代入第二式 (9.74), 得

$$\boldsymbol{c}_p^{p-1*}f_p^{p-1} = s^*\boldsymbol{c}_p^{p-1}m_p^{p-1}g + \boldsymbol{b}_p^{p-1}(s^*m_{p+1}^{p}g - f_{p+1}^{p}) + c_{p-1}\boldsymbol{u}_{p-1} - c_p\boldsymbol{u}_p \tag{9.75}$$

式 (9.75) 为第二式解。

令方程式 (9.71) 中 $k=p-2$, 得

$$
\begin{aligned}
&c_{p-2}\boldsymbol{u}_{p-2}+\left[s^*\left(\boldsymbol{c}_{p-1}^{p-2}m_{p-1}^{p-2}+\boldsymbol{b}_{p-1}^{p-2}\sum_{i=p-1}^{p}m_{i+1}^{i}\right)g-\right.\\
&\left.\left(\boldsymbol{c}_{p-1}^{p-2*}f_{p-1}^{p-2}+\boldsymbol{b}_{p-1}^{p-2}\sum_{i=p-1}^{p}f_{i+1}^{i}\right)\right]+\\
&\boldsymbol{R}_{up-1}[s^*(\boldsymbol{c}_{p}^{p-1}m_{p}^{p-1}+\boldsymbol{p}_{p}^{p-1}m_{p-1}^{p})g-(\boldsymbol{c}_{p}^{p-1*}f_{p}^{p-1}+\boldsymbol{b}_{p}^{p-1}f_{p+1}^{p})]+\\
&\prod_{l=p-1}^{p}\boldsymbol{R}_{ul}(q_l)(s^*\boldsymbol{c}_{p+1}^{p}m_{p+1}^{p}g-\boldsymbol{c}_{p+1}^{p}{}^{*}f_{p+1}^{p})=\boldsymbol{0}
\end{aligned}
\tag{9.76}
$$

将第一式解[式 (9.73)] 和第二式解 [式 (9.75)] 代入第三式 (9.76), 得

$$
\begin{aligned}
&\boldsymbol{c}_{p-1}^{p-2*}f_{p-1}^{p-2}=s^*\boldsymbol{c}_{p-1}^{p-2}m_{p-1}^{p-2}g+\boldsymbol{b}_{p-1}^{p-2}\sum_{i=p-1}^{p}s^*m_{i+1}^{i}g-f_{i+1}^{i}+\\
&\boldsymbol{c}_{p-2}\boldsymbol{u}_{p-2}-\boldsymbol{R}_{up-1}(q_{p-1})\boldsymbol{c}_{p-1}\boldsymbol{u}_{p-1}
\end{aligned}
\tag{9.77}
$$

式 (9.77) 为第三式解。

归纳式 (9.73)、式 (9.75) 和式 (9.77), 在 $0<k\leqslant p$ 段, 单关节链的补偿力解系为

$$
\begin{aligned}
\boldsymbol{c}_{k+1}^{k}{}^{*}f_{k+1}^{k}&=s^*\boldsymbol{c}_{k+1}^{k}m_{k+1}^{k}g+\boldsymbol{b}_{k+1}^{k}\left(\sum_{i=k+1}^{p}s^*m_{i+1}^{i}g-f_{i+1}^{i}\right)+\\
&\boldsymbol{c}_k\boldsymbol{u}_k-\boldsymbol{c}_{k+1}\boldsymbol{u}_{k+1},\quad k=1,2,\cdots,p
\end{aligned}
\tag{9.78}
$$

式 (9.78) 等号左侧是两个未知量的积, 右侧全部为已知常量。至此, 重力补偿模型 (9.59) 第一式中所有变量已被消除, 未知量和常量的关系已化至最简。因此, 式 (9.78) 即为重力补偿模型 [式 (9.59)] 第一式的补偿解系。

需要特别注意: $\boldsymbol{c}_k$ 和 $\boldsymbol{c}_{k+1}$ 是可以随意设置的量。将它们包含在方程式 (9.59) 第一式的解系中, 仅仅为了保证解系的完整。如果没有特殊需要, 完全可令 $\boldsymbol{c}_k=\boldsymbol{c}_{k-1}=0$, 使式 (9.78) 退化为更简洁的形式, 即

$$
\boldsymbol{c}_{k+1}^{k}{}^{*}f_{k+1}^{k}=s^*\boldsymbol{c}_{k+1}^{k}m_{k+1}^{k}g+\boldsymbol{b}_{k+1}^{k}\left(\sum_{i=k+1}^{p}s^*m_{i+1}^{i}g-f_{i+1}^{i}\right),\quad k=1,2,\cdots,p \tag{9.79}
$$

式 (9.78) 和式 (9.79) 都是向量等式。将等式右边记为向量 $\boldsymbol{\beta}_k,\boldsymbol{\beta}_k$ 是已知矢量。式 (9.78) 和式 (9.79) 可写为

$$
f_{k+1}^{k}\boldsymbol{c}_{k+1}^{k}{}^{*}=\boldsymbol{\beta}_k \tag{9.80}
$$

式 (9.80) 说明, 补偿力作用点矢量 $\boldsymbol{c}_{k+1}^{k}{}^{*}$ 必须与 $\boldsymbol{\beta}$ 共线。若 $\boldsymbol{c}_{k+1}^{k}{}^{*}$ 与 $\boldsymbol{\beta}$ 同向, 则补偿力必须为正值, 即补偿力向上; 若 $\boldsymbol{c}_{k+1}^{k}{}^{*}$ 与 $\boldsymbol{\beta}$ 反向, 则补偿力必须为负值, 即补偿力向下。这为满足 “只有一个补偿力向上, 其余补偿力向下” 提供了条件。

9.4.1.2　$p < k \leqslant n$ 段补偿力解系

补偿约束式 (9.59) 在此段内恒成立。

9.4.1.3　$n < k \leqslant n+3$ 段补偿力解系

在此段内, 重力补偿模型为

$$\widehat{\boldsymbol{z}} \cdot \frac{\partial \boldsymbol{r}}{\partial q_k} \sum_{i=0}^{p} m_{i+1}^{i} g = \widehat{\boldsymbol{z}} \cdot \frac{\partial \boldsymbol{r}}{\partial q_k} \sum_{i=0}^{p} f_{i+1}^{i}, \quad k = n+1, n+2, n+3 \tag{9.81}$$

因为 $\boldsymbol{r} = (q_{n+1}, q_{n+2}, q_{n+3})$, 所以 $k = n+1$ 时式 (9.81) 为

$$(0,0,1)^{\mathrm{T}}(1,0,0)^{\mathrm{T}} \sum_{i=0}^{p} m_{i+1}^{i} g = (0,0,1)^{\mathrm{T}}(1,0,0)^{\mathrm{T}} \sum_{i=0}^{p} f_{i+1}^{i} \tag{9.82}$$

等式恒成立。相似地, $k = n+2$ 时式 (9.81) 恒成立。这是因为在设定阶段假设补偿力无水平方向分力。

$k = n+3$ 时, 式 (9.81) 为

$$s^* \sum_{i=0}^{p} m_{i+1}^{i} g = \sum_{i=0}^{p} f_{i+1}^{i} \tag{9.83}$$

式 (9.83) 可写为

$$f_1^0 = s^* \sum_{i=0}^{p} m_{i-1}^{i} g - \sum_{i=1}^{p} f_{i+1}^{i} \tag{9.84}$$

由于 $f_{i-1}^{i}, i = 1, 2, \cdots, p$ 已选定, 因此为已知量, f_1^0 唯一可解。f_1^0 是车厢补偿力的大小。至此, 只有车厢补偿力的作用点尚未确定。

9.4.1.4　$n+3 < k \leqslant n+6$ 段补偿力解系

此段补偿约束的作用是确定车厢补偿力的作用点。在此段内, 补偿约束为

$$\begin{aligned} &\frac{\partial \boldsymbol{R}_{O1}^{O}}{\partial q_k} \sum_{j=0}^{p} s^* \boldsymbol{\Theta}_j \left(\boldsymbol{c}_{j+1}^{j} m_{j+1}^{j} + \boldsymbol{b}_{j+1}^{j} \sum_{i=j+1}^{p} m_{i+1}^{i} \right) g + \\ &\boldsymbol{\Theta}_j \left(\boldsymbol{c}_{j+1}^{j}{}^{*} f_{j+1}^{j} + \boldsymbol{b}_{j+1}^{j} \sum_{i=j+1}^{p} f_{i+1}^{i} \right) = (s_x, s_y, 0) \end{aligned} \tag{9.85}$$

式中, $\boldsymbol{R}_{O1}^{O} = \boldsymbol{R}_z(q_{n+6}) \boldsymbol{R}_y(q_{n+5}) \boldsymbol{R}_x(q_{n+4})$。$k = n+4$ 时

$$\frac{\partial \boldsymbol{R}_{O1}^{O}}{\partial q_4} = \boldsymbol{R}_z(q_{n+6}) \boldsymbol{R}_y(q_{n+5}) \frac{\partial \boldsymbol{R}_x(q_{n+4})}{\partial q_4} \tag{9.86}$$

其中

$$\frac{\partial \boldsymbol{R}_x(q_{n+4})}{\partial q_4} = \boldsymbol{S}_x(q_{n+4}) \boldsymbol{R}_x(q_{n+4})$$

$\boldsymbol{S}_x(q_{n+4})$ 是绕 x 轴的螺旋矩阵。考虑螺旋矩阵性质, 有

$$\boldsymbol{S}(q_{n+4})\boldsymbol{r} = \widehat{\boldsymbol{x}} \times \boldsymbol{r}$$

即螺旋矩阵 $\boldsymbol{S}_x(q_{n+4})$ 将任意向量映射至 Oxy 平面内。所以, $k = n+4$ 时式 (9.85) 的含义是求和号中的向量经 $\partial\boldsymbol{R}_x(q_{n+4})/\partial q_4$ 映射至 Oyz 平面, 经 $\boldsymbol{R}_y(q_{n+5})$ 映射后绕 y 轴转 q_{n+5}, 经 $\boldsymbol{R}_z(q_{n+6})$ 映射后绕 z 轴转 q_{n+6}, 所得结果的 z 轴分量为零。因为 q_{n+5} 和 q_{n+6} 可取任意值, 所以 $\boldsymbol{R}_z(q_{n+6})\boldsymbol{R}_y(q_{n+5})$ 可将任意非零向量旋转至 z 轴非零状态。因此, $k = n+4$ 时式 (9.85) 成立的充要条件为

$$\sum_{j=0}^{p} s^* \boldsymbol{\Theta}_j \left(\boldsymbol{c}_{j+1}^{j} m_{j+1}^{j} + \boldsymbol{b}_{j+1}^{j} \sum_{i=j+1}^{p} m_{i+1}^{i} \right) g - \boldsymbol{\Theta}_j \left({\boldsymbol{c}_{j+1}^{j}}^{*} f_{j+1}^{j} + \boldsymbol{b}_{j+1}^{j} \sum_{i=j+1}^{p} f_{i+1}^{i} \right) = \boldsymbol{0} \tag{9.87}$$

此充要条件同样使 $k = n+5$ 和 $k = n+6$ 时式 (9.85) 成立。将 $0 < k \leqslant p$ 段补偿力解系 [式 (9.78)] 代入约束式 (9.87), 得

$$\boldsymbol{c}_1^{0*} f_1^0 = s^* \boldsymbol{c}_1^0 m_1^0 g + \boldsymbol{b}_1^0 \sum_{i=1}^{p} (s^* m_{i+1}^i g - f_{i+1}^i) - c_1 \boldsymbol{u}_1 \tag{9.88}$$

式 (9.88) 等号右侧全部为已知量, 等号左侧的 f_1^0 已由式 (9.84) 求出, 只有 $\boldsymbol{c}_1^{0*}$ 是未知量, 因此 $\boldsymbol{c}_1^{0*}$ 唯一可求。$\boldsymbol{c}_1^{0*}$ 是车厢补偿力的作用点。

至此, 单关节链补偿力解完全确定。需要注意: $\boldsymbol{c}_1$ 是可以随意设置的量。将它包含在方程式 (9.88) 中仅是为了保证解系的完整性。如果没有特殊需要, 完全可令 $\boldsymbol{c}_1 = 0$, 使式 (9.88) 退化为更简洁的形式。

9.4.1.5 单关节链补偿力解系小结

对单链补偿力的解系进行总结, 列于下式:

$$\begin{cases} {\boldsymbol{c}_{k+1}^{k}}^{*} f_{k+1}^{k} = s^* c_{k+1}^{k} m_{k+1}^{k} g + \boldsymbol{b}_{k+1}^{k} \left(\displaystyle\sum_{i=k+1}^{p} s^* m_{i+1}^{i} g - f_{i+1}^{i} \right) + \\ \quad c_k \boldsymbol{u}_k - c_{k+1} \boldsymbol{u}_{k+1}, \quad k = 1, 2, \cdots, p \\ f_1^0 = s^* \displaystyle\sum_{i=0}^{p} m_{i+1}^{i} g - \sum_{i=1}^{p} f_{i-1}^{i} \\ {\boldsymbol{c}_1^{0}}^{*} f_1^0 = s^* \boldsymbol{c}_1^0 m_1^0 + \boldsymbol{b}_1^0 \displaystyle\sum_{i=1}^{p} (s^* m_{i+1}^{i} g - f_{i+1}^{i}) - c_1 \boldsymbol{u}_1 \end{cases} \tag{9.89}$$

解系第一式为除车厢补偿力外的补偿力的解, 第二式用于确定车厢补偿力的大小和正负, 第三式用于确定车厢补偿力的作用点。需要特别说明的是, 式 (9.89) 中第二式和第三式分别是模型在 $n < k \leqslant n+3$ 段和 $n+3 < k \leqslant n+6$ 段的解。方程求解分三步:

(1) 利用第一式, 先算 $k=p$ 的解, 再算 $k=p-1$ 的解, 直到算至 $k=1$ 的解;

(2) 将第一步的结果代入第二式, 得出车厢补偿力的大小和方向;

(3) 将前两步的结果代入第三式, 得出车厢补偿力的作用点。

9.4.2 多条关节链的补偿力解系

前面讨论了单关节链的补偿力解系, 本小节讨论多关节链的补偿力解系。

令 $\boldsymbol{q}_r=(q_{p+1},q_{p+2},\cdots,q_r), r<n$ 对应第二条不分叉的关节链, 关节 $q_i(i=p+1,p+2,\cdots,r-1)$ 和关节 q_{i+1} 相邻, 且前者为后者的前端, q_r 为关节链的末端。为表达一致, 使用 m_{r+1}^r 和 $\boldsymbol{c}_{r+1}^r$ 代替 m_T^r 和 $\boldsymbol{c}_T^r$。由于在第一条关节链中未使用 $\boldsymbol{b}_{p+1}^p$, 因此将从 O_1 指向 q_{p+1} 的矢量记为 $\boldsymbol{b}_{p+1}^p$。如图 9.27 所示。

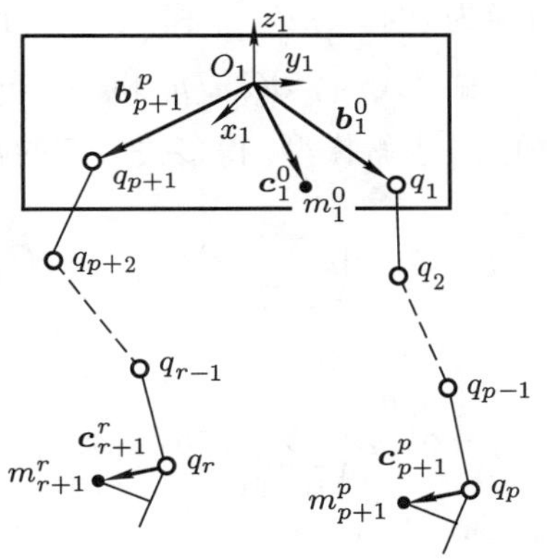

图 9.27 双关节链参数定义

若按此构造, 参照式 (9.53) 可得第二条关节链的势能 G', 即

$$G'=\widehat{\boldsymbol{z}}\cdot\sum_{i=p}^{r}m_{i+1}^i\boldsymbol{g}\boldsymbol{R}_{O1}^O\left(\sum_{j=p}^{i-1}\boldsymbol{\Omega}_j\boldsymbol{b}_{j+1}^j+\boldsymbol{\Omega}_j\boldsymbol{c}_{i+1}^i\right)+\widehat{\boldsymbol{z}}\cdot\boldsymbol{r}\sum_{i=p}^{r}m_{i+1}^i g \tag{9.90}$$

因为已经将车厢势能包含于第一条关节链的势能 G 中, 因此 G' 中不应再包含车厢势能。为此, 定义 $m_{p+1}^p=0$。$\boldsymbol{\Omega}_j$ 的定义为

$$\boldsymbol{\Omega}_j(q_{p+1},q_{p+2},\cdots,q_j)=\prod_{l=p+1}^{j}\boldsymbol{R}_{ul}(q_l)$$

为使 $\boldsymbol{\Omega}_j$ 位于两层积分号之间, 转化式 (9.90) 的求和顺序

$$G=\widehat{\boldsymbol{z}}\cdot\sum_{j=p}^{r}\boldsymbol{R}_{O1}^O\boldsymbol{\Omega}_j\left(\boldsymbol{c}_{j+1}^j m_{j+1}^j+\boldsymbol{b}_{j+1}^j\sum_{i=j+1}^{r}m_{i+1}^i\right)g+\widehat{\boldsymbol{z}}\cdot\boldsymbol{r}\sum_{i=p}^{r}m_{i+1}^i g \tag{9.91}$$

将两条关节链的势能 G 和 G' 相加, 并对 $q_k, k=1,2,\cdots,n+6$ 求导, 得

$$\frac{\partial G}{\partial q_k}=\begin{cases}\widehat{\boldsymbol{z}}\cdot\sum\limits_{j=k}^{p}\boldsymbol{R}_{O1}^{O}\dfrac{\partial\boldsymbol{\Theta}}{\partial q_k}\left(\boldsymbol{c}_{j+1}^{j}m_{j+1}^{j}+\boldsymbol{b}_{j+1}^{j}\sum\limits_{i=j+1}^{p}m_{j+1}^{i}\right)g, & k=1,2,\cdots,p\\ \widehat{\boldsymbol{z}}\cdot\sum\limits_{j=k}^{r}\boldsymbol{R}_{O1}^{O}\dfrac{\partial\boldsymbol{\Omega_j}}{\partial q_k}\left(\boldsymbol{c}_{j+1}^{j}m_{j+1}^{j}+\boldsymbol{b}_{j+1}^{j}\sum\limits_{i=j+1}^{r}m_{i+1}^{i}\right)g, & k=p+1,p+2,\cdots,r\\ \boldsymbol{0}, \quad k=r+1,r+2,\cdots,n\\ \widehat{\boldsymbol{z}}\cdot\dfrac{\partial\boldsymbol{r}}{\partial q_k}\sum\limits_{i=0}^{r}m_{i-1}^{i}g, \quad k=n+1,n+2,n+3\\ \widehat{\boldsymbol{z}}\cdot\sum\limits_{j=0}^{r}\dfrac{\partial\boldsymbol{R}_{O1}^{O}}{\partial q_k}\boldsymbol{\Theta}_j\left(\boldsymbol{c}_{j+1}^{j}m_{j+1}^{j}+\boldsymbol{b}_{j+1}^{j}\sum\limits_{i=j+1}^{p}m_{i+1}^{i}\right)g, & k=n+4,n+5,n+6\end{cases}\tag{9.92}$$

将式 (9.92) 中的 $\boldsymbol{c}_{j+1}^{j}(\boldsymbol{0})$ 置换为 ${\boldsymbol{c}_{j+1}^{j}}^{*}, m_{j+1}^{j}g$ 和 $m_{i+1}^{i}g$ 分别置换为 f_{j+1}^{j} 和 f_{i+1}^{i}, 即得到补偿力势能 G^{*} 对 q_k 的偏导式; 将 $\partial G/\partial q_k$ 和 $G^{*}/\partial q_k$ 代入补偿约束式 (9.44), 得到多关节链的重力补偿模型。求解模型, 得多关节链的补偿力解系

$$\begin{cases}{\boldsymbol{c}_{k+1}^{k}}^{*}f_{k+1}^{k}=s^{*}\boldsymbol{c}_{k+1}^{k}m_{k+1}^{k}g+\boldsymbol{b}_{k+1}^{k}\left(\sum\limits_{i=k+1}^{p}s^{*}m_{i+1}^{i}g-f_{i+1}^{i}\right)+\\ \quad c_k\boldsymbol{u}_k-c_{k+1}\boldsymbol{u}_{k+1}, \quad k=1,2,\cdots,p\\ {\boldsymbol{c}_{k+1}^{k}}^{*}f_{k+1}^{k}=s^{*}\boldsymbol{c}_{k+1}^{k}m_{k+1}^{k}g+\boldsymbol{b}_{k+1}^{k}\left(\sum\limits_{i=k+1}^{r}s^{*}m_{i+1}^{i}g-f_{i+1}'\right)+\\ \quad c_k\boldsymbol{u}_k-c_{k+1}\boldsymbol{u}_{k+1}, \quad k=p+1,\cdots,r\\ \sum\limits_{i=0}^{r}f_{i+1}^{i}=s^{*}\sum\limits_{i=0}^{r}m_{i+1}^{i}g, \quad k=n+1,n+2,n+3\\ \boldsymbol{c}_1^{0*}f_1^{0}=s^{*}\boldsymbol{c}_1^{0}m_1^{0}g+\boldsymbol{b}_1^{0}\sum\limits_{i=1}^{p}(s^{*}m_{i+1}^{i}g-f_{i+1}^{i})+\\ \quad\boldsymbol{b}_{p+1}^{p}\sum\limits_{i=p+1}^{r}(s^{*}m_{i+1}^{i}g-f_{i+1}^{i})-c_1\boldsymbol{u}_1-c_{p+1}\boldsymbol{u}_{p+1}, \quad k=n+4,n+5,n+6\end{cases}\tag{9.93}$$

比较双链和单链的补偿力解系, 有如下特点:

(1) 两解系的第一式相同, 解系式 (9.93) 的第二式不含第一式中的参数 (除 s^{*} 外), 这说明两条关节链的补偿解系相互独立;

(2) 解系式 (9.93) 第三式和解系式 (9.89) 第二式相同, 这说明车厢力大小的解不变;

(3) 解系式 (9.93) 第四式只比解系式 (9.89) 第三式多一项, 此项为第二关节链补偿力对车厢补偿力作用点的影响。

综上所述, 月球车多条关节链上的补偿力解系相互独立。换句话说, 每条单关节链的补偿力解系可以单独求解, 它们的解与其他关节链上的补偿力无关。

9.4.3 分叉关节链的补偿力解系

将图 9.27 中的月球车作如下构造: 取消车厢相对固定坐标系的移动自由度, 相应地, 取消广义坐标 q_{n+1}、q_{n+2} 和 q_{n+3}; 取消车厢相对地面坐标系 y 轴和 z 轴的旋转自由度, 相应地取消广义坐标 q_{n+5} 和 q_{n+6}; 只保留车厢相对地面坐标系 x 轴的旋转自由度, 相应地保留广义坐标 q_{n+4}; 将车厢坐标系原点 O_1 设置于关节 q_{n+4} 上, 如图 9.28 所示。若如此构造, 关节 q_{n+4} 即为分叉关节, 关节链 $(q_1, q_2, \cdots, q_p)$ 和 $(q_{p+1}, q_{p+2}, \cdots, q_r)$ 即为两条分叉的关节链。

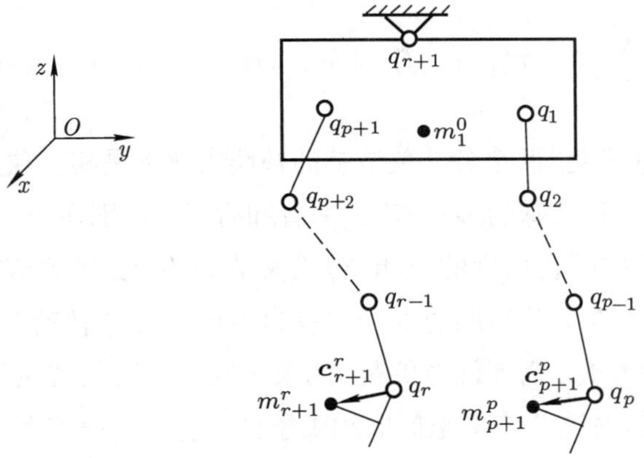

图 9.28 分叉关节链参数定义

与双关节链的相比, 此处仅取消了广义坐标 q_{n+1}、q_{n+2}、q_{n+3}、q_{n+5} 和 q_{n+6}, 并将车厢坐标系原点 O_1 设置于关节 q_{n+4} 上。因此, 只需要从解系式 (9.93) 中取消对应 q_{n+1}、q_{n+2}、q_{n+3}、q_{n+5} 和 q_{n+6} 的约束, 并进行符号置换即可获得分叉关节链的补偿力解系。置换内容如下: 将原由车厢坐标系原点 O_1 指向 q_1 的矢量 $\boldsymbol{b}_1^0$ 置换为由 q_{n+4} 关节指向 q_1 的矢量 $\boldsymbol{b}_1^{n+4}$; 相似地, 将 $\boldsymbol{b}_{p+1}^p$ 置换为 $\boldsymbol{b}_{p+1}^{n+4}$, 将 m_1^0 和 $\boldsymbol{c}_1^0$ 置换为 m_1^{n+4} 和 $\boldsymbol{c}_1^{n+4}$, 将 f_1^0 和 $\boldsymbol{c}_1^{0*}$ 置换为 f_1^{n+4} 和 $\boldsymbol{c}_1^{n+4*}$。

由于取消了 q_{n+1}、q_{n+2} 和 q_{n+3}, 因此应将约束式 $\sum\limits_{i=0}^{r} f_{i+1}^i = s^* \sum\limits_{i=0}^{r} m_{i+1}^i$ (此解是多关节链模型在 $n < k \leqslant n+3$ 段的解系) 从式 (9.93) 中去除, 即取消对车厢补偿力大小和方向的限制。由于取消了 q_{n+5} 和 q_{n+6}, 因此车厢补偿力作用点的解系应增加沿转轴 $\hat{\boldsymbol{x}}$ 的自由度。综上所述, 分叉关节链的补偿力解系为

$$\left\{\begin{aligned}&\boldsymbol{c}_{k+1}^{k}{}^{*}f_{k+1}^{k}=s^{*}\boldsymbol{c}_{k+1}^{k}m_{k+1}^{k}g+\boldsymbol{b}_{k+1}^{k}\left(\sum_{j=k+1}^{p}s^{*}m_{i+1}^{i}g-f_{i+1}^{i}\right)+\\&\qquad c_{k}\boldsymbol{u}_{k}-c_{k+1}\boldsymbol{u}_{k+1},\quad k=1,2,\cdots,p\\&\boldsymbol{c}_{k+1}^{k}{}^{*}f_{k+1}^{k}=s^{*}\boldsymbol{c}_{k+1}^{k}m_{k+1}^{k}g+\boldsymbol{b}_{k+1}^{k}\left(\sum_{i=k+1}^{r}s^{*}m_{i+1}^{i}g-f_{i+1}^{i}\right)+\\&\qquad c_{k}\boldsymbol{u}_{k}-c_{k+1}\boldsymbol{u}_{k+1},\quad k=p+1,\cdots,r\\&\boldsymbol{c}_{1}^{n+4*}f_{1}^{n+4}=s^{*}c_{1}^{n+4}m_{1}^{n+4}g+\boldsymbol{b}_{1}^{n+4}\sum_{i=1}^{p}(s^{*}m_{i+1}^{i}g-f_{i+1}^{i})+\\&\qquad \boldsymbol{b}_{p}^{n+4}\sum_{i=p+1}^{r}(s^{*}m_{i+1}^{i}g-f_{i+1}^{i})+c_{n+4}\boldsymbol{u}_{n+4}-c_{1}\boldsymbol{u}_{1}-c_{p+1}\boldsymbol{u}_{p+1}\end{aligned}\right. \tag{9.94}$$

式中, $\widehat{\boldsymbol{u}}_{n+4}=\widehat{\boldsymbol{x}}$。这说明, 两个分叉关节链的补偿力解系是相互独立的。

分叉关节链是一种特殊的多关节链, 前者和后者的区别在于: 多关节链的“分叉关节”是具有 6 个空间自由度的车厢; 分叉关节链的“分叉关节”是转动关节, 只有 1 个转动自由度。在去除车厢的 3 个平移自由度和 2 个转动自由度之后, 多关节链即转化为分叉关节链。需要注意的是, 约束车厢自由度的实质是取消相应的广义坐标, 因而取消了针对这些广义坐标的约束条件。这个过程扩大了多关节链的补偿力的解系。这说明, 总可以将一个分叉关节视为多关节链进行补偿力求解, 因为求出的解系总是完整解系的一个真子集。实际上, 式 (9.93) 就是式 (9.94) 的真子集。

9.4.4 差速器耦合关节链的补偿力解系

若月球车中含有差速器, 则由差速器连接的两条关节链运动是耦合的。差速器的作用是使与差速轴相连的两个摇臂相对车厢的转角互为负数。因此, 既可以使用一个广义坐标 q_1 表示差速器自由度, 也可以使用 q_1 和 q_2 分别表示两个转动自由度, 且使 $q_1=-q_2$。如图 9.29 所示, 这两种定义方法是一致的。

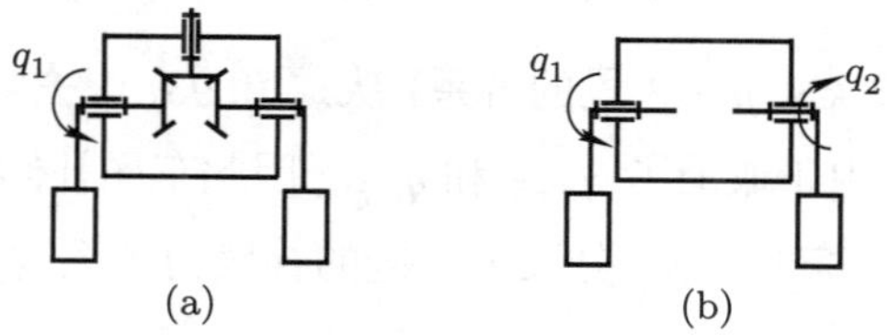

图 9.29 差速关节的两种定义方法

在多关节链解系计算中, q_1 和 q_{p+1} 关节连接于车厢上, 并且 q_1 和 q_{p+1} 不是关联变量。这说明, 不管 q_1 和 q_{p+1} 如何取值, 解系式 (9.93) 都满足重力补偿的要求。特殊地, 若令 $q_1=-q_{p+1}$, 解系式 (9.93) 也满足重力补偿的要求; 换句话说, 若将多关节链中的 q_1 和 q_{p+1} 关节置换为差速器关节, 解系式 (9.93) 仍旧满足重力补偿的要求。因此, 在计算补偿力解系时, 可以无视差速器对关节链的耦合效果。

9.4.5 补偿力解系小结

据第二章的分析结果, 可以将补偿力的解系规纳如下。

对于月球车中的任一个单关节链 $(q_1, q_2, \cdots, q_p)$, 则其补偿力 $(f_2^1, f_3^2, \cdots, f_{p+1}^p)$ 的解系为

$$\boldsymbol{c}_{k+1}^{k}{}^{*} f_{k+1}^{k} = s^{*}\boldsymbol{c}_{k+1}^{k} m_{k+1}^{k} m_{k+1}^{k} g + \boldsymbol{b}_{k+1}^{k}\left(\sum_{i=k+1}^{p} s^{*} m_{i+1}^{i} g - f_{i+1}^{i}\right) + \\ c_k \boldsymbol{u}_k - c_{k+1}\boldsymbol{u}_{k+1}, \quad k = 1, 2, \cdots, p \tag{9.95}$$

如果关节链 $(q_1, q_2, \cdots, q_p)$ 和关节链 $(q_{p+1}, q_{p+2}, \cdots, q_r)$ 在关节 q_{r+1} 处分叉, 分叉关节前端刚体上的补偿力 f_1^{r+1} 服从如下约束:

$$\boldsymbol{c}_1^{r+1*} f_1^{r+1} = s^{*}\boldsymbol{c}_1^{r+1} m_1^{r+1} g + \boldsymbol{b}_1^{r+1}\sum_{i=1}^{p}(s^{*} m_{i+1}^{i} g + f_{i+1}^{i}) + \\ \boldsymbol{b}_p^{r+1}\sum_{i=p+1}^{r}(s^{*} m_{i+1}^{i} g - f_{i+1}^{i}) + c_{r+1}\boldsymbol{u}_{r+1} - c_1\boldsymbol{u}_1 - c_{p+1}\boldsymbol{u}_{p+1} \tag{9.96}$$

车厢补偿力 f_1^0 的大小为

$$f_1^0 = s^{*}\sum_{i=0}^{r} m_{i+1}^{i} g - \sum_{i=1}^{r} f_{i+1}^{i} \tag{9.97}$$

车厢补偿力的作用点 c_1^{0*} 为

$$\boldsymbol{c}_1^{0*} f_1^0 = s^{*}\boldsymbol{c}_1^0 m_1^0 g + \boldsymbol{b}_1^0 \sum_{i=1}^{p}(s^{*} m_{i+1}^{i} g - f_{i+1}^{i}) + \\ \boldsymbol{b}_{p+1}^{p}\sum_{i=p+1}^{r}(s^{*} m_{i+1}^{i} g - f_{i+1}^{i}) - c_1\boldsymbol{u}_1 - c_{p+1}\boldsymbol{u}_{p+1} \tag{9.98}$$

式 (9.95)~ 式 (9.98) 即为月球车补偿力的解系。

9.5 月球车单吊索重力补偿方法

9.5.1 单吊索重力补偿力系的计算

“重力补偿模型” 的解系 [式 (9.95)~ 式 (9.98)] 中总存在一类解向量, 此类解向量只含一个正分量。其正分量对应吊索补偿力, 其余负分量对应配重补偿力, 此解即对应 “单索重力补偿”。按照此原理, 可以建立单吊索重力补偿模型。具体过程如下:

1. 单条关节链上的补偿力

对于月球车中的任一个单关节链 $(q_1, q_2, \cdots, q_p)$, 要求其补偿力 $(f_2^1, f_3^2, \cdots, f_{p+1}^p)$ 全部分量为负值, 即

$$\begin{cases} \boldsymbol{c}_{k+1}^{k}{}^{*} f_{k+1}^{k} = s^{*} \boldsymbol{c}_{k+1}^{k} m_{k+1}^{k} g + b_{k+1}^{k} \left(\sum\limits_{i=k+1}^{p} s^{*} m_{i+1}^{i} g - f_{i+1}^{i} \right) + \\ \quad c_k \boldsymbol{u}_k - c_{k+1} \boldsymbol{u}_{k+1} \\ f_{k+1}^{k} < 0 \end{cases}, \quad k = 1, 2, \cdots, p \tag{9.99}$$

式 (9.99) 总是有解的。这是因为, 式 (9.99) 的第一式是一个矢量等式, 将等式右边记为向量 $\boldsymbol{\beta}_k$, $\boldsymbol{\beta}_k$ 是已知矢量, 则式 (9.99) 可写为

$$\begin{cases} f_{k+1}^{k} \boldsymbol{c}_{k+1}^{k}{}^{*} = \boldsymbol{\beta}_k \\ f_{k+1}^{k} < 0 \end{cases}, \quad k = 1, 2, \cdots, p$$

上式说明, 补偿力作用点矢量 $\boldsymbol{c}_{k+1}^{k}{}^{*}$ 与必须与 $\boldsymbol{\beta}_k$ 共线。若 $\boldsymbol{c}_{k+1}^{k}{}^{*}$ 与 $\boldsymbol{\beta}_k$ 同向, 则补偿力大小为正值, 即补偿力向上; 若 $\boldsymbol{c}_{k+1}^{k}{}^{*}$ 与 $\boldsymbol{\beta}_k$ 反向, 则补偿力大小为负值, 即补偿力向下。在每一个单关节链内, 总是令 $\boldsymbol{c}_{k+1}^{k}{}^{*}$ 与 $\boldsymbol{\beta}_k$ 逆向, 则补偿力必全为负值。

2. 分叉关节链前端构件的补偿力

如果一个关节链 $(q_1, q_2, \cdots, q_p)$ 和另一个关节链 $(q_{p+1}, q_{p+2}, \cdots, q_r)$ 在关节 q_{r+1} 处分叉, 要求分叉关节前端刚体上的补偿力 f_1^{r+1} 为负值, 即

$$\begin{cases} \boldsymbol{c}_1^{r+1*} f_1^{r+1} = s^{*} \boldsymbol{c}_1^{r+1} m_1^{r+1} g + \boldsymbol{b}_1^{r+1} \sum\limits_{i=1}^{p} (s^{*} m_{i+1}^{i} g - f_{i+1}^{i}) + \\ \quad \boldsymbol{b}_p^{r+1} \sum\limits_{i=p+1}^{r} (s^{*} m_{i+1}^{i} g - f_{i+1}^{i}) + c_{r+1} \boldsymbol{u}_{r+1} - c_1 \boldsymbol{u}_1 - c_{p+1} \boldsymbol{u}_{p+1} \\ f_1^{r+1} < 0 \end{cases} \tag{9.100}$$

与式 (9.99) 相似, 式 (9.100) 是一个矢量等式, 总可以通过调整 $\boldsymbol{c}_1^{r+1*}$ 的取值, 使得 f_1^{r+1} 的值为负。

3. 车厢补偿力

由于其他补偿力都向下, 所以车厢补偿力 f_1^0 的值必为正, 不必作出额外约束。车厢补偿力大小和作用点可直接用下式求解:

$$\begin{cases} f_1^0 = s^{*} \sum\limits_{i=0}^{r} m_{i+1}^{i} g - \sum\limits_{i=1}^{r} f_{i+1}^{i} \\ \boldsymbol{c}_1^{0*} f_1^0 = s^{*} \boldsymbol{c}_1^0 m_1^0 g + b_1^0 \sum\limits_{i=1}^{p} (s^{*} m_{i+1}^{i} g - f_{i+1}^{i}) + \\ \quad \boldsymbol{b}_{p+1}^{p} \sum\limits_{i=p+1}^{r} (s^{*} m_{i+1}^{i} g - f_{i+1}^{i}) - c_1 \boldsymbol{u}_1 - c_{p+1} \boldsymbol{u}_{p+1} \end{cases} \tag{9.101}$$

式 (9.99)、式 (9.100) 和式 (9.101) 即为单索重力补偿模型。该模型中只有车厢补偿力为正值，此补偿力用吊索施加；其余补偿力均为负值，这些补偿力用配重施加。按照式 (9.99)、式 (9.100) 和式 (9.101) 的顺序逐步求解，单吊索重力模型总是有解。这就说明，对于只含转动关节的月球车，总可以实现单吊索重力补偿。

9.5.2 六轮车的单吊索重力补偿算例

9.5.2.1 摇臂配重

因为多个关节链间的补偿力解系互相独立，所以只考虑月球车一侧关节链的重力补偿。根据多个关节链补偿力的独立原则，六轮车摇臂上配重的选取不受另一侧影响，因此可以单独针对一侧摇臂进行计算。另一侧摇臂的配重计算方法完全相同，此处不再赘述。

将包含单侧悬架的月球车分为 3 个刚体：① 车厢；② 主摇臂以及与主摇臂直接相连的车轮；③ 副摇臂以及与副摇臂相连的两个车轮。如图 9.30 所示。将车厢坐标系 $O_1x_1y_1z_1$ 建立于车厢上，差速器自由度的广义坐标记为 q_1，主副摇臂间的旋转自由度的广义坐标记为 q_2。将车厢的质心记为 m_1^0；差速器和单个车轮的质心记为 m_2^1；副摇臂和两个车轮的质心记为 m_3^2，如图 9.30a、b、c 所示。若按此布置，关节链的示意图如图 9.30d 所示。

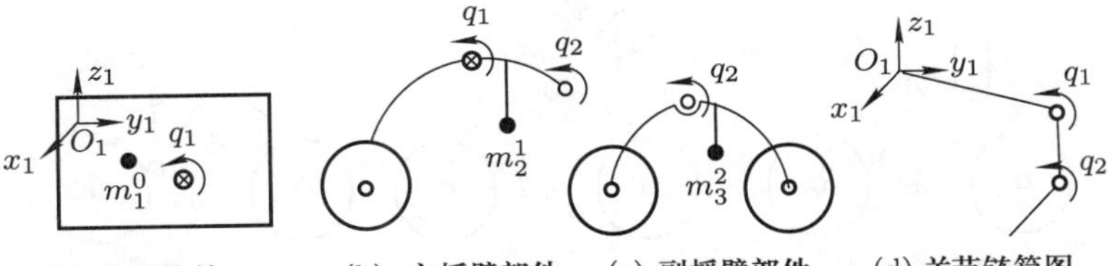

(a) 车厢构件　(b) 主摇臂部件　(c) 副摇臂部件　(d) 关节链简图

图 9.30 六轮车构件分解和质心

将月球车置于平地上，广义坐标向量为零，此时定义关节链参数中的常量。在车厢坐标系内，从车厢坐标系原点 O_1 指向车厢质心 m_1^0 和 q_1 关节的矢量记为 c_1^0 和 b_1^0，从 q_1 关节指向主摇臂质心 m_2^1 和 q_2 关节的矢量记为 $\boldsymbol{c}_2^1$ 和 $\boldsymbol{b}_2^1$，从 q_2 关节指向副摇臂质心的矢量记为 $\boldsymbol{c}_3^2$，没有 $\boldsymbol{b}_3^2$，如图 9.31 所示。本段定义的所有量都为已知常量。

根据解式 (9.99) 计算副摇臂的补偿力。因为关节链中含 2 个关节，因此式 (9.99) 中 $p=2$。首先令式 (9.99) 第一式中 $k=2$，且令自由变量 $c=0$，则式 (9.99) 的第一式为

$$\boldsymbol{c}_3^{2^*} f_3^2 = s^* \boldsymbol{c}_3^2 m_3^2 g$$

即由 q_2 关节指向补偿力作用点的矢量 $\boldsymbol{c}_3^{2^*}$ 必须与 $\boldsymbol{c}_3^2$ 共线。如 $\boldsymbol{c}_3^{2^*}$ 与 $\boldsymbol{c}_3^2$ 同向，则 f_3^2 为正值，补偿力向上；如 $\boldsymbol{c}_3^{2^*}$ 与 $\boldsymbol{c}_3^2$ 反向，则 f_3^2 必须为负值，补偿力向下。补偿力的幅

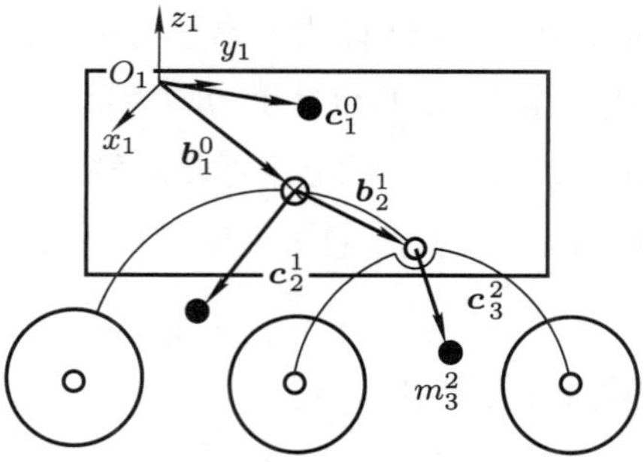

图 9.31 六轮车常量定义

值等于 $s*m_3^2g|\boldsymbol{c}_3^2/\boldsymbol{c}_3^{2*}|$, 即补偿力离 q_2 关节越远补偿力的幅值越小, 见图 9.32a。为使用配重施加补偿力, 须令 $\boldsymbol{c}_3^{2*}$ 与 $\boldsymbol{c}_3^2$ 反向; 特殊地, 令 $\boldsymbol{c}_3^{2*}=-\boldsymbol{c}_3^2$, 则 $f_3^2=-s^*m_3^2g$。注意此处 g 为负值, s^* 为负值, 因此补偿力为负值, 如图 9.32b 所示。如果令 $\boldsymbol{c}_3^{2*}=\boldsymbol{c}_3^2$, 则 $f_3^2=s^*m_3^2g$, 补偿力作用于构件质心, 补偿力为正值, 方向向上, 此解即为最常用的吊质心方法, 如图 9.32c 所示。

从副摇臂补偿力的选择可以看出, 月球车补偿力的选择具有自由度。从补偿力解系中选择不同的解, 对应不同的补偿方案。

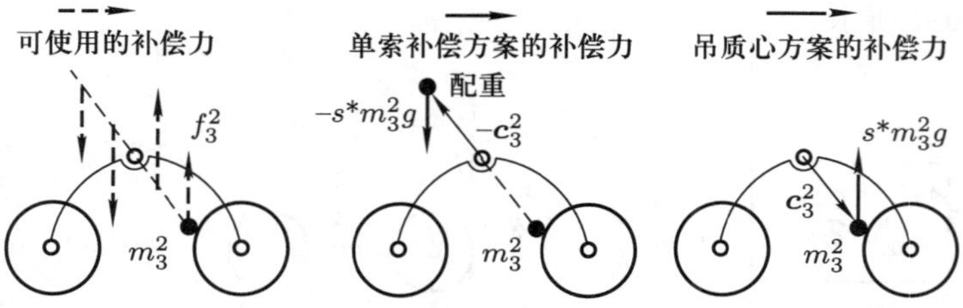

(a) 可能补偿方法　(b) 配重补偿方法　(c) 多吊索补偿方法

图 9.32 副摇臂补偿力方案

令式 (9.99) 中 $k=1$; 同上一步选用单吊索补偿方案, 须将 $f_3^2=-s^*m_3^2g$ 代入式 (9.99), 得:

$$\boldsymbol{c}_2^{1*}f_2^1=s^*\boldsymbol{c}_2^1m_2^1g+2s*b_2^1m_3^2g \tag{9.102}$$

为实现单索补偿, 此处仍旧须使 f_2^1 为负值。为明确 $\boldsymbol{c}_2^{1*}f_2^1$ 的物理意义, 将 $\boldsymbol{c}_2^{1*}f_2^1$ 拆为两项: 第一项为 $(-\boldsymbol{c}_2^1)(-s^*m_2^1g)$, 第二项为 $(-b_2^1)(-2s^*m_3^2g)$; 两项和仍旧满足式 (9.102)。第一项 $(-\boldsymbol{c}_2^1)(-s^*m_2^1g)$ 对应安置于 $-\boldsymbol{c}_2^1$ 处的配重 $-s^*m_2^1g$, 此配重与质心 m_2^1 和关节 q_1 共线; 第二项 $(-\boldsymbol{b}_2^1)(-2s*m_3^2g)$ 对应安置于 $-\boldsymbol{b}_2^1$ 处的配重 $-2s^*m_3^2g$, 它与关节 q_1 和 q_2 共线, 如图 9.33a 所示。实际中, 可根据力合并原则将两个配重合并, 因而只需要施加一个等效配重, 此处不再赘述。

若采用多吊索方案，需将 $f_3^2 = s^* m_3^2 g$ 代入式式 (9.102)，得

$$\boldsymbol{c}_2^{1*} f_2^1 = s^* \boldsymbol{c}_2^1 m_2^1 g$$

与副摇臂补偿力选择相似，此处仍旧令主摇臂补偿力向上或向下。若令 $\boldsymbol{c}_2^{1*} = \boldsymbol{c}_2^1$，则 $f_2^1 = s^* m_2^1 g$；主摇臂补偿力向上，见图 9.33b。

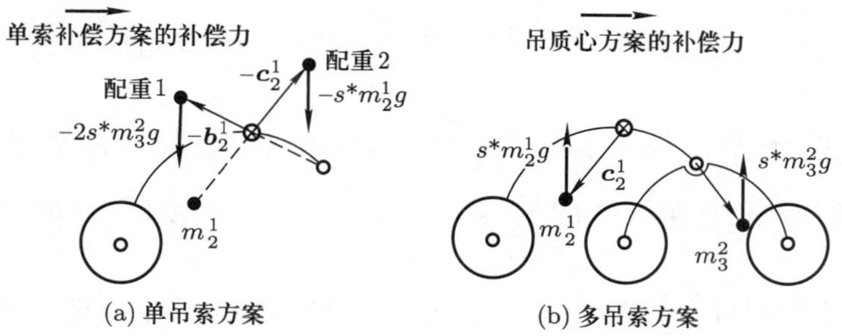

图 9.33 主摇臂补偿力方案

若令 $\boldsymbol{c}_3^{2*} = -\boldsymbol{c}_3^2$，则 $f_3^2 = -s^* m_3^2 g$；主摇臂补偿力向下，构成副摇臂吊质心，主摇臂配重的混合补偿方案，见图 9.34。

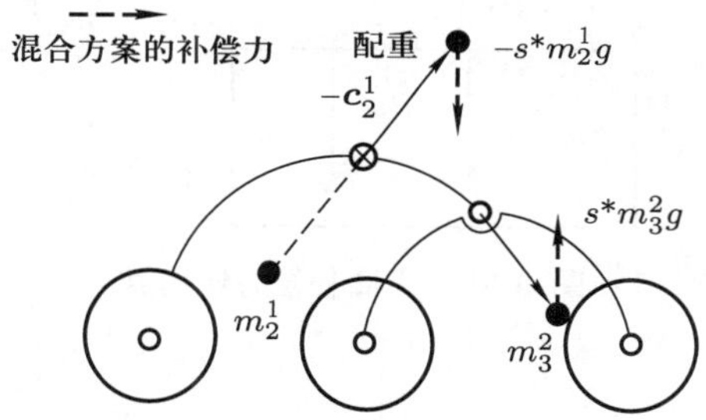

图 9.34 主摇臂的混合补偿方案

至此，已经明确了摇臂配重的计算。将主副摇臂的配重模型进行归纳，副摇臂配重应满足下面的约束形式：

$$\begin{cases} \boldsymbol{c}_3^{2*} f_3^2 = s * \boldsymbol{c}_3^2 m_3^2 g \\ f_3^2 < 0 \end{cases} \tag{9.103}$$

主摇臂配重应满足：

$$\begin{cases} \boldsymbol{c}_2^{1*} f_2^1 = s^* \boldsymbol{c}_2^1 m_2^1 g + \boldsymbol{b}_2^1 (s^* m_3^2 g - f_3^2) \\ f_2^1 < 0 \end{cases} \tag{9.104}$$

9.5.2.2 车厢补偿力

令车厢补偿力解系式 (9.101) 中 $p = 2, r = 4$。f_2^1 和 f_3^2 是一侧的主、副摇臂配重，f_4^3 和 f_5^4 是一侧的主、副摇臂配重，f_1^0 是车厢补偿力。不失一般性，可认为月球

车左右对称, 因此 $\boldsymbol{b}_1^0 = \boldsymbol{b}_3^2$, $\boldsymbol{b}_1^0$ 和 $\boldsymbol{b}_3^2$ 是车厢坐标系原点至两侧差速轴关节的矢量。车厢补偿力的大小为

$$f_1^0 = s^* \sum_{i=0}^{4} m_{i+1}^i g - \sum_{i=1}^{4} f_{i+1}^i \tag{9.105}$$

车厢补偿力的作用点 $\boldsymbol{c}_1^{0*}$ 服从

$$\boldsymbol{c}_1^{0*} f_1^0 = s^* \boldsymbol{c}_1^0 m_1^0 g + 2\boldsymbol{b}_1^0 \sum_{i=1}^{2} (s^* m_{i+1}^i g - f_{i+1}^i) \tag{9.106}$$

车厢补偿力 $\boldsymbol{c}_1^{0*} f_1^0$ 分为 3 项。第一项 $s^* \boldsymbol{c}_1^0 m_1^0 g$ 对应施加于 $\boldsymbol{c}_1^0$ 处 (即车厢质心) 的向上补偿力 $s^* m_1^0 g$; 第二项 $\boldsymbol{b}_1^0 \sum\limits_{i=1}^{2} (s^* m_{i+1}^i g - f_{i+1}^i)$ 对应施加于于 $\boldsymbol{b}_1^0$ 处 (即差速关节处) 的向上补偿力 $\sum\limits_{i=1}^{2} (s^* m_{i+1}^i g - f_{i+1}^i)$, 如图 9.35 所示; 第三项对应施加于差速器另一端 $\boldsymbol{b}_3^0$ 处的向上补偿力 $\sum\limits_{i=3}^{4} (s^* m_{i+1}^i g - f_{i+1}^i)$, 图 9.35 中未标出此力。实际中, 可根据力合并原则将 3 个力合并, 因而只需要施加一个等效补偿力。

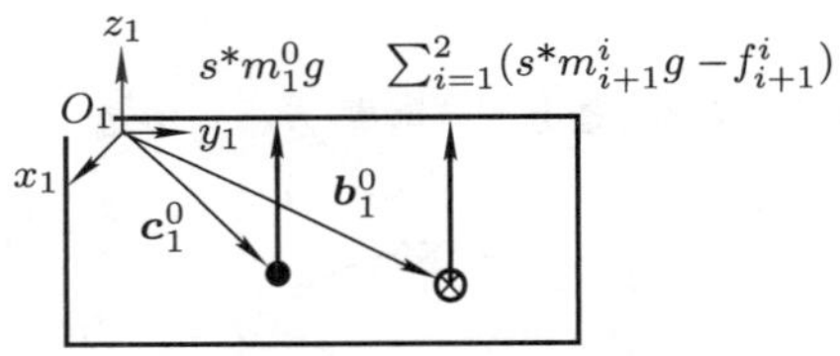

图 9.35 车厢补偿力作用点

9.5.3 车厢补偿力的施加

车厢补偿力作用点位于车厢内部, 这是月球车重力补偿的普遍现象。将吊索直接连接于车厢内部存在两个问题: ① 吊索和车厢内部构件干涉; ② 在车厢内部的准确位置预留接口不易实现。本节考虑将补偿力作用于车厢外部, 但使其等效作用于车厢内部的固定点。

首先介绍平行全等体的性质。设平面内有两个自由物体, 在两物体上分别取 $\triangle ABC \cong \triangle A'B'C'$, 使用等长连杆球铰连接 AA'、BB' 以构成平面机构 $A'ABB'$, 如图 9.36a 所示。因为 $A'ABB'$ 和 $A'ACC'$ 是共用 $A'A$ 边的平行四边形, 所以无论机构如何运动, 连线 $C'C$ 始终平行于连杆 $A'A$。

然后介绍在俯仰平面内向车厢内 C 点施加等效补偿力的方法。在车厢表面设置球铰连接点 A、B; 按 $\triangle ABC \cong \triangle A'B'C'$ 关系在悬挂装置上选取球铰连接点 A'、B' 和吊索连接点 C'; 使用等长杆连接 AA'、BB', 将吊索连接于 C', 在补偿力作用下连

杆 $A'A$ 和 $B'B$ 始终竖直, 如图 9.36b 所示。由于 $C'C$ 平行 $A'A$, 在俯仰平面内补偿力始终竖直通过星球车内部点 C, 亦即补偿力等效作用于点 C。

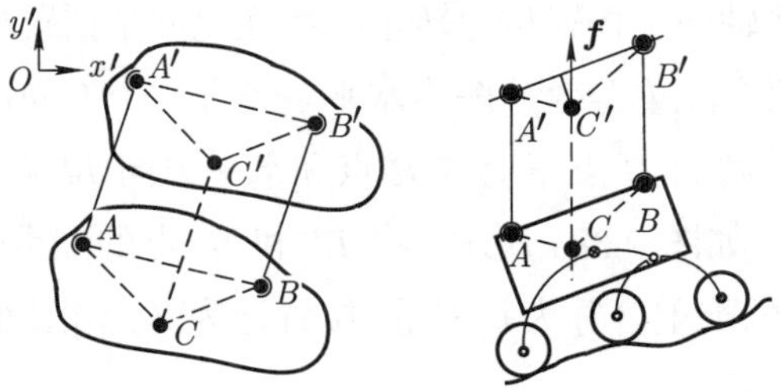

(a) 平行全等图形　　(b) 俯仰平面内补偿力的施加

图 9.36　平面平行全等图形及其性质

为使补偿力在空间内等效作用于车厢内部吊点 C, 进行以下构造: 在车厢顶部选 4 个球铰连接点 A、B、D 和 E, 与点 C 构成 4 棱锥; 按 $C'-A'B'D'E' \cong C-ABDE$ 全等关系在悬挂装置上设置球铰连接点 A'、B'、D' E' 和吊索连接点 C'; 使用等长连杆连接对应点, 将吊索连接于 C', 如图 9.37a 所示。图 9.36a 在俯仰平面的投影如图 9.36b 所示, 在侧倾平面的投影如图 9.37b 所示。在忽略悬挂装置自重的情况下, 整车俯仰、侧倾时吊索补偿力始终等效作用于车厢的内部点。

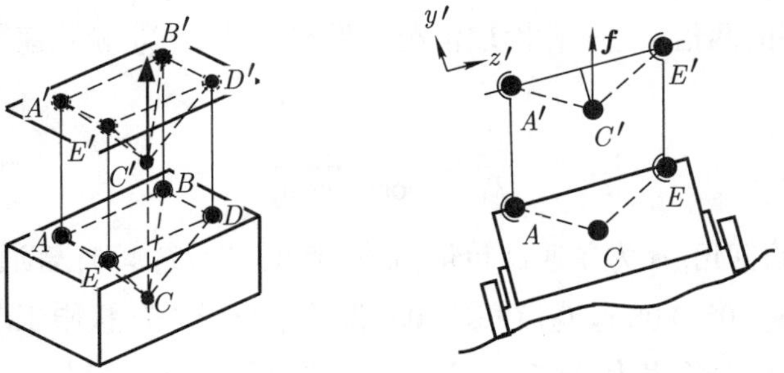

(a) 平行全等体　　(b) 侧倾平面内补偿力的施加

图 9.37　空间相似悬挂

为了完全消除悬挂装置自重的影响, 除补偿力 $\boldsymbol{f}$ 外, 还需要在悬挂装置质心处施加与其自重等大反向的补偿力 $\boldsymbol{f}'$。由于力 $\boldsymbol{f}$ 和 $\boldsymbol{f}'$ 作点、大小、方向不变, 因此可以合成一个作用点、大小、方向不变的合力。此合力即为考虑挂架自重情况下的补偿力, 其作用点即为悬挂装置的实际吊索连接点, 其大小为吊索拉力, 因此仍旧是单索补偿。

9.5.4 六轮车单索补偿的仿真验证

1. 主摇臂配重化简

利用车厢通过差速轴向主摇臂传递转矩的特性化简主摇臂配重。将整车置于水平地面。将主摇臂的两个配重等效分解为水平、竖直两个方向的配重。按照质心分解原则, 将 A' 点配重分解为 B 点正上方 R 点和水平方向 R' 点两个配重块; 用同样方法分解 G' 点配重块, 如图 9.38a 所示。将 R' 和 S' 点的配重合并为新配重, 位置记为 T', 将 R 和 S 点的配重合并为新配重, 位置记为 T, 如图 9.38b 所示。

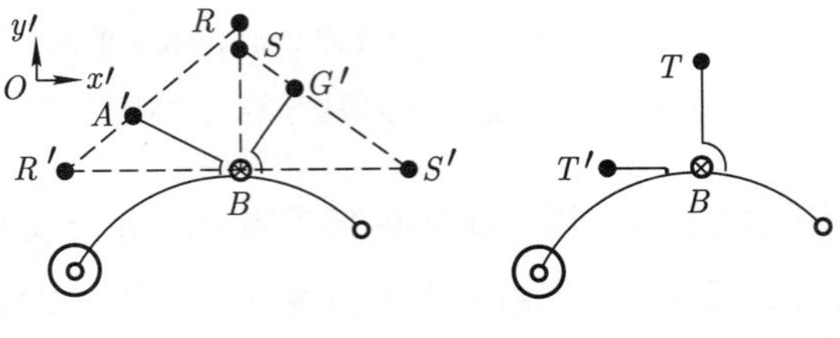

(a) 质心分解　　(b) 质心合并

图 9.38　主摇臂配重的等效转换

取消 T 点配重, 主摇臂因此损失转矩。为补偿损失的转矩, 将原作用于差速轴的车厢补偿力 F_2' 沿 x 轴移动 $\triangle x$, 如图 9.39 所示, 使 F_2' 对差速轴的转矩等于一侧主摇臂损失转矩的两倍。主摇臂因取消配重而损失转矩 T_2 和差速器补偿的转矩 T_2 的关系为

$$\frac{T_2}{T_1} = \frac{\cos\beta}{\cos(\beta+\phi)} \tag{9.107}$$

式中, β 为车厢俯仰角; ϕ 为差速器转角。$\phi = 0°$ 时, $T_2/T_1 = 1$; 普通工况下, 取 $0° \leqslant \beta \leqslant 10°, 0° \leqslant \phi \leqslant 10°, 0.98 \leqslant T_2/T_1 \leqslant 1.05$, 误差率小于 5%; 极限工况下, 取 $\beta = \phi = 20°, T_2/T_1 = 1.23$, 误差率为 23%。注意, 此误差率是相对 T_1 得出的, 实际中此误差对轮地力的影响可以忽略。

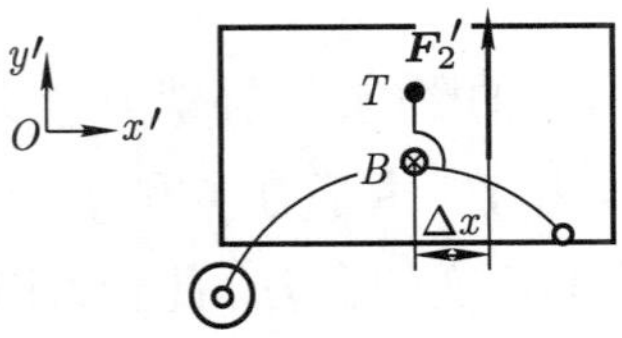

图 9.39　平移车厢力

2. 仿真模型及参数设置

在动力学仿真软件中构建六轮摇臂月球车模型。将差速轴中点取为坐标原点。建立右手坐标系, 前进方向取为 x 轴正方向, y 轴竖直向上, 如图 9.40a 所示。设置两侧轮中心距为 748 mm, 同侧相邻轮中心距为 585 mm, 车轮半径为 165 mm。由于

月球车模型关于 Oxy 平面对称，只给出车厢和一侧悬架的属性，如表 9.2 所示。使用单索重力补偿模型，算得一组单索补偿力系，如表 9.3 所示。

表 **9.2**　星球车模型质量及尺寸属性

关键位置点	质量 m/kg	坐标 x/mm	坐标 y/mm	坐标 z/mm
车厢构件质心	101	100	80	0
主摇臂构件质心	4	–460	–320	353
副摇臂构件质心	5.5	338	–390	369
右前轮中心	—	585	–411	374
主副摇臂铰接点	—	248	–146	334
差速轴中心	—	0	0	0

表 **9.3**　第三组仿真补偿力系参数

右侧构件及车厢补偿力	力 f/N	坐标 x/mm	坐标 y/mm	坐标 z/mm
副摇臂配重	44.9	158	–98	369
化简的主摇臂配重	46.8	0	500	334
车厢质心补偿力	825.3	100	80	0
平移的车厢补偿力	338.4	43.9	0	0

地面模型设置为刚体。地形分为 4 段，如图 9.40b 所示：仿真开始时月球车置于水平段，然后通过长 3 000 mm 斜度 28.5° 的下坡段，再通过长 2 500 mn 的水平段，最后通过深 150 mm 长 3 500 mm 的单侧槽坑段。月球车在下坡段产生整车俯仰，在侧坑段同时产生整车俯仰和侧倾，如图 9.41a 所示。在开入和开出下坡段时，主副摇臂铰接点产生转角，在侧坑段主副摇臂铰接点和差速器同时产生转角，如图 9.41b 所示。

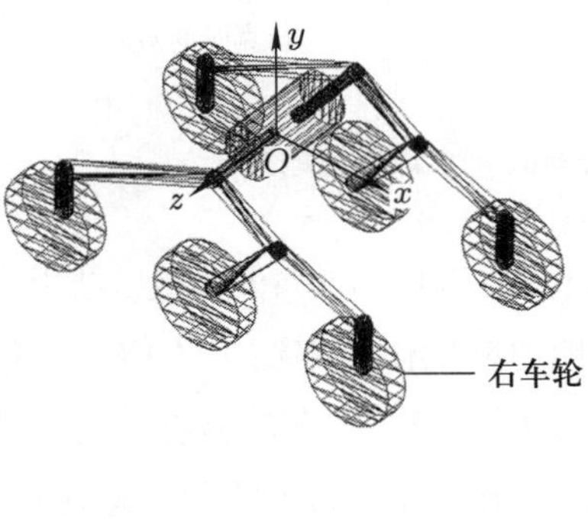

(a) 月球车模型

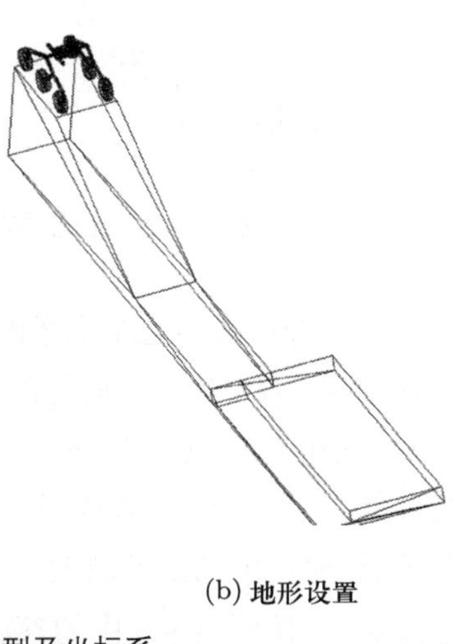

(b) 地形设置

图 **9.40**　仿真模型及坐标系

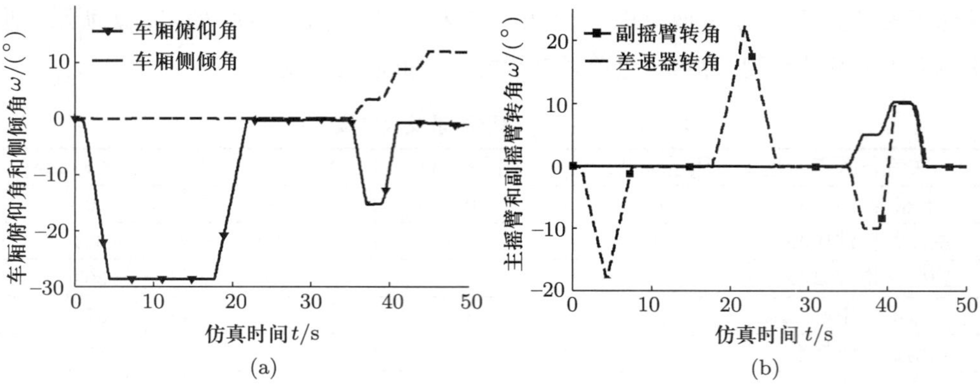

图 9.41 仿真中悬架姿态的变化

3. 仿真结果及分析

为获得各轮在低重力环境下的标准轮地力, 设加速度为 g/s 且不施加补偿力, 结果以虚线加方块来表示。后面的仿真中加速度设为 g。第一、二组仿真中仅向车厢上的整车合质心位置施加补偿力, 以模拟传统的单索补偿。

第一组设置的补偿力为整车重量的 5/6, 以模拟 $g/6$ 环境。结果表明, 在通过单侧槽坑地形时, 右中轮与右后轮的轮地力补偿误差率约为 25%, 两轮误差方向相反, 如图 9.42 所示。

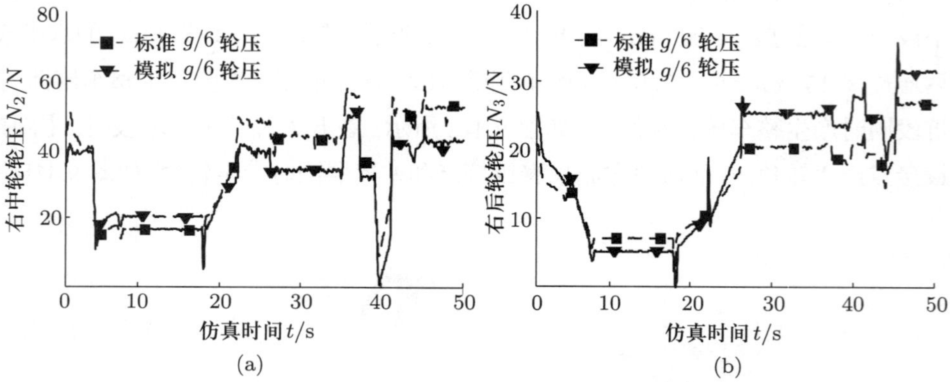

图 9.42 无配重方法模拟 $g/6$ 环境轮地力

第二组设置的补偿力为整车重量的 11/12, 以模拟 $g/12$ 环境。结果表明, 在通过单侧槽坑地形时, 右中轮、右后轮的轮地力补偿误差率约为 50%, 两轮误差方向相反; 两轮分别在仿真的 40 s 和 20 s 时轮地力为零, 即车轮被补偿力拉离地面, 如图 9.43 所示。第一、第二组仿真说明, 只施加吊索补偿力不能无误差地补偿轮地力; 模拟重力场越低, 轮地力的误差越大。

第三组仿真中, 按照表 9.2 中的参数施加补偿力, 以模拟 $g/6$ 环境; 并按照本节方法化简主摇臂配重。仿真结果表明, 单索 – 配重补偿方法可以无误差地模拟低重

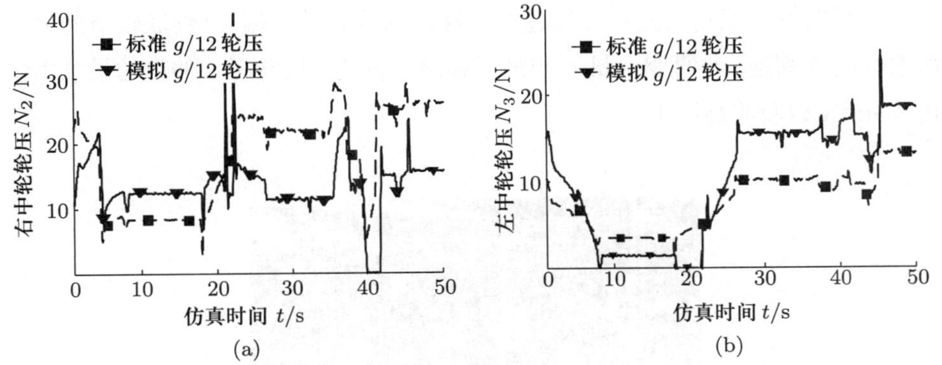

图 9.43 无配重方法模拟 $g/12$ 环境轮地力

力状态下月球车的轮地力, 化简配重方法带来的误差可以忽略, 如图 9.44 所示。

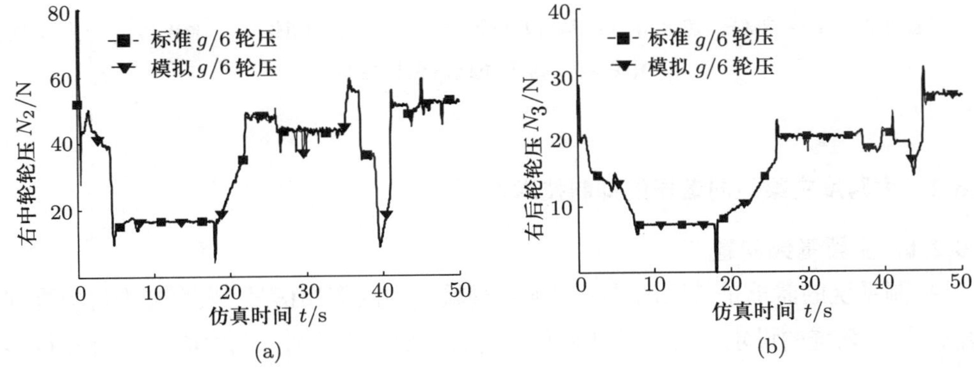

图 9.44 使用单索 – 配重补偿方法模拟 $g/6$ 环境轮地力

9.6 拉力系统设计与谐振抑制技术

拉力系统是产生补偿力的系统, 其控制误差为 ± 5 N。拉力系统需要一定快速性以满足月球车越障需求, 同时必须避免激发主梁的振动。拉力系统不应单纯采用马达响应干扰, 必须降低吊索的刚度以提高高频干扰下的拉力精度。

9.6.1 总体设计

拉力系统的结构如图 9.45 所示。图 9.45 中, 标号 1 和 6 是大、小两个直驱电机, 两个电动机同轴布置。直驱电机力矩大, 转速低, 其最大的优点是不需要大速比减速器。大速比减速器给系统带来过多摩擦, 而且使输出端的等效惯量过大, 这是拉力系统不使用高转速 – 低力矩电动机的根本原因。

大直驱电机 1 通过减速器 2 固连至弹性联轴节 3 的一端, 弹性联轴节的另一端与吊索卷筒 5 固连。小直驱电机 6 与吊索卷筒 5 固连。从卷筒 5 伸出的吊索由恒力机构 4 张紧, 以吸收高频干扰。

1 — 大直驱电机; 2 — 减速器 (速比 5); 3 — 弹性联细节 (卷簧); 4 — 恒力机构; 5 — 卷筒; 6 — 小直驱电机

图 9.45 拉力系统的整体结构

9.6.2 大跨度主梁纵向谐振的抑制技术

9.6.2.1 主梁基频问题

控制系统的需求是其输出能很好地复现输入中的有用信号, 噪声和干扰应受到抑制。拉力系统的设定拉力值是其控制系统有用的输入信号, 是恒定值; 月球车因地形起伏造成的竖直方向位移是系统的干扰信号, 应当由拉力系统通过收放吊索来抑制; 月球车和位置系统运行振动是噪声信号, 应当被抑制。拉力系统输入为恒定值, 系统对快速性的需求取决于干扰信号的频带。

带宽是表征系统快速性的第一指标, 是控制系统可以通过的频率带。一方面, 系统带宽越宽, 则跟踪性能和快速性越好; 另一方面, 当系统带宽接近或超过机械系统基频时, 有可能激发谐振, 造成控制系统发散。

由于希望主梁基频、刚度尽量高, 对主梁结构进行了特殊设计。主梁为双箱梁并联结构, 长 30 m, 每个箱梁高 1 700 mm, 宽 600 mm, 箱壁厚 8 mm, 材料为 Q235 铁板。箱梁内, 长度方向设置加强筋, 宽度方向设置隔板, 见图 9.46。在此设计下, 主梁总重 30 t, 实测基频为 3 Hz。虽然可以用更高的代价更改主梁截面形式 (如将箱梁改为桁架梁)、增大截面尺寸, 但无论如何设计的主梁都是细长的简支梁, 不能为拉力系统提供稳定的支撑。

为掌握主梁基频, 需进行基频测试。测量传感器为陀螺仪; 陀螺仪内置三维加速度传感器, 本实验的读数为重力方向加速度。实验时, 主梁长度方向的两端简支, 陀螺仪固定于主梁中点, 如图 9.47a 所示; 图 9.47b 所示为实验设备。实验时, 先开启

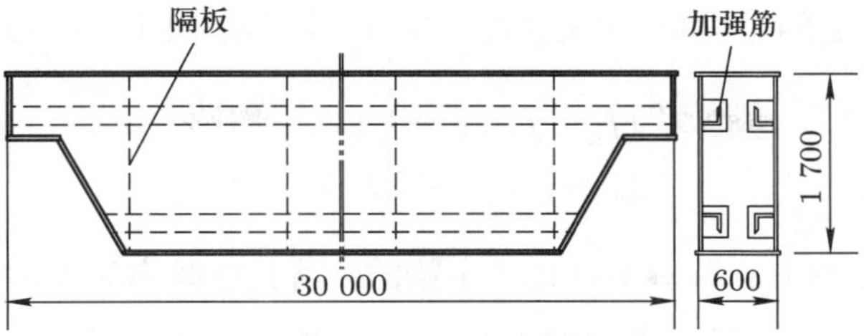

图 9.46　箱梁结构简图

加速度记录功能, 在记录 10 s 后, 以主梁中点附近的冲击激发主梁振动。

(a) 被测主梁　　(b) 测试仪器

图 9.47　主梁基频测试实验设置

测试结果如图 9.48 所示。图 9.48b 是图 9.48a 的放大。图 9.48a 表现出主梁的 "拍", 即两个频率不同的振动信号的合成。将这两个频率记为 f_1 和 f_2, 对应的信号为 $\sin(2\pi f_1 t)$ 和 $\sin(2\pi f_2 t)$; 这两个信号的合成是

$$\sin(2\pi f_1 t) + \sin(2\pi f_2 t) = 2\sin[2\pi(f_1 + f_2)t/2]\cos[2\pi(f_1 - f_2)t/2]$$

$(f_1 - f_2)/2$ 即为拍的频率。从 15 s~37 s 的过程中, 主梁共经历 4 个拍, 如图 9.48a

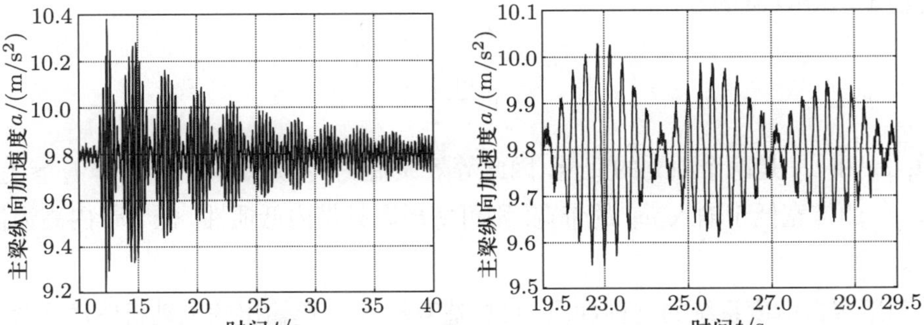

(a) 主梁自由振荡　　(b) 振荡局部图

图 9.48　自由振动的速度

所示; 从 23 s~27 s 的过程中, 主梁共经历了 13 个波谷, 如图 9.48b 所示。因此有:

$$\begin{cases}(f_1 - f_2)/2 = 4/(37 - 15) \\ (f_1 + f_2)/2 = 13/(27 - 23)\end{cases}$$

解上式得, $f_1 = 3.43$ Hz, $f_2 = 3.04$ Hz。主梁的一阶共振频率为 3.04 Hz。

当拉力系统带宽接近或者超过 3 Hz 时, 会激发主梁谐振, 造成主梁纵向位移。由于主梁纵向位移影响吊索拉力, 拉力系统会不断响应主梁振动, 持续激发主梁谐振。为保证拉力系统的快速性, 希望拉力系统带宽为 8 Hz, 同时不激发主梁谐振。这就是拉力系统设计的主梁基频问题。

9.6.2.2 主梁谐振抑制原理

在拉力系统带宽无法满足频带要求的情况下, 拉力系统主要设计思路是: 在接近和超过主梁基频的工作频带内, 尽量压低拉力系统对主梁的激振强度。从机构设计角度出发, 要求拉力系统在较高的工作频带内具有较低的惯性, 使拉力系统因滞后和过冲产生的激振强度降低。

从系统输出端观测, 系统等效惯量为无阻尼时作用于输出端的力 (力矩) 与输出端加速度的比值。不失一般性, 假设系统中存在惯性环节 $I_1, I_2, \cdots, I_n$, 惯性环节的转角为 $\omega_1, \omega_2, \cdots, \omega_n$; 令 ω_n 为输出端, 将输出端的等效惯量记为 I_E。根据系统动能相等的原则, I_E 为

$$I_E = \frac{I_1\omega_1^2 + I_2\omega_2^2 + \cdots + I_n\omega_n^2}{\omega_n^2}$$

对于单自由度系统, 一旦输出端角度 ω_n 确定, 其余环节的角度 $\omega_1, \omega_2, \cdots, \omega_{n-1}$ 就随之确定。因此, 单自由度系统的等效惯量是不可变的。

多自由度系统有多个输入端, 其输出端等效惯量取决于信号从哪一端输入。以差速器为例。使用两个差速轴作为输入端, 记两个差速轴的惯量为 I_1 和 I_2、转角为 ω_1 和 ω_2。使用差速器壳体为输出端, 记输出端等效惯量为 I_E, 角度为 $\omega_3 = (\omega_1 + \omega_2)/2$。此时输出端等效惯量为

$$I_E = \frac{I_1\omega_1^2 + I_2\omega_2^2}{\left(\dfrac{\omega_1 + \omega_2}{2}\right)^2}$$

式中, ω_1 和 ω_2 是两个独立的变量, 因此等效惯量 I_E 不是定值。如果令 $I_1 > I_2$, 令输入 ω_1 的带宽低于输入 ω_2 的带宽, 则可实现高频带内低惯性, 低频带内高惯性的系统。

利用多自由度系统的这种性质, 可构造双输入 – 单输出的电动机驱动系统。使惯量大、快速性差的电动机工作于较低频带; 使惯量小、快速性好的电动机工作于较高频带; 将两个电动机接入不同的输入端, 即可实现根据工作频带配置惯性的目标。

9.6.2.3 电动机驱动系统的构成

电动机驱动系统的构造如图 9.49 所示, 包括 (从左到右) 大力矩电动机、减速器、弹性联轴节、吊索卷筒及小力矩电动机。此系统是双输入系统, 大、小电动机的转角是系统的两个输入。两个输入转角 ω_1、ω_2 的差值被弹性联轴节转角 ω_4 吸收; 吊索卷筒转角是系统的输出, 其转角 ω_3 等于小力矩电动机转角 ω_2。

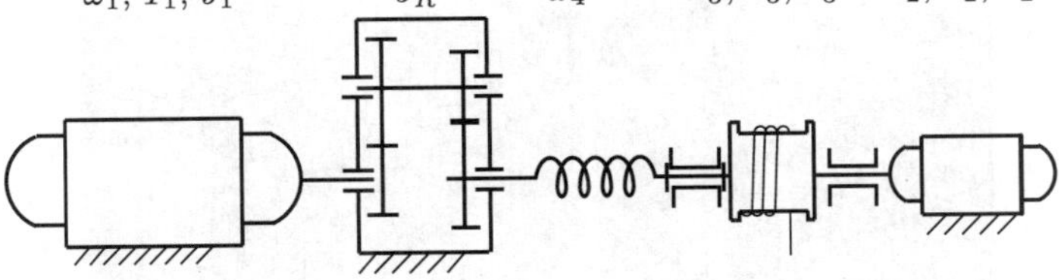

图 9.49 电动机驱动系统的构造

忽略弹性联轴节惯性, 考虑系统在输出端观测的等效惯量: ① 如果将小力矩电动机锁死, 大力矩电动机输入完全被弹性联轴节吸收; 从输出端观测, 系统的惯量是减速器低速端扭矩和加速度比值, 即 $J_R + i^2 J_1$, 其中 J_R、J_1 分别是减速器低速端等效转动惯量和大力矩电动机转子的转动惯量, i 是减速比 ($i > 1$)。② 如果将大力矩电动机锁死, 小力矩电动机输入完全被弹性联轴节吸收; 从输出端观测, 系统的惯量是 $J_2 + J_3$, 其中 J_2、J_3 分别是小力矩电动机转子和卷筒的转动惯量。明显地, $J_R + i^2 J_1 > J_2 + J_3$, 即大力矩电动机端等效惯量大于小力矩电动机端等效惯量。

从力传递关系上者, 大、小电动机的输入力矩 T_1、T_2 和卷筒的输出力矩 T_3 的关系为 $iT_1 + T_2 = T_3$, 且 $T_1 > T_2$。大力矩电动机端的输出扭矩能力强, 转动惯量大, 使其工作于低频带; 小力矩电动机的输出扭矩能力弱, 转动惯量小, 使其工作于高频带。使用大电动机和减速器产生大幅值的拉力, 给整个吊索系统提供工作基准点; 将其带宽设置为 1 Hz, 以避免激振主梁。使用小力矩电动机产生小幅值的拉力, 精确地修正工作基准点和设定值之间的偏差; 将其带宽设置为 8 Hz, 使拉力系统具备一定的快速性。

9.6.3 高频拉力扰动的被动响应技术

电动机驱动系统的快速性有限, 难以准确地响应高频干扰。为降低高频干扰下的拉力误差, 应降低吊索的等效刚度, 使用弹性环节吸收高频干扰, 达到吸收冲击的目的。

9.6.3.1 恒拉力机构的构成

恒拉力机构包括恒力摆杆 1、顶轮 2、顶轮高度调整环节 3、拉簧 4 以及拉簧固定点调整环节 5, 如图 9.50 所示。其中两个调整环节用于调整吊索的等效刚度。拉簧环节使用 3 根并联拉簧; 每根弹簧的簧丝直径 6 mm, 中径为 90 mm, 缠绕 67 圈。

1 — 摆杆; 2 — 顶轮; 3 — 顶轮高度调整环节; 4 — 拉簧; 5 — 拉簧固定点调整环节

图 9.50 恒拉力机构调整环节设计

9.6.3.2 恒拉力机构原理

恒拉力机构的原理如图 9.51 所示。在一个竖直的墙面上选择 A、C 两点, 在 C 点铰接摆杆 BC, 将弹簧连接于墙面 A 点和摆杆 B 点之间。弹簧的刚度为 k; 其自由长度为零, 即弹簧拉力为零时其长度也为零; 暂时不考虑此种弹簧的实现方法。为了维持摆杆 BC 的稳定, 在摆杆 B 点施加一个竖直向下的拉力 f, 如图 9.51a 所示。下面证明无论摆杆如何摆动, 使摆杆稳定的力 f 始终为定值。

用 l 表示长度, l_{AB} 表示 AB 点间的距离。由于弹簧自由长度为零, 所以弹簧拉力 $f_{AB} = kl_{AB}$。将拉力 f_A 分解为沿杆 BC 方向的分量 f_{BC} 和沿墙面 CA 方向的分量 f_{CA} (注意不是正交分解), 如图 9.51a 所示。由 f_{BC}、f_{CA} 以及 f 对 C 点的转矩平衡关系, 得 $f_{CA} = -f$。由于弹簧拉力 f_A 平行于 AB, 其两个分量 f_{BC}、f_{CA} 分别平行于 BC、CA, 所以力三角形 $A'BC'$ 相似于结构三角形 ABC, 如图 9.51b 所示。

由相似三角形的对应边长度比例相等, 有

$$\frac{kl_{AB}}{l_{AB}} = \frac{f_{CA}}{l_{CA}} = \frac{-f}{l_{AC}}$$

即 $f = -kl_{AC}$, f 值与摆杆位置无关。如果 f 为要提供的恒定拉力, 则应根据拉力 f 选择弹簧刚度 $k = f/l_{AC}$。此时的机构就是恒力机构。

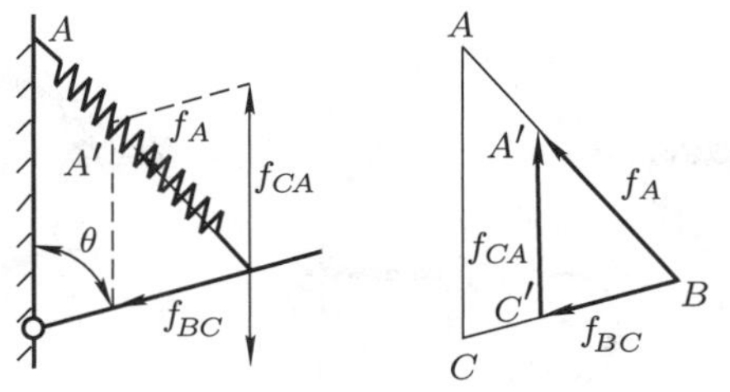

(a) 恒力机构　　(b) 机构受力分析

图 9.51　恒拉力机构原理图

实际中不可能使弹簧的自由长度为零, 下面介绍恒力机构的实现方法。为在 B 点提供恒定拉力 f, 设计弹簧使其刚度 $k = f/l_{AC}$。将此弹簧一端固定于点 D, 另一端通过绳索连接至点 B, 中间使用滑轮 A 改变绳子的方向, 如图 9.52a 所示。记摆杆竖直时绳索和杆连接点位置为 B_1, 如图 9.52b 所示。在此姿态下, 通过调整弹簧和摆杆之间的绳长将弹簧拉伸量调整为 l_{AB1}, l_{AB1} 为 AB_1 长度。记 AB 和 AB_1 长度差值为 Δl, 由于绳索长度不变, 摆杆摆至 B 点时弹簧拉伸量为 $l_{AB1} + \Delta l = l_{AB}$, 等效实现了弹簧自由长度为零的要求。

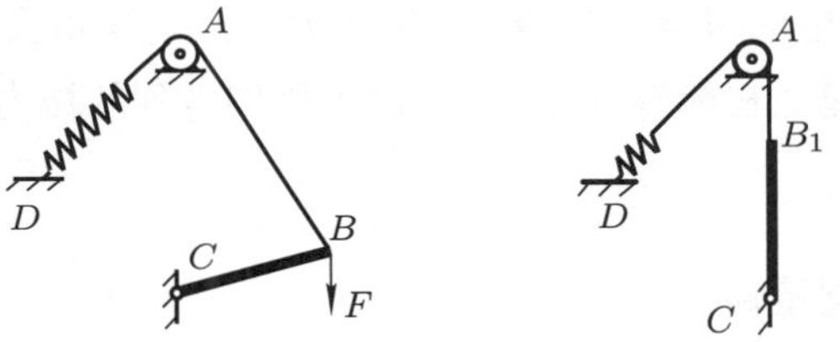

(a) 普通姿态　　(b) 稳定姿态

图 9.52　弹簧自由长度为零的实现方法

9.6.3.3　恒拉力机构和电动机驱动系统的融合

恒力机构 B 点扬程有限, 不能独自构成拉力系统, 必须与电动机驱动系统配合工作。下面介绍恒力机构与电动机系统的合并方法。在图 9.52a 的基础上, 在吊杆 C、B 两点分别加装等直径滑轮; E 点为电动机驱动系统卷筒转轴, 电动机驱动系统长度方向与纸面垂直。虚线是由卷筒收放的吊索, 实线 AB 是恒力机构中的绳索, 使用虚、实线区别两条索, 如图 9.53a 所示。由于 C、B 两点有等直径转轮, 吊索在转轮 C、B 间的一段始终平行于 CB; 索在转轮 B 后的一段可视为铅垂, 如图 9.53b 所示。

考虑摆杆 BC 的力平衡。平行于 BC 的吊索力 f'、铅垂吊索力 $f(f' = f)$、和恒力机构绳索拉力 f_A 相对于 C 点转矩平衡, 如图 9.54a 所示。将作用于转轮 B 外缘的 f、f' 等效平移至转轮圆心 B 点, 并将 f_{AB} 分解为 f_{BC}、f_{CA}, 如图 9.54b 所示。由转矩平衡关系, $f = -f_{CA} = k_c l_{AC}$, 因此 f 值与摆杆位置无关。

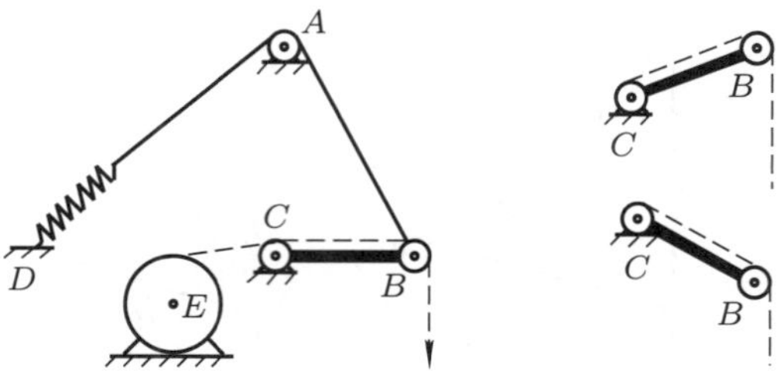

(a) 电动机驱动系统与恒力摆杆的融合　　(b) 摆杆

图 9.53　恒力机构与电动机驱动系统的合并

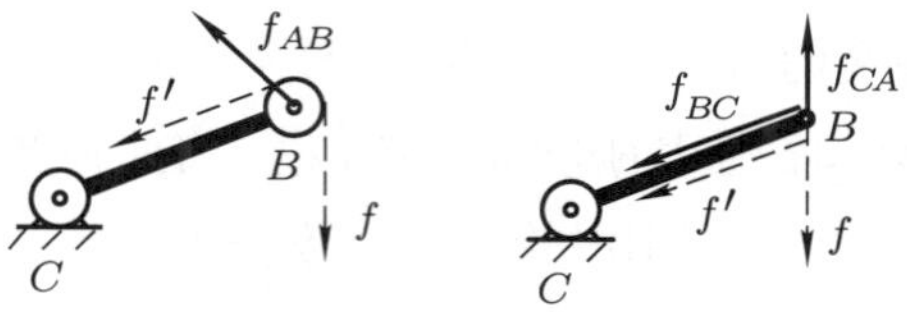

(a) 摆杆的受力平衡　　(b) 力的平移与分解

图 9.54　摆杆受力分析

按照上述方法, 吊索等效刚度为零。从吊索底端观测, 当电动机锁死时拉扯绳索后吊索拉力不变。当电动机响应过慢时, 摆杆 BC 产生摆角吸收电动机收放吊索的误差。实际中, 由于恒力机构存在摩擦, 经恒力机构得到的拉力 f 并不完全恒定。

9.6.4　拉力系统控制策略

采用大、小电动机同时驱动卷筒外加一个弹簧缓冲机构的控制方案。其中大电动机用于粗调, 提供主要的吊索张力, 抑制低频扰动; 小电动机用于精调, 提供小力矩, 以抑制中高频段的扰动信号; 弹簧缓冲机构用于抑制高频扰动。

具体来讲, 用大、小电动机码盘的反馈作差, 送入大电动机控制律中, 如图 9.55 所示。减速器和大电动机轴固连在一起, 因此减速器上的摩擦和电动机的定位力矩都处于闭环之内, 能够得到有效抑制。大电动机工作于速率模式, 其控制目标是使弹性联轴节的角度为常值, 为拉力系统提供基础工作点 f_r。由于电动机的力矩波动以及地面扰动, f_r 与设定拉力值 f 存在差值 Δf, 此差值称为残余误差。残余误差 Δf 将进一步通过小电动机系统补偿。大电动机回路闭环带宽设计为 1 Hz 左右。

将吊索末端力传感器信号和恒力机构摆角位置信号送入小电动机控制率, 如图 9.55 所示。采用两个力反馈信号可以提高力控制系统的可靠性。小电动机系统的指令由设定张力值 f 和拉力传感器之差产生。小电动机工作于力矩模式, 其控制目标是维持吊索中的恒定张力。利用小电动机的快速性来补偿吊索拉力的中频分量, 进一步抑制大电动机残余误差 Δf。小电动机回路的闭环带宽设计为 8 Hz 左右。

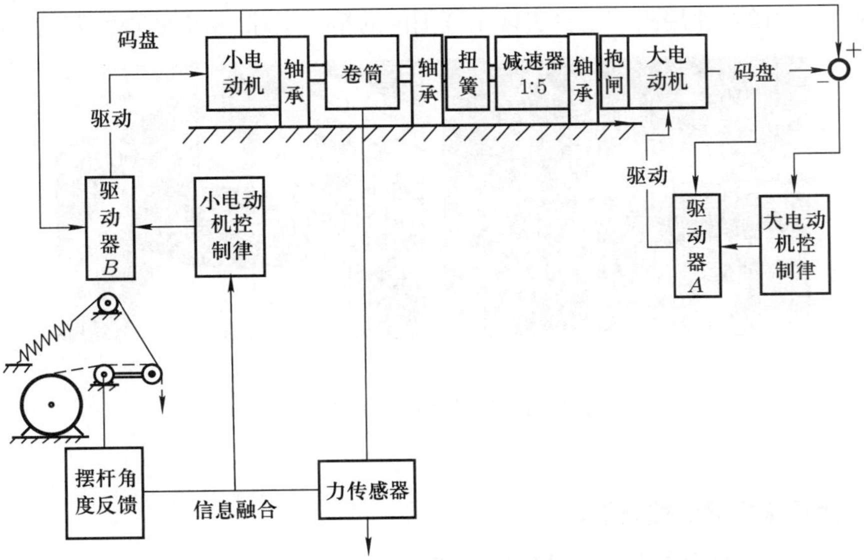

图 9.55 拉力系统控制回路示意图

在高频干扰下, 小电动机仍会留下高频残余误差 $\Delta f'$, 该残余误差最终由恒力机构通过开环补偿掉。系统在高频带的拉力误差取决于恒力机构的机械特性。

恒力机构是被动机构, 其误差 $\Delta f_{\rm c}$ 主要来自运动副摩擦、弹簧滞回特性 (弹簧长度反复到达某一值时, 弹簧拉力不同) 和绳索在滑轮 A 处弯折损耗。当小电动机残余误差 $\Delta f'$ 小于 $\Delta f_{\rm c}$ 时, 恒力机构不工作; 当 $\Delta f'$ 大于 $\Delta f_{\rm c}$ 时, 恒力机构工作。因此, $\Delta f_{\rm c}$ 体现为恒力机构的静摩擦。在低、中频段内, 小电动机的残余误差 $\Delta f'$ 小于 $\Delta f_{\rm c}$, 系统表现出闭环误差。在高频段内, 小电动机的残余误差 $\Delta f'$ 大于 $\Delta f_{\rm c}$, 系统表现出恒力机构的开环误差 $\Delta f_{\rm c}$。

9.7 位置跟踪控制策略

本节介绍位置系统的构造和控制策略。在设计过程中, 主梁位置视为不能被准确、快速控制的环节。

9.7.1 总体设计

为实现大范围、高精度的跟踪, 位置系统采用双层平面位置伺服系统: 天车系统和二维跟踪平台两个系统都是平面两自由度位置伺服系统; 二维跟踪平台搭载于天车系统的小车上, 如图 9.56 所示。

双层伺服的基本思想是: 天车系统运动范围大, 但精度低, 快速性差; 跟踪平台运动范围小, 但精度高, 快速性好; 使用天车系统实现对月球车的大范围初步跟踪,达到粗调的目的; 使用跟踪平台实现小范围内的精确跟踪, 从而实现精调的功能。

(a)

(b)

图 9.56 双层平面位置伺服系统

9.7.2 大惯量主梁的控制策略

使用天车小车中心点作为其位置参考点, 记为点 B; 称拉力系统吊索的伸出点为上吊点, 使用上吊点作为拉力系统的参考点, 记为点 P; 称吊索与月球车的连接点为下吊点, 使用下吊点作为月球车的位置参考点, 记为点 R。r_B、r_P 和 r_R 分别是点 B、点 P 和点 R 在地面坐标系 Oxy 内的坐标, 表示天车小车、拉力系统和月球车的绝对位置, 如图 9.57 所示。

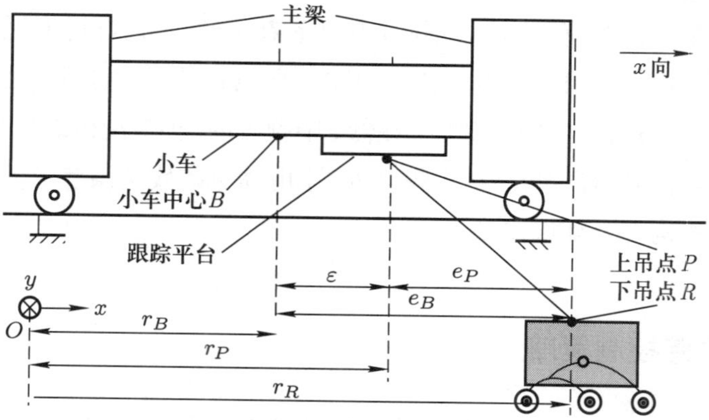

图 9.57 位置系统参数关系

位置系统的跟踪误差是上吊点 P 指向下吊点 R 的矢量在 Oxy 平面的投影, 记为 e_P; 位置系统的跟踪误差等于二维跟踪平台的跟踪误差。误差值 e_P 是由位置信号采集系统测量得出的。天车系统的跟踪误差是从小车中心点 B 到下吊点 R 的矢量在 Oxy 平面的投影, 记为e_B。明显地

$$e_B = e_P + \varepsilon$$

式中, ε 是从小车中心点 B 到上吊点 P 的投影在 Oxy 平面的投影, 由跟踪平台磁尺测得。拉力系统处于二维跟踪平台的行程极限时 ε 取极值。

天车系统控制框图的输入信号是月球车位置 r_R, 其输出信号是小车中心点 B 的位置 r_B。输入与输出的差值 e_B 是视觉系统和磁尺测量值之和, 此值进入天车系统的控制器 C_B, 如图 9.58 上半部所示。天车的控制策略应有两个特点: ① 天车系统控制目标不是使天车跟踪误差 e_B 尽量小, 而是使 e_B 小于二维跟踪平台的行程, 由二维跟踪平台进一步消除跟踪误差; ② 应避免主梁频繁启停、换向, 避免主梁横向振动。考虑以上特点, 天车系统的控制策略如下: 为天车系统中心点 B 和上吊点 P 的距离 $|\varepsilon|$ 设置上限阈值 $|\varepsilon_B|_{\max}$ 和下限阈值 $|\varepsilon_B|_{\min}$, 上限阈值 $|\varepsilon_B|_{\max}$ 应小于二维跟踪平台行程。当 $|\varepsilon| > |\varepsilon_B|_{max}$ 时, 天车系统启动, 以基本恒定的速度缩小 $|\varepsilon|$; 当 $|\varepsilon| < |\varepsilon_B|_{\min}$ 时, 天车系统完全停止, 直至下一次出现 $|\varepsilon| > |\varepsilon_B|_{\max}$。$\varepsilon$ 由跟踪平台磁尺测得。

二维跟踪平台控制框图的输入信号也是月球车位置 r_R, 输出信号是上吊点 P 的位置 r_P。考虑天车小车和跟踪平台的搭载关系 $e_B = r_R - r_B$, 小车位置 r_B 以低频扰动的形式进入跟踪平台控制框图, 如图 9.58 下半部所示。e_B 与 ε 作差得二维跟踪平台跟踪误差 e_P; 由于 e_P 由位置信号采集系统获得, 因此此处并不需要测量 e_B 和 ε。二维跟踪平台的控制器 C_P 是 PID 控制器, 其控制目标是使位置系统跟踪误差 e_P 尽量小。控制参数在实际调试中确定。

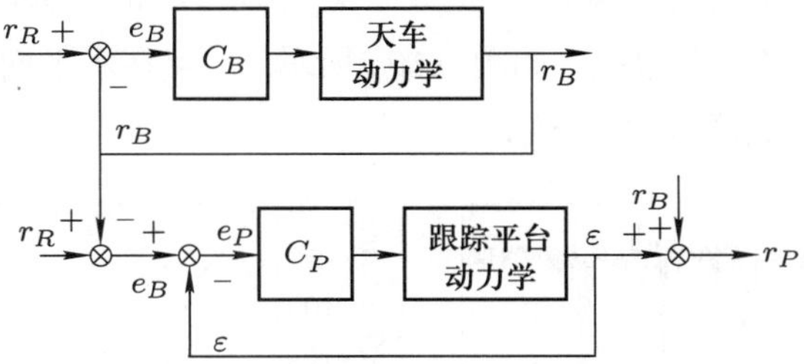

图 9.58 位置系统闭环示意图

9.8 单吊索重力补偿系统实验验证

9.8.1 拉力系统实验验证

本小节使用实验数据说明拉力系统的性能。

定义从 t_1 到 t_2 时刻被卷筒卷起的线长度为 ΔL, 称 ΔL 为放索长度。若卷筒放线, ΔL 为负值; 若卷筒卷线, ΔL 为正值。定义从 t_1 到 t_2 时刻摆杆末端的纵向位移为 Δh, 称 Δh 为摆杆的摆动幅度, 摆杆向上摆时, Δh 为正, 如图 9.59 所示。在任意时刻, 月球车吊点的纵向位移等于 ΔL 与 Δh 的代数和。

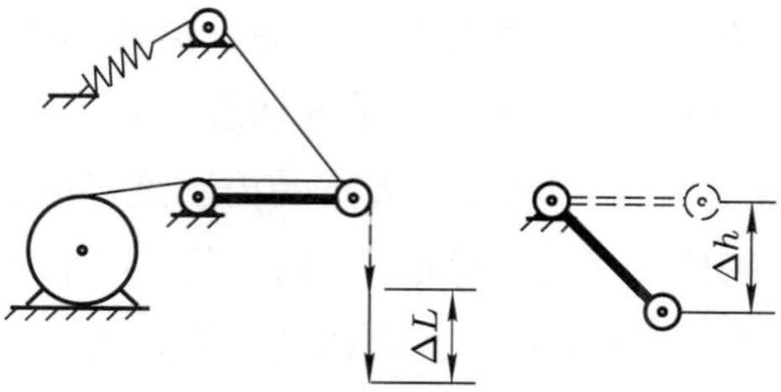

图 9.59 拉力系统工作量定义

1. 实验过程

使月球车在 15° 坡下行, 将岩石障碍置于月球车下行路径上, 使月球车单侧悬架的 3 个轮分别跨越岩石障碍。岩石高约 150 mm, 与车轮半径基本相等。所有车轮的线速度为 20 mm/s。

2. 实验数据及分析

拉力误差在 40 s、70 s 和 100 s 附近产生尖点 A、B 和 C, 幅值分别为 −7 N、−14 N 和 −17 N, 如图 9.60a 所示。下坡是第二组实验的主运动, 因此放索长度负方向增大; 对应越障动作, 放索长度产生 3 个突起 D、E 和 F, 如图 9.60b 所示。在每个车轮离开障碍后, 放索速度应当变缓。由于大电动机响应缓慢, 恒力摆杆需要吸收多余的放索量, 因此产生正向摆动, 产生 3 个尖点 A、B 和 C, 如图 9.61a 所示。相应地, 拉力误差产生 3 个负向尖点, 如图 9.60a 所示。吊点在水平面内的投影也产生 3 个突起 D、E 和 F, 如图 9.61b 所示。

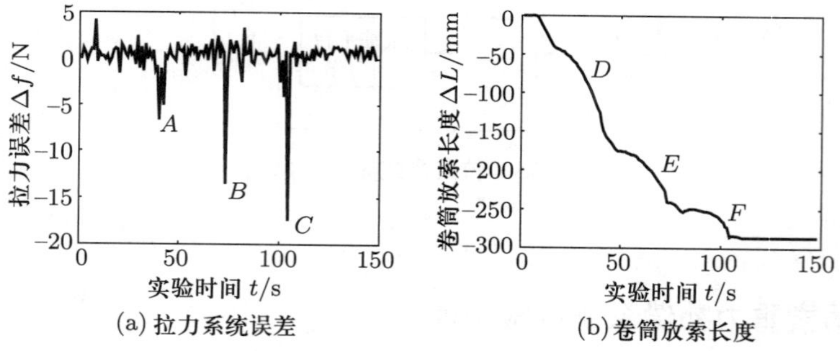

图 9.60 拉力误差和放索长度

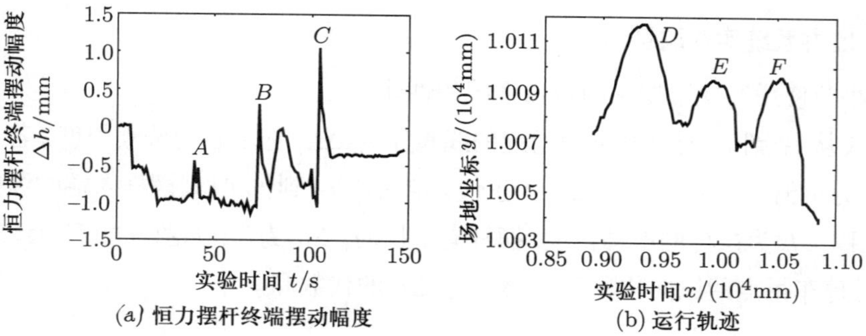

图 9.61 摆杆摆动幅度和月球车运行轨迹

9.8.2 位置系统实验验证

1. 实验过程

为测试位置系统的性能, 令月球车在平坦地形上沿对角线穿过场地, 以使位置系统的 x、y 方向同时工作。

2. 实验数据及分析

月球车在场地中的轨迹见图 9.62a。在整个实验过程中, 系统跟踪误差 e_P 小于 8 mm, 见图 9.62b。按照 9.6.4 节的天车控制策略, 为天车系统和二维平台的在 x、y 方向的偏移量 $|\varepsilon|_x$ 和 $|\varepsilon|_y$ 设置上限阈值 $|\varepsilon_B|_{\max} = 100$ mm 和下限阈值为 $|\varepsilon_B|_{\min} = 50$ mm。天车主梁周期性地启停, 偏移量 $|\varepsilon|$ 的值类似于角波, 见图 9.63a 和 b。当 $|\varepsilon| > |\varepsilon|_{\max}$ 时, 天车系统启动, 以基本恒定的速度缩小 $|\varepsilon|$, 构成 "角波" 的下降沿; 当 $|\varepsilon| < |\varepsilon|_{\min}$ 时, 天车系统完全停止, $|\varepsilon|$ 不断增大, 构成 "角波" 的上升沿。天车保持静止, 直至出现 $|\varepsilon| > |\varepsilon|_{\max}$ 条件为止。ε 由跟踪平台的磁尺测得。

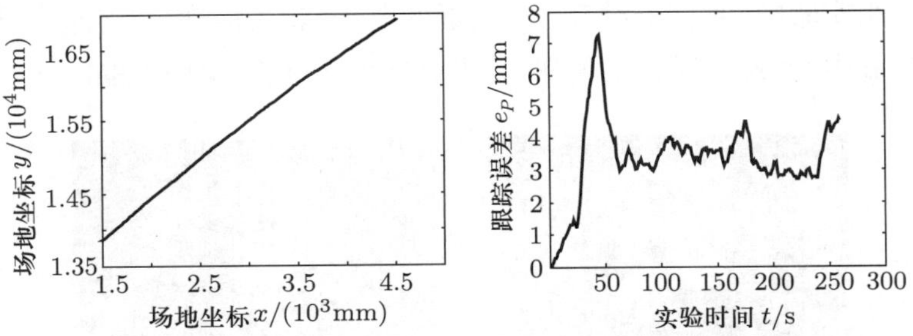

(a) 月球车运行轨迹　　(b) 位置跟踪误差

图 9.62 月球车运行轨迹和位置系统坐标

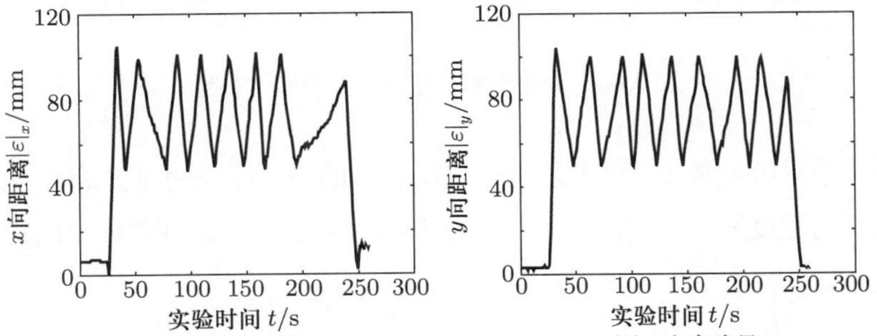

(a) x 方向分量　　(b) y 方向分量

图 9.63 天车系统和二维平台间的距离

9.9 月球车运动性能实验

9.9.1 重力效应的验证

本节验证轮地接触关系中的 “重力效应”, 以说明重力补偿对月球车运动性能的影响。

1. 实验过程

为验证重力效应, 进行两组实验。第一组实验中, 月球车重力被补偿 5/6, 爬坡角为 20°, 土壤为加工后的火山灰。第二组实验中, 不进行重力补偿, 爬坡角为 14°, 土壤为不含尘的细沙。两组实验的车轮速度都是 20 mm/s。实验土壤都是模拟月壤的理想土壤。为弥补土壤参数的差异, 令第二组实验的爬坡角小于第一组。

2. 实验结果及分析

在第一组实验中, 月球车没有产生明显的滑转, 轮齿痕迹相互分离, 见图 9.64a。在第二组实验中, 月球车滑转率很高, 轮齿痕迹相互重叠, 见图 9.64b。

(a)

(b)

图 9.64 补偿和非补偿状态下的爬坡实验

利用综控系统的数据, 可以求得第一组实验的整车平均速度, 见图 9.65。第一组实验的平均速度稍大于 15 mm/s, 滑转率约为 0.25。在图 9.66b 中, 标尺长度为

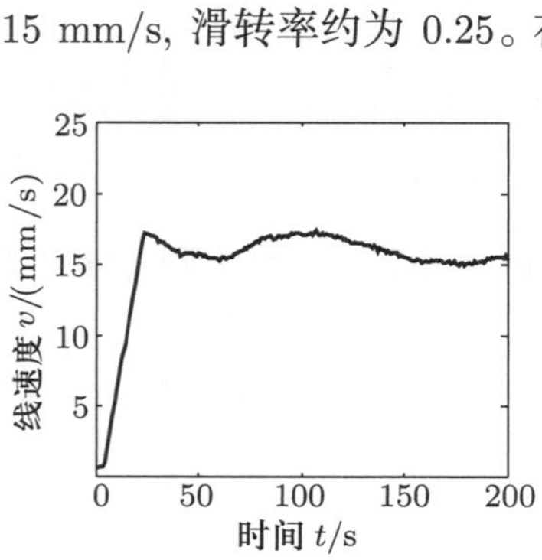

图 9.65 20° 坡补偿状态下的线速度

30 mm; 在 30 mm 距离内, 共留下 17 个轮齿痕迹。车轮周长为 942 mm, 每排轮齿 16 个, 因此第二组实验的滑转率较大, 接近滑转率上限, 可以认为非补偿状态下的最大爬坡角度为 14°。

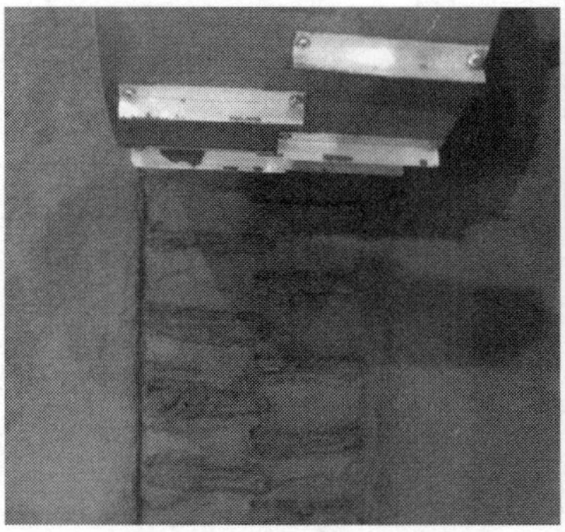

(a) 在 20° 坡上，有重力补偿

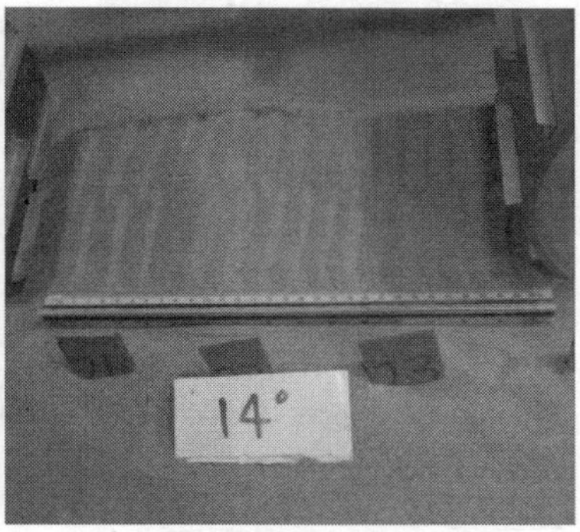

(b) 在14° 坡上，无重力补偿

图 9.66　轮齿痕迹

两组实验差别明显: 在非补偿状态下, 月球车最大爬坡角为 14°; 在补偿状态下, 月球车上行 20° 坡时滑转率仅为 0.25。除土壤参数不同以外, 造成这种现象的主因就是 "重力效应"。

非补偿状态下的月球车滑移过大, 运动性能过低, 因此对月球车进行重力补偿具有重要的意义。

9.9.2　斜坡转向的轨迹

利用重力补偿系统, 可以准确地记录月球车的 "轨迹"。利用该功能获得了 8° 和 15° 坡上的月球车的转向轨迹。

9.9.2.1　第一组: 8° 坡上转向

1. 实验过程

将车置于 8° 坡上, 前进方向与 8° 坡下行方向平行。令两前轮、两后轮分别向内转 25°。实验中, 所有车轮线速度都是 20 mm/s; 在月球车旋转一周后停止实验。

2. 实验结果及分析

在 8° 坡上的转向轨迹有两个特点, 如图 9.67a 所示。

(1) 转向轨迹的曲率随其切线方向变化: 当轨迹切线方向与下行方向平行时, 轨迹曲率较大; 当轨迹切线方向与下行方向垂直时, 轨迹曲率较小。

(2) 轨迹基本对称, 对称轴线与下行方向垂直, 通过轨迹交叉点。

将综控系统记录的月球车运行轨迹绘于图 9.67b 中。

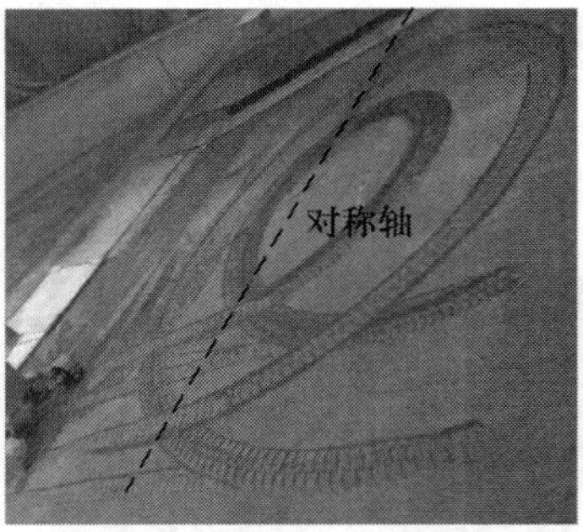

(a) 坡上转向的轨迹

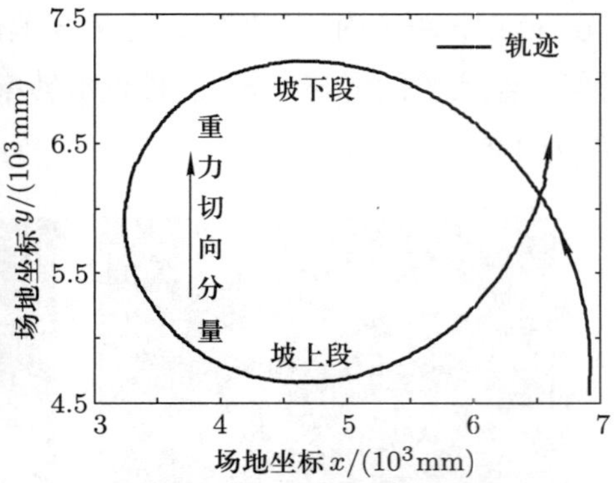

(b) 坡上转向轨迹的长摆线拟合

图 9.67　8° 坡上转向的轨迹及其摆线拟合

9.9.2.2　第二组: 15° 坡上转向

1. 实验过程

将车置于 15° 坡上, 前进方向与 15° 坡下行方向平行。令两前轮、两后轮分别向内转 25°。实验中, 所有车轮线速度都是 20 mm/s; 在月球车旋转一周后停止实验。

2. 实验结果及分析

在 15° 坡上的转向轨迹有两个特点, 如图 9.68a 所示。

(1) 转向轨迹的曲率随其切线方向变化。当轨迹切线方向与下行方向平行时, 轨迹曲率较大; 当轨迹切线方向与下行方向垂直时, 轨迹曲率较小。

(2) 轨迹基本对称, 对称轴线与下行方向垂直, 通过轨迹交叉点。

将综控系统记录的月球车运行轨迹绘于图 9.68b, 以实线表示。

(a) 坡上转向的轨迹

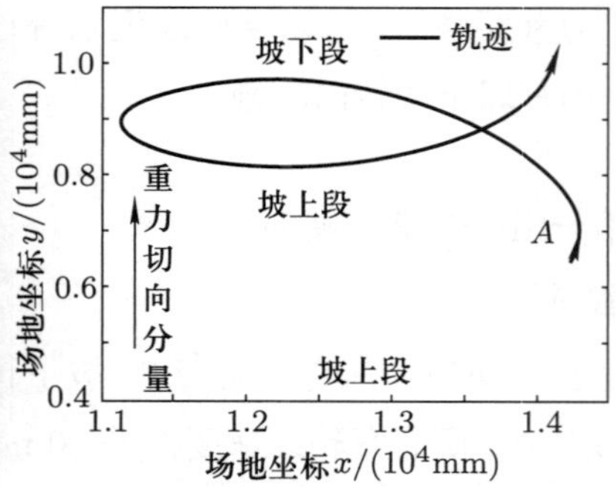

(b) 坡上转向轨迹的长摆线拟合

图 9.68　15° 坡上转向的轨迹及其摆线拟合

9.9.2.3　摆线形状和线速度与坡度的关系

将两组实验的轨迹绘于一张图中, 并将第二组实验的轨迹平移至第一组实验轨迹的内部, 如图 9.69a 所示。图 9.69a 说明: ① 大坡度的转向轨迹更 “扁”; ② 大坡度转向所需的坡横向空间变小, 所需的上下坡方向的空间变大。

轨迹中相邻点的距离为月球车线速度。将两组实验的月球车线速度绘于图 9.69b。图 9.69b 说明, 轨迹切向与坡下行方向一致时, 运行速度最大; 轨迹切向与下行方向下反时, 运行速度最小。8° 坡转向的最大速度为 20 mm/s, 最小速度为 13 mm/s, 最大滑转率为 0.35。15° 坡转向的最大速度为 22 mm/s, 最小速度为 11 mm/s, 最大滑转率为 0.45。

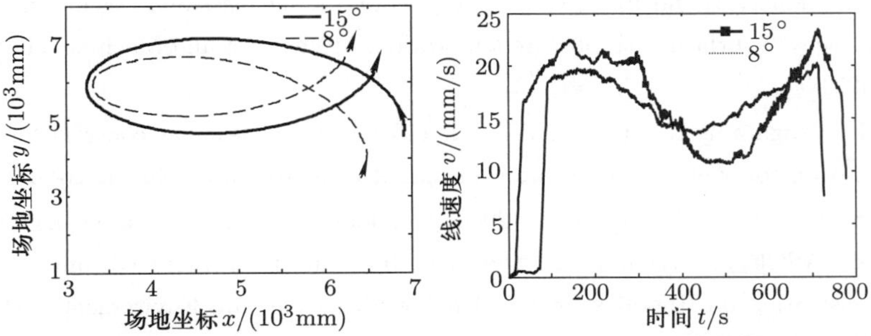

(a) 坡上转向的轨迹　　(b) 坡上转向轨迹的速度

图 9.69　坡上转向轨迹和速度的比较

需要指出, 8° 和 15° 坡上转向的最小线速度分别低于上行 8° 和 15° 坡的速度。在车轮线速度 20 mm/s 的条件下, 进行了上行 8° 和 15° 坡的实验。上行平均速度分别为 20 mm/s 和 18 mm/s, 如图 9.70a 所示。造成这种现象的原因是实验用月球车没有转向差速, 使得内侧轮一直处于高滑转率的状态, 内侧和外侧轮的动力互相耗散, 如图 9.70b 所示。

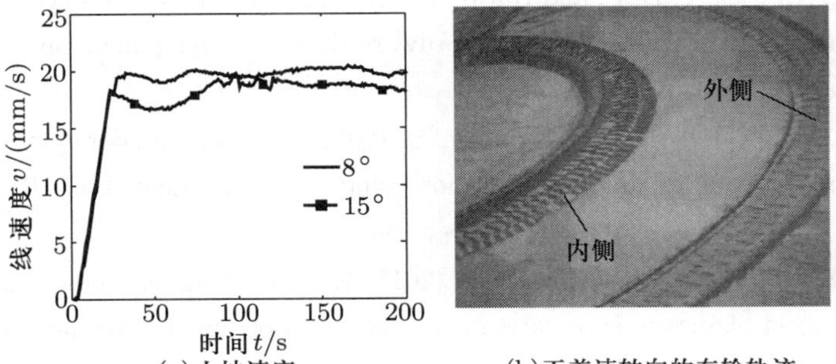

(a) 上坡速度　　(b)无差速转向的车轮轨迹

图 9.70　上行速度和转向滑移

参考文献

Andrew, J., Reg, W. and Jay, G. (2005) Field testing of the Mars exploration rovers descent image motion estimation system//Proc. IEEE Int Conf Rob Autom: Press of Barcelona, 4463-4469.

Ding, L., Gao, H. B. and Deng, Z. Q. (2010) Wheel slip-sinkage and its prediction model of lunar rover. Journal of Central South University of Technology (English Edition), **17**(1): 129-135.

Du, J., Ren, M. and Liu, T. (2011) Dynamics simulation and motion capability analysis on the mobile system for asymmetric planetary rover. Jiqiren/Robot, **33**(1): 1-8.

Gao, H. B., Li, W. H. and Ding, L. (2012) A method for on-line soil parameters modification to planetary rover simulation. Journal of Terramechanics, **49**(6): 325-339.

Grand, C., Benamar, F. and Plumet, F. (2010) Motion kinematics analysis of wheeled-legged rover over 3D surface with posture adaptation, Mechanism and Machine Theory, **45**(3): 477-495.

Ishigami, G., Nagatani, K. and Yoshida, K. (2009) Slope traversal controls for planetary exploration rover on sandy terrain. Journal of Field Robotics, **26**(3): 264-286.

Kemurdjian, A. and Khakhanov, U. A. (2000) Development of simulation means for a gravity forces, ASCE//Proceeding of the 4th International Conference and Exposition/ Demonstration on Robotics for Challenging Situations and Enviroments. Denver CO: ASCE, **299**: 220-225.

Kuroda, Y., Sakai, A. and Tamura, Y. (2010) Six-degree-of-freedom localization using an unscented kalman filter for planetary rovers. Advanced Robotics, **24**(8-9): 1199-1218.

Kuroda, Y., Teshima, T. and Sato, Y. (2004) Mobility performance evaluation of planetary rover with similarity model experiment//IEEE Robotics & Automation Society International Conference on Robotics and Automation, LA: IEEE RAS, 2098-2103.

Li, S. J., Gao, H. B. and Deng, Z. Q. (2009) Kinematics modeling of rocker-bogie lunar rover and suspension parameter optimization. Hsi-An Chiao Tung Ta Hsueh/Journal of Xi'an Jiaotong University, **43**(9): 62-66.

Lindemann, R. A., Bickler, D. B. and Harington, B. D. (2006) Mars exploration rover mobility development: Mechanical mobility hardware design, development and testing. IEEE Rob. Autom. Mag., **2**(2): 19-26.

Mosadeghzad, M., Naderi, D. and Ganjefar, S. (2012) Dynamic modeling and stability optimization of a redundant mobile robot using a genetic algorithm. Robotica, **30**(3): 505-514.

Nishikori, S., Hokamoto, S. and Kubota, T. (2011) Kinematic discussion and development of a multi-legged planetary exploration rover with an isotropic leg arrangement. Advanced Robotics, **25**(6-7): 789-804.

Paulnock, R. S. (1966a) First interim report: Preliminary design study of a lunar gravity simulator. USA: LockHeed Missile & Space Company, 1-15.

Paulnock, R. S. (1966b) Second interim report: Preliminary design study of a lunar gravity simulator. USA: LockHeed Missile & Space Company, 1-15.

Paulnock, R. S. (1966c) Third interim report: Preliminary design study of a lunar gravity simulator. USA: LockHeed Missile & Space Company, 1-9.

Richard, V. (1999) Navigation results from desert field tests of the Rocky 7 Mars rover prototype. Int. J. Rob. Res., **18**(7): 669-683.

Silva, A. F. B., Santos, A. V. and Meggiolaro, M. A. (2010) A rough terrain traction control technique for all-wheel-drive mobile robots. Journal of the Brazilian Society of Mechanical Sciences and Engineering, **32**(4): 489-501.

Withers, P. (2010) Trajectory and atmospheric structure from entry probes: Demonstration of a real-time reconstruction technique using a simple direct-to-Earth radio link. Planetary and Space Science, **58**(14-15): 2044-2049.

董玉红, 邓宗全, 高海波 (2009) 低重力补偿下六轮独立驱动月球车的运动分析. 哈尔滨工程大学学报, (1): 65-67.

刘振 (2013) 星球车单吊索重力补偿系统与实验研究. 博士学位论文, 哈尔滨工业大学.

卢波, 范嵬娜 (2006) 国外月球车及火星车技术发展综述//中国空间科学学会, 空间探测专业委员会第十八次学术会议, 107-115.

于丽霞, 王福明 (2007) 一维 PSD 器件及其在测量中的应用. 现代电子技术, **7**: 15-19

索　引

A

B

C

D

E

F

G

H

J

K

L

M

N

O

P

Q

R

S

T

V

W

X

Y

Z

HEP MEF 机械工程前沿著作系列

机器人科学与技术丛书

已出书目

1. 机构学与机器人学的几何基础与旋量代数
   戴建生　著
   ISBN 978-7-04-033483-8

2. 柔顺机构设计理论与实例
   Larry L. Howell　Spencer P. Magleby　Brian M. Olsen　编著
   陈贵敏　于靖军　马洪波　邱丽芳　译
   ISBN 978-7-04-042151-4

3. 月球车移动系统设计
   邓宗全　高海波　丁亮　著
   ISBN 978-7-04-042331-0